ANSYS 技术丛书

ANSYS Workbench 2024
有限元分析入门与应用

买买提明·艾尼　陈华磊　编著

机械工业出版社

本书以 ANSYS Workbench 2024 为基础，集 ANSYS 软件的使用技巧和实际工程应用于一体，包含前处理、结构分析、流体分析、优化设计和自动化分析 5 大部分内容，共 20 章，包括 ANSYS Workbench 基础、几何建模、网格划分、结构线性静力分析、结构非线性分析、热力学分析、特征值屈曲分析、线性动力学分析、多体系统动力学分析、显式动力学分析、复合材料分析、断裂力学分析、疲劳强度分析、增材制造分析、稳态导电与静磁场分析、耦合场分析、流体动力学分析、优化设计和自动化分析。作为一本系统介绍有限元分析入门与工程应用的书籍，本书涵盖了 AN-SYS Workbench 2024 的新功能及工程应用实例。

本书内容适合机械工程、土木工程、水利水电、医疗器械、化工装备、农牧装备、能源动力、电子通信、工程力学、航空航天等领域从事产品设计、仿真和优化的工程技术人员使用，也可作为工科类专业师生的参考书，还可供相关领域广大 CAE 爱好者参考。

图书在版编目（CIP）数据

ANSYS Workbench 2024 有限元分析入门与应用／买买提明·艾尼，陈华磊编著. -- 北京：机械工业出版社，2025. 2. --（ANSYS 技术丛书）. -- ISBN 978-7-111-77685-7

Ⅰ. O241. 82-39

中国国家版本馆 CIP 数据核字第 2025J50D46 号

机械工业出版社（北京市百万庄大街 22 号　邮政编码 100037）
策划编辑：黄丽梅　　　　　　　责任编辑：黄丽梅　王彦青
责任校对：曹若菲　李小宝　　　封面设计：鞠　杨
责任印制：单爱军
北京中兴印刷有限公司印刷
2025 年 6 月第 1 版第 1 次印刷
184mm×260mm · 31. 5 印张 · 780 千字
标准书号：ISBN 978-7-111-77685-7
定价：99. 00 元

电话服务　　　　　　　　　　网络服务
客服电话：010-88361066　　　机 工 官 网：www.cmpbook.com
　　　　　010-88379833　　　机 工 官 博：weibo.com/cmp1952
　　　　　010-68326294　　　金 书 网：www.golden-book.com
封底无防伪标均为盗版　　机工教育服务网：www.cmpedu.com

ANSYS 每个版本的推出都会带来功能和易用性的改变，更能满足不同工程领域的分析需求，解决工程中的棘手问题，加快产品的设计、制造和上市。

本书是《ANSYS Workbench 18.0 有限元分析入门与应用》的升级版，以最新版本软件 ANSYS 2024 R1/R2 为基础编写，除了更新知识，还新增了增材制造分析、耦合场分析和自动化分析，这也是近些年 ANSYS 新增内容较多的部分，为特色内容。

ANSYS Workbench 的强大功能和易用性有目共睹，一直受到广大仿真分析人员的喜爱和支持。本书侧重软件基本功能的介绍，适合初级读者，具有重点突出、注意细节、正误明确等特点，对困扰读者的前处理、后处理及其相关分析选项设置问题进行了深入讲解。读者既可以学习几何建模、网格划分、静（动）结构分析、热力学分析、复合材料分析、断裂力学分析、疲劳强度分析、增材制造分析、耦合场分析、流体动力学分析、优化设计、自动化分析等知识，也可以学习解决实际工程问题的方法和研发技术。

本书以 ANSYS Workbench 2024 为基础，在必要的理论概述和软件功能叙述的基础上，通过 24 个典型工程实例对 ANSYS Workbench 平台中的前处理、结构分析、流体分析、优化设计、自动化分析 5 大模块进行详细介绍。全书共分 20 章，具体各章所涉及的内容如下。

第 1 章 ANSYS Workbench 基础：主要介绍了 ANSYS Workbench 概述及界面、分析流程、文件格式、应用 CAE 仿真技术需注意的事项等内容。

第 2 章 几何建模：主要介绍了 SpaceClaim 直接建模、DesignModeler 建模、BladeModeler 建模、具体的建模工程实例及点评等内容。

第 3 章 网格划分：主要介绍了 ANSYS Meshing 网格划分方法、全局网格控制、局部网格控制、网格编辑、网格质量、ICEM CFD 网格划分、涡轮机械网格划分、具体的网格划分工程实例及点评等内容。

第 4 章 结构线性静力分析：详细介绍了结构静力分析基础、结构静力分析前处理、结构静力分析求解和后处理、具体的结构线性静力分析工程实例及点评等内容。

第 5 章 结构非线性分析：主要介绍了非线性自适应区域、接触非线性、几何非线性、材料非线性和非线性诊断、具体的非线性分析工程实例及点评等内容。

第 6 章 热力学分析：主要介绍了传热学基础、Workbench 热分析、具体的热分析工程实例及点评等内容。

第 7 章 特征值屈曲分析：主要介绍了基本理论、特征值屈曲分析环境与方法、分析设置与后处理、具体的特征值屈曲分析工程实例及点评等内容。

第 8 章 线性动力学分析：主要介绍了模态分析、谐响应分析、响应谱分析、随机振动分析、各个线性动力学分析的具体工程实例及点评等内容。

第 9 章 多体系统动力学分析：主要介绍了多刚体系统动力学、多柔体系统动力学分析、具体的多体系统动力学分析工程实例及点评等内容。

第 10 章 显式动力学分析：主要介绍了 Explicit 分析、Autodyn 分析、LS-DYNA 分析、具体的显式动力学分析工程实例及点评等内容。

第11章 复合材料分析：主要介绍了 ACP 概述、ACP 前后处理特征、具体的复合材料分析工程实例及点评等内容。

第12章 断裂力学分析：主要介绍了断裂力学的基本概念和理论、裂纹扩展分析、断裂裂纹、断裂失效、断裂力学参数评价、具体的断裂力学分析工程实例及点评等内容。

第13章 疲劳强度分析：主要介绍了疲劳基本知识、平均应力修正、疲劳分析设置、疲劳分析结果、nCode Design Life 疲劳分析、具体的疲劳强度分析工程实例及点评等内容。

第14章 增材制造分析：主要介绍了激光粉末床熔融分析、定向能量沉积分析、烧结分析、失真补偿分析、具体的增材制造分析工程实例及点评等内容。

第15章 稳态导电与静磁场分析，主要介绍了稳态导电分析、静磁场分析、具体的稳态导电与静磁场分析工程实例及点评等内容。

第16章 耦合场分析：主要介绍了结构耦合场分析，包括耦合场静态分析、耦合场模态分析、耦合场谐响应分析和耦合场瞬态分析，以及具体的耦合场工程实例及点评等内容。

第17章 流体动力学分析 I（ANSYS Fluent）：主要介绍了 Fluent 概述、ANSYS Fluent 环境界面、Fluent 问题设置、求解设置、Fluent 后处理、Fluent Meshing、具体的 Fluent 分析工程实例及点评等内容。

第18章 流体动力学分析 II（ANSYS CFX）：主要介绍了 CFX 概述、CFX 前处理、CFX-Post 后处理、CFX-Solver 求解设置、具体的 CFX 分析工程实例及点评等内容。

第19章 优化设计：主要介绍了设计探索优化，包括探索试验设计、响应面、目标驱动优化、相关参数和三维模型降阶，还介绍了结构优化、具体的优化工程实例及点评等内容。

第20章 自动化分析：主要介绍了 ANSYS 自动化分析，包括 ANSYS Python 管理器、PyANSYS 自动化分析的 Mechanical Scripting 分析、PyFluent 分析，以及相应的分析方法和设置、具体的自动化分析工程实例及点评等内容。

本书特色如下：

1）内容广泛，围绕工程中存在的力学问题，根据学科内在联系和问题的复杂性、难易程度逐步展开，不仅阐述如何解决基本的力学问题，如结构的静力问题、线性动力问题、显式动力问题、多体动力问题、结构断裂与疲劳问题、增材制造问题、耦合场问题、自动化分析问题，也让读者尝试解决力学问题解决后的设计与增材制造处理问题。

2）语言平实，说明主导。对关键问题，从细节入手进行细致介绍，方便读者理解内涵和扩大知识面。

3）简化有限元理论和力学知识，重在有限元分析软件的应用和实际问题的解决，并对实例应用给予分析点评。

4）紧贴最新技术发展趋势，突出软件特点和使用技巧讲解，在让读者学到最新技术的同时，兼顾新老读者。

作者在本书的编写过程中追求准确性、完整性和应用性，但是，由于作者水平有限，编写时间较短，书中欠妥、错误之处在所难免，希望读者能够及时指出，期待共同提高。读者在学习过程中遇到难以解答的问题，可以直接发邮件到作者邮箱 xjkj6190@163.com（也可索取书中模型），或加入 QQ 群 730676310 进行技术交流，作者会尽快给予解答。书中模型也可扫描下方二维码下载。

编　者

目录
CONTENTS

第1章　ANSYS Workbench基础

1.1　ANSYS Workbench 概述

计算机辅助工程（CAE）已成为当今产品设计研发中最先进、最不可或缺的设计手段和方法之一，在提高产品设计质量、节约成本、缩短产品上市周期方面越来越显示出了它的重要性。CAE 的技术种类很多，其中包括有限元法（Finite Element Method，FEM）、边界元法（Boundary Element Method，BEM）、有限差分法（Finite Difference Method，FDM）。每一种方法各有其应用的领域，其中有限元法应用的领域越来越广，现已应用到结构静力学、结构动力学、热力学、流体力学、电磁学等领域。

ANSYS Workbench 是基于有限元法的力学分析技术集成平台，由美国 ANSYS 公司于 2002 年首先推出。在 2009 年发布的 ANSYS 12.0 版本中推出了"第二代 Workbench"（Workbench 2.0），它与"第一代 Workbench"相比，最大变化是提供了全新的"项目视图"（Project Schematic）功能，将整个仿真流程紧密地结合在一起，通过简单的拖拽操作即可完成复杂的多物理场分析流程，如图 1-1 所示。Workbench 继承了 ANSYS Mechanical APDL 界面在有限元仿真分析上的大部分强大功能，其所提供的 CAD 双向参数链接互动、项目数据自动更新机制、全新的参数、无缝集成的优化设计工具等，使 ANSYS 在"仿真驱动产品设计"方面达到了前所未有的高度，真正实现了集产品设计、仿真、优化功能于一身，可帮助设计人员在同一平台上完成产品研发过程的所有工作，从而大大节约产品开发周期，加快上市步伐，占领市场制高点。

此外，ANSYS Workbench 平台还可以作为一个应用开发框架，提供项目全脚本、报告、用户界面（UI）工具包和标准的数据接口。

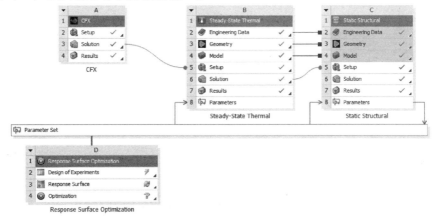

图 1-1　ANSYS Workbench 多物理场分析流程图

1.2 Workbench 2024 平台

1.2.1 Workbench 2024 界面

进入 Workbench 2024 环境，可以通过如下方式：

1）用交互方式启动 Workbench 2024：在"开始"菜单中执行 ANSYS 2024 R1→Workbench 2024 R1 命令。为方便，可以将 Workbench 2024 R1 放置在控制面板。

2）从支持的 CAD 系统窗口启动，如图 1-2 所示。

3）从 ANSYS Workbench 文件中打开，直接启动如图 1-3 所示。

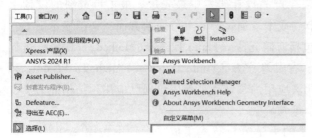

图 1-2 从 CAD 系统窗口启动

图 1-3 直接启动

ANSYS Workbench 2024 中采用 Workbench 2.0 的框架结构。Workbench 2.0 将不同分析类型的数值模拟过程整合在一起，并引入工程流程图的方式管理工程项目。利用该功能，一个复杂的物理场分析问题，通过系统间的相互关联即可实现。图 1-4 是 ANSYS Workbench 2024 主界面，该界面主要由主菜单、工具栏、工具箱、工程流程图组成。下面分别介绍。

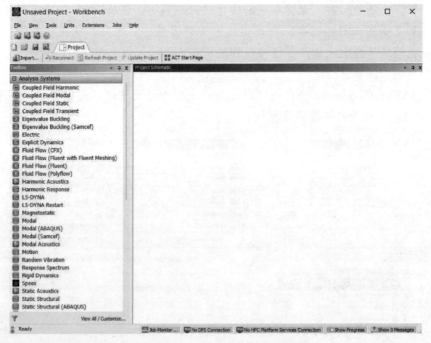

图 1-4 ANSYS Workbench 2024 主界面

1. 主菜单

主菜单主要为基本的操作，包括文件

File View Tools Units Extensions Jobs Help

图1-5 主菜单

【File】、窗口显示【View】、工具【Tools】、单
位制【Units】、扩展【Extensions】、工作【Jobs】、帮助【Help】，如图1-5所示。

（1）文件

文件【File】主要用来打开或保存文件、启动仿真数据文件管理等。

（2）窗口显示

窗口显示【View】主要显示窗口布置、属性等。如通过操作【View】→【Files】，分析过
程中涉及的文件列表可显示出来，如图1-6所示。

	A	B	C	D	E	
1	Name	Ce...	Size	Type	Date Modified	
2	Coupled Field.wbpj		58 KB	Workbench Project File	2024/7/31 11:53:33	D:\AWB
3	act.dat		259 KB	ACT Database	2024/7/31 11:53:31	dp0
4	EngineeringData.xml	A2	37 KB	Engineering Data File	2024/7/31 11:53:32	dp0\SYS\ENGD
5	material.engd	A2	38 KB	Engineering Data File	2024/7/26 22:36:47	dp0\SYS\ENGD
6	SYS-2.mechdb	A4	9 MB	.mechdb	2024/7/26 8:19:29	dp0\global\MECH
7	SYS-2.scdoc	A3	1 MB	Geometry File	2024/7/29 11:25:20	dp0\SYS-2\DM
8	SYS-2.engd	A4	38 KB	Engineering Data File	2024/7/26 22:36:47	dp0\global\MECH
9	bufov5yu.tgt		1 MB	.tgt	2024/7/29 11:15:37	dp0\SYS-2\DM
10	SYS.agdb		2 MB	Geometry File	2024/7/29 11:13:45	dp0\SYS\DM
11	CAERep.xml	A1	53 KB	CAERep File	2024/7/29 11:33:02	dp0\SYS-2\MECH
12	CAERepOutput.xml	A1	789 B	CAERep File	2024/7/30 8:16:36	dp0\SYS-2\MECH
13	ds.dat	A1	10 MB	.dat	2024/7/29 11:33:02	dp0\SYS-2\MECH
14	file.aapresults	A1	4 KB	.aapresults	2024/7/30 8:39:11	dp0\SYS-2\MECH
15	file.cnd	A1	3 MB	.cnd	2024/7/30 8:15:30	dp0\SYS-2\MECH
16	file.DSP	A1	6 MB	.dsp	2024/7/30 8:15:20	dp0\SYS-2\MECH
17	file.gst	A1	720 KB	.gst	2024/7/30 8:15:30	dp0\SYS-2\MECH
18	file.mntr	A1	22 KB	.mntr	2024/7/30 8:15:34	dp0\SYS-2\MECH
19	file.nlh	A1	10 KB	.nlh	2024/7/30 8:15:34	dp0\SYS-2\MECH
20	file.rst	A1	5 GB	ANSYS Result File	2024/7/30 8:16:32	dp0\SYS-2\MECH
21	file0.err	A1	4 KB	.err	2024/7/29 11:34:17	dp0\SYS-2\MECH
22	MatML.xml	A1	13 KB	CAERep File	2024/7/29 11:33:02	dp0\SYS-2\MECH
23	solve.out	A1	1010 KB	.out	2024/7/30 8:16:33	dp0\SYS-2\MECH
24	designPoint.wbdp		121 KB	Workbench Design Poin	2024/7/31 11:53:33	dp0

图1-6 文件列表

（3）工具

工具【Tools】主要用来刷新更新项目、进行相关设置等。如通过操作【Tools】→【Op-tions】，进行相应选项设置，如图1-7所示。

（4）单位制

单位制【Units】主要用来
设置系统单位、进行单位转换
等。如通过操作【Units】→
【Unit Systems】，可设置系统单
位，复制现有的单位系统或进
行单位转换，如图1-8所示。
图1-8中A表示显示单位制，B
表示运行中的单位选项，C表
示默认的单位选项，D表
示抑制的单位显示。

（5）扩展

扩展【Extensions】主要用

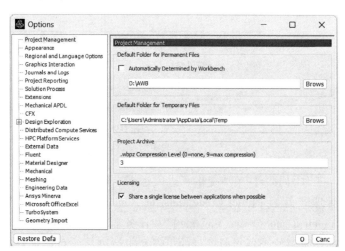

图1-7 选项设置

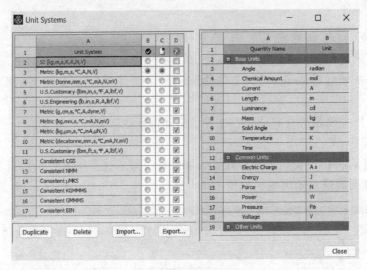

图1-8　设置系统单位

来扩展 ANSYS 产品应用及定制客户化工具。客户化起始页面【ACT Start Page】提供了一个方便进入客户化功能的单一页面，通过该页面可以进行客户化定制开发和执行定制的客户化程序。可以在 Workbench 环境及应用程序中定制和执行，如 Mechanical 或 DesignXplorer。选择【Extensions】→【ACT Start Page】，或单击 ![ACT Start Page]，可以开始应用程序，包括向导【Launch Wizards】、扩展管理【Manage Extensions】、控制台【ACT Console】、扩展日志文件【Log】等，如图1-9所示。

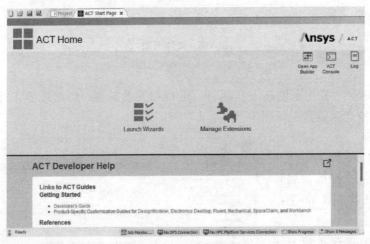

图1-9　客户化起始页面

（6）工作

工作【Jobs】菜单提供了进入远端求解管理和监控远端求解工作选项，包括输入远端求解管理器凭证【Enter Credentials for Remote Solve Manager】，开始远端求解管理器应用程序【Launch Remote Solve Manager】和任务监视器【Job Monitor】。任务监视器显示一系列提交给远端求解管理器当前项目的更新和求解列表，可以观看每个项目的当前状态，还可以对选中项目生成报告，还可以暂停和终止项目。选择【Jobs】→【Open Job Monitor】，或单击

Job Monitor... ，可以开始应用程序。

（7）帮助

帮助【Help】主要提供各种帮助信息。ANSYS Workbench 2024 的学习与其他软件的学习一样，是一个以实践为主导的消化掌握过程。用户在自己学习的过程中，通常应找到适合自己项目背景的资料和易于提高自己水平的帮助资源。ANSYS Workbench 2024 自带了非常详尽的英文版资料，较详尽地阐述了软件的结构模式、使用方法和相关的理论原理。

2. 工具栏

工具栏中包括了常用命令按钮，包括新建文件【New】、打开文件【Open】、保存文件【Save】、另存为文件【Save As】、导入文件【Import】、重新连接【Reconnect】、刷新项目【Refresh Project】、更新项目【Update Project】、客户化定制起始页【ACT Start Page】，如图1-10所示。

图 1-10 工具栏

3. 工具箱

Workbench 界面左侧是工具箱【Toolbox】，工具箱窗口包含了工程数值模拟所需的各类模块。工具箱包括分析系统【Analysis Systems】，见表1-1；组件系统【Component Systems】，见表1-2；定制系统【Custom Systems】，见表1-3；设计优化系统【Design Exploration Systems】和外部连接系统【External Connection Systems】，见表1-4。

表 1-1 分析系统类型及说明

分析系统类型	说明
Coupled Field Harmonic	耦合场谐波分析
Coupled Field Modal	耦合场模态分析
Coupled Field Static	耦合场静态分析
Coupled Field Transient	耦合场瞬态分析
Eigenvalue Buckling	特征值屈曲分析
Eigenvalue Buckling（Samcef）	特征值屈曲分析（Samcef）
Electric	电场分析
Explicit Dynamics	显式动力学分析
Fluid Flow（CFX）	流体动力学分析（CFX）
Fluid Flow（Fluent with Fluent Meshing）	流体动力学分析（Fluent with Fluent Meshing）
Fluid Flow（Fluent）	流体动力学分析（Fluent）
Fluid Flow（Polyflow）	流体动力学分析（Polyflow）
Harmonic Acoustics	谐波声学分析
Harmonic Response	谐响应分析
LS-DYNA	LS-DYNA 显式动力学分析
LS-DYNA Restart	LS-DYNA 显式动力学重启分析
Magnetostatic	静磁场分析
Modal	模态分析
Modal（ABAQUS）	模态分析（ABAQUS）
Modal（Samcef）	模态分析（Samcef）
Modal Acoustics	模态声学分析
Motion	运动分析
Random Vibration	随机振动分析
Response Spectrum	响应谱分析

（续）

	分析系统类型	说明
☐ Analysis Systems	Rigid Dynamics	刚体动力学分析
Coupled Field Harmonic	Speos	光学分析
Coupled Field Modal	Static Acoustics	静态声学分析
Coupled Field Static	Static Structural	结构静力分析
Coupled Field Transient	Static Structural（ABAQUS）	结构静力分析（ABAQUS）
Eigenvalue Buckling	Static Structural（Samcef）	结构静力分析（Samcef）
Eigenvalue Buckling (Samcef)	Steady-State Thermal	稳态热分析
Electric	Steady-State Thermal（ABAQUS）	稳态热分析（ABAQUS）
Explicit Dynamics	Steady-State Thermal（Samcef）	稳态热分析（Samcef）
Fluid Flow (CFX)	Structural Optimization	结构优化分析
Fluid Flow (Fluent with Fluent Meshing)	Substructure Generation	子结构生成分析
Fluid Flow (Fluent)	Thermal-Electric	热-电场分析
Fluid Flow (Polyflow)	Throughflow	通流分析
Harmonic Acoustics	Throughflow（BladeGen）	通流分析（BladeGen）
Harmonic Response	Transient Structural	瞬态结构分析
LS-DYNA	Transient Structural（ABAQUS）	瞬态结构分析（ABAQUS）
LS-DYNA Restart	Transient Structural（Samcef）	瞬态结构分析（Samcef）
Magnetostatic	Transient Thermal	瞬态热分析
Modal	Transient Thermal（ABAQUS）	瞬态热分析（ABAQUS）
Modal (ABAQUS)	Transient Thermal（Samcef）	瞬态热分析（Samcef）
Modal (Samcef)	Turbomachinery Fluid Flow	涡轮机械流体力学分析
Modal Acoustics		
Motion		
Random Vibration		
Response Spectrum		
Rigid Dynamics		
Speos		
Static Acoustics		
Static Structural		
Static Structural (ABAQUS)		
Static Structural (Samcef)		
Steady-State Thermal		
Steady-State Thermal (ABAQUS)		
Steady-State Thermal (Samcef)		
Structural Optimization		
Substructure Generation		
Thermal-Electric		
Throughflow		
Throughflow (BladeGen)		
Transient Structural		
Transient Structural (ABAQUS)		
Transient Structural (Samcef)		
Transient Thermal		
Transient Thermal (ABAQUS)		
Transient Thermal (Samcef)		
Turbomachinery Fluid Flow		

注：使用 ABAQUS 和 Samcef 外部求解器，需先进行配置，具体可参看帮助文件。

表1-2 组件系统类型及说明

	组件系统类型	说明
	ACP（Post）	复合材料分析后处理
	ACP（Pre）	复合材料分析前处理
☐ Component Systems	Autodyn	非线性显式动力学分析
ACP (Post)	BladeGen	涡轮机械叶片设计工具
ACP (Pre)	CFX	CFX 高端流体分析工具
Autodyn	Discovery	仿真实时分析工作
BladeGen	Engineering Data	工程数据工具
CFX	EnSight（Forte）	气动分析后处理（Forte）
Discovery	External Data	外部数据
Engineering Data	External Model	外部模型
EnSight (Forte)	Fluent	Fluent 流体分析工具
External Data	Fluent（with Fluent Meshing）	Fluent 网格划分工具
External Model	Forte	内燃机和容积式压缩机分析
Fluent	Geometry	几何建模工具
Fluent (with Fluent Meshing)	Granta MI	材料信息管理工具
Forte	Granta Selector	材料选择工具
Geometry	ICEM CFD	ICEM CFD 网格划分工具
Granta MI	Injection Molding Data	汇入射出成形模拟数据工具
Granta Selector	Material Designer	复合材料建模工具
ICEM CFD	Mechanical APDL	机械 APDL 命令
Injection Molding Data	Mechanical Model	机械分析模型
Material Designer	Mesh	网格划分工具
Mechanical APDL	Microsoft Office Excel	信息分析程序
Mechanical Model		
Mesh		
Microsoft Office Excel		
Performance Map		
Polyflow		
Results		
System Coupling		
Turbo Setup		
TurboGrid		
Vista AFD		
Vista CCD		
Vista CCD (with CCM)		
Vista CPD		
Vista RTD		
Vista TF		

（续）

组件系统类型	说明
Performance Map	涡轮机械性能图
Polyflow	Polyflow 流体
Results	结果后处理工具
System Coupling	系统耦合分析
Turbo Setup	涡轮设置工具组件
TurboGrid	涡轮网格生成工具
Vista AFD	轴流风扇初始设计
Vista CCD	离心压缩机初始设计
Vista CCD（with CCM）	径流透平设计（CCM）
Vista CPD	离心泵初始设计
Vista RTD	径流透平初始设计
Vista TF	旋转机械快速分析工具

表 1-3 定制系统类型及说明

定制系统类型	说明
AM DED Process	定向能量沉积过程分析
AM LPBF Inherent Strain	粉末床融合固有应变分析
AM LPBF Thermal-Structural	粉末床融合热结构分析
FSI：Fluid Flow（CFX）→Static Structural	流固耦合：CFX 流体分析与结构静力耦合
FSI：Fluid Flow（FLUENT）→Static Structural	流固耦合：Fluent 流体分析与结构静力耦合
Pre-Stress Modal	预应力模态分析
Random Vibration	随机动力学分析
Response Spectrum	响应谱分析
Thermal-Stress	热应力分析

表 1-4 设计优化系统和外部连接系统类型及说明

设计优化系统和外部连接系统类型	说明
3D ROM	三维模型降阶工具
Direct Optimization	直接驱动优化工具
Parameters Correlation	参数相关性工具
Response Surface	响应面工具
Response Surface Optimization	响应面优化工具
ACT	客户定制系统
Create a workflow…	创建工作流程

4. 工程流程图

在 Workbench 2024 中工程流程图【Project Schematic】是管理工程项目的一个区域，如图 1-4 工具箱右侧所示。当需要进行某一项目分析时，通过在 Toolbox 的相关项目上双击或直接按住鼠标左键拖动到项目管理区即可生成一个分析项目。如图 1-11 所示，在 Toolbox 中双击或拖动 Static Structural，该分析项目即在工程流程图创建。

工程流程图区域可以建立多个分析项目，每个项目均以字母编排（如 A、B、C 等）。

各项目之间也可建立相应的关联分析共享模型、共享求解数据等，可以直接手动单项单元连接、手动拖动一次多项单元连接，或在项目的设置项中右击，在弹出的快捷菜单中选择 Transfer Data To New 或 Transfer Data From New 创建新的共享项目分析系统，如图 1-12 和图 1-13 所示。

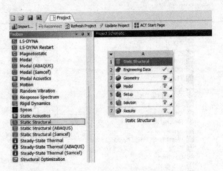

图 1-11　创建 Static Structural 分析项目

在图 1-13 中，方点连接器表示单元（Engineering Data、Geometry、Model）数据在 A 分析项目（Static Structural）创建并被 B 分析项目（Structural Optimization）共享。

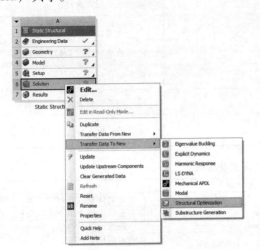

图 1-12　选择 Transfer Data To New

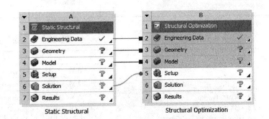

图 1-13　新的共享项目分析系统

圆点连接器表示 A 分析项目（Static Structural）结果数据作为输入条件被传递到 B 分析项目（Structural Optimization）用来进行优化分析。

数据共享连接线可以删除后再连接，分析项目也可复制和删除。

在进行有限元分析过程中，项目分析流程会出现不同的图标来提示用户进行相应的判断或操作，各图标的含义见表 1-5。

表 1-5　项目分析流程中出现图标的含义

图标	图标含义
✓	更新完成：数据已经更新，或将进行下单元操作
⟳	需要刷新：上单元数据已发生改变，需要刷新单元
⚡	需要更新：本单元数据已改变，或将要把数据传递到下单元
❓	执行中断：上单元数据丢失，分析无法进行
❓	需要注意：需要修改本单元或上单元
⚡	更新中断：求解过程中被中断，可以继续求解
✓	求解变动：已完成求解，若求解单元的上单元发生变动，即引起求解变动
⟳	刷新失败：由于上单元数据变动或不存在，刷新本单元会无法完成
⚡	更新失败：求解失败，本单元数据存在问题

1.2.2　Workbench 2024 应用程序类型

Workbench 2024 环境提供了两种类型的应用程序：一种是本地应用程序（Workspaces），目前的本地应用程序包括工程项目管理、工程数据和优化设计、本机应用程序的启动，完全在 Workbench 窗口运行，如图 1-14 所示；另一种是非本地应用程序（数据综合应用或数据集成），目前的非本地应用程序包括 Mechanical（Formerly Simulation）、Mechanical APDL（Formerly ANSYS）、ANSYS Fluent、ANSYS CFX、Autodyn 和其他，如图 1-15 所示。

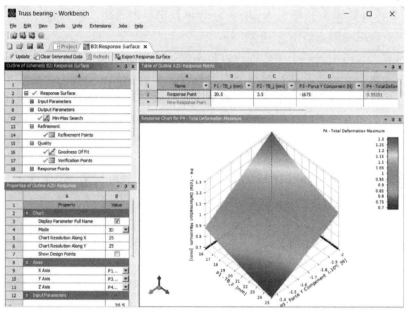

图 1-14　本地应用程序

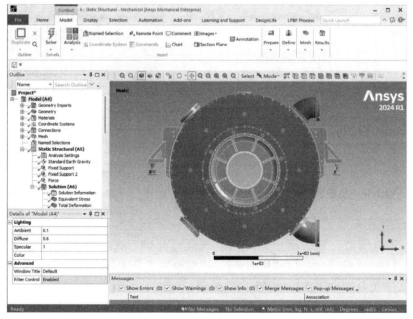

图 1-15　非本地应用程序

1.2.3 Workbench 2024 产品分析流程

优秀的 Workbench 2024 协同仿真管理平台,能帮助企业实现产品仿真优化的协同。下面以风机叶片分析为例,简单描述使用 Workbench 2024 开始一个工程有限元分析的过程。

1. 启动 Workbench 2024

在"开始"菜单中执行【ANSYS 2024 R1\R2】→【Workbench 2024 R1\R2】命令。

2. 创建结构静力分析系统加入工程流程图

1)在工具箱【Toolbox】的【Analysis Systems】中双击或拖动结构静力分析项目【Static Structural】到工程流程图,如图 1-16 所示。

在此可以看到,由于选择了结构静力分析系统,工程流程图中就会生成结构静力分析图表,结构静力分析图表显示了执行结构静力分析的工作流程,其中每一个单元格命令分别代表结构静力分析过程中所需的每个步骤。根据图表所示,从上往下执行每个单元格命令,可以看到一个项目的仿真过程,即:设置材料参数→创建或导入几何模型→生成有限元网格模型→设置边界条件→求解→在后处理中显示结果。单元格右边的图标实时提示每个步骤的当前状态。

2)在 Workbench 的工具栏中单击【Save】,保存项目工程名为 Wind blade . wbpj。有限元分析文件保存在 D:\AWB\Chapter01 文件夹中。

3. 创建材料模型

编辑工程数据单元,右击【Engineering Data】→【Edit】进入环境,在工程数据属性中创建材料,如图 1-17 所示。

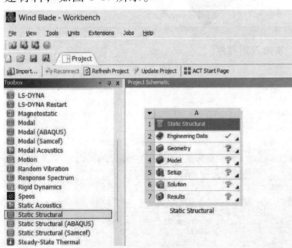

图 1-16 工程流程图窗口

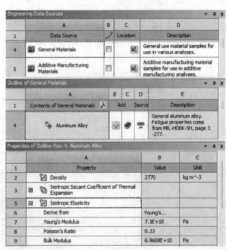

图 1-17 创建材料

4. 使用分析系统

1)导入几何模型。此案例中加载现有的几何模型。在结构静力分析项目上,右击【Geometry】→【Import Geometry】→【Browse】,找到模型文件 Wind blade. agdb 打开导入几何模型。如模型文件在 D:\AWB\Chapter01 文件夹中。

2)进入 Mechanical 分析环境。在结构静力分析项目上,右击【Model】→【Edit】,进入 Mechanical 分析环境。

3）划分网格。进行必要的设置后，在导航树上右击【Mesh】→【Generate Mesh】，划分网格，如图 1-18 所示。

4）边界设置。在操作树上单击【Static Structural（A5）】，然后分别在叶片根部与叶片端部施加固定约束与力载荷，设置边界条件如图 1-19 所示。

图 1-18 划分网格   图 1-19 设置边界条件

5）设置需要求解的结果。在导航树上单击【Solution（A6）】，然后可以设置需要求解的结果，如变形、等效应力、正应力等。

6）求解与结果显示。在 Mechanical 求解工具栏单击⚡进行求解运算，然后查看相应结果云图，如图 1-20 和图 1-21 所示。

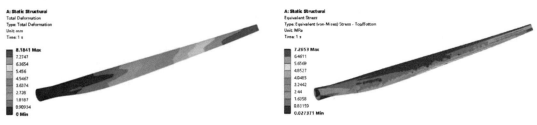

图 1-20 变形云图   图 1-21 等效应力云图

7）保存与退出。项目仿真完成后，要及时进行保存，然后退出 Workbench 环境。

一个项目仿真的全过程基本为以上这些步骤。当然，随着项目仿真物理模型的不同和难易程度不同，仿真方法、流程也会不同，这可参看后面章节进行了解。

1.3 Workbench 2024 工作目录、文件及格式

1.3.1 Workbench 2024 工作目录

ANSYS Workbench 默认的工作目录为系统盘的用户临时文件夹，ANSYS Workbench 所有生成的文件都将存在此目录下。需要注意的是，如果分析的是较大规模的项目，系统盘空间不够时，可以将 ANSYS Workbench 的工作目录设置在空间较大的磁盘中。一般情况下，建议单独为 ANSYS Workbench 分析项目建立一个文件夹。具体设置如图 1-22 所示。

1.3.2 Workbench 2024 文件管理

Workbench 的文件管理很方便。当用户创建一个 Workbench 项目时，会相应地在指定的硬盘目录下创建一个用户命名的项目文件夹。文件格式为：项目文件名.wbpj；同名项目文件夹格式：文件名_files。所有相关的项目文件都放在文件名_files 文件夹里。该文件夹下主要的子文件夹为 dp0、dpall 和 user_files。不要手动修改项目目录的内容或结构，如果要改，

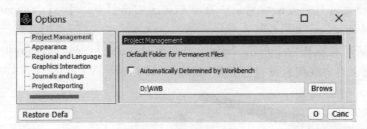

图 1-22 设置工作目录

可通过 ANSYS Workbench GUI 来管理所建项目，文件夹自动改变。

1. dp0 文件夹

这是设计点文件夹，用于存放特定分析下的所有参数状态。一个单独的分析中，将只有一个"dp0"文件夹。该文件夹主要包含 global 子文件夹和 SYS 子文件夹。global 文件夹包含每个分析中每个程序的子目录。SYS 文件夹包含项目中每个分析系统类型的子目录。SYS 文件夹中的分析系统类型和文件夹名见表 1-6。

表 1-6 SYS 文件夹中的分析系统类型和文件夹名

分析系统类型	文件夹名
Autodyn	ATD
BladeGen	BG
Design Exploration	DX
Engineering Data	ENGD
FE Modeler	FEM
Fluid Flow（Fluent）	FFF（analysis system）、FLU（component system）
Fluid Flow（Polyflow）	PFL（Polyflow）、PFL-BM（Blow Molding）、PFL-EX（Extrusion）
Fluid Flow（CFX）	CFX
Geometry	Geom
Mesh	SYS（top level）/ MECH（subdirectory）
Mechanical	SYS（top level）/ MECH（subdirectory）
Mechanical APDL	APDL
TurboGrid	TS
Vista TF	VTF
Icepak	IPK

2. user_files 子文件夹

该文件夹主要包含与项目相关的输入输出文件、用户宏文件、设计点文件等。

3. session_files 子文件夹

该文件夹是 ANSYS Workbench 项目文件自动保护机制文件夹，文件夹里存放有 Workbench 项目日志文件，日志文件记录着各种输入过程。日志文件可以回放，可以通过 File→Scripting→Run a script file 运行日志文件。

4. dpall 子文件夹

该文件夹主要包含 global 子文件夹，global 子文件夹包含子文件 ACT、DX 等，主要用来存放客户化文件、存在残缺的文件。

5. project_cache 文件

该文件是 ANSYS Workbench 项目文件保存的标志，在保存的项目文件夹里自动产生。

6. lock 子文件

ANSYS Workbench 项目文件有一种自锁机制，用来防止在同一时间段和文件目录内打开同一个项目。一个 Workbench 项目自锁会产生一个 lock 文件，如果不想被自锁，删除 lock 文件即可。打开项目时，如发现该项目被锁住，通常是该项目出现了非常结束，自锁是为了保证文件安全，这时，只要选择不自锁并继续即可。

1.4　应用 CAE 仿真技术需注意的事项

1.4.1　CAE 仿真技术应用的主要工作内容

在通常情况下，对于机械产品的结构设计基本上都在满足的线弹性范围内，即使涉及工程应用中的接触问题、热应力问题等，仍属于小变形范畴，完全可以简化成线弹性计算。因此，产品的 CAE 仿真计算在指定的设计标准规范下，主要包括以下工作内容：结构应力计算、结构变形计算、结构动特性计算、多物理场耦合计算、结构优化计算等。

1.4.2　CAE 仿真人员应注意的事项

CAE 仿真分析计算实际上需要多学科知识的集成综合应用。CAE 的分析计算结果是用来指导设计和制造的，因此，其结果的正确性除了与 CAE 建模、划分网格、加载及约束等条件有关以外，还与 CAE 仿真计算所具备的相关知识和积累的工程经验有关。CAE 分析人员绝不能仅仅是会用 CAE 软件，会建立 CAE 模型，得到一个计算结果就认为是百分之百正确了，对于一个出色的 CAE 分析人员来说，应具备的基本素质如下：

1）熟练掌握基本的计算机操作和 CAE 应用软件。

2）深刻理解有限元计算的基本理论和方法。

3）熟练掌握理论力学、材料力学、结构力学、弹性力学、疲劳与断裂、流体力学、热力学等力学知识。

4）熟悉相应的设计标准或规范。

5）熟练掌握 2D 和 3D 建模技术。

6）熟悉工艺、工装基础知识。

7）熟悉设备运行环境和工作环境条件。

8）熟悉基本的工程测试技术基础知识。

1.5　本章小结

本章按照 ANSYS Workbench 概述，Workbench 2024 平台，Workbench 2024 工作目录、文件及格式，应用 CAE 仿真技术需注意的事项顺序编写，为基础性内容，其中 Workbench 2024 产品分析流程中介绍的风机叶片实例为 Workbench Mechanical 基本分析流程，下面各章实例应用也都按照此流程分析。

通过本章的学习，读者可以对 Workbench 界面及仿真技术有基本的了解。

第2章 几何建模

有限元分析的基础是建立一个能反映实际设计原型的几何模型，其模型建立的好坏关系着分析结果的正确与否。在 ANSYS Workbench 中，承担几何建模功能的是 Geometry，包含 SpaceClaim（SC）、DesignModeler（DM）和 BladeModeler（BladeEditor），可以与其他子系统连接进行无缝数据传递。模型数据传递如图 2-1 所示。DesignModeler 具有较好的建模与 CAD 接口功能，简单易用；SpaceClaim 拥有更强大的功能，具有对模型进行快速的随意拉拽建模、修改，以及网格模型处理功能；BladeModeler 主要承担旋转机械叶轮叶片建模功能，BladeModeler 与 Workbench 中其他的力学分析模块相互配合使用，可使旋转机械从设计到仿真得到一体化解决。本章重点介绍 SpaceClaim 和 DesignModeler 几何模型建模方法及模型的处理，简要介绍 BladeModeler。

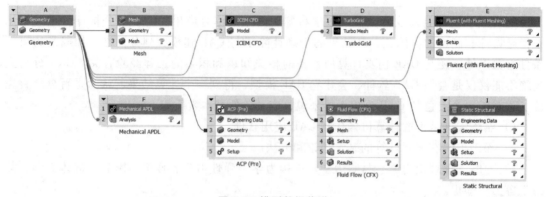

图 2-1　模型数据传递

2.1　SpaceClaim 直接建模

SpaceClaim 是一款高效率的模型直接建模工具，面向需要集中核心竞争力同时也需要在三维模式下高效工作的用户。SpaceClaim 提供高度灵活的设计环境以及有助于加速产品开发过程的现代用户体验。SpaceClaim 全部是关于添加和操作设计模型的各表面的内容，主要通过拉动和移动操作来实现，适合多种数据来源的 CAD 模型的快速修改及非参数化中性 CAD 模型的参数化，进而最大程度简化设计流程。同时，其本身提供了操作简洁直观的几何简化功能，可快速建立 CAE 仿真模型，适用于那些横跨广泛行业合作设计和制造机械产品的用户，如汽车行业、军工行业等。

2.1.1　SpaceClaim 用户界面

从组件系统【Component Systems】中将【Geometry】拖入工程流程图区域【Project

Schematic】，在几何单元上右击【Geometry】→【New SpaceClaim Geometry】，进入 SpaceClaim 程序窗口。调入几何模型组件如图 2-2 所示，SpaceClaim 用户界面如图 2-3 所示。或者，在"开始"菜单中执行【ANSYS 2024】→【Space-Claim2024】命令，打开中文版窗口。Space-Claim 英文界面转为中文界面，单击主菜单【File】，设置【SpaceClaim Options】→【Advanced】→【General】→【Language】=中文（简体）-Chinese（Simplified），单击【OK】按钮关闭窗口。

图 2-2　调入几何模型组件

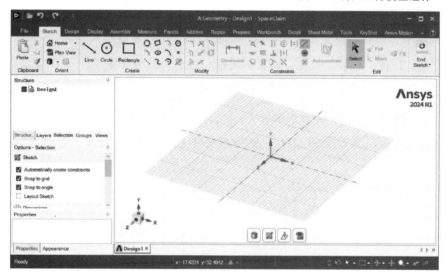

图 2-3　SpaceClaim 用户界面

SpaceClaim 的主界面包含文件菜单、快捷工具栏、功能区、活动工具、设计窗口、微型工具条、控制面板、工具向导和状态栏。

结构面板：包含了结构树，它显示设计中的每个对象及对象的各种操作。

图层面板：可将对象分组并设置其视觉特性，如可见性和颜色。

选择面板：可选择与当前所选对象相关的其他对象。

群组面板：可以存储所选对象的组。

视图面板：存储标准和自定义视图模式。

选项面板：可以修改 SpaceClaim 工具的功能。当选择相关的几何元素时就会启用对应的选项。

属性面板：显示关于所选对象的详细信息，可以更改属性值。

2.1.2　创建与设计

在 SpaceClaim 中，可以使用草图、剖面和三维三种模式进行快速切换。

草图模式【Sketch Mode】：显示草图栅格，能在二维平面模式中使用任何草图工具绘制草图。

剖面模式【Section Mode】：可以通过对横截面中实体和曲面的边和顶点进行操作来编辑实体和曲面，还可以在剖面模式下使用所有草图工具，来创建和编辑横截面中的实体和曲面。

三维模式【3D Mode】：可以利用工具直接处理三维空间中的对象。

通常创建设计模型使用的主要工具有选择、拉动、移动、组合或在剖面模式下进行草绘和编辑，以及多种辅助工具或在设计的各表面之间定义各种关系的（壳体、偏置、镜像）工具。通过相交工具栏组中的工具可处理组合对象（相交、合并、剪切等）。

在 SpaceClaim 中，可插入其他设计文件作为创建设计的一部分，插入设计可以导入 Stl 文件或刻面数据文件进行逆向工程，也可导入图片、视频及超链接。

- 创建设计时最常用的工具

🡅 选择：单击选择高亮显示对象、双击选择环边、三连击选择实体等。

🖌 拉动：拉伸、旋转、扫掠、偏置、拔模、过渡表面与实体等。

🗡 移动：移动任何单个的表面、曲面、实体或部件等。

📦 填充：合并和分割实体及曲面等。

📎 剖面模式：贯穿整个模型的任意横截面上进行草绘和编辑，创建并编辑设计模型等。

- 创建设计时常用的定向工具

🏠 回位：根据原始视图中的定义显示设计，快捷键"H"。

🎞 平面图：以栅格正面朝向方向显示设计，快捷键"V"。

📦 正三轴测：采用标准正三轴测图显示设计。

✚ 旋转：拖动旋转，可选围绕中心或光标旋转，顺时针或逆时针旋转90°，也可用中键拖动旋转。

✚ 平移：拖动平移设计，也可按住 Shift 键和中键拖动平移。

🔍 缩放：使用滚轮或上下拖动进行缩放，也可按住 Ctrl 键和中键缩放或选用放大框局部放大。

📑 靠齐视图：单击一个面以查看其正面，然后单击该面并向设计窗口的顶部、底部或两侧拖动，释放鼠标按住键即可将该面"抛向"相应侧。

1. 草图工具栏组【Sketch】

草图工具栏组包含草图创建工具和草图编辑工具，如图 2-4 所示，草图工具栏命令和操作说明见表 2-1。每个草图工具对应着相应的选项，可以共性设置笛卡儿尺寸与极坐标尺寸转换，锁定基点；也可单击草图微型工具栏进行快速切换，提高效率。草图微型工具栏和功

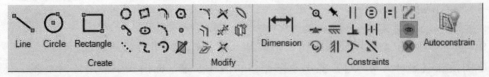

图 2-4　草图工具栏组

能说明见表 2-2。

当创建一个可以被拉成的三维实体时，草图是最基本的视图。当草图不想被拉成三维实体时，可以创建布局，布局视图可以避免二维视图被填充生成三维对象。

表 2-1 草图工具栏命令和操作说明

草图工具栏命令	操作说明	辅助选项
线（Line）	单击并拖动以绘制线，或单击创建多义线的每个点，然后双击以结束直线	可选从中心定义线
切线（Tangent Line）	单击一个曲线以开始绘制与其相切的线条，然后单击确定线条终点	—
参考线（Construction Line）	单击并直拖动以绘制线，或单击创建多义线的每个点，绘制的直线在三维模式下会成为轴	可选从中心定义线
样条曲线（Spline）	单击确定样条曲线的各点，双击可结束样条曲线。使用选择工具来编辑样条曲线	可选绘制连续样条曲线
面曲线（Face Curve）	在实体的面上绘制曲线	—
圆（Circle）	单击并拖动以绘制一个圆，或者单击以设定圆心，再次单击以设定直径	—
三点圆（Three-Point Circle）	单击三个点可创建这些点所确定的圆，单击曲线和线条可创建其相切圆	可选三点圆扇形
椭圆（Ellips）	单击以设置椭圆中心，再单击以设置第一个轴的长度和方位，然后单击以设置第二个轴的长度	—
矩形（Rectangle）	单击或拖动绘制一个与草图栅格相对齐的矩形	可选从中心定义矩形
三点矩形（Three-Point Rectangle）	通过单击或拖动绘制矩形的一条边，然后单击确定另一个边长	可选从中心定义矩形
多边形（Polygon）	单击以确定多边的中心，然后单击以确定其直径和方位。选择已完成的多边形，并调整其属性以更改边数	可选内圆半径
相切弧（Tangent Arc）	单击一个线条或曲线以开始绘制与其相切的弧，然后确定半径和弦角	—
三点弧（Three-Point Arc）	单击确定起点，接着单击确定终点，然后单击确定半径	—
扫掠弧（Sweep Arc）	单击以设置弧的圆心，再单击以设置弧的半径和起点，然后单击以设置弧的终点	—
点（Point）	单击创建点	—
创建圆角（Create Rounded Corner）	单击一个线条，然后单击另一个线条，并使用一个相切弧通过修剪或延伸来创建一个圆角	选择倒直角模式和禁用修剪
偏移曲线（Offset Curve）	选择要偏移的曲线、环或相切链，然后单击以创建偏移曲线	选择夹角封闭、弧线封闭、自然封闭模式，可选双向偏移
投影到草图（Project to Sketch）	选择要投影到草图栅格上的边、边环、相切链、顶点或注解文本	选择所有主体边、可见主体边、主体边框模式
创建角（Create Corner）	单击一个线条，然后单击另一个线条（通过修剪或延伸）来创建一个角	可选仅一侧
剪掉（Trim Away）	单击要移除的线段	—
分割曲线（Split Curve）	单击要分割的曲线，然后单击用于分割该曲线的曲线或点	—
折弯（Bend）	单击并拖动一条直线或弧线以弯曲这条线或更改弧线半径	—
镜像（Mirror）	单击一个平面或平表面以设置镜像平面，然后单击一个对象以镜像此对象。使用工具向导以创建或移除镜像关系	—

表 2-2　草图微型工具栏和功能说明

图标	工具名称	功能说明
	返回三维模式	在三维模式下激活拉动工具
	选择新草图平面	选择一个新的表面并在其上进行草绘
	移动栅格	使用移动手柄来移动或旋转当前的草图栅格
	平面图	以栅格正面朝向屏幕方向显示设计

2. 编辑工具栏组【Edit】

1）选择【Select】。单击以选择高亮显示的对象。双击以选择环边，三连击以选择实体，拖动可框选。Ctrl+单击和 Shift+单击可添加或移除对象。可以使用框选、套索选、多边形选、画笔选、边界选、组件选。

2）拉动【Pull】。选择要偏置、旋转、扫掠、拔模、缩放或复制的面。选择要取圆角、取倒角、挤出、复制或旋转的边。Alt+单击将驱动该拉动操作的对象。Ctrl+拖动可复制。

创建设计时可以使用拉动工具向导快速编辑绘制，见表 2-3。

表 2-3　拉动工具向导图标及说明

图标	工具名称	功能说明
	选择	选择要拖动的对象。Alt+单击以选择驱动面或驱动的边进行旋转、扫掠和拔模。Ctrl+单击面进行偏移面
	拉动方向（Alt+单击）	单击线、边、轴、平面来设置拉动的方向
	旋转（Alt+单击）	单击要绕其旋转选定面和边的直线、边或轴
	拔模斜度（Alt+单击）	在同一个主体上选择任意数量的连续面，然后选择要围绕其拔模的平面、平表面或边
	扫掠（Alt+单击）	选择要沿其要扫掠选定面或边的线或边，可以选择构成一条轨迹的多个相连的线或边
	缩放主体	选择要缩放所选主体的基准点
	直到	单击一个对象以指定要移动所选对象的终点。如果已选择"移动"控制轴，那么对象只能沿着这个方向移动
	完全拉动	旋转 360° 或扫掠至轨迹线尾端

创建设计，进行拉动操作时，拉动常规选项如下：

① 添加。在拉动时添加材料。

② 剪切。在拉动时移除材料。

③ 不合并。控制"拉动"结果是否与干涉实体合并。

④ 加厚曲面。该选项开启时，曲面将拉伸到实体；关闭时，曲面将偏移到新的位置。按住 Ctrl 键并拖动一个曲面时，将复制该曲面，然后将其偏移。

⑤ 保持偏移。通过当前操作保持偏移关系。

⑥ 圆角。拖动所选边创建一个半径恒定的圆角。右击可选作为可变半径圆角编辑、柔和操作。

⑦ 倒角。拖动所选边可创建一个等角倒直角。

⑧ 突出边。拖动所选边创建一个曲面。

⑨ 复制边。沿着高亮显示的拉动箭头所指的方向拖动所选边可复制。

⑩ 旋转边。沿着高亮显示的拉动箭头所指的方向拖动所选边可旋转。

3）移动【Move】。选择要移动的对象并单击移动控点的一条轴，然后拖动以移动该对象。按住 Alt 键并单击一个对象以定向此移动控点。在移动时按空格键可以控制移动尺寸。创建设计时可以使用移动工具向导快速编辑绘制，见表 2-4。

表 2-4　移动工具向导图标及说明

图标	工具名称	功能说明
	选择	选择要移动的对象。按住 Ctrl 键并单击可以选择多个面
	选择组件	单击以选择包含处于光标下方的对象的组件
	移动方向（Alt+单击）	单击对象以设置移动的初始方向
	定位	选择一个对象以定位和定向移动工具
	沿迹线移动（Alt+单击）	选择移动所选对象时所沿的边或线条
	沿轴向移动	选择要沿轴向移动对象的轴、直线或线性边
	支点	单击一个对象，将所选对象绕该对象移动。选择要绕其轴旋转的平面或边，选择要定位的阵列成员或选择组件以分解组件
	直到	单击一个对象以指定要移动所选对象的终点。如果已选择"移动"控制轴，那么对象只能沿着这个方向移动
	指定对象	单击面、边或轴以使选定的对象朝向该方向。要启用此工具向导，选择对象以及"移动"控点的线性轴

创建设计，进行移动操作时，移动常规选项如下：

① 移动栅格。在草图模式和剖面模式下将移动控点放置到草图栅格。

② 对称移动。根据每个对象相对于某平面的初始位置，将所选对象围绕该平面对称移动。"支点"工具向导用于定对称平面。

③ 输入 XYZ 坐标。通过输入 XYZ 坐标来移动选定的对象。当所有方向为活动状态时单击空格键以作为激活输入的快捷方式。

④ 创建阵列。将所选对象的副本拖到新位置时，创建一个阵列（如果可能）。

⑤ 保持方向。旋转对象或将其沿迹线移动时保持其初始方位。

⑥ 首先分离。移动前分离凸起，移动后重新附着。

⑦ 保持草图连接性。在移动草图曲线时保持草图曲线之间的连续性。

4）填充【Fill】。使用相邻或简单的几何结构填充所选区域。可以在选项中选择延伸填充、修补填充。创建设计时可以使用填充工具向导快速编辑绘制，见表 2-5。

表 2-5　填充工具向导图标及说明

图标	工具名称	功能说明
	选择	选择要填充的面和边
	选择导向曲线	选择导向曲线
	完成	完成"填充"操作

5）融合【Blend】。在所选面、曲面、边或曲线之间创建过渡。可以在选项中，选择旋转融合、周期融合、规则的线段、本地导轨、定时导向、钣金弯曲和显示 UV 格。创建设计时可以使用融合工具向导快速编辑绘制，见表 2-6。

表 2-6　融合工具向导图标及说明

图标	工具名称	功能说明
	选择轮廓	单击面、边、曲线或点以在其中创建过渡,按住 Ctrl 键并单击以添加到选择
	选择导轨	单击模型边或曲线以用作影响过渡的导轨;可选择添加面以成为相切参考
	选取中心线	为中心线选取一条曲线
	完成	完成过渡

6）替换【Replace】。单击要替换的面或曲线，然后单击要替换成的面或曲线。或者单击要简化的面，然后单击"完成"工具向导。创建设计时可以使用替换工具向导快速编辑绘制，见表 2-7。

表 2-7 替换工具向导图标及说明

图标	工具名称	功能说明
	目标	单击要替换或简化的面或曲线,按住 Ctrl 键并单击可以选择多个面
	源	单击要用来替换目标的面或曲线,单击此工具向导可选择多个来源
	完成	替换或简化目标面或曲线

7)调整面【Tweak Face】。显示用于对所选面执行曲面编辑的控件,包括以下部分。

① 控制点【Control Points】。显示所编辑的面的控制点。使用移动、缩放或其他工具来修改这些点的位置。

② 控制曲线【Control Curves】。显示正在编辑的面的特征曲线。

③ 过渡曲线【Blend Curves】。将选择的面一并修改成为计算的横截面之间的过渡。

④ 扫掠曲线【Sweep Curves】。显示轮廓并扫掠所选面的来源曲线。使用轮廓和路径重新创建实体。

⑤ 添加控制曲线【Add Control Curves】。在编辑的面上添加其他控制点、过渡曲线或控制曲线。

⑥ 栅格【Grid】。在所选面上显示栅格。

⑦ 曲率【Curvature】。显示所选面上的曲率值。

⑧ 分布线【Porcupine】。沿着控制曲线显示曲率梳。

3. 相交【Intersect】

1)组合【Combine】。合并或分割对象。按住 Ctrl 键并单击实体和曲面以便将它们合并。或单击一个对象,然后单击用于分割该对象的另一个对象,再单击待移除区域中的任意位置。创建实体时,可在选项中利用完成后合并、保留切割器、创建所有区域;创建曲线时,可在选项利用压印为边,也可进行延伸相交部分操作。创建设计时可以使用组合工具向导快速相交编辑绘制,见表 2-8。

表 2-8 组合工具向导图标及说明

图标	工具名称	功能说明
	选择目标	Ctrl+单击多个实体或曲面可将其合并
	选择刀具	单击要用于分割所选目标的对象。Ctrl+单击可向刀具集添加更多对象
	选择要合并的主体	单击一个实体或曲面以将其合并到所选目标
	选择要移除的区域	将鼠标光标停在目标上可高亮显示通过剪切创建的区域。单击可移除高亮显示的区域

2）分割主体【Split Body】。单击要用于分割主体的面或平面。或单击一条曲面边分割该曲面，也可以单击要移除的区域。可在选项中选择完成后合并、延伸面、局部切割。创建设计时可以使用分割主体工具向导快速相交编辑绘制，见表 2-9。

表 2-9 分割主体工具向导图标及说明

图标	工具名称	功能说明
	选择目标	单击要分割的目标主体
	选择刀具	单击以选择一个面、平面或环边线以剪切目标主体。按住 Ctrl 键并单击可选择多个切割器
	选择切口	选择切割循环以切割主体
	选择要移除的区域	将鼠标光标停在目标上可高亮显示通过剪切创建的区域。单击可移除高亮显示的区域

3）分割【Split】。选择一个面或一条边，然后选择另一个对象来分割该面。

可在选项中选择创建曲线分割。创建设计时可以使用分割工具向导快速相交编辑绘制，见表 2-10。

表 2-10 分割工具向导图标及说明

图标	工具名称	功能说明
	选择目标	选择要分割的面。按住 Ctrl 键并单击可以选择多个面
	拆分边	在指定位置分割边
	选择 UV 切割器点	将鼠标光标停在一条边或一个面上可预览分割效果。单击此边或面上的一点可分割目标面
	选择垂直切割器点	将鼠标光标停在一条边上可预览分割效果。单击边上的一点以分割目标面
	选择两个刀具点	单击一条边上的一个点。将鼠标光标停在另一条边上以预览分割效果。单击第二条边上的点可分隔目标面
	选择刀具面	单击一个面以使用一个边来分割目标面
	选择结果	在压印的曲线上单击以便将它移除

4）投影【Project】。选择要将其边进行正投影的面、曲面、边或注解文本。Alt+单击另一个面（或者边）以设置投影方向。可在选项中选择透过实体投影、投影轮廓边、延伸投影边、延伸目标面创建。创建设计时可以使用投影工具向导快速相交编辑绘制，见表 2-11。

表 2-11 投影工具向导图标及说明

图标	工具名称	功能说明
	选择曲线	选择要投影到主体上的曲线
	选择方向	选择曲线的投影方向
	选择目标面	选择要将曲线投影到的面
	完成	投影所选曲线

4. 创建【Create】

1）平面【Plane】。根据所选对象创建一个平面，或创建一个包含所选草图实体的布局。创建设计时可以使用平面工具向导快速创建辅助平面，见表 2-12。

表 2-12 平面工具向导图标及说明

图标	工具名称	功能说明
	选择	选择对象
	与屏幕对齐	单击创建通过选定几何体并与屏幕平行的基准面
	构建平面	单击对象以逐步构建一个平面

2）轴【Axis】。从所选线条或边创建一个轴。创建设计时可以使用轴线工具向导快速创建辅助轴，见表 2-13。

表 2-13 轴线工具向导图标及说明

图标	工具名称	功能说明
	选择	选择对象
	构建直线	单击对象以逐步构建一个直线

3）点【Point】。从当前选择位置创建一点。

4）原点【Origin】。在选择对象中心或选定平面的相交位置创建坐标系。

5）线阵列【Linear Pattern】。创建一个线性一维或二维阵列。可在选项选择一维、二维图案类型，并输入相关阵列参数。

6）圆形阵列【Circular Pattern】。创建一个圆形阵列。可在选项中选择一维、二维图案类型，并输入相关阵列参数。

7）填充阵列【Fill Pattern】。创建一个阵列，使用阵列成员"填充"区域。可在选项中选择栅格、偏移图案类型，并输入相关阵列参数。

8）壳体【Shell】。单击要移除的面以创建壳体，然后测量该壳体的尺寸。创建设计时可以使用壳体工具向导快速创建，见表2-14。

表 2-14　壳体工具向导图标及说明

图标	工具名称	功能说明
	移除面	选择实体面以将其移除并创建壳体。单击其他面可将这些面移除
	更多壳体	将已存在壳体上的新增凸起也设为薄壳
	完成	完成创建当前壳体并继续为其他实体创建壳体

9）偏移【Offset】。单击具有恒定偏移值的面以创建关系。单击一个面以将另一个面确定为基准面。可在选项中选择查找所有相同的偏移值。创建设计时可以使用偏移工具向导快速创建，见表2-15。

表 2-15　偏移工具向导图标及说明

图标	工具名称	功能说明
	面对	选择一对偏移的面可同时选择具有相同偏移值的所有偏移面对
	切换基准	选择偏移面对中的一个面可将基准面切换为另一个面

10）镜像【Mirror】。单击一个面或平表面以设置镜像面，然后单击一个对象以镜像此对象。使用工具向导以创建或移除镜像关系。可在选项中选择合并镜像对象、创建镜像关系操作。创建设计时可以使用镜像工具向导快速创建，见表2-16。

表 2-16　镜像工具向导图标及说明

图标	工具名称	功能说明
	选择镜像平面	选择一个平面以围绕它来镜像面或主体
	镜像主体	选择要镜像的实体或曲面
	镜像面	选择要镜像的面
	设置镜像	选择一对面以自动创建镜像关系。按住 Ctrl 键并选择多个面和一个镜像平面以自动检测与该平面等距的两个相同面

（续）

图标	工具名称	功能说明
	删除镜像	选择要移除镜像关系的面

5. 主体【Body】

1）方程【Equation】。使用方程创建几何。

2）圆柱【Cylinder】。单击确定圆柱的轴的端口，然后单击确定半径。可在选项中选择仅近端主体。

3）球【Sphere】。单击一次确定球的中心点，再次单击确定半径。可在选项中选择仅近端主体。

2.1.3　组件与工具

组件与工具可以用来进行零件的组装和零件的逆向处理。

1. 零件【Part】

1）文件【File】。向此文档插入几何体或图像。当插入图像时，单击一个坐标系平面或模型平面以定位图像，然后单击以便在文档中放置该图像。

2）标准零件【Standard Part】。插入标准零件。

2. 组件【Assembly】

1）相切【Tangent】。是所有元素相切。有效面对包括平面与平面、圆柱与平面、球与平面、圆柱与圆柱，以及球与球。

2）对齐【Align】。利用所选的轴、点、平面或这些元素的组合对齐组件。

3）定向【Orient】。定向组件，以便所选元素的方向相同。

4）刚性【Rigid】。锁定两个或两个以上组件之间的相对方向和位置。要启用此工具，在两个不同的组件中选择两个轴。

5）齿轮【Gear】。使两个面沿一条直线相切，并禁止沿这条直线的面之间出现任何滑移。有效的面对包括圆柱体和圆柱体、圆锥体和圆锥体、平面和圆柱体以及平面和圆锥体。

6）定位【Anchor】。选择组件的一个面以修复该组件的方向和位置。要启用此工具，请在一个组件中选择一个面。

3. 反向工程【Reverse Engineering】

1）自动曲面剥皮【Auto Skin Surface】。从刻面模型生成CAD几何体。插入设计时可以使用曲面剥皮工具向导快速创建，见表2-17。

表2-17　曲面剥皮工具向导图标及说明

图标	工具名称	功能说明
	选择刻面主体	选择要转换为CAD主体的刻面主体
	选择固体主体	选择作为CAD转换参考的固体主体

（续）

图标	工具名称	功能说明
 ✔	完成	单击转换成 CAD 模型

2）表层曲面【Skin Surface】。创建近似几何体的剖面。插入设计时可以使用表层曲面工具向导快速创建，见表2-18。

表 2-18　表层曲面工具向导图标及说明

图标	工具名称	功能说明
 ↖	选择边界	单击设置要剥皮区域的边界
 ↖	选择几何体	选择修补的平面或边为剥皮创建边界环
 ✔	完成	单击所选曲面为其创建剥皮

3）抽取曲线【Extract Curves】。从刻面化的主体横截面抽取曲线。插入设计时可以使用抽取曲线工具向导快速创建，见表2-19。

表 2-19　抽取曲线工具向导图标及说明

图标	工具名称	功能说明
 ↖	选择剖面	选择在与刻面化的主体的交点位置创建曲线的平面
 ↖	选择曲线	选择要从刻面化的主体横截面抽取的曲线
 ✔	完成	单击以在所选平面与刻面化的主体交点位置创建曲线

4）定向网格【Orient Mesh】。将网格定向到世界原点。将鼠标置于刻面化的主体上方可找到最佳拟合临时平面或圆柱，然后单击以定向到世界原点轴。

5）拟合样条曲线【Fit Spline】。将样条曲面拟合到选定的网格刻面上。

6）矢量化图像【Vectorize Image】。从图像创建曲线。

4. 正在制造【Manufacturing】

1）标准孔【Standard Hole】。根据标准表的尺寸创建标准孔。可使用孔工具栏创建。

2）识别孔【Identify Hole】。识别标准孔。可在选项中设置识别对象。

3）移动主体【Move Body】。选择主体上的一个点并将整个主体移至世界原点。

4）创建工件【Create Workpiece】。创建包含设计的工件。可在选项中设置工件类型。

5）工具路径【Toolpath】。插入工具路径。包括车削轮廓、去毛刺工具路径、复制边。

6）止裂槽【Relief】。创建圆角切口用于止裂槽和拟合间隙。可在选项中进行查找或修复设置。

7）缠绕【Wrap】。缠绕曲面周围的曲线、曲面或实体。要缠绕的面必须为柱面、平面或锥面。可在选项中设置压印为边、删除源几何体。

8）展开【Unroll】。将由平面、柱面或锥面及其他方向展开的面组成的曲面主体展开到平面中。选择曲面主体的一个面以启用"展开"按钮。

2.1.4 刻面处理

在 SpaceClaim 中，可以利用刻面标签中的工具对网格模型或 Stl 格式的模型进行多种方法处理，比如修复、把面网格模型转化为实体模型等。

1. 选择【Select】

1）选择【Select】。选择刻面可以使用框选、套索、多边形、画笔，也可以使用延伸或按几何体选择刻面。

2）扩大【Expand】。将当前选择扩大一行刻面。

3）缩小【Shrink】。将当前选择缩小一行刻面。

4）填充【Fill】。将当前选择范围内剩余的所有刻面。

2. 清理【Cleanup】

1）检查刻面【Check Facets】。检查设计中的所有刻面化的主体并显示错误信息。

2）自动修复【Auto Fix】。尝试自动修复设计中任何有缺陷的刻面化的主体以准备进行三维打印。

3）收缩缠绕【Shrink Wrap】。围绕所选主体创建一个被收缩缠绕的刻面化的主体。可在选项中设置间距大小，保留原始主体，保留特征。

4）相交【Intersections】。检测并修复所有相交。

5）过渡连接【Over-connected】。修复过渡连接边和顶点。

6）孔【Holes】。检测并修复网格主体上的开口。可在选项中设置孔修复类别。修复刻面时可以使用孔的工具向导快速创建，见表 2-20。

表 2-20 孔的工具向导图标及说明

图标	工具名称	功能说明
	选择问题	选择一个问题区域并尝试修复它
	选择几何体	选择没有问题的区域被找到的几何体
	排除问题	选择要从选择或修复中排除的问题区域
	选择导向曲线	选择曲线以影响修补形状

（续）

图标	工具名称	功能说明
▣	排除区域	选择区域以从修补中排除
✔	完成	修复剩余的所有问题区域，或者修复所选的问题区域

7）修复尖角【Fix Sharps】。检测并修复尖锐的边和顶点。可在选项中设置查找尖锐边或顶角范围，设置凸面或凹面。

3. 组织【Organize】

1）分离【Separate】。将网格的每个断开区域分离到各网格主体中。可在选项中设置过渡连接、已连接。修复刻面时可以使用分离工具向导快速创建，见表2-21。

表 2-21　分离工具向导图标及说明

图标	工具名称	功能说明
▨	选择壳体	单击一个壳体以将其从刻面化的主体中分离
▨	选择刻面化的主体	单击一个刻面化的主体以将其分离达到件中

2）分离所有【Separate All】。在已经将多个断开区域分离到各个主体的设计中分裂所有刻面化的主体。

3）连接【Join】。将多个主体组合成一个主体并在可能时拼接在一起。

4. 修改【Modify】

1）合并【Merge】。将两个所选刻面化的主体合并为一个主体。可在选项中设置保留原始主体。

2）减去【Subtract】。使用另一个刻面化的主体从一个刻面化的主体减去相交区域。可在选项中设置保留原始主体、保留切割器。

3）相交【Intersect】。从两个刻面化的主体的相交区域创建新刻面化的主体。可在选项中设置保留原始主体。

4）分割【Split】。使用切割器分割刻面化的主体。可在选项中设置封闭类型。

5）壳体【Shell】。使用封闭的刻面化的主体创建薄壁。可在选项中设置加厚方向、填料类型，如点阵格、极小曲面。

6）缩放【Scale】。相对于所选的点缩放刻面化的主体。可在选项中设置缩放方向XYZ。

7）加厚【Thicken】。从所选的开放刻面化的主体创建薄的封闭主体。可在选项中设置加厚方向、修复交点。

5. 调整【Adjust】

1）柔和【Smooth】。平滑所选刻面。可在选项中设置角度阈、平滑类型。

2）缩减【Reduce】。缩减所选主体的刻面数目。可在选项中设置三角形缩减、最大偏差。

3）规范化【Regularize】。重新网格化所选刻面以提高其质量。可在选项中设置角度阈。

6. 检查【Inspect】

1）突出【Overhangs】。检查并高亮显示突出角度高达90°的刻面化的主体。可在选项中设置突出角度。

2）厚度【Thickness】。检查刻面化的主体的最小厚度。可在选项中设置最小厚度。修复刻面时可以使用厚度工具向导快速创建，见表2-22。

表2-22 厚度工具向导图标及说明

图标	工具名称	功能说明
	选择刻面化的主体	单击一个刻面化的主体以分析厚度
	三维打印方向	单击线、边或轴以指定三维打印方向

3）空腔区【Cavity】。查找完全封闭在刻面化的主体内，可能困住过量打印材料的空腔区。

7. 转换【Convert】

将所选实体或曲面主体转换为刻面化的主体。可在选项中设置保留原始主体、最大距离/角度、纵横比、最大边长。

2.1.5 增材制造前处理

Additive Prep 是 SpaceClaim 中的内置工具，用于研究不同的零件放置方向，分析其对构建时间、变形和所需支撑量的影响，创建支撑结构及具有完全控制细节的高级支撑几何图形。若首次使用，需要经文件【File】→【SpaceClaim option】→【License】中勾选 Additive Prep 复选框，并单击保存。设置完成之后，在工具栏中，出现【Additive】栏，Additive Prep 的相关功能可以在这里开展，如图2-5所示。

图2-5 Additive Prep 的相关功能

操作流程如下：

1. 创建成形空间体积

成形空间体积【Build Volume】是打印设备中可用来制造零件或实物的最大空间。在创建成形空间体积前需创建或导入模型，模型必须转化为实体或面片体，以便后续工作的开展，部件对象必须位于结构树的顶部才能使用。

（1）创建打印工作平台

单击创建【Create】，程序自动创建打印相关设置，包括自动生成基板【Baseplate】、机器设置【Machine】、工作空间【Workspace】三个下属模块，如图2-6所示。

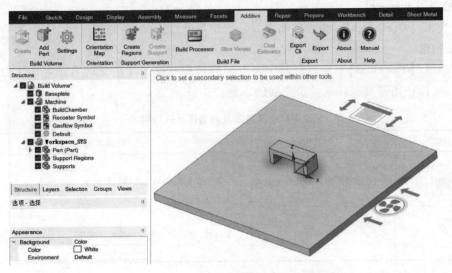

图2-6　创建打印工作平台

（2）添加零件

单击添加零件【Add Part】可以添加其他结构或者添加支撑结构。并可以通过移动等操作，将添加的零件放置在合适的位置。

（3）设置打印参数

设置【Settings】用于定义基板尺寸和打印机的高度、材料参数，单击【Manage Machines】可进入编辑界面，对相关打印参数进行设置，包括机器名称、平台尺寸、零点位置、打印材料、激光头数和功率等参数。设备参数设置如图2-7所示，设备参数管理编辑平台如图2-8所示。

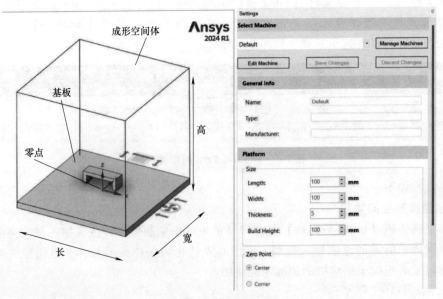

图2-7　设备参数设置

2. 打印摆放位置

打印方位图【Orientation Map】可以帮助在基板上找到更好的零件摆放方位，共有三个约束条件：建造时间、支撑体积量和变形趋势，如图 2-9 所示。评判标准归结为"越绿越好"。可以通过移动 Z 轴偏移【Z-offset】设置零件的打印摆放高度，通过移动光圈快速进行零件的摆放，选择自己最关注的方面，设置更优的摆放位置。

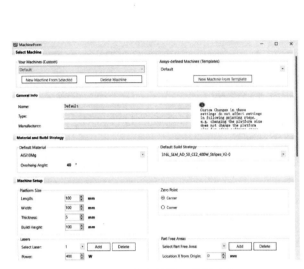

图 2-8　设备参数管理编辑平台

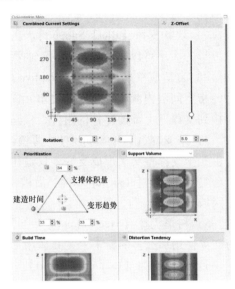

图 2-9　打印方位图

3. 创建支撑

（1）创建支撑区域

创建支撑区域【Create Regions】，确定打印方向后，支撑创建分两步：首先基于悬垂角进行识别需要支撑部件的区域，被称为支撑区域；其次在这些区域中创建支撑进行更精准控制。Additive Prep 自动检测支撑区域，可以是线也可以是面。悬垂角【Overhang Angle】需要在这里再次指定，可以不同于在方向图中用于支撑体计算的值；区域尺寸【Region Size】用于表面检测的最小尺寸，所有尺寸小于此处指定的曲面都不会被考虑生成支撑。支撑设置定义之后，单击创建区域【Create Regions】会显示在有面部分上，出现在树中，可以单独对某个支撑进行删除或重命名操作，也可手动创建，如图 2-10 所示。

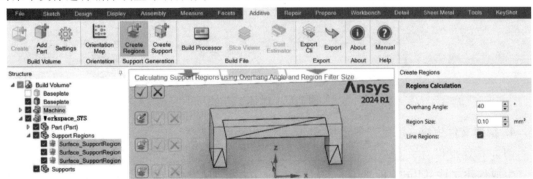

图 2-10　创建支撑区域

（2）创建支撑

支撑区域确定，单击创建支撑【Create Support】，从树中选择【Support Regions】组件可为每个区域创建支撑。除了自定义支撑，对于所有预定义的支撑可以通过选项卡调整支撑的几何形状和相关参数，鼠标移动到相关参数上时，对话框底部会自动弹出图形解释，如图2-11所示。添加支撑可从以下几方面考虑，比如，缩短打印时间、降低材料消耗、减少能源消耗、减少去除支撑的人工后处理时间等。支撑类型包括：

1）块状支撑【Block Support】。由规则排列的矩形或正方形组成的网格状支撑，矩形或正方形的大小可以更改，仅适用于曲面支撑区域。

2）自适应单元格支撑【Adaptive Cell Support】。立方体模式，单元的大小在从基板到部件的指定间隔内减小，可以通过单元内的十字形壁进一步减小单元尺寸。其特征将支撑单元连接到支撑壁上部的零件的附件，仅适用于曲面支撑区域。

3）线支撑【Line Support】。薄壁沿边缘中心被支撑，在与基板的过渡区域，每个壁通常由几个支撑壁交叉形成支柱，仅适用于线路支撑区域。

4）杆支撑【Rod Support】。沿被支撑区域以不同方式分布杆状支撑，仅适用于表面支撑区域。

5）树形支撑【Tree Support】。上部代表树枝，下部代表树干，树状支架不像其他类型的支撑使用那么多的粉末，尤其适用于有支撑孔的内部，仅适用于曲面支撑区域。

6）轮廓支撑【Contour Support】。仅围绕支撑区域周边的支撑壁，没有内壁。

7）自定义支撑【Custom Support】。可以使用设计工具创建合适的支撑，优点是可以对同一个文件中同时具有无体积支撑和实心支撑结构导出。

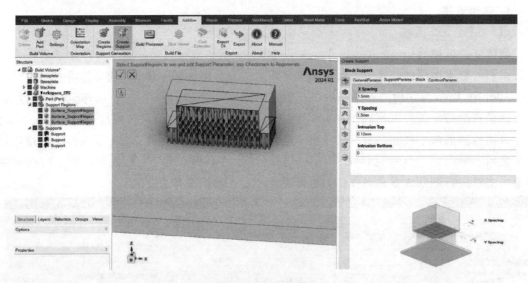

图2-11　创建支撑

4. 构建文件生成

（1）构建过程

生成构建文件【Build Processor File】，在确定零件的摆放位置，创建支撑后创建。构建文件包含打印零件所需的设备指令的所有细节：材料、打印方式、切片厚度、最大功率、扫描路径模式等。构建策略类似于扫描模式的模板，可以使用现有的构建策略并修改一些参数，还可以创建自己的构建策略，Additive prep 提供一些现成的模板。构建策略模板如图2-12 所示。

构建过程参数如下。

图 2-12　构建策略模板

1）缩放【Scaling】。在底板上缩放零件，用来补偿几何图形的收缩或膨胀。

2）分层【Slicing】。在建造过程之前，定义部件如何在水平层上划分。

3）体积【Volume】。定义如何打印零件的内部。

4）上层重熔【Up Skin Remelting】。上层类型的区域曝光两次，基板没有被向上驱动，也没有施加新的粉末层。

5）上层重涂【Up Skin Recoating】。上层类型的区域曝光两次，基板不向上驱动，而是施加新的粉末层。

6）下层【Down Skin】。定义如何考虑下层面的区域（下面没有图层）。

7）支撑【Support】。定义如何打印支撑。

8）扫描【Scanning】。定义向量的处理顺序。

（2）构建文件查看

生成构建文件后，可以查看构建中的各个片段。在构建文件生成阶段，该文件是一个内部文件。它需要导出才能用于打印。在导出文件之前，可以动态观察二维形式的模型打印状态。构建文件查看如图2-13 所示。

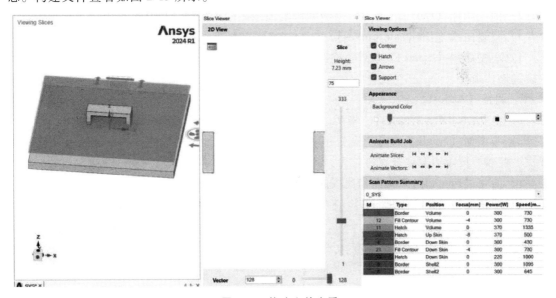

图 2-13　构建文件查看

（3）成本预测

成本预测这项功能主要估计总成本，基于所选机器的材料和构建策略，目前仅对 SLM 设备可用。

5. 构建文件导出

最后，将构建完成的项目文件导出到 Additive Print 或 Mechanical 中进行模拟，或直接传入打印机进行打印。

2.1.6 修复与准备

在 SpaceClaim 中，可以利用修复标签中的工具修复导入多种中性格式的 CAD 模型，达到可使用的合格模型或 CAE 模型标准。可以利用准备标签中的工具建立以仿真分析为目的的 CAE 模型，包括提取中面、点焊/焊接、横梁创建等工具。

1. 固化 【Solidify】

1）拼接【Stitch】。将曲面拼接成一个主体。可在选项中设置最长距离，检查重合。

2）间距【Gaps】。检测并修复曲面主体中的间距。可在选项中设置最大角度/距离。

3）缺失的面【Missing faces】。检测并修复曲面主体上缺失的面。可在选项中设置最大角度/距离、修复选项。

2. 修复 【Fix】

1）分割边【Split Edges】。检测并修复未标记新面边界的重合边。可在选项中设置最大长度、最小角度。

2）额外边【Extra Edges】。检测并移除不需要的边以定义模型的形状。

3）重复【Duplicates】。检测并修复重复面。

3. 修复曲线 【Fix Curves】

1）拟合曲线【Fit Curves】。将所选曲线替换为直线、弧或样条曲线以进行改进。可在选项中设置最长距离、修复选项。

2）曲线间隙【Curves Gaps】。检测并修复曲线之间的间隙。可在选项中设置最长距离。

3）重复曲线【Duplicate Curves】。检测并移除重复曲线。

4）小型曲线【Small Curves】。检测并移除小型曲线，弥补它们留下的间隙。可在选项中设置最长距离。

4. 调整 【Adjust】

1）合并面【Merge Faces】。将两个或更多面替换为单个面。

2）小型面【Small Faces】。检测并移除模型中的小型面或狭长面。可在选项中设置按区域找小型面，按短边宽度查找狭长面。

3）简化【Simplify】。将面和曲线简化成平面、圆锥、圆柱、直线、弧线等。

4）非精确边【Inexact Edges】。检验并修复未精确位于两个面相交处的边。

5）拉直【Straighten】。摆正平面、圆柱和孔，使其与坐标系齐平。可在选项中设置最大角度、修复选项。

6）放松【Relax】。减少用于定义曲面的控制点数。可在选项中设置最长距离、最小点数及点密度。

7）相切【Tangency】。检测靠近切线的面并使它们变形，直到它们相切。可在选项中设置最大角度。

5. 分析 【Analysis】

1）体积抽取【Volume Extract】。从有界限的区域创建一个封闭的体积。可在选项中设置合并创建的体积和预览内面。准备模型时可以使用体积抽取工具向导快速创建，见表2-23。

表 2-23　体积抽取工具向导图标及说明

图标	工具名称	功能说明
	选择面	选择封闭成一个闭合区域的面
	选择边	选择封闭成一个封闭区域的环边
	选择封顶曲面	选择在对体积进行封顶时要使用的可选封顶曲面。封顶曲面必须与要封顶的入口和出口共用一些边
	选择矢量面	选择一个面以确定封闭体积的内面
	完成	从所选的边界创建封闭的体积

2）中间面【Mid Surface】。使用多组偏移的面来创建中间面。可在选项中设置范围及位置。准备模型时可以使用中间面工具向导快速创建，见表2-24。

表 2-24　中间面工具向导图标及说明

图标	工具名称	功能说明
	选择面	选择一对偏移面
	添加/移除面	添加或移除用来创建中间面的面
	交换边	检测到一个或多个面配对不正确时，切换面配对的方向
	完成	创建中间面

3）点焊【Spot Weld】。在一个或多个相邻的面之间创建一组焊点。可在选项中设置焊点参数。准备模型时可以使用点焊工具向导快速创建，见表2-25。

表 2-25　点焊工具向导图标及说明

图标	工具名称	功能说明
	选择基准面	选择一个要在其上创建点的基准面
	选择导向边	选择一条边或多条边，以便沿着这些边测量所创建的点
	选择配合的面	明确选择一些面，以便检测每个基点的配合点

（续）

图标	工具名称	功能说明
 ✔	创建点焊	完成这组点焊

4）焊接【Weld】。在所选边和目标面之间创建焊接主体。可在选项中设置最大长度。准备模型时可以使用焊接工具向导快速创建，见表2-26。

表2-26　焊接工具向导图标及说明

图标	工具名称	功能说明
 ↖	选择	单击检测到的边或曲线以延伸它们
 ↖	选择边	选择要创建的焊接主体的边
 ↖✕	排除问题	选择要从选择或修复中排除的问题区域
 ↖	选择目标面	选择要创建的焊接主体的面
 ✔	完成	修复剩余的所有问题区域，或者修复所选的问题区域

5）外壳【Enclosure】。创建一个具有预定义的衬垫、包围一个或多个对象的外壳。可在选项中设置外壳类型、对称尺寸。

6）按平面分割【Split By Plane】。按平面或平面分割主体。可在选项中设置完成后合并。

7）延伸【Extend】。将曲面边或草图曲线延伸到相交的主体。可在选项中利用查找选项查找最长距离、修剪曲面等，修复选项在延伸或修剪之后合并。

8）压印【Imprint】。检测重合面、边或顶点，并将其压印以允许网格连接。可在选项中设置类型和容差。

6. 移除【Remove】

1）干涉【Interface】。检测并修复干涉主体。

2）圆角【Rounds】。从模型中移除圆角。可在选项中设置自动缩小填充区域。

3）面【Faces】。填充特征或者延伸相邻的面，以便从模型中移除特征。

4）短边【Short Edges】。检测小于指定长度的短边，有选择地将其更改为T形边。可在选项中设置查找范围。

7. 检测【Detect】

1）错误面【Bad Faces】。检测渲染损坏的面。

2）锐边【Overlap Faces】。查找尖锐边和顶点。

3）间隙【Clearance】。搜索组件中零件之间的小间隙。可在选项中设置查找范围。

8. 横梁【Beams】

1）轮廓【Profiles】。为当前选择的横梁设置轮廓。在未选择任何对象的情况下，设置要在创建新横梁时使用的轮廓。

2）创建【Create】。沿一条边、一条曲线或在两点之间创建一条横梁。点可以是顶点、中点或者平面和边的交点。

3）抽取【Extract】。从实体中抽取横梁。必须具有等截面，但其长度方向可以有锥形末端、槽口或切块。

4）定向【Orient】。更改相对于其路径的横梁轮廓的方向和位置。

5）连接【Connect】。连接横梁至相邻横梁。

6）分割【Split】。通过相邻的实体化横梁分割横梁。

7）显示【Display】。修改横梁的显示方式，线性横梁和实体横梁。

9. Workbench

1）识别对象【Identity Objects】。识别仿真对象。可在选项中设置仿真对象类型。

2）仿真简化【Icepak Simplify】。简化仿真对象。

3）开口【Opening】。创建用以在主体中表示开口的曲面主体。

4）风扇【Fan】。为 Icepak 指定风扇。

5）格子【Grille】。为 Icepak 指定格子。

6）显示【Show】。显示/隐藏仿真主体、非仿真主体和所有主体。

10. 共享【Sharing】

1）重叠主体【Overlap Bodies】。清理模型以进行共享。

2）分割边【Split Edges】。检测并修复未标记新面边界的重合边。

3）额外边【Extra Edges】。检测并移除不需要的边以定义模型的形状。

4）简化【Simplify】。将面和曲线简化成平面、圆锥、圆柱、直线、弧线等。

5）小型面【Small Faces】。检测并移除模型中的小型面或狭长面。

6）共享【Share】。共享重合拓扑。

7）取消共享【Unshare】。取消共享拓扑。

8）查看组件结构【View Assembly Structure】。显示转换组件结构。

9）查看连接主体【Show Connected Bodies】。显示连接至所选主体的主体。

10）显示【Display】。可以显示共享边、共享面和共享顶点。

2.1.7　测量与显示

在 SpaceClaim 中，可以利用测量标签中的工具对创建设计进行测量、显示干涉、分析质量。可以利用显示标签中的工具自定义显示样式，包括颜色、图层、线宽、图形显示或隐藏、渲染、覆盖及边显示；可以通过包括创建新窗口、分割窗口及转换窗口显示工作区域；可通过相机组抓拍显示；可通过栅格组控制草图栅格显示；通过显示视图组控制显示视图对象，如世界原点、转动中心等。

1. 检查【Inspect】

1）测量【Measure】。单击要测量的对象。可以将属性复制到剪贴板以备粘贴。可在选项中设置精度。

2）质量属性【Mass Properties】。单击一个实体或曲面以显示其属性，属性被复制到剪贴板以备粘贴。可在选项中设置精度。

3）检查几何体【Check Geometry】。检查几何体中的常见问题。要启用此工具，请选择一个主题或元件。可在选项中设置精度。

2. 干涉【Interference】

1）曲线【Curves】。Ctrl+单击相交的对象以显示相交的边。可在选项中设置折叠到父元件。

2）体积【Volumes】。按住 Ctrl 键并单击相交的对象以显示其相交体积。可在选项中设置折叠到父元件。

3. 质量【Quality】

1）法线【Normal】。单击一个面或曲面以显示其法线。可在选项中设置显示状态。

2）栅格【Grid】。单击面或曲面以显示其栅格。按住 Ctrl 键单击以选择多个面或曲面。可在选项中设置显示状态。

3）曲率【Curvature】。单击一个面或边以显示其曲率。按住 Ctrl 键并单击可选择多个面或边。可在选项中设置显示状态。

4）两面角【Dihedral】。单击一条边以便显示在这条边上相交的面之间的两面角。按住 Ctrl 键并单击可选择多条边。可在选项中设置显示状态。

5）拔模【Draft】。单击一个面以显示其相对于 Z 轴的角度。单击一个平面，再单击一个面，以测量该面与平面的夹角。可在选项中设置方向、角度、颜色。

6）条纹【Stripes】。单击一个面或曲面以显示其上的反射条纹的阵列。按住 Ctrl 键并单击可以选择多个面。可在选项中设置显示颜色、密度。

7）偏差【Deviation】。单击实体或网格设置参考体，然后按住 Ctrl 键并单击目标实体以比较和显示偏差结果。可在选项中设置最大距离、源体样例间距、显示颜色、容差等。

2.1.8 网格生成

Mesh 是 SpaceClaim 中的内置网格划分工具。使用 SpaceClaim 工具设置网格划分参数、生成网格、在 SpaceClaim 内查询网格。同一应用程序中兼有几何体和网格划分工具的优势是有助于使网格生成过程更加流畅，并减少在复杂模型中创建高质量网格所花费的时间。若首次使用，需要经文件【File】→【SpaceClaim Option】→【Ribbon Tabs】中勾选 Mesh 复选框，并单击保存。设置完成之后，在工具栏中，出现 Mesh 栏，Mesh 的相关功能可以在这里开展。Mesh 栏及相关功能如图 2-14 所示，Mesh 自动块网格划分如图 2-15 所示。

图 2-14　Mesh 栏及相关功能

典型的模型网格划分工作流程通常包含以下步骤：

1. 选择物理类型

物理类型包括结构和流体力学，如果从 ANSYS Workbench 或 ANSYS Mechanical 输入

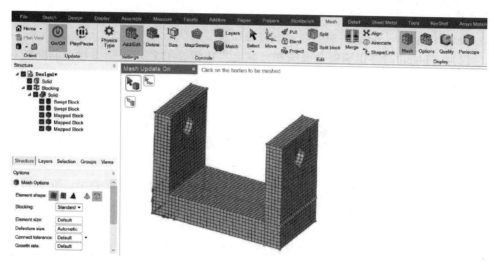

图 2-15　Mesh 自动块网格划分

SpaceClaim 网格化，则会自动设置 Structural（结构）全局网格选项的默认值。

2. 生成网格

网格划分时，设置所需的单元形状【Element Shape】、块【Blocking】、尺寸【Sizing】和连接性【Connectivity】选项。可以将特定选项和设置应用于某些主体，还可以将不同的选项和设置应用于其他主体。默认单元形状和块分别为六面体【Hexahedral】（在薄层主体上为四边形）和标准【Standard】，将在（当前未划分网格的任何主体的）可编辑块拓扑内的任何可扫掠实体上创建六面体单元（在任何不可扫掠实体上创建六面体主导网格）。

3. 编辑网格或编辑块

可添加或修改用于尺寸控制、映射网格、边界层的局部网格控件或匹配控件以细化或加粗模型中某一特定区域的网格，或者规定一种更具体的网格阵列。可以进行编辑块拓扑，将自由块转换为扫掠或映射块，以获得更接近于六面体的网格、更好地求解或者忽略几何体特征。

4. 检查网格

生成网格后，应查看状态历史【Status History】，了解是否有任何网格失效。如有，应修复失效。可检查网格的外观或统计数据，以确定是否需要调整。参见设置网格显示选项和查看质量统计。

5. 传递网格

完成网格划分，可将其传递到求解器，为研究建立物理解决方案。

这部分是 SpaceClaim 内置提供的网格划分工具，通常使用更多的是 Mechanical 中的 Mesh 网格划分工具，详细介绍参看第 3 章的网格划分。

2.1.9　钣金设计

在 SpaceClaim 中，可以利用钣金工具来创建钣金设计和部件。可以展开一个钣金设计，对钣金部件所作的更改会同时显示在展开的部件和原来的设计中。

1. 导入【Import】

1）转换【Convert】。将主体转换为钣金。检测到的特征将会以有色面表示。单击可分配接合和槽口。

2）摆正【Square-Up】。转换为钣金后将边在模型上摆正。

3）识别【Identity】。识别钣金圆缘和形状之类的钣金对象。包括圆缘、非圆柱钣金折弯、角撑板、摺边、接椎、槽口、突起、止裂槽。

2. 修改【Modify】

1）接合【Junction】。设置拉动工具的活动接合类型，或编辑接合，方法是选择它们，然后单击"接合"工具栏按钮以应用活动类型。包括弯曲、完全重叠、部分重叠、无重叠、尖锐、法兰。

2）边止裂槽【Edge Relief】。设置拉动工具的活动边折弯止裂槽类型，或编辑边止裂槽，方法是选择它们，然后单击"边止裂槽"工具栏按钮以应用活动类型，包括方形、圆角、弯裂、圆形、柔和。

3）角止裂槽【Corner Relief】。设置拉动工具的活动拐角折弯止裂槽类型，或编辑拐角止裂槽，方法是选择它们，然后单击"拐角止裂槽"工具栏按钮以应用活动类型，包括激光边、激光对称、圆形、方形、矩形、三角形、椭圆形、对角、已填充、柔和。

4）槽口【Notch】。创建或编辑槽口。选择钣金壁的角边或顶点，然后单击"槽口"工具栏按钮以创建新槽口，或选择现有的槽口，然后单击以应用活动类型，包括正方形槽口、矩形槽口、45°斜角槽口、XY斜角槽口、扇形槽口。

5）摺边【Hem】。设置拉动工具的活动摺边类型，或创建新摺边，方法是选择钣金壁的边，然后单击"摺边"工具栏按钮。选择现有的摺边，然后单击以应用活动类型，包括简单、打开、泪滴形、卷边形。可在选项中设置范围内摺边、范围外摺边。

6）斜接件【Miter】。设置拉动工具的活动斜接件类型，或编辑斜接件，方法是选择它们，然后单击"斜接件"工具栏按钮以应用活动类型，包括等分、垂直。

3. 创建【Create】

1）形状【Forms】。从图片库中创建形状。可选择冲孔、杯形、拉伸、淘汰、沉头孔、特殊百叶窗、自定义工具。

2）分割【Split】。创建分割。

3）圆缘【Bead】。沿着面上的一组曲线创建钣金圆缘。可在选项中设置钣金圆缘半径、圆角半径。

4）折弯【Bend】。沿面的草图线边创建折弯、拼接、熔珠和横向断裂。可在选项中设置折弯角度、弯曲半径、模具宽度、弯曲容限、弯曲扣除。

5）标记【Marker】。创建一个标记。

6）双层壁【Double Wall】。创建一个双层壁图样。

7）角撑板【Gusset】。创建角撑板。可在选项中设置角撑板类型及相关参数。

8）标签【Tab】。在重叠连接、无重叠连接或分割位置处的两壁之间创建连锁突起。可以设置标签参数和尖锐边的类型参数。

9）铰接件【Hinge】。在重叠连接、无重叠连接或分割位置处的两壁之间创建铰链。在选项中可以设置铰链件的相关参数和翻转。

10）法兰【Flange】。创建一个法兰。在选项中可以设置法兰半径、法兰高度、弯曲容限。

4. 平整【Flat】

1）展开【Unfold】。以所选面为参考展开钣金主体。

2）折叠壁【Fold Walls】。展开零件的折叠壁。在选项中可以设置弯曲百分比。

5. 显示【Show】

突出显示【Highlight】，切换钣金对象颜色的显示。可以选择是否突出显示图样、基准面、圆缘、形状、角撑板、摺边、铰接件、接椎、接合、斜接件、槽口、止裂槽、突起及所有。

2.1.10 详细设计

在 SpaceClaim 中，可以利用详细设计工具对所创建设计（概念设计）模型进一步详细设计，包括注释、创建工程图、查看设计更改，以便进行识别和交流。不过，如只关注快速 CAE 模型处理，该部分可略。

1）字体功能区。可显示和调整注释字体。

2）标注功能区。包括选择、尺寸、注解、注解引出线、螺纹、中心线、几何公差、基准符号、基准目标、焊接符号、条形码标签、螺栓圆、材料清单、气球、表面粗糙度、表格、孔表格、曲线表、更新标注读取方向、跟踪编码。

3）视图功能区。包括创建常规视图、创建投影视图、创建横截面视图、创建详细局部视图，创建断裂线、创建断裂剖面视图。

4）符号功能区。包括可以由外部插入和创建。

5）图样设置功能区。包括图样格式设置、方向设置、大小尺寸设置、比例设置。

6）三维标记功能区。包括创建幻灯片、原始尺寸值、为更改过的面上色。

2.2　DesignModeler 建模

DesignModeler 用户界面类似于大多数三维 CAD 建模软件，好操作，易用。DesignModeler 具有良好的 CAD 接口功能，支持所有的 Workbench 几何接口。用户可以通过 DesignModeler 文件菜单下的 Attach to Active CAD Geometry、Import External Geometry File 和 Import Shaft Geometry 随时导入或链接外部几何模型，导入或链接过程中可以对几何模型随意增删。

2.2.1　DesignModeler 界面介绍

与 SpaceClaim 类似，在几何单元上右击【Geometry】→单击【New DesignModeler Geometry】，进入 DesignModeler 用户界面，如图 2-16 所示。

DesignModeler 的主界面主要有菜单栏、工具栏、操作树、图形区域、详细信息栏。

1. 菜单栏

菜单栏集中了 DesignModeler 的主要功能，包括文件操作【File】、三维建模【Create】、线体及面体的概念建模【Concept】、建模工具【Tools】、单位【Units】、窗口视图管理【View】、帮助信息【Help】，如图 2-17 所示。

2. 工具栏

DesignModeler 的工具栏包含了对图形的各种操作，方便用户高效操作。

（1）基本工具

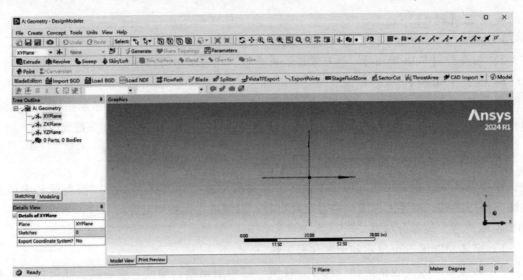

图 2-16 DesignModeler 用户界面

基本工具包含新建一个图形窗口、保存文件、抓图、撤销等命令，如图 2-18 所示。

File Create Concept Tools Units View Help

图 2-17 DesignModeler 菜单栏

注意：左边的保存图标保存的文件为 Workbench Project Files 文件，扩展名为 .wbpj；右边的保存图标保存的文件为 DesignModeler Database 文件，扩展名为 .agdb。撤销【Undo】只有在草图模式下才可应用。

（2）平面和草图工具

这个工具用来进行创建平面和草图，是建模工具的基础。平面和草图工具命令如图 2-19 所示。

图 2-18 基本工具命令    图 2-19 平面和草图工具命令

（3）三维几何建模工具

三维几何建模工具用来进行三维建模操作和参数化建模操作，如图 2-20 所示。

图 2-20 三维几何建模工具命令

（4）叶片编辑工具

叶片编辑工具用来进行各种涡轮叶片编辑操作。只有 BladeModeler 许可设为优先时才显示可用，如图 2-21 所示。

图 2-21 叶片编辑工具命令

（5）视图工具

视图工具用来对图形进行控制，如图 2-22 所示。

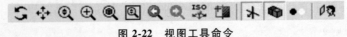

图 2-22 视图工具命令

从左至右依次为：

① 旋转【Rotate】。中键+移动鼠标，模型可以自由旋转。

② 平移【Pan】。Ctrl+鼠标中键。

③ 缩放【Zoom】。滚动鼠标中键，进行模型的放大/缩小，或用 Shift+中键缩放。

④ 窗口缩放【Box Zoom】。用鼠标右键，可以进行局部放大。

⑤ 聚焦【Zoom to Fit】。当由于操纵不慎，模型无法显示时，选用这个功能可解决这一问题。

⑥ 放大镜【Toggle Magnifier Window on/off】。这是 Workbench 特有的一种工具，犹如一个放大镜，在查看复杂模型的细小部件时，会很方便。

⑦ 前一个或下一个视图【Previous/Next View】。如可返回到前一步放大视图。

⑧ 轴侧视图【Set】。单击箭头或 ISO 球可以快速切换观察方向。

⑨ 显示平面【Display Plane】。显示各平面坐标，方便创建模型。

⑩ 显示模型【Display Mode】。隐藏或显示模型。

⑪ 显示点【Display Points】。用于隐藏或显示点。

⑫ 正视视图【Look At Face/Plane/Sketch】。选定模型特征（线、面等）后，单击"观察"，模型自动以选定点为中心正视选定特征。

（6）选择过滤工具

选择过滤工具包含了选择草图和三维实体的选择模式，如图 2-23 所示。

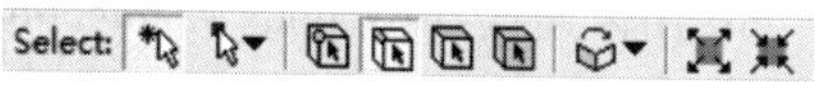

从左至右依次为：

① 新选择【New Selection】。为默认选项。

② 选择方式【Selection Mode】。用于进行单选或框选。

图 2-23　选择过滤工具命令

③ 选择点【Selection filter：Points】。用于选择二维点、三维点和特征点。

④ 选择边【Selection filter：Edges】。用于选择二维边、线和模型边。

⑤ 选择面【Selection filter：Mode Faces（3D）】。用于选择模型面。

⑥ 选择体【Selection filter：Bodies】。用于选择实体、曲面体和流线体。

⑦ 相邻选择【Extend Selection】。包括近相邻选择【Extend to Adjacent】、远相邻选择【Extend to Limits】、批量匹配选择【Flood Blends】和批量区域选择【Flood Area】。这些工具，在选择复杂模型的面时非常有用。例如，当进行邻近选择时，将会选择当前附近所有的面或边。

⑧ 面扩展选择【Expand Face Selection】。用于增加当前邻近三维面选择。

⑨ 面缩小选择【Shrink Face Selection】。用于取消选择的三维面。

（7）图形选项工具

图形选项工具用来进行图形显示选择，包括面涂色、边涂色、5 种连接类型、边矢量、几何顶点，如图 2-24 所示。

1）面涂色。它提供 6 个选项，可以通过图例显示所属不同类别，如图 2-25 所示。

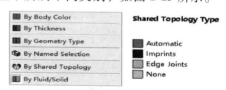

图 2-24　图形选项工具

图 2-25　面涂色选项

① 用体颜色【By Body Color】。为默认选项，面的颜色按照实际体颜色显示。

② 用面厚度【By Thickness】。为每个面的厚度值分别用一种颜色显示。

③ 用几何类型【By Geometry Type】。面的显示依据自己体类型显示，DesignModeler 格式的体颜色为蓝色，Workbench 格式的体颜色为红色。

④ 用名称选择【By Named Selection】。面的显示依据各自的名称选择的颜色分配。

⑤ 用共享拓扑【By Shared Topology】。面的显示依据各自的共享拓扑的颜色分配。

⑥ 用流体或固体【By Fluid/Solid】。面的显示依据体的类型是流体还是固体。

2）边涂色。用来区分边界上的边，提供 4 个选项，如图 2-26 所示。

① 用体颜色【By Body Color】。为默认选项，边的颜色按照实际体颜色显示。

② 用连接【By Connection】。选项用 5 种不同的颜色显示对应的 5 种不同连接类型，自由连接显示为蓝色，与单个面连接的边为红色，与 2 个面连接的边为黑色，

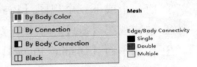

图 2-26　边涂色选项

与 3 个面连接的边为粉红色，与多个面连接的边为黄色；工具条上的边选择类型按钮中，0 代表自由的边选择类型，1 代表单面选择类型，2 代表双面连接选择类型，3 代表 3 面连接边选择类型，X 代表多面连接边选择类型；每个类型下设 3 个显示选项，分别为隐藏的边【Hide】、边【Show】及粗体显示的边【Thick】。

③ 用体连接【By Body Connection】。根据 3 种不同的连接策略来显示 3 种不同的颜色：单个面连接的边为黑色，与 2 个面连接的边为粉色，与多个面连接的边为黄色。该选项只在 Mechanical 或 Meshing 中出现。

④ 用黑色【Black】。为关闭面或边的连接显示，整个实体显示为黑色。

3）显示模型边的矢量。可以通过【Display Edge Direction】显示模型边的方向，箭头可以出现在模型边的中点。

4）显示几何顶点。可以通过【Display Vertices】显示整个模型的顶点，如想显示复杂装配体中隐藏着的顶点，此选项较有用。

（8）特征树形窗

这个区域显示的内容与整个建模的逻辑相匹配，包含新建平面、新建草绘、三维建模操作、总体模型等多个分支。在这里对整个模型的各个部分进行访问或编辑，是一种最直接方便的方式，如图 2-27 所示。

（9）详细列表窗口

这个窗口可以详细地显示和进行建模定义，分析各个数据，例如，建模可以定义尺寸、拉伸长度、旋转角度，如图 2-28 所示。

图 2-27　特征树形窗

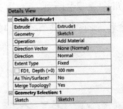

图 2-28　详细列表窗口

（10）DesignModeler 窗口管理

DesignModeler 窗口允许用户根据个人喜好设置个人窗格，如移动窗格和调整窗格大小、自动隐藏。窗格是处于 Pinned ♦ 状态时正常显示，处于 Unpinned ⊡ 状态时会隐藏起来。

2.2.2 平面草图

1. 平面和草图

草图的工作平面是绘制草图的前提，草图中的所有几何元素的创建都将在这个平面内完成。一个新的 DesignModeler 交互对话在全局直角坐标系原点有三个默认的正交平面（XY 平面、ZX 平面、YZ 平面）。用户可以根据需要定义原点和方位或通过使用现有几何体作参照平面创建和放置新的工作平面，并且一个平面可以和多个草图关联。绘制草图分为两步：

（1）定义绘制草图的平面

首先，单击 ✳ 来创建新平面，这时树形目录中显示新平面对象，如图 2-29 所示。

其次，在详细列表中单击【Type】出现一个倒三角符号，单击该倒三角会出现构建新平面的八种类型，见图 2-30 和表 2-27。

图 2-29 创建新平面

图 2-30 构建新平面

表 2-27 构建新平面类型

构建新平面类型	说明
From Plane	基于一个已有平面创建平面
From Face	基于已有几何体表面建立平面
From Centroid	基于几何形心创建平面
From Circle/Ellipse	基于已有圆或椭圆创建平面
From Point and Edge	基于一个点和一条直线的边界定义平面
From Point and Normal	基于一点和一条法线方向定义平面
From Three Points	基于三点定义平面
From Coordinates	基于输入原点坐标和法线坐标定义平面

最后，单击 ⚡Generate 完成新平面的创建。

（2）创建草图

新平面创建完成后，这时就可以在平面上创建草图了。首先，单击【New Sketch】按钮 🗝 来创建新草图，新草图放在树形目录中，且在相关平面的下方，如图 2-31 所示。也可在已有几何体利用从表面【From Face】等方法创建草图。操作时，首先选中将要创建新平面所要应用的基本表面，然后单击【New Sketch】来创建草图。最后，在所希望的平面上绘制或识别草图并标注。通常，下拉列表仅显示以当前激活平面为参照的草图。

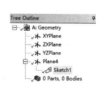

图 2-31 创建草图

2. 草图模式

切换草图标签【Sketching】可以看到草图工具栏，DesignModeler 2D 绘图工具包括绘图工具【Draw】、修改工具【Modify】、尺寸工具【Dimensions】、约束工具【Constraints】、栅格设置工具【Settings】。绘图工具栏如图2-32所示。这些工具对绘制草图是有用的，熟悉并灵活地运用，对提高草图绘制建模水平会有很大的帮助。

（1）绘图工具【Draw】

DesignModeler中的绘图工具与在其他CAD软件的绘图思想一样。绘图工具命令及说明见表2-28。在绘制的过程中，结合右击弹出的菜单，会加快绘制。

表2-28 绘图工具命令及说明

命令	操作说明	命令	操作说明
Line	画直线，需指出两点	Circle by 3 Tangents	由3个切点定圆
Tangent Line	画圆弧切线	Arc by Tangent	由一条切线定圆弧
Line by 2 Tangents	画两个圆弧的切线	Arc by 3 Points	由3点定圆弧
Polyline	画不规则连续线	Arc by Center	过圆弧圆心和端点3点确定圆弧
Polygon	画多边形，3~36边	Ellipse	画椭圆
Rectangle	以矩形对角线的两点创建矩形	Spline	画样条曲线，右击结束绘制
Rectangle by 3 Points	第一点为起始点，第二点确定矩形的宽度和角度，第三点确定长度	Construction Point	创建点
Oval	画卵形	Construction Point at Intersection	创建相交线的交点
Circle	由圆心和半径定圆		

（2）修改工具【Modify】

修改工具包括所有草图编辑命令，如图2-33所示，修改工具命令及说明见表2-29。

图2-32 绘图工具栏

图2-33 修改工具

表2-29 修改工具命令及说明

命令	操作说明	命令	操作说明
Fillet	倒圆角	Copy	复制剪切元素
Chamfer	倒角	Paste	粘贴剪切元素
Corner	生成角	Move	移动草图
Trim	修剪	Replicate	复制，设置角度和数量
Extend	延伸直线或曲线	Duplicate	复制，从其他平面复制到当前平面
Split	分割边线	Offset	偏移，选定对象进行偏移
Drag	拉伸线段	Spline Edit	对样条曲线进行编辑
Cut	剪切草单元素	—	—

一般修改工具的某些命令应与快捷菜单配合使用，如分割命令、剪切、复制、粘贴命令。

1）分割命令。分割【Split】命令用来分割边线，通过在图形窗口中右击，可以出现相关命令：

①【Split Edge at Selection】。为默认选项，表示在选定位置将一条边线分割成若干段，但指定的边线不能为整个圆或椭圆。若对整个圆或椭圆作分割操作，必须指定起点或终点的位置。

②【Split Edge at Point】用点分割边线。选定一个点后，所有过此点的边线都将被分割成两段。

③【Split Edge at all Point】用边上的所有的点分割。选择一条边线，它被所有通过的点分割。

④【Split Edge into n Equal Segments】将线 n 等分。先在编辑框中设定 n 值，然后选择待分割的线，n 值最大为 100。

2）剪切、复制和粘贴命令。DesignModeler 中没有独立的镜像命令，可以通过剪切、复制和粘贴命令组合来实现镜像命令，在使用过程中【Cut】+【Paste】或【Copy】+【Paste】命令用于移动或复制对象，但是通过在图形窗口中右击，可以出现相关命令，实现旋转、比例放大或缩小、镜像等操作，具体命令如下：

①【End/Set Paste Handle】。指定粘贴位置。

②【End/Use Plane Origin as Handle】。指定粘贴点在工作平面原点。

③【End/Use Default Paste Handle】。将第一条线的起始点作为粘贴点。

④【Rotate by+/-r Degrees】。正向旋转+r°或反向旋转-r°。

⑤【Flip Horizontally/Vertically】。水平或垂直翻转。

⑥【Scale by Factor f or 1/f】。放大 f 倍或缩小 1/f。

⑦【Paste at Plane Origin】。在平面原点粘贴。

⑧【Change Paste Handle】。修改粘贴点。

⑨【End】。结束，如结束粘贴。

图 2-34 尺寸工具

（3）尺寸工具（Dimensions）

尺寸工具包括一个完整的标注工具栏，见图 2-34 和表 2-30。

表 2-30 尺寸工具命令及说明

命令	操作说明	命令	操作说明
General	通用标注方法	Angle	角度标注
Horizontal	水平标注方法	Semi-Automatic	自动标注
Vertical	垂直标注方法	Edit	编辑标注尺寸
Length/Distance	长度标注方法	Move	移动标注线或尺寸
Radius	圆或圆弧半径标注	Animate	动态演示，默认为3
Diameter	圆直径标注	Display	显示标注的名称或值

（4）约束工具（Constraints）

约束工具如图 2-35 所示，约束工具命令及说明见表 2-31，窗口可以显示草图约束的详细情况。

（5）栅格设置工具【Settings】

栅格设置工具用于定义和显示草图栅格，默认关闭，见图 2-36 和表 2-32。

表 2-31　约束工具命令及说明

命令	操作说明	命令	操作说明
Fixed	约束点或边	Symmetry	对称约束
Horizontal	约束为水平线	Parallel	平行约束
Vertical	约束为垂直线	Concentric	同心圆约束
Perpendicular	约束为垂直线	Equal Radius	等半径约束
Tangent	约束为切线	Equal Length	等长度约束
Coincident	约束一致	Equal Distance	等距离约束
Midpoint	约束为中点	Auto Constraints	自动约束

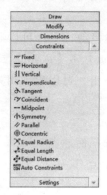

图 2-35　约束工具

图 2-36　栅格设置工具

表 2-32　栅格设置工具命令及说明

命令	操作说明	命令	操作说明
Grid	栅格是否显示	Minor-Steps per Major	次要栅格间距
Major Grid Spacing	主要栅格间距	Snaps per Minor	次要栅格捕捉点数

3. 草图投影

用户可以投影三维几何体到工作面上以创建一个新的草图。在投影时，可以选择几何体的点、边、面和体进行投影，不能用常用的草图工具进行修改操作。

2.2.3　特征体建模

DesignModeler 包括三种不同体类型：①实体【Solid body】，具有面积和体积的体；②表面体【Surface body】，有面积但没有体积的体；③线体【Line body】，完全由线组成的体，没有面积和体积。

实体特征创建主要包括基准特征、体素特征、扫描特征、设计特征等部分。通常使用两种方法创建特征模型：一种方法是利用"草图"工具绘制模型的外部轮廓，然后通过扫描特征生成实体效果；另一种方法是直接利用"体素特征"工具创建实体。

1. 拉伸

拉伸【Extrude】特征是将拉伸对象沿着所指定的矢量方向拉伸到某一位置所形成的实体，该拉伸对象可以是草图、曲线等二维几何元素。拉伸可以创建实体、表面、薄壁特征。创建一个拉伸几何实体以后，如不满意，可以在详细列表中进行修改设置和参数，重新生成满意的模型。

拉伸特征的明细栏中包含下列选项：

1）几何【Geometry】。用于确定拉伸的基准面或草图。

2）特征操作【Operation】。主要包含以下操作：

① 添加材料【Add Material】。创建并合并到激活体中。

② 切除材料【Cut Material】。从激活体中切除材料。

③ 添加冻结【Add Frozen】。与添加材料类似，用于新增特征体不被合并到已有模型中，作为冻结体加入。

④ 表面印记【Imprint Faces】。与切片操作类似，是 DesignModeler 的特色功能之一。表面印记仅用来分割体上的面，根据需要也可以在边线上添加印记（不会创建新体）。这个功能用在面上划分适用于施加载荷或约束的位置十分有效。

⑤ 切片材料【Slice Material】。将切成多个片状零件，被切除的体自动冻结。

3）方向矢量【Direction Vector】。指定方向矢量来拉伸，用草图作为基准对象，方向矢量自动选择为草图的法线方向。

4）方向【Direction】。方向与草图的平面有关，可以设置方向为法向【Normal】、反向【Reversed】、两边对称【Both-Symmetric】、两边不对称【Both-Asymmetric】。

5）延伸类型【Extent Type】。主要包含以下类型：

① 固定【Fixed】。固定界限使草图按指定的距离拉伸。

② 贯穿所有【Through All】。将剖面延伸到整个模型。

③ 到下一个【To Next】。将延伸轮廓到遇到的第一个面。

④ 到面【To Face】。延伸拉伸特征到由一个或多个面形成的边界。

⑤ 到表面【To Surface】。与"到面"类似，但只能选择一个面。

6）拉伸为薄壁体或面体【As Thin/Surface】。可以通过默认厚度或指定厚度拉伸一个薄壁体，如果厚度设置为零，则生成面体。

7）合并拓扑结构【Merge Topology】。设置为"Yes"则优化特征体的拓扑结构；设置为"No"则保留特征体的拓扑结构。

2. 回转

回转【Revolve】操作时将草图截面或曲线等二维草图沿着所指定的旋转轴线旋转一定的角度而形成的实体模型，如法兰盘和轴类等零件。创建完成以后，如不满意，可以在详细列表中进行修改设置和参数，重新生成满意的模型。回转需要一个旋转轴线，可以以坐标系 XYZ 为轴线，也可以创建轴线，如果在草图中有一条孤立（自由）的线，它将被作为默认的旋转轴。

3. 扫掠

扫掠【Sweep】操作是将一个截面图形沿着指定的引导线运动，从而创建出三维实体或片体，其引导线可以是直线、圆弧、样条等曲线。在特征建模中，拉伸和选择特征都算为扫掠特征。

4. 蒙皮/放样

蒙皮/放样【Skin/Loft】可以从不同平面上的一系列剖面（轮廓）产生一个与它们拟合的三维几何体（必须选两个或更多的剖面）。剖面可以是一个闭合或开放的环路草图或由表面得到的一个面，所有的剖面必须有同样的边数，必须是同种类型。草图和面可以通过在图形区域内单击它们的边或点，或者在特征或面树形菜单中单击选取，选取后会产生指引线，指引线多是一段灰色的多义线，它用来显示剖面轮廓的顶点是如何相互连接的。需要注意的是，剖面不在同一个平面建立。

5. 薄壁

薄壁特征可分为创建薄壁实体【Thin】和创建简化壳体【Surface】。在具体的明细栏中，操作类型分为：

1）移除面【Faces to Remove】。所选面将从体中删除。

2）保留面【Faces to Keep】。保留所选面，删除没有选择的面。

3）仅对体操作【Bodies Only】。只对所选体进行操作，不删除任何面。

将实体转换成薄壁体或面时，可以采用以下三种方向中的一种偏移方向指定模型的厚度：内向（Inward）、向外（Outward）、中面（Mid-Plane）。

6. 倒圆角

倒圆角是用指定的倒圆角半径将实体的边缘变成圆柱面或圆锥面。既可以对实体边缘进行恒定半径的倒圆角，也可以对实体边缘进行可变半径的倒圆角。

（1）固定半径倒圆角

固定半径【Fixed Radius】倒圆角是指沿选取实体或面体进行倒圆角，使倒圆角相切于选择边的邻接面。采用预先选择时，可以从右击弹出的菜单获取其他附加选项（面边界环路选择，三维边界链平滑），然后在明细栏中可以编辑倒圆角半径。单击【Generate】完成特征创建并更新模型。

（2）可变半径倒圆角

可变半径【Variable Radius】倒圆角可以在参数栏中改变每边的起始和结尾的倒圆角半径参数，对实体或面体进行倒圆角，也可以设定倒圆角间的过渡形式为光滑或线性。单击【Generate】完成特征创建更新模型。

（3）顶点倒圆角

顶点倒圆角【Vertex Blend】主要用来对曲面体和线体进行倒圆。顶点必须属于曲面体或线体，必须与两条边相接；顶点周围的几何体必须是平面的。可以在参数栏里设置半径参数，单击【Generate】完成特征创建更新模型。

7. 倒角

倒角【Chamfer】特征是处理模型周围棱角的方法之一。当产品边缘过于尖锐时，为避免擦伤，需要对其边缘进行倒角操作。倒角的操作方法与倒圆角极其相似，都是选取实体边或面并按照指定的尺寸进行操作。如果选择的是面，那个面上的所有边缘都将被倒角。面上的每条边都有方向，该方向定义右侧和左侧。可以用平面（倒角面）过渡所用边到两条边的距离或距离（左或右）与角度来定义斜面。在参数栏中设定倒角类型并设定距离和角度参数后，单击【Generate】完成特征创建更新模型。

8. 阵列特征

阵列【Pattern】特征允许用户用下面的3种方式创建面或体的复制体：

1）线性（方向+偏移距离）。

2）环形（旋转轴+角度）。

3）矩形（两个方向+偏移距离）。

对于面选定，每个复制的对象必须和原始体保持一致（须同为一个基准区域），且每个复制的面不能彼此接触/相交。

9. 体操作

用户可以对任何几何体进行操作，包括对几何体的缝合、简化、切除材料、切分材料、表面印记和清除体操作。

10. 体转化操作

针对体的转化操作包括移动【Move】、平移【Translate】、旋转【Rotate】、镜像【Mirror】和比例模型【Scale】。

11. 布尔特征

使用布尔操作【Boolean】可以对现成体做相加、相减、相交和表面印记操作。具体为以下四种布尔操作方式：

1）相加【Unite】。可以把相同类型的体合并在一起，但应注意间隙的大小。

2）相减【Subtract】。可以把相同的体进行相切得出合理的模型，但应注意目标体与工具体的选择。

3）相交【Intersect】。将冻结的体切成薄片。只在模型中所有的体被冻结时才可用。

4）表面印记【Imprint Faces】。类似于切片【Slice】操作，只是体上的面是被分开的，若有必要，则边也可被黏附【Imprinted】（不产生新体）。

12. 切片

在 DesignModeler 中，可以对复杂的体进行切片【Slice】操作，以便划出高质量的网格，被划出的体会自动冻结。该特征在对体进行共享拓扑前后都可以操作。

切片类型分为以下几种：

1）用工作平面切分【Slice by Plane】。用指定的平面切分模型。

2）面切分【Slice off Faces】。在模型中，选择切分的几何面，通过切分出的面创建一个分离体。

3）表面切分【Slice off Surface】。选定一个表面作为切分工具来切分体。

4）边切分【Slice off Edges】。选定切分边，通过切出的边创建分离体。

5）闭合的边切分【Slice by Edge Loop】。选择闭合的边作为切分工具切分体。

13. 删除操作

删除操作包括对体的删除【Body Delete】、面的删除【Face Delete】和点的删除【Edge Delete】。

14. 点特征

点特征【Point Features】用来控制和定位点相对于被选模型的面或边的相对位置和尺寸。创建点时可以选择一系列基准面和支配边。点的类型分为以下几种。Spot Weld：使用"焊接"连接，否则在装配中会成为互不关联的部件（只有成功地形成耦合的点可以作为点焊接传递到 Mechanical）；Point Load：在 ANSYS 中使用 "hard points"（所有成功地产生的点作为顶点传递到 Mechanical）。Construction Point 类型的点不能传递到 Mechanical。图 2-37 所示为点特征详细列表。

其中：

1）Sigma 表示选择边的链起点与第一个点位置间的距离。

2）Edge Offset 表示基准面上的选择边与点的位置间的距离。

3）Omega 表示选择边的链的终点与最后一个点的位置间的距离。

4）N 表示选择边的链上放置的点的数目。

5）Face Offset 表示偏移基准面的距离。

15. 体素特征

体素特征一般作为模型的初始特征出现，这类特征具有比较简单的特征形状。利用这些特征工具可以比较快速地生成所需要

图 2-37　点特征详细列表

的实体模型，并且对生成的模型可以通过特征编辑进行迅速地更新。基本体素特征包括长方体、圆柱体、锥体、球体，这些特征均被参数化定义，可以根据需要对其大小和位置在详细列表窗口进行尺寸驱动编辑。创建体素特征的方法是单击【Create】→【Primitives】，然后根据创建需要选择一体素特征，编辑尺寸即可创建体素特征。

2.2.4　概念建模

概念建模主要用来创建和编辑线体或面体，使之成为可作为有限元梁和壳板模型的线体或表面体。

1. 线体建模

创建线体的方式有三种，分别为：

1）由点生成线体【Lines from Points】。点可以是任何二维草图点、三维模型顶点、点特征生成的点（PF Points）。由点构成线段，点线段是连接两个选定点之间的直线。当选择了点线段，屏幕上会出现绿线，表示已经形成了线体。

2）从草图生成线体【Lines from Sketches】。从草图生成线体可以基于基本模型来创建线体，如基于草图和从表面得到的平面创建线体。这种方法适宜于创建复杂的桁架体。

3）从边生成线体【Lines from Edges】。边生成线体可以基于已有的二维和三维模型边界创建线体，这种方法根据所选边和面的关联性质可以创建多个线体。

注意，生成的线体是可以修改分割的，操作的方法是切割线体（Split Line Body）命令。

2. 表面体建模

创建表面体有三种方法，分别为：

1）从线生成表面【Surfaces From Edges】。从线生成表面是用线体边作为边界创建表面体，线体边必须没有交叉的闭合回路。应用线体创建面体的时候需注意，无横截面属性的线体能用于将表面模型连在一起，在这种情况下线体仅起到确保表面边界有连续网格的作用。

2）从草图生成表面【Surfaces From Sketches】。从草图生成表面可以由单个或多个草图作为边界创建面体。基本草图必须是不自相交叉的闭合剖面，键入厚度后可用于创建有限元模型。

3）从三维边生成表面【Surfaces From Faces】。从三维边生成表面可以是实体边或线体边，被选择的边必须形成不交叉的封闭环。

3. 三维曲线

三维曲线【3D Curve】可用于建立特征时的基准对象，为概念建模提供定制曲线。创建三维曲线的点，可以是现有模型点或坐标（文本）文件方式。曲线通过链路上的所有选中点，且选中的点是唯一的，创建的曲线可以是开放的，也可以是闭合的。

4. 分离

分离【Detach】允许把一个独立体或装配体分离成若干个小面体，可以对这些分离出的小面体属性进行修改，单独划分网格，提高整体网格划分质量。

5. 横截面

横截面的作用是作为一种属性分配给线体，这样有利于在有限元仿真中定义梁的属性。在 DesignModeler 中，在草图中描绘横截面并通过一组尺寸控制横截面的形状。需要注意的是，在 DesignModeler 中，对横截面使用一套不同于 ANSYS 经典界面环境的坐标系。

通过横截面概念建模的方法是单击【Concept】→【Cross Section】，然后根据创建需要选择一个横截面，编辑界面尺寸，进行拉伸或旋转操作，即可创建实体特征。

2.2.5 参数化建模

参数是参数化建模中的核心概念，在一个模型中，参数是通过"尺寸"的形式来体现的。参数化建模的突出优点在于可以通过变更参数的方法来方便地修改设计意图，从而修改结果，节约了建模时间，增加了模型利用率。

1. 参数化建模方法

在 Workbench 中，可以方便地进行参数化建模，通过变更参数值来实现对设计意图的修改。尤其是在 Workbench 多目标优化设计方法中，不仅可以对参数化的几何模型建模，而且可以对力载荷等进行参数化建模。在 DesignModeler 中，允许特征参数尺寸提升为特征设计参数尺寸，提升后允许转移到 Mechanical 中应用。参数提升的过程，也就是参数化的过程。可以将参考尺寸提升为设计参数，提升的方法在详细列表中，单击尺寸参考提升为设计参数"D"，可以使用默认的名称，也可以给定一个意义更明确的名称（不能有空格，可有下划线），提取后的尺寸不能再进行编辑。参考尺寸参数化如图 2-38 所示。默认草图尺寸表示了

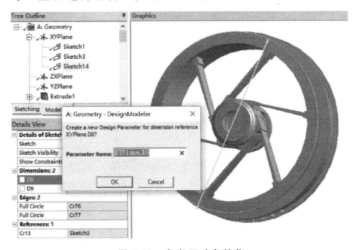

图 2-38 参考尺寸参数化

其相关平面和具体尺寸，XY Plane 表示尺寸所在的平面，D8 表示指定直径尺寸为 460mm。也可以将特征尺寸提升为设计参数。

2. 参数化编辑

在指定参数后，DesignModeler 采用参数编辑器 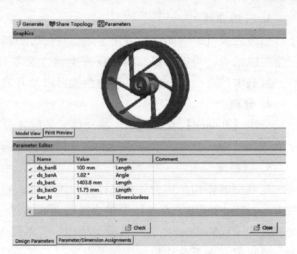 对参数进行操作编辑。图 2-39 所示为参数编辑器。

图 2-39 参数编辑器

参数编辑器窗口显示了两个栏目，分别连接到具体的参数化工具。

1）设计参数选项【Design Parameters】。其作用是对参数进行审查和修改，包含参数名（Name）、参数值（Value）、参数类型（Type）和参数注解（Comment）。"#"为未添加参数。

2）参数/尺寸分配选项卡【Parameter/Dimension Assignments】。其作用是列出一系列"左边＝右边"的分配等式，用给定的设计参数来驱动模型的其他尺寸，如图 2-40 所示。包含参数化驱动目标（Target）、参数驱动表达式（Expression）、参数类型（Type）和参数注解（Comment）。

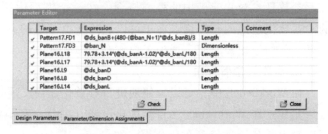

图 2-40 参数/尺寸分配选项卡

参数化驱动目标是某个平面/草图或特征尺寸的提法或是一个辅助变量的提法，参数驱动表达式是一个任意＋、－、＊和/的表达式，包含括号、参考设计参数（这里的使用语法是用@作为前置语）和特征尺寸，也可用函数作为表达式。

设计参数选项和参数/尺寸分配选项中的检查选项卡【Check】，其作用是进行参数赋值生成与检查。关闭【Close】，其作用是关闭参数化编辑窗口，恢复图形窗口布局。

2.2.6 高级几何工具

1. 激活体与冻结体

在 DesignModeler 中，DesignModeler 会默认将新建的几何体和已有的几何体合并来保持单个体。为了方便操作，可用激活体或冻结体来控制几何体的合并操作。

（1）激活体

在 DesignModeler 中，各几何体在默认状态下是激活体，可以进行常规的建模操作修改，但不能被切片【Slice】操作；激活体在特征树形目录中显示为蓝色（ ✓ 🔷 ）；激活体在特征树形目录中的图标取决于它的类型：实体、面体、线体。

（2）冻结体

冻结体是独立的体，不会自动与其接触体合并。冻结体的目的是为仿真装配建模提供不同的选择方式；建模中可以对冻结体进行切片；用冻结特征可以将所有的激活体转到冻结状态；选取对象后用解冻特征可以激活单个体；冻结体在树形目录中显示成较淡的颜色（ ✓ ▢ ）。

可以使用"冻结"操作【Tools】→【Freeze】将建好的激活体转换到冻结状态，也可以在建模的时候选择【Add Frozen】选项直接把模型设为冻结状态。可以使用布尔操作将冻结体合并，或使用"不冻结"操作【Tools】→【Unfreeze】将其转换为激活体。

2. 多体零件

在仿真分析中，不可避免地会碰到一些复杂的结构或装配体，这些复杂的结构模型易于建立，但是，在划分网格时由于其复杂的结构而易导致划分的网格不理想。在默认情况下，DesignModeler 自动将每一个体放在一个零件中。单个零件一般可以独自划分网格。如果各单独的体有共享面，则共享面上的网格划分不能匹配。单个零件上的多个体可以在共享面上划分匹配的网格。为了解决复杂几何体网格划分的问题，一种方法可以通过布尔加运算的方法把各部件叠加为一个整体；另一种方法，在 DesignModeler 中可以将复杂的结构中的各个部分组成一个多体零件【Multi-Body Parts】。组成后的多体零件可以共享拓扑，也就是离散网格在共享面上匹配，这个功能是 DesignModeler 区别于其他 CAD 软件的亮点之一。多体零件另一个重要作用是把不同类型的几何体进行分组，比如一个复杂组合体包含有实体、壳体和线体这三种类型的几何体，在这种情况下需进行分组，以便进行分析。

创建多体零件的方法：先在图形屏幕中选定两个或多个（或在右击，在弹出菜单中选【Select All】）体素，然后，再次右击，选择【Form New Part（构成新部件）】或选择【Tools】→【Form New Part】构成一个多体零件，选择两个体生成一个零件后的导航树，如图 2-41 所示。

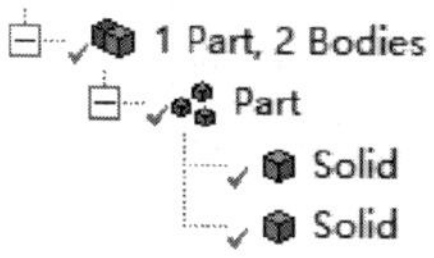

```
⊟ ▦ 1 Part, 2 Bodies
   ⊟ ▦ Part
      ✓ ▦ Solid
      ✓ ▦ Solid
```

图 2-41　创建多体零件

3. 包围

包围【Enclosure】是在体附近创建周围区域以方便模拟流场区域。如在流固耦合分析时，运用包围特征，可以方便创建流体模型，以进行 CFD 分析。包围的形状可以是箱体形、球形、圆柱形和自定义包围形状。

4. 填充

填充【Fill】创建填充内部空隙如孔洞的冻结体，这种填充的冻结体可作为流体，在 CFD 应用中创建流动区域。具体有两种填充方法：一是通过孔洞填充；二是通过覆盖方法填充。

5. 对称

对称【Symmetry】工具用来定义对称模型，对实体模型进行对称切分，通常最多可以进行 3 个对称平面的切分。

6. 中面

中面【MidSurf】操作可以将薄壁构件的几何简化为"壳"模型，并自动在三维模型上下面面对的中间位置生成面体。在进行中面操作时，注意选择面的顺序，决定中面的法向，第一个选择的面以紫色显示，第二个选择的面以粉红色显示。

7. 面体编辑

对面体，DesignModeler 有丰富的处理工具，包括面体铰接、面体延伸、面体修补、面体方向转换、面体合并、面体连接。

1）面体铰接【Surface Joint】。允许把抽取散的实体的各个面连接起来，比如工字钢在抽取中面时会分解为 5 个面体，面体铰接可以把各个面连接为一个整体，在结构分析时不必重新连接。

2）面体延伸【Surface Extension】。允许把面体延伸到面、下一个面，或以给定尺寸延伸。

3）面体修补【Surface Patch】。允许把存在封闭型孔修复成面。

4）面体方向转换【Surface Flip】。主要针对面体的方向进行转换，以便接触。

5）面体合并【Surface Merge】。用来合并一系列相邻的边或面，减少模型的复杂性，便于网格划分。

6）面体连接【Surface Connect】。用来连接相邻匹配的两点、边或面，使其成为一个整体。在连接时，应注意容差的设置。

8. 焊缝

焊缝【Weld】用于在两个体或多体之间创建由焊缝连接的焊接体。可以选择一个或多个边作为源面，选择相邻体的面作为目标面来创建冻结的焊接特征。焊接特征的扩展类型包括自动【Automatic】、自然【Natural】、投射【Projection】，厚度模式包括继承【Inherited】和用户定义【User Defined】。

9. 修理

修理【Repair】为半自动化的几何修理工具，设定范围后，它可以帮助用户快速找到几何模型中有缺陷的位置或不需要的部位。

10. 电子模型

电子模型工具【Electronics】主要用来把复杂模型转换为热分析工具 ANSYS Icepak 可使用的易用模型。

2.3 BladeModeler 建模

BladeModeler 软件是一款专业、高效的旋转机械部件快速三维设计工具。BladeModeler 是由 BladeEditor、BladeGen、Meanline sizing tools 这三个具体应用程序构成的旋转机械部件设计工具产品名称的总称。

2.3.1 BladeEditor 建模

BladeEditor 是 DesignModeler 的一部分，使 DesignModeler 具有叶轮叶片的设计、编辑、导入和输出功能。BladeEditor 也为 DesignModeler 与 Baldegen、Meanline sizing tools 无缝几何连接提供了可靠保障。

使用 BladeEditor 前，需先进行配置。具体为：【DesignModeler】→【Tools】→【Options】→【DesignModeler】→【Addins】→【DesignModeler Licensing】= Yes，单击【OK】，激活 Design-Modeler 的 BladeEditor 功能。配置之后，DesignModeler 具有更为方便的旋转机械模型处理功能。含有 BladeEditor 的 DesignModeler 环境如图 2-42 所示。

2.3.2 BladeGen 建模

BladeGen 是一款优秀的交互式涡轮叶片设计工具。

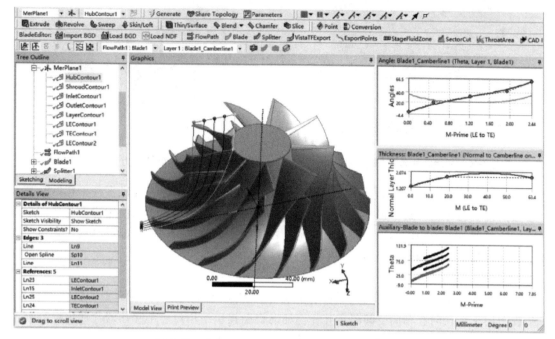

图 2-42 含有 BladeEditor 的 DesignModeler 环境

1. BladeGen 用户界面介绍

从组件系统【Component Systems】中将【BladeGen】拖入工程流程图区域【Project Schematic】，在几何单元上右击【Blade Design】，单击【Edit】，进入 BladeGen 程序窗口，然后，单击新建【New BaldeGen File】，输入相应子午面设计参数进入界面，如图 2-43~图 2-45 所示。

图 2-43 调入几何模型组件

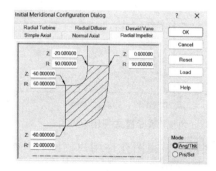

图 2-44 初始子午面定义

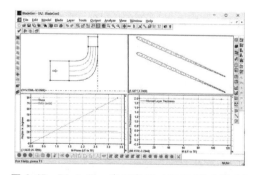

图 2-45 BladeGen 窗口布局（角度/厚度模式）

BladeGen 有两种截然不同的操作模式，角度/厚度（Angle/Thickness（Ang / Thk））模式和压力面/吸力面（Pressure Side/Suction Side（Prs/ Sct））模式，如图 2-46 和图 2-47 所示。这两种模式分别提供径向叶片和轴向叶片的设计环境。

BladeGen 窗口主要由菜单栏、主工具栏、图形区域（工作视图和辅助视图）、叶片工具栏、分析工具栏、三维工具栏、辅助工具组成。工作视图用来完成所有叶片参数的创建与修

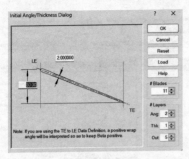

图 2-46　初始叶片角度/厚度定义

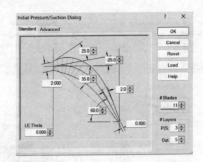

图 2-47　初始叶片压力面/吸力面定义

改，且是可活动的窗口。辅助视图用来完成设计叶片数据的显示以及提供多种形式的叶片设计参数的检验与评估。每个视图都有一套独特的功能和操作模式，可以使用弹出菜单的形式访问。这些菜单可由相应的视图和右击显示。在这些弹出菜单的功能中都可以从主菜单中操作，但很多都是独特的弹出菜单。

（1）视图区

两种模式使用了一套共同的视图：子午视图和辅助视图，它们并排放置在窗口的顶部。子午视图用于在径向和轴向空间限定叶片。辅助视图提供给用户一个叶片的叶片角度，显示的三维视图、子午轮廓视图和不同叶片参数的视图，如图 2-48 所示。

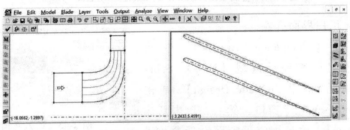

图 2-48　两种模式的共同视图

角度/厚度模式使用两个视图，位于窗口的底部。角度视图对应着叶片的角度分布，厚度视图对应着叶片的厚度分布。这些视图在离散流线（层）定义叶片，这两个视图的数据必须与流线数据相结合，在层上生成叶片的形状，如图 2-49 所示。

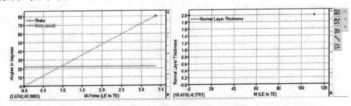

图 2-49　角度/厚度模式视图

压力面/吸力面模式用了一个大视图，位于窗口底部。该视图允许用户操纵叶片的压力面和吸力面，以达到设计理想叶片形状的目的，如图 2-50 所示。虽然一个叶片的侧面通常确定为压力面和吸力面，但 BladeGen 不能区分这些名字。BladeGen 使用术语"side1"和"side2"增加 θ 阶（右手法则）的方法来确定叶片的两侧面。

（2）菜单栏

菜单栏集中了 BladeGen 的主要功能，包括文件操作【File】、编辑【Edit】、模型【Model】、叶片工具【Blade】、层【Layer】、工具栏【Tools】、输出【Output】、分析【Analyze】、窗口视图管理【View】、窗口【Window】、帮助信息【Help】，如图 2-51 所示。

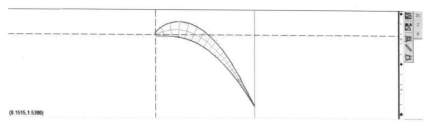

(8.1515, 1.5380)

图 2-50 压力面/吸力面模式视图

（3）工具栏

工具栏是图形化的形式，有一排按钮和菜单命令。单击一个

File Edit Model Blade Layer Tools Output Analyze View Window Help

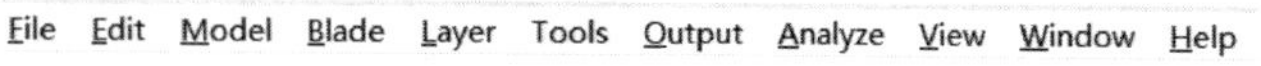

图 2-51 BladeGen 菜单栏

按钮可快速执行菜单中的命令。工具栏按钮的激活或停用可根据应用程序的状态来定。该工具栏本身可以移动，或停靠在主窗口的任意边缘。

① 主工具栏。主工具栏包含新建一个图形窗口、保存文件、打印、撤销、视图布局控制、输出控制等应用命令，如图 2-52 所示。

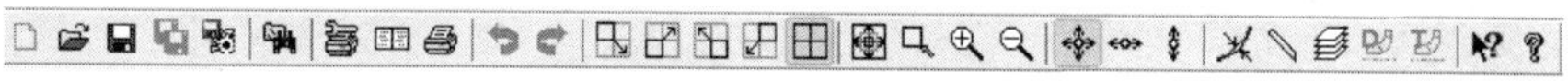

图 2-52 主工具栏

② 分析工具栏。分析工具栏包含模型输出检查、表面分析（计算喉部面积、校准喉部面积、叶片表面积）、模型属性等应用命令，如图 2-53 所示。

③ 叶片设置工具栏。叶片设置工具栏包含分流叶片操作、叶片属性对话框、叶片数量控制等应用命令，如图 2-54 和图 2-55 所示。

图 2-53 分析工具栏

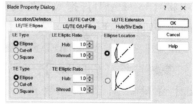

图 2-54 叶片设置工具栏

图 2-55 叶片属性对话框

④ 三维模型处理工具栏。三维模型处理工具栏包含三维模型显示、局部显示、坐标方向显示等应用命令，如图 2-56 所示。

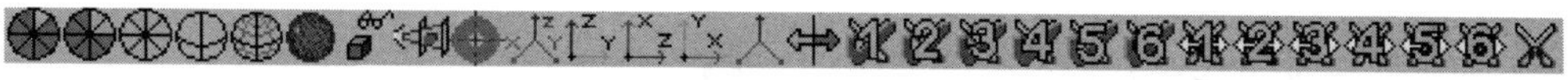

图 2-56 三维模型处理工具栏

⑤ 辅助工具栏。辅助工具栏包含三维视图、叶片到叶片视图、子午面云图视图、前缘尾缘 Bata 角视图、正交视图、所有层的 Bata 角视图、所有层的叶片厚度视图、坐标系视图等应用命令，如图 2-57 所示。

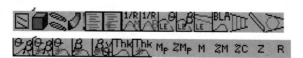

图 2-57 辅助工具栏

2. 文件的保存与输出

由 BladeGen 创建的文件可以有多种格式输出，来满足用户不同的需求。当单击"保存"按钮保存所创建的文件时，BladeGen 文件以 .bgd 格式保存，通常在 Workbench 目录下，如 D：\AWB\Blade_files\dp0\BG\TS。BladeGen 文件也可以输出成其他的形式，如以报告形式、Pro/E、IGES、二维图形格式输出。

BladeGen 文件可以保存为 TurboGrid 识别的文件，此时保存的 4 个文件分别以 .curve、.inf 格式存在，包含了叶片轮毂、叶片罩、叶片轮廓和叶片信息（文件名）。需要注意的是这 4 个文件是统一整体，缺一不可。输出 TurboGrid 格式文件的方法，单击【File】→【Export】→【TurboGrid Input File】，然后命名保存，从弹出的 TurboGrid 文件输出对话框中单击【OK】，如图 2-58 所示。

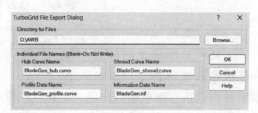

图 2-58　输出 TurboGrid 格式

2.3.3　Meanline sizing tools 建模

Meanline sizing tools 是 PCA 工程咨询公司的中弧线设计工具，中弧线校准功能可为后续的分析和优化提供初始叶片几何设计。Meanline sizing tools 包括用于离心式压缩机的 ANSYS Vista CCD、用于径向涡轮的 ANSYS Vista RTD、用于离心泵的 ANSYS Vista CPD 和用于轴流风扇的 ANSYS Vista AFD。

例如轴流风扇建模，从组件系统【Component Systems】中将【Vista AFD】拖入工程流程图区域【Project Schematic】，如图 2-59 所示。右击【Blade Meanline】，单击【Edit…】，进入 Vista AFD 程序中弧线设计窗口，根据已知参数进行【Calculate】；然后右击【Design】，进入设计窗口根据已知参数进行【Calculate】，如图 2-60 所示；最后右击【Analysis】，进入分析窗口进行【Calculate】。右击【Design】→【Create New】→【Geometry】产生几何项目，然后进入【DesignModeler】，如图 2-61 所示。

图 2-59　创建中弧线设计
工具 Vista AFD

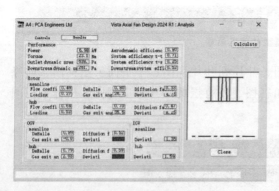

图 2-60　Vista AFD 设计窗口

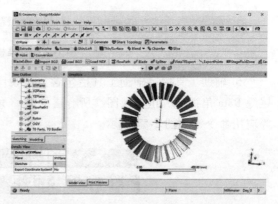

图 2-61　Vista AFD 创建的几何模型

2.4　齿轮泵基座的全参数化建模

1. 问题描述

本实例为某一齿轮泵基座，其相关参数在建模过程中体现。试用 SpaceClaim 建立全参数化的齿轮泵基座。

2. 模型创建过程

（1）启动 Workbench 2024

在"开始"菜单中执行【ANSYS 2024 R1\R2】→【Workbench 2024 R1\R2】命令。

（2）创建几何项目

① 在工具箱【Toolbox】的组件系统【Component Systems】中双击或拖动创建几何项目【Geometry】到项目分析流程图，如图 2-62 所示。

② 在 Workbench 的工具栏中单击【Save】，保存项目工程名为 Gear pump. Wbpj。模型文件保存在 D:\AWB\Chapter02 文件夹中。

（3）进入 SpaceClaim 环境

在几何创建项目上，右击【Geometry】→【New SpaceClaim Geometry】，进入 SpaceClaim 环境。注意：可以直接执行【ANSYS 2024 R1】→【Space-Claim 2024 R1】命令，直接进入中文界面。

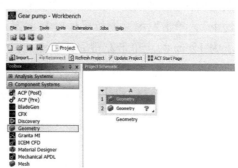

图 2-62　创建几何项目

（4）创建泵体

① 单击平面图定向命令，使栅格平面正面朝向自己，然后单击【Design】→【Sketch】→【Rectangle】，激活画矩形命令。移动光标放置到草图坐标原点，然后出现"小圆球"（为自动约束），单击左键，拖拉鼠标向右上方移动，直到向上的尺寸显示为 30mm，向右的尺寸显示为 56mm 为止（如不便，可单击空格键输入或直接分别输入 30mm、56mm），单击左键完成绘制。

② 单击【Design】→【Sketch】→【Three-Point Arc】，激活画圆弧命令。画下圆弧，第一点单击草图坐标原点，第二点沿 56mm 直线到端点，第三点在圆弧上，显示圆弧弧度为 180°。同样，画上圆弧，位置在下圆弧对边。

③ 单击【Design】→【Sketch】→【Trim-Away】，激活删除命令，分别选择两条 56mm 直线并删除。

④ 单击【Design】→【Edit】→【Move】，激活移动命令，使草图原点坐标位于草图中心。双击草图边线选中草图，在草图中心显示移动图标，然后单击移动导向工具直到图标，再单击草图原点坐标，原点坐标即移到草图中心位置，如图 2-63 所示。

⑤ 单击【Design】→【Edit】→【Pull】，激活拉动命令，选择草图平面，然后在弹出的微小工具中选择同时拉两侧图标，沿 Y 轴拉动 24mm，单击尺寸旁出现的"P"使其参数化（蓝色变橙色），如图 2-64 所示。注意：虽然单击草图尺寸也可参数化，但实际上参数管理窗口不识别。

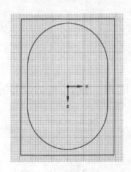

图 2-63 泵体基本草图

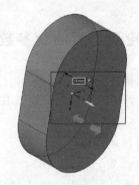

图 2-64 拉动成实心泵体

⑥ 单击【Design】→【Sketch】→【Rectangle】，进入草图模式，单击栅格，然后单击平面图定向命令。画矩形底座，移动光标放置到草图下半圆左侧，然后出现"小圆球"（为自动约束），单击左键，拖拉鼠标向右下方移动，直到向右的尺寸显示为 90mm、向下的尺寸显示为 15mm 为止单击左键完成绘制，如图 2-65 所示。

⑦ 标注尺寸。单击矩形长边上边，然后选择草图导向工具移动尺寸基点图标，移动带圆圈及小圆点尺寸线端到草图原点坐标，输入距离值为 42mm。单击矩形长边下边，然后选择草图导向工具移动尺寸基点图标，移动带圆圈及小圆点尺寸线端到草图原点坐标，输入距离值 50mm。单击矩形短边左侧边，然后选择草图导向工具移动尺寸基点图标，移动带圆圈及小圆点尺寸线端到草图原点坐标，输入距离值 45mm。单击矩形短边右侧边，然后选择草图导向工具移动尺寸基点图标，移动带圆圈及小圆点尺寸线端到草图原点坐标，输入距离值 45mm，如图 2-66 所示。

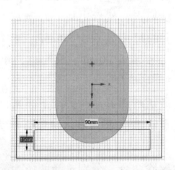

图 2-65 画底座草图

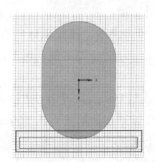

图 2-66 标注底座草图几何尺寸和位置尺寸

⑧ 单击【Design】→【Edit】→【Pull】，激活拉动命令，选择草图平面，然后在弹出的微小工具中选择同时拉两侧图标 ，沿 Y 轴拉动 16mm，单击尺寸旁出现的"P"使其参数化，如图 2-67 所示。

⑨ 单击【Design】→【Edit】→【Pull】，激活拉动命令，双击选择泵体外边，如图 2-68 所示；然后在弹出的微小工具中选择复制边图标 ，沿着位于平面内黄色方向箭头往泵体平面边线向内拉动 10.5mm，如图 2-69 所示；最后选择新形成的内平面，拉动去除材料，如图 2-70 所示。

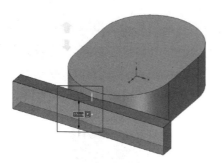

图 2-67　拉动底座

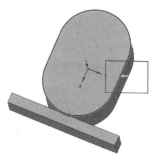

图 2-68　选择泵体外边线

图 2-69　拉动成泵体

图 2-70　拉动复制选择泵体外边线

（5）绘制进出油口

① 选择泵体外侧面，单击【Design】→【Sketch】→【Circle】，单击栅格，进入草图模式，然后单击平面图定向命令。画圆形进油口，移动光标放置到草图原点坐标，然后出现"小圆球"（为自动约束），单击并拖拉鼠标向任意方向移动，直到尺寸显示 24mm 为止单击左键完成绘制，如图 2-71 所示。

② 单击【Design】→【Edit】→【Pull】，激活拉动命令，选择草图圆，沿黄色箭头方向拉动 7mm，单击尺寸旁出现的"P"使其参数化。以同样的方法绘制另外一侧的出油口，如图 2-72 所示。

③ 单击【Insert】→【Manufacturing】→【Standard Hole】，激活标准孔的创建命令，选择 Size 为 M16×2，选中 Tapped（带螺纹），选择标准孔向导放置孔图标，选择进油口圆面，单击完成工具向导图标✅，完成进油口螺纹孔创建；选择出油口圆面，单击完成出油口螺纹孔创建，如图 2-73 所示。

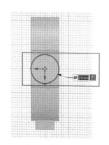

图 2-71　绘制进油口草图

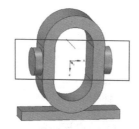

图 2-72　拉动成实体进出油口

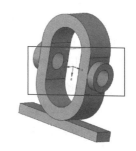

图 2-73　拉动成实体进出油口

（6）创建连接螺纹孔

① 单击【Insert】→【Manufacturing】→【Standard Hole】，激活标准孔的创建命令，选择

Size 为 M6×1，选中 Tapped（带螺纹），选择标准孔的工具向导使用栅格放置孔图标![icon]，选择泵体主面并放置孔，具体位置如图 2-74 所示，单击完成工具向导图标![icon]，完成螺纹孔的创建；然后单击三维模式。

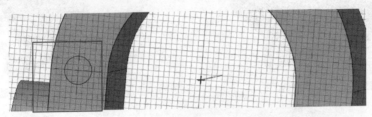

图 2-74　创建连接螺纹孔和位置

② 单击【Design】→【Create】→【Circular Pattern】，激活圆形阵列命令，在结构树选项中，Circular Count 为 3，Angle 为 180°，选择圆阵列工具向导选择对象图标![icon]，选择要阵列的新建螺纹孔，选择方向工具向导图标![icon]，选择阵列轴，单击完成工具向导图标![icon]，完成螺纹孔创建。

③ 创建辅助平面。单击【Design】→【Create】→【Plane】，激活平面命令，移动光标到原点坐标，单击创建三维平面，在结构树中取消选择 XZ 平面、YZ 平面，保留 XY 平面，如图 2-75 所示。

④ 镜像螺纹孔，创建辅助平面。单击【Design】→【Create】→【Mirror】，激活镜像命令，选择新创建的辅助平面，然后依次选择三个螺纹孔，依次镜像，然后在结构树中取消选择 XY 辅助平面，如图 2-76 所示。

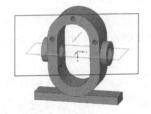

图 2-75　创建辅助平面

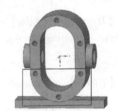

图 2-76　镜像螺纹孔

（7）创建底座孔

① 选择底座面，单击【Design】→【Sketch】→【Circle】，进入草图模式，单击栅格，然后单击平面图定向命令。分别在底座平面左右端处画圆形，直径为 7mm。

② 单击【Design】→【Edit】→【Move】，激活移动命令，移动光标单击左端面处圆心，选择横向箭头，单击弹出的微小工具标尺图标![icon]，标注尺寸圆心到左端面边线的距离为 10mm，右端面处圆心与右端面边线距离为 10mm，如图 2-77 所示。

③ 单击【Design】→【Edit】→【Pull】，激活拉动命令，按住 Ctrl 键选择新形成的两个圆平面，拉动去除材料。

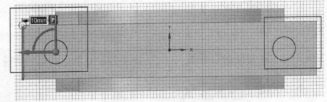

图 2-77　底座螺栓孔草图

④ 选择底座面，单击【Design】→【Sketch】→【Rectangle】，进入草图模式，在结构树中选择 Definerectangle from center，然后单击平面图定向命令。移动光标放置到草图坐标原点，然后出现“小圆球”（为自动约束），单击左键，拖拉鼠标纵横移动，直到纵向上的尺寸显示为 16mm，横向的尺寸显示为 44mm 为止单击左键完成绘制，如图 2-78 所示。

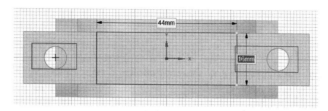

图 2-78　底座工艺槽草图

⑤ 单击【Design】→【Edit】→【Pull】，激活拉动命令，选择新形成的矩形面，拉动去除材料 4mm，单击尺寸旁出现的“P”使其参数化，如图 2-79 所示。

（8）倒圆角

① 单击【Design】→【Edit】→【Pull】，激活拉动命令，按住 Ctrl 键分别选择进出油口与泵体的交界线，拉动形成半径为 2.5mm 的圆角，单击尺寸旁出现的“P”使其参数化。

② 按住 Ctrl 键分别选择泵体与底座的交界线，底座上表面与两侧面的直角边线，拉动形成半径为 5mm 的圆角，单击尺寸旁出现的“P”使其参数化，如图 2-80 所示。

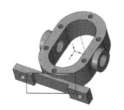

图 2-79　拉动成底座工艺槽

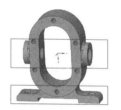

图 2-80　倒圆角

（9）保存与退出

① 单击 SpaceClaim 主界面的菜单【File】→【Save】，然后命名，导出模型 Gear pump. scdoc 文件，模型文件保存在 D:\AWB\Chapter02 文件夹中。

② 退出 SpaceClaim 环境。单击 SpaceClaim 主界面的菜单【File】→【Close】，退出环境，返回到 Workbench 主界面，此时主界面的项目管理区中显示的建模项目已完成。单击参数管理窗口【Parameters\Parameters Set】，可以看到所创建的模型参数化尺寸，如图 2-81 所示。

③ 单击 Workbench 主界面上的【Save】按钮，保存所有建模文件。

④ 退出 Workbench 环境。单击 Workbench 主界面的菜单【File】→【Exit】，退出主界面，完成建模项目。

3. 点评

本例为 SpaceClaim 全程参数化三维实体建模实例，介绍了建模中草绘、拉动、移动、标准孔、阵列、镜像等基本命令和参数化方法。在建模过程中，可以体会 SpaceClaim 建模方法的简便、快捷性。实体是有限元分

Outline of All Parameters

	A	B	C	D
1	ID	Parameter Name	Value	Unit
2	Input Parameters			
3	Geometry (A1)			
4	P1	Group1	12	
5	P2	Group2	8	
6	P3	Group3	10.5	
7	P4	Group4	7	
8	P5	Group5	7	
9	P6	Group6	4	
10	P7	Group7	2.5	
11	P8	Group8	5	
*	New input parameter	New name	New expression	
13	Output Parameters			

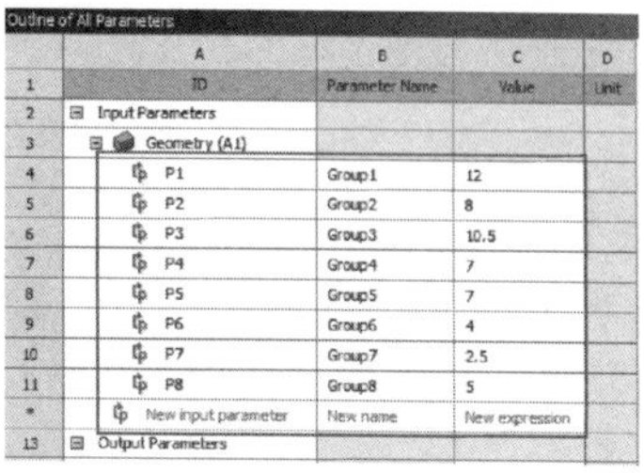

图 2-81　模型参数化尺寸管理窗口

析常见模型类型，是形成各种实体单元的基础，在工程结构应用、分析中会经常出现。几何模型参数化是模型参数化优化的基础，通过简单地改变模型中的参数值就能建立和分析新的模型。

2.5　本章小结

本章按照 SpaceClaim 直接建模、DesignModeler 建模、BladeModeler 建模和实例应用顺序编写，侧重介绍 SpaceClaim 直接建模和 DesignModeler 建模，简要介绍旋转机械叶轮叶片建模工具 BladeModeler。从发展趋势上看，SpaceClaim 直接建模将是首选，对比 DesignModeler 建模有许多优点，不仅可以快速建模，而且可以快速修复模型，从而为 CAE 分析准备合格的模型，利用刻面模块识别 STL 格式小平面模型，为 3D 打印创造条件等。本章配备的典型建模工程实例为齿轮泵基座的全参数化建模，包括问题描述、模型创建过程及点评三部分内容。

通过本章学习，读者可以了解到 Workbench 中的建模工具 SpaceClaim、DesignModele、BladeModeler，掌握基本建模方法，可为后面的相关章节的有限元分析打下基础。

第3章 网格划分

网格划分是 CAE 仿真分析不可缺少的一部分，网格的质量直接影响计算结果的精度、求解的收敛性。此外，网格划分阶段所花费的时间也往往占整个仿真分析很大的比例，因此，网格划分工具越好、自动化程度越高，整个 CAE 仿真分析的效率也越高。

本章重点介绍 ANSYS Meshing 网格划分工具，简要介绍 ICEM CFD 和 TurboGrid 网格划分工具。ANSYS Meshing 网格划分工具集成在功能面板，包括网格工作流程、特性探测、网格划分方法、局部网格控制、网格编辑、网格质量等内容，如图 3-1 所示。

图 3-1　网格划分功能面板

3.1　网格划分平台概述

3.1.1　网格划分平台

从简便的自动网格划分到高级网格划分，ANSYS Meshing 都有完美的解决方案，其网格划分技术继承了 ANSYS Mechanical、ANSYS ICEM CFD、ANSYS CFX、GAMBIT、TurboGrid 和 CADOE 等 ANSYS 各结构/流体网格划分程序的相关功能。ANSYS Meshing 根据所求解问题的物理类型（机械、流体、电磁、显式等）设定了相应的、智能化的网格划分默认设置；在划分中，实现了过期网格、失效网格与已划分网格的分离，从而加快网格的划分速度，特别是对网格的并行处理功能，使网格划分速度更是加倍，如图 3-2 所示。因此，用户一旦输入新的 CAD 几何模型并选择所需的物理类型，即可使用 ANSYS Meshing 强大的自动网格划分功能进行网格处理。当 CAD 模型参数变化后，网格的重新划分会自动进行，实现 CAD-CAE 的无缝连接。

ANSYS Meshing 提供了包括混合网格和全六面体自动网格等在内的一系列高级网格划分技术，方便用户进行客户化的设置以对具体的隐式/显式结构、流体、电磁、板壳、二维模型、梁杆模型等进行细致的网格处理，形成最佳的网格模型，为高精度计算打下坚实的基础。除了 ANSYS Meshing 之外，还有

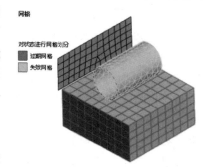

图 3-2　网格划分分类处理

顶级的 ANSYS ICEM CFD 和 ANSYS TurboGrid 网格划分平台。它们虽然在不断整合到 ANSYS Meshing 中，但其强大的网格划分功能、独特的网格划分方法，使其在划分复杂网格方面游刃有余，它也是 ANSYS 网格划分平台的重要组成部分。本章将给予简单介绍。

3.1.2 网格类型

ANSYS Meshing 网格类型与使用的网格划分方法有关，不同的网格划分方法会出现不同类型的网格。对于三维实体模型，四面体法只能划出四面体（Tetrahedral）网格类型；扫描法可以划出棱柱（或楔形）（Prismatic（Wedge））或六面体（Hexahedral）网格类型；多区域法主要划出六面体（Hexahedral）网格类型；六面体主导法主要划出六面体网格类型；部分含有金字塔形（Pyramidal）网格类型。自动划分方法根据模型的不同产生不同的网格类型，如图 3-3 所示。对于二维表面模型，主要有三角形（Triangle）和四边形网格类型，如图 3-4 所示。

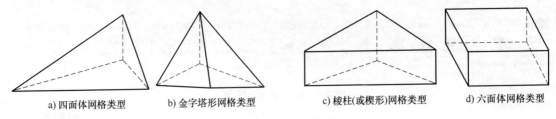

a) 四面体网格类型   b) 金字塔形网格类型   c) 棱柱(或楔形)网格类型   d) 六面体网格类型

图 3-3　三维实体网格类型

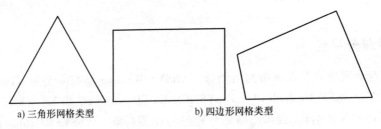

a) 三角形网格类型   b) 四边形网格类型

图 3-4　二维表面网格类型

3.1.3 网格工作流程

网格工作流程【Mesh Workflows】为一种新的网格划分框架，为特定需求的网格生成提供了一种基于工作流的方法，以处理复杂的 CAD 几何和网格划分过程，可在模拟中使用 CAD 几何图形时进行清理和修改。预设有预定义的模板，这些模板可以根据需要进行自定义。每个网格工作流都由一系列步骤组成，这些步骤定义生成的网格，可以通过使用控制和输出进行参数化和互连，工作流中的每个特定步骤都基于特定类型的通用操作。操作的控制定义了要做什么和如何做，并提供了网格划分算法的灵活组合，捕获操作的结果。网格工作流程提供了三个预定义的可定制的声学工作流。网格工作流程提供的预定义模板分别是外部 FEM 声学、内部 FEM 声学和 BEM 声学，可以通过右击插入，功能主要包括输入【Input】、标签【Labels】、步骤【Steps】、输出【Output】，通过生成网格工作流【Generate Mesh Workflows】功能产生网格，如图 3-5 和图 3-6 所示。

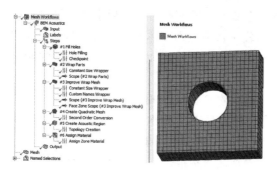

图 3-5　BEM 声学网格工作流程

图 3-6　BEM 声学网格工作流程表格属性

3.2　Meshing 网格划分方法

ANSYS Meshing 按网格划分手段提供了自动划分法【Automatic】、扫描法【Sweep】、多区域法【MultiZone】、四面体法【Tetrahedrons】、六面体主导法【Hex Dominant】、笛卡儿法【Cartesian】、分层四面体法【Layered Tetrahedrons】、微粒法【Particle】、自动（PrimeMesh）法【Automatic（PrimeMesh）】网格划分方法。在导航树上右击【Mesh】→【Insert】→【Method】，在方法参数栏里选择几何模型，然后展开【Method】选项栏，可以看到这些方法，如图 3-7 所示。利用以上网格划分方法可以对特殊的几何体，如复杂三维几何体和薄壁体进行网格划分。

图 3-7　网格划分方法

3.2.1　自动网格划分

自动网格划分【Automatic】为默认的网格划分方法，通常根据几何模型来自动选择合适的网格划分方法。设置四面体或扫掠网格划分，取决于体是否可扫掠。若可以，物体将被扫掠划分网格；否则，将采用协调分片算法【Patch Conforming】划分四面体网格。

3.2.2　四面体网格划分

运用四面体划分【Tetrahedrons】方法可以对任意几何体划分四面体网格，在关键区域可以使用曲率和逼近尺寸功能自动细化网格，也可以使用膨胀细化实体边界附近的网格，四面体划分方法的这些优点注定其应用广泛，但也有其缺点，例如，在同样的求解精度情况下，四面体网格的单元和节点数高于六面体网格，因此会占用计算机更大的内存，求解速度和效率方面不如六面体网格。四面体网格划分的两种算法如图 3-8 所示。

（1）协调分片算法【Patch Conforming】

图 3-8　四面体网格划分

该方法基于 TGrid 算法，自下而上划分网格，也即先生成面网格，然后生成体网格。在默认设置时，会考虑几何模型所有的边、面等几何较小特征。在多体部件中可以结合扫描方法生成共形的混合四面体、棱柱和六面体网格。用虚拟拓扑工具可以简化 CAD 模型的较小特征，放宽分片限制。

新版本增强了"补丁契合四面体方法"，为"显式物理偏好"提供了"积极薄面折叠"功能。当薄面的宽度小于目标特征长度的 2 倍时，"侵略性薄面折叠"方法会对薄面进行去特征处理。面宽度小于目标特征长度的 2 倍时，将去除薄面特征。对于其他"物理偏好"，"自动节点移动"以满足给定"物理偏好"的目标网格质量标准。当有多个质量目标时，自动节点移动会根据不同的目标标准依次执行节点移动。

选用协调分片算法的方法：右击【Mesh】→【Insert】→【Method】，选择应用的几何体，设置【Method】= Tetrahedrons，【Algorithm】= Patch Conforming。

（2）独立分片算法【Patch Independent】

该方法基于 ICEM CFD Tetra 四面体或棱柱的 Octree 方法，自顶而下划分网格，也即先生成体网格，然后再映射到点、边和面创建表面网格。可以对 CAD 模型的长边等进行修补，更适合对质量差的 CAD 模型划分网格。

选用独立分片算法的方法：右击【Mesh】→【Insert】→【Method】，选择应用的几何体，设置【Method】= Tetrahedrons，【Algorithm】= Patch Independent。除此之外，在高级设置还有去除网格特征的附加设置【Mesh Based Defeaturing】、基于逼近和曲率的细化设置【Proximity and Curvature】、平滑过渡选项【Smooth Transition】等选项；当【Mesh Based Defeaturing】= ON 时，【Defeaturing Tolerance】中输入去除特征容差，则清除容差范围内的小特征。该划分方法也可写出 ICEM CFD 文件【Write ICEM CFD Files】。

机械分析适合用于协调分片算法划分的网格，电磁分析或流体分析适合用于协调分片算法或独立分片算法划分的网格，显式动力学适合用于有虚拟拓扑的协调分片算法或独立分片算法划分的网格。

3.2.3　六面体主导网格划分

六面体主导【Hex Dominant】网格划分法主要采用六面体单元来划分，形状复杂的模型可能无法划分成完整的六面体网格，这时会出现缺陷。ANSYS Meshing 会自动处理这个缺陷，并用三棱柱、混合四面体和金字塔网格来补充处理。六面体网格，首先生成四边形主导的面网格，接着按照需要填充三角形面网格来补充，最后对内部容积大的几何体和可扫掠的体进行六面体网格划分，不可扫掠的部分用楔形或四面体单元来补充。但是，最好避免楔形和四面体单元的出现。六面体网格划分方法常用于受弯曲或扭转的结构、变形量较大的结构分析之中。在同样求解精度下，可以使用较少的六面体单元数量来进行求解，如图 3-9 所示。

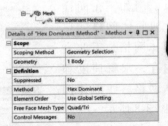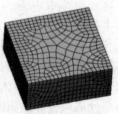

3.2.4　扫掠网格划分

扫掠网格【Sweep】划分方法可以得

图 3-9　六面体主导网格划分

到六面体网格和三棱柱网格，也可能包含楔形单元，其他实体采用四面体单元划分。使用此方法的几何体必须是可扫掠体。一个可以扫掠模型需满足：包含不完全闭合空间，至少有一个边或闭合面连接从源起面到目标面的路径，没有硬性约束定义以致在源起面和目标面相应边上有不同的分割数。具体可以采取右击【Mesh】，在弹出的菜单中选择【Show】→【Sweepable Bodies】来显示可扫掠体。扫掠划分方法还包括了一种薄壁扫掠网格方法【Thin Sweep Method】，此种方法与直接进行扫掠类似，但也有其特点，在某种情况下可以弥补进行扫掠划分网格的不足。

新版本对轴对称扫掠法进行了改进，在二维剖面图上赋予高质量的网格，然后将二维剖面图旋转为高质量的三维网格。在轴对称体的侧面添加了用于边缘控制的支撑，使能够沿轴向添加拉伸单元的偏置，并在应力集中最高的位置进行细化。

扫掠或薄壁扫掠网格划分，一般应选择源起面和目标面，主要有自动选择【Automatic】、手动选择源起面【Manual Source】、手动选择源起面和目标面【Manual Source and Target】、自动指定厚度模型【Automatic Thin】和手动指定厚度模型【Manual Thin】方式。源起面可以划分为四边形或三角形，如图 3-10 和图 3-11 所示。

图 3-10　扫掠网格划分　　　　图 3-11　扫掠网格和路径

3.2.5　多区域网格划分

多区域【MultiZone】划分方法可以自动对几何体进行分解成映射区域和自由区域，可以自动判断区域并生成纯六面体网格，对不满足条件的区域采用更好的非结构网格划分。多重区域网格划分不仅适用于单几何体，也适用于多几何体。多区域增强了三种分解类型【Decomposition Type】都应用在不同体上的处理能力。当同时对具有共享拓扑结构的多体进行网格划分时，首先对所有采用 Cart Sweep 的体进行网格划分，然后对采用 Thin Sweep 的体进行网格划分，最后对采用 Standard 多域的体进行网格划分。多域的 Thin Sweep 现在可以处理复杂的物体，增强了标准多域对薄物体失效时自动检测和应用薄扫描的能力。此方法基于 ICEM CFD Hexa 模块，非结构化区域可采用六面体主导、六面体核心，也可采用四面体或金字塔网格来划分网格，如图 3-12 所示。在多区域网格划分方法下，通过在高级选项中设置，可直接调用 ICEM CFD 网格工具划分网格，在这里，设置【Write ICEM CFD Files】=Interactive，【ICEM CFD Behavior】=Generate Blocking and Mesh 及其他选项，如图 3-13 所示，可以实现参数化模型自动网格更新等功能。

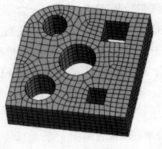

图 3-12　多区域网格划分　　　　　　图 3-13　调用 ICEM CFD 网格工具划分网格

3.2.6　笛卡儿网格划分

笛卡儿【Cartesian】网格划分方法用来生成尺寸非常均匀的非结构化六面体网格。对几何体特征与坐标系良好对齐并且需要规则网格时适用，可用于显式动力学模型、生物模型、加工过程和电子元件模拟网格划分，也可用于模拟增材制造中的打印过程，如图 3-14 所示。

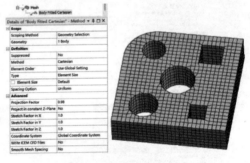

（1）范围【Scope】

① 范围限定方法【Scoping Method】，使用选择几何的方法，如几何选择、名称选择。

② 几何结构【Geometry】，选择几何体、面、边。

（2）定义【Definition】

① 抑制【Suppressed】，是否抑制几何体显示。

图 3-14　笛卡儿网格划分

② 方法【Method】，笛卡儿网格（Cartesian）。

③ 单元的阶【Element Order】，分为全局设置（Use Global Setting）、线性的（Linear）、二次项（Quadratic）。

④ 类型【Type】，定义尺寸调整类型，单元尺寸（Element Size）指定网格尺寸，分区数量【Number of Divisions】，（Number of Division in Z-Dir）指定设置 Z 方向上的分割数。

⑤ 空间选项【Spacing Option】，包括均匀（Uniform）：指定单元大小作为 X、Y 和 Z 间距，这可能会导致单元失真或丢失；关键点（自动）（Key-Points（Auto）））：检查模型中的所有顶点，并在指定的容差内添加分割线以跟随特征。然后，关键点（自动）调整相邻分割线之间的网格间距，使六边形网格跟随特征；关键点（手动）（Key-Points（Manual））：手动选择顶点以在 X、Y 和 Z 方向的每个方向上创建分割线，网格间距在相邻分割之间进行调整，也可以根据需要添加额外的分割线，以遵循特征。

⑥ 使用体素化网格【Mesh Using Voxelization】，默认不使用，当时选择 Yes（使用）时，需在高级下设置单元尺寸、壁厚（Wall Thickness）、子采样率（Subsample Rate）。其中壁厚根据机器设置的单个焊道厚度调整，每个立方体单元被划分为采样区域，以确定该单元内的材料密度。子采样率会影响单元密度的准确性，默认为 5，也即是 5×5×5＝125 个细分。

（3）高级【Advanced】

① 投影因子【Projection Factor】，设置网格质量和捕捉几何体之间的平衡，介于0和1之间的值。对于增材制造过程模拟，投影因子的默认值为0，如果要从网格实体生成支撑，则投影因子必须设置为0，笛卡儿网格将具有高质量的六面体，这些单元通过阶梯步逼近几何体曲面，如果设为1，大多数边界节点将投影到几何体，并且仅干扰那些导致单元质量不佳的节点。

② 在恒定Z平面中投影【Project in Constant Z-Plane】，如果启用可以用于增材制造中的打印模拟，笛卡儿网格的X坐标和Y坐标将被修改，同时在Z方向上保持恒定的高度。

③ X轴中的拉伸系数【Stretch Factor in X】，在X维度中修改六面体网格的纵横比。

④ Y轴中的拉伸系数【Stretch Factor in Y】，在Y维度中修改六面体网格的纵横比。

⑤ Z轴中的拉伸系数【Stretch Factor in Z】，在Z维度中修改六面体网格的纵横比。

⑥ 坐标系【Coordinate System】，选择与网格对齐的坐标系。默认值为全局坐标系。

⑦ 编写ICEM CFD文件【Write ICEM CFD Files】，设置用于编写ANSYS ICEM CFD文件的选项。

⑧ 平滑网格间距【Smooth Mesh Spacing】，用于执行基于边长度的平滑。

3.2.7 分层四面体划分

分层四面体划分【Layered Tetrahedrons】基于指定的层高度在层中创建非结构化四面体网格，并使其适合几何体。该方法常用于需要在特定区域中提高网格分辨率或捕捉边界特征的问题，比如用于模拟增材制造中的打印过程，因为构建零件必须符合在全局Z方向上具有固定步长的网格。分层四面体法只有使用自适应尺寸（Use Adaptive Sizing）关闭时才可以使用，如图3-15所示。

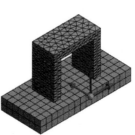

图3-15　分层四面体划分

（1）范围【Scope】

① 范围限定方法【Scoping Method】，使用选择几何的方法，如几何选择、名称选择。

② 几何结构【Geometry】，选择几何体、面、边。

（2）定义【Definition】

① 抑制【Suppressed】，是否抑制几何体显示。

② 方法【Method】，分层四面体法（Layered Tetrahedrons）。

③ 单元的阶【Element Order】，分为全局设置（Use Global Setting）、线性的（Linear）、二次项（Quadratic），增材制造模拟默认采用该方法，将生成中间节点元素，但中间节点将保持笔直，并且不符合几何体。

④ 层高【Layer Height】，在全局Z方向上设定固定步长。

⑤ 控制消息【Control Messages】，可根据控制消息做出修改。

（3）高级【Advanced】

① 使用小面生成层【Generate Layers Using Facets】，是否使用小平面为给定模型生成分

层四面体网格。

② 修复小面【Repair Facets】，是否修复小块镶嵌面和镶嵌面交点。

③ 层起始【Layer Start】，从平面的 Z 位置生成网格层。默认值是包围范围实体的边界框的最小 Z 坐标。对于增材制造模拟，会自动将值设置为基板顶部的 Z 坐标。

④ 相对容差【Relative Tolerance】，在初始图层操作期间，将图层平面指定容差（相对容差）内的节点投影到几何图形平面上的平面。默认值为 0.01（1%），建议的数值范围为 0.01~0.02（1%~2%）。在极端情况下，可以使用最大为 0.05 的值。

⑤ 膨胀相对容差【Inflate Relative Tolerance】，用于改善薄层区域中的表面网格。此容差会将节点移动到指定的值，以提高质量。默认值为 0.1（图层高度的 10%）。一般为 0.1~0.3，最大可接受值为 0.5。

⑥ 重叠角【Overlapping Angle】，根据提供的角度识别并展开与图层平面重叠的几何体面。默认值为 155°。可接受的范围是大于特征角度但小于 180° 的角度。

⑦ 特征清除层体积【Defeature Layer Volume】，指定清除单元薄层的阈值体积。

⑧ 强力膨胀选项【Aggressive Inflate Option】，启用层平面附近的面的膨胀以提高网格质量。

⑨ 强力四面体改进【Aggressive Tetrahedrons Improvement】，激活四面体网格改进程序。

⑩ 裂片三角高程【Sliver Triangle Height】，该值基于指定的最小尺寸。默认值为最小尺寸的 10%。根据模型可能需要增加该值，但建议该值不应大于最小尺寸的 50%。

⑪ 特征角【Feature Angle】，基于特征角度确定特征节点，并在网格划分过程中保留这些节点。默认特征角度为 40°。可接受的范围是从 0° 到小于指定重叠角的角度。

⑫ 拐角角度【Corner Angle】，基于拐角角度确定角节点，并在网格划分过程中保留这些节点。默认为 90°。可接受的范围为 0°~180°。

3.2.8 微粒法划分

微粒法划分【Particle】用于划分指定直径的粒子云，用于显式动力学分析，当物理偏好【Physics Preference】设定为 Explicit 时，才可使用，方法【Method】设定为 Particle，同时需要设置粒子直径，如图 3-16 所示。

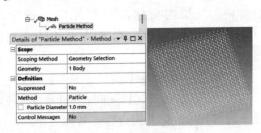

图 3-16　微粒法划分

3.2.9 自动（PrimeMesh）划分

自动（PrimeMesh）划分【Automatic（PrimeMesh）】主要对初始划分模型为固体-壳体焊接-共享节点且仅用自适应尺寸调整选项设置为否时，将对实体模型执行扫掠，并为壳体模型生成四边形元素。当实体无法扫掠时，实体将使用面片适形四面体网格器进行网格划分。自动（PrimeMesh）可在壳和焊接体之间创建具有接触的非保形网格。该方法范围可以适用于所有实体类型，如实体、壳体和梁实体。自动（PrimeMesh）使用全局元素顺序进行网格划分，如图 3-17 所示。

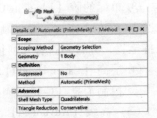

图 3-17　自动划分

3.2.10 面体网格划分

ANSYS 网格划分平台可以对 SpaceClaim、DesignModeler 或其他 CAD 软件创建的表面体划分表面网格或壳体网格，进行二维有限元分析。然而 CFX 不接受二维网格划分，因为它是个固有的三维代码。为了使 CFX 可以进行二维分析，可以这样处理，创建对称方向一个单元厚度的体网格，如二维薄块，如图 3-18 所示。主要可划分为三角形或四边形网格，对网格的控制没有三维几何体划分网格复杂，主要是对边或映射面的控制，由于算法不断改进，划出的四边形网格质量也大幅提高。这部分较简单，因此不再叙述。面体网格划分方法有：

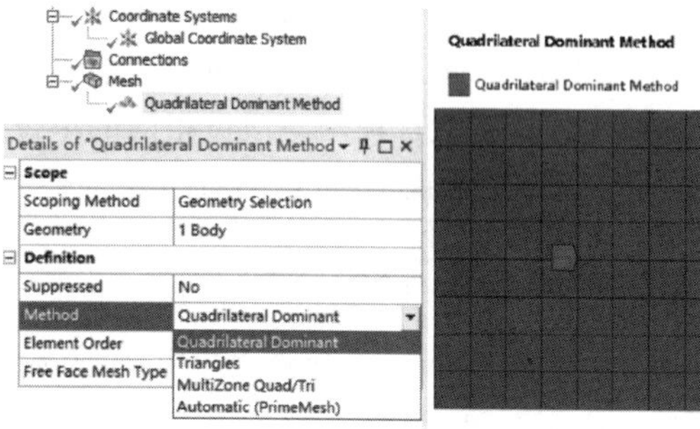

1）四边形主导方法划分【Quadrilateral Dominant】。

图 3-18 面体网格划分

2）纯三角形网格划分【Triangles】。

3）多区四边形或三角形边长统一的网格划分【MultiZone Quad/Tri】。

4）自动（PrimeMesh）划分【Automatic（PrimeMesh）】。

3.3 全局网格控制

ANSYS Meshing 网格划分主要有全局设置和局部设置两部分来完成对设计模型网格的精确划分。一般网格设置根据物理模型不同，在详细窗口中的项目也有所不同，一般包括以下部分：显示【Display】、预设值【Defaults】，尺寸控制【Sizing】、质量【Quality】、膨胀【Inflation】、高级【Advanced】、统计【Statistics】，如图 3-19 所示。

图 3-19 全局
网格控制

3.3.1 显示与默认值

1. 显示

显示【Display】，允许根据不同的显示类型来观察网格和网格质量，包括模型体色、壳体网格厚度、网格质量。

显示风格【Display Style】包括模型体色【Body Color】、壳体网格厚度【Shell Thickness】和多种网格质量检验规则，如单元质量【Element Quality】、雅可比高斯点【Jacobian Ratio（Gauss Point）】等。

2. 预设值

预设值【Defaults】允许控制物理优选项、单元的阶等。

1）物理优选项【Physics Preference】，为求解物理类型包括了机械（Mechanical）、非线性机械（Mechanical）、电磁（Electromagnetics）、流体动力学（CFD）、显式动力（Explicit）物理类型，默认 Mechanical。

2）单元的阶【Element Order】，控制是使用中间节点（二次项）创建网格，还是不使用中间节点创建网格（线性的），减少中间节点的数量会减少自由度的数量。

3）求解优选项【Solver Preference】，该选项只有物理优选项为 CFD 才出现，包括 Fluent、CFX、Polyflow 求解器。

4）全局单元尺寸【Element Size】，设置全局单元尺寸，控制最大面尺寸。

5）输出网格格式【Export Format】，该选项只有物理优选项为 CFD、求解优选项为 Fluent 时才出现；Fluent 默认标准（Standard），也可选大模型支撑（Large Model Support）。

6）输出网格单位【Export Unit】，该选项只有物理优选项为 CFD、求解优选项为 Polyflow 时才出现；默认选项用与项目相同的单位，也可自选单位。

7）导出预览表面网格【Export Preview Surface Mesh】，默认不导出。

3.3.2　全局尺寸调整

尺寸调整【Sizing】，允许控制尺寸函数、总体尺寸、初始单元尺寸基准、网格过渡、跨度角中心等选项。

1. 使用自适应尺寸调整【Use Adaptive Sizing】

此选项为 Yes 时包括 Resolution、Transition、Span Angle Center、Initial Size Seed；此选项为 No 时包括 Growth Rate、Max Size、Capture Curvature（Curvature Min Size and Curvature Normal Angle）、Capture Proximity。该选项网格控制的规则为先从边开始划分网格，在曲率比较大的地方自动细化网格，然后产生面网格，最后产生体网格，如图 3-20 所示。

Sizing	
Use Adaptive Sizing	Yes
Resolution	2
Mesh Defeaturing	Yes
☐ Defeature Size	Default
Transition	Fast
Span Angle Center	Coarse
Initial Size Seed	Assembly
Enable Washers	No
Bounding Box Diagonal	38.329 mm
Average Surface Area	223.46 mm²
Minimum Edge Length	5.36 mm

Sizing	
Use Adaptive Sizing	No
Use Uniform Size Function For Sheets	No
☐ Growth Rate	Default (1.2)
☐ Max Size	Default (1.8686 mm)
Mesh Defeaturing	Yes
☐ Defeature Size	Default (9.3429e-005 mm)
Capture Curvature	Yes
☐ Curvature Min Size	Default (1.8686e-002 mm)
☐ Curvature Normal Angle	Default (30.0°)
Capture Proximity	Yes
☐ Proximity Min Size	Default (1.8686e-002 mm)
☐ Proximity Gap Factor	Default (3.0)
Proximity Size Sources	Faces and Edges
Bounding Box Diagonal	38.329 mm
Average Surface Area	223.46 mm²
Minimum Edge Length	5.36 mm

图 3-20　尺寸调整

2. 分辨率【Resolution】

可控制全局网格疏密程度，其值可取 −1~7（−1 为程序自动，默认一般为 2）。

3. 过渡【Transition】

网格过渡控制邻近单元增长比，可设置快速【Fast】（对 Mechanical、Electromagnetics 默认）和慢速【Slow】（对 CFD、Explicit 默认）过渡，如图 3-21 所示。

a) 快速过渡网格　　b) 慢速过渡网格

图 3-21　不同速度网格过渡对比

4. 跨度角中心【Span Angle Center】

设定基于边的细化的曲度目标。网格在弯曲区域细分，直到单独单元跨越这个角。有 3 种选择：粗糙 Coarse，−91°~60°；中等 Medium，−75°~24°；精细 Fine，−36°~12°，如图 3-22 所示。

5. 初始尺寸种子【Initial Size Seed】

根据激活装配体来确定控制每一部件的初始网格种子。当定义单元尺寸后，则该选项被忽略。

1）装配体【Assembly】，初始种子放入未抑制部件。单元可以改变。

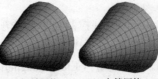

a) 粗糙网格　　　b) 中等网格　　　c) 精细网格

图 3-22　不同跨度角中心网格对比

2）部件【Part】，初始种子在网格划分时放入个别特殊部件。单元不可以改变。

6. 对薄板使用统一尺寸功能【Use Uniform Size Function For Sheets】

该选项只有在尺寸函数选择为 Proximity and Curvature，Proximity，Curvature，几何模型既有实体又有表面体时出现，该选项默认为不使用。

7. 增长率【Growth Rate】

其效果与"Transition"（过渡）相似，用来控制临近单元增长比，通常保存默认即可，也可在 1~5 之间指定。

8. 最大尺寸【Max Size】

控制最大体尺寸。

9. 捕获曲率【Capture Curvature】

在有曲率变化的地方网格会自动加密，可以控制曲面处网格的变化，使转角处或孔洞的曲边的网格细化（对直角边不起作用）。主要通过控制曲率法向角度（Curvature Normal Angle）实现。

① 曲率最小尺寸【Curvature Min Size】，该尺寸值由尺寸函数生成，并由几何边的长度决定，某些单元大小可能小于该尺寸；可以默认，也可指定大于 0 的值。

② 曲率法向角【Curvature Normal Angle】，一个单元边长跨度所允许的最大角，可输入 0°~180°，或程序自动默认，默认值由相关性和跨度角中心选项计算确定。当【Min Size】小于【Curvature Normal Angle】的单元尺寸时，单元大小由【Curvature Normal Angle】决定，否则由【Min Size】控制。

10. 捕获邻近度【Capture Proximity】

该选项基于模型面边缘特征控制网格，作用于模型中的所有狭缝、间隙、孔洞面边缘，可以不用局部控制就能快速细化网格。

① 邻近最小尺寸【Proximity Min size】，当打开逼近尺寸函数时，该选项允许指定总体最小单元尺寸，默认情况下 Proximity Min Size 等于 Min Size，可以指定大于 0 的值。

② 邻近间隙因数【Proximity Gap Factor】，控制狭窄处的网格层数，该值是一个估值，可输入 1~100，默认值由相关性选项计算确定，如果相关性为 0，则该值为 3。

11. 邻近尺寸源【Proximity Size Sources】

当打开逼近尺寸函数时，该选项决定逼近区域之间的边、面，或面和边线处的网格细划，可以指定边、面，或是面和边线。

12. 网格特征清除【Mesh Defeaturing】

针对微小特征，可以设置忽略特征尺寸。小于等于其设定的特征值的特征将被自动移除，以提高网格质量。

特征清除尺寸【Defeaturing Size】，为默认设置，可以参数化。

13. 启用垫圈【Enable Washers】

该选项只有几何模型为表面体，尺寸函数选用 Uniform 时出现，可以围绕在表面体的孔边产生等空间的四边形网格。

14. 边界框对角线【Bounding Box Diagonal】

边界框对角线一般为默认值。

15. 平均表面积【Average Surface Area】

平均表面积一般为默认值。

16. 最小边缘长度【Minimum Edge Length】

最小边缘长度一般为默认值。

3.3.3 质量

质量【Quality】用来设定所划分四面体网格的质量改进目标，不过仅支持 Patch Conforming 四面体网格划分方法，包括检查网格质量、倾斜度值、平滑度、检查准则选项，如图 3-23 所示。

1. 检查网格质量【Check Mesh Quality】

设定所划分网格质量的检查方法，默认为当未达到目标时直接给出错误信息，也可既有错误信息又有警告信息，还可不检查网格质量。网格质量警告的单元会被自动生成 Named Selection，可以调整和重新划分网格，显示形式可以工作表（Mesh Quality Worksheet）形式详细展示，如图 3-24 所示。

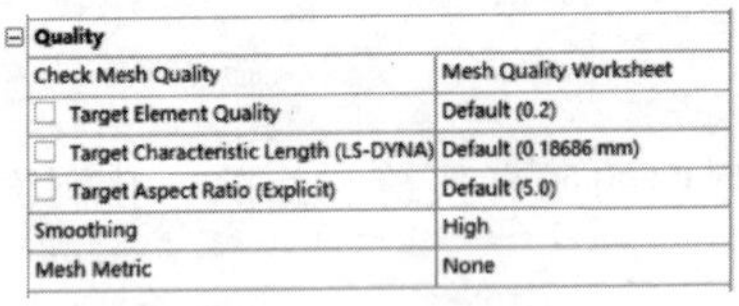

Quality	
Check Mesh Quality	Mesh Quality Worksheet
☐ Target Element Quality	Default (0.2)
☐ Target Characteristic Length (LS-DYNA)	Default (0.18686 mm)
☐ Target Aspect Ratio (Explicit)	Default (5.0)
Smoothing	High
Mesh Metric	None

图 3-23 质量设置

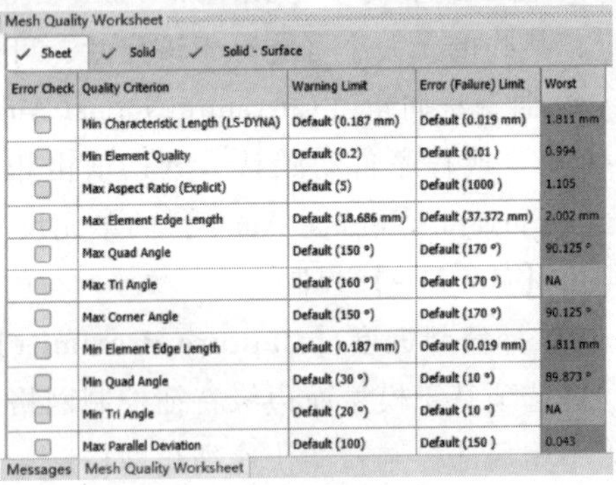

Mesh Quality Worksheet

☑ Sheet	☑ Solid	☑ Solid - Surface			
Error Check	Quality Criterion	Warning Limit	Error (Failure) Limit	Worst
☐	Min Characteristic Length (LS-DYNA)	Default (0.187 mm)	Default (0.019 mm)	1.811 mm
☐	Min Element Quality	Default (0.2)	Default (0.01)	0.994
☐	Max Aspect Ratio (Explicit)	Default (5)	Default (1000)	1.105
☐	Max Element Edge Length	Default (18.686 mm)	Default (37.372 mm)	2.002 mm
☐	Max Quad Angle	Default (150 °)	Default (170 °)	90.125 °
☐	Max Tri Angle	Default (160 °)	Default (170 °)	NA
☐	Max Corner Angle	Default (150 °)	Default (170 °)	90.125 °
☐	Min Element Edge Length	Default (0.187 mm)	Default (0.019 mm)	1.811 mm
☐	Min Quad Angle	Default (30 °)	Default (10 °)	89.873 °
☐	Min Tri Angle	Default (20 °)	Default (10 °)	NA
☐	Max Parallel Deviation	Default (100)	Default (150)	0.043

Messages | Mesh Quality Worksheet

图 3-24 网格质量工作表

2. 误差极限【Error Limits】

由物理优选项决定可见性，如果选 Mechanical，则可选 Standard Mechanical 和 Aggressive Mechanical。

3. 目标单元质量【Target Element Quality】

设定所划分网格质量需要的目标值，默认为 0.05，在 0~1 之间，0 为低质量，1 为高质量。

4. 目标特征长度（LS-DYNA）【Target Characteristic Length（LS-DYNA）】

物理偏好设为显式时出现，可设置数值。

5. 目标纵横比（显式）【Target Aspect Ratio（Explicit）】

物理偏好设为显式时出现，可设置数值。

6. 倾斜度目标【Target Skewness】

设定所划分网格以倾斜度为标准的目标值，默认为 0.9，在 0~1 之间，0 为高质量，1 为低质量，倾斜度目标值需大于 0.8。对于 CFD 的网格推荐使用 Skewness 标准检查网格光顺质量。

7. 雅可比（角节点）目标【Target Jacobian Ratio（Corner Nodes）】

设定所划分网格以雅可比为标准的目标值，默认为 0.04，在 0~1 之间，0 为低质量，1

为高质量，如图 3-25 所示。

8. 平滑度【Smoothing】

平滑度是通过移动周围节点和单元的节点位置来改进网格质量，提供高级【High】、中级【Medium】和初级【Low】3 个标准，如图 3-26 所示。

9. 网格质量检查规则【Mesh Metric】

用于检查划分网格质量的准则，默认情况下不进行网格检查，具体网格检查规则见第 3.6 节。

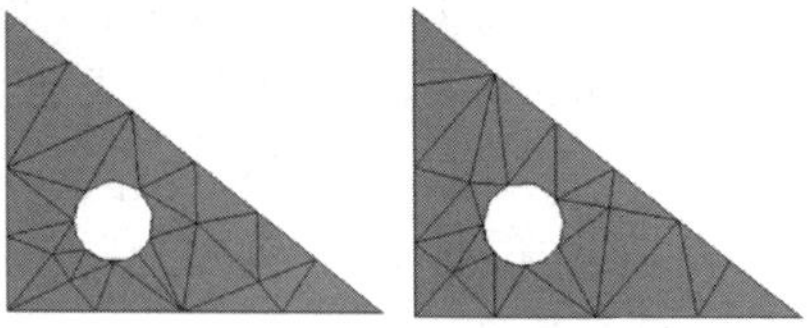

图 3-25　以雅可比为标准的
不同目标值网格对比

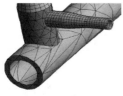

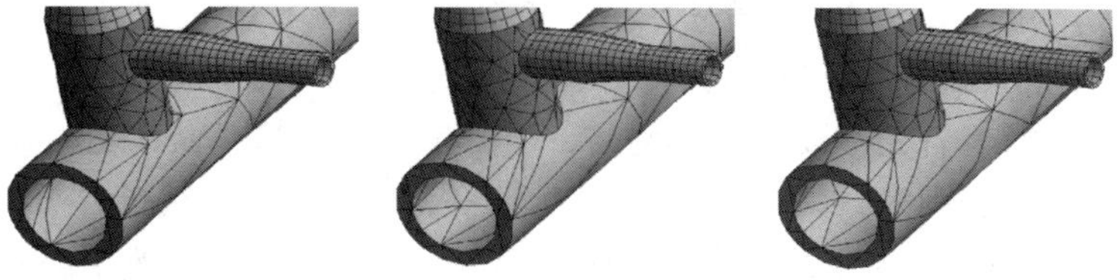

a) 初级平滑网格　　　b) 中级平滑网格　　　c) 高级平滑网格

图 3-26　不同级别平滑度的网格对比

3.3.4　膨胀

膨胀层控制【Inflation】，膨胀层网格沿边界的法向拉伸以提高网格精度，用于解决结构分析中的应力高度集中区域、流体分析中的黏结性边界层、电磁分析中的薄层气隙等，如图 3-27 所示。

1）使用自动膨胀【Use Automatic Inflation】提供 3 个选项。

① 无【None】，为默认值，适用于局部网格控制手动设置。

② 程序化控制【Program Controlled】，除了以下几种面，都可划分膨胀层：a. 有命名选择的面；b. 手动定义的膨胀面；c. 接触区域面；d. 对称面；e. 已定义网格划分方法的体或零件模型面，不支持扫描法或六面体主导法网格划分三维膨胀层；f. 薄片体的面。

③ 选定的命名选择中的所有面【All Face in Chosen Named Selection】，可对定义命名选择的一组面生成膨胀层。

2）膨胀选项【Inflation Option】提供 5 个选项。

① 平滑过渡【Smooth Transition】，在邻近层之间保持平滑的体积增长率，膨胀层的总厚度取决于基础表面网格尺寸，对二维或四面体划分是默认的。

② 第一层厚度【First Layer Thickness】，在整个膨胀层中第一层厚度为常值，通过指定 First Layer Height、Maximum Layers 和 Growth Rate 控制生成整个膨胀层网格。

Inflation	
Use Automatic Inflation	None
Inflation Option	Smooth Transition
Transition Ratio	0.272
Maximum Layers	1
Growth Rate	1.2
Inflation Algorithm	Pre
Inflation Element Type	Tetrahedrons
View Advanced Options	Yes
Collision Avoidance	Stair Stepping
Gap Factor	0.1
Maximum Height over Base	1
Growth Rate Type	Geometric
Maximum Angle	140.0°
Fillet Ratio	1
Use Post Smoothing	Yes
Smoothing Iterations	5

图 3-27　膨胀层控制

③ 总厚度【Total Thickness】，创建定厚度的膨胀层，用 Number of Layers、Growth Rate 以及 Maximum Thickness 控制生成整个膨胀层网格。

④ 第一个纵横比【First Aspect Ratio】，通过指定从基础膨胀层拉伸的纵横比（First Aspect Ratio）、Maximum Layers、Growth Rate 来控制膨胀层的高度，生成膨胀层网格。

⑤ 最后的纵横比【Last Aspect Ratio】，通过指定 First Layer Height、Maximum Layers 和 Aspect Ratio（Base/Height）控制膨胀层网格。

3）过渡比【Transition Ratio】，设置膨胀层过渡比率，默认为 0.272。

4）最大层数【Maximum Layers】，设置膨胀层的最大层数，在 1~1000 层之间。

5）增长率【Growth Rate】，设置膨胀层增长率，默认为 1.2。

6）膨胀算法【Inflation Algorithm】，默认为前处理。

① 前处理【Pre】，首先生成膨胀层网格，然后生成体网格，默认为协调分片四面体网格，预览膨胀层网格仅对该算法有效，该算法为所有物理类型的默认设置。

② 后处理【Post】，首先生成四面体网格，然后生成膨胀层，若改变膨胀层选项，则四面体不受影响，默认使用独立分片四面体网格。

7）膨胀单元类型【Inflation Element Type】，可使用楔形和四面体。

8）高级选项窗口【View Advanced Options】，选择 Yes，选用高级用法。

9）避碰检测【Collision Avoidance】，探测在膨胀层网格中邻近区域网格并按照设置调整网格，提供 3 个选项。

① 不检测【None】，对邻近区域不进行检测。

② 层压缩【Layer Compression】，该算法默认对 Fluent 网格，主要对邻近区域的压缩膨胀层网格，指定一定层数，对阶梯状网格可以给出警告。

③ 阶梯交错【Stair Stepping】，该算法默认对 CFX 网格，主要对邻近区域的阶梯状膨胀层网格，移除局部阶梯层以避碰及在尖角处产生质量差的网格。

10）修复第一层【Fix First Layer】，可以选择修复，默认为不修复。

11）间隙因数【Gap Factor】，可以根据要求调整，默认为 0.5，应在 0~2 之间。

12）底部上的最大高度【Maximum Height over Base】，用于限制棱柱体网格的纵横比，并在纵横比超过指定的区域棱柱层时停止生长，在棱柱层边界网格融为金字塔形网格，该值可以根据要求调整，默认为 0.1，应在 0.1~5 之间。

13）增长率类型【Growth Rate Type】，分为根据几何【Geometry】、指数【Exponential】和线性【Liner】增长类型，默认为 Geometry。

14）最大角度【Maximum Angle】，控制弯曲附近或邻近曲面棱柱层的生成，可以根据要求调整，默认为 140.0°，应在 90°~180°之间。

15）圆角率【Fillet Ratio】，可以根据要求调整，默认为 1，在 0~1 之间，0 为无圆角，1 为圆角率等于棱柱层高度。

16）使用后平滑【Use Post Smoothing】，可以选择使用，默认为不使用。

17）平滑迭代【Smoothing Iterations】，默认为 5，应在 1~20 之间。

3.3.5　高级控制

高级控制【Advanced】包括并行多体网格划分、网格重分次数、网格扭曲、拓扑检测、剪裁、表面体循环移除等选项，如图 3-28 所示。

1）用于并行部件网格划分的 CPU 数量【Number of CPUs for Parallel Part Meshing】，设置处理器核数进行并行多体网格划分。默认为程序控制或 0，限制在每个 CPU 核数 2GB 内存内，最高可达 256 个核数。

Advanced	
Number of CPUs for Parallel Part Meshing	2
Straight Sided Elements	
Rigid Body Behavior	Full Mesh
Triangle Surface Mesher	Program Controlled
Topology Checking	Yes
Pinch Tolerance	Default (0.84086 mm)
Generate Pinch on Refresh	No
Sheet Loop Removal	No

图 3-28 高级控制

2）直边单元【Straight Sided Elements】，默认不采用。

3）刚体行为【Rigid Body Behavior】，默认在尺寸上减少。

4）三角形表面网格划分器【Triangle Surface Mesher】，分为程序化控制和高级前缘控制（Advancing Front）两种方法。如果选择程序化控制，则根据模型特点来确定是否采用三角划分算法（Delaunay）或高级前缘法。如果选择高级前缘控制，则程序优先采用高级前缘算法，在划分网格不成功时，转为三角划分算法划分网格。

5）拓扑检测【Topology Checking】，是否进行拓扑检测，默认不检测。

6）剪裁容差【Pinch Tolerance】，提供整体剪裁控制和局部剪裁控制，根据指定的剪裁容差值移除小特征。

7）刷新后生成缩放【Generate Pinch on Refresh】，更新后自动生成小特征。

8）表面体循环移除【Sheet Loop Removal】，决定循环是否被移除，可以指定一个比循环移除容差小于或等于半径的值。

9）循环移除容差【Loop Removal Tolerance】，需指定一个大于 0 的值。

Statistics	
Nodes	2516
Elements	496
Show Detailed Statistics	Yes
Corner Nodes	761
Mid Nodes	1755
Shell Elements	64
QuadShell4	64
Solid Elements	432
Hex20	432

10）结果统计【Statistics】，用来观看所划分网格的单元数量、节点数量及调整需求目标，如图 3-29 所示。

① 节点【Nodes】，显示网格实际划分的节点数。

② 单元【Elements】，显示网格实际划分的单元数。

③ 显示详细的统计数据【Show Detailed Statistics】，根据模型划分网格情况显示所划分单元类型和数量。

图 3-29 网格划分结果统计

3.4 局部网格控制

局部网格控制【Mesh Control】提供了尺寸【Sizing】、接触尺寸控制【Contact Sizing】、匹配控制【Match Control】、映射面网格划分【Face Meshing】、收缩控制【Pinch】、膨胀控制【Inflation】等多种局部网格控制方法，如图 3-30 所示。

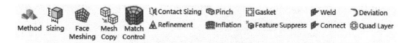

图 3-30 局部网格控制

3.4.1 局部尺寸调整

局部尺寸调整【Sizing】允许设置局部网格尺寸大小，主要细化分析中比较关注的模型部位，同时对于存在大曲率、多连接相贯等位置处的网格进行细化处理，保证获得质量较高的网格单元，包括对体、边、面、顶点等的细化，如图3-31所示。

1. 范围【Scope】

1）范围限定方法【Scoping Method】，可直接几何结构选择、命名选择。

2）几何结构【Geometry】，可选择边、面、体。

2. 定义【Definition】

1）抑制【Suppressed】，是否抑制尺寸调整功能。

2）类型【Type】，定义尺寸调整类型，包括以下内容。

① 单元尺寸【Element Size】，定义体、面、边或顶点的单元平均边长，生成较为均匀一致的网格。

图3-31 局部尺寸调整

② 影响球【Sphere of Influence】，通过建立虚拟球体，所有包含在球域内的实体单元网格尺寸按给定尺寸细化。在进行影响球的局部网格划分操作中，可以选择只影响某一单独面，如图3-32所示。

③ 影响球中心【Sphere of Center】，球体的中心坐标可采用全局坐标系或局部坐标系。

④ 影响球半径【Sphere of Radius】，指定影响球半径，在该半径内的网格被重新划分。

⑤ 分区数量【Number of Divisions】，定义边上的单元份数。

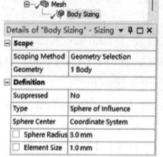

图3-32 影响球尺寸控制

3. 高级【Advanced】

1）特征清除尺寸【Defeature Size Factor】，设置需要去除小特征尺寸，可自动去除小的圆角或倒角。

2）生长率【Growth Rate】，可以指定局部网格生长率。

3）捕获曲率【Capture Curvature】：包括局部最小尺寸【Curvature Min Size】和曲率法向角【Curvature Normal Angle】选项，具体参考尺寸调整小节，用于局部尺寸控制。

4）捕获邻近度【Capture Proximity】，包括邻近最小尺寸【Proximity Min size】和邻近间隙因数【Proximity Gap Factor】选项，具体参考尺寸调整小节，用于局部尺寸控制。

5）邻近尺寸源【Proximity Size Sources】，具体参考尺寸调整小节，用于局部尺寸控制。

6）行为【Behavior】，使用自适应尺寸调整选项时可用。

① 柔软【Soft】，软件参与计算，为保证网格质量，最后边上的网格数量可能不等于设置的分段数。

② 硬【Hard】，表示强制按定义规则划网，不需要软件自动参与，最后边上的网格数量严格等于设置的分段数。

7）偏置类型【Bias Type】，有5种偏置方式，无偏差（等分）、先疏后密、先密后疏、中间稀疏两边密集、中间密集两边稀疏。

8）偏置选项【Bias Option】，包含偏置因子【Bias Factor】和平滑过渡【Smooth Transition】。

9）反向偏置【Reverse Bias】，应用属于控件主要范围的边。所有其他都被忽略。

3.4.2 接触尺寸

接触尺寸【Contact Sizing】主要控制接触区域的几何面的网格细化，当模型中存在接触面时，通过插入 Contact Sizing 可以保证接触面上的网格大小统一，有利于接触面之间的求解计算和收敛。

操作方法：首先应指定接触区域，然后可以指定单元尺寸【Element Size】或分辨率【Resolution】来控制网格划分，如图 3-33 所示。

图 3-33 接触尺寸控制

3.4.3 单元加密

单元加密【Refinement】控制是对现有划分的网格进行单元细化。划分网格时，首先由全局和局部尺寸控制形成初始网格，然后在指定的面、边、顶点进行单元加密。

加密水平可分为 1~3 级，数值越大，作用的对象网格划分越细，但推荐使用"1"级，因为细化水平"1"级将初始网格单元的边一分为二，如图 3-34 所示。由于不能使用膨胀设置，因此不推荐对 CFD 网格进行加密。

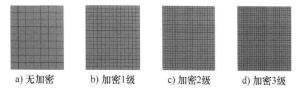

a) 无加密   b) 加密1级   c) 加密2级   d) 加密3级

图 3-34 不同级别单元加密对比

单元大小控制和加密控制的区别：

1）尺寸控制是在网格划分前给出单元的平均单元长度，可以产生一致网格、膨胀、平滑过渡等。而加密是在原有的基础上进行再操作。

2）加密是打破现有的网格划分。

3）对几何体网格的划分是先尺寸控制，再加密。加密操作有时可以不用。

3.4.4 面网格划分

面网格划分【Face Meshing】允许在指定面上生成自由网格或映射网格，如果因为某些原因不能进行映射面网格划分，网格划分仍将继续，但可从树状略图的图标上看出。右击 Mesh，可以通过 Show 高亮显示进行 Mappable Face 的可映射几何面，其中高亮面为可映射面，其网格划分明显比其他面生成的网格更加规则，如图 3-35 所示。

图 3-35 映射面网格划分

3.4.5　网格复制

网格复制【Mesh Copy】，可以将网格从一个实体复制到另一个实体。主要用于减少电子器件等重复实体或部件的网格设置时间。执行网格复制后，将保持与 CAD 的关联。

网格控件的范围仅限于源锚点主体。生成网格时，将对源锚点主体进行网格划分，然后将网格复制到目标。当两个实体属于同一个零件或实体具有共享接口时，网格复制会自动合并实体的节点，如图 3-36 所示。

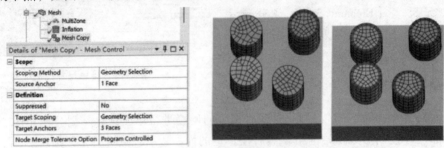

图 3-36　网格复制

3.4.6　匹配控制

匹配控制【Match Control】用于在三维对称面或二维对称边上划分一致的网格，尤其适用于旋转机械的旋转对称分析。定义此类划分应在高几何结构选择【High Geometry Selection】和低几何结构选择【Low Geometry Selection】中指定模型的周期性边界，同时定义旋转的圆柱坐标系。匹配控制可使用循环对称【Cyclic】和任意匹配【Arbitrary】两种类型的控制方法，如图 3-37 所示。一个匹配控制只能对应一对独立的面或边，匹配控制不支持后处理的膨胀算法，也不支持独立分片算法控制的四面体网格。当匹配操作时，可以指出不匹配的具体特征，生成周期性网格失败原因、标识非法的节点，以及拓扑结构匹配失败信息。

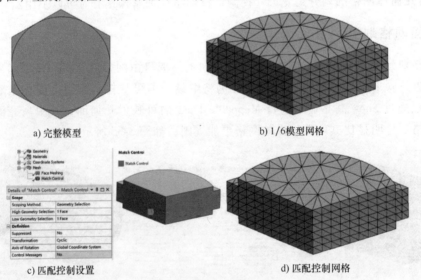

a) 完整模型　　　　　　　　　　b) 1/6模型网格

c) 匹配控制设置　　　　　　　　d) 匹配控制网格

图 3-37　匹配控制划分网格

3.4.7 收缩控制

收缩控制【Pinch】通过移除导致网格质量差的微小特征，如短边和狭窄区域等，以便围绕这些特性生成质量更高的单元。该控制方法仅对点和线起作用，对面和体不起作用。指定了 Pinch 控制后，满足准则的小特征将被挤掉，Pinch Tolerance 选项用于指定 Pinch 操作的容差（小于此容差的小特征将被清除）。需要注意，该方法不支持笛卡儿法网格划分。

主几何结构【Master】保留原有几何特征的几何模型，次几何结构【Slave】几何特征发生改变，并向 Master 移动。定义的剪裁容差要小于局部最小尺寸。注意在全局网格控制中的网格修补【Defeaturing】中进行整体剪裁控制设置。支持裁剪特性的网格是：分片四面体网格划分、薄层实体扫掠网格划分、六面体网格划分、四边形表面网格划分、三角形表面网格划分，如图 3-38 所示。

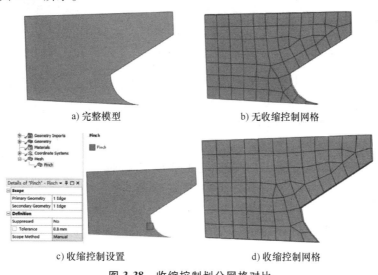

a) 完整模型　　　　　　　　　　b) 无收缩控制网格

c) 收缩控制设置　　　　　　　　d) 收缩控制网格

图 3-38　收缩控制划分网格对比

3.4.8 膨胀控制

膨胀控制【Inflation】可以单独施加单个体或多个体的某一个面进行膨胀全局控制，对于扫掠型网格应用在线上，对于非扫掠型网格应用在面上。当分析项目中关注边界位置处的结果时，尤其是对于流体分析中模拟不同边界层之间的作用关系时，需要在边界位置进行网格的细化，保证在边界位置生成细化的高质量网格，详细设置如图 3-39 所示。

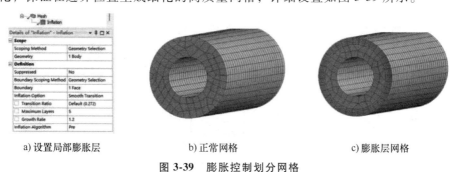

a) 设置局部膨胀层　　　　b) 正常网格　　　　c) 膨胀层网格

图 3-39　膨胀控制划分网格

3.4.9　垫圈

垫圈【Gasket】可以在指定方向上应用扫描网格，并在与范围扫描方向平行（垂直于）的垫圈单元边缘上放置中侧节点。垫圈作为部件之间的密封件用于传递力，一般很薄，由各种材料制成，如钢、橡胶和复合材料。垫圈的主要变形通常局限于厚度方向，与贯穿厚度相比，膜（平面内）和横向剪切的刚度贡献通常要小得多。利用垫圈单元可以减少计算量，便于收敛。垫圈单元的特点：Inter194 号二阶单元，Inter195 号一阶单元，默认的 Inter194 号厚度方向无中节点，一共 16 个节点，需用指定有效的垫圈材料型号，可考虑卸载，如图 3-40 所示。垫圈可以通过以下两种方式之一定义：

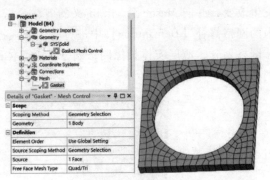

1）通过将模型的"刚度行为"设置为"垫圈"，在模型树中添加垫圈网格控件作【Gasket Mesh Control】为垫圈主体的子对象，在"垫圈网格控制"中定义垫圈的源面，以定义垫圈材料方向，还必须在"工程数据"中指定具有有效垫圈模型的材料。

图 3-40　垫圈单元

2）不改变模型"刚度行为"默认的"柔性"，在网格【Mesh】中定义垫圈控件【Gasket】，垫圈网格控件可以应用于多个实体，直接生成垫圈网格。

3.4.10　焊接

焊接【Weld】控制壳体间隙生成基于网格层级的焊缝模型和焊缝网格，焊缝和原模型网格自动共节点。每个焊接曲线将创建一个焊接体。焊接支持重合焊缝和实体壳体焊缝。在"文件>选项>网格"中，当"网格"下的"实体外壳焊接-共享节点"为"否"时，将创建外壳和焊接体之间具有接触的非共节点网格。当"实体外壳焊接-共享节点"为"是"时，将创建不带接触的共节点网格，如图 3-41 所示。

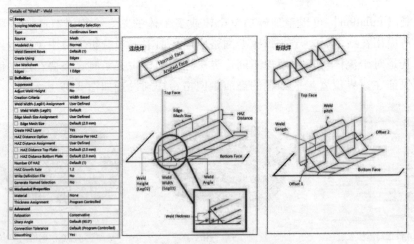

图 3-41　焊接单元详细设置

1. 范围【Scope】

1）类型【Type】，持续接缝（Intermittent Seam）和断续缝（Intermittent Seam），可以进行不连续焊接。

2）源【Source】，网格（Mesh）和几何结构（Geometry）。

3）建模为【Modeled As】，法向与角度（Normal and Angled）、角度（Angled）、法向（Normal）、网格无关（Mesh Independent）。

4）焊接单元行【Weld Element Rows】，从焊接面拆分单元数量，范围为1～2。

5）创建使用【Create Using】，包括曲线（Curves）、曲线和几何体（Curves and Bodies）、曲线和面（Curves and Faces）、边（Edges）、边缘与几何体（Edges and Bodies）、边缘与面（Edges and Faces）。

6）角度【Angled Direction】，指定角度创建的方向，可用的选项有"法线""反向"和"两者"。

7）使用工作表【Use Worksheet】，使用工作表进行焊接控制。

8）焊接曲线【Curves】，仅当"源"为"网格"并且"使用创建"设置为"曲线""曲线和实体"或"曲线和面"时才可用。可用的选项有"几何体选择"和"实体选择"。

2. 定义【Definition】

1）抑制【Suppressed】。

2）调整焊接高度【Adjust Weld Height】，允许调整焊接高度。

3）创建标准【Creation Criteria】，基于宽度（Width Based）、基于角度（Angel Based）。

4）焊接宽度（Leg01）分配【Weld Width（Leg01）Assignment】，用户定义（User Defined）、表达式（Expression）。

5）焊接宽度（Leg01）【Weld Width（Leg01）】，选择焊接宽度指定的类型。

6）边网格尺寸分配【Edge Mesh Size Assignment】，用户定义（User Defined）、表达式（Expression）。

7）边网格尺寸【Edge Mesh Size】，指定选择边网格大小。

8）创建HAZ层【Create HAZ Layer】，为焊接控制创建热影响区层。

9）热影响区距离选项【HAZ Distance Option】，每个热影响区的距离（Distance Per HAZ）、总距离（Total Distance）。

10）热影响区距离分配【HAZ Distance Assignment】，用户定义（User Defined）、表达式（Expression）。

11）热影响区距离顶板【HAZ Distance Top Plate】，据选定的热影响区距离选项指定顶板的每个四边形层的高度。

12）热影响区距离底板【HAZ Distance Bottom Plate】，根据选定的热影响区距离选项指定底板的每个四边形层的高度。HAZ距离顶板和HAZ距离底板可以参数化。

13）热影响区数量【Number of HAZ】，定义由焊接线生成的四边形层的数量。热影响区数量的默认值为1，可生成的最大层数为3。

14）热影响区增长率【HAZ Growth Rate】，定义热影响区层的生长速率，默认值为1.2。

15）写入定义文件【Write Definition File】，在定义的位置写入FE安全焊接定义文件，默认值为"是"。

16）生成命名选择【Generate Named Selection】，创建 FE 命名选择，默认值为"否"。

3. 机械属性【Mechanical Properties】

机械属性定义尺寸控制类型，包括如下内容。

1）材料【Material】，定义在焊接过程中创建的焊接体的材质，只能从下拉菜单中选择已定义的焊接体材质。默认选项为"无"。

2）厚度分配【Thickness Assignment】，程序控制、最小父级厚度系数、最大父级厚度系数、同时、用户定义、表达式。

4. 高级【Advanced】

1）松弛【Relaxation】，包括保守（Conservative）、激进（Aggressive）。

2）锐角【Sharp Angle】，如焊接面与底面相交的角度小于指定值，则可以自动合并底面。默认值为90°，"锐角"允许提供0°~90°之间的任何值。

3）连续容差【Connection Tolerance】，用于将网格生成过程中创建的焊接体连接到父金属体。仅当"源"为"网格"时才可用，当要焊接在一起的两个零件彼此靠近时，连续容差应小于要焊接的零件之间的间隙。

4）平滑【Smoothing】，仅当"源"为"网格"时才可用。默认值为"是"，对于高度弯曲的曲面，应将"平滑"设置为"否"，以获得更好的效果。

3.4.11 连接

连接【Connect】在使用"批处理连接"创建网格的过程中，连接几何体并创建连接网格。

连接方式可选全部到全部（All to All）、全部自由（Free to All）、自由到自由（Free to Free）。共节点网格形成后，可以通过显示中的【Mesh Connection】→【By Body Connection】查看是否成功，如图3-42所示。

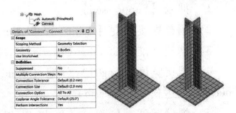

图 3-42　连接单元详细设置

3.4.12 特征抑制

特征抑制【Feature Suppress】可以删除网格级别的小特征。网格划分时，小特征可能会创建质量较差的网格，因此，需要删除这些小特征才能生成高质量的网格，如图3-43所示。

图 3-43　特征抑制

3.4.13 四边形层

四边形层【Quad Layer】可以在孔和边周围创建一层四边形单元层。必须使用"自动"（PrimeMesh）方法来确定四边形层控制中使用的边的主实体的范围。四边形层类型【Quad Layer Type】可选用【Washer】和边缘环【Edge Loop】，Washer 适用于壳体上的孔生成边界层网格，方便捕捉应力集中。边缘环（Edge Loop）在圆形和非圆形边缘上创建四边形层。控制最小分割数量【Minimum Number of Divisions】、层数【Number of Washer Layers】、层高【Washer Layer Height】，如图3-44所示。

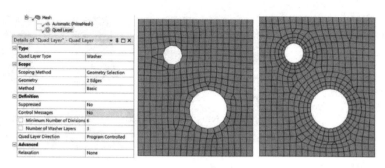

图 3-44　四边形层

3.4.14　偏差

偏差【Deviation】可以在壳（曲面）体上的圆角网格单元的分层细化。沿圆角的网格分辨率取自全局或局部网格大小控件。可通过偏差容差【Deviation Tolerance】、网格尺寸【Mesh Size】、偏差分割数【Number of Divisions】，控制偏差类型网格划分，如图 3-45 所示。

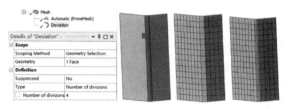

图 3-45　偏差

3.4.15　修补拓扑

修补拓扑【Repair Topology】可以通过修补拓扑的方法，去除模型小特征，改善网格。目前支持的方法有：合并面、抑制不需要的边、修补窄面、修补短边、修补尖角、合并缝隙、去除小孔。对于小特征不复杂的模型，可直接在 Mechanical 界面中处理，无须通过 CAD 软件，如图 3-46 所示。

3.4.16　虚拟拓扑

虚拟拓扑【Virtual Topology】是 Meshing 网格划分的高级功能，利用虚拟拓扑功能可以更好地划分网格，如可以合并面、简化模型细节特征、利用虚拟单元【Virtual Cell】修改几何拓扑、删除小特征等。创建虚拟拓扑的方法如下：

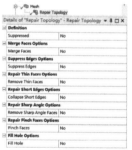

图 3-46　修补拓扑

在导航树上选择【Model】，在环境工具栏单击【Virtual Topology】，右击【Virtual Topology】，从弹出的快捷菜单中选择【Generate Virtual Cells】，模型中会自动【Automatic】产生虚拟拓扑单元，也可使用修补【Repair】功能（对网格划分的这一特征进行处理，注重几何当中小细节修复及更好细化修复），其产生的质量可根据其行为高中低来限定；也可客户定制化【Custom】（注重大块面积修复）和仅有边【Only Edge】的方式，如图 3-47 所示。除此之外，工具栏中还可以选择【Virtual Split Edge at+】或【Virtual Split Edge】分割选择的边，选择【Split Face at Vertices】或【Hard Vertex at +】，分割面顶点或硬点，选择【Edit】或【Delete】进行编辑或删除。在几何模型面上额外存在硬点等情况下，也可启用高级功能【Simply Face】来进行忽略简化处理。

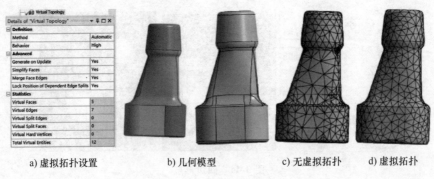

a) 虚拟拓扑设置   b) 几何模型   c) 无虚拟拓扑   d) 虚拟拓扑

图 3-47   自动虚拟拓扑

3.5   网格编辑

网格编辑【Mesh Edit】包括网格间连接组合【Mesh Connection Group】、手动网格连接【Manual Mesh Connection】、网格接触匹配组合【Contact Match Group】、网格接触匹配【Contact Match】、网格节点融合组合【Node Merge Group】、网格节点融合【Node Merge】和网格节点移动【Node Move】等，如图 3-48 所示。

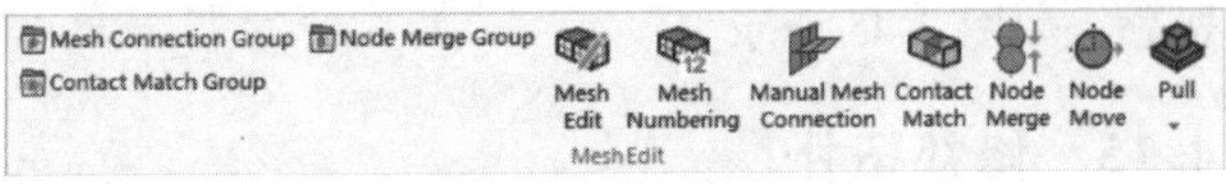

图 3-48   网格编辑

3.5.1   网格连接

网格连接【Mesh Connection】可以在相互独立的网格间进行连接，特别在大规模模型下的网格，如舰船上的网格，既存在实体网格又存在壳体网格，这时候就可以把它们连接起来形成整体共享边界网格，便于计算分析。网格连接可以自动探测连接，也可手动创建连接，只要设定一定的容差即可。图 3-49 所示为网格连接前后对比。

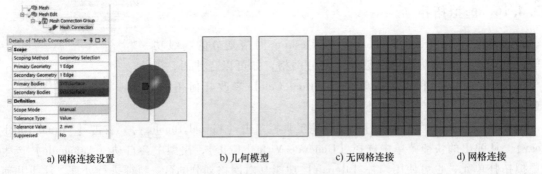

a) 网格连接设置   b) 几何模型   c) 无网格连接   d) 网格连接

图 3-49   网格连接前后对比

3.5.2   节点融合

节点融合【Node Merge】可以在导入的不同网格间进行节点融合，网格节点融合可以自动探测连接，也可手动创建连接，只要设置一定容差，在容差范围内的节点即可融合到一起。特别是在做复杂重复性装配体时，就可以只做其中的一个，保证边界位置网格的一致性，那么对当前的装配体做一个网格的复制，复制多个装配体之后，就可以利用网格节点融合功能，把它们的节点都融合在一起形成一个体。例如在电子行业，对一个焊点球进行分析，可以先建立一个焊点球及上下板材模型，然后对它进行网格划分，再分别进行横向和纵向网格阵列，最后用网格节点融合功能就可以把这些网格融合在一起形成一个大的焊块，而不是一个个小的焊点块模型。网格节点融合也可配合节点移动功能，当节点移动使网格存在较大间隙时，网格节点融合功能的应用不会显著降低网格整体质量。注意：网格连接优先于网格节点融合操作。

网格节点融合创建方法分为自动探测节点融合创建和手动分别单独节点融合创建，其中自动探测节点融合创建又分为自动节点融合法【Automatic Node Merge】和手动节点融合法【Manual Node Merge】。自动节点融合法进行网格节点融合组合设置后直接右击选择【Generate】即可，而手动节点融合需先右击选择【Detect Connections】得到各个节点融合项，然后再单击【Generate】生成所有探测到节点融合。手动创建方法得到的节点融合更具针对性，但应选主要的体【Master Bodies】和次要的体【Slave Bodies】。以手动节点融合法来介绍创建方法。

1）在导航树上右击【Mesh】→【Node Merge Group】，或单击【Mesh】→【Mesh Edit】→【Node Merge Group】。

2）输入容差值，方法选择【Manual Node Merge】和其他一些设置。

3）右击【Node Merge Group】→【Detect Connections】，得到各个节点融合项。

4）右击【Node Merge Group】→【Generate】，生成所有探测到节点融合。

5）检查是否符合要求，若不符合再修改，图3-50所示为节点融合前后对比。

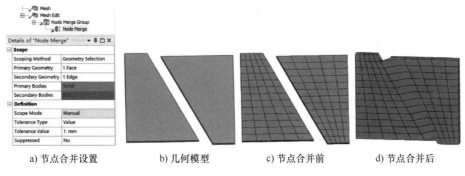

a) 节点合并设置　　b) 几何模型　　c) 节点合并前　　d) 节点合并后

图 3-50　节点融合前后对比

3.5.3 接触匹配

接触匹配【Contact Match】能够用指定的容差使不连接的实体间的网格节点匹配。接触匹配类似网格连接，应用接触匹配应注意以下几点：①只能应用于实体之间的面与面；②接触匹配只支持协调分片算法的四面体网格，不支持组合网格和混合网格，如六面体主导网格、扫描网格；③对单元质量检验，接触网格匹配也只支持标准力学网格；④接触匹配容差大小设定较为重要。

网格接触匹配创建方法分为利用接触区域创建接触匹配、自动创建接触匹配和手动创建接触匹配，自动与手动创建接触匹配与创建节点融合一样，在此不再阐述。重点介绍利用接触区域创建接触匹配。

1）若多体接触已经创建，则在导航树中右击【Connections】→【Contacts】→【Create】→【Mesh Contact（s）or Connection（s）】，创建 Contact Match Group。若选择【Contact Region】→【Create】→【Mesh Contact（s）or Connection（s）】，可创建单个接触匹配对。

2）产生所有接触匹配对，右击【Mesh Edit】或【Contact Match Group】→【Generate】，产生接触匹配对。

3）右击【Contact Match Group】→【Create Named Selections】，查看接触匹配对。

4）右击【Mesh Edit】→【Insert】→【Node Merge Group】，输入容差值，右击【Node Merge Group】→【Generate】生成所有接触匹配网格节点融合。

5）检查是否符合要求，若不符合再修改，图 3-51 所示为接触匹配网格节点融合前后对比。

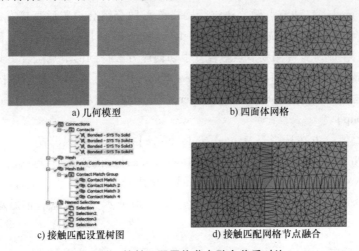

a) 几何模型   b) 四面体网格

c) 接触匹配设置树图   d) 接触匹配网格节点融合

图 3-51　接触匹配网格节点融合前后对比

3.5.4　节点移动

节点移动【Node Move】可以拖动网格的节点进行修改。这种编辑以几何为边界，在几何表面拖动，但是可以修改其位置，若某位置网格质量不是很好，就可以采用拖曳的形式，并且每步网格节点的调整都可以在工作表格里记录下来，可以删除与保留这些特征，如图 3-52 和图 3-53 所示。

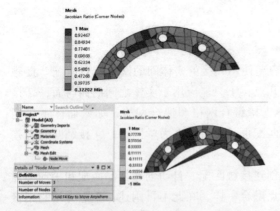

图 3-52　网格节点移动编辑前后对比   图 3-53　工作表格记录

3.5.5　拉动网格

1. 挤出网格

挤出网格【Extrude】，启用要选择的特定表面体，然后将其拉到体积网格，如图 3-54 所示。

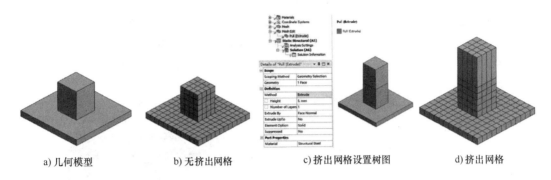

a) 几何模型　　　　b) 无挤出网格　　　　c) 挤出网格设置树图　　　　d) 挤出网格

图 3-54　挤出网格前后对比

2. 旋转网格

旋转网格【Revolve】，允许选择特定的表面体，然后将其旋转到体积网格，如图 3-55 所示。

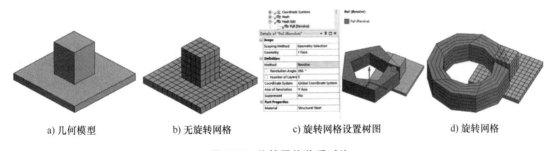

a) 几何模型　　　　b) 无旋转网格　　　　c) 旋转网格设置树图　　　　d) 旋转网格

图 3-55　旋转网格前后对比

3. 网格涂层

网格涂层【Surface Coating】，允许在选定固体或其面上创建表面涂层，或在表面几何体的选定边上创建线涂层，如图 3-56 所示。

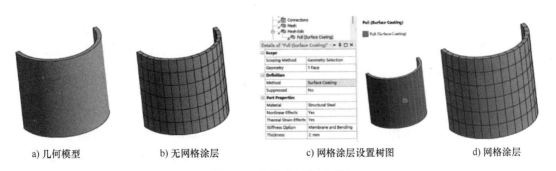

a) 几何模型　　　　b) 无网格涂层　　　　c) 网格涂层设置树图　　　　d) 网格涂层

图 3-56　网格涂层前后对比

3.6 网格质量

3.6.1 网格质量检查规则

对模型划分网格后，必须进行网格质量检查，这不仅关系到所划分网格的质量，也将关系到最终的求解结果精度。拥有良好的网格检查习惯，对仿真分析很重要。ANSYS Meshing 包含单元质量、纵横比、雅克比率、翘曲因子、平行偏差、最大顶角、倾斜度、正交质量检验和特征长度。检查网格质量，可在全局网格控制的统计选项下查看，如图 3-57 所示。

1. 单元质量

单元质量【Element Quality】是基于给定单元的体积与边长的比值计算模型中的单元质量因子，但不包括线单元和点单元。单元质量是一个综合的质量标准，范围为 0～1，1 代表标准的正方体或正方形，0 代表单元体积为零或负值。

2. 纵横比

纵横比【Aspect Ratio】对单元的三角形或四边形顶点计算长宽比。对于小边界、弯曲形体、细薄特性和尖角等，生成的网格中会有一些边远远长于另外一些边。一般三角形和四边形的形貌是最长比与最短边比的函数。理想单元的纵横比为 1，如等边三角形或正方形。纵横比单元质量评估结果见表 3-1。

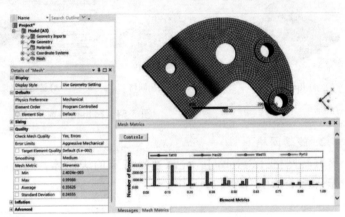

图 3-57　网格质量检查

表 3-1　纵横比单元质量评估结果

单元质量	最好	中等可接受	差
纵横比	1	5～10	≥20

3. 雅克比率

雅克比率【Jacobian Ratio】是给定单元偏离理想单元形状的一个度量。雅克比率的范围是 -1～1，-1 代表最差，1 代表理想单元形状。理想单元形状与单元类型有关。含有线性三角形和四面体单元，或含有直边中间节点的单元不适合用雅克比率来计算。可由基于拐角点（节点）或基于高斯点（积分点）两种方式计算雅克比率。基于拐角点计算限制较多，而基于高斯点计算限制较少。都应避免单元雅克比率 ≤0 的情况。

4. 翘曲因子

对于某些四边形壳单元和六面体、棱柱、楔形体的四边形面计算，高翘曲因子【Warping Factor】暗示程序无法很好地处理单元算法或提示网格质量有缺陷。理想的无翘曲平四边形值为 0，对薄膜壳单元的错误限值为 0.1，对大多数壳单元的错误限值为 1，但 Shell181 允许承受更高翘曲，翘曲因子的峰值可达 7，对于这类单元，翘曲因子为 5 时，程序给出警告信息。一个单位正方体的面产生 22.5°和 45°的相对扭曲，相当于产生的扭曲因子分别为 0.2 和 0.4。

5. 平行偏差

平行偏差【Parallel Deviation】是以单元边构造单元矢量，对每对对立边，点乘的单位矢量，对点乘的结果取反余弦得到平行偏差角度，理想值为 0°，无中间节点的四边形的警告限值为 70°，如超过 150°，则给出错误信息。

6. 最大顶角

除了 Emagic 或 FlOTRAN 单元，其他所有单元都计算最大顶角【Maximum Corner Angle】，如无中间节点的四边形单元，该项警告限值为 155°，而其错误值为 179.9°，理想三角形最大顶角为 60°，四边形最大顶角为 90°。

7. 倾斜度

倾斜度【Skewness】是基本的单元质量检测标准之一，有两种方法定义倾斜度：

1）基于等边形的体误差倾斜度为

$$倾斜度 = \frac{最优单元尺寸-单元尺寸}{最优单元尺寸} \tag{3-1}$$

它只用于三角形和四面体，是三角形和四面体的默认方法。

2）基于归一化的角误差倾斜度为

$$倾斜度 = \max\left[\frac{\theta_{max}-\theta_e}{180-\theta_e}, \frac{\theta_e-\theta_{min}}{\theta_e}\right] \tag{3-2}$$

式中，θ_e 是等角的面或单元倾斜角（对三角形和四面体为 60°，对四边形和六面体为 90°）。适用于所有的面和单元形状，包括棱柱和棱锥。

倾斜度确定如何接近理想形状（等边或等角）最优值为 0，最差值为 1。倾斜度单元质量评估结果见表 3-2。

表 3-2 倾斜度单元质量评估结果

单元质量	最好	优秀	好	中等可接受	次等	差（狭条）	退化
倾斜度	0	>0~0.25	>0.25~0.5	>0.5~0.75	>0.75~0.9	>0.9~1	>1

8. 正交质量检验

正交质量【Orthogonal Quality】对单元采取面法向矢量、从单元中心指向每一个相邻单元中心矢量，以及从单元中心指向每个面的矢量进行计算。对面采用边的法向矢量和从面中心到每边的中心矢量进行计算。

9. 特征长度

特征长度【Characteristic Length】用来计算满足指定分析设置的柯朗-弗里德里希斯-列维（CFL）条件时间步。CFL 条件适合显式动力学和流体动力学分析，增加了单元长度指标，可以方便地确定时间步。

$$\Delta t \leq f\left[\frac{h}{c}\right]_{min} \tag{3-3}$$

式中，f 是时间步长安全因子（默认为 0.9）；h 是单元长度；c 是材料声速。

3.6.2 网格质量检查显示

以前版本的网格质量必须调到全局网格控制的统计选项下查看，如 Element Quality，单击柱状图查看大致情况。目前的版本程序直接加入了彩色的单元显示。在图形显示区域，一边显示单元质量柱状图，单元质量以不同颜色显示其标示范围，有限元模型中不同位置质量的网格就显示不同颜色，这样的话，哪个位置的网格质量好，哪个位置的网格质量差，看起来就会更加一目了然，便于进一步的修改或重划，如图3-58所示。如果想看某一位置的参数，也可单击【Probe】查看。可在全局网格控制的显示选项下，选择不同网格质量检验标准进行查看。除此之外，也可查看壳体网格厚度，不同厚度以不同颜色显示。

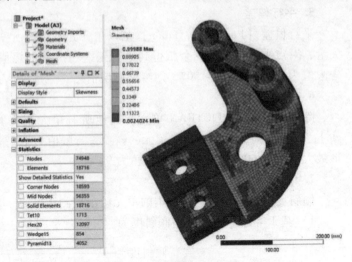

图 3-58 网格质量检查显示

3.7 ICEM CFD 网格划分

ANSYS ICEM CFD 是一款优秀的仿真分析前后处理器，可为流行的仿真（包括 CAE、CFD 等）软件提供高效可靠的分析模型。同时，作为 ANSYS 家族的一款专业分析环境，ICEM CFD 还完全集成于 ANSYS Workbench 平台，具有 Workbench 平台的所有优势。

3.7.1 ICEM CFD 特色

ICEM CFD 的三大特色：先进的网格划分技术、一劳永逸的 CAD 模型处理工具和完备的求解器接口。

1. 先进的网格划分技术

ICEM CFD 强大的网格划分功能可满足 CFD 对网格划分的严格要求，如可以对边界层网格自动进行加密、对流场变化剧烈区域网格进行局部加密、进行分离流模拟、支持结构化和非结构化六面体网格等。ICEM CFD 具有映射技术，可自动修补几何表面的裂缝或小洞，生成光滑的贴体网格；利用映射技术可在任意形状的模型中划分出六面体网格。

ICEM CFD 采用独特的 O 形网格生成技术来生成六面体的边界层单元。

ICEM CFD 网格生成工具丰富，有六面体【Hexa】、四面体【Tetra】、棱柱体（边界层网格）【Prism】、四-面体六面体混合【Hybrid】、自动笛卡儿网格生成器【Global】、四边形表面网格【Quad】。另外还有网格检查、编辑、网格划分命令流化、利用 Replay 进行网格重划分等特点。

2. 一劳永逸的 CAD 模型处理工具

ICEM CFD 除了提供自己的几何建模工具之外，还可以集成在 CAD 软件里，其接口功能可直接适用于众多主流 CAD 系统，包括 UG、Pro/E、CATIA、SolidWorks 等。另外，ICEM CFD 还具有优秀的清理功能，如可以清理不完整的曲面等细节。

3. 完备的求解器接口

ANSYS ICEM CFD 为超过 100 个不同的 CAE 格式提供输出接口，包括对所有的主流 CFD 求解器的支持，也支持 FEA 求解器，例如 ANSYS 结构力学产品、ANSYS LS-DYNA、ABAQUS 和 NASTRAN。

目前 ANSYS 正在致力于将所属网格划分产品整合统一到 ANSYS 网格划分平台中，使得这些技术可以应用在 ANSYS Workbench 的工作环境下。

3.7.2 ICEM CFD 环境介绍和文件类型

1. ANSYS ICEM CFD 界面

1）在"开始"菜单中执行【ANSYS 2024】→【Workbench 2024】命令，从工具箱的组件中将高级网格划分【ICEM CFD】拖入（或双击）到项目分析流程图【Project Schematic】，然后右击【Model】→【Edit】，进入【ICEM CFD】主界面，如图 3-59 和图 3-60 所示。

2）在"开始"菜单中执行【ANSYS 2024】→【ICEM CFD 2024】，直接进入 ICEM CFD 2024 主界面。

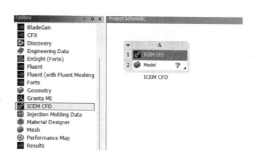

图 3-59　Workbench 创建 ICEM CFD 项目

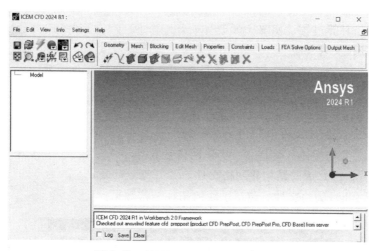

图 3-60　ANSYS ICEM CFD 主界面

2. ANSYS ICEM CFD 界面介绍

ICEM CFD 2024 环境窗口基本由菜单栏、功能工具按钮、功能工具标签、导航树、详细设置栏、图形区域、信息栏和柱状图窗口等组成。

（1）菜单栏

菜单栏包含文件菜单、编辑菜单、视图菜单、信息菜单、设置菜单和帮助菜单，如图 3-61 所示。

（2）功能工具按钮

功能工具按钮有 14 个，主要用来进行打开、保存、撤销、放大等操作，如图 3-62 所示。

图 3-61　菜单栏　　　　　　　　　　　　图 3-62　功能工具按钮

（3）功能工具标签

功能工具标签有 9 个，是 ICEM CFD 划分网格操作的主要操作对象，包括几何体、网格、块、网格编辑、属性、约束、载荷、求解选项和输出网格。同时各个功能工具又包含其子项，如图 3-63 所示。鉴于篇幅有限，具体不再详述，读者可参看其他相关资料或帮助文件。

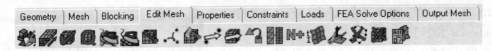

图 3-63　功能工具标签

（4）导航树与详细设置栏

导航树位于整个窗口的右侧，详细设置栏位于导航树的下面。导航树记录操作的全过程，详细设置栏是具体数据操作执行工具，在选择进行相关选择时，会弹出选择工具条，如图 3-64 和图 3-65 所示。

（5）信息栏与柱状图

信息栏在显示窗口正下方，主要显示操作信息，柱状图在信息栏右侧，主要显示网格计算过程，如图 3-66 所示。

图 3-64　导航树
与详细设置栏

3. ICEM CFD 文件类型

ICEM CFD 所有文件通常是在一个项目中，完整的项目文件类型为 .prj。

ICEM CFD 文件类型有：

Tetin（tin）是几何体文件，是由 ICEM CFD 或 Direct Cad Interface 生成，其中包含了几何实体、材料点、实体网格参数等。

Domain file（.uns）为非结构化网格文件。

Block file（.blk）为块文件，包括了块的拓扑结构数据。

图 3-65　选择工具条

图 3-66　信息栏与柱状图

Attribute file（.fbc，.atr）为属性文件，包括属性文件边界、局部参数和单元类型。

Parameter file（.par）为参数文件，包括求解参数、单元参数。

Journal file and replay（.jrf，.rpl）为操作过程记录文件。

3.7.3 ICEM CFD 特色功能

1. Ogrid 网格

生成 Ogrid 网格是强大的快速网格划分技术，用于在需要围绕局部几何特征或全局围绕对象的圆形或 O 形网格时，实现高质量的网格来建模几何体，如图 3-67 所示。

2. 印记面和分割自由的块功能

可以在面之间进行印记和分割操作，方向可以是法向或自指定。当分割块时，生成的块网格是否被映射、扫描或自由取决于所在的侧面，如图 3-68 所示。

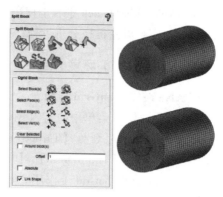

图 3-67 Ogrid 网格对比

3. 块划分转变

可以选择角顶点，通过块转换类型选项的高级方法将自由面进行映射到所指定面。编辑块如图 3-69 所示。

4. 创建块功能

可以选择邻近块的角、边或面通过扫掠的方法创建块，如图 3-70 所示。

5. 编辑边的功能

可以将选择的边自动转换为样条曲线，这对多区块更有用，更便于查看模型。编辑边如图 3-71 所示。

图 3-68 分割块

图 3-69 编辑块

图 3-70 创建块

图 3-71 编辑边

3.8 涡轮机械网格划分

涡轮机械网格划分【ANSYS TurboGrid】是一款强大的流体网格划分工具，具有独特的网格划分能力，可满足涡轮机械设计师和工程师对叶片几何形状的分析要求。该软件能够创建涡轮机械流体动力学分析所需要的高质量六面体网格。

ANSYS TurboGrid 引入了叶片设计软件（如 ANSYS BladeModeler）中几何体的定义。在当前绘图用户界面下，根据特殊的叶片设计描述调整所选择的拓扑结构。

在 ANSYS Workbench 平台上使用 ANSYS TurboGrid 时，用户可以完成从几何形状设计到网格划分的完整涡轮机械分析过程，持续的系统级参数管理使整个标准化的过程自动化。

3.8.1 TurboGrid 环境介绍

1. ANSYS TurboGrid 界面

1）在"开始"菜单中执行【ANSYS 2024】→【Workbench 2024】命令，从工具箱的组件中将涡轮机械网格划分【TurboGrid】拖入（或双击）到项目分析流程图【Project Schematic】，然后右击【Turbo Mesh】→【Edit】，进入【TurboGrid】主界面。创建 TurboGrid 项目如图 3-72 所示，TurboGrid 工作环境如图 3-73 所示。

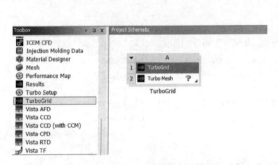

图 3-72　创建 TurboGrid 项目

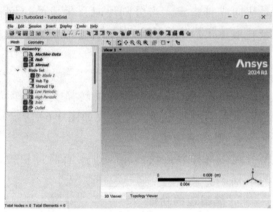

图 3-73　TurboGrid 工作环境

2）在"开始"菜单中执行【ANSYS 2024】→【TurboGrid 2024】，然后单击【TurboGrid 2024】，进入【TurboGrid】主界面。启动涡轮机械起始界面如图 3-74 所示。

2. TurboGrid 界面介绍

TurboGrid 2024 环境窗口由菜单栏、导航树、图形显示区与操作工具、功能工具标签、信息栏组成。

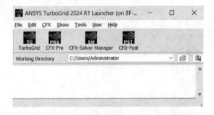

图 3-74　启动涡轮机械起始界面

（1）菜单栏

菜单栏包含文件菜单、编辑菜单、显示菜单、信息菜单、设置菜单和帮助菜单，如图 3-75 所示。

（2）导航树

导航树用于显示部分或整体几何图形，显示或隐藏几何边界、面边界、网格等，如图 3-76 所示。

File　Edit　View　Info　Settings　Help

图 3-75　TurboGrid 菜单栏

图 3-76　TurboGrid 导航树

（3）图形显示区与操作工具

图形显示区为主窗口区域，主要显示几何图形，对几何进行操作。在图形显示区域操作几何，可以进行旋转、移动、放大缩小、恢复当前窗口、多屏显示操作，如图 3-77 所示。

（4）功能工具标签

功能工具标签是实现 TurboGrid 网格划分的主要功能区，下一小节重点介绍，如图 3-78 所示。

图 3-77　图形操作工具

图 3-78　功能工具标签

3.8.2　TurboGrid 功能工具

对涡轮机械进行网格划分首先要导入几何图形，在导入几何图形时，构成涡轮主体的主要三部分轮毂、机罩、叶片需要都存在。导入几何图形的方式主要有两种：第一种是导入包含涡轮主体的 BladeGen 文件；第二种是导入线段模式，这种方式需先设定涡轮的叶片个数、涡轮的旋转轴及确定导入文件的单位，然后分别导入涡轮的轮毂、叶片和机罩线段文件。

1. 网格划分功能工具

涡轮机械网格划分主要功能区如图 3-79 所示，其功能与操作树中选项一一对应。

涡轮机械主要功能按钮从左至右依次为：

图 3-79　涡轮机械网格划分主要功能区

1）编辑机械数据【Edit Machine Data】。此选项可以编辑几何图形的叶片个数、旋转轴、参考单位信息、倾斜角划分方法等，编辑机械数据窗口如图 3-80 所示。

2）编辑轮毂【Edit Hub】。此选项可以编辑轮毂文件的来源、坐标系、线段类型，以及几何图形的叶片个数、旋转轴、参考单位信息、倾斜角划分方法等，编辑轮毂窗口如图 3-81 所示。

3）编辑机罩【Edit Shroud】。此选项与轮毂编辑选项性质一致，编辑机罩窗口如图 3-82 所示。

4）编辑叶片【Edit Blade】。此选项用来编辑叶片信息，编辑叶片窗口如图 3-83 所示。

图 3-80　编辑机械数据窗口

图 3-81　编辑轮毂窗口

图 3-82　编辑机罩窗口

图 3-83　编辑叶片窗口

5）叶片与轮毂或机罩间距【Hub Tip，Shroud Tip】。在控制树中双击 Hub Tip 选项后弹出间隙类型编辑窗口，如图 3-84 所示。

间隙类型主要分为以下几种：

① 无间隙【None】。

② 固定比例【Constant Span】，该比例是叶片与机罩之间的间隙，是叶片间距的所占比例。

③ 法向距离【Normal Distance】，是叶片与机罩之间的间距。

④ 变法向距离【Variable Normal Distance】，该选项用于设置前缘【Leading Edge】和后缘【Trailing Edge】。

⑤ 轮廓数目【Number of Profile】，将整个叶片分成几个部分，如叶片总数为 8，设定个数为 7 时，叶片大小即为整体叶片的 7/8。

图 3-84 间隙类型编辑窗口

6）编辑拓扑设定【Edit Topology Set】，该选项是用拓扑方法对几何模型进行拓扑划分，用拓扑结构逼近几何模型，然后生成六面体网格。拓扑方法有多种，包括 H/J/C/L-Grid、H-Grid、L-Grid、L-Grid Dominant 和 From File，这些方式可以用于描绘圆弧结构的 O-Grid 网格结构。由于涡轮机械一般为周期性的，所以拓扑设置包括对交界面和周期性网格的设定，如图 3-85 所示。

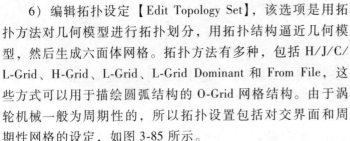

图 3-85 编辑拓扑设定

7）编辑网格数据【Edit Mesh Data】，该选项用来设置网格尺寸、方法、影响因子等信息，如图 3-86 所示。

8）编辑层【Edit Layers】。该选项用来按层显示图形，默认显示的层为 Hub 和 Shroud 层，可以通过新建或删除层来对图层进行编辑，如图 3-87 所示。

9）生成网格【Mesh】，在网格属性设置结束后，可以单击该按钮生成网格。

10）网格分析【Mesh Analysis】，该选项在控制树下方，在生成网格后双击该选项弹出网格信息，可以查看网格质量，如图 3-88 所示。

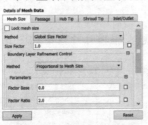

图 3-86 编辑网格数据

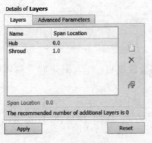

图 3-87 编辑层

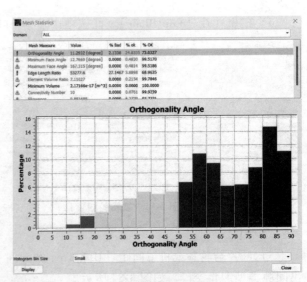

图 3-88 网格分析

2. 变换选项

在默认的情况下，涡轮机械仅显示一个周期的几何图形，可以通过变换来显示几何图形，如图 3-89 所示。

图 3-89 变换选项

变换选项从左至右依次为：单叶片显示【Display One Instance】、双叶片显示【Display Two Instance】、整体叶片显示【Display All Instance】、隐藏或显示所有几何对象【Hide/Unhide all geometry objects】、隐藏或显示所有层【Hide/Unhide all layers】、隐藏或显示所有网格对象【Hide/Unhide all mesh objects】。通过单击相关图标即可完成相应操作。

3.9 ANSYS Meshing 挖掘机机械臂网格划分

1. 问题描述

实例文件为某简易挖掘机机械臂装配模型，由铲斗、斗杆、动臂、前连接片、后连接片、活塞杆、活塞缸和动臂机座组成，其相关参数在网格划分过程中体现。该模型网格的划分主要运用体尺寸控制、四面体和六面体为主导的网格划分方法生成网格，通过质量检查改进网格质量，最后导出网格文件。

2. 网格划分过程

（1）启动 Workbench 2024

在"开始"菜单中执行【ANSYS 2024 R1\R2】→【Workbench 2024 R1\R2】命令。

（2）创建网格划分项目

① 在工具箱【Toolbox】的组件系统【Component Systems】中双击或拖动网格划分项目【Mesh】到项目分析流程图【Project Schematic】，如图 3-90 所示。

② 在 Workbench 的工具栏中单击【Save】，保存项目工程名为 Excavator arm . wbpj。网格文件保存在 D：\AWB\Chapter03 文件夹中。

（3）导入几何模型

在网格划分项目上，右击【Geometry】→【Import Geometry】→【Browse】，找到模型文件 Excavator arm . scdoc，打开导入几何模型。模型文件在 D：\AWB\Chapter03 文件夹中。

（4）进入 Mechanical 环境

① 在网格划分项目上，右击【Mesh】→【Edit】，进入 Meshing 环境。

② 在 Meshing 的主菜单【Units】中设置单位为 Metric（mm，kg，N，s，mV，mA）。

图 3-90 创建网格划分项目

（5）划分网格

① 在导航树中右击【Mesh】→【Generate Mesh】。网格全局控制自动法初步生成网格如图 3-91 所示。

② 选择整体挖掘机机械臂模型，然后在左边导航树上右击【Mesh】，在弹出的菜单中选择【Insert】→【Sizing】；【Sizing】→【Details of "Body Sizing"-Sizing】→【Definition】，设置【Element Size】= 5.0mm。设置网格总体尺寸如图 3-92 所示。

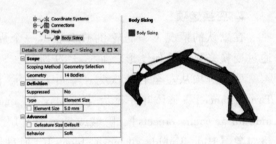

图 3-91　网格全局控制自动法初步生成网格　　　　　图 3-92　设置网格总体尺寸

③ 生成网格，选择【Mesh】→【Generate Mesh】，图形区域显示程序生成的四面体单元网格模型。初步网格划分如图 3-93 所示。

④ 选择挖掘机机械臂的斗杆模型，然后在左边导航树图上右击【Mesh】，在弹出的菜单中选择【Insert】→【Method】→【Hex Dominant】，设置【Sizing】→【Definition】→【Element Size】＝2.0mm，其他默认。选择斗杆如图 3-94 所示。

图 3-93　初步网格划分　　　　　　　　　　图 3-94　选择斗杆

⑤ 选择挖掘机机械臂的动臂模型，然后在左边导航树图上右击【Mesh】，在弹出的菜单中选择【Insert】→【Method】→【Hex Dominant】，其他默认。选择动臂如图 3-95 所示。

⑥ 生成网格，选择【Mesh】→【Generate Mesh】，图形区域显示程序生成的六面体和四面体组成的网格模型。调动臂杆网格划分如图 3-96 所示。

图 3-95　选择动臂　　　　　　　　　　图 3-96　调动臂杆网格划分

（6）网格质量检查

① 在导航树中单击【Mesh】，设置【Details of "Mesh"】→【Display】→【Display Style】＝Skewness，图形区域中的有限元模型上不同位置质量的网格以不同颜色显示及标示范围。网格质量云图如图 3-97 所示。

② 在导航树中单击【Mesh】，设置【Details of "Mesh"】→【Quality】→【Mesh Metric】= Skewness，显示规则下网格质量平均值为 0.50014，处在好水平范围内，网格质量水平统计如图 3-98 所示。

③ 在导航树中单击【Mesh】→【Details of "Mesh"】→【Statistics】，显示网格和节点数。网格统计如图 3-99 所示。

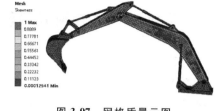

图 3-97　网格质量云图

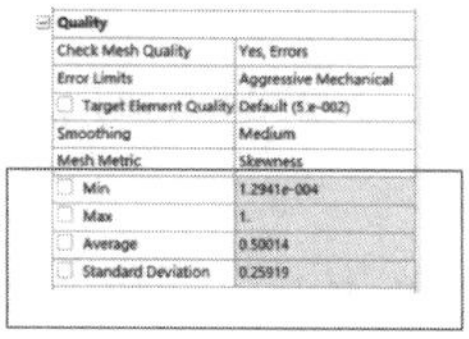

Quality	
Check Mesh Quality	Yes, Errors
Error Limits	Aggressive Mechanical
Target Element Quality	Default (5.e-002)
Smoothing	Medium
Mesh Metric	Skewness
Min	1.2941e-004
Max	1.
Average	0.50014
Standard Deviation	0.25919

图 3-98　网格质量水平统计

Statistics	
Nodes	76729
Elements	29715
Show Detailed Statistics	Yes
Corner Nodes	15769
Mid Nodes	60960
Solid Elements	29715
Tet10	20233
Hex20	5802
Wedge15	319
Pyramid13	3361

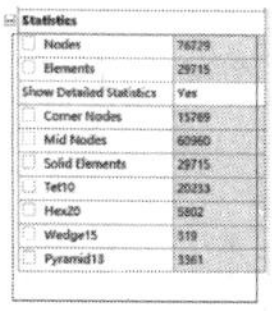

图 3-99　网格统计

（7）改进网格质量

使网格尺寸进一步减小，选择【Sizing】，设置→【Definition】→【Element Size】= 0.8mm。选择【Mesh】→【Generate Mesh】，生成网格。图形区域显示程序生成的六面体和四面体组成的网格模型。调整斗杆和动臂尺寸网格划分如图 3-100 所示。Skewness 规则下网格质量进一步改善，平均值进一步减小到 0.28609。网格质量云图如图 3-101 所示。

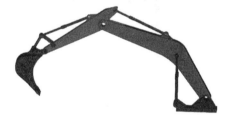

图 3-100　调整斗杆和动臂尺寸网格划分

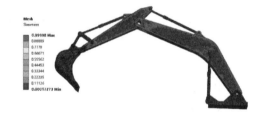

图 3-101　网格质量云图

至此，该模型的网格划分完毕，若对结果不很满意，还可通过调整网格尺寸等方法继续划分，直到最终满意为止。事实上，在计算机资源满足的条件下，该模型采用纯四面体网格，也可得到较好的网格质量。

（8）保存与退出

① 导出网格。单击 Meshing 主界面的菜单【File】→【Export】，然后命名，导出网格 Excavator arm .meshdat 文件。网格文件保存在 D：\AWB\Chapter03 文件夹中。

② 退出 Meshing 环境。单击 Meshing 主界面的菜单【File】→【Close Meshing】，退出环境，返回到 Workbench 主界面，此时主界面的项目管理区中显示的网格项目均已完成。

③ 单击 Workbench 主界面上的【Save】按钮，保存所有网格划分结果文件。

④ 退出 Workbench 环境。单击 Workbench 主界面的菜单【File】→【Exit】，退出主界面，完成网格划分。

3. 点评

本例是关于挖掘机机械臂模型的 Meshing 网格划分实例。可以看出，Meshing 网格划分工具对处理复杂几何体网格的方法多样、自动化程度高、快捷。

3.10 TurboGrid 径流式涡轮网格划分

1. 问题描述

本实例为一带分流叶片的径流式涡轮模型，其相关参数在网格划分过程中体现。试用 TurboGrid 网格划分工具对涡轮模型进行网格划分，导出网格文件。

2. 网格划分过程

（1）启动 TurboGrid

在"开始"菜单中执行【ANSYS 2024 R1\R2】→【Workbench 2024 R1\R2】命令。

（2）创建涡轮机械网格划分项目

① 在工具箱【Toolbox】的组件系统【Component Systems】中双击或拖动涡轮机械网格划分项目【TurboGrid】到项目分析流程图【Project Schematic】。创建涡轮机械网格划分项目如图 3-102 所示。

② 在 Workbench 的工具栏中单击【Save】，保存项目工程名为 Compressor impeller . wbpj。网格文件保存在 D：\AWB\Chapter03 文件夹中。

（3）导入几何模型

① 在涡轮机械网格划分项目上，右击【Turbo Mesh】→【Edit】，进入 TurboGrid 工作环境。

② 选择菜单【File】→【Load BladeGen Files】，选择文件【TurboGrid. inf】→【Open】，导入几何模型（涡轮模型包括信息文件（BladeGen. inf）、轮毂曲线（BladeGen_hub. curve）、叶片轮廓（BladeGen_profile. curve）和罩曲线（BladeGen_shroud. curve）4 个文件）。模型文件在 D：\ AWB \ Chapter03 文件夹中。在显示功能上单击 ✹，可显示全部模型，如图 3-103 所示。

图 3-102　创建涡轮机械网格划分项目

（4）定义各参数

① 定义机械数据：在左侧导航树中双击【Geometry】下的【Machine Data】，在【Machine Data】面板上设置【# of Bladesets】= 8，【Base Units】= cm，其他默认，单击【Apply】按钮，如图 3-104 所示。

图 3-103　导入几何模型

② 定义轮毂：在左侧导航树中双击【Geometry】下的【Hub】，在【Hub】面板上设置【Length Units】= mm，确保轮毂曲线文件位置正确，其他默认，单击【Apply】按钮，如图 3-105 所示。

③ 定义罩：在左侧导航树中双击【Geometry】下的【Shroud】，在【Shroud】面板上设置【Length Units】= mm，确保罩曲线文件位置正确，其他默认，单击【Apply】按钮，如图 3-106 所示。

④ 定义主叶片：在左侧导航树中双击【Bade Set】下的【Main Blade】，在【Main Blade】面板上设置【Length Units】= mm，【Method】= Specify，【Lofting】= Spanwise，【Curve

【Type】=Piece-wise linear，【Surface Type】=Ruled，确保罩曲线文件位置正确，其他默认，单击【Apply】按钮。

图 3-104　定义机械数据

图 3-105　定义轮毂

图 3-106　定义罩

⑤ 定义分流叶片：在左侧导航树中双击【Bade Set】下的【Splitter Blade1】，在【Splitter Blade】面板上设置【Length Units】= mm，【Method】=Specify，【Lofting】=Spanwise，【Curve Type】=Piece-wise linear，【Surface Type】=Ruled，确保罩曲线文件位置正确，其他默认，单击【Apply】按钮。

（5）网格划分

① 设定拓扑结构，即指定网格结构：在左侧导航树中双击【Topology Set（Suspended）】，设置【Details of Topology Set】→【Define】→【ATM Topology】→【Method】=Single Splitter，单击【Apply】按钮。

② 取消拓扑悬浮，产生拓扑网格：在导航树中右击【Topology Set（Suspended）】，从弹出的对话框中选择【Suspended Object Updates】，程序经过运行产生拓扑网格。注：当程序弹出警告时，单击【OK】按钮忽略。

③ 预览网格参数设置：在操作树中双击【Mesh Data】，设置【Details of Mesh Data】→【Mesh Size】→【Parameters】→【Factor Base】= 0，【Factor Ratio】= 2；不选 Target Maximum Expansion Rate，其他选项默认，单击【Apply】按钮。

④ 生成网格：单击网格 按钮，或在导航树上右击【3DMesh】→【Create Mesh】，生成网格，如图 3-107 所示。

⑤ 分析网格与重生：在导航树上双击【Mesh Analysis】，弹出网格统计【Mesh Statistics】对话框，如图 3-108 所示，可以看出在红色显示值不满足设置的上下限。双击【Mesh Limits】，输入如下信息：【Maximum Face Angle】→【Limits Type】= Maximum，【Max Value】= 175［degree］，【OK Value】= 170［degree］；【Minimum Face Angle】→【Limits Type】= Maximum，【Max Value】= 180［degree］，【OK

图 3-107　生成网格

Value】= 175［degree］；【Connectivity Number】→【Limits Type】= Maximum，【Max Value】= 13，【OK Value】= 10；【Element Volume Ratio】→【Limits Type】= Maximum，【Max Value】= 20，【OK Value】= 15；【Edge Length Ratio】→【Limits Type】= Maximum，【Max Value】= 1100，【OK Value】= 1280；【Skewness】→【Limits Type】= Maximum，【Max Value】= 1，【OK Value】= 0.9；【Orthogonality Angle】→【Limits Type】= Maximum，【Max Value】= 180［degree］，【OK

Value〕=95〔degree〕；其他默认，单击【Apply】按钮。再双击【Mesh Limits】，弹出网格统计【Mesh Statistics】对话框，如图3-109所示，可以看出显示值消失，在给定的数值下，网格质量满足。在导航树上右击【3DMesh】→【Create Mesh】，重新生成网格。

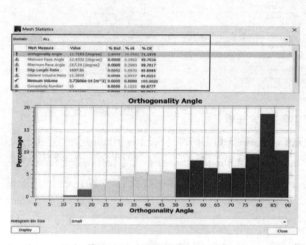

图3-108 网格统计（一）

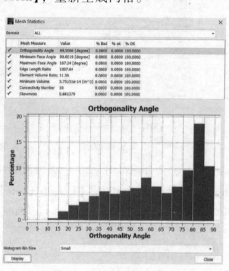

图3-109 网格统计（二）

⑥ 显示所有部位网格：为了方便，可以在【3DMesh】下选择所有部位，查看所有部位的网格，如图3-110所示。总节点数为284642个，总单元数为258900个。

（6）导出网格

① 网格划分完成后，即可导出网格文件，本例导出满足CFX格式的网格。首先在文件选择输出网格，选择求解类型和输出尺寸单位，选择菜单【File】→【Export Mesh】→【File type = ANSYS CFX】→【Export Units = mm】，输入【Compressor impeller】→【Save】。

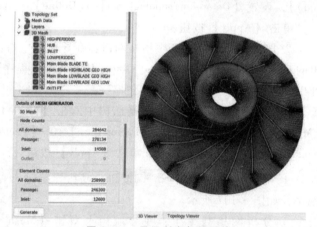

图3-110 显示所有部位网格

② 输出网格为当前状态。为了以后便于修改。选择菜单【File】→【Export State】，输入【Compressor impeller】→【Save】。

（7）保存与退出

① 退出涡轮机械网格划分环境。单击TurboGrid主界面的菜单【File】→【Close Turbo-Grid】，退出环境，返回到Workbench主界面，此时主界面的项目管理区中显示的项目已完成。

② 单击Workbench主界面上的【Save】按钮，保存所有网格划分结果文件。

③ 退出Workbench环境。单击Workbench主界面的菜单【File】→【Exit】，退出主界面，完成网格划分。

3. 点评

本例是关于涡轮机械模型的 TurboGrid 网格划分实例，可以看出，TurboGrid 网格划分工具对如涡轮机械叶片这样复杂的模型，划出高质量结构化的六面体网格方面具有独特的优势，处理方法专业、简单、易用。

3.11　本章小结

本章按照网格划分概述、ANSYS Meshing 网格划分、ICEM CFD 网格划分、涡轮机械网格划分和实例应用顺序编写，重点介绍了网格划分平台 ANSYS Meshing，包括网格划分方法、全局网格控制、局部网格控制、网格编辑、网格质量等内容，简要介绍了高级流体网格划分工具 ICEM CFD 和涡轮机械网格划分工具 TurboGrid。本章配备的两个典型网格划分工程实例，分别为 ANSYS Meshing 挖掘机机械臂网格划分和 TurboGrid 涡轮模型网格划分，包括问题描述、网格划分过程和点评三部分内容。

本章内容是有限元分析关键环节之一。通过本章的学习，可以针对不同几何模型、不同网格划分平台，了解并掌握不同的网格划分方法与技巧，为后续章节有限元分析打下基础。

第4章 结构线性静力分析

结构线性静力分析是最基本的力学分析过程。一般来说,自然界的一切力学现象都不是静止不变的,但是在一定的理论假设和误差范围内,大多数的实际问题都可以简化为线性问题,并通过静力学分析,得出该结构性质的基本信息。因此,学习结构线性静力分析是进一步进行结构动力和其他力学分析问题的基础。本章将介绍 ANSYS Workbench 结构线性静力分析基础和 Mechanical 工作环境,并给出一些实例,以便读者快速掌握 ANSYS Workbench 结构线性静力分析。

4.1 结构静力分析基础

4.1.1 结构静力分析的基本假设

为了进行结构静力学分析,必须把结构材料看成连续、均匀和各向同性的材料,这三个条件对所有的线性和非线性、静态和动态分析都适用。纤维或粒子强化的各向异性非均匀材料不能满足以上条件,建模时应特别注意或特别处理。对于结构线性静力分析,加载和卸载速度设为非常小,如果速度大,必须在动力学中进行建模分析。在线性静力学分析时,把材料的变形范围设在弹性范围,并假设材料的变形为小变形,这样方便建立线性静力学方程(应力应变方程和变形协调方程等),为有限元线性静力学分析提供方便。如果考虑塑性变形或大变形,必须考虑几何非线性和材料非线性特性来进行分析。下面简要介绍结构线性静力分析的六种假设。

1)连续性假设,是指将可变形固体视为连续密实的物体,即组成固体的质点无空隙地充满整个物体空间。固体内部任何一点的力学性质都是连续的,例如密度、应力、位移和应变等,就可以用坐标的连续函数来表示(因而相应地被称为密度场、应力场、位移场和应变场等),而且变形后物体上的质点与变形前物体上的质点是一一对应的。这一假设意味着构件变形时材料既不相互离开,也不相互挤入,时刻满足变形协调条件,而且,无论取多么小的一个体积研究都是一样的。

2)均匀性假设,该假设认为所研究的可变形固体是由同一类型的均匀材料所构成的,因此,其各部分的物理性质都是相同的,并不因坐标位置的变化而变化。例如,固体内各点的弹性性质都相同。根据均匀性假设,在研究问题的时候,就可以从固体中取出任一单元来进行分析,然后将分析的结果用于整个物体。

3)各向同性假设,假定可变形固体内部任意一点在各个方向上都具有相同的物理性质,因而,其弹性常数不随坐标方向的改变而改变。

4)弹性假设,在一定的温度下,应力和应变之间存在一一对应的关系,且应力不超过它的屈服应力点；与加载过程无关，与时间无关；载荷卸载后结构可恢复到原来的状态，不产生残余应力和残余应变。

5）小变形假设，假设固体在外部因素（外力、温度变化等）作用下所产生的变形，远小于其自身的几何尺寸，即要求结构的变形挠度远小于结构的截面尺寸。

6）缓慢加载和卸载过程假设，即载荷的施加和卸载过程足够慢，可以看作静态过程，而不至于引起结构的动响应（如动应力、动应变）。在这个过程中，结构的内外力满足平衡方程。

4.1.2 结构静力分析基础方程

静力分析方程：忽略随时间变化的载荷、惯性力和阻尼，方程为

$$Ku = F \tag{4-1}$$

动态静力分析：考虑惯性力，忽略阻尼，方程为

$$Ku = F - M\ddot{u} \tag{4-2}$$

式中，K 是刚度矩阵；u 是位移矢量；F 是静力载荷；M 是结构质量矩阵；$\ddot{u}$ 是节点加速度矢量。

如果材料为线弹性，结构小变形，则 K 为常数，求解的是结构线性静力问题；如果 K 为变量，则求解的是结构非线性静力问题。

4.2 结构静力分析前处理

ANSYS Workbench 结构静力分析【Static Structural】用于完成结构线性分析和非线性的静力分析、动态静力分析。本章主要介绍结构线性静力分析。

4.2.1 结构静力分析界面

将 ANSYS Workbench 左侧工具箱中【Analysis Systems】下的【Static Structural】调入项目流程图【Project Schematic】，如图 4-1 所示；然后在结构静力分析项目中右击【Geometry】单元格，选择【Import Geometry】→【Browse】，导入几何模型，在分析项目中右击【Model】→【Edit】，进入 Static Structural-Mechanical 分析环境，如图 4-2 所示。

图 4-2 所示为典型的结构静力分析工作界面，可实现的功能由用户的 ANSYS 许可文件决定，根据许可文件的不同，Mechanical 可实现的功能也会不同。可以看出，Mechanical 窗口由功能面板、工具栏、导航树、详细参数设置栏、图形显示窗口、信息栏、状态栏等组成。功能操作以面板形式展现，分析问题的所有操作过程都记录在导航树中。展开导航树，可以清楚地知道该结构分

图 4-1 创建结构静力分析项目

析的具体内容，同时，Mechanical 具有极佳的操作性，可在分析过程中方便地进行批量选择面或体、节点编号等编辑操作。

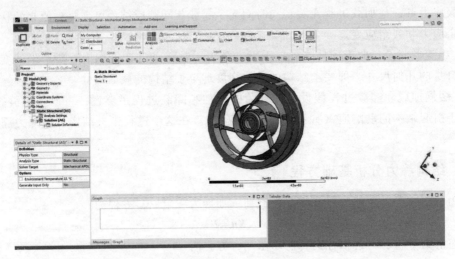

图 4-2　结构静力分析工作界面

4.2.2　几何属性

1. 几何模型

在结构静力分析中，几何模型【Geometry】可以在 SpaceClaim、DesignModeler 创建零件或多体零件，也可来自其他 CAD 系统。Mechanical 可以支持多种几何结构模型，如实体、壳体、线体和点质量。选择几何模型下不同的体，可在详细窗口栏指定属性。体属性如图 4-3 所示。

1）图形属性【Graphics Properties】，包括可视化【Visible】、透明度【Transparency】和模型颜色【Color】3 个选项。

2）定义选项【Definition】：

① 抑制【Suppressed】，是否抑制模型。

② 尺寸【Dimension】，设置模型维度，可在三维和二维之间转换。

③ 模型类型【Model Type】，分为壳体（Shell）和强化（Reinforcement）。

④ 均质膜【Homogeneous Membrane】，当模型类型为强化时出现，默认设置为是，曲面体被视为平面应力状态下的均质加强层（膜），厚度方向可用于定义加强单元内加强膜的横截面面积。设置为否时，可设置纤维截面积【Fiber Cross section Area】、纤维间距【Fiber spacing】、纤维角【Fiber Angle】三个选项的参数。

图 4-3　体属性

⑤ 强化应力状态【Reinforcing Stress State】，可以指定均匀加强层（膜）的加强应力状态和刚度行为，包括仅平面应力（Plane Stress Only）、具有横向剪切的平面应力（Plane Stress With Transverse Shear）、具有横向剪切和弯曲的平面应力（Plane Stress With Transverse Shear and Bending）。

⑥ 刚体行为【Stiffness Behavior】，刚体行为可定义模型是柔性（Flexible）、刚性（Rigid)、衬垫（Gasket）和刚性梁（Stiff Beam）。通常情况分析的是柔性，对于刚体，静力分析中仅考虑惯性载荷，可以通过关节载荷施加到刚体上，刚体输出结果为零件的全部运动和传递力。

⑦ 刚度选项【Stiffness Option】，包括薄膜与弯曲（Membrane and Bending）、仅薄膜（Membrane Only）、仅应力评估（Stress Evaluation Only）。

⑧ 坐标系【Coordinate System】，默认模型坐标系。

⑨ 参考温度【Reference Temperature】，根据模型分析所处环境温度，可手动输入。

⑩ 厚度【Thickness】，设置模型厚度、壳体模型时出现。

⑪ 厚度模式【Thickness Mode】，默认手动。

⑫ 偏移类型【Offset Type】，壳体偏移类型，分为顶部、中间、底部和自定。

⑬ 处理【Treatment】，默认不做处理，也可构造几何体。

3）材料【Material】，包括指定分配材料【Assignment】、指定是否包含非线性效应【Nonlinear Effects】和是否包含热应变效应【Thermal Strain Effects】3 个选项，可以根据在工程数据中定义的材料利用分配材料【Assignment】选项对不同的体分配材料。

4）边界框【Bounding Box】，指定模型空间范围，给出 X、Y、Z 的尺寸，只读形式。

5）属性【Properties】，统计几何属性，包括体积、质量、质心、惯性矩等，只读形式。

6）统计【Statistics】，显示该对象网格模型的统计结果，包括节点数、单元数和网格度量标准。

7）CAD 属性【CAD】，显示模型属性。

2. 二维设置

Workbench 不仅可以用三维模型分析，也可用二维模型分析，不过在二维模型分析之前需在模型属性的高级几何选项中由三维模型转为二维模型，程序才识别所创建的模型为二维模型，如图 4-4 所示。在 Mechanical 环境，几何模型选项详细窗口下二维行为有如下选项，如图 4-5 所示。

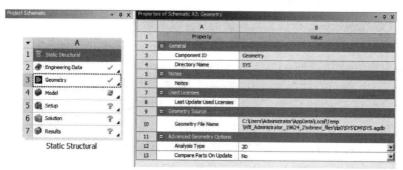

图 4-4　分析类型由三维模型转为二维模型

图 4-5　二维行为

1）平面应力【Plane Stress】。假设在 Z 方向上应力为 0，而应变不为 0。这对于诸如受到面内载荷的平板、压力或径向载荷下的圆盘等在 Z 方向的尺寸远远小于 X、Y 两个方向尺寸的结构是合适的。可以在 Thickness 域中输入模型的厚度。

2）轴对称【Axisymmetric】。假设一个三维模型及其载荷可以通过围绕 Y 轴旋转一个二维的截面而形成。对称轴必须和全局的 Y 轴一致。几何体必须是在正 X 轴和 XY 面内。方向是：Y 轴是轴向的，X 轴是径向的，Z 轴是环向的。环向位移是 0，环向应力和环向应变通常很重要。典型的例子是压力容器、直管、轴等。

3）平面应变【Plain Strain】。假设 Z 方向上没有应变。这对于 Z 方向的尺寸远大于 X、Y 方向尺寸的结构是合适的。Z 方向的应力不为 0。如等截面构建的线性物体。

4）广义平面应变【Generalized Plane Strain】。相对于标准的平面应变问题而言，假设在 Z 方向上有一个有限的变形域。对于存在 Z 方向尺寸的物体，它提供了一个更实际的结果。

5）基于物体【By Body】。允许对 Geometry 下单个的物体设置平面应力、平面应变或者轴对称选项。如果选择了 By Body，则需选择单个的物体，然后为其设置单独的二维选项。

3. 几何材料属性

在一般的线性静力分析中，几何材料属性只需定义弹性模量和泊松比即可。如果分析中有惯性载荷，则需要定义材料的密度。如果分析中需要施加热载荷，则这时需要定义热膨胀系数、导热系数、比热容等。

在 ANSYS Workbench 中定义材料属性，在工程流程图中，右击【Engineering Data】→【Edit】从材料库中选择所需材料，用户也可以根据需要自定义材料属性。

4. 点质量

点质量【Point Mass】用于模拟没有确切几何模型的质量。仅有面体和实体才能定义点质量。在导航树中【Geometry】是点质量和实体模型的连接位置。右击【Geometry】即可插入或看到点质量【Point Mass】菜单。

点质量的创建方法：在导航树上右击【Geometry】→【Point Mass】，然后在图形窗口选择几何模型面，依次选择【Details of "Point Mass"】→【Geometry】= Apply，【Details of "Point Mass"】→【Definition】，设置【Mass】= 10kg，如图 4-6 所示。同时也应注意：

1）在结构静力分析中，仅有惯性力才会对点质量起作用，也即点质量只受加速度、标准重力加速度、旋转速度的作用。

2）在结构静力分析中引入点质量仅是为了考虑结构中没有建模的附加质量，同时必须有惯性力出现，如没有旋转惯性项出现，点质量将会以圆球出现。

3）材料属性只需定义弹性模量和泊松比，点质量本身并没有结果。

5. 厚度

可以对面体或壳体指定厚度【Thickness】。在导航树中【Geometry】是厚度和面体模型的连接位置。选择【Geometry】即可看到厚度【Thickness】菜单。

厚度的创建方法：在导航树上选择【Geometry】→【Insert】→【Thickness】，然后在图形窗口选择面体，依次选择【Details of "Thickness"】→【Geometry】= Apply，【Details of "Thickness"】→【Definition】→【Thickness】= 1mm，如图 4-7 所示。同时也应注意：

1）面体厚度必须大于 0，从 DesignModeler 中导入面体，则厚度自动导入。

2）指定的厚度不支持刚体。

3）可变厚度仅在网格划分和结果中显示。

4）如果同一个面上定义多个厚度对象，只有最后一个厚度对象生效。

6. 单元方向

每一个节点都有自己的坐标系和自由度，默认条件下与几何模型坐标系一致；同样，单元也有自己的坐标系。单元坐标系用来规定正交材料特征的方向，规定所施加面力方向，规定单元结果数据的方向。

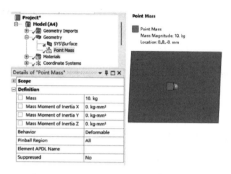

图 4-6　点质量的创建方法　　　　　　　　　图 4-7　厚度的创建方法

单元方向【Element Orientation】是基于体的单元坐标系定向工具，它可以定义指定体的单元坐标系，并覆盖原来体模型的坐标系。该工具只支持三维模型和壳模型，创建该特征选边时需选择连续的边，该工具不能应用在刚体动力学和显式动力学中。

单元方向的创建方法：在导航树上选择【Geometry】→【Insert】→【Element Orientation】，然后在图形窗口选择体，再依次选择【Details of "Element Orientation"】→【Geometry】=Apply，【Details of "Element Orientation"】→【Surface Guide】选择面，确定轴向（轴向与面垂直），单击【Edge Guide】选择边，确定轴向（轴向与边相切）；右击【Element Orientation】→【Generate Orientations】，如图 4-8 所示。

4.2.3　载荷与约束

1. 惯性载荷

惯性载荷【Inertial】作用在整个系统中，和结构物的质量有关，因此材料属性中必须包含密度。Mechanical 中常见的惯性载荷如图 4-9 所示。

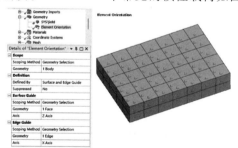

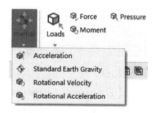

图 4-8　单元方向的创建方法　　　　　　　　　图 4-9　惯性载荷

（1）加速度

加速度【Acceleration】施加在整个系统上，惯性将阻止加速度所产生的变化，因此惯性力的方向与所施加的加速度的方向相反。加速度可以通过定义部件或者矢量进行施加。

（2）标准地球重力

标准地球重力【Standard Earth Gravity】可以作为一个载荷施加，方向可以沿总体坐标轴的任何一个轴，其值为 $9.8066\mathrm{m/s^2}$（国际单位）。

（3）旋转速度

旋转速度【Rotational Velocity】可以使整个模型围绕一根轴在给定的速度下旋转。可以通过定义一个矢量来实现，给定转速大小和旋转轴；也可以通过分量来定义，在总体坐标下指定点和分量值。

（4）旋转加速度

旋转加速度【Rotational Acceleration】，可以施加在一个或多个体上，需指定矢量或者分量以及旋转轴。

2. 结构载荷

结构载荷【Loads】是作用在系统或部件结构上的力或力矩。Mechanical 中常见的载荷如图 4-10 所示。

（1）力

力【Force】，力可以施加在结构的外表面、边缘或顶点上。施加的力将分布到整个结构当中去。当一个力施加到两个同样的表面上时，每个表面将承受这个力的一半。力可以通过定义矢量、大小和分量来施加。力的国际单位制是 N。

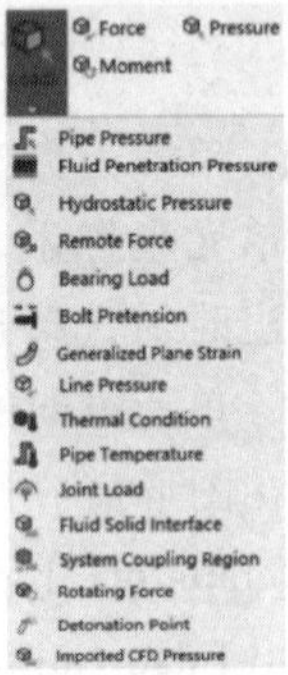

（2）压力

压力【Pressure】，在选定面上施加单一方向的恒定/变化压力，方向与表面的方向一致，正值代表进入表面，负值代表从表面出来。

（3）力矩

力矩【Moment】，可以施加在实体的任意表面上，如果选择了某实体的多个表面，那么力矩将分摊在这些表面上。在实体表面上，力矩也可以施加在定点或边缘处。力矩可以用矢量及其大小或者分量来定义。当用矢量来表示时，遵循右手法则。

图 4-10　结构载荷

（4）管道压力

管道压力【Pipe Pressure】用于任何形式的管道结构设计与应力分析，且管道只能以线体形式出现。

（5）流体压力渗透

流体压力渗透【Fluid Penetration Pressure】，用于模拟周围流体或空气渗透到接触界面，可将此载荷应用于柔性到柔性或刚性到柔性的接触对。

（6）静水压力

静水压力【Hydrostatic Pressure】，模拟由于流体重量产生的压力。定义静水压力通常要经过这几方面的设置：首先选择流体包围面，定义壳体的加载面【Shell Face】，定义静水压力的大小和方向，输入流体密度【Fluid Density】，定义流体自由表面位置【Free Fluid Location】，之后对模型划分网格，显示静水压力载荷。

（7）远端载荷

远端载荷【Remote Force】，允许用户在几何模型面上或者边上施加偏置的力，设定力的初始位置（利用圆、顶点或者坐标），力可以通过矢量和大小或者分量来定义。在某一面上施加了一个远端载荷后，相当于在这个面上将得到一个等效的力加上由于偏置所引起的力矩，而这个力分布在表面上，但包括了由于偏置力而引起的力矩。可以通过力学中的平移定理、圣维楠原理和等效原理来理解远端载荷。

（8）轴承载荷

轴承载荷【Bearing Load】，只能施加在圆柱的表面上。其径向分量将根据投影面积来分布压力，轴向载荷分量沿着圆周均匀分布。一个圆柱表面只能施加一个轴承载荷，如一个表面被分为多个表面，则需要把被分的表面全部选中。轴承载荷可以通过矢量和大小或者分量来定义。轴承载荷的单位是 N。

（9）螺栓预紧载荷

螺栓预紧载荷【Bolt Pretension】，在圆柱形截面上施加预紧载荷以模拟螺栓连接。螺栓预紧载荷只能在三维模拟中采用，但需要定义一个以 Z 轴为主导方向的局部柱坐标系。预紧载荷可以施加在梁连接上。

（10）广义平面应变

广义平面应变【Generalized Plane Strain】，主要应用在二维分析中有广义平面应变行为的场合。

（11）线压力

线压力【Line Pressure】，在三维的模拟中，线压力通过载荷密度形式给一个边上施加一个分布载荷。可以以下面的方式定义：幅值和向量，幅值和分量方向，幅值和切向。

（12）热载荷

热载荷【Thermal Condition】，可以施加在模型上，承受温度载荷的作用。热载荷会导致温度区域生成并在整个模型上引起热扩散，而热应变自身不能引起应力，只有在约束、温度梯度或者热膨胀系数不相匹配时才会产生内应力。机械分析通常首先进行热分析，然后在结构分析时将计算所得的温度作为热载荷输入。热应变计算式为

$$\varepsilon_{th}^{x} = \varepsilon_{th}^{y} = \varepsilon_{th}^{z} = \alpha (T - T_{ref}) \tag{4-3}$$

式中，ε_{th} 是热应变；α 是热膨胀系数；T 是施加的温度；T_{ref} 是热应变为零时的参考温度。

（13）管道温度

管道温度【Pipe Temperature】，只能应用于线体形式的管道，可以设置内外管道温度。

（14）关节载荷

关节载荷【Joint Load】，可应用在瞬态结构动力和刚体动力中，作为单自由度的动力驱动条件。能够应用在除固定关节、普通关节、万向节和球关节之外的其他所有关节。

（15）液固交界面

液固交界面【Fluid Solid Interface】，用于识别外部流体求解器、CFX 或 Fluent 之间进行载荷传递的界面，以便流固耦合分析。

（16）系统耦合区域

系统耦合区域【System Coupling Region】，主要用于确定外部求解器之间进行载荷相互转移的限定实体。

（17）旋转力

旋转力【Rotating Force】，用于插入同步或异步将力作用于旋转结构的旋转力，边界仅用在以完全法且考虑科里奥利效应的谐响应分析中，需要指定旋转轴和不均衡质量。

（18）爆炸点

爆炸点【Detonation Point】，用于显式动力学分析模拟起爆点，该起爆点以一定的速度

路径冲击波传播。需要定义起爆位置和起爆时间。

（19）导入的 CFD 压力

导入的 CFD 压力【Imported CFD Pressure】，主要用于映射从具有复杂压力值的 Fluent-Mechanical 耦合数据（.cgns）文件中读取的压力载荷。

3. 结构支撑

结构支撑【Supports】利用约束来限制结构系统或部件在一定范围内的移动。Mechanical 中常见的支撑约束如图 4-11 所示。

（1）固定支撑

固定支撑【Fixed Support】，固定支撑约束施加在顶点、边或面上所有的自由度。加在实体上，限制 X、Y 和 Z 方向的平移，加在壳体和梁上，限制 X、Y 和 Z 方向的平移和转动。

（2）位移约束

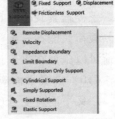

图 4-11 支撑约束

位移约束【Displacement】，位移约束在顶点、边或面上给定已知的位移。允许在 X、Y 和 Z 方向上给予强制位移，当输入"0"时代表此方向上即被约束。如不设某个方向的值则意味着实体在这个方向上能自由移动。

（3）无摩擦约束

无摩擦约束【Frictionless Support】，无摩擦约束实际上是在面上施加了法向约束。无摩擦约束可以用施加一个对称边界条件实现，因为对称面等同于法向约束。

（4）远端位移

远端位移【Remote Displacement】，允许在远端施加平动和旋转位移。需要通过点取或输入坐标值定义远端的定位点，默认位置为几何模型的质心。通常用局部坐标施加远端转角。

（5）速度边界约束

速度边界【Velocity】以某一固定值在显式动力和瞬态结构动力分析中作为约束边界应用，支持所有几何类型。

（6）阻抗边界约束

阻抗边界【Impedance Boundary】仅适用于显式求解，可以预测在虚设单元的粒子速度、参考压力阻抗的压力值。阻抗边界仅是近似值，因此，应该应用在感兴趣的位置。支持所有几何类型。

（7）极限边界

极限边界【Limit Boundary】，其用于对 X、Y 和 Z 方向上 SPH 节点的位置施加限制。这些限制能有效指定一个刚性壁面，不符合该限制的 SPH 节点将在该壁面上被弹回（仅适用于显式动力学分析，而不适用于 Workbench LS-DYNA）。

（8）只压缩约束

只压缩约束【Compression Only Support】，在任何给定的表面可以施加法向只有压缩的约束。只压缩约束仅仅限制这个表面在约束的法向正方向的移动。

（9）圆柱面约束

圆柱面约束【Cylindrical Support】，圆柱面约束施加在圆柱表面上，可以指定轴向、径向和切向约束。不过，此约束仅仅适用于线性（小变形）分析。

（10）简支支撑

简支支撑【Simply Supported】，简支支撑约束用于面体或线体模型的三维模拟。可以施加在壳体或梁上的边或顶点上限制平移，但所有旋转都是自由的。

（11）固定旋转

固定旋转【Fixed Rotation】，可以施加在壳体或者梁的表面、边线或顶点上约束旋转，但平移是自由的。

（12）弹性支撑

弹性支撑【Elastic Support】，允许面或边线根据弹簧行为产生移动或变形。弹性支撑基于定义的基础刚度【Foundation Stiffness】，即产生基础单位法向变形的压力值。

4. 条件关系

条件关系【Conditions】用来进行相应关系条件的连接，如进行耦合条件的连接。Mechanical 中常见的条件关系如图 4-12 所示。

（1）耦合

图 4-12　条件
关系

耦合【Coupling】，耦合边界条件用于耦合节点自由度，如模拟关节、铰链效果；耦合也可用于热和电场环境。同一个几何实体只能定义一个耦合条件，耦合条件不能施加在有自由度约束的节点上。

（2）约束方程

约束方程【Constraint Equation】，可以建立模型不同部件之间的运动关系，利用方程可以关联一个或多个自由远端点的自由度。约束方程为自由度值的线性组合。

为横截面变形的管道进行建模。该应用通过对直线或曲线进行网格划分来创建管道单元。

（3）管道理想化

管道理想化【Pipe Idealization】，为管道模型横截面变形部位的情况建模，通过对直线或曲线进行网格划分来创建管道单元，使用该条件要求管道单元须是高阶单元，模型网格划分时，网格全局控制下的高级选项 Element Mid side Nodes 设置为 kept。

（4）非线性自适应区域

非线性自适应区域【Nonlinear Adaptive Region】，条件能够在求解过程中不增加大量计算资源的情况下，根据用户定义的准则自动地重新网格劈分生成新的网格改变网格质量并提高求解精度。主要用于非线性分析中由于网格变形较大而导致不收敛的情况，例如橡胶的非线性分析；如果用于小变形分析中，则主要是为了提高应力分析的精度。网格重划分的触发方式是设定的准则，支持能量、位置和网格质量三种准则。

（5）基于几何结构的自适应性

基于几何结构的自适应性【Geometry Based Adaptivity】，主要基于 NLAD-GPAD 功能，可以在进行计算之前，不关注初始网格的质量，同时能保证一定的计算精度。通过使用模型边界而不是前一步的变形网格作为新网格的参考几何来实现。优点是初始网格不需要很精细，这样自适应过程可以在边界和体内部的感兴趣区域中细化网格，同时可确保重划分网格时能基于实际模型边界。NLAD-GPAD 能够在求解阶段更改网格以提高精度，不需要用户手动干预。它可以指定一些标准，从而确定网格是否需要修改；如果需要，需要修改哪些部分。目前 GPAD 功能支持的网格重划分准则为能量（Energy）和框（Box）。

当使用 NLAD-GPAD 时，程序会自动启用非线性解算法。为了确保在分析过程中至少发生一次网格划分，可以根据需要设置子步的数量。对于线弹性问题，最少的子步数为 2，确保至少进行一次网格细化。

（6）单元生死

单元生死【Element Birth and Death】方法，可以在分析过程中（多个载荷步中）重新激活或杀死特定的单元；其常应用于加工制造过程、装配过程、涉及材料失效或去除的仿真分析中，比如增材制造、隧道开挖、焊接、连续装配、材料失效等。激活或杀死状态在每个载荷步的开始时刻发生，并在该载荷步中保持。单元生死是状态改变非线性（类似于接触状态），它们提供阶跃的而不是渐变的单元状态改变（是状态的突然改变）。

单元被杀死时，它不是从刚度矩阵删除了，而是它的刚度降为一个低值。杀死单元的刚度乘以一个极小的减缩系数（默认值为 1×10^{-6}）。为了防止矩阵奇异，该刚度不设置为 0。与杀死的单元有关的单元载荷矢量（如压力、温度）是零输出，对于杀死的单元，质量、阻尼和应力刚度矩阵设置为 0，单元一被杀死，单元应力和应变就被重置为 0。因为杀死的单元没有被删除，所以刚度矩阵尺寸大小总是保持着。

当单元为激活时，它的刚度缩减系数被删除。所有的单元，包括开始被杀死的，在求解前必须存在，这是因为在分析过程中刚度矩阵的尺寸不能改变。当单元被激活时，它的刚度、质量和阻尼矩阵返回到它们的原始值。

加入单元生死，首先在导航树中右击【Static Structural（A5）】→【Insert】→【Element Birth and Death】，详细栏根据载荷步设置单元状态生或死，如图 4-13 所示。

（7）接触步骤控制

接触步骤控制【Contact Step Control】，用于以载荷步为基础，激活或禁用特定接触区域，以及为特定载荷步指定法向刚度。

（8）几何体控制

几何体控制【Body Control】，对象覆盖所选几何体的某些全局求解器和阻尼选项。

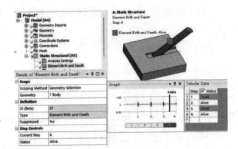

图 4-13　单元生死设置

5. 直接 FE 边界

直接 FE 边界允许边界条件直接作用在有限元模型网格节点上，施加的边界条件通过基于节点命名的选择范围。直接边界与基于几何边界条件不同在于，直接边界在求解时直接作用于节点而几何边界条件通过特殊载荷单元。直接边界条件不适用于已有基于几何边界的约束范围。直接边界包括节点方向【Nodal Orientation】、节点力【Nodal Force】、节点压力【Nodal Pressure】、节点位移【Nodal Displacement】、节点旋转【Nodal Rotation】、电-机械换能【EM（Electro-Mechanical）Transducer】，如图 4-14 所示。在使用节点力等边界之前，需先使用节点定位创建节点坐标系。

6. 命令流

为完成复杂工况分析，可插入 APDL 命令流，实现复杂载荷与约束的施加，提高分析的完整性和效率。

图 4-14　直接 FE 边界

4.2.4　坐标系

在结构分析中，所有的几何对象默认为整体坐标系【Coordinate Systems】显示，整体坐标系为固定的笛卡儿坐标系（X，Y，Z）。在分析中，对于弹簧、约束、各种不同形式存在的载荷等须从局部指定，这就需要创建局部坐标系进行合理的设置。局部坐标系可以是笛卡儿坐标系、圆柱坐标系，它们可用于零件、位置和施加在面体上的力，同时也可以以质心为坐标原点创建质心坐标【Coordinate System at Center of Mass】，如图 4-15 所示。创建一个新的局部坐标系，一般需经过以下步骤。

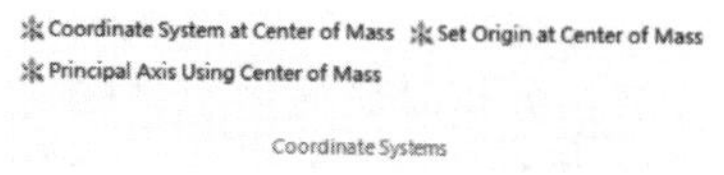

※ Coordinate System at Center of Mass　※ Set Origin at Center of Mass
※ Principal Axis Using Center of Mass

Coordinate Systems

图 4-15　质心坐标

1. 生成初始坐标系

在导航树上选择【Coordinate Systems】，工具栏中单击创建坐标系【Create Coordinate Systems】图标，导航树坐标系下面出现要创建的【Coordinate System】。

2. 定义初始坐标系

在详细窗口栏中定义坐标系类型【Type】为笛卡儿【Cartesian】或圆柱形坐标系【Cylindrical】。坐标系统编号可由程序控制【Program Controlled】或人工控制【Manual】，程序控制时自动为新创建的坐标系编号，人工控制可以指定坐标系的标号大于或等于 12。

3. 建立几何（或非几何）关联坐标系的原点

几何关联坐标系【Associative Coordinate System】与原坐标系或已建坐标系关联，它的平移和旋转都依赖于几何模型。非几何关联坐标系【Non-Associative Coordinate System】独立于任何几何模型。

4. 建立非几何关联坐标系的原点

详细窗口栏的原点定义设置【Define By】= Geometry Selection，对于关联节点上的参考坐标系，用主轴朝向【Orientation About Principal Axis】来关联坐标系，然后选择几何顶点、边、面几何对象，在【Geometry】中选择【Click to Change】，单击【Apply】，图形区域显示定义的局部坐标系，详细窗口栏中显示坐标系原点对应的坐标值，不可以改变数值更改原点位置。

5. 建立几何关联坐标系的原点

详细窗口栏的原点设置【Define By】= Global Coordinates，在位置【Location】中选择【Click to Change】，工具栏中选择坐标系按钮，在图形区移动鼠标，选择需要的位置单击鼠标左键会出现十字交叉标记，单击【Apply】，图形区出现定义的局部坐标系，详细窗口栏中显示坐标系原点对应的坐标值，可以改变数值更改原点位置，或者直接输入坐标值定义坐标原点。

6. 设置主轴和方向

新创建的局部坐标系需定义主轴【Principal Axis】和主轴朝向【Orientation About Principal Axis】一同形成坐标系平面和某一特定方向对齐。主轴可以由几何结构选择【Geometry Selection】，整体 X、Y、Z 坐标【Global X，Y，Z Axis】和方向矢量【Directional Vectors】确定，主轴方向由程序默认，选定的几何，全局 X、Y、Z 坐标和方向矢量确定。

7. 坐标变换

对所创建的新坐标还可以进行调整，如在 X、Y、Z 方向平移、旋转、反转、上下移动或删除，这些操作可以使用工具栏中相应按钮，如图 4-16 所示。

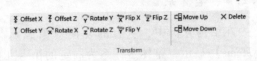

图 4-16　坐标变换

4.2.5　对称边界

结构分析时灵活运用对称【Symmetry】边界，可以大大提高效率，Mechanical 中包含对称区域【Symmetry Region】、线性周期【Linear Periodic】、周期区域【Periodic Region】、循环区域【Cyclic Region】、预网格化循环区域【Pre-Meshed Cyclic Region】、阶段【Stage】、一般轴对称【General Axisymmetric】。对称类型和适用场合见表 4-1。加入对称区域可在导航树中右击【Model】→【Insert】→【Symmetry】，然后右击【Symmetry】插入合适的对称区域类型，如图 4-17 所示。对需选择高低边界的对称类型，一旦选定高低边界，那么在高低面边界间将产生匹配的面网格。设定高低对称边界如图 4-18 所示。求解完成后，在后处理中自动显示全部模型。对称边界求解结果如图 4-19 所示。

表 4-1　对称类型和适用场合

对称类型	适用场合
对称区域	静态结构、瞬态结构、热/热电分析
线性周期	静态结构、热/热电分析
周期区域	静磁场
循环区域	谐响应（完全法）、模态、静态结构、热分析
预网格化循环区域	谐响应（完全法）、模态、静态结构、热分析

图 4-17　对称区域类型　　　图 4-18　设定高低对称边界　　　图 4-19　对称边界求解结果

（1）范围【Scope】

① 范围限定方法【Scoping Method】，选择几何模型、命名选项。

② 低边界【Low Boundary】，可以是面、边、点，必须与高边界配对出现。对线性周期对称、周期对称和圆周对称适用。

③ 高边界【High Boundary】，可以是面、边、点，必须与低边界配对出现。对线性周期对称、周期对称和圆周对称适用。

（2）定义【Definition】

① 范围模式【Scope Mode】，默认手动选择。

② 类型【Type】，对于【Symmetry Region】包含对称、反对称、线性周期对称；对【Periodic Region】包含周期对称和反周期对称。

③ 扇形数量【Number of Sectors】，只有【Pre-Meshed Cyclic Region】出现时可用，要求输入大于 2 的数值。

④ 行为【Behavior】，包括自由【Free】和耦合【Coupling】。

⑤ 坐标系【Coordinate System】，坐标系为全局坐标系或局部坐标系，对【Symmetry Region】是笛卡儿坐标系，对【Periodic Region】和【Cyclic Region】是柱坐标系。

⑥ 周期方向【Periodicity Direction】，只有【Symmetry Region】出现时可用，用以指定所沿轴向。

⑦ 线性移动【Linear Shift】，只有【Linear Periodic】出现时可用，输入的值代表在所选择的线性周期方向上节点增加的位置。

⑧ 对称法向【Symmetry Normal】，只有【Symmetry Region】的【Symmetric】、【Anti-Symmetric】和【Linear Periodic】出现时可用，指定与所选择对应的法向轴。

⑨ 边界自由度方向【Boundary DOF Orientation】，可以手动设置和由求解器自动选择。

⑩ 抑制【Suppressed】，默认不抑制。

（3）容差【Tolerance】

相对距离容差【Relative Distance Tolerance】，该值可以程序控制，也可手动输入。

4.2.6　连接关系

装配体或多体零件中的连接关系【Connections】可以通过接触【Contact】、点焊【Spot Weld】、轴承【Bearing】、关节【Joint】、弹簧【Spring】、梁【Beam】、几何体交互【Body Interaction】、端部释放【End Release】、级间【Interstage】、AM 键合【AM Bond】来实现。程序会自动检测并添加装配体中的接触关系，而其他连接关系则需要用户手动加入。

1. 接触

接触【Contact】包括面/面、面/边、边/边之间的接触【Contact】和点焊接触【Spot Weld】。

接触连接可以传递结构载荷和热流。根据接触类型，分析可以是线性或非线性的，若是非线性的，则在分析中较为复杂，在非线性章节会重点介绍。在默认设置时，由 CAD 系统导入装配体或多体零件，通常程序默认接触设置和自动检测功能可以处理大多数接触问题，更详细的接触内容将在第 5.3 节具体介绍。

2. 点焊

点焊【Spot Weld】用于连接独立的面体和面体装配，提供了一种在不连续位置处理刚性连接壳体装配的方式，可以模拟焊接、铆接、螺栓连接等，但不能阻止发生在焊点处以外区域的面体穿透行为，适用于位移、应力、弹性应变和频率求解。点焊通常是在 CAD 软件中定义，只有在 DesignModeler 和 UG 中可以定义识别。

3. 关节

关节【Joint】用于模拟几何体中两点之间的连接关系，每个点有 6 个自由度，两点间的相对运动由 6 个相对自由度描述，根据不同的应用场合，可以在关节连接上施加合适的运动约束。关节的连接类型可以应用到几何体-几何体之间【Body-Body】或几何体-地面之间【Body-Ground】。

4. 弹簧

弹簧【Spring】可分为纵波弹簧或者扭弹簧，可具有弹簧刚度和阻尼，允许对弹簧 ⚟ 施加预载荷。加入弹簧可在导航树中右击【Connections】→【Insert】→【Spring】，加入弹簧连接。

5. 轴承连接

轴承【Bearing】连接主要用来承受旋转机械旋转部件的相对运动或旋转载荷的二维弹性元件。使用梁 ◉ 连接时没有网格，加入轴承连接可在导航树中右击【Connections】→【Insert】→【Bearing】，则加入轴承连接。

6. 梁连接

梁【Beam】主要用来承受弯曲载荷的结构单元。使用梁 ✒ 连接时无网格，分析结果中不能使用梁的工具【Beam Tool】，可使用梁探测【Beam Probe】得到梁中力和力矩的结果。加入梁可在导航树中右击【Connections】→【Insert】→【Beam】，则加入为圆截面梁。图 4-20 所示为梁连接设置。

（1）图形属性【Graphics Properties】

梁连接可见性【Visible】，默认可见，也可不可见。

（2）定义【Definition】

① 材料【Material】，默认结构钢【Structural Steel】，也可定义为其他材料。

② 横截面【Cross Section】，梁横截面默认圆截面【Circular】。

③ 半径【Radius】，输入梁的半径值。

④ 抑制【Suppressed】，默认不抑制梁连接。

⑤ 梁长度【Length】，根据连接梁的两端距离自动计算，只读形式。

⑥ 单元 APDL 名称【Element APDL Name】，在经典环境 APDL 的单元名称。

（3）范围【Scope】

范围【Scope】，为几何体-几何体或几何体-地面。

（4）参考【Reference】

① 范围限定方法【Scoping Method】，可用几何结构选择、命名选择。

② 应用【Applied By】：默认远程附件【Remote Attachment】，也可为直接连接【Direct Attachment】。

③ 范围【Scope】，根据范围限定方法来显示为点、边、面。

④ 几何体【Body】，仅显示选择梁连接位置所在体的名字。

⑤ 坐标系【Coordinate System】，坐标系为全局坐标系或局部坐标系。

⑥ 最小 X 坐标【Reference X Coordinate】，其值是根据选择的几何位置或坐标位置确定。

⑦ 最小 Y 坐标【Reference Y Coordinate】，其值是根据选择的几何位置或坐标位置确定。

⑧ 最小 Z 坐标【Reference Z Coordinate】，其值是根据选择的几何位置或坐标位置确定。

⑨ 参考位置【Reference Location】，选择参考位置或坐标位置。

⑩ 行为【Behavior】，用来指定几何体为刚体、柔体或梁。

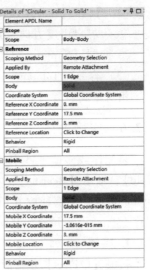

图 4-20　梁连接设置

⑪ 搜索区域【Pinball Region】，指定一个需要的值，默认探索整个区域。

（5）移动【Mobile】

① 范围限定方法【Scoping Method】，可用几何结构选择、命名选择。

② 应用【Applied By】，默认远程附件【Remote Attachment】，也可为直接连接【Direct Attachment】。

③ 范围指定【Scope】：根据范围限定方法来显示为点、边、面。

④ 体【Body】，仅显示选择关节位置所在体的名字。

⑤ 坐标系【Coordinate System】，坐标系为全局坐标系或局部坐标系。

⑥ 移动 X 坐标【Reference X Coordinate】，其值是根据选择的几何位置或坐标位置确定。

⑦ 移动 Y 坐标【Reference Y Coordinate】，其值是根据选择的几何位置或坐标位置确定。

⑧ 移动 Z 坐标【Reference Z Coordinate】，其值是根据选择的几何位置或坐标位置确定。

⑨ 移动位置【Mobile Location】，选择参考位置或坐标位置。

⑩ 行为【Behavior】，用来指定几何体为刚体、柔体或梁。

⑪ 搜索区域【Pinball Region】，指定尺寸范围值，默认探索整个区域。

7. 端部释放

端部释放【End Release】允许在线体之间的共享点释放自由度，每个共享点只能应用一个端部释放。加入端部释放，首先在导航树中右击【Model】→【Connections】，然后依次单击【Connections】→【Insert】→【End Release】，如图 4-21 所示。

（1）范围【Scope】

① 范围限定方法【Scoping Method】，可用几何结构选择、命名选择。

② 顶点几何结构【Vertex Geometry】，选择边的两端点之一，即共享点。

③ 边缘几何结构【Edge Geometry】，选择所施共享点线体。

④ 独立边缘【Independent Edges】，默认独立边缘。

（2）定义【Definition】

① 坐标系【Coordinate System】，坐标系为全局坐标系或局部坐标系。

② 平移自由度（X，Y，Z）【Translation X，Y，Z】，指定平移方向上的 X，Y，Z 释放自由度。

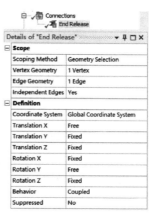

图 4-21　端部释放

③ 旋转自由度（X，Y，Z）【Rotation X，Y，Z】，指定旋转轴上的 X，Y，Z 释放自由度。

④ 行为【Behavior】，耦合或关节两种连接行为。

⑤ 抑制【Suppressed】，默认不抑制。

8. 几何体交互

几何体交互【Body Interaction】特征用于体与体之间的接触关系建立及相应的相互作用设置。在显式动力学分析中，可用的接触关系包括绑定、摩擦、无摩擦和强化接触；几何体交互在打开分析窗口时自动创建，也可根据实际情况进行控制，如图 4-22 所示。

1）接触探测【Contact Detection】，可选有轨迹【Trajectory】和基于邻近度的【Proximity Based】两种模式。

2）公式化【Formulation】，可选有罚函数法【Penalty】和分解响应【Decomposition Response】两种方法。

3）滑动触点【Sliding Contact】，可选离散表面【Discrete Surface】和连接的表面【Connected Surface】。

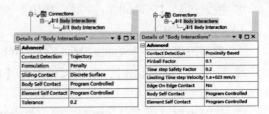

图4-22 几何体交互

4）搜索半径倍数【Pinball Factor】，定义接触探测区域尺寸，在0.1~0.5之间（Proximity Based 模式下）。

5）时间步安全系数【Time step Safety Factor】，在0.1~0.5之间（Proximity Based 模式下）。

6）限制时间步速度【Limiting Time step Velocity】，限制所有接触点的最大速度，默认值为 1×10^{23} mm/s（Proximity Based 模式下）。

7）边对边接触【Edge On Edge Contact】，扩展接触探测到边对边，默认为不探测（Proximity Based 模式下）。

8）几何体自接触【Body Self Contact】，默认程序控制，也可直接控制或不控制。

9）单元自接触【Element Self Contact】，默认程序控制，也可直接控制或不控制。

10）容差【Tolerance】，指定容差值，默认为0.2。

4.2.7 分析设置

进入 Mechanical 后，单击【Static Structural（A5）】下的【Analysis Settings】，出现如图4-23所示的结构静力分析设置栏。

1. 步控制【Step Controls】

1）步骤数量【Number of Steps】，默认值为1。

2）当前步数【Current Step Number】，默认值为1。

3）步骤结束时间【Step End Time】，对线性静力分析没有实际物理意义。

4）自动时间步【Auto Time Stepping】，静力分析使程序自动控制子载荷步间的载荷增量。对非线性问题，可以开自动时间步长功能并设置积分上下限，有助于控制时间步长的变化量。

2. 求解器控制【Solver Controls】

1）求解器类型【Solver Type】，除默认下为程序控制外，直接求解器【Direct】在包含薄面和细长体的模型中应用很强大，可以处理各种情况；迭代求解器【Iterative】用于处理体积较大的模型。

图4-23 结构静力分析设置栏

2）弱弹簧【Weak Spring】，默认程序控制，分析系统将会预测所受约束的模型。

3）求解器主元检查【Solver Pivot Checking】，检查求解时出现的欠约束或接触连接病态矩阵。程序控制【Program Controlled】，用于求解确定的响应；警告【Warning】为条件探测并试图解决；错误【Error】，停止相应条件和问题探测，给出错误信息；关闭【OFF】，为不执行关键点检查。

4）大挠曲【Large Deflection】，默认关。对典型的细长结构，当横向位移超过长度的10%时，可以启用大变形，同时可以执行反向求解，对已输几何体产生变形的一组载荷下变形，在高级分析设置逆向选项完成。

5）惯性释放【Inertia Relief】，默认关。

6）准静态解【Quasi-Static Solution】，对于可归于准静态问题或结构或系统进行多载荷步的稳态分析且无法收敛的分析，可以将此属性设置为开以实现收敛。

3. 转子动力学控制【Rotor dynamics Controls】

科里奥利效应【Coriolis Effect】，开启转子动力学的科里奥利效应，默认不开启。

4. 重启动控制【Restart Controls】

1）生成重启点【Generate Restart Point】，默认程序控制。可以手动设置，进行静力分析中设置多个重启点，用于后续的预应力模态分析和线性屈曲分析。

2）完全解决后保留文件【Retain Files After Full Solve】，默认为不保存。

3）组合重新启动文件【Combined Restart Files】，可程序控制，也可手动设置结合或不结合。

5. 蠕变控制【Creep Controls】

1）蠕变效应【Creep Effects】，只有构件材料包含蠕变材料参数时，才出现蠕变控制，蠕变效应默认关闭。

2）蠕变极限比【Creep Limit Ratio】，考虑蠕变效应时，蠕变极限比出现，默认值为1。

6. 自适应网格重新划分控制【Adaptivity Remeshing Controls】

1）加密算法【Refinement Algorithm】，包含一般的网格重新划分（默认设置）和网格分割，高阶二维单元不支持一般的网格重新划分选项，高阶四面体单元不支持网格分割选项。

2）重新对梯度进行网格划分【Remeshing Gradient】，此特性控制重新网格期间新的网格大小调整梯度，包括契合实际的形状梯度【Practical Shape Gradient】（对三维分析默认）、理想形状梯度【Perfect Shape Gradient】（对二维分析默认）、平均梯度【Average Gradient】、无梯度【No Gradient】。

3）最小单元大小【Minimum Element Size】，可以根据设置尺寸大小进一步过滤单元，该选项适用于基于几何结构的自适应性对象。

4）边界角【Boundary Angle】，定义了以度为单位的边界角度阈值。对于三维分析，默认值为15°；对于二维分析，默认值为10°。

5）边缘分割角【Edge Splitting Angle】（简称为边角），为共享节点的相邻曲面段边之间的角度。如果边角大于指定的边角阈值，则分段将被分割，节点将自动视为要保留的硬节点。默认的边缘角度阈值为10.0°，范围为0°~80°，较大的边角阈值可以提高结果网格质量，但可能会丢失特征点。

6）造型层数量【Number of Sculpted Layers】，从检测到的种子单元开始定义雕刻层数，只读形式。

7）加密（NSL）【Refinement（NSL）】，控制元素精化，有助于从整个模型中检测重新网格区域，默认值对于三维分析为2，对于二维分析为1。

8）全局尺寸比【Global Size Ratio】，定义了重新网格的全局大小调整比率，只读形式。

9）加密（GSR）【Refinement（GSR）】，控制单元的细化，默认值为0.75。

10）重新对容差进行网格划分【Remeshing Tolerance】，定义了接受新网格的容差，只读形式。

11）加密（RT）【Refinement（RT）】，控制单元优化，默认值为0.5。

12）强力网格划分【Aggressive Remeshing】，有助于创建具有改进形状度量的网格，可能会改变某些全局重新网格化控制参数，可以打开使用或关闭（默认设置）。

13）生成重启点【Generate Restart Points】，能够创建重新启动点，包括程序控制（默认）和手动可选。

14）完全解决后保留文件【Retain Files After Full Solve】，当请求重新启动点时，由于收敛失败或用户请求，应用程序会保留所有必要的重新启动文件以进行不完整的解决；对于成功的解决方案，可以选择保留或删除重新启动文件，默认选择是也可选择否。

7. 非线性控制【Nonlinear Controls】

1）牛顿-拉夫逊选项【Newton-Raphson Option】，仅适用于使用 Mechanical APDL 应用程序解决的结构环境，可由程序控制，也可手动选择，如完全的、修正的和非对称的。

2）力收敛【Force Convergence】，用于检测 N-R 残差是否达到收敛，默认程序控制。

3）力矩收敛【Moment Convergence】，用于包含有转动自由度的模型，默认程序控制。

4）位移收敛【Displacement Convergence】，作为力或力矩平衡的补充，默认程序控制。

5）旋转收敛【Rotation Convergence】，作为力或力矩平衡的补充，默认程序控制。

6）能量收敛（Beta）【Energy Convergence（Beta）】，用于能量收敛控制，默认程序控制。

7）线性搜索【Line Search】，用于增强收敛行为，扩大收敛半径，默认程序控制。

8）稳定性【Stabilization】，分为不变和变弱控制，默认不控制。

8. 高级控制【Advanced】

1）逆选项【Inverse Option】，是否执行逆向求解，如选择是，选项指示应用程序从第一步开始执行逆向求解，将显示结束步骤【End Step】选项，可以指定反向求解历程应停止的步骤，默认值为1，如要修改需开启 Beta 选项。逆向分析是通过在一组负载下已经产生变形的初始几何，求解未加载状态下的几何过程，适用于应变、位移或转动足够大的情况。逆向求解分析载荷的加载方向：力驱动，加载方向从求解几何到输入几何，即载荷方向相同；位移驱动，加载方向从输入几何到求解几何，加载方向相反。【Large Deflection】选项设置为On。在逆向求解载荷步中，可以选择某个状态变形结果，右击【Export】导出 STL 格式的求解几何模型或参考几何模型。

2）接触分布【Contact Split（DMP）】，当启动时，在分布式模式下对于存在大量接触对的模型，可以加快求解速度。

3）半隐式（Beta）【Semi Implicit（Beta）】，该项为 Beta 项，可使用半隐式时间积分方法。

9. 输出控制【Output Controls】

1）输出选择【Output Selection（Beta）】，Beta 选项，默认无，或按命名的选择。

2）应力【Stress】，默认计算输出。

3）反向应力【Back Stress】，默认不计算输出。

4）应变【Strain】，默认计算输出。

5）接触数据【Contact Data】，将单元接触数据写入结果文件，默认不计算输出。

6）非线性数据【Nonlinear Data】，将单元非线性数据写入结果文件，默认不计算输出。

7）节点力【Nodal Forces】，默认不计算输出。

8）体积与能量【Volume and Energy】，将总体积和能量值写入结果文件，默认不计算输出。

9）欧拉角【Euler Angles】，将欧拉角结果值写入结果文件，默认不计算输出。

10）一般的其他参数【General Miscellaneous】，默认不计算输出。

11）接触其他参数【Contact Miscellaneous】，默认不计算输出。

12）存储结果在【Store Results At】默认值为所有时间点，也可选择其他时间点。

13）缓存导致内存不足（Beta）【Cache Results in Memory（Beta）】，Beta 选项，默认从不。

14）组合分布式结果文件【Combine Distributed Result Files（Beta）】，Beta 选项，默认由程序控制，或选择输出或不输出。

15）结果文件压缩【Result File Compression】，是否对结果文件进行压缩输出。

10. 分析数据管理【Analysis Data Management】

1）求解器文件目录【Solver Files Directory】，在矩阵方程求解过程中保存临时文件的地方，默认下使用 Windows 系统环境变量。

2）进一步分析【Future Analysis】，默认无。

3）废除求解器文件目录【Scratch Solver Files Directory】，默认空白。

4）保存 MAPDL db 文件【Save MAPDL db】，默认不保存。

5）接触方式【Contact Summary】，默认由程序控制，或选择求解输出，CNM 文件。

6）删除不需要的文件【Delete Unneeded Files】，默认删除。

7）非线性求解方案【Nonlinear Solution】，如果出现接触行为和只有压缩支撑的约束时，求解会变成非线性求解，这些类型的求解往往需要多重迭代和更长的时间。默认否。

8）求解器单元【Solver Units】，当前活动系统（默认）。

9）求解器单元系统【Solver Unit System】，默认 nm。

4.2.8 特定工具

1. 构造几何

构造几何【Construction Geometry】用来指定一个或多个路径或表面对象，用于将求解结果映射到路径或表面，如把位移结果映射到指定路径上，查看位移变化曲线，如图 4-24 所示。

1）路径【Path】是构造几何的一种方式，可以在指定的空间曲线上获得需要的结果。有两种方式定义路径。

① 通过两点【Two Points】，可以直接指定几何或网格上的两点来定义路径，路径根据坐标系来确定是直线或曲线，路径的离

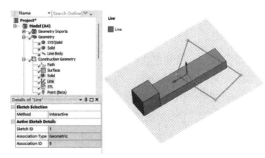

图 4-24 构造几何路径

散点根据样本数确定，不超过 200 个。

② 依据边【Edge】，直接指定几何上的某条边来定义，需连续的边，路径可以是直线或曲线。依据边定义，路径上的离散点包括网格划分的所有点。

定义路径可以使用转换路径方向【Flip Path Orientation】功能来变换起始点，使用捕捉网格节点【Snap to Mesh Node】功能避免在求解线性化应力结果时出错。

2）表面【Surface】是构造几何的另一种方式，用以显示切平面的结果。表面依据坐标系，在默认笛卡儿坐标系下，X-Y 平面用于切平面，也可定义其他坐标系调整切平面。

3）实体【Solid】可以在已导入几何模型的情况下创建或增加实体模型，输入从 X1 到 Z2 的数值构造几何尺寸后，右击【Add to Geometry】生成构建几何。

4）线【Line】可以草绘线体，如图 4-25 所示。

5）STL 文件，可以从外部导入 STL 格式模型。

6）点【Point】，可以在已有几何模型上创建实体点。

图 4-25　草绘建模

2. 远程点

远程点【Remote Point】可以作为远端边界条件来定义，是一种实体连接的抽象方法，其连接算法为多点约束法。加入远程点可在导航树中右击【Model】→【Insert】→【Remote Point】，如图 4-26 所示。

（1）范围【Scope】

① 范围限定方法【Scoping Method】，可用几何结构选择、命名选择。

② 几何结构【Geometry】，可以是面、边、点、节点。

③ 坐标系【Coordinate System】，坐标系为全局坐标系或局部坐标系。

④ 参考坐标 X 轴【Reference X Coordinate】，其值是根据选择的几何位置或坐标位置确定。

图 4-26　远程点

⑤ 参考坐标 Y 轴【Reference Y Coordinate】，其值是根据选择的几何位置或坐标位置确定。

⑥ 参考坐标 Z 轴【Reference Z Coordinate】，其值是根据选择的几何位置或坐标位置确定。

⑦ 位置【Location】，选择参考位置。

（2）定义【Definition】

① 抑制【Suppressed】，默认不抑制。

② 行为【Behavior】，用来指定几何体为刚体、柔体或耦合。

③ 公式化【Formulation】，包括 MPC 和拉格朗日乘数。

④ 松弛法【Relaxation Method】，可选择不松弛和松弛。

⑤ 搜索区域【Pinball Region】，指定一个需要的值，默认探索整个区域。

⑥ 自由度选择【DOF Selection】，默认程序控制，也可手动确定相应自由度。

⑦ 先导节点 APDL 名称【Pilot Node APDL Name】，无。

3. 求解组合

Mechanical 允许创建多个分析项目，并进行联合创建的每个分析项目的边界条件进行组合施加，在一个环境下合并求解，这样大大增强了 Mechanical 的应用求解能力。例如，创建不同分析项目的边界条件组成非比例载荷，模拟两个环境下的交变受载。首先创建两个分析项目，接着在导航树中右击【Model】→【Insert】→【Solution Combination】，再右击【Solution Combination】插入合适的求解条件，如图 4-27 所示。

4.2.9 插件功能区

插件功能区【Add-ons】以前称为 ACT 扩展，分为相关的功能领域，包括疲劳、NVH、涡轮机械、显式、Mechanical 工具套件、流体动力载荷、增材制造、刚性动力学，支持等。只需单击加载项功能区中所需的图标，

图 4-27 求解组合

加载项后，其在功能区中的图标将以蓝色高亮显示，并添加一个新选项卡，如图 4-28 所示。要卸载加载项，只需再次单击功能区中的图标即可，新选项卡消失了。加载项的加载/卸载状态是持久的，下次打开 Mechanical 时加载项将保持该状态，可以每次使用后卸载加载项。

图 4-28 插件功能区和加载选项卡

4.2.10 螺栓工具

螺栓工具【Bolt Tools】插件主要用来方便对螺栓预紧力分析，提供多种快捷选择、接触、导航向导操作工具，实体管理器工具自动识别螺栓组件和分组，并链接到 Mechanical 中的螺栓库等，螺栓工具插件功能区如图 4-29 所示。

图 4-29 螺栓工具插件功能区

1. 选择

选择工具用于快捷选择螺栓组件，在多螺栓连接的结构中，利用选择工具可以方便选择螺栓的优势，可根据螺栓的特点选择螺栓体上特性自动识别与之相同的阵列螺栓或特征相同的螺栓、螺母、垫圈等，可大大简化操作的复杂性并节约时间，见表 4-2。

表 4-2　螺栓选择工具表

	选择
Contacts Meshing CoordinateSystems	选择
Select Instance Bodies	选择所有相同的螺栓实体
Select Instance Pattern Bodies	选择所有相同阵列的螺栓实体
Select Bodies in Groups Active in Tree	选择树中活动组中的实体
Activate Group from Graphics Selection	从图形中选择激活组
Select Equal Geom across Instances	选择所有相等几何截面的螺栓实体
Select Similar Geom on Body	选择所有类似几何截面的螺栓实体
Select Bolt Geometry	选择所选螺栓上的部分几何体或面
Go To Selection in Tree	选择转到对应导航树中名称的螺栓

2. 接触

接触是螺栓连接的重要基础，多螺栓复杂结构的螺栓连接接触耗时，利用接触工具可以简化螺栓接触设置，通常螺纹处为绑定接触而螺栓头部螺栓平面宽处为摩擦接触，见表 4-3 和图 4-30。

表 4-3　螺栓接触工具表

	接触
Contacts Meshing CoordinateSystems Preloads	接触
Show Bodies In Contact	显示接触中的实体
Activate Contacts from Selection	激活所选择的所有接触对
Remove Selection from All Contacts	移除所选择的所有接触对
Remove Selection from Active Contacts	移除所选择的所有激活接触对
Keep Contact Faces By Face Type	按面类型保持接触面
Activate Named Selection for Contacts	激活解除对的命名选择
Contact Results Wizard	接触结果向导
Contact Status Export Wizard	解除状态导出向导

3. 网格

增加网格复制【Add Mesh Copy】功能，可以将单个螺栓网格复制到阵列中的其他螺栓上，首先选择被复制网格体的面，然后选择所有螺栓的相等面，网格复制范围将在该选择上完成，如图 4-31 所示。

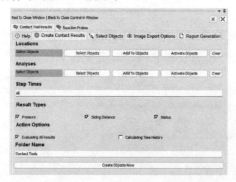

图 4-30　螺栓接触结果向导

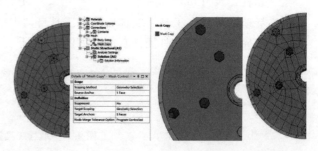

图 4-31　螺栓网格复制

4. 坐标系

坐标系工具用来对螺栓创建坐标系，包括笛卡儿坐标系和圆柱形坐标系，利用工具可快捷批量对螺栓创建坐标系，见表 4-4 和图 4-32。

表 4-4　螺栓坐标系表

	坐标系
Add CS for Each in Selection	为每个选定的螺栓增加笛卡儿坐标系
Flip Z Axis	翻转 Z 轴
Add Bolt CS	增加螺栓圆柱形坐标系
Get Bolt CS	获取螺栓坐标系

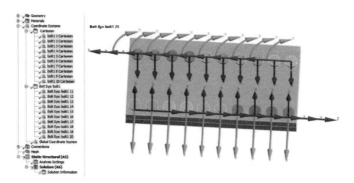

图 4-32　螺栓坐标系

5. 预紧力

螺栓预紧力【Bolt Preloads】是螺栓连接分析的重要组成部分，施加预紧力可以是圆柱面，也可以是主体。当作用域为实体时，必须确定坐标系，以便沿螺栓轴确定切割截面的位置，见表 4-5。

表 4-5　螺栓预紧力工具表

	预紧力
Assign Preload CS	关联预紧力坐标系
Move Preload CS	移动预紧力坐标系
Get Preload From CS	从当前活动的坐标系选择预紧力
Get CS From Preload	从当前活动的预紧力选择坐标系
Get Preloads From Selection	从所选内容中选择预紧力
Set Selection From Preloads	从当前活动的预紧力选择所有作用域实体
Get Preloads From Probes	从活动探针的分析下激活预紧力
Rename Preloads Based On Def	自动重命名所有选定的预紧力
Export Preload Values	导出预紧力值
Import Preload Values	导入预紧力值

6. 梁

梁功能支持螺栓建模和评估 1D 梁单元，可以依螺栓实体创建梁，见表 4-6。

表 4-6　梁工具表

	梁
Show Summary Table	显示汇总表
Create Beams From Solids	从实体创建梁

7. 后处理

后处理功能可以处理螺栓建模和评估 1D 梁单元结果，见表 4-7 和图 4-33、图 4-34。

表 4-7　螺栓后处理工具表

	后处理
Show Summary Table	显示汇总表
Reaction Probes Wizard	创建后处理反作用力指针向导
Connections Post Wizard	连接后处理查看向导

图 4-33　创建后处理反作用力指针向导　　　图 4-34　连接后处理查看向导

8. 树形助手

树形助手【Tree Helper】是个包含大型导航树状结构和对象交叉联系的有用工具，见表 4-8 和图 4-35~图 4-38。

9. 螺栓建模工具向导

螺栓建模工具向导是一个简化的应用界面，用于典型紧固件组件的模型快捷设置，与主

表 4-8　螺栓树形助手工具表

	树形助手
Object Connections Tree	连接导航树对象到树形助手
Show Tree Helper	显示树形助手快捷键
Tree Group Helper	树组助手
Object External Data Viewer	外部对象数据查看器
Object Selector	对象选择器

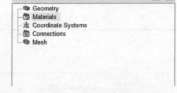

图 4-35　连接导航树对象到树形助手

图 4-36　树组助手

图 4-37 外部对象数据查看器

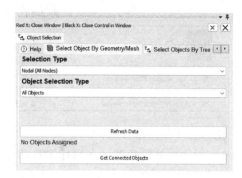

图 4-38 对象选择器

菜单项类似，它被组织到每类对象的选项卡中，如坐标系、连接、网格划分等。有多个向导用于简化应用界面，以便在模型中添加和修改对象，见表 4-9 和图 4-39~图 4-41。

表 4-9 螺栓建模工具向导表

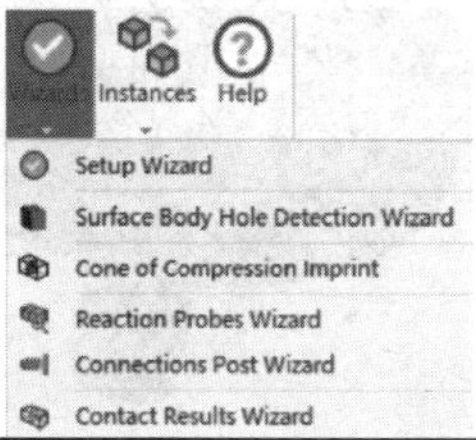	向导
Setup Wizard	设置向导
Surface Body Hole Detection Wizard	曲面实体孔检测向导
Cone of Compression Imprint	锥形压缩印记向导
Reaction Probes Wizard	反作用力指针向导
Connections Post Wizard	连接后处理查看器向导
Contact Results Wizard	接触结果向导

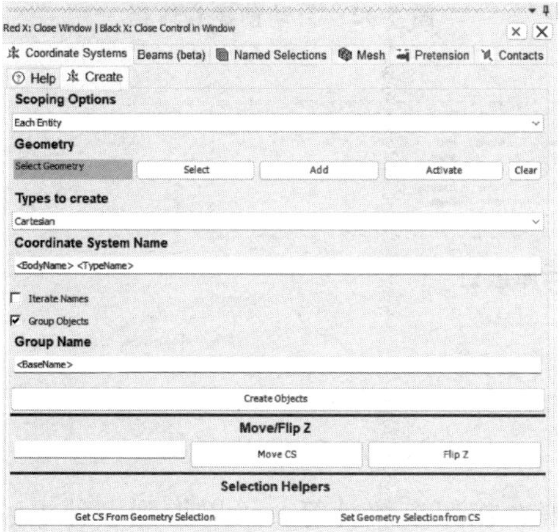

图 4-39 设置向导

图 4-40 曲面实体孔检测向导

10. 螺栓工具实体管理器

实体管理器【Instance Manager】作为自定义对象插入到导航树中，可以在实例管理器下插入实例组，将螺栓模型进行分组，并将其与零件库中的标准零件相关联。可利用实体组功能定义脚本为螺栓零件自动化建模。可以为导航树几何模型对象自动识别创建体积和材料相同的模型进行分组，见表 4-10。

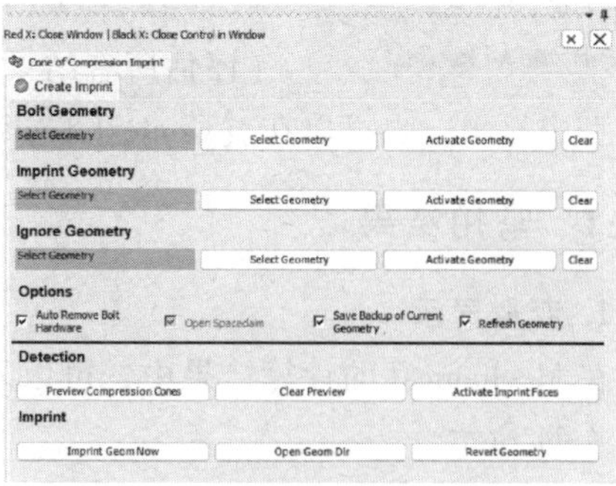

图 4-41 锥形压缩印记向导

表 4-10　螺栓工具实体管理器

	实体
Instance Manager	实体管理器
Rename All Groups From Standard Part	以标准螺栓零件库名称给所有组重命名
Parts Library	零件库接口，如图 4-43 所示
Run Standard Part Scripts for Selected	从实体组运行标准脚本

实体管理器使用方法：

1）插入实体管理器，在螺栓工具功能区单击【Instances】→【Instance Manager】，插入实体管理器，在导航树上出现，可以设置自动创建实体组容差和最小数量，或者手动选择螺栓模型创建。

2）创建实体组，右击【Instance Manager】→【Create Groups From Geometry】，从导航树几何模型对象中自动识别具有相同螺栓零件特征体并分别创建组，或选择【Create Group】手动选择螺栓模型创建，如图 4-42 和图 4-43 所示。

3）实体重命名，右击创建的实体组【Bolt】→【Rename All Groups From Standard Part】，从标准螺栓零件库重命名，或【Rename Bodies From Group】以实体组名称为组内体重命名。

图 4-42　自动创建实体组

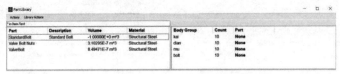

图 4-43　螺栓零件库接口

4.3　结构静力分析求解和后处理

完成边界条件设定，单击标准工具条上的求解 ⚡ 按钮求解计算，可以得到多种求解结果，如总变形或各个方向变形、应力应变、接触输出、支反力等。在 Mechanical 中结果可以在计算前指定，也可以在计算完成后指定；若再增加求解结果对象，则右击并选择 **⚡ Evaluate All Results**（评估所有结果）按钮更新结果即可。所有的结果云图和矢量均可在模型中显示，也可以在【Context Toolbar】中改变结果的显示比例。

4.3.1　常用结果

1. 变形显示

在 Mechanical 的计算结果中，可以显示模型的变形量，常用的是总变形和各轴向变形，如图 4-44 所示。

1）总变形【Total Deformation】是一个标量，它由式（4-4）决定。

$$U_{\text{total}} = \sqrt{U_x^2 + U_y^2 + U_z^2} \qquad (4-4)$$

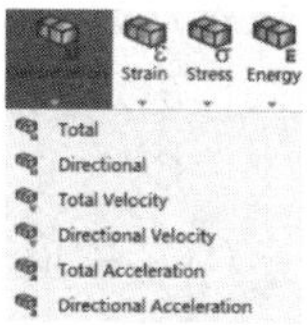

变形结果对线、面、体都适用，变形结果仅和移动自由度有关。通常线和面的旋转自由度不能够直观地显示，但可以跟踪点的角度变化得到。

2）方向【Directional】可以指定给定坐标下的变形，如 X、Y、Z 方向的变形。

图 4-44 变形量分析选项

3）总的速度【Total Velocity】、总加速度【Total Acceleration】和方向分量仅在瞬态结构动力分析、刚体动力分析、随机动力分析和频谱分析时可用，其中方向分量仅在随机动力分析和频谱分析时可用，详细介绍可参看相关章节。

2. 应力和应变显示

在 Mechanical 的计算结果中，可以显示模型的应力和应变，见表 4-11。应变【Strain】是弹性应变。应力【Stress】和弹性应变都是张量，并且分别有 6 个分量（X、Y、Z、XY、YZ、XZ），而热应变可以看作一个带有 3 个分量（X、Y、Z）的矢量。

表 4-11 应力和应变结果

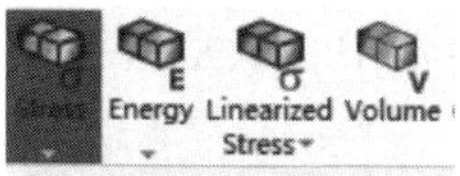 应力	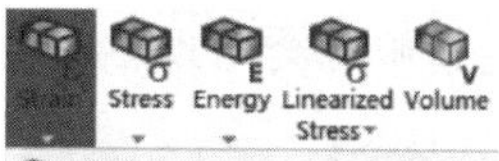	应变	
Equivalent (von-Mises)	等效应力	Equivalent (von-Mises)	等效应变
Maximum Principal	最大主应力	Maximum Principal	最大主应变
Middle Principal	中间主应力	Middle Principal	中间主应变
Minimum Principal	最小主应力	Minimum Principal	最小主应变
Maximum Shear	最大剪应力	Maximum Shear	最大剪应变
Intensity	应力强度	Intensity	应变强度
Normal	正应力	Normal	正应变
Shear	剪应力	Shear	剪应变
Vector Principal	主应力矢量	Vector Principal	主应变矢量
Error	误差结果	Thermal	热应变
Membrane Stress	薄膜应力	Equivalent Plastic	等效塑性应变
Bending Stress	弯曲应力	Equivalent Creep	等效蠕变
		Equivalent Total	等效总应变
		Accumulated Equivalent Plastic	累积塑性应变

（1）等效应力/等效应变

等效应力和主应力的关系可表示为

$$\sigma_e = \sqrt{\frac{1}{2}\left[(\sigma_1-\sigma_2)^2+(\sigma_2-\sigma_3)^2+(\sigma_3-\sigma_1)^2\right]} \qquad (4-5)$$

等效应力也称为 Mises 等效应力，它遵循材料力学第四强度理论（形状改变比能理论）。它用应力等高线来表示模型内部的应力分布情况，可以清晰地描述出一种结果在整个模型中的变化，从而可以快速地确定模型中的最危险区域。等效应力是一种利用不变标量来实现得到单轴晶体应力状态的普遍方法。

等效应变的计算公式为

$$\varepsilon_e = \frac{1}{1+\nu}\sqrt{\frac{1}{2}\left[(\varepsilon_1-\varepsilon_2)^2+(\varepsilon_2-\varepsilon_3)^2+(\varepsilon_3-\varepsilon_1)^2\right]} \qquad (4-6)$$

式中，ν 是泊松比。

（2）主应力/主应变

主应力【Maximum Principal Stress】是物体内任一点剪应力为零的截面上的正应力。做结构设计时，有时是以主应力为设计指标。最大主应力是用来描述结构的实际受力情况，它的大小决定了结构是否出现裂缝和受剪切破坏。方向就是实际破坏面的方向。

主应变【Maximum Principal Strain】是指应变椭球体主轴方向的应变。

（3）主应变/应力向量

主应变/应力向量【Vector Principal】，主应力和主应变可以被指定，三个主应力值带有方向，因此可以利用【Vector Principal】选择指定。

（4）热应变

热应变【Thermal Strain】是在结构分析中指定热膨胀系数并施加温度载荷后计算所得，求解前需在对象的详细窗口栏中选取【Thermal Strain Effects】为 Yes。对于热应变，仅对壳体和实体适用。

（5）薄膜应力

薄膜应力【Membrane Stress】是沿截面厚度均匀分布的应力成分，它等于沿着所考虑截面厚度的应力平均值。由无力矩理论求解的壳体应力均为薄膜应力，且属一次薄膜应力。根据有力矩理论计算，不连续应力中也含有薄膜应力分量，但属二次应力。由于薄膜应力存在于整个壁厚，一旦发生屈服就会出现整个壁厚的塑性变形。在压力容器中，其危害性大于同等数值的弯曲应力。

（6）误差结果

误差结果【Error】，可以帮助用户确定求解应力结果收敛情况和网格细化，如高误差点与最大应力集中点位置远近可判断结果是否收敛。误差结果对线性应力结果有效。

（7）积分点的结果显示

积分点的结果显示选项包含了非均匀化的节点解【Unaveraged】、均匀化的节点解【Averaged】、节点的最大差值解【Nodal Difference】、节点分数解【Nodal Fraction】、单元内部节点的最大差值解【Elemental Difference】、单元内部节点的分数解【Elemental Fraction】、单元内部节点的平均解【Elemental Mean】，如图 4-45 所示，它们之间的关系图如图 4-46 所示。其中【Averaged】是默认选项，可以均匀化共享的单元节点和不连续几何的节点；通过选项【Average Across Bodies】来确定。

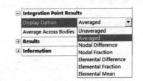

图 4-45　积分点的结果显示

① 非均匀化的节点解【Unaveraged】，在单元内部基于积分点的解是根据形函数推算出的该单元几个节点的解，如果一个节点周围毗邻几个单元，则这几个单元在同一节点处会出现不同的解。这里的解是最初计算出的结果，相对比较真实准确，是进行结果考察的主要依据。

② 均匀化的节点解【Averaged】，对所有单元进行计算并得

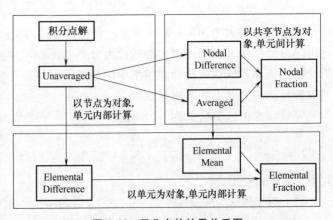

图 4-46　积分点的结果关系图

到其节点的解，对于共享节点，对该点的几个解均匀化，得到该点的唯一解。用于获取某一节点解。

③ 节点的最大差值解【Nodal Difference】，对所有单元没有均匀化的解，共享节点的解先排序，得到最大值和最小值，然后由最大值减去最小值即为该节点解。对于应力显示，它反映了应力梯度在哪个节点上最大，也是应力集中发生的地方，是细化网格的依据。

④ 节点分数解【Nodal Fraction】，该值由 Nodal Difference 解除以 Averaged 解得到，是一种相对误差的概念，表示当节点取得平均解后，其误差的多少。该值的绝对值越大，预示着均匀化导致的误差就越大，是选取平均值的一个判断依据。

⑤ 单元内部节点的最大差值解【Elemental Difference】，在一个单元内的所有节点，先找到单元内部节点解的最大值和最小值，然后由最大值减去最小值即为该节点解。对于应力显示，它反映单元内部的应力梯度，该值越大，意味着该单元自身内部应力变化很大，也预示着该单元应该进一步细分才能得到更正确的结果，是细化网格的依据。

⑥ 单元内部节点的分数解【Elemental Fraction】，在一个单元内部，该值由 Elemental Difference 除以 Elemental Mean 解得到，是一个相对误差的概念，表明单元取得平均值后的误差。该值的绝对值越大，预示着单元值均匀化后导致的单元解误差就越大，是选取平均值的一个判定。

⑦ 单元内部节点的平均解【Elemental Mean】，在一个单元内部，在节点的值平均后，对于单元内所有的节点再均匀化，得到单元内部的节点平均解。用于获取某一单元解。

3. 梁结果

梁结果适用于由线体构造的梁或管道单元分析结果处理。求解工具栏中的梁结果见表 4-12。

表 4-12 梁结果

求解工具栏图标	梁的分析结果
Write Input File... / Read Result Files...	
Axial Force	轴力
Bending Moment	弯矩
Torsional Moment	扭矩
Shear Force	剪力
Shear-Moment Diagram	剪切弯矩图

4.3.2 特定结果

1. 结果探测

在求解时，可以对求解结果进行探测，求解工具栏中的有效结果探测见表 4-13。

2. 损伤结果

Mechanical 中用在非线性材料模型的损伤【Damage】结果包括马林斯效应【Mullins Effect】、渐进损伤【Progressive Damage】和物理破坏准则【Physical Failure Criteria】。马林斯效应是填充橡胶的力学响应的一个特殊性质，其应力应变曲线依赖于其历史上的最大负载，即会发生瞬时和不可逆的软化。渐进损伤与复合材料的破坏现象有关。物理破坏准则可以帮助确定材料所承受多少负载。求解工具栏中的损伤结果见表 4-14。

表 4-13　结果探测

	探测类型	输出
Deformation	变形	总变形或 X、Y、Z 方向的变形
Strain	应变	主(正、剪切、等效)应变,应变分量或强度
Stress	应力	主(正、剪切、等效)应力,应力分量或强度
Position	位置	X、Y、Z 坐标
Flexible Rotation	柔性转动	X、Y、Z 旋转轴
Velocity	速度	X、Y、Z 轴的速度
Angular Velocity	角速度	X、Y、Z 轴的角速度
Acceleration	加速度	X、Y、Z 向的加速度
Angular Acceleration	角加速度	X、Y、Z 轴向的角加速度
Energy	能量	分析输出的动能、应变能、势能、总能
Volume	体积	表示作用域的总体积及加载产生的所有单元的最小体积和最大体积
Force Reaction	支反力	X、Y、Z 方向的支反力
Moment Reaction	支反力矩	X、Y、Z 方向的支反力矩
Joint	关节	根据不同的关节类型确定
Spring	弹簧	弹性力、阻尼力、伸长量、速度
Beam	梁	轴向力,扭矩,I、J 点的剪切力或弯矩
Bolt Pretension	螺栓预紧	预紧位移或拉力
Generalized Plane Strain	广义平面应变	X、Y 方向的转动,X、Y 方向的弯矩,纤维长度变化、力
Response PSD	PSD 响应	X、Y、Z 方向的位移、应力、应变、速度、加速度
Contact Distance	接触距离	指定接触区域的接触侧和目标侧之间产生每个时间点的距离结果

表 4-14　损伤结果

Damage ▼ 　 Linearized Stress ▼	损伤结果
Mullins Damage Variable	马林斯损伤变量,在 0~1 之间,0 为完全损伤,1 为未损伤
Mullins Max Previous Strain Energy	马林斯最大应变能,纯净材料在 $[0, t_0]$ 内的最大应变能
Max Failure Criteria	最大破坏准则,基于以下 4 个准则计算
Fiber Tensile Failure Criterion	纤维拉伸破坏准则,在 0~1 之间,0 为未破坏,1 为完全破坏
Fiber Compressive Failure Criterion	纤维压缩破坏准则,在 0~1 之间,0 为未破坏,1 为完全破坏
Matrix Tensile Failure Criterion	基体拉伸破坏准则,在 0~1 之间,0 为未破坏,1 为完全破坏
Matrix Compressive Failure Criterion	基体压缩破坏准则,在 0~1 之间,0 为未破坏,1 为完全破坏
Damage Status	损伤状态,0 为未损坏,1 为部分损坏,2 为完全损坏
Fiber Tensile Damage Variable	纤维拉伸损伤变量,在 0~1 之间,0 为未损坏,1 为完全损坏
Fiber Compressive Damage Variable	纤维压缩损伤变量,在 0~1 之间,0 为未损坏,1 为完全损坏
Matrix Tensile Damage Variable	基体拉伸损伤变量,在 0~1 之间,0 为未损坏,1 为完全损坏
Matrix Compressive Damage Variable	基体压缩损伤变量,在 0~1 之间,0 为未损坏,1 为完全损坏
Shear Damage Variable	剪切损伤变量,在 0~1 之间,基于以上 4 个变量结果计算
Energy Dissipated Per Unit Volume	能量消耗量,结果的单位为 Energy/Volume

3. 应力线性化

应力线性化【Linearized Stress】基于应力分类线计算,应力分类线为用户定义的一条线段,因此,必须先用构造几何【Construction Geometry】定义直线路径,构造路径可以通过两点【Two Point】或与 X 轴相交【X axis Intersection】的方式,构造时样本点必须为奇数,否则无法求解。应力线性化主要用于计算沿直线路径的薄膜应力、弯曲应力、薄膜应力+弯曲应力和总应力。多用于对压力容器的计算。求解工具栏中的应力线性化结果见表 4-15。

表 4-15　应力线性化结果

	应力线性化
Equivalent (von-Mises)	等效应力线性化
Maximum Principal	最大主应力线性化
Middle Principal	中间主应力线性化
Minimum Principal	最小主应力线性化
Maximum Shear	最大剪应力线性化
Intensity	强度应力线性化
Normal	正应力线性化
Shear	剪应力线性化

4. APDL 应用

APDL（ANSYS Parametric Design Language）为 ANSYS 参数化设计语言，用来自动完成某些功能或建模，类似于 FORTRAN 的程序解释性语言功能。它包含三个方面的内容：工具条、参量和宏命令。

1）Workbench 中插入 APDL 命令流，可实现以下功能：

① 实现材料模型的定义和部分单元的控制，在【Geometry】下相应的零件 Solid 右击插入 Commands，如图 4-47 所示。

图 4-47　模型单元命令流控制

② 实现对接触对的实常数和关键字的控制，在【Connections】下相应的接触对 Contacts 右击插入 Commands，如图 4-48 所示。

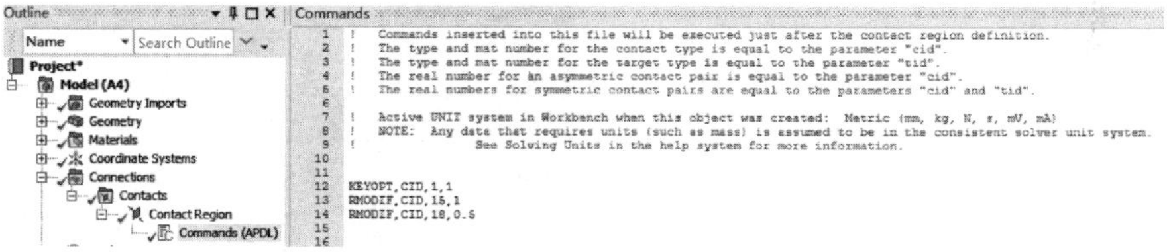

图 4-48　接触对命令流控制

③ 实现对边界求解的补充控制，在【Static Structural】下或相应的边界条件下右击插入 Commands，如图 4-49 所示。

图 4-49　边界求解命令流控制

④ 补充后处理的功能，在【Solution（A6）】下或相应的结果条目右击插入 Commands，如图 4-50 和图 4-51 所示。

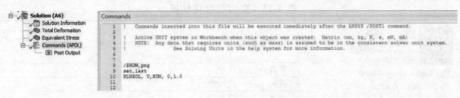

图 4-50　后处理命令流控制

2）ANSYS 读取 ANSYS Workbench 的模型网格，分析设置和运算结果

① 插入 Mechanical APDL，右击分析系统的 Model \ Setup \ Solution 单元格选择 Transfer Data To New-Mechanical APDL 编辑环境，如读取结果，如图 4-52 所示，右击 Solution 选择 Update 进行结果更新。注意，应在 Workbench Mechanical 中【Analysis settings】→【Analysis Data Management】→【Save MAPDL db】= Yes。

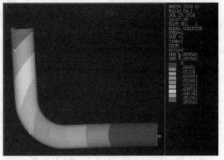

图 4-51　后处理命令流控制结果

② 进入 Mechanical APDL，右击 Mechanical APDL 下的 Analysis ，选择 Edit in Mechanical APDL。

③ Mechanical APDL 显示结果，单击【General Postproc】→【Read Results】→【Last Set】→【Plot Results】→【Contour Plot】→【Nodal Solu】，选择【Stress】→【Von Mises Stress】即可看应力结果，如图 4-53 所示。

图 4-52　插入 Mechanical APDL

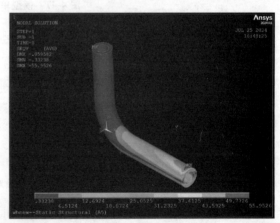

图 4-53　Mechanical APDL 后处理结果云图

5. Python 结果

1）Workbench 中插入 Python，可实现结果功能：

Python Result 对象能够通过执行基于数据处理框架（DPF）后处理工具箱的 Iron Python 脚本来评估输出量。右击【Solution（A6）】插入 Python Result 或在功能区选项卡上选择 Python Result 选项。在默认情况下，插入的 Python Result 对象包括总变形结果的模板脚本。在 Python Result 对象上右击，然后选择连接【Connect】，确保对象的 Connected 属性显示值为 True，如图 4-54 和图 4-55 所示。

可以修改写入实际的脚本，当 Python Result 对象的文本被修改时，该对象将变得定义不足，Connected 属性变为 false，因为 Python 代码不再连接到回调。一旦完成修改，就必须连接代码更改，否则代码将不会执行。

图 4-54　插入 **Python** 结果

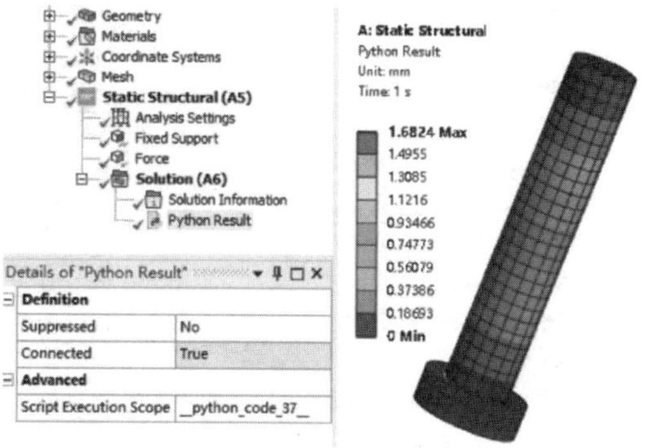

图 4-55　**Python** 结果显示

2）Python 读取 ANSYS Workbench 的分析设置和运算结果：

① 插入 Python，右击分析系统的 Solution\Results 单元格选择 Transfer Data To New-Python 编辑环境，如读取求解。右击 Solution 选择 Update 进行结果更新。

② 进入 Python，右击 Python 下的 Python，选择 Edit 进入，如图 4-56 所示。

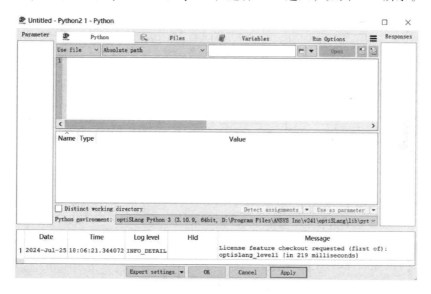

图 4-56　**Python** 环境

6. 结果追踪

利用结果追踪器【Result Tracker】可以创建与时间有关的结果轨迹图，如点的位移轨迹、接触轨迹、温度轨迹、能量轨迹等，见表 4-16。只有在结构分析、热分析和显式动力分析中可得到结果轨迹图。利用结果轨迹，首先利用【Clear Generated Data】工具清除已求解结果，其次在求解信息【Solution Information】下插入结果轨迹，再次求解即可得到相应的结果轨迹图，如图 4-57 所示。

表 4-16　结果轨迹探测

	结果轨迹
Result Trackers / Write Input File... / Worksheet	结果轨迹
Deformation	变形轨迹,选择点的变形轨迹
Position	位置轨迹,只读类型,选择点位置轨迹
Velocity	速度轨迹,可选整体速度或给定方向的、仅点的速度轨迹
Acceleration	加速度轨迹,可选整体加速度或给定方向的、仅点的加速度轨迹
Momentum	动量轨迹,只读类型,选择体的动量轨迹
Total Mass Average Velocity	总质量平均速度轨迹,只读类型,选择体的总质量平均速度轨迹
Contact Force	接触力轨迹,只读类型,选择体的接触力轨迹
External Force	外力轨迹,只读类型,选择体的外部力轨迹
Contact	接触类型轨迹,包括接触量、压力、摩擦应力等
Added Mass	附加质量轨迹,只读类型,选择附加质量轨迹
Rigid Body Velocity	刚体角速度轨迹,只读类型,选择刚体的角速度轨迹
Kinetic Energy	动能轨迹,只读类型,选择体的动能轨迹
Stiffness Energy	刚度能量轨迹,只读类型,选择体的刚度能量轨迹
Total Energy	总能量轨迹,只读类型,选择体的总能量轨迹
Internal Energy	内能轨迹,只读类型,选择点或体的内能轨迹
Hourglass Energy	沙漏能轨迹,只读类型,选择体的沙漏能轨迹
Contact Energy	接触能轨迹,只读类型,选择接触的接触能轨迹
Eroded Internal Energy	侵蚀内能,只读类型,选择体的侵蚀内能轨迹
Eroded Kinetic Energy	侵蚀动能,只读类型,选择体的侵蚀动能轨迹
Plastic Work	塑性功轨迹,只读类型,选择体的塑性功轨迹
Stress	应力类型轨迹,包括等效应力、剪应力、正应力、主应力
Strain	应变类型轨迹,包括等效应变、剪应变、正应变、主应变
Temperature	温度轨迹,只读类型,选择点温度轨迹
Pressure	压力轨迹,只读类型,选择点的压力轨迹
Density	密度轨迹,只读类型,选择点的密度轨迹,不计算壳和梁单元
Force Reaction	支反力轨迹,只读类型,选择点、线、面、体和边界的密度轨迹
Spring Tracker	弹簧追踪器,包括伸长率、速度、弹性力、阻尼力
Result Trackers From File	来自文件的结果追踪器,需选择结果轨迹文件
Binout Tracker	二进制输出追踪器,只读类型

7. 能量

Mechanical 中能量【Energy】分为稳定能【Stabilization Energy】、应变能【Strain Energy】、动能【Kinetic Energy】和势能【Potential Energy】。稳定能有助于收敛,如稳定能远小于应变能,如在 1%的范围内,其结果可以接受。应变能为存储在变形体内的变形能,根据应力和应变计算该值,如材料中有塑性行为,也包括塑性应变。动能和势能由刚体动力学分析输出,由物体的转动产生,可由结果探测方法得到。

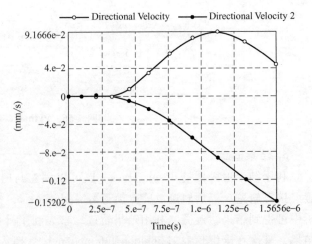

图 4-57　结果轨迹图

8. 结果坐标系

每个节点或单元都与几何模型的笛卡儿坐标系一致，如图 4-58 所示，如果有节点或单元坐标轴旋转改变，则结果坐标系将不再与原笛卡儿坐标系一致，它显示最终坐标系，如图 4-59 所示。因此，对于节点来说，结果坐标系可以显示每个节点位置欧拉旋转坐标组，也可显示每个节点轴的欧拉旋转角，边界条件高度依赖欧拉旋转角；对于单元来说，结果坐标系可以显示每个单元质心的欧拉旋转坐标组，也可显示每个单元轴的欧拉旋转角，壳应力高度依赖欧拉旋转角。节点或单元坐标显示项见表 4-17。

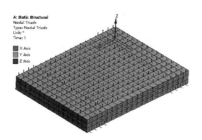

图 4-58 节点与笛卡儿坐标系一致

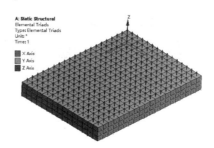

图 4-59 显示最终坐标系

表 4-17 节点或单元坐标显示项

	节点/单元坐标
Nodal Triads	节点坐标组
Nodal Euler XY Angle	节点欧拉 XY 角
Nodal Euler YZ Angle	节点欧拉 YZ 角
Nodal Euler XZ Angle	节点欧拉 XZ 角
Elemental Triads	单元坐标组
Elemental Euler XY Angle	单元欧拉 XY 角
Elemental Euler YZ Angle	单元欧拉 YZ 角
Elemental Euler XZ Angle	单元欧拉 XZ 角

4.3.3 求解工具

Mechanical 针对不同的求解类别有不同的后处理工具，主要有应力工具、疲劳工具、接触工具、螺栓工具、梁工具、断裂工具、复合材料失效工具、响应功率谱密度工具和展开设置工具，如图 4-60 所示。

1. 应力工具

应力工具【Stress Tool】提供了一种用于评定分析结果的强度安全系数的工具。安全系数包括强度安全系数【Safety Factor】、强度安全极限【Safety Margin】和强度比率【Stress Ratio】。在导航区，右击【Solution】→【Insert】→【Stress Tool】→【Max Equivalent Stress】；或单击【Solution】→【Tools】→【Stress Tool】插入应力工具，如图 4-61 所示。

当加入应力工具后，可以在详细窗口根据应用的理论指定应力极限类型。材料特性包括：拉伸屈服强度【Tensile Yield Strength】、抗压屈服强度【Compressive Yield Strength】、拉伸极限强度【Tensile Ultimate Strength】、抗压极限强度【Compressive Ultimate Strength】和用户自定义强度。

图 4-60　求解工具

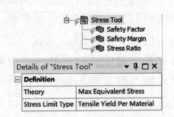

图 4-61　应力工具

材料的失效形式主要有屈服和断裂两种。相应地，强度理论也分为两大类：一类对铸铁、石料、混凝土、玻璃等脆性材料，通常以断裂的形式失效，其中有最大拉应力理论和最大伸长线应变理论；另一类对碳钢、铜、铝等塑性材料，通常以屈服的形式失效，其中有最大剪应力理论和畸变能密度理论。

（1）最大等效应力安全工具

最大等效应力【Max Equivalent Stress】，遵循第四强度理论（形状改变比能理论），是指无论材料处于什么样的应力状态下，只要形状改变比能达到材料的极限值，材料就发生屈服破坏。该理论适用于塑性材料破坏和材料三向受压。

结构的失效可以定义为由指定的强度极限、材料的屈服强度、材料的极限强度来评价，如最大等效应力等于或超过指定的强度极限，则将发生破坏，对不同设计目标有不同的公式表达。

（2）最大剪应力安全工具

最大剪应力理论【Max Shear Stress】，是指无论材料处于什么样的应力状态，只要构件中危险点的最大剪应力达到简单拉伸屈服时的极限剪应力，材料便会发生屈服破坏。该理论适用于塑性材料屈服破坏和材料三向受压的情况。

结构的失效一般由材料的屈服强度、材料的极限强度评价，如最大剪应力等于或超过指定的强度极限，则将发生破坏，对不同设计目标有不同的公式表达。

（3）最大拉应力安全工具

最大拉应力理论【Max Tensile Stress】是指无论材料处于什么样的应力状态，只要材料在简单拉伸破坏时的极限应力，材料便会发生断裂破坏。该理论适用于塑性材料屈服破坏和材料三向受压，或脆性材料的拉伸、扭转和一般材料的三向拉伸，铸铁的二向拉压等情况。

结构的失效可以定义为由指定的强度极限、材料的屈服强度、材料的极限强度来评价，如最大等效应力等于或超过指定的强度极限，则将发生破坏，对不同的设计目标有不同的公式表达。

（4）莫尔-库伦强度安全工具

莫尔-库伦强度理论【Mohr-Coulomb Stress】是指材料发生破坏是由于材料的某一面上剪应力达到一定的限度，而这个剪应力与材料本身性质和正应力在破坏面上所造成的摩擦阻力有关。即材料发生破坏除了取决于该点的剪应力，还与该点的正应力相关。该理论多应用于脆性材料。当材料的拉压强度相同时，等效于最大剪应力理论。

莫尔-库伦强度理论考虑了材料抗拉强度和抗压强度不等的情况，比第三强度理论更准确。一般最大拉应力对应材料的抗拉强度极限，最小压应力对应材料的抗压强度极限，若超过它们的极限，则将发生破坏，对不同设计目标有不同的公式表达。

2. 疲劳工具

疲劳工具【Fatigue Tool】，它提供以应力寿命和应变寿命为基础的疲劳计算来帮助设计工程师评估零件的疲劳寿命。疲劳工具可以计算恒值或变幅值载荷、比例或非比例载荷。右击【Solution】→【Insert】→【Fatigue】→【Fatigue Tool】，插入疲劳工具。

3. 接触工具

Mechanical 中接触单元利用的是接触面和目标面的概念，只有接触单元可以显示接触结果，以【MPC】（多点约束接触法）为基础的接触、任何接触的目标面和以边为基础的接触都不显示结果，线单元也不显示任何接触结果。如果使用不对称，仅有接触面上有结果而目标面上结果为零，如果使用对称接触，接触面和对称面上都会有结果。

右击【Solution】→【Insert】→【Contact Tool】显示接触工具，见表 4-18。

表 4-18　接触工具

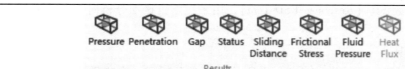

接触工具	说明
接触压力	接触压力显示法向接触压力的分布
接触渗透	显示了渗透数量的结果(深度)
接触间隙	接触间隙显示在【Pinball】半径内的任何间隙
接触状态	显示接触是否建立(或闭合)或没有接触(分开)
滑动距离	一个表面相对于另一个面的滑动距离
摩擦应力	由于摩擦的影响而引起的切向接触应力
流体压力	指面与面之间相互作用的液体渗透压力
热通量	查看两个部件之间传递的总热量

4. 螺栓工具

螺栓工具【Bolt Tool】用来获取特定的螺栓结果。右击【Solution】→【Insert】→【Bolt Tool】，显示螺栓工具，见表 4-19。

表 4-19　螺栓工具

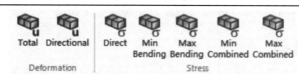

螺栓工具	说明
调整	预紧力产生的位移
工作负荷	预紧力载荷的约束力反映的结果

5. 梁工具

梁工具【Beam Tool】用来查看线体的线性化应力。右击【Solution】→【Insert】→【Beam Tool】，显示梁工具，见表 4-20。

表 4-20　梁工具

（续）

梁工具	说明
总计变形	弯曲载荷产生的总变形
定向变形	确定弯曲载荷产生的方向变形
直接应力	梁单元中由于受到轴向载荷而产生的应力分量
最小弯曲应力	由弯曲载荷产生的力矩所产生的最小弯曲应力
最大弯曲应力	从弯曲载荷产生的力矩所产生的最大弯曲应力
最小组合应力	直接应力与最小弯曲应力的线性组合
最大组合应力	直接应力与最大弯曲应力的线性组合

6. 断裂工具

断裂工具【Fracture Tool】用于定义断裂力学分析结果。右击【Solution】→【Insert】→【Fracture Tool】，显示断裂工具，需选择裂纹或预裂纹。具体请参看第 12 章。

7. 复合材料失效工具【Composite Failure Tool】

用于复合材料分析后处理复合层结构失效情况，具体参看第 11 章。

8. 响应功率谱密度工具

响应功率谱密度工具【Response PSD Tool】，用来在随机振动分析时控制响应功率谱密度频率采样点。

9. 展开设置工具

展开设置工具【Expansion Settings】，在刚体动力学分析环境中应用压缩的单一超单元零件时，该工具会自动出现在求解分支下，用来得到被压缩下原始体的计算结果。

4.3.4 收敛控制

收敛【Convergence】控制可以改善在特定模型区域求解结果的相对精度，根据设置，适度改善网格质量后，收敛控制可自动执行改善数学模型达到指定求解精度。收敛控制适用于以下分析：静力结构分析、模态分析、特征值屈曲分析、稳态热分析、静磁场分析。在指定的求解结果右击插入收敛控制，详细设置如图 4-62 所示。

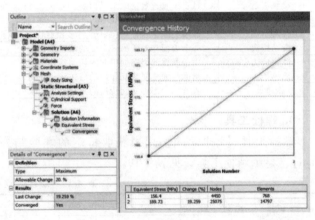

图 4-62 收敛控制

1. 定义【Definition】

1）类型【Type】，指定收敛的最大值和最小值。

2）允许改变【Allowable Change】，指定收敛迭代。

2. 结果【Results】

1）最近改变【Last Change】，为只读项，显示最近改变量。

2）收敛【Converged】，为只读项，判定显示收敛或不收敛。

4.3.5 求解方案信息

求解方案信息【Solution Information】对象可以用来跟踪、监视或诊断任何解决方案过程中出现的问题，并查看工程模型的某些有限元方面，如图 4-63 所示。

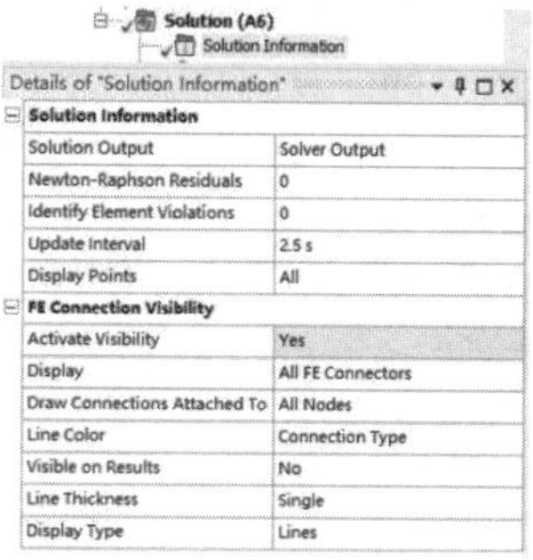

图 4-63 求解方案信息

1. 求解方案信息【Solution Information】

1）求解方案输出【Solution Output】，定义了希望如何显示解决方案响应结果，包括求解器输出【Solution Output】、解决方案历史记录【Solution History】、力收敛【Force Convergence】、位移收敛【Displacement Convergence】、力矩收敛【Moment Convergence】、旋转收敛【Rotation Convergence】、最大 DOF 增量【Max DOF Increment】、线搜索【Line Search】、时间【Time】、时间增量【Time Increment】、最大残余力【Maximum Residual Force】、动能【Kinetic Energy】、刚度能量【Stiffness Energy】、求解方案统计【Solution Statistics】、资源预测【Resource Prediction】。

2）牛顿-拉夫逊残余【Newton-Raphson Residuals】，对于不收敛或在求解过程中中止的非线性解，可以恢复牛顿-拉夫逊残余力。

3）确定单元违规【Identify Element Violations】，一种诊断工具，可以识别和查看模型上在解决方案过程中未能满足某些解算器标准的单元。

4）更新间隔【Update Interval】，解决方案进行过程中更新的频率，默认值为 2.5s。

5）显示点【Display Points】，指定图形显示要绘制的点数。

2. FE 连接可见性【FE Connection Visibility】

1）激活可见性【Activate Visibility】，用于启用对解决方案期间是否存储有限元连接数据的控制。

2）显示【Display】，控制要显示的有限元连接，包括所有 FE 连接【All FE Connectors】、基于 CE【CE Based】、基于梁【Beam Based】、弱弹簧【Weak Springs】、无【None】、循环【Cyclic】。

3）绘制附加到的连接【Draw Connections Attached To】，根据模型实体的可用性和可见性绘制。

4）线颜色【Line Color】，指定颜色以区分连接。

5）结果可见【Visible on Results】，默认设置为是，有限元连接将与任何结果图一起显示（基础网格除外）；设置为否，则仅当选择了相应对象时才显示连接。

6）线粗细【Line Thickness】，显示有限元连接线的厚度，包括单个【Single】、双倍【Double】、三个【Triple】。

7）显示类型【Display Type】，将 FE 连接视为线（默认）或点。

4.3.6 图形处理

1. 图形显示

分析结果通常以云图和矢量图在几何图形区域显示，通过调整云图和矢量图设置，可以得到需要的结果见表 4-21～表 4-23、图 4-64。可通过调整比例查看结构破坏趋势，显示和查看几何模型上的最大值和最小值、注释位置和数值并可任意移动注释信息；指定范围的等值面显示+显示未变形模型+显示所有体组合应用等可对结构重点区域显示，如图 4-65 所示。

此外，也可对图例显示进行控制，见表4-24；还可以进行动画设置与控制，图表与数据列表如图4-66所示。

表 4-21　几何结果显示　　　　　　　　　　　　　表 4-22　云图显示

	几何结果显示
Exterior	外部显示
IsoSurfaces	等值面显示
Capped IsoSurfaces	指定范围的等值面显示
Section Planes	切平面显示

	云图显示
Smooth Contours	平滑云图显示
Contour Bands	云图色带显示
Isolines	等值线显示
Solid Fill	实体填充显示

表 4-23　边框显示

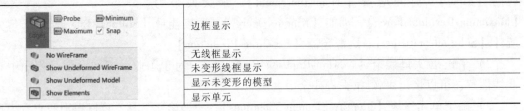

	边框显示
No WireFrame	无线框显示
Show Undeformed WireFrame	未变形线框显示
Show Undeformed Model	显示未变形的模型
Show Elements	显示单元

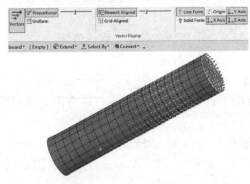

图 4-64　矢量图设置

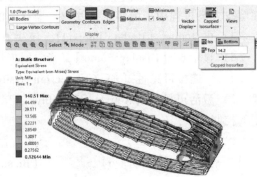

图 4-65　重点区域显示

表 4-24　图例显示控制

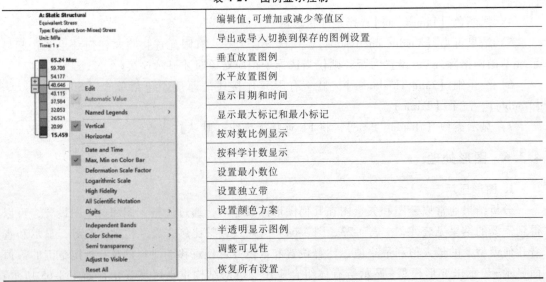

	编辑值，可增加或减少等值区
	导出或导入切换到保存的图例设置
	垂直放置图例
	水平放置图例
	显示日期和时间
	显示最大标记和最小标记
	按对数比例显示
	按科学计数显示
	设置最小数位
	设置独立带
	设置颜色方案
	半透明显示图例
	调整可见性
	恢复所有设置

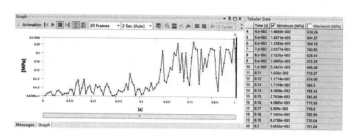

图 4-66 图表与数据列表

2. 结果导出

结果可导出 .Text、.STL 和 .AVZ 格式的文件。Text 格式文件记录某一结果每个节点对应的数值，可由 Excel 打开；STL 格式文件可导入 SpaceClaim 进行小面处理，生成几何模型，可用于增材制造；AVZ 格式文件可导入 ANSYS Viewer 工具进行查看和后处理。Viewer 处理如图 4-67 所示。

4.4 简单悬臂梁静力分析

1. 问题描述

已知方梁长度为 4000mm，截面尺寸（宽×高）为 346mm×346mm，材料的弹性模量为 $2.8×10^{10}$ Pa，泊松比为 0.4；该方梁一端固定，另一端受到 8000N 向下的力，其他相关参数在分析过程中体现。试求方梁的变形、梁的最大弯曲应力和弯矩，对结果进行理论求证并评价梁单元网格细化对结果的影响。

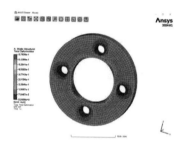

图 4-67 Viewer 处理

2. 有限元分析过程

（1）启动 Workbench 2024

在"开始"菜单中执行【ANSYS 2024 R1\R2】→【Workbench 2024 R1\R2】命令。

（2）创建结构静力分析项目

① 在工具箱【Toolbox】的【Analysis Systems】中双击或拖动结构静力分析项目【Static Structural】到项目流程图，如图 4-68 所示。

② 在 Workbench 的工具栏中单击【Save】，保存项目工程名为 Cantilever beam .wbpj。有限元分析文件保存在 D：\AWB\Chapter04 文件夹中。

（3）确定材料参数

① 编辑工程数据单元，右击【Engineering Data】→【Edit】。

② 在工程数据属性中增加新材料：单击【Outline of Schematic A2：Engineering Data】→【Click here to add a new material】，输入新材料名称 Cornelian。

③ 在左侧单击【Linear Elastic】展开，双击【Isotropic Elasticity】，设置【Properties of Outline Row 3：

图 4-68 创建结构静力分析项目

Cornelian】→【Young's Modulus】= 2.8×10^{10}。

④ 单击【Properties of Outline Row 3：Cornelian】→【Poisson's Ratio】= 0.4，如图 4-69 所示。

	A	B	C	D	E
1	Contents of Engineering Data		⊗	Source	Description
3	✎ Cornelain	▼	□		
4	✎ Structural Steel	▼	□	General_M	Fatigue Data at zero mean stress comes from 1998 ASME BPV Code, Section 8, Div 2, Table 5-110.1

Properties of Outline Row 3: Cornelain

	A	B	C	D	E
1	Property	Value	Unit	⊗	⊞
2	▦ Material Field Variables	▦ Table			□
3	⊟ ✎ Isotropic Elasticity				
4	Derive from	Young's Modulus... ▼			□
5	Young's Modulus	2.8E+10	Pa	▼	□
6	Poisson's Ratio	0.4			□
7	Bulk Modulus	4.6667E+10	Pa		□
8	Shear Modulus	1E+10	Pa		□

图 4-69　增加新材料

⑤ 单击工具栏中的【A2：Engineering Data】关闭按钮，返回到 Workbench 主界面，新材料创建完毕。

（4）导入几何模型

在结构静力分析项目上，右击【Geometry】→【Import Geometry】→【Browse】，找到模型文件 Cantilever beam. agdb，打开导入几何模型。模型文件在 D：\AWB\Chapter04 文件夹中。

（5）进入 Mechanical 分析环境

① 在结构静力分析项目上，右击【Model】→【Edit】，进入 Mechanical 分析环境。

② 在 Mechanical 的主菜单【Units】中设置单位为 Metric（mm，kg，N，s，mV，mA）。

（6）为几何模型分配材料属性

① 单击菜单栏【View】→【Cross Section Solids（Geometry）】，显示梁模型的虚拟截面。

② 梁模型分配材料：在导航树里单击【Geometry】展开，设置【Line Body】→【Details of "Line Body"】→【Material】→【Assignment】= Cornelian，其他默认，如图 4-70 所示。

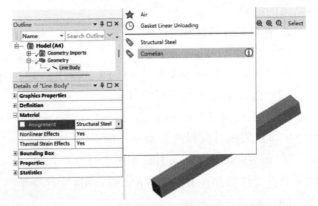

图 4-70　分配材料

（7）划分网格

① 在导航树里单击【Mesh】，设置【Details of "Mesh"】→【Defaults】→【Relevance】= 0，【Sizing】→【Element Size】= 400mm（4000/10），其他默认。

② 生成网格，选择【Mesh】→【Generate Mesh】，图形区域显示程序生成网格模型，如图 4-71 所示。

（8）施加边界条件

① 在导航树上单击【Structural（A5）】。

② 施加力，在标准工具栏上单击选择点图标

图 4-71　生成网格

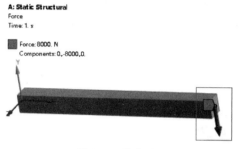，然后选择梁的一端，接着在环境工具栏单击【Loads】，设置【Force】→【Details of "Force"】→【Definition】→【Define By】= Components，【Y Component】= −8000N，如图 4-72 所示。

③ 施加约束，选择梁的另一端坐标系处，然后在环境工具栏单击【Supports】→【Fixed Support】，如图 4-73 所示。

图 4-72 施加力

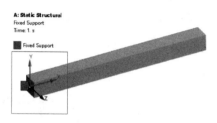

图 4-73 施加约束

（9）设置需要的结果

① 在导航树上单击【Solution（A6）】。

② 在 Mechanical 求解工具栏单击【Toolbox】→【Beam Tool】。

③ 展开【Beam Tool】，单击【Direct Stress】，设置【Details of "Direct Stress"】→【Definition】→【Type】= Maximum Bending Stress，其他默认。

④ 单击【Beam Tool】，在梁工具栏单击【Deformation】→【Total】。

（10）求解与结果显示

① 在 Mechanical 求解工具栏单击 进行求解运算。

② 运算结束后，单击【Beam Tool】→【Maximum Bending Stress】，显示方梁的最大弯曲应力分布云图，如图 4-74 所示；单击【Beam Tool】→【Total Deformation】，在结果显示工具栏云图中单击【Show Undeformed Wireframe】，显示方梁的变形分布云图和变形趋势，如图 4-75 所示。

图 4-74 最大弯曲应力分布云图

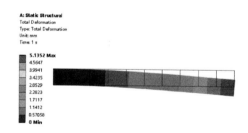

图 4-75 变形分布云图和变形趋势

（11）创建构造线

① 在导航树上单击【Model（A4）】→【Construction Geometry】，单击【Construction Geometry】→【Path】→【Details of "Path"】→【Definition】，设置【Path Type】= Edge；在工具栏单击 ，然后选择方梁，路径参数栏确认选择，如图 4-76 所示。

② 在导航树上单击【Solution（A6）】，然后在 Mechanical 求解工具栏单击【Beam Results】→【Bending Moment】；设置【Total Bending Moment】→【Details of "Total Bending Moment"】→【Scope】→【Scope Method】=Path，【Path】=Path，其他默认。

③ 右击【Total Bending Moment】，从弹出的菜单中选择【Evaluate All Results】，经计算后显示结果云图，如图4-77所示。

④ 单击【Total Bending Moment】，设置【Details of "Total Bending Moment"】→【Definition】→【Type】= Directional Bending Moment，【Orientation】=Z Axis，其他默认。

⑤ 右击【Directional Bending Moment】，从弹出的菜单中选择【Evaluate All Results】，经计算后显示结果云图和图表数据，如图4-78和图4-79所示。

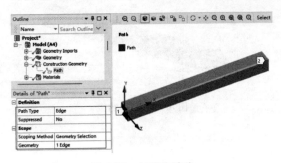

图 4-76　创建构造线

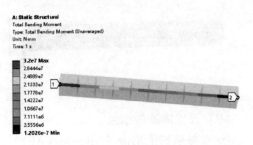

图 4-77　总弯矩云图

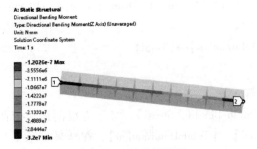

图 4-78　Z 轴弯矩云图

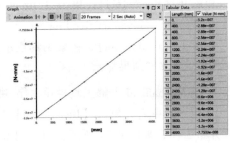

图 4-79　弯矩数据

（12）求解讨论

对方梁进行理论计算。

① 欧拉-伯努利梁理论计算最大弯曲应力：

$$\sigma_{\max} = \frac{M(x)\,Y}{I} \tag{4-7}$$

$$I = \frac{bh^3}{12} \tag{4-8}$$

$$\sigma_{\max} = \frac{(8000\text{N})(4\text{m})\left(\dfrac{0.346\text{m}}{2}\right)}{\dfrac{(0.346\text{m})(0.346\text{m})^3}{12}} = 4.635\text{MPa} \tag{4-9}$$

② 计算总变形：

$$u'' = \frac{M}{EI},\; u'(0) = 0,\, u(0) = 0 \tag{4-10}$$

$$M = PL\left(1 - \frac{x}{L}\right) \tag{4-11}$$

$$u'' = \frac{PL}{EI}\left(1 - \frac{x}{L}\right) \tag{4-12}$$

$$u' = \int u'' \mathrm{d}x = \int \frac{PL}{EI}\left(1 - \frac{x}{L}\right)\mathrm{d}x = \frac{PL}{EI}\left(x - \frac{x^2}{2L}\right) + C_1 \tag{4-13}$$

$$u'(0) = 0, u' = \frac{PL}{EI}\left(x - \frac{x^2}{2L}\right) \tag{4-14}$$

$$u = \int u' \mathrm{d}x = \int \frac{PL}{EI}\left(x - \frac{x^2}{2L}\right)\mathrm{d}x = \frac{PL}{EI}\left(\frac{x^2}{2} - \frac{x^3}{6L}\right) + C_2 \tag{4-15}$$

$$u(0) = 0, u = \frac{PL}{EI}\left(\frac{x^2}{2} - \frac{x^3}{6L}\right) \tag{4-16}$$

$$u(4\mathrm{m}) = \frac{(8000\mathrm{N})(4\mathrm{m})}{(2.8\times10^{10})\dfrac{(0.346\mathrm{m})(0.346\mathrm{m})^3}{12}}\left(\frac{(4\mathrm{m})^2}{2} - \frac{(4\mathrm{m})^3}{6(4\mathrm{m})}\right) = 0.005103\mathrm{m} \tag{4-17}$$

③ 计算弯矩：

$$M = Fd = 8000\mathrm{N}\times4000\mathrm{mm} = 3.2\times10^7\mathrm{N}\cdot\mathrm{mm} \tag{4-18}$$

④ 计算对比见表4-25。

表4-25 计算对比

项目	理论值	ANSYS值
最大弯曲应力/MPa	4.635	4.6352
总弯矩/(N·mm)	3.2×10^7	3.2×10^7
总变形/mm	5.103	5.1352

⑤ 网格细化。为对比其收敛性，可对该方梁进行网格细分，来确定是否收敛，见表4-26。

表4-26 网格细化与收敛性

项目	理论值	2个单元	10个单元	100个单元
最大弯曲应力/MPa	4.635	4.6352	4.6352	4.6352
总弯矩/(N·mm)	3.2×10^7	3.2×10^7	3.2×10^7	3.2×10^7
总变形/mm	5.103	5.1352	5.1352	5.1352

由表4-26可知，该悬臂梁数值方法收敛较快。

（13）保存与退出

① 退出Mechanical分析环境。单击Mechanical主界面的菜单【File】→【Close Mechanical】，退出环境，返回到Workbench主界面，此时主界面的项目管理区中显示的分析项目均已完成。

② 单击Workbench主界面上的【Save】按钮，保存所有分析结果文件。

③ 退出Workbench环境。单击Workbench主界面的菜单【File】→【Exit】，退出主界面，完成项目分析。

3. 点评

本实例来源于常见的工程应用。悬臂梁是生活中常见的结构，用线体代替实体、用梁单元代替实体单元是进行结构分析时常用的方法。在本例中，通过使用梁单元，可大大减少网格数量和提高计算效率。同时，通过网格细化对比，也可看出梁单元对单元数量的影响较小，有限元分析值与理论计算值相等，对以梁单元为类型的有限元方法计算，结果较为精确。在本例中，还介绍了通过创建构造线、路径的方法来确定整体或局部结构的变形曲线，方便做出位移图、剪力图、弯矩图。

4.5 某型燃气轮机机座静力分析

1. 问题描述

某型燃气轮机机座结构由支撑板、轴承座和外缸体组成，各部件之间实际用焊接或螺栓连接。该机座主要用于承受约 35t 的转子质量，约 150N·m 的转矩，材料为铁镍高温合金 GH4169，其中弹性模量为 $1.999 \times 10^{11} Pa$，泊松比为 0.3，密度为 $8240 kg/m^3$，其他相关参数在分析过程中体现。若忽略高温高压高速气体对其的作用和各部件之间的连接关系，求该机座的最大应力与变形。

2. 有限元分析过程

（1）启动 Workbench 2024

在"开始"菜单中执行【ANSYS 2024 R1\R2】→【Workbench 2024 R1\R2】命令。

（2）创建结构静力分析项目

① 在工具箱【Toolbox】的【Analysis Systems】中双击或拖动结构静力分析项目【Static Structural】到项目流程图，如图 4-80 所示。

② 在 Workbench 的工具栏中单击【Save】，保存项目工程名为 Turbine struts.wbpj。有限元分析文件保存在 D:\AWB\Chapter04 文件夹中。

（3）确定材料参数

① 编辑工程数据单元，右击【Engineering Data】→【Edit】。

② 在工程数据属性中增加新材料：【Outline of Schematic A2：Engineering Data】→【Click here to add a new material】，输入新材料名称 GH4169。

③ 在左侧单击【Physical Properties】展开，双击【Density】，设置【Properties of Outline Row 3：GH4169】→【Table of Properties Row 3：Density】→【Density】= $8240 kg/m^3$。

④ 在左侧单击【Linear Elastic】展开，双击【Isotropic Elasticity】，设置【Properties of Outline Row 3：GH4169】→【Young's Modulus】= $1.999 \times 10^{11} Pa$。

⑤ 设置【Properties of Outline Row 3：GH4169】→【Poisson's Ratio】= 0.3，如图 4-81 所示。

⑥ 单击工具栏中的【A2：Engineering Data】关闭按钮，返回到 Workbench 主界面，新材料创建完毕。

（4）导入几何模型

在结构静力分析项目上，右击【Geometry】→【Import Geometry】→【Browse】，找到模型文件 Turbine struts.agdb，打开导入几何模型。模型文件在 D:\AWB\Chapter04 文件夹中。

（5）进入 Mechanical 分析环境

① 在结构静力分析项目上，右击【Model】→【Edit】，进入 Mechanical 分析环境。

图 4-80 创建结构静力分析项目 　　　　图 4-81 创建新材料

② 在 Mechanical 的主菜单【Units】中设置单位为 Metric（mm，kg，N，s，mV，mA）。

（6）为几何模型分配材料属性

支撑机座分配材料：在导航树里单击【Geometry】展开，设置【Turbine struts】→【Details of "Turbine struts"】→【Material】→【Assignment】= GH4169，其他默认。

（7）划分网格

① 在导航树里单击【Mesh】，设置【Details of "Mesh"】→【Defaults】，设置【Physics Preference】= Mechanical，【Element Size】= 40mm；【Sizing】→【Use Adaptive Sizing】= Yes，其他默认。

② 在标准工具栏上单击 ⬚，选择机座模型，然后在导航树上右击【Mesh】，从弹出的菜单中选择【Insert】→【Method】→【Details of "Automatic Mesh"】→【Definition】→【Method】→【Hex Dominant】，其他默认。

③ 在标准工具栏上单击 ⬚，选择缸体外表面，然后右击【Mesh】→【Insert】→【Method】→【Face Meshing】，其他默认，如图 4-82 所示。

④ 生成网格，右击【Mesh】→【Generate Mesh】，图形区域显示程序生成的六面体单元网格模型，如图 4-83 所示。

图 4-82 选择缸体外表面

图 4-83 生成网格

⑤ 网格质量检查，在导航树里单击【Mesh】，设置【Details of "Mesh"】→【Quality】→【Mesh Metric】= Skewness，显示 Skewness 规则下网格质量详细信息，平均值处在好水平范围内，展开【Statistics】显示网格和节点数量。

（8）施加边界条件

① 在导航树上单击【Structural（A5）】。

② 施加轴承力，在标准工具栏上单击 ⬛，然后选择轴承座内表面，接着在环境工具栏单击【Loads】，设置【Bearing Load】→【Details of "Bearing Load"】→【Definition】→【Define By】= Components，【Y Component】= 350000N，如图 4-84 所示。

③ 施加转矩，在标准工具栏上单击 ⬛，然后选择轴承座内表面，接着在环境工具栏单击【Loads】，设置【Moment】→【Details of "Moment"】→【Definition】→【Define By】= Components，【Z Component】= 150000N·mm，如图 4-85 所示。

图 4-84　施加轴承力

图 4-85　施加转矩

④ 施加约束，机座外缸两端面分别施加固定约束和位移约束，单击选择面图标 ⬛，选择机座前端面，然后在环境工具栏单击【Supports】→【Fixed Support】，如图 4-86 所示；接着选择机座后端面，在环境工具栏单击【Supports】→【Displacement】→【Details of "Displacement"】→【Definition】，设置【X Component】= 0，【Y Component】= 0，【Z Component】= Free，如图 4-87 所示。

图 4-86　施加固定约束

图 4-87　施加位移约束

（9）设置需要的结果

① 在导航树上单击【Solution（A6）】。

② 在 Mechanical 求解工具栏单击【Deformation】→【Total】。

③ 在 Mechanical 求解工具栏单击【Stress】→【Equivalent（von-Mises）】。

（10）求解与结果显示

① 在 Mechanical 求解工具栏单击 ⚡ 进行求解运算。

② 运算结束后，单击【Solution（A6）】→【Total Deformation】，图形区域显示结构静力

分析得到的机座总变形分布云图，如图 4-88 所示；单击【Solution（A6）】→【Equivalent Stress】，显示机座等效应力分布云图，也可以右击图例从弹出的菜单中选择【Logarithmic Scale】查看机座等效应力分布云图，如图 4-89 所示。

图 4-88　机座总变形分布云图　　　　　　图 4-89　机座等效应力分布云图

（11）保存与退出

① 退出 Mechanical 分析环境。单击 Mechanical 主界面的菜单【File】→【Close Mechanical】，退出环境，返回到 Workbench 主界面，此时主界面的项目管理区中显示的分析项目均已完成。

② 单击 Workbench 主界面上的【Save】按钮，保存所有分析结果文件。

③ 退出 Workbench 环境。单击 Workbench 主界面的菜单【File】→【Exit】，退出主界面，完成项目分析。

3. 点评

本实例为某型燃气轮机机座静力分析，分析重点为 6 个支撑板对结构的支撑作用。除了关注轴承载荷、转矩载荷、位移约束施加外，建议对实体模型尽量采用六面体网格。

4.6　本章小结

本章按照结构线性静力分析基础、前处理、求解及后处理和实例应用顺序编写，在介绍结构线性静力分析的同时介绍了典型的 Mechanical 工作环境，包括载荷与约束、坐标系、对称边界、连接关系、分析设置、常用结果、图形处理等。这些内容在后续的章节应用中也会不断得到应用，是共性基础知识。本章配备的两个典型结构线性静力分析工程实例，分别为简单悬臂梁静力分析、某型燃气轮机机座静力分析，包括问题描述、有限元分析过程和点评三部分内容。

通过本章的学习，读者可以了解 Workbench 典型的 Mechanical 工作环境，掌握结构线性静力分析流程、边界载荷和约束的施加方法、求解与结果等前后处理相关知识，也为后面的相关章节学习打下基础。

第5章　结构非线性分析

刚度定义了线性分析与非线性分析的根本区别。在非线性分析中，任何事物都会发生变化，这就要放弃刚度不变的假设，而认为刚度在变形过程中会发生变化，并且在求解迭代过程中，刚度矩阵必须随非线性解算器的进展而更新。影响刚度的因素有多种，主要有材料、形状和约束方式。

5.1　非线性分析基础

在第4章结构线性静力分析中，讲述了进行线性静力分析时的一些假设和限制。而对于非线性静力分析，小变形理论不再适用，对于式（4-1），刚度 $[K]$ 依赖于 $\{u\}$，不再是常量。当力加倍时，位移和应力不一定会成线性加倍，载荷力与位移间的关系不可预知，如图5-1中弧线所示，因此需要进行一系列修正的线性近似。Workbench Mechanical 采用 Newton-Raphson 法进行迭代线性修正，如图5-1中折线所示。

在 Newton-Raphson 法中，第一次迭代施加全载荷 F_a，位移为 u_1。通过位移 u_1 可计算内力 F_1，如果 $F_a \neq F_1$，则系统就不平衡。因此，就须利用当前条件计算新的刚度矩阵。$F_a - F_1$ 称为不平衡力或残余力，残余力必须足够小才能使求解收敛。重复上述过程直到 $F_a = F_1$，图5-1中显示，通过3次迭代系统达到平衡，求解收敛。

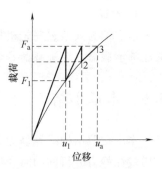

图 5-1　Newton-Raphson 法示意图

非线性分析主要在结构静力分析系统下完成，在其他的分析系统，如结构瞬态动力分析系统、模态分析系统中也可以考虑非线性行为。

非线性行为的来源可分为三大类型：接触（状态）非线性、几何非线性和材料非线性。

5.2　非线性自适应区域

非线性自适应区域【Nonlinear Adaptive Region】特征能够在求解过程中不增加大量计算资源的情况下，根据用户定义的准则自动地重新进行网格划分生成新的网格，实现自动网格变形判定，改变并细化网格，从而使得求解收敛并获得更大的求解结果。该特征包含基于能量、基于位置和基于网格的判定准则。该特征适合非线性求解收敛困难、网格质量不佳带来的求解精度问题，可以捕捉局部变形的更多细节，能够提高大变形非线性求解精度，适用于小空隙的橡胶密封、渗透、局部颈缩、局部屈曲、裂纹仿真、磨损等应用。利用非线性自适应区域功能，首先应开启求解控制的大变形和输出控制的所有时间点，其次在环境工具栏单击【Conditions】→【Nonlinear Adaptive Region】，然后选择几何体和判定准则。非线性自适应网格设置如图 5-2 所示。

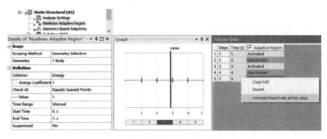

图 5-2 非线性自适应网格设置

5.2.1 基于能量准则

能量【Energy】方法用于可能存在应力集中或初始网格过于稀疏时，对网格进行精细化以获得高质量的网格和高精度的求解结果。

单元满足重划网格的条件为

$$\frac{c_1 E_{\text{total}}}{N} \leqslant E_{\text{e}} \tag{5-1}$$

式中，c_1 是用户输入的能量系数，默认值为 1；E_{total} 是单元组所有单元的总能量；N 是单元组所含的数量；E_{e} 是每一个目标单元应变能量，自动提取。

该方法支持结构二维和三维实体单元。如果希望在特定的子步间进行网格加密，则可以将能量系数定义为一个极小值或 0。

5.2.2 基于位置准则

位置【Box】方法通过坐标系定义一个最小矩形或六面体位置区域，在进行非线性自适应网格检查时，如果某一个单元的所有节点都在该区域内，即对其进行重划。该方法适用于难以预测变形计算过程中哪些单元会进入或出现在该区域内的情形，如橡胶密封分析中存在橡胶材料受压变形填充小孔隙。该方法支持二维和三维实体单元。

5.2.3 基于网格准则

网格准则【Mesh】通过分析模型类型来确定选项，选型为只读。对于三维实体模型分析，选项为倾斜值【Skewness】，对于线性四面体单元，该值在 0~1 之间，该值越大则越不易重划网格，默认值为 0.9，推荐使用 0.85~0.9 之间的值。对于二维模型分析，选项为形状值【Shape】，包括最大顶角属性。该属性范围在 0°~180°之间，推荐使用默认值 160°。当顶角值达到指示值时，网格会重划。

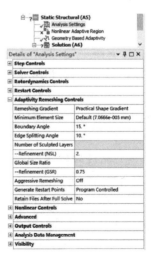

偏斜的定义为

$$偏斜 = \frac{标准四面体线性单元尺寸 - 单元尺寸}{标准四面体线性单元尺寸} \tag{5-2}$$

当选择网格准则时，在分析设置详细栏中出现非线性自适应控制【Adaptivity Remeshing Controls】选项，如图 5-3 所示。

图 5-3 非线性自适应控制

5.3 接触非线性

就零件而言，不管是高弹性零件，还是由多个零件组成的结构组件，逐渐发生的位移可能会导致零件本身或零件之间接触的发生。接触效应是一种状态改变非线性，即系统刚度取决于接触状态，当两接触体间相互接触或分离时会发生刚度的突然变化，该效应则称为接触非线性。如接触条件在应用工作载荷时发生变化，则需要采用非线性分析。

1. 接触

两个独立表面相互接触并相切，称为接触。接触是状态改变非线性，即系统刚度取决于接触状态。通常，接触的表面包含以下特性：①不相互渗透；②可传递法向压缩力和切向摩擦力而不传递法向拉伸力（自由分离和互相移动）。

2. 强制接触协调性

一般而言，接触体间不相互渗透。如果分析中两表面之间会相互渗透，那么程序就必须建立两表面间的相应关系以阻止它们的渗透，这种由程序来阻止接触体间的相互渗透，称为强制接触协调性。

5.3.1 基于对的接触探测

基于对的接触技术能够自动探测接触对，只要事先合理设置相关探测容差，便可得到满意的接触对，特别当利用并行接触探测技术时，可使大型复杂的装配体模型创建接触对方便又省时，可大幅度降低工作强度。图 5-4 所示为自动探测的接触对。

1. 接触定义【Definition】

连接类型【Connection Type】包括接触【Contact】、关节【Joint】。

2. 范围【Scope】

1）范围限定方法【Scoping Method】，选择几何模型或命名选项。

2）几何结构【Geometry】，需要创建的接触对几何体，默认包括所有体。

3. 自动检测【Auto Detection】

图 5-4 自动探测的接触对

1）容差类型【Tolerance Type】，用来控制 CAD 装配体模型之间的重叠或间隙，可以通过指定检查容差数值来调整，容差类型可以是滑移【Slider】、数值【Value】、使用板厚【Use Sheet Thickness】。此选项不适用于关节、零件成组检测。

2）滑移容差【Tolerance Slider】，如果检测容差类型设为滑移，则可通过调整滑块来确定容差范围，进而确定检测接触对的数量。通常在−100~100 之间调整。

3）检测容差值【Tolerance Value】，若设置为【Slider】，则容差值是基于滑移设置的实际容差值，且是只读形式。若设置为【Value】，则可以指定精确的距离数值。

4）使用范围【Use Range】，对【Slider】和【Value】，若选为【Yes】，则有一个从最小检测距离到检测容差的范围。

① 最小距离百分比【Min Distance Percentage】，默认为10%，可以通过滑块在0~100之间调整。

② 最小距离值【Min Distance Value】，该值以只读形式显示，其值等于最小距离百分比乘以检测容差除以100。

③ 厚度比例因子【Thickness Scale Factor】，当容差类型为【Use Sheet Thickness】时会出现厚度比例因子，默认为1。一般地，当边与边配对时，所使用的厚度值为涉及面体的最大厚度；当面与边配对时，为面体的厚度。

5）面与面接触类型【Face/Face】，在不同体之间的面面探测，在法向面之间探测最大允许差为15°。关节唯一允许的类型。

6）面-面角容差【Face-Face Angle Tolerance】，可以定义两个面法线之间的最小角度。该最小角度是应用程序将忽略来自接近检测的面部的阈值。默认值为75°，最小值为0°，最大值为90°（垂直）。

7）面重叠容差【Face Overlap Tolerance】，用于设置接触面的重叠容差，即为两个重叠面创建接触对的最小重叠百分比，可以设置为0~100的值，容差设置为0将关闭重叠检查。

8）圆柱面【Cylindrical Faces】，自动探测是否包括圆柱面间的接触，含包括【Include】、排除【Exclude】和只包括圆柱面【Only】。

9）面与边接触类型【Face/Edge】，当选为【Yes】时，接触只在不同的实体或面体之间的面与边探测。面设为目标面，而边设为接触边。

10）边与边接触类型【Edge/Edge】，当选为【Yes】时，接触只在不同的体之间的边与边探测。

11）优先权【Priority】，归类不同优先级别，对复杂接触对多的模型较为有利。包括所有【Include All】、面优先【Face Overrides】和边优先【Edge Overrides】。面优先指面与面接触优于面与边接触，不含边与边接触；边优先指边与边接触优先面与边接触，不含面与面接触。

12）成组检测【Group By】，该选项允许自动成组创建连接目标，包括实体【Bodies】、零件【Parts】、无【None】。设置实体成组指在一个接触区域允许有多个面或边，零件成组意味着允许多个零件包含在一个独立区域，不可成组则生成的任何接触区域的目标对象或接触对象上仅有一个面或边。

13）搜索范围【Search Across】，该选项可以通过实体间【Bodies】、不同实体零件间【Parts】和任意自接触【Anywhere】自动检测连接。

4. 统计【Statistics】

1）连接接触对数【Connections】，自动统计连接的接触对数，当前为668个。

2）活动接触对数【Active Connections】，自动统计活动的接触对数，当前为668个。

5.3.2　基于对的接触设置

当几何模型导入 Mechanical 时，依靠默认设置程序自动探测接触对，相关选项便可在详细设置栏里设置，如图5-5所示。这些接触对设置尤其对非线性接触类型的求解收敛性十分重要。

1. 范围【Scope】用来设置接触位置

1）范围界定方法【Scoping Method】，可用几何结构选择、命名选择。

2）接触【Contact】，用于选择接触区域。

3）目标【Target】，用于选择接触目标区域。

4）接触几何体【Contact Bodies】，用于显示接触体类型。

5）目标几何体【Target Bodies】，用于显示目标体类型。

6）接触壳面【Contact Shell Face】，指定接触面应用在面体的顶面或底面，若设置接触壳面为默认选项程序控制，则目标壳面也必须是相应选项。接触壳面为非线性接触类型时，必须指定接触面是顶面或底面。

7）目标壳面【Target Shell Face】，指定目标面为面体的顶面或底面，若设置目标壳面为默认选项程序控制，那么接触壳面也必须是相应选项。若目标壳面为实体非线性接触类型时，必须指定接触面是顶面或底面。

图 5-5 接触对详细设置栏

8）壳板厚度效应【Shell Thickness Effect】，在接触计算过程中，该效应允许用户列入面体厚度，主要配合工具【Thickness】使用，在默认情况下，不考虑壳板厚度效应。

9）边接触类型【Edge Contact Type】，包括程序控制、边上的节点【Nodes On Edge】，应用程序将 CONTA175 单元用于接触区域；线段【Line Segments】，应用程序将 CONTA177 单元用于接触区域。

10）受保护的【Protected】，指定接触实体（面、边和顶点）是否为受保护的拓扑。

2. 定义接触类型【Definition】

1）接触类型【Type】，默认绑定接触类型，依据所求解问题的类型，可选择如下 6 种接触类型：

① 绑定【Bonded】，这是 Workbench Mechanical 中关于接触的默认设置。如果接触区域被设置为绑定，没有渗透，没有分离，面或线间没有相对滑动或分离，可以认为接触附近节点的自由度约束。可以将此区域看作被连接在一起。因为接触长度/面积是保持不变的，所以这种接触用作线性求解。如果接触是从数学模型中设定的，程序将填充所有的间隙，忽略所有的初始渗透。

② 无分离【No Separation】，这种接触方式和绑定类似，但是沿着接触面会发生无摩擦滑动，它只适用于三维模型的面面接触或二维模型的边边接触，接触面的切向可以滑动，法向不允许滑动。

③ 无摩擦【Frictionless】，这种接触类型代表单边接触，也即，如果出现分离则法向压力为零。因为在载荷施加过程中接触面积可能会发生改变，所以它是一种非线性接触方式。使用这种接触方式时，需注意模型约束的定义，防止出现欠约束。为了达到合理的求解，在求解时，程序会在装配体上增加弱弹簧来约束模型，方便求解。

④ 粗糙【Rough】，这种接触方式和无摩擦类似，但表现为完全的摩擦接触，即没有相对滑动。只适用于三维模型的面面接触或二维模型的边边接触，在默认情况下，不会自动消除间隙。这种情况相当于接触体间的摩擦系数为无穷大，是一种非线性接触方式。

⑤ 有摩擦【Frictional】，在这种设置下，在发生相对滑动前，两接触面可以通过接触区域传递一定数量的剪应力，有点像"黏"的状态。模型在滑动发生前定义一个等效的剪应力，作为接触压力的一部分。一旦剪应力超过此值，两个面将发生相对滑动。摩擦系数可以是任意非负值，是一种最符合工程实际的非线性接触方式。

⑥ 强制摩擦滑动【Forced Frictional Sliding】，在这种设置下，在每个接触点有一个持续存在的切向力，且切向力与法向接触力成比例。这种接触类型类似于有摩擦接触，简单地说就是没有"黏"的状态，仅支持刚性动力学。

2）范围模式【Scope Mode】，默认自动模式，也可手动操作。

3）行为【Behavior】，该选项只有对三维模型面面接触或二维模型边边接触时出现，对三维模型接触行为则默认非对称接触行为。

① 程序控制【Program Controlled】，内部接触行为依据模型的刚体行为来确定。

② 对称【Symmetric】，接触压力结果将同时在接触面和目标面上显示出来，真实接触压力为两个结果的平均值。对称行为对接触面或目标面不能相互渗透，对称行为容易建立，但不易收敛。只有 Pure Penalty 和 Augmented Lagrange 公式支持对称行为。

③ 自动不对称【Auto Asymmetric】，程序评估接触区域，选择哪个面应该用接触单元划分，哪个面用目标单元划分，接触面和目标面的指定可以在内部互换。

④ 不对称【Asymmetric】，用户可以手动指定合适的接触面和目标面，目标面的接触压力为零，接触面的压力为真实值，更易直观观察结果。接触面不能渗透目标面。只有 Normal Lagrange 和 MPC 公式支持非对称行为。非合理地选择接触面和目标面会影响计算结果，下面是一些正确选择方法。

a. 如果一个表面比另一个表面硬，则硬面为目标面。

b. 如果一个表面大于另一个表面，则大的表面为目标面。

c. 如果一个表面为高阶，另一个表面为低阶，则低阶表面为目标面。

d. 如果一个凸面与一个平面或凹面接触，应该选择平面或凹面为目标面。

e. 如果一个表面有粗糙的网格而另一个表面网格细密，则选择粗糙的网格表面为目标面。

4）修剪接触【Trim Contact】，用于接触对中接触单元数量的控制，对容差范围内的接触单元或目标单元起作用。使用接触修剪可自动减少接触单元的数目，以提高计算速度。Program Controlled 默认"On"，也可手动打开【On】，或关闭【Off】。当"Large Deflection"打开时，该选项将不起作用。

5）修剪容差【Trim Tolerance】，定义修剪操作的尺寸上限值。对于自动生成的接触单元，该值只读。对于手动建立的接触单元，可以输入任何大于零的值。

6）接触 APDL 名称【Connect APDL Name】，指定接触 APDL 参数名称，引用和使用实常量集。

7）目标 APDL 名称【Target APDL Name】，指定目标 APDL 参数名称，引用和使用实常量集。

8）抑制【Suppressed】，抑制接触对或不抑制接触对参与运算。

3. 显示【Display】

单元法线【Element Normals】，将该功能设置为是，可以查看接触区域中每个单元的接触法线方向。

4. 高级【Advanced】

1）公式化【Formulation】，默认程序控制。物理上，接触体间不相互渗透，因此程序须建立两表面间的相互关系阻止分析中的渗透。对两实体接触表面协调关系的接触类型对应着不同的接触算法。

① 罚函数法：$F_{\text{normal}} = K_{\text{normal}} X_{\text{penetration}}$，即接触力存在一个接触刚度和渗透量，接触刚度越大，渗透量越小。对不存在的理想接触刚度无限大、渗透量为零的情况，只要渗透量无限小或可忽略，求解结果就是精确的，但是，如果接触刚度太大，求解时模型会振动，接触面会相互弹开。特别对摩擦（Frictional）或粗糙（Rough）接触类型，由于存在切向接触，如在切向上"黏结"，则两个实体不允许相互滑动，罚函数表示为 $F_{\text{tangential}} = K_{\text{tangential}} X_{\text{sliding}}$，切向接触刚度不能由用户控制。

② 增广拉格朗日乘子法：$F_{\text{normal}} = K_{\text{normal}} X_{\text{penetration}} + \lambda$，因为多了一个因子 λ，使得接触刚度的大小敏感度减小。当采用程序控制时，增广拉格朗日乘子法是默认的算法。

③ 法向拉格朗日乘子法：由于拉格朗日乘子法增加一个额外自由度（接触压力）来满足接触协调性，因此接触力或压力作为一额外自由度显示求解，而不涉及接触刚度和渗透量，可能会产生接触扰动（Chattering），且求解需要较大代价。$F_{\text{normal}} = DOF$。

④ 多点约束（MPC）法，通过内部添加约束方程来"连接"接触面间的位移。适合"绑定"和"无分离"接触类型。

⑤ 梁（Beam）法，通过"缝合"接触的拓扑结构用无质量的线性梁单元。

2）小滑动【Small Sliding】，相对较小滑动的假设（滑动小于接触长度的 20%），可由程序控制、开启、关闭、自适应 4 选项，如果已知会发生小滑动，则选择打开可以使求解更加高效和稳健；如果大挠度设置为关闭或接触类型为绑定，小滑动一般默认打开。

3）检测方法【Detection Method】，为了得到好的收敛效果，允许用户指定接触探测方法，有高斯积分点和节点探测方法。

① 程序控制【Program Controlled】，程序控制为默认设置，当接触算法为纯罚函数和增广拉格朗日法时为高斯积分点探测法，当为多点约束和法向拉格朗日法时为节点探测法。

② 在高斯积分点上【On Gauss Point】，积分探测点在单元内部，而节点探测点在单元节点上，相比节点探测的探测点更多，一般认为比节点探测更精确。

③ 从接触出发的节点法线【Nodal-Normal From Contact】，该探测方法规定在界面外强制施加的方向为接触面，需要额外计算确定正确的法向。适用于角或边接触的探测。

④ 到目标的节点法线【Nodal-Normal To Target】，该探测方法规定在界面外强制施加的方向为目标面，需要额外计算确定正确的法向。适用于角或边接触的探测。

⑤ 从接触出发的节点投射法线【Nodal-Projected Normal From Contact】，在接触表面和目标面的重叠区域作用一个接触约束。接触渗透或间隙是在重叠区域平均意义上计算。相比其他设置，它提供了更精确的接触附着摩擦力和下层单元应力。

⑥ 节点-对偶形状函数投影【Nodal-Dual Shape Function Projection】，接触检测位置在接触表面和目标表面的重叠区域中的接触节点处（基于双重形状函数投影的方法），可以弥补MPC方程造成的潜在过度约束。

⑦ 组合【Combined】，Mechanical APDL 求解器将使用基于接触物体的优化检测方法。

4）渗透容差【Penetration Tolerance】，当接触算法设为程序控制、纯罚函数法、增广拉格朗日法时，程序允许用户指定接触渗透容差值和渗透接触容差因子。相当于指定一个渗透容差范围，当接触对渗透量低于渗透容差之后才会接触完全。

① 程序控制，为默认设置，其值有程序自动计算得出。

② 值【Value】，可直接输入大于 0 的值。

③ 因数，可以输入大于等于 0 小于 1 的数值，容差值为定义的因子乘以下层单元厚度。

5）弹性滑动容差【Elastic Slip Tolerance】，当接触算法设为法向拉格朗日法或接触刚度设为更新每次迭代数值，程序允许用户指定接触弹性滑动容差值和弹性滑动容差因子。

① 程序控制【Program Controlled】，程序控制为默认设置，其值由程序自动计算得出。

② 值【Value】，可直接输入大于 0 的值。

③ 因数【Factor】，可以输入大于等于 0 小于 1 的数值。

6）法向的接触刚度【Normal Stiffness】，是影响精度和收敛行为最重要的参数，接触刚度越大，结果越精确，收敛也越困难。如果刚度太大，模型会振荡、接触面会弹开。Workbench Mechanical 系统默认自动设定，用户可以手动输入法向刚度因子【Normal Stiffness Factor（FKN）】，它是计算刚度代码的乘子，因子越小，接触刚度越小。在默认情况下，对绑定和无分离接触类型为 10，对其他形式接触类型为 1。另外，对于体积主导的问题，用程序控制或手动输入法向刚度因子为 1；对于弯曲主导的问题，手动输入法向刚度因子为 0.01 ~ 0.1 之间的数值。只适用于基于罚函数的算法。

7）更新刚度【Update Stiffness】，指定程序是否应在解决方案期间更新（更改）接触刚度，指定后优点是刚度可自动确定，便于收敛和最小穿透。

① 程序控制【Program Controlled】，程序控制为默认设置，对于两个刚体之间的接触，应用程序会将特性设置为从不，对于所有其他情况，则会将特性设定为每次迭代。

② 从不【Never】，关闭程序的自动更新刚度功能。

③ 每次迭代【Each Iteration】，在每次平衡迭代结束时更新刚度，如果不确定要使用法向刚度因子的收敛结果，则建议使用此选项。

④ 每次迭代，主动【Each Iteration, Aggressive】，与每次迭代相比，此选项允许更积极地更改值范围。

⑤ 每次迭代，指数【Each Iteration, Exponential】，此选项要求 Type 属性设置为 Frictional 或 Frictionless，Formulation 属性设置为 Pure Penalty，选中后，将显示零穿透时的压力和初始间隙特性。

8）零渗透时的压力【Pressure At Zero Penetration】，定义了接触几何体和目标几何体之间为零穿透时的压力。

9）初始间隙【Initial Clearance】，它定义了接触压力开始作用在接触和目标几何形状上的初始间隙或间隙。默认从不更新，也可每次迭代后（或强制）更新。

10）稳定阻尼因数【Stabilization Damping Factor】，为相关的运动物体接触面间提供阻尼因子并阻止刚体运动，该项仅对非线性接触类型有效，仅对接触法向方向起作用。切向方向需用 Command 命令实现。默认值为 0，对初始载荷步起作用；大于 0，则对所有载荷步起作用。

11）约束类型【Constraint Type】，用来控制接触类型为绑定，算法为多点约束的接触设置。该设置项只对算法为多点约束或面体类型有效。

① 程序控制【Program Controlled】，用于一般轴对称接触以及刚体和可变形体之间的接触。

② 投影，仅位移【Projected，Displacement Only】，仅用于耦合平移自由度。

③ 投影，解耦 U 至 ROT【Projected，Uncoupled U to ROT】，旋转约束和位移约束不会耦合在一起。

④ 分布式，仅正常【Distributed，Normal Only】，接触节点的平动自由度和旋转自由度及目标节点的平动自由度耦合在一起。

⑤ 分布式，所有方向【Distributed，All Directions】，所有自由度耦合在一起。

⑥ 分布式，完全落入搜索半径内【Distributed，Anywhere Inside Pinball】，搜索区内的节点被完全耦合在一起。

12）搜索区域【Pinball Region】，该选项允许指定接触单元参数，作为共同搜索区域的参考。用于区分远离开放和接近开放状态，为接触计算提供高效的运算。搜索区域可以认为是包围在每个接触探测点周围的球形边界，决定绑定和无分离接触确定允许缝隙的大小和确定包含的初始渗透深度。如果使用 MPC 公式，搜索区域也决定多少个节点包含在 MPC 方程中。对于每个接触探测点有三个选项来控制搜索区域的大小。

① 程序控制【Program Controlled】，该项为默认设置。搜索区域通过其下的单元类型和单元大小由程序计算给出。

② 自动检测值【Auto Detection Value】，该选项仅对自动探测产生的接触对有效。搜索区域值等同于全局接触设置区域的容差值。当接触自动探测区域大于程序控制的区域时，推荐使用自动探测值，但是，在求解开始时接触可能不是初始闭合。

③ 搜索半径【Radius】，用户直接指定搜索半径大小。

13）时间步数控制【Time Step Controls】，时间步数控制提供了一个额外的收敛加强选项，它允许基于收敛行为的二分和时间步调整。仅对非线性接触类型有效。

① 不控制【None】，为默认设置，接触行为的改变不会影响到自动时间步，适合大部分情况。

② 自动平分【Automatic Bisection】，在检查子步数后接触状态如有较大的渗透或改变出现，则当前子步数进行二分时间减半（增量）重估。

③ 预测影响【Predict for Impact】，执行自动二分时间步并预测在接触状态改变时所需的最小时间增量。

④ 用冲击约束【Use Impact Constraints】，用来满足在接触与目标交界面的动量与能量平衡，常在瞬态动力学分析中应用。

5. 几何修改【Geometric Modification】

1）交界面处理【Interface Treatment】，利用界面处理可以内部偏移接触面到指定位置，使用户不用修改 CAD 模型中存在的间隙，但是，在实际网格和偏移的接触面之间会产生刚性区。

① 自动调整接触【Adjusted to Touch】，让程序自动调整接触偏移量来闭合间隙建立初始接触，搜索半径需大于最小间隙。

② 偏移用斜坡效应【Add Offset，Ramped Effects】，通过增加偏移量，在一个载荷步中

利用斜坡效应分几个子步线性地逐步施加建立初始接触。正偏移关闭间隙，负偏移打开间隙。

③ 偏移不用斜坡效应【Add Offset，No Ramping】，通过增加偏移量，在一个载荷步中一次性完成施加建立初始接触。

④ 仅偏移，斜坡效果【Offset Only，Ramped Effects】，如果初始状态处于接触状态，应用程序将忽略任何初始几何贯穿件。如果初始状态为近场，则应用程序将忽略计算的初始穿透（偏移加几何间隙），而仅应用剩余的偏移值（偏移加上几何间隙计算的剩余值），此选项的所有加载都是倾斜的。

⑤ 仅偏移，无斜坡【Offset Only，No Ramping】，与其他类似选项不同之处在于加载是逐步应用的。

⑥ 仅偏移，忽略初始状态，斜坡效果【Offset Only，Ignore Initial Status，Ramped Effects】，在应用均匀偏移之前，无论初始接触状态如何，计算接触时，该选项都会忽略任何初始几何穿透或间隙。

⑦ 仅偏移，忽略初始状态，无斜坡【Offset Only，Ignore Initial Status，No Ramping】，与其他类似选项不同之处在于加载是逐步应用的。

2）偏移【Offset】，定义接触点偏移值，正值使触点更靠近（增加穿透力/减小间隙），负值使触点更远离。

3）接触几何修正【Contact Geometry Correction】，包括无【None】、平滑【Smoothing】、螺栓螺纹【Bolt Thread】。

4）方向【Orientation】，程序控制为默认设置，只有圆柱体模型接触才自动辨认，其他需指定；回转轴线【Revolute Axis】，需要用不同接触起止点（X1，Y1，Z1，X2，Y2，Z2）坐标系来定义方向。

① 起点【Starting Point】，设置螺纹起点。

② 终点【Ending Point】，设置螺纹终点。

③ 平均俯仰直径【Mean Pitch Diameter】，$d_m = d - 0.65p$。

④ 俯仰距离【Pitch Distance】，输入数值。

⑤ 螺纹角【Thread Angle】，输入数值。

⑥ 螺纹类型【Thread Type】，分单线程【Single-Thread】、双线程【Double-Thread】和三头螺纹【Triple-Thread】。

⑦ 旋向性【Handedness】，分右向旋转螺纹【Right-Handed】和左向旋转螺纹【Left-Handed】。

5）目标几何结构校正【Target Geometry Correction】，包括无【None】、平滑【Smoothing】。选项为平滑【Smoothing】，该选项可以通过基于精确几何体而不是网格评估接触检测来提高圆形边（二维）和球形或旋转曲面（三维）的精度，可以使用带有中间节点的网格更有效地分析弯曲的几何图形。与接触几何结构校正类似。

6）目标方位【Target Orientation】包括：①程序控制为默认设置，只有圆柱体模型接触才自动辨认，其他需指定；②回转轴线【Revolute Axis】，需要用不同目标起止点（X1，Y1，Z1，X2，Y2，Z2）坐标系来定义方向；③球心点或圆心点，指定中心点坐标。

5.3.3 通用接触

通用接触【General Contact】技术在所有可能位置的所有外表面覆盖接触单元,不需要目标单元,只对柔体接触而言。而基于对的接触技术需要定义接触单元和目标单元,用户还需要预先知道要在哪里定义接触,自动接触探测虽是个好的功能,但无法保证准确预知接触位置,特别对于复杂装配结构、超弹性材料大变形计算等。在默认情况下,通用接触采用GCGEN命令获取所有的接触表面,对每一个接触表面自动地指定一个唯一的Section ID和单元类型ID,用户可以修改Section之间的关系,目前只能通过MAPDL命令的方式修改。

创建通用接触方法如下:

1)选择需要创建通用接触的Base单元之后,执行GCGEN命令:

GCGEN, Option, FeatureANGLE, EdgeKEY, SplitKey, SelOpt;

在选择的Base单元外表面创建通用接触单元,该单元与基于对的接触技术使用的单元类型一致,主要是CONTA172、CONTA174、CONTA177。

2)通过函数调用可以检索Section ID和单元类型ID,或 *GET命令获得相应接触信息。

3)通过命令GCDEF, Option, SECT1, SECT2, MATID, REALID;定义通用接触面的界面交互行为。或用命令TB, INTER, MAT ID, TBOPT;定义哪一种接触类型。或用命令TBDATA, *STLOC*, *C*1, *C*2, *C*3, *C*4, *C*5, *C*6;控制初始渗透和间隙效应。或用命令CNCHECK, Option, RID1, RID2, RINC, InterType, TRlevel, CGAP, CPEN, IOFF;从物理上接触点和目标节点之间的相对位置。

5.3.4 接触工具

接触工具【Contact Tool】可以用来在载荷加载前检测装配体各部件的接触状态,也可在求解后通过各种接触区域检验载荷的传递情况。也即通过在连接【Connections】下插入Contact Tool来查看初始接触状态,在求解【Solution】下插入Contact Tool来评估接触效果。

在Workbench中,接触状况可通过工作表格法和几何选择法来评估。工作表格法用来评估所有接触对,几何选择法为用户指定范围的评估。应注意,在默认情况下,评估的为最后一种接触情况,当然,用户也可以手动来修改所要评估的区域。

1. 评估初始接触状态

为了在未加载前评估初始接触状态,接触工具假设相互接触的模型有小变形。如果搜索半径设置为程序控制,则这种假设将影响接触区域搜索半径。

(1)插入接触工具用工作表格【Worksheet】法

选择连接【Connections】,然后在工具栏选择【Contacts】→【Contact Tool】,或右击从弹出工具菜单插入【Contact Tool】,【Initial Information】随之出现,在另一侧【Worksheet】也同时出现,也可在Worksheet上进行多种操作,如返回到选定接触区域在导航树中的位置。在工作表中选定一接触区域并且右击,从弹出的菜单中选择【Go To Selected Items in Tree】,程序会自动返回到指定选项,并高亮显示。用户也可以进行其他项操作,例如恢复或清除所有接触区域、激活或取消所有选项,如图5-6所示。

(2)插入接触工具用几何选择【Geometry Selection】法

插入接触工具后,选择【Contact Tool】→【Detail of "Contact Tool"】→【Scoping Method】→

【Geometry Selection】，选择一个或几个有接触的几何模型。在【Contact Tool】下插入渗透、间隙和接触状态，如图 5-7 所示。注意此时【Initial Information】不可用。

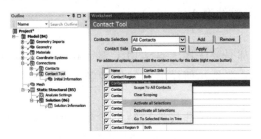

图 5-6　接触工具工作表格法　　　　　图 5-7　接触工具几何选择法

（3）显示初始接触结果状态

插入接触工具操作后，单击接触工具分支任一项，右击从弹出的工具菜单选择【Generate Initial Contact Results】进行初始计算，计算完成后【Status】可以查看接触结果状态，如图 5-8 所示，单击【Initial Information】查看初始接触结果状态，如图 5-9 所示。根据初始接触结果和颜色图例对比，对接触情况进行必要的调整，达到合理的接触状态。

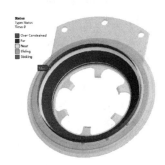

图 5-8　几何选择法初始
接触结果状态

1）表格法初始接触结果状态的表格说明。

① 名称【Name】：指接触区域名称。

图 5-9　表格法初始接触结果状态

② 接触侧【Contact Side】：指选择的接触侧或目标侧。

③ 类型【Type】：指接触类型，有绑定、无分离、摩擦、无摩擦、粗糙、强制摩擦滑动。

④ 状态【Status】：指接触状态，有闭合、接近开放、远离开放、非活动。

⑤ 接触数量【Number Contacting】：指在接触状态下接触区或目标区单元的数目。

⑥ 渗透【Penetration】：指从面体间或 Add Offset 调整推导而来的渗透值。

⑦ 间隙【Gap】：指从面体间或 Add Offset 调整推导而来的间隙值。

⑧ 几何渗透【Geometry Penetration】：指在接触面和目标面间实际存在的初始渗透值。

⑨ 几何间隙【Geometry Gap】：指在接触面和目标面间实际存在的初始间隙值。对于摩擦和粗糙接触类型，其值为最小间隙值；对于绑定和无分离接触类型，其值为探测的最大间隙值。

⑩ 计算出的搜索半径【Resulting Pinball】：指用户指定或程序自动测算出的值。

⑪ 接触深度【Contact Depth】：指单元的平均接触深度。

⑫ 法向刚度【Normal Stiffness】：指计算的最大法向刚度值。

⑬ 切向刚度【Tangential Stiffness】：指计算的最大切向刚度值。

⑭ 实部常数【Real Constant】：指接触的真实数目。

⑮ N/A：非接触出现在以下位置或状态，a. 接触对非激活时的所有结果栏；b. 无摩擦、粗糙，或摩擦接触类型和界面处理的几何间隙栏设为 Add Offset。

2）颜色图例说明。

① 红色：虽然接触状态为打开，但接触类型却是要关闭。这适用于绑定和无分离接触类型。很可能几何模型之间的接触未达到期望，通常是几何模型之间的接触间距较大引起的，应检查接触设置。

② 黄色：接触状态为打开，这也许可以接受。这对于非线性接触类型在某种状态下是一种可以接受的情况。如果状态是远离开放，尽管搜索半径不为零，间隙或渗透将设为零。

③ 橙色：虽然接触状态为闭合，但相比搜索半径和深度，有较大的间隙或渗透。须检查渗透和间隙。

④ 灰色：接触无效，对于 MPC 和拉格朗日公式来说，可能会发生这种情况；对于自动不对称行为来说，也可能会发生这种情况。可以进行相应调整来消除，如非对称行为调整为对称行为。

2. 求解后评估接触状况

在求解项下插入接触工具，在求解工具栏上或单击【Solution】项，然后插入【Contact Tool】→【Contact Tool】，显示接触状态，包括过约束【Over Constrained】、远场开放【Far】、近场开放【Near】、闭合滑动【Sliding】、闭合黏附【Sticking】，如图 5-10 所示。

除了求解后对接触情况进行评估，还可以对接触情况进一步了解，如增加接触压力【Pressure】、摩擦应力【Frictional Stress】、滑动距离【Sliding Distance】、渗透【Penetration】、间隙【Gap】、流体压力【Fluid Pressure】评估。右击【Contact Tool】→【Insert】，如图 5-11 所示。

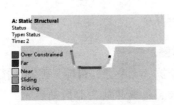

图 5-10　实际接触状态

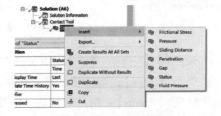

图 5-11　插入接触结果项

此外，还可以用几何选择法评估求解后的接触状况。该方法是根据用户指定接触区域进行评估。在求解项下插入接触工具，在求解工具栏上或单击【Solution】项，然后插入【Contact Tool】→【Scoping Method】→【Geometry Selection】，选择一个或几个有接触的几何模型，求解数据完成后，即可看到相应的接触结果。

5.4　几何非线性

结构几何形状的变化引起结构响应的非线性称为结构的几何非线性。一般地，当变形大于零件最大尺寸的 1/20 时，应进行几何非线性分析。ANSYS 按照特征将几何非线性分为三种：大应变、大扰度（或大转动）和应力刚化。

5.4.1 网格控制

在大多数情况下，可以不考虑几何模型对非线性求解的影响，但是模型有大变形区时应考虑。通过形状检查可以确保大应变分析过程中预测单元扭曲，从而使单元质量得到提升。而标准的【Standard Mechanical】形状检查只适用于线性分析，使用错误极限条件选项设置为积极的【Aggressive Mechanical】形状检查可能会产生网格失效问题，Mechanical 会提示检查和修补失效网格信息。另外，程序默认下网格划分采用中间节点的【Element Midside Nodes】高阶单元划分网格，可以采用二次【Quadratic】中间节点，降低线性单元，增加求解稳定性，如图 5-12 所示。

5.4.2 大变形

模型大变形需要在多步迭代中调整刚度矩阵，以适应应力硬化的影响。考虑大变形、大旋转、大应变、应力钢化、旋转软化的影响，需在求解控制中将大挠曲【Large Deflection】设置为 On，如图 5-13 所示。

图 5-12 中间节点与形状检查

图 5-13 大变形

5.5 材料非线性

由于材料本身非线性（即胡克定理不成立）的应力-应变导致结构响应的非线性称为材料非线性。除了本身固有的非线性外，加载过程的不同、结构所处环境的变化（如温度变化和时间变化）等外部因素均可导致材料应力-应变关系的非线性。如果载荷大到足以导致某些永久变形，或应变非常大（如达到50%），则应使用非线性材料模型。ANSYS 中有丰富的材料模型，如有 125 种组合蠕变模型、20 种弹塑性模型、11 种超弹性模型、7 种黏塑性模型、4 种黏弹性模型、多线性随动强化模型、形状记忆合金模型等，不同的模型间又可以组合实现多情况仿真数值分析。

5.5.1 塑性材料

塑性材料【Plasticity Material】是在外力作用下，虽然产生较显著变形而不被破坏的材料。相反，在外力作用下，发生微小变形即被破坏的材料，称为脆性材料。工程上常将断后伸长率大于 5% 的材料称为塑性材料，而将断后伸长率小于 5% 的材料称为脆性材料。

Workbench 输入塑性材料数据的方法如下。

1）创建工程数据，首先从组建系统里双击工程数据【Engineering Data】调入图形管理窗口，然后双击【Engineering Data】进入工程数据系统。单击工程数据工具栏【Engineering Data Sources】或在界面的空白处右击，从弹出的快捷菜单中选择工程数据源【Engineering Data Sources】，主显示【Engineering Data Sources】和【Outline of Favorites】。

2）在【Engineering Data Sources】表中选择 A3 栏一般材料【General Material】，然后单击【Outline of General Material】表中的添加按钮，此时在 C12 栏中显示材料添加成功，如图 5-14 所示。

3）同步骤 1），单击工程数据工具栏中的工程数据源【Engineering Data Sources】，返回到初始画面。根据实际工程材料特性，其表中的数据可以修改，本例采用默认数据，如图 5-15 所示。

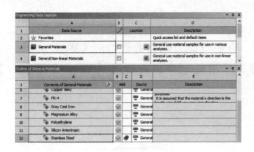

图 5-14　添加材料

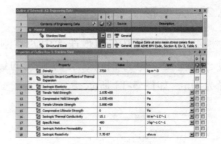

图 5-15　材料参数修改窗口

4）单击左侧 Toolbox 中的塑性材料【Plasticity】，展开试验数据项，双击【Bilinear Isotropic Hardening】，为材料添加塑性特征，此时在 Properties of Outline Row 3：Stainless Steel 表中出现【Bilinear Isotropic Hardening】。

5）在【Bilinear Isotropic Hardening】的参数区域输入屈服强度（Yield Strength）和剪切模量（Tangent Modulus）的值。这些关系曲线会自动生成，如图 5-16 和图 5-17 所示。

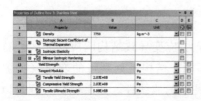

图 5-16　输入屈服强度和剪切模量

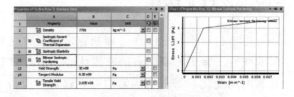

图 5-17　数据图形显示

6）单击工具栏中的【A2：Engineering Data】关闭按钮，返回到 Workbench 主界面，新材料创建完毕。

5.5.2　超弹性材料

超弹性材料【Hyperelasticity】是指材料在外力作用下产生远超过弹性极限应变量的应变，而且卸载时应变可恢复到原来状态的材料。

在 Mechanical 中，超弹性材料是一种聚合物，其弹性体包括天然的或合成的橡胶，它是非晶态的，由长的分子链组成。分子链将高度扭转、卷曲，且在未变形状态下取向任意；在拉伸载荷作用下，这些分子链的部分变得平直、不扭曲；一旦卸载，这些分子链返回到初始形态。其本构关系通过应变能密度函数（$\dot{\sigma}=D:\dot{\varepsilon}$）定义，应变能密度函数可通过一条最接近试验拟合应力与应变测试数据的曲线来表达。

在 Workbench 的工程数据【Engineering Data】里提供有曲线拟合工具来转换试验数据到应变能函数，具体可通过以下方法。

1）创建工程数据，首先从组建系统里双击【Engineering Data】，调入图形管理窗口，然后双击【Engineering Data】，进入材料系统。

2）在工程数据属性中增加新材料：【Outline of Schematic A2，B2：Engineering Data】→【Click here to add a new material】，输入材料名称 Hyper，如图 5-18 所示。

3）单击左侧 Toolbox 中的应力应变试验数据【Experimental Stress Strain Data】，展开试验数据项，其中主要包括单轴测试数据【Uniaxial Test Data】、双轴测试数据【Biaxial Test Data】、剪力测试数据【Shear Test Data】、体积测试数据【Volumetric Test Data】等。双击【Uniaxial Test Data】→【Properties of Outline Row 4：Hyper】→【Table of Properties Row 2：Uniaxial Test Data】，输入应力应变的单轴测试数据，此时会显示应力应变曲线图，如图 5-19 所示。

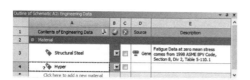

图 5-18 增加新材料

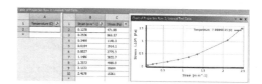

图 5-19 输入应力应变的单轴测试数据

4）单击左侧 Toolbox 中的超弹性材料【Hyperelastic】，展开验数据项，然后双击超弹性应变能密度函数【Yeoh 3rd Order】→【Properties of Outline Row 3：Hyper】用来拟合曲线。在【Yeoh 3rd Order】下的曲线拟合【Curve Fitting】上右击，在弹出的快捷菜单中选择【Solve Curve Fit】，如图 5-20 所示，此时 Workbench 会自动进行批处理拟合曲线，拟合完毕后将显示拟合数据与试验数据，如图 5-21 所示。

图 5-20 快捷菜单

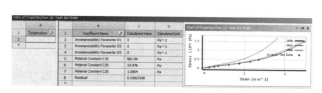

图 5-21 拟合数据与试验数据

5）在【Yeoh 3rd Order】下的【Curve Fitting】上右击，在弹出的快捷菜单中选择【Copy Calculated Values To Property】，把拟合的数据添加到【Yeoh 3rd Order】，最后可得拟合曲线，如图 5-22 所示。

6）单击工具栏中的【A2：Engineering Data】关闭按钮，返回到 Workbench 主界面，新材料创建完毕。

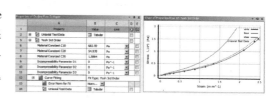

图 5-22 拟合曲线

5.6 非线性诊断

5.6.1 非线性收敛诊断

ANSYS Workbench 求解器的非线性求解输出可以在【Solution Information】分支中被要求。当被要求后，【Solution Information】分支可以用来显示求解器输出【Solver Output】和力收敛过程【Force Convergence】，它们提供了非线性求解过程的详细描述，如图 5-23 所示。

1. 求解输出

在理想情况下，残余力或不平衡力在系统平衡时应为零。但是，因为机器精度和实际情况，Workbench Mechanical 将会确定一个误差可以忽略的值，这个值就是标准值【Criterion】。力收敛值【Force Convergence Value】必须小于标准值才能使子步收敛。

图 5-23 求解器输出的信息

提示信息（如收敛或对分），在输出窗口中用"＞＞＞"和"＜＜＜"标示，力收敛图如图 5-24 所示。

力收敛显示什么是残余力和标准力。当残余力小于标准力时，这一子步是收敛的。图 5-25 中分别用紫色和绿色的点线来分别代表载荷步和子步，此图显示是收敛的。

图 5-24 力收敛图

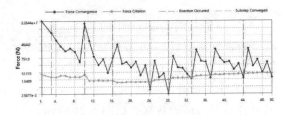

图 5-25 收敛曲线

2. Newton-Raphson 余量

牛顿-拉夫逊【Newton-Raphson】方法求解需要经过多次迭代直到达到力平衡。为了便于调试，可用牛顿-拉夫逊残余【Newton-Raphson Residuals】来检测余量高的区域，从而找到力不平衡的原因。在【Solution Information】的详细窗口中，输入提取【Newton-Raphson Residuals】的平衡迭代次数。例如，输入"4"，那么求解退出或不收敛时，将会返回最后三步的残余力，如图 5-26 所示。当求解停止或不收敛时，余量可以在【Solution Information】分支中得到。

3. 结果追踪

除了监视不平衡力，在【Solution Information】下还可以添加追踪器【Result Tracker】。利用追踪器使用户能够在求解过程中监视某点的变形或接触区信息，例如观察接触区域渗透量，如图 5-27 所示。

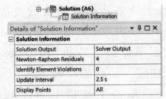

图 5-26 Newton-Raphson 余量设置

5.6.2　非线性诊断总结

通过上面的介绍，应大概了解，有哪些设置会影响非线性求解的收敛性。Workbench Mechanical 提供了许多工具来帮助用户监视非线性求解和诊断问题。

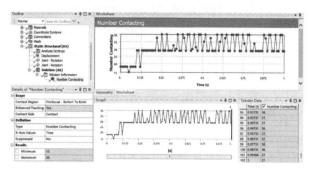

图 5-27　利用结果追踪监视接触区域信息

1）通常，首先从简单问题开始，然后再逐渐增加问题的复杂性，这样便于更好地确定问题的原因。若初次分析就加大复杂性，将会在随后的分析中浪费大量时间。

2）一般不用改变设置，首先推荐使用默认的设置，然后，如果有明确的原因才能改变接触或求解器设置。可以用求解输出、结果跟踪、力收敛等工具来检查问题的原因。

3）对接触非线性，一定要正确设置接触区域和目标区域（对柔体的通用接触可以不考虑）及相应接触设置，然后通过接触工具计算并查看初始接触状态是否存在问题，如初始渗透、间隙、深度等数值是否合理。如存在问题，应及时修改接触设置、几何模型，直到问题完全解决。

4）如果存在塑性和大的单元畸变，可以试着先去掉塑性来运行模型，确定是否是由于材料模型造成的问题。如果可以确定，再检查塑性定义，如是不是完全塑性、材料参数是否输入正确、是不是单元刚度过小而引起的单元变形过大。

5）如果求解不收敛，可通过检查 Newton-Raphson 余量来确定高余量区域，这些区域可能是存在问题的区域。确定这些区域是否加载了载荷或约束、是不是接触区域，之后再检查模型设置确保合理。

6）刚体位移引起的不收敛问题，有时几何模型严格的无渗透和间隙，但网格离散后（网格过大），并不能保证无渗透和间隙，这样会导致约束不足，无法消除刚度矩阵奇异性，从而产生刚体位移。对于这类问题，可查看哪个初始接触状态是否是打开的来判断，或进行一次模态分析来找到接近于零频率的模态。

5.7　某型 U 形支架螺栓预紧非线性接触分析

1. 问题描述

某型 U 形支架材料为结构钢。螺栓预紧力与支架之间的摩擦系数为 0.15，工作时预调紧 0.1mm，其他相关参数在分析过程中体现。试求在预调紧时 U 形支架的最大应力与变形，以及螺母处的接触状态和应力。

2. 有限元分析过程

（1）启动 Workbench 2024

在"开始"菜单中执行【ANSYS 2024 R1\R2】→【Workbench 2024 R1\R2】命令。

（2）创建结构静力分析项目

① 在工具箱【Toolbox】的【Analysis Systems】中双击或拖动结构静力分析项目【Static

Structural】到项目流程图，如图 5-28 所示。

② 在 Workbench 的工具栏中单击【Save】，保存项目工程名为 Bracket. wbpj。有限元分析文件保存在 D：\AWB\Chapter05 文件夹中。

（3）导入几何模型

在结构静力分析项目上，右击【Geometry】→【Import Geometry】→【Browse】，找到模型文件 Bracket . agdb，打开导入几何模型。模型文件在 D：\AWB\Chapter05 文件夹中。

图 5-28　创建结构静力分析项目

（4）进入 Mechanical 分析环境

① 在结构静力分析项目上，右击【Model】→【Edit】，进入 Mechanical 分析环境。

② 在 Mechanical 的主菜单【Units】中设置单位为 Metric（mm，kg，N，s，mV，mA）。

（5）为几何模型分配材料属性，材料默认结构钢

（6）接触设置

① 在导航树上右击【Connections】→【Rename Based On Definition】，重新命名目标面与接触面。

② 右击接触对【Bonded-U To Bolt】→【Duplicate】，复制并创建新接触对。

③ 设置螺栓帽与 U 形支架表面的接触，在标准工具栏上单击 □，单击【Bonded-U To Bolt】→【Details of "Bonded-U To Bolt"】→【Scope】→【Contact】：单击 3Faces，在空白处单击取消预选择 3 个面，单击选择 U 形支架侧面，然后单击 Apply 按钮确定，如图 5-29 所示；【Target】：隐藏整个 U 形支架，单击【2Faces】，在空白处单击取消预选择 2 个面，单击选择 U 形支架对应的螺栓冒面，然后单击 Apply 按钮确定，如图 5-30 所示；然后继续设置【Definition】→【Type】= Frictional，【Frictional Coefficient】= 0.15，【Behavior】= Symmetric；【Advanced】→【Formulation】= Augmented Lagrange，【Detection Method】= On Gauss Point，【Geometric Modification】→【Interface Treatment】= Add Offset，Ramped Effects，其他默认。

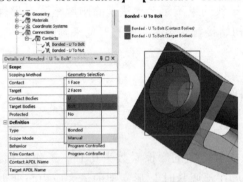

图 5-29　设置摩擦接触面

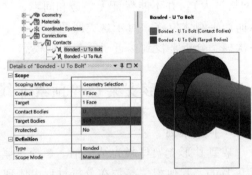

图 5-30　设置摩擦接触目标面

④ 设置螺母与 U 形支架表面的接触，单击【Bonded-U To Nut】，设置【Details of "Bonded-U To Nut"】→【Definition】→【Type】= Frictional，【Friction Coefficient】= 0.15，【Behavior】= Symmetric；【Advanced】→【Formulation】= Augmented Lagrange，【Detection Method】= On Gauss Point，【Geometric Modification】→【Interface Treatment】= Add Offset，Ramped Effects，其他默认，如图 5-31 所示。

⑤ 设置螺栓柱与螺母的接触，单击【Bonded-Bolt To Nut】，设置【Details of "Bonded-Bolt To Nut"】→【Definition】→【Behavior】= Symmetric；【Advanced】→【Formulation】= Pure Penalty，【Detection Method】= On Gauss Point，其他默认，如图 5-32 所示。

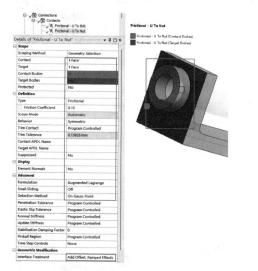

图 5-31　摩擦接触设置　　　　　　　　图 5-32　螺母接触设置

⑥ 设置螺栓柱与 U 形支架的接触，右击【Contacts】→【Insert】→【Manual Contact Region】手动接触对，在标准工具栏上单击 ⬚，单击【Bonded-No Selection To No Selection】→【Details of "Bonded-U To No Selection"】→【Scope】→【Contact】：隐藏螺栓柱，单击选择 U 形支架两侧面孔，然后单击 Apply 按钮确定，如图 5-33 所示；【Target】：显示整个螺栓柱，单击选择螺栓柱表面，然后单击 Apply 按钮确定，如图 5-34 所示；单击【Bonded-U To Bolt】，设置【Details of "Bonded-U To Bolt"】→【Definition】→【Type】= Bonded，【Behavior】= Symmetric；【Advanced】→【Formulation】= Augmented Lagrange，【Detection Method】= On Gauss Point；【Geometric Modification】→【Interface Treatment】= Add Offset，No Ramping，其他默认。

（7）划分网格

① 在导航树里单击【Mesh】，设置【Details of "Mesh"】→【Defaults】→【Physics Preference】= Mechanical；【Sizing】→【Use Adaptive Sizing】= No，【Capture Curvature】= Yes，【Quality】→【Smoothing】= High；其他选项默认。

② 在标准工具栏上单击 ⬚，选择螺栓柱，然后在导航树上右击【Mesh】，从弹出的菜单中选择【Insert】→【Method】→【Details of "Automatic Mesh"】→【Definition】→【Method】→【MultiZone】。

③ 在标准工具栏上单击 ⬚，选择 U 形支架，然后在导航树上右击【Mesh】，从弹出的菜单中选择【Insert】→【Method】→【Details of "Automatic Mesh"】→【Definition】→【Method】→【Hex Dominant】。

④ 在标准工具栏上单击 ⬚，选择螺母侧面，然后右击【Mesh】→【Insert】→【Face Meshing】，如图 5-35 所示。

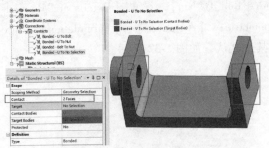

图 5-33　设置无摩擦接触面

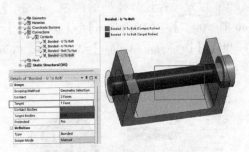

图 5-34　设置无摩擦接触目标面

⑤ 在标准工具栏上单击 ，选择螺栓柱螺帽侧面，然后右击【Mesh】→【Insert】→【Face Meshing】，如图 5-36 所示。

⑥ 生成网格，右击【Mesh】→【Generate Mesh】，图形区域显示程序生成的单元网格模型，如图 5-37 所示。

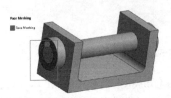

图 5-35　选择螺母侧面

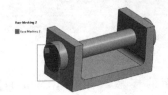

图 5-36　选择螺栓柱螺帽侧面

图 5-37　生成网格

⑦网格质量检查，在导航树里单击【Mesh】，设置【Details of "Mesh"】→【Quality】→【Mesh Metric】= Skewness，显示 Skewness 规则下网格质量详细信息，平均值处在好水平范围内，展开【Statistics】显示网格和节点数量。

（8）接触初始状态检测

① 在导航树上，右击【Connections】→【Insert】→【Contact Tool】。

② 右击【Contact Tool】，从弹出的快捷菜单中选择【Generate Initial Contact Results】，经过初始运算，得到初始接触信息，如图 5-38 所示。注意：图示接触状态值是按照网格设置后的状态，也可网格不先设置，查看接触初始状态。

Name	Contact Side	Type	Status	Number Contacting	Penetration (mm)	Gap (mm)	Geometric Penetration (mm)	Geometric Gap (mm)	Resulting Pinball (mm)	Real Constant
Frictional - U To Bolt	Contact	Frictional	Closed	222.	1.0012e-006	0.	1.0012e-006	N/A	3.8041	5.
Frictional - U To Bolt	Target	Frictional	Closed	222.	1.0012e-006	0.	1.0012e-006	N/A	3.8041	6.
Frictional - U To Nut	Contact	Frictional	Closed	164.	0.	0.	0.	N/A	3.3654	7.
Frictional - U To Nut	Target	Frictional	Closed	164.	0.	0.	0.	N/A	3.3654	8.
Bonded - Bolt To Nut	Contact	Bonded	Closed	310.	6.4354e-015	0.	1.1068e-005	2.0893e-006	0.2371	9.
Bonded - Bolt To Nut	Target	Bonded	Closed	310.	6.4354e-015	0.	1.1068e-005	2.0893e-006	0.2371	10.
Frictionless - U To Bolt	Contact	Frictionless	Closed	206.	4.9975e-002	0.	4.9975e-002	4.7083e-003	0.5175	11.
Frictionless - U To Bolt	Target	Frictionless	Closed	206.	4.9975e-002	0.	4.9975e-002	4.7083e-003	0.5175	12.

图 5-38　接触初始状态检测

（9）施加边界条件

① 单击【Static Structural（A5）】。

② 非线性设置，单击【Analysis Settings】，设置【Details of "Analysis Settings"】→【Solver Controls】→【Solver Type】= Direct，其他默认。

③ 施加预紧力，在标准工具栏上单击 选择螺栓柱面，接着在环境工具栏单击【Loads】，设置【Blot Pretension】→【Details of "Blot Pretension"】→【Definition】→【Define By】

= Adjustment，【Preadjustment】=0.1mm，如图5-39所示。

④ 施加约束，在标准工具栏上单击 ⬚，然后选择 U 形支架底面，接着在环境工具栏单击【Supports】→【Fixed Support】，如图5-40所示。

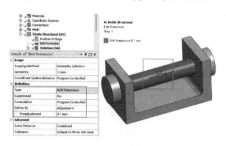

图5-39　施加预紧力

图5-40　施加约束

（10）设置需要的结果

① 在导航树上单击【Solution（A6）】。

② 在 Mechanical 求解工具栏单击【Deformation】→【Total】。

③ 在 Mechanical 求解工具栏单击【Stress】→【Equivalent（von-Mises）】。

（11）求解与结果显示

① 在 Mechanical 求解工具栏单击 ⚡ 进行求解运算。

② 运算结束后，单击【Solution（A6）】→【Total Deformation】，图形区域显示分析得到整个 U 形支架变形分布云图，图5-41所示；单击【Solution（A6）】→【Equivalent Stress】，显示整个 U 形支架等效应力分布云图，如图5-42所示。

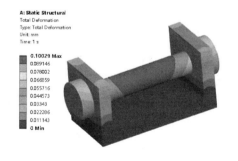

图5-41　变形分布云图

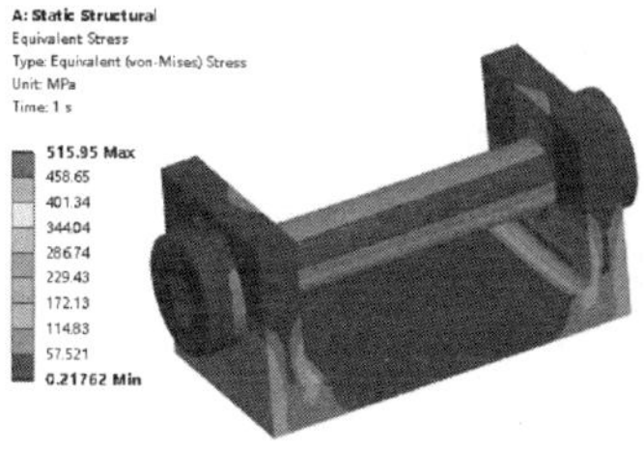

图5-42　等效应力分布云图

③ 查看力收敛，在导航树上单击【Solution Information】，设置【Details of "Solution Information"】→【Solution Output】=Force Convergence，可以查看收敛曲线，如图5-43所示。

（12）查看螺母与 U 形支架之间侧面局部接触状态和接触应力

① 在导航树上单击【Solution（A6）】。

② 在 Mechanical 求解工具栏单击

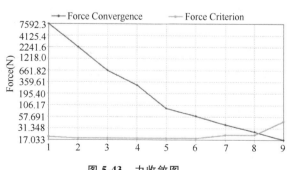

图5-43　力收敛图

【Toolbox】→【Contact Tool】→【Details of "Contact Tool"】→【Scoping Method】= Geometry Selection，然后选择与螺母紧邻对应的 U 形支架侧面并单击 Apply 按钮。

③ 右击【Contact Tool】→【Insert】→【Frictional Stress】。

④ 右击【Contact Tool】→【Evaluate All Results】。

⑤ 单击【Contact Tool】→【Status】，可以看到此处的接触状态，如图 5-44 所示；单击【Frictional Stress】，可以查看此处的接触应力，如图 5-45 所示。

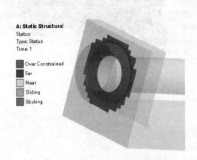

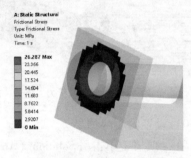

图 5-44　接触状态分布云图　　　　图 5-45　接触应力分布云图

（13）保存与退出

① 退出 Mechanical 分析环境。单击 Mechanical 主界面的菜单【File】→【Close Mechanical】退出环境，返回到 Workbench 主界面，此时主界面的项目管理区中显示的分析项目均已完成。

② 单击 Workbench 主界面上的【Save】按钮，保存所有分析结果文件。

③ 退出 Workbench 环境。单击 Workbench 主界面的菜单【File】→【Exit】退出主界面，完成项目分析。

3. 点评

本实例为某型 U 形支架螺栓预紧非线性接触分析，包含了两个重要知识点：接触非线性分析和螺栓预紧力分析。在本例中如何使求解快速收敛是关键，这牵涉到非线性网格划分、接触设置与接触初始检测、螺栓预紧力以及对应的边界条件设置、接触后处理工具使用。该实例重点是各部件间的接触处理方法。

5.8　本章小结

本章按照结构非线性分析基础、非线性自适应区域、接触非线性、几何非线性、材料非线性、非线性诊断和实例应用顺序编写，在介绍三类非线性分析的同时介绍了有助于非线性收敛的方法、非线性自适应区域和非线性诊断。本章配备的典型结构非线性静力分析工程实例为某型 U 形支架螺栓预紧非线性接触分析，包括问题描述、有限元分析过程及点评三部分内容。

通过本章的学习，读者可以了解在 Workbench 环境下典型的结构非线性分析的基础知识，分析流程、分析设置、载荷的施加方法和结果后处理等相关知识。

第6章　热力学分析

从广义上来说，热分析也属于结构分析的范畴，与结构分析有相似性。热分析主要用于计算一个系统或部件的温度分布和其他热物理参数。通过热分析计算，可以在模型中观察温度分布、温度梯度、热流和模型周围环境之间交换的热量。

热分析在许多工程应用中扮演着重要角色，如发动机、液压缸、电动机或电动泵、换热器、管路系统、电子元件、锻造、铸造等。通常首先热分析后提取温度场并作为边界条件导入结构分析器再进行结构分析，以计算由于热膨胀或收缩而引起的热变形、热应力等。例如，涡轮在运转中会产生高温高压的气体，内部受到高温高压气体作用的各部件会出现热膨胀，产生热应力，从而会影响某些零部件的热疲劳、过早失效，严重时会影响装备整体的稳定性。

6.1　传热学基础

6.1.1　传热学在工程领域中的应用

传热学在工程领域应用广泛，尽管在工程的各个领域遇到的传热问题形式多种多样，但大致可归为以下三种类型的问题：

1）强化传热。即在一定的条件下增加所传递的热量，如家用空调、发动机散热装置、涡轮蜗杆传动装备等、计算机芯片散热装置等都需要强化传热的热平衡计算。

2）削弱传热，或称为热绝缘。即在一定的温差下使热量的传递减到最小。如建筑物中的保温墙、家用电冰箱和相关装备当中的隔热保温装置，需减少散热（能量）损失，并都要进行削弱传热计算。这类问题关系到节能减排问题。

3）温度控制。为使一些设备能安全经济地运行，或得到优质产品，要对热量传递过程中物体关键部位的温度进行控制。如高速精密机床主轴滑动轴承部位和大规模集成电路的温度控制等。

6.1.2　热能传递的三种基本方式

1. 热传导

1）热传导的基本概念。温度不同的物体各部分或温度不同的两物体间直接接触时，依靠分子、原子、自由电子等微观粒子的热运动而产生的热能传递称为热传导。例如，固体内部热量从温度较高的部分传递到温度较低的部分。

2）热传导的特点。传热是物体的固有性质（只要存在温差）。依靠微观粒子的无规则热运动，需直接接触，物体各部分不发生宏观的位移。

3）热传导基本方程（傅里叶定律）：

$$Q = -\lambda A \frac{\mathrm{d}T}{\mathrm{d}x} \tag{6-1}$$

式中，Q 是热流量，是指单位时间内通过某一给定面积的热量，单位为 W；λ 是导热系数，是表征材料导热性能好坏的参数，导热系数越大，物体的导热性能越好，单位为 W/（m·℃）；A 是导热面积，单位为 m^2；$\mathrm{d}T/\mathrm{d}x$ 是温度梯度，单位为℃/m；热流密度是指单位时间内通过单位面积的热流量，记为 q，单位为 W/m^2。

$$q = \frac{Q}{A} = -\lambda \frac{\mathrm{d}T}{\mathrm{d}x} \tag{6-2}$$

2. 热对流

1）热对流的基本概念。流体的宏观运动而引起的流体各部分之间发生相对位移，冷热流体相互掺混所导致的热量传递过程称为热对流。工程上对流体流过一个物体表面时流体与物体表面间的热量传递过程称为对流传热。

2）热对流的特点。热对流只能发生在流体中，宏观运动加流体导热就是对流换热。对流换热的机理与通过紧靠换热面上的薄膜层的热传导有关。

3）对流换热分类：根据引起流动的原因分为自然对流和强制对流；根据对流换热时是否发生相变分为有相变对流换热和无相变对流换热；液体在热表面上沸腾和蒸汽在冷表面上凝结的对流换热分别称为沸腾换热和凝结换热（伴随着相变对流换热）。

4）对流换热的基本定律（牛顿冷却公式）为

$$Q = hA\Delta T = hA\left| T_s - T_f \right| \tag{6-3}$$

式中，h 是对流换热系数，表示单位温差作用下通过单位面积的热流量，对流换热系数越大，对流换热越剧烈，单位为 W/（m^2·℃）；A 是对流面积，单位为 m^2；ΔT 是温差，约定永远取正值；T_s 是表面温度，单位为℃；T_f 是流体温度，单位为℃。

5）对流换热系数的大小与对流传热过程中的许多因素有关。它不仅取决于流体的物性和换热表面的形状、大小与布置，而且还与流速有密切的关系。

3. 热辐射

1）热辐射的基本概念。物体通过电磁波来传递能量的方式称为辐射。因热的原因而发出辐射能的现象称为热辐射。物体间以辐射的形式传递热量称为辐射传热。黑体是一种理想物体，指能吸收投入到其表面上的所有热辐射能量的物体。

2）黑体在单位时间内发出的热辐射热量由斯特藩-玻尔兹曼定律揭示。实际物体辐射热流量的计算可采用斯特藩-玻尔兹曼定律的经验修正形式，即辐射传热的基本公式为

$$Q = \varepsilon A \sigma T^4 \tag{6-4}$$

式中，ε 是物体的发射率（黑度），与物体的种类和表面状态有关；A 是辐射面积，单位为 m^2；σ 是斯特藩-玻尔兹曼常量，即黑体辐射常数，是个自然常数，其值为 5.67×10^{-8} W/（$m^2 \cdot K^4$）；T 是黑体的热力学温度，单位为 K。

3）通常，工程中考虑投射到两个或两个以上物体之间的辐射热量的吸收过程，它们之间的净热量传递可采用斯特藩-玻尔兹曼方程来计算：

$$Q = \sigma \varepsilon_1 A_1 F_{12}(T_1^4 - T_2^4) \tag{6-5}$$

式中，Q 是热流率；σ 是斯特藩-玻尔兹曼常数；ε_1 是热辐射率（黑度）；A_1 是辐射面1的面

积；F_{12} 是由辐射面 1 到辐射面 2 的形状系数；T_1 是辐射面 1 的绝对温度；T_2 是辐射面 2 的绝对温度；由式（6-5）可知，包含热辐射的热分析是高度非线性的。

最后应当指出的是，热传导、热对流和热辐射的基本定律，也即傅里叶定律、牛顿冷却公式、斯特藩-玻尔兹曼定律适用于稳态和瞬态传热过程。若为瞬态传热过程，式（6-5）中的温度是瞬时温度，温度 T 不仅是坐标的函数，而且还与时间有关。

6.1.3 温度场

和重力场、速度场等一样，物体中存在温度的场，称为温度场。它是各个时刻物体中各点温度所组成的集合，又称为温度分布。一般来说，物体的温度场 T 是坐标（x，y，z）与时间 t 的函数，即

$$T = f(x, y, z, t) \tag{6-6}$$

温度场可以分为两大类：一类是稳态工作条件下的温度场，此时物体中各点的温度不随时间变化而变化，称为稳态温度场；另一类是工作条件变动时的温度场，温度分布随时间的变化而变化，如内燃机、蒸汽轮机、航空发动机的部件在启动、停止或者变工况时出现的温度场。这种温度场称为非稳态温度场或瞬态温度场。

温度场中同一瞬间相同温度各点连成的面称作等温面。任何一个二维的截面上等温面表现为等温线。温度场习惯上用等温面云图或等温线图来表示。物体中的任何一条等温线要么形成一条封闭的曲线，要么终止在物体表面上，它不会与另一条等温线相交。当等温线图上每两条相邻等温线间的温度间隔相等时，等温线的疏密可以直观地反映出不同区域导热热流密度的相对大小。

6.2 Workbench 热分析

在 ANSYS Workbench 2024 中，根据温度场性质的不同，将热分析分为稳态热分析和瞬态热分析两类，如图 6-1 所示。一般可以先对系统或部件进行稳态热分析，然后把分析的结果导入瞬态热分析中，进行瞬态热分析。也可以在所有瞬态效应消失后，将稳态热分析作为瞬态热分析的最后一步进行分析。

图 6-1　稳态热分析和瞬态热分析

6.2.1 稳态热分析和瞬态热分析

1. 稳态热分析

稳态传热用于分析稳定的热载荷对系统或部件的影响。在稳态传热系统中各点的温度仅随着位置的变化而变化，不随时间的变化而变化。因此，单位时间通过传热面的额定热量是一个恒量。

系统处于热稳态状态，通常指系统的净流入为零，即系统自身产生的热量加上流入系统的热量等于系统流出的热量。

稳态热分析的能量平衡方程以矩阵形式表示为

$$K(T)T = Q(T) \tag{6-7}$$

式中，K 是热传导矩阵，可以是常量或温度的函数，每种材料可输入温度相关的导热系数；

T 是节点温度矢量；Q 是节点热流率矢量，可以是常量或温度的函数。在对流边界条件中可以输入温度相关的对流传热系数。

2. 瞬态热分析

瞬态热分析用于计算一个系统随时间变化的温度场及其他热参数。在瞬态传热过程中，系统的温度、热流率、热边界条件、系统内能不仅随着位置不同而不同，而且随时间变化而变化。在工程上一般用瞬态热分析计算温度场，并将之作为热载荷进行应力分析。许多传热应用，如热处理问题、喷管、发动机堵塞、管路系统、压力容器等，都包含瞬态热分析。

根据能量守恒原理，用矩阵形式表示的瞬态热通用方程为

$$c(T)\dot{T}+K(T)T=Q(t,T) \tag{6-8}$$

式中，c 是比热容矩阵，考虑系统内能的增加；$\dot{T}$ 是温度对时间的导数；K 是热传导矩阵；T 是节点温度矢量；Q 是节点热流率负载矢量；t 是时间。

6.2.2 材料属性

在稳态热分析中，必须定义导热系数，导热系数可以是各向同性或各向异性，它可以是恒定的，也可以随温度变化。

在瞬态热分析中，必须定义导热系数、热力密度和比热容，导热系数可以是各向同性或各向异性，所有属性可以是恒定的，也可以随温度变化。

材料的属性可以在 Engineering Data 中以表格的形式自定义输入，如图 6-2 所示。

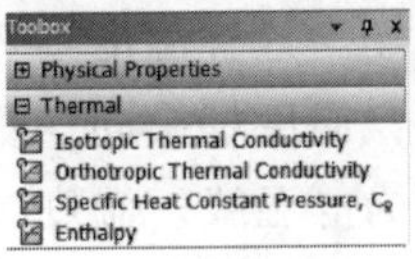

另外，需要注意的是，如存在任何温度改变而导致材料性质的改变，那么必须要进行相应的非线性求解。

图 6-2 材料的
属性设置

6.2.3 组件与接触

工程中的某些复杂系统往往由许多部件组成。当导入该系统（装配体）时，ANSYS 系统软件为确保部件间的热传递，部件间的接触区域会自动创建。面与面或面与边接触允许实体零件间的边界上存在不匹配的网格。每个接触区都用到接触面和目标面的概念，接触区一侧为接触面，则另一侧为目标面，这两个面也称为接触对。在热分析中，指定哪一侧为接触面或目标面一般不是很重要。重要的是要在接触的法线上设定有接触面和目标面间的热流，这样将会实现装配体中零件间的热传递。

只要接触法线上有接触单元，热量在接触区域就会沿着接触法向流动。在接触面和目标面中不考虑热量的扩散，但壳体或实体单元需要考虑热量的扩散。

如果部件初始有接触，部件间就会发生传热；如果部件间不接触，部件间就不发生传热。不同的接触类型，热量是否会在接触面和目标面间传递可见表 6-1。

表 6-1 接触区域传热

接触类型	初始接触	接触区域是否传热	
		搜索区内	搜索区外
绑定	是	是	否
无分离	是	是	否
无摩擦	是	否	否
粗糙	是	否	否
摩擦	是	否	否

搜索区域【Pinball】决定了什么时候发生接触，并且自动设置一个较小的值，来适应模型里的小间隙。点焊【Spotweld】为连接的壳装配体在离散点处传热提供了一种方法。【Spotweld】可在 DesignModeler 或其他 CAD 软件中定义。

由于接触区域传热，传过接触界面间的热流量，可由接触热通量定义。

$$q = T_{CC}(T_{target} - T_{contact}) \tag{6-9}$$

式中，T_{CC} 是接触传热系数；T_{target} 是相应接触目标节点的温度；$T_{contact}$ 是位于接触法线方向上某个接触节点的温度。

6.2.4 热分析设置

当瞬态热分析设置中的时间积分关闭后，就成了稳态热分析。现在以 Mechanical 模块中的瞬态热分析为例，介绍热分析的求解设置，图 6-3 所示为详细分析设置栏。

1. 步长控制【Step Controls】

1）步数【Number of Steps】，用于设置随时间变化的计算步数，其默认值为 1。

2）当前步数【Current Step Number】，用于显示当前的计算步，其默认值为 1。

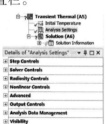

3）步骤结束时间【Step End Time】，对稳态热分析没有实际物理意义，但提供了一个方便设置载荷步和子载荷步的方法，默认值为 1，此后的载荷步对应的时间步逐次加 1。

图 6-3 详细分析设置栏

4）自动时间步【Auto Time Stepping】，用来优化载荷增量缩短求解时间，在瞬态热分析中，响应检测基于热特征值。对于大多数问题，都应该打开自动时间步长功能并设置积分上下限，有助于控制时间步长的变化量。

5）初始时间步【Initial Time Step】，用来确定初始时间步长。

6）最小时间步【Minimum Time Step】，可以防止 Workbench Mechanical 进行无限次的求解。最小时间步长可以指定为初始时间步长的 1/10 或 1/100。

7）最大时间步【Maximum Time Step】，根据精度的要求确定，该值可以与初始时间步长一样或者稍大一点。

8）时间积分【Time Integration】，该选项决定是否有结构惯性载荷、比热容之类的瞬态效应。在瞬态热分析中，时间积分效应是打开的，如果设为关闭状态，ANSYS 将进行稳态热分析。

2. 求解器控制【Solver Controls】

求解类型【Solver Type】，在程序默认下为程序自动控制方法，除此之外，用户还可选择直接求解器（Direct），其通常用在包含薄面和细长体的模型中，可以处理各种情况；迭代求解器（Iterative），一般用于处理体积较大的模型计算量。

3. 辐射度控制【Radiosity Controls】

1）辐射度求解【Radiosity Solver】，在程序默认下为程序控制方法，除此之外，用户还可以选择直接求解器（Direct）、雅克比迭代求解器（Iterative Jacobi）和高斯-赛德尔迭代求解器（Iterative Gauss-Seidel）。

2）通量收敛【Flux Convergence】，用于设置热通量收敛精度，通常程序默认值为 0.0001。

3）最大迭代次数【Maximum Iteration】，用于设置计算的最大迭代次数，通常程序默认值为 1000 次。

4）求解器容差【Solver Tolerance】，用于设置计算结果精度，通常程序默认值为 $1 \times 10^{-7} \mathrm{W/mm}^2$。

5）超松弛【Over Relaxation】，用于设置超松弛计算方法因子，通常程序默认值为 0.1。

6）半立方体法求解【Hemicube Resolution】，用于设置半立方体法求解因子，通常程序默认值为 10。

4. 非线性控制【Nonlinear Controls】

它用于修改收敛准则和求解控制，通常使用默认设置。

1）热收敛准则【Heat Convergence】，默认程序控制，也可打开或移除。

2）温度收敛准则【Temperature Convergence】，默认程序控制，也可打开或移除。

3）线性搜索【Line Search】，默认程序控制，也可打开或关闭。

4）非线性准则【Nonlinear Formulation】，默认程序控制（瞬态热分析）。

5. 高级【Advanced】

接触分布【Contact Split（DMP）】，当启动时，在分布式模式下对于存在大量接触对的模型，可以加快求解速度。

6. 输出控制【Output Controls】

1）计算热通量【Calculate Thermal Flux】，默认计算。

2）接触数据【Contact Data】，将单元接触数据写入结果文件，默认不输出。

3）节点力【Nodal Forces】，默认不计算输出。

4）体积与能量【Volume and Energy】，将总体积和能量值写入结果文件，默认不输出。

5）欧拉角【Euler Angles】，将欧拉角结果值写入结果文件，默认不输出。

6）一般的其他参数【General Miscellaneous】，默认不计算输出。

7）接触其他参数【Contact Miscellaneous】，默认不计算输出。

8）存储结果在【Store Results At】默认值为所有时间点，也可在其他时间点选择。

9）结果文件压缩【Result File Compression】，是否对结果文件进行压缩输出。

7. 分析数据管理【Analysis Data Management】

具体见第 4.2.7 节。

8. 可视化【Visibility】

它用于进行可视化设置，只有瞬态热分析有此选项。

1）整体温度最大值【Temperature-global Maximum】，通常程序默认显示。

2）整体温度最小值【Temperature-global Minimum】，通常程序默认显示。

6.2.5 热负载与边界

1. 热负载

Workbench 热分析的热负载形式如图 6-4 所示。

1）热流率【Heat Flow】，指单位时间内通过传热面的热量，单位为 W。热流率作为节点集中载荷，可以施加在点、边、面上，可以方便地施加在线体上。当输入正值时，表明是获取热量，即热流流入节点。

图 6-4 热负载形式

2）理想绝热【Perfectly Insulated】，可以用于应力和轴对称分析，施加在表面上，可认为施加的为零热流率。然而，一般不会针对性地在表面上施加完全绝热条件，当加载时，可用于删除某个特定面上的载荷。

3）热通量【Heat Flux】，指单位时间内通过单位传热面积所传递的热量，$q = Q/A$，单位为 W/m^2。热通量用于应力和轴对称分析，是一种面载荷，仅适用于实体和壳体单元。

4）内部生热【Internal Heat Generation】，可以用于应力和轴对称分析，内部生热作为体载荷仅能施加在体上，可以模拟单元内的热生成，单位为 W/m^3。

5）质量流动速率【Mass Flow Rate】，可以用来作为线体的热流体边界条件进行热流体分析，单位为 kg/s。

2. 热边界

Workbench 热分析有 3 种形式的热边界条件，如图 6-5 所示。

图 6-5 热边界条件

1）温度【Temperature】，温度是求解的自由度，可在点、线、面上施加恒定的温度值。

2）对流【Convection】，对流通过与流体接触面发生对流换热，对流使环境温度与表面温度相关，可以用公式 $q = hA(T_{surface} - T_{bulk})$ 来表征它们的关系。式中，q 是对流热通量；h 是对流换热系数；A 是表面积；$T_{surface}$ 是表面温度；T_{bulk} 是环境温度。其中对流换热系数 h 可以是常量或温度的变量，也可以是与温度相关的对流条件。

另外，还可以从外部文件导入历史载荷或对流载荷并进行输出，如图 6-6 和图 6-7 所示。

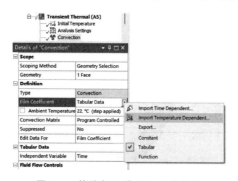

图 6-6 从外部文件导入历史载荷

图 6-7 从外部文件导入对流载荷

3）辐射【Radiation】，只可以施加到三维模型的表面或二维模型的边，即只是周围环境的辐射（不进行两个面之间的辐射）。

另外需要注意的是，如果施加了任何温度相关的对流负载，都会导致非线性求解，如果膜系数常量由用户输入，此时负载不是非线性的。

6.2.6 热流体

热流体要用到 Fluid116 单元，使用一种降阶的方法，它考虑的是一些流体的传导、流体质量的传出产生的热分析问题。热流体支持三维模型和二维模型，以及二维模型的对称行为分析。

进行热流体分析，需要激活线体的热流体属性，首先在导航树【Geometry】下选择【Line Body】，在详细栏里，选择模型类型为【Thermal Fluid】；其次流体截面积【Fluid Cross Area】可以保持原有的尺寸默认，也可以自定义尺寸；再次指定流体离散化【Fluid Discretization】，包括迎风/线性【Upwind/Linear】、中心/线性【Central/Linear】、迎风/指数【Upwind/Exponential】，这是用来确定单元形函数的方式，如图 6-8 所示。

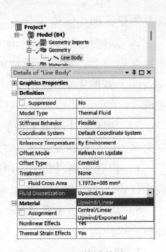

图 6-8　激活热流
体属性

6.2.7　求解与后处理

Workbench 热分析中可以得到用户满意的结果用于后处理，如温度、热通量、反作用的热流速、用户自定义等。一般在求解之前定义需要的求解结果，也可以在中间增加需要的结果，如图 6-9 所示。

1. 温度场云图

在热分析中，温度是最基本的求解输出，是求解的自由度。温度是标量，没有方向性，如图 6-10 所示。

2. 热通量云图

热通量 $q = -\lambda\, \mathrm{d}T/\mathrm{d}n$，热通量与温度梯度有关，整体热通量【Total Heat Flux】云图显示大小，矢量图显示大小和方向。热通量输出三个分量，每个分量可以用定向热通量【Directional Heat Flux】映射在任意坐标下，如图 6-11 所示。

图 6-9　定义求解结果

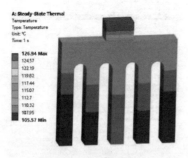

图 6-10　温度场云图

图 6-11　热通量云图

3. 响应热流率

响应热流率【Reaction Probe】相当于补充一个已知热源，这个热源可以输出，当每个热源单独地给定温度和对流负载后，反作用热流率会的求解之后的详细列表中输出，如图 6-12 所示。

4. 热流结果

热流结果分析的模型必须包括指定为热流体，包括通过指定管线主体的流体流速【Fluid Flow Rate】和由于流体内部的传导而产生的流体热传导率【Fluid Heat Conduction Rate】

两个结果。流体热传导率云图如图 6-13 所示。

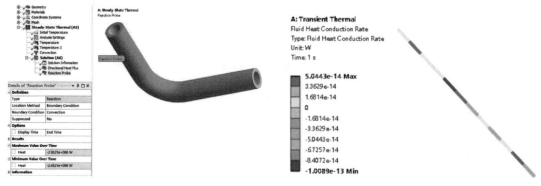

图 6-12　响应热流率　　　　　　　图 6-13　流体热传导率云图

6.3　发动机托架热应力分析

1. 问题描述

某发动机悬架由两个托架和一个连接销轴组成。两悬架材料为铝合金，连接轴的材料为结构钢，受到温度和发动机机械力的作用。发动机与托架连接部位的温度为 65.5℃，并且暴露在空气中的表面与空气发生热对流，对流系数为 $3.79\times10^{-6}\,\mathrm{W/(mm^2\cdot℃)}$，其他相关参数在分析过程中体现。试求发动机悬架的温度分布、热应力及变形。

2. 有限元分析过程

（1）启动 Workbench 2024

在"开始"菜单中执行【ANSYS 2024 R1\R2】→【Workbench 2024 R1\R2】命令。

（2）创建稳态热分析项目

① 在工具箱【Toolbox】的【Analysis Systems】中双击或拖动稳态热分析项目【Steady-State Thermal】到项目流程图，如图 6-14 所示。

② 在 Workbench 的工具栏中单击【Save】，保存项目工程名为：Engine stents . wbpj。有限元分析文件保存在 D：\AWB\Chapter06 文件夹中。

（3）确定材料参数

① 编辑工程数据单元，单击【Engineering Data】→【Edit】。

② 在工程数据属性中增加材料，在 Workbench 的工具栏上单击 工程材料源库，此时的界面主显示【Engineering Data Sources】和【Outline of Favorites】。选择 A4 栏【General Materials】，从【Outline of General Materials】里查找铝合金【Aluminum Alloy】材料，然后单击【Outline of General Material】表中的添加按钮 ，此时在 C4 栏中显示标示 ，表明材料添加成功。材料属性如图 6-15 所示。

图 6-14　创建稳态热分析项目

③ 单击工具栏中的【A2：Engineering Data】关闭按钮，返回到 Workbench 主界面，新

材料创建完毕。

（4）导入几何

在稳态热分析项目中右击
【Geometry】→【Import Geometry】
→【Browse】，找到模型文件 En-
gine stents . agdb，打开导入几何
模型。模型文件在 D：\AWB\
Chapter06 文件夹中。

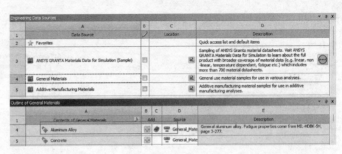

图 6-15　材料属性

（5）进入 Mechanical 分析
环境

① 在稳态热分析项目上，右击【Model】→【Edit】，进入 Mechanical 分析环境。

② 在 Mechanical 的主菜单【Units】中设置单位为 Metric（mm，kg，N，s，mV，mA）。

（6）几何模型分配材料属性

① 给托架 1 和 2 分配铝合金材料：单击【Geometry】，设置【Part】→Ctrl+【Support1，Support2】→【Detail of "Multiple Section"】→【Material】→【Assignment】= Aluminum Alloy。

② 连接销轴材料属性默认结构钢。

（7）几何模型划分网格

① 选择【Mesh】，设置【Details of "Mesh"】→【Defaults】→【Element Size】= 1.5mm，【Quality】→【Smoothing】= Medium，其他选项选默认值。

② 在标准工具栏上单击 ⬚，然后选择整个模型，接着在操作树上右击【Mesh】，从弹出的菜单中选择【Insert】→【Method】；设置【Automatic Method】→【Detail of "Automatic Method"-Method】→【Definition】→【Method】= Hex Dominant，其他选项选默认值。

③ 生成网格，选择【Mesh】→【Generate Mesh】，图形区域显示程序生成六面体网格模型，如图 6-16 所示。

④ 网格质量检查，在导航树里单击【Mesh】，设置【Details of "Mesh"】→【Quality】→【Mesh Metric】= Skewness，显示 Skewness 规则下网格质量详细信息，平均值处在好水平范围内，展开【Statistics】显示网格和节点数量。

图 6-16　生成网格

（8）施加边界条件

① 在操作树上，单击【Steady-State Thermal（A5）】。

② 对托架施加温度，在标准工具栏上单击 ⬚，运用点选施加点温度值的方式分别选择两托架两螺栓孔中间处的点。在环境工具栏选择【Temperature】，设置【Details of "Temperature"】→【Definition】→【Magnitude】= 65.5℃，如图 6-17 所示。

③ 对托架施加对流负载，在标准工具栏上单击 ⬚，然后选择两托架的所有外表面，其中螺孔内面和装配外面不选。在环境工具栏选择【Convection】，设置【Details of "Convection"】→【Definition】→【Film Coefficient】= $3.79 \times 10^{-6} \text{W}/(\text{mm}^2 \cdot ℃)$，【Definition】→【Ambient Temperature】= 10℃，如图 6-18 所示。

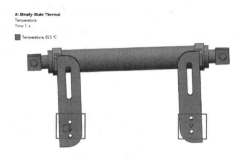

图 6-17 施加温度

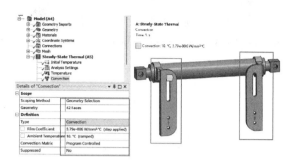

图 6-18 对托架施加对流负载

④ 对连接销轴施加对流负载，在标准工具栏上单击 ⌖，然后选择连接销轴的外表面，其中螺孔内面和装配外面不选。可先隐藏两托架，然后再选。在环境工具栏选择【Convection】，设置【Details of "Convection"】→【Definition】→【Film Coefficient】= $3.79 \times 10^{-6}\,\mathrm{W/(mm^2 \cdot ℃)}$，【Definition】→【Ambient Temperature】=10℃，如图 6-19 所示。

（9）设置需要的结果

① 在导航树上单击【Solution (A6)】。

② 在求解工具栏单击【Thermal】→【Temperature】。

（10）求解与结果显示

① 在 Mechanical 求解工具栏单击 ⚡进行求解运算。

图 6-19 对连接销轴施加对流负载

② 运算结束后，单击【Solution (A6)】→【Temperature】，图形区域显示稳态传热计算得到的温度分布，如图 6-20 所示。

（11）创建静力学分析

返回到 Workbench 窗口，右击稳态热分析项目上的单元格【Solution】→【Transfer Data To New】→【Static Structural】，如图 6-21 所示。

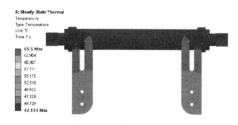

图 6-20 温度分布

图 6-21 创建静力学分析

（12）施加边界条件

① 返回到【Mechanical】分析环境。

②选择【Static Structural (B5)】。可以看到有【Imported Load (A6)】项，该项链接的为前面热分析结果中输入的数据，此处为温度数据，也即上一步达到的结果作为静力分析的一个边界，可以看到相关项。

③ 施加载荷，在标准工具栏上单击 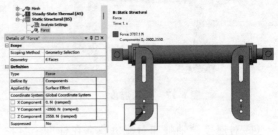，选择第一个托架上的邻近端部处螺栓孔的内表面，在环境工具栏选择【Loads】，设置【Force】→【Detail of "Force"】→【Definition】→【Define By】→【Components】：【X Component】=0N，【Y Component】=-2800N，【Z Component】=2550N，如图6-22所示。

④ 同样用第③步方法，在标准工具栏上单击 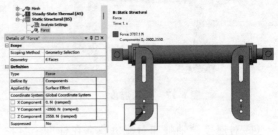，选择第二个托架上的邻近端部处螺栓孔的内表面，在环境工具栏选择【Loads】，设置【Force】→【Detail of "Force2"】→【Definition】→【Define By】→【Components】：【X Component】=0N，【Y Component】=-2800N，【Z Component】=-2550N，如图6-23所示。

图6-22 施加载荷（一）

⑤ 施加约束，在标准工具栏上单击 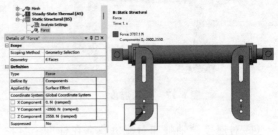，然后选择连接销轴两个螺栓孔的内表面，在环境工具栏选择【Supports】→【Fixed Support】，如图6-24所示。

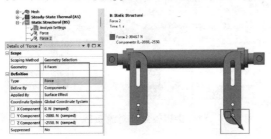

图6-23 施加载荷（二）

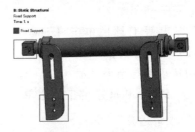

图6-24 施加约束

（13）设置需要的结果

① 选择【Solution（B6）】。

② 在求解工具栏单击【Deformation】→【Total】。

③ 在求解工具栏单击【Stress】→【Equivalent（Von-Mises）】。

（14）求解与结果显示

① 在Mechanical求解工具栏单击⚡进行求解运算。

② 在导航树中选择【Solution】→【Total Deformation】，图形区域显示在载荷作用下得到的总热变形的变化，如图6-25所示。

③ 在导航树中选择【Solution】→【Equivalent Stress】，图形区域显示在载荷作用下所得到的热应力变化，如图6-26所示。

图6-25 总热变形的变化

图6-26 热应力变化

（15）保存与退出

① 退出 Mechanical 分析环境。单击 Mechanical 主界面的菜单【File】→【Close Mechanical】退出环境，返回到 Workbench 主界面，此时主界面的项目管理区中显示的分析项目均已完成。

② 单击 Workbench 主界面上的【Save】按钮，保存所有分析结果文件。

③ 退出 Workbench 环境。单击 Workbench 主界面的菜单【File】→【Exit】退出主界面，完成项目分析。

3. 点评

本实例是发动机托架热应力分析，包含以下两个方面：一方面是稳态热分析；另一方面是线性静力分析。除了创建导热材料和施加热载荷，还需注意如何把稳态热分析结果施加到对应结构部件上。热应力分析是常见的分析类型。

6.4　本章小结

本章按照传热学基础、Workbench 热分析和实例应用顺序编写，重点介绍了 Workbench 热分析，包括稳态分析与瞬态热分析、材料属性、组件与接触、热分析设置、热负载与边界、热流体、求解与后处理。本章配备的典型热力学分析工程实例为发动机托架热应力分析，包括问题描述、有限元分析过程和点评三部分内容。

通过本章的学习，读者可以了解在 Workbench 下典型的热力学分析的基础知识，以及分析流程、分析设置、载荷约束的施加方法和结果后处理等相关知识。

第7章　特征值屈曲分析

细薄结构受到压缩载荷，还未达到材料强度极限而出现的失效状态称为屈曲。屈曲的特点是结构件在受到高压应力时突然失效，而失效点的实际压应力小于材料所能承受的极限压应力。

强度问题与稳定问题虽然均属于承载力极限状态问题，但两者之间概念不同。强度问题关注在结构构件截面上产生的最大内力或最大应力是否达到该截面的承载力或材料强度，因此，强度问题是应力问题；而稳定问题要找出作用于结构内部抵抗力之间的不稳定平衡状态，即变形开始急剧增长的状态，从而设法避免进入该状态，属于变形问题。

7.1　基本理论

7.1.1　屈曲

结构的屈曲现象，按其性质可分为：分支点屈曲、极值点屈曲和跃越屈曲。

1. 分支点屈曲

根据小挠度理论，当压力 N 小于临界载荷 N_a 时，压杆仅压缩变形，杆处于直线形式的平衡状态，称为原始平衡状态。此时，即使杆受到轻微的横向干扰而偏离原始平衡位置，干扰消除后，立杆仍将恢复到原来的直线状态，即原始平衡形式是唯一的稳定平衡状态。

当 $N = N_a$ 时，原始平衡形式不再是唯一的，压杆的平衡状态可以是直线形式，也可以是其他形式。若存在原始路径与新平衡路径相交于一点，则该点称为分支点。在分支点，原始路径与新平衡路径同时并存，出现平衡形式的二重性，原始平衡路径由稳定转为不稳定平衡，具有这种特征的屈曲形式称为分支点屈曲，也称为第一类稳定。分支点屈曲又可以分为稳定分支点屈曲和不稳定分支点屈曲。若根据大挠度理论分析，轴心压杆屈曲后，载荷随位移加大而略有增加，而横向位移的增长速度远大于轴向力的提高速度，这种状况下的平衡状态是稳定的，属于稳定性分支屈曲。如果结构或构件发生分支屈曲后，只能在远比临界载荷低的条件下才能维持平衡状态，这种情况下就是不稳定分支点屈曲。

2. 极值点屈曲

在结构或构件压弯屈曲的过程中，不会出现由直线平衡状态向弯曲平衡状态过渡的分支点，构件弯曲变形的性质始终不变，而只存在使构件屈曲的极值载荷，这种屈曲称为极值点屈曲，也称为第二类稳定。

分支点和极值点相对应的载荷值称为临界载荷，对应的平衡状态称为临界状态。达到临界状态之前的平衡状态称为前屈曲平衡状态，超过临界状态之后的平衡状态称为后屈曲平衡状态。

3. 跃越屈曲

结构或构件由一个平衡状态突然跳到另一个非临近的平衡状态的屈曲现象称为跃越屈曲。跃越屈曲既无平衡分支点又无极值点，但与不稳定分支点屈曲有相似处，都是在屈曲定平衡状态后经历一段不稳定平衡，然后达到另一种稳定平衡状态。钢结构油罐、扁球壳顶盖等的屈曲属于此类型。

轴心受压构件的屈曲形式主要取决于截面的形状和几何尺寸、杆件长度和杆端的连续条件。对于理想轴心受压构件的屈曲形式，也即屈曲，主要有三种：弯曲屈曲、扭转屈曲和弯扭屈曲。

7.1.2 屈曲平衡方程

对于线屈曲分析，在稳定平衡状态下，根据势能驻值原理得到结构的平衡方程为

$$(\boldsymbol{K}_e + \boldsymbol{K}_g)\boldsymbol{u} = \boldsymbol{p} \tag{7-1}$$

式中，$\boldsymbol{K}_e$ 是结构的弹性刚度矩阵；$\boldsymbol{K}_g$ 是结构的几何刚度矩阵；$\boldsymbol{u}$ 是结构的整体位移矢量；$\boldsymbol{p}$ 是结构的外力矢量。其中，几何刚度矩阵表示结构在变形状态下的刚度变化，可通过各个单元的几何刚度矩阵叠加得到，与施加的载荷有直接的关系。几何刚度矩阵也可以表示为载荷系数和受载荷作用结构的几何刚度矩阵的乘积，即：

$$\boldsymbol{K}_g = \lambda \boldsymbol{k}_g \tag{7-2}$$

式中，λ 是载荷系数；$\boldsymbol{k}_g$ 是考虑了载荷的几何刚度矩阵。

$$(\boldsymbol{K}_e + \lambda \boldsymbol{k}_g)\boldsymbol{u} = \boldsymbol{p} \tag{7-3}$$

$$\boldsymbol{K}_e + \lambda \boldsymbol{k}_g = \boldsymbol{K}_b \tag{7-4}$$

式中，$\boldsymbol{K}_b$ 是等价刚度矩阵。

如果结构处于不稳定状态，其平衡方程必有特解，即等价刚度矩阵的行列式等于 0 时，发生屈曲，可归纳为求特征值的问题，即

$$\left| \boldsymbol{K}_e + \lambda_i \boldsymbol{k}_g \right| = 0 \tag{7-5}$$

式中，λ_i 是特征值，即临界载荷。

通过特征值分析求得的解有特征值和特征矢量。特征值就是临界载荷，特征矢量是对应于临界载荷的屈曲模态。临界载荷可以用已知的初始值与载荷乘子相乘得到。临界载荷和屈曲模态意味着所输入的临界载荷作用到结构时，结构就发生与屈曲模态相同形态的屈曲。

7.1.3 线性屈曲与非线性屈曲

屈曲问题的有限元分析方法大致有两类：一类是通过特征值计算屈曲载荷，这类方法又可分为线性屈曲分析和非线性屈曲分析；另一类是屈曲路径的弧长法，可有效解决包含各种非线性因素影响的屈曲问题。ANSYS Workbench 屈曲分析采用第一种方法特征值屈曲分析，这种方法以小位移、小应变的线弹性理论为基础，不考虑结构在负载作用下结构构形的变化，通过提取使线性系统刚度矩阵奇异的特征值来获得结构的临界屈曲载荷（屈曲开始时的载荷）和屈曲模态。

1. 基于线性的特征值屈曲分析

线性屈曲分析忽略了各种非线性因素和初始缺陷对屈曲载荷的影响，简化了屈曲问题，在提高屈曲分析计算效率的同时也使分析结果趋于非保守性。从特性方面研究屈曲，只能获

得描述结构屈曲时各个相对的位移变化大小，即屈曲模态，无法给出位移的绝对值。但是线性屈曲分析可以用来做第一步计算来评估临界载荷，确定屈曲模型形状的设计工具。

1）对于线性屈曲分析，只能预先在线性结构分析环境里施加线性边界条件。

2）所有结构载荷都要乘上相同的载荷系数来决定屈曲载荷。

3）屈曲载荷因子适用于所有静态分析中的载荷。

4）如果某些载荷是常值而其他载荷是变量，则需要特殊指定步来确保计算准确。有效的方法是重复屈曲分析，调整可变载荷直到载荷因子为1.0或接近于1.0。

5）如果在特征值屈曲分析中得到了负的屈曲载荷因子值，则需要在预先的线性静力结构分析中调整载荷方向与之相反。

6）在静力分析中允许非0约束，在屈曲分析中的载荷因子也能应用这些非0约束值，但是，和该载荷相关的屈曲模态显示为零值约束。

2. 基于非线性的特征值屈曲分析

非线性屈曲分析考虑了以往加载历史的影响、非线性载荷、初始缺陷等因素，对中等非线性程度的屈曲问题，可给出足够准确的屈曲载荷；但对呈高度非线性的屈曲问题，结果精度也会受到较大的影响。

1）在预先的静力结构分析环境中需要至少定义一个非线性因素。

2）除了在静力结构分析环境中定义，还必须在特征值屈曲分析中定义一个载荷。为了实现设置，可以应用保持预应力载荷模式【Keep Pre-stress Load-Pattern】。选择Yes，则载荷与原施加在结构静力分析上的载荷一致；若选择No，则可在特征值屈曲分析环境中施加与之前完全不同的载荷。

3）当估算结构上最终的非线性屈曲载荷时，必须考虑在结构静力分析环境和屈曲分析环境的载荷应用，非线性屈曲分析计算最终屈曲载荷的方程为

$$F_u = F_r + \lambda_i F_p \tag{7-6}$$

式中，F_u是结构的最终屈曲载荷；F_r是结构分析中的总载荷指定的初始载荷；λ_i是第i模态屈曲载荷因子；F_p是在屈曲分析中的后续施加载荷。后续施加的载荷可以为预先添加的预应力载荷，也可以是新添加的载荷，但新添加的载荷必须通过节点力或节点压力来施加。

4）基于非线性特征值屈曲分析计算的屈曲载荷因子适用于所有屈曲分析中的载荷。

5）如果在特征值屈曲分析中得到了负的屈曲载荷因子值，而需要得到正的屈曲载荷因子值，可以应用保持预应力载荷模式【Keep Pre-stress Load-Pattern】。选择Yes时，只需在预先的线性静力结构分析中调整载荷方向与之相反；若选择No，则在特征值屈曲分析环境中调整所有载荷方向与之相反。

7.2 特征值屈曲分析环境与方法

7.2.1 特征值屈曲分析界面

在Workbench中创建特征值屈曲分析项目，首先需在左边的Toolbox中的Analysis Systems中选择【Static Structural】调入项目流程图【Project Schematic】，然后右击结构静力分析项目单元格的【Solution】→【Transfer Data To New】→【Eigenvalue Buckling】，如图7-1所

示，在结构静力分析项目中右击【Geometry】单元格，选择【Import Geometry】→【Browse】导入几何模型，在分析项目中右击【Model】→【Edit】，进入 Systems A，B-Mechanical 分析环境。

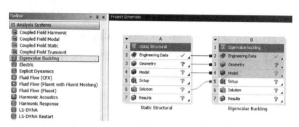

图 7-1　创建特征值屈曲分析项目

7.2.2　特征值屈曲分析方法

1. 特征值屈曲分析步骤

1）进行结构线性静力分析。

2）链接到线性屈曲分析，并将结构线性静力分析作为特征值屈曲分析的预应力条件。

3）设置求解控制，对模型进行求解。

4）查看结果，进行评估与分析。

2. 特征值屈曲分析注意事项

1）对线性屈曲分析，存在非线性的因素都会忽略，如材料非线性，接触处理只可用黏接与无分离两种接触方式。

2）至少要施加一个能引起屈曲的结构载荷在模型上。

3）如果一个载荷是固定值，而另一个载荷为可变值，则须对可变的值进行特殊处理。可采取如下策略：调整可变载荷直至载荷因子变为 1 或接近于 1。

4）静力分析中允许非零约束，载荷因子也应用到非零约束值上，但与该载荷相关的屈曲模态显示零值约束。静力分析求解方法与屈曲求解方法一致。

5）屈曲模态对理解结构变形是有用的，但不代表真实的位移。

7.3　分析设置与后处理

7.3.1　屈曲分析设置

结构静力分析后，单击【Eigenvalue Buckling（B5）】下的【Analysis Settings】，出现如图 7-2 所示的特征值屈曲分析设置。

1. 选项【Options】

最大模态阶数【Max Modes to Find】，利用模态阶数指定屈曲载荷因子数及相应屈曲模态形状。结构可以有无穷多的屈曲载荷子，每个负载因子与不同的屈曲模式相关。阶数越多，求解时间越长。通常低模态与最低的临界载荷相关。

图 7-2　特征值屈曲分析设置

2. 求解器控制【Solver Controls】

1）求解器类型【Solver Type】，用来控制屈曲求解方法，默认程序控制【Program Controlled】，可以选择合适的求解类型，其他还包括直接法【Direct】（用于线性屈曲求解）、子空间法【Subspace】（用于非线性屈曲求解）。通常默认为程序控制（直接法）。

2）包括负的载荷乘数【Include Negative Load Multiplier】、默认程序控制【Program Controlled】和选择包含【Yes】，则求出负的和正的特征值；选择不包含【No】，则只求出正的特征值。

3. 输出控制【Output Controls】

默认情况下只计算屈曲载荷系数和对应的屈曲模态，也可以计算应力和应变，但显示的结果并不是真正的应力结果。

1）应力【Stress】，默认计算输出。

2）反向应力【Back Stress】，默认不输出。

3）应变【Strain】，默认计算输出。

4）接触数据【Contact Data】，将单元接触数据写入结果文件，默认不输出。

5）体积与能量【Volume and Energy】，将总体积和能量值写入结果文件，默认不输出。

6）欧拉角【Euler Angles】，将欧拉角结果值写入结果文件，默认不输出。

7）一般的其他参数【General Miscellaneous】，默认不计算输出。

8）结果文件压缩【Result File Compression】，是否对结果文件进行压缩输出。

4. 分析数据管理【Analysis Data Management】

具体参看第 4.2.7 节。

7.3.2 结果后处理

求解完成后，插入 Total Deformation 可以查看每个屈曲模态和载荷因子，屈曲模型如图 7-3 所示。每个屈曲模态的载荷因子显示在图形区域及特征值屈曲分析分支下的 Graph 和 Tabular Data 中。对线性屈曲分析，载荷因子乘以施加的载荷值即屈曲载荷，而该值具有非保守性。

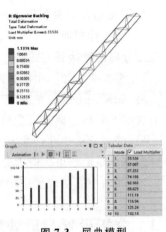

图 7-3　屈曲模型

7.4　钢塔杆支撑结构线性屈曲分析

1. 问题描述

某钢塔杆支撑结构几何尺寸为长宽高，截面形状为槽钢的尺寸。材料为 Q235 钢，其密度为 $7.85g/cm^3$，弹性模量为 $2.1×10^{11}Pa$，泊松比为 0.33。钢塔杆支撑结构的一端固定，另一端受到 5000N 的载荷，其他相关参数在分析过程中体现，试求钢塔杆支撑结构的抗屈曲载荷。

2. 有限元分析过程

（1）启动 Workbench 2024

在"开始"菜单中执行【ANSYS 2024 R1\R2】→【Workbench 2024 R1\R2】命令。

（2）创建结构静力分析项目

① 在工具箱【Toolbox】的【Analysis Systems】中双击或拖动结构静力分析项目【Static Structural】到项目流程图，如图 7-4 所示。

② 在 Workbench 的工具栏中单击【Save】，保存项目工程名为 Pole . wbpj。有限元分析文件保存在 D：\AWB\Chapter07 文件夹中。

图 7-4　创建结构静力分析项目

（3）确定材料参数

① 编辑工程数据单元，右击【Engineering Data】→【Edit】。

② 在工程数据属性中增加新材料：【Outline of Schematic A：Engineering Data】→【Click here to add a new material】，输入新材料名称 Q235。

③ 在左侧单击【Physical Properties】展开，双击【Density】，设置【Properties of Outline Row 4：Q235】→【Density（kg/m^3）】=7850。

④ 在左侧单击【Linear Elastic】展开，双击【Isotropic Elasticity】，设置【Properties of Outline Row 4：Q235】→【Young's Modulus（Pa）】=2.1×10^{11}。

⑤ 设置【Properties of Outline Row 4：Q235】→【Poisson's Ratio】=0.33，创建材料如图 7-5 所示。

⑥ 单击工具栏中的【A2：Engineering Data】关闭按钮，返回到 Workbench 主界面，新材料创建完毕。

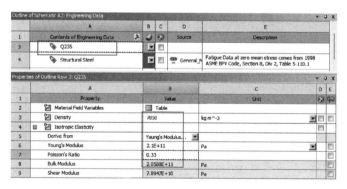

图 7-5　创建材料

（4）导入几何模型

① 在结构静力分析项目上，右击【Geometry】→【Import Geometry】→【Browse】，找到模型文件 Pole.x_t，打开导入几何模型。模型文件在 D：\AWB\Chapter07 文件夹中。

② 进入 DesignModeler，在结构静力分析项目上，右击【Geometry】→【Edit Geometry in DesignModeler】，进入 DesignModeler 环境。

③ 在模型详细栏里，设置【Detail View】→【Details of Import1】→【Operation】=Add Material。在工具栏单击【Generate】完成导入显示。

（5）模型抽中面处理

① 对模型抽取中面，首先转换单位，单击菜单栏【Units】→【Millimeter】。单击菜单栏

【Tools】→【Mid-Surface】，设置【Detail View】→【Details of MidSurf1】→【Selection Method】= Automatic；【Minimum Threshold】= 0.01mm，【Maximum Threshold】= 10mm，其他选项选默认值；【Find Face Pairs Now】选取【No→Yes】，可见选中所有抽取面对。在工具栏单击【Generate】完成抽取中面，如图7-6所示。

图7-6　模型抽取中面

② 单击 DesignModeler 主界面的菜单【File】→【Close DesignModeler】，退出几何建模环境。

③ 返回 Workbench 主界面，单击 Workbench 主界面上的【Save】按钮保存。

（6）进入 Mechanical 分析环境

① 在结构静力分析项目上，右击【Model】→【Edit】，进入 Mechanical 分析环境。

② 在 Mechanical 的主菜单【Units】中设置单位为 Metric（mm，kg，N，s，mV，mA）。

（7）为几何模型分配材料属性

为钢架支撑结构分配材料：在导航树里单击【Geometry】展开，设置【Pole】→【Details of "Pole"】→【Material】→【Assignment】= Q235。

（8）划分网格

① 在导航树里单击【Mesh】，设置【Details of "Mesh"】→【Sizing】→【Capture Curvature】= Yes，【Quality】→【Smoothing】= Medium，其他均默认。

② 在标准工具栏上单击 ⊞，选择整个模型，右击【Mesh】，设置【Insert】→【Sizing】→【Details of "Body Sizing"-Sizing】→【Element Size】= 12mm；【Advanced】→【Capture Curvature】= Yes，其他选项选默认值。

③ 生成网格，右击【Mesh】→【Generate Mesh】，图形区域显示程序生成的四边形单元网格模型，如图7-7所示。

④ 网格质量检查，在导航树里单击【Mesh】，设置【Details of "Mesh"】→【Quality】→【Mesh Metric】= Element Quality，显示 Element Quality 规则下网格质量详细信息，平均值处在好水平范围内，展开【Statistics】显示网格和节点数量。

（9）施加边界条件

① 单击【Static Structural（A5）】。

② 施加约束，首先在标准工具栏上单击 ⊞，然后选择钢塔杆支撑结构的另一底端面上的两个螺栓孔，接着在环境工具栏单击【Supports】→【Fixed Support】。

③ 在钢塔杆支撑结构的一端施加力，首先在标准工具栏上单击 ⊞，然后选择钢塔杆支撑结构的一个端面，接着在环境工具栏单击【Loads】，设置【Force】→【Details of "Force"】→【Definition】→【Define By】= Components，【Y Component】= -5000N。

④ 施加标准地球重力，在环境工具栏单击【Inertial】，设置【Standard Earth Gravity】→【Details of "Standard Earth Gravity"】→【Definition】→【Direction】= -Y Direction。载荷与约束如图7-8所示。

（10）设置需要结果

图 7-7 生成网格

图 7-8 载荷与约束

① 在导航树上单击【Solution（A6）】。

② 在 Mechanical 求解工具栏单击【Deformation】→【Total】。

③ 在 Mechanical 求解工具栏单击 ⚡Solve 进行求解运算，求解结束后，钢塔杆变形如图 7-9 所示。

（11）创建屈曲分析

① 返回到 Workbench 主界面，右击结构静力分析项目单元格的【A6：Solution】→【Transfer Data To New】→【Eigenvalue Buckling】，自动导入结构静力分析为预应力。

② 返回 Mechanical 分析窗口，可见【Eigenvalue Buckling】自动放在【Static Structural】下面，且初始条件为【Pre-Stress（Static Structural）】，如图 7-10 所示。

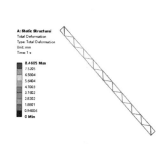

图 7-9 钢塔杆变形

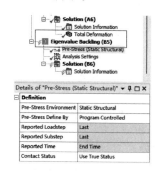

图 7-10 创建屈曲分析

③ 分析设置，在【Eigenvalue Buckling（B5）】下，单击【Analysis Settings】,设置【Details of "Analysis Settings"】→【Options】→【Max Modes to Find】= 3；【Solver Controls】→【Include Negative Load Multiplier】= No，其他选项选默认值。

（12）设置需要结果

① 在导航树上单击【Solution（B6）】。

② 在求解工具栏单击【Deformation】→【Total】。

（13）求解与结果显示

① 在 Mechanical 求解工具栏单击⚡进行求解运算。

② 运算结束后，单击【Solution（B6）】→【Total Deformation】，图形区域显示一阶屈曲分析得到的钢塔杆支撑结构屈曲载荷因子和屈曲模态，设置【Load Multiplier】= 0.1095，一阶屈曲载荷因子和屈曲模态，如图 7-11 所示。临界线性屈曲载荷为载荷因子乘以实际载荷，即 $0.1095 \times 5000 = 547.5 N$。

③ 查看二阶、三阶屈曲载荷因子与屈曲模态。在求解工具栏单击【Deformation】→【Total】。单击【Solution（B6）】,设置【Total Deformation2or3】→【Details of "Total Deformation2"】→

【Definition】→【Mode】= 2or3。右击【Evaluate This Result】，查看结果，二阶、三阶屈曲载荷因子和屈曲模态如图 7-12 和图 7-13 所示。

（14）保存与退出

① 退出 Mechanical 分析环境。单击 Mechanical 主界面的菜单【File】→【Close Mechanical】退出环境，返回到 Workbench 主界面，此时主界面的项目管理区中显示的分析项目均已完成。

② 单击 Workbench 主界面上的【Save】按钮，保存所有分析结果文件。

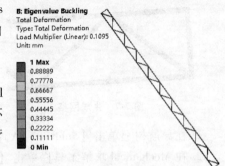

图 7-11　一阶屈曲载荷因子和屈曲模态

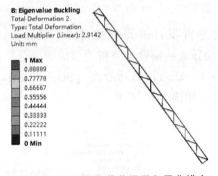

图 7-12　二阶屈曲载荷因子和屈曲模态

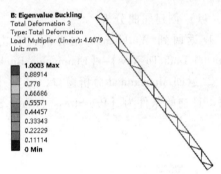

图 7-13　三阶屈曲载荷因子和屈曲模态

③ 退出 Workbench 环境。单击 Workbench 主界面的菜单【File】→【Exit】退出主界面，完成项目分析。

3. 点评

本实例是钢塔杆支撑结构线性屈曲分析。屈曲分析是结构动力分析的一种，长细杆工程结构中常进行此类分析。对于这类结构，构件通常是薄壁杆件，根据薄壁杆件结构力学中对薄壁杆件的定义，可对该类结构进行中面提取处理，由实体单元转化为壳单元计算，这样有利于大幅度减少网格数量，简化计算。

7.5　本章小结

本章按照特征值屈曲分析基本理论、分析环境与方法、设置与后处理和实例应用顺序编写，在介绍基本理论的同时介绍了线性屈曲与非线性屈曲的区别、分析设置、后处理等内容。本章配备的典型特征值屈曲分析工程实例钢塔杆支撑结构线性屈曲分析，包括问题描述、有限元分析过程和点评三部分内容。本章可作为线性结构动力分析内容的一部分。

通过本章的学习，读者可以了解在 Workbench 环境下典型屈曲分析的基础知识，以及分析流程、分析设置和结果后处理等相关知识。

第8章 线性动力学分析

绝大多数机械结构或系统会受到动载荷的作用，在航空航天、船舶、汽车、机床等行业，动力学问题更加突出。因为在这些行业中，机械结构复杂，工作条件恶劣，运行速度大，往往会产生振动、冲击等现象，所受的外界激励载荷比较复杂。这些机械结构的损坏多数是由动应力引起的，因此，很有必要对机械结构的关键部件进行动力学分析。

结构动力学分析与结构静力学分析的区别：①动载荷是随时间变化的；②由随时间变化的载荷引起的响应，如位移、速度、加速度、应力、应变等物理量，也是随时间变化的。这些随时间变化的物理量使得动力学分析比静力学分析更复杂，也更接近于实际。

结构动力分析的工作主要有两方面：一方面是系统的动特性分析（即求解结构的固有频率和振型）；另一方面是系统在受到一定载荷时的动力响应分析。根据系统的特性可分为线性动力学分析和非线性动力学分析；根据载荷随时间变化的关系可分为稳态动力学分析和瞬态动力学分析。

本章重点介绍模态分析、预应力模态分析、谐响应分析、响应谱分析和随机振动分析。

8.1 动力学分析基础

8.1.1 动力学基本方程

$$M\ddot{u} + C\dot{u} + Ku = \{F(t)\} \tag{8-1}$$

式中，M 是结构质量矩阵；$\ddot{u}$ 是节点加速度矢量；C 是结构阻尼矩阵；$\dot{u}$ 是节点速度矢量；K 是结构刚度矩阵；u 是节点位移矢量；$F(t)$ 是随时间变化的载荷函数。

不同的分析类型会求解不同的运动方程式，如在模态分析中，$F(t) = 0$，结构阻尼矩阵 C 通常忽略。在谐响应分析中，$F(t)$ 和 u 都为谐函数。

8.1.2 基本概念

1）动力自由度。在振动过程的任一时刻，为了表示全部有意义的惯性力的作用，所必须考虑的独立位移分量的个数，称为动力自由度。

2）速度和加速度。描述动力系统运动的基本物理量为位移 u、速度 v 和加速度 a。速度是位移对时间的变化率（位移对时间的一阶导数），加速度是速度对时间的变化率（位移对时间的二阶导数）。位移、速度和加速度间的关系式为

$$v = \dot{u} = \frac{\mathrm{d}u}{\mathrm{d}t} \tag{8-2}$$

$$a = \ddot{u} = \frac{\mathrm{d}\dot{u}}{\mathrm{d}t} = \frac{\mathrm{d}^2 u}{\mathrm{d}t^2} \tag{8-3}$$

3）惯性力。加速的质点所产生的与质量和加速度成正比的力，称为惯性力。

4）阻尼。阻尼是一种能量随时间或距离的耗散机制，它使振动随时间减弱并最终停止。阻尼的数值取决于材料、运动速度和振动频率。阻尼可分为：黏性阻尼、滞后阻尼、库仑阻尼。

① 黏性阻尼是振动系统的运动受大小与运动速度成正比而方向相反的阻力所引起的能量损耗。黏性阻尼发生在物体内振动而产生形变的过程中。在振动很大的情况下，黏性阻尼引起的损耗占优势，这时振动振幅按时间的几何级数规律衰减，在动力学分析中要考虑。

② 滞后阻尼是材料的固有特性，在动力学分析中应该考虑。

③ 库仑阻尼也称干摩擦阻尼，是发生于物体在干摩擦面上滑移时的阻尼。其阻尼力与表面法向接触力成正比（比例系数 μ 即摩擦系数）。一般在动力学分析中不予考虑。

Workbench 可以输入以下四种形式的阻尼：

① β 阻尼，定义刚度矩阵阻尼乘子。该值可以直接输入或者通过指定频率的阻尼比来计算。

② 源自弹簧单元的单元阻尼，在 Spring 对象下可直接指定。

③ 阻尼系数，主要包括与材料有关的阻尼以及常值阻尼系数，这些在【Engineering Data】模块中作为材料属性定义。

④ 数值阻尼，不是真正阻尼，也称为振幅衰减因子，是通过对时间积分方案进行修改得到的，控制由结构高阶频率引起的数值噪声。0.1 的数值阻尼将会过滤掉高频反应。

5）圆频率。圆频率是动力系统的属性之一，每个动力自由度对应一个圆频率，国际单位为 rad/s。对于单自由度系统，圆频率为

$$\omega_n = \sqrt{\frac{k}{m}} \tag{8-4}$$

式中，k 是弹性系数；m 是质量。

6）固有频率。固有频率反映在给定单位时间内正弦或余弦响应波的数目，国际单位为赫兹（Hz）。固有频率与圆频率有如下关系：

$$f_n = \frac{\omega_n}{2\pi} \tag{8-5}$$

7）周期。固有频率的倒数称为周期，它定义了完成一个完整响应循环所需要的时间长度。周期由式（8-6）给出：

$$T_n = \frac{1}{f_n} = \frac{2\pi}{\omega_n} \tag{8-6}$$

8.2 模态分析

模态分析是用于确定设计中结构或机器部件振动特性的一种方法。模态分析的作用主要有以下三个方面：一是使结构避免共振或按特定频率振动；二是了解结构对不同类型的动力载荷的响应；三是有助于在其他动力学分析中估算求解控制参数，例如时间步长等。模态分析是所有动力学分析类型中最为基础的内容，是其他动力学分析的前提，也是进行谱分析、模态叠加法谐响应分析瞬态动力学分析所必需的前期分析过程。ANSYS Workbench 模态分析是一个线性分析，任何非线性特征将会被忽略。如何使用模态提取方法主要取决于模型大小（相对于计算机的计算能力而言）和具体的应用类别。由于该方法的计算精度取决于提取的

模态数，所以建议提取足够多的基频模态，这样才能保证得到好的计算结果。

通过模态分析，计算出结构的固有频率振型，就可以在设计与改进时使结构固有频率避开其在使用过程中的外部激振频率。

8.2.1 模态分析理论基础

1. 当为自由振动并忽略结构阻尼时，式（8-1）变为

$$M = \ddot{u} + Ku = 0 \tag{8-7}$$

当发生谐振动时，则方程为

$$(K - \omega_i^2 M)\phi_i = 0 \tag{8-8}$$

因此，对于一个结构的模态分析，其固有圆周频率 ω_i 和振型 ϕ_i 都可以从上面方程中得到。

2. 有预应力模态分析

有预应力模态分析用于计算有预应力结构的固有频率和模态，如旋转的涡轮叶片的模态分析。除了首先要通过进行静力分析把预应力加到结构上外，在有预应力模态分析的过程中，还需要执行两个迭代过程：

首先进行线性静力分析。

$$Kx_0 = F \tag{8-9}$$

式中，x_0 是位移。

基于静态分析的应力状态 $[\sigma_0]$，应力刚度矩阵 $[S]$ 用于计算结构分析。

$$\sigma_0 \rightarrow S \tag{8-10}$$

接着求解预应力模态分析，原来的模态分析方程包括了 $[S]$ 矩阵。

$$(K + S - \omega_i^2 M)\phi_i = 0 \tag{8-11}$$

8.2.2 模态分析界面

在 Workbench 中创建模态分析项目，在左边 Toolbox 下的 Analysis Systems 中双击【Modal】即可，如图 8-1 所示。然后右击【Geometry】单元格，选择【Import Geometry】→【Browse】，导入几何模型，在分析项目中右击【Model】→【Edit】进入 Modal-Mechanical 分析环境。

若进行预应力模态分析，需要先进行结构静力分析，得出应力结果作为模态分析的结构参数，然后进行模态分析。因此，首先创建结构静力分析项目 A，然后右击 A 项目中的【Solution】单元，从弹出的菜单中选择【Transfer Data To New】→【Modal】，即创建模态分析项目 B，此时相关联的数据共享，如图 8-2 所示。

图 8-1　创建模态分析项目

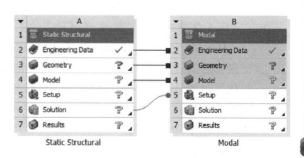

图 8-2　创建预应力模态分析项目

8.2.3 模态分析设置

进入 Mechanical 后，单击【Analysis Settings】，出现如图 8-3 所示的模态分析设置栏。

（1）选项【Options】

它用于设置模态阶数和频率范围。

① 最大模态阶数【Max Modes to Find】，默认值是 6 阶模态，最大为 200 阶。当模态阶数增加时，运算时间也会随之增加。

② 限制搜索范围【Limit Search to Range】，默认情况下，如果搜索范围没有指定，程序将计算从 0Hz 开始的所有频率。如果选择 Yes，则能指定搜索范围限制在一个用户感兴趣的特定的频率范围，如最大频率和最小频率。但此选项是和【Max Modes to Find】相关联的，假如不需要足够多的模态，在这个搜索范围内，并不是所有的模态都能发现。

③ 按需扩展选项【On Demand Expansion Option】，通过引用模态分析的结果文件而不是复制来减小结果文件大小并缩短求解的总时间。在默认情况下，模态形状数据不再存储在结果文件中。后处理是从模态结果文件中提取数据完成的，从而消除了存储数据的重复。

④ 按需扩展【On Demand Expansion】，默认程序控制时出现。

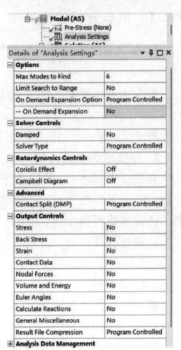

图 8-3 模态分析
设置栏

（2）求解器控制【Solver Controls】

① 阻尼【Damped】，默认否。

② 求解类型【Solver Type】，多数情况为默认的程序控制。也可使用直接求解法【Direct】、迭代求解法【Iterative】、非对称【Unsymmetric】求解法、超节点【Super Node】求解法和子空间【Subspace】求解法。直接求解法采用的是 Block Lanczos 特征提取方法，使用的是稀疏矩阵直接求解器。迭代求解法使用的是 Power Dynamics 求解方法，这种方法是子空间特征值提取方法的混合，使用的是预处理共轭梯度（PCG）方程求解器，当仅需要求解不多的振型时，Power Dynamics 特征值对具有体单元的较大几何模型很有效。非对称求解法适用于刚度矩阵和质量矩阵非对称情况，如存在的流固交接面问题。超节点求解法用于求解大模态的对称特征值问题，特别对于模态超过 200 时的情况适用。子空间求解法是一种迭代算法，适用于含有对称刚度矩阵和质量矩阵的问题。

（3）转子动力学控制【Rotordynamics Controls】

① 科里奥利效应【Coriolis Effect】，可以考虑此效应，默认不考虑。

② 坎贝尔图【Campbell Diagram】，可以绘制此图，默认不绘制，如绘制，可设置求解点的数目，默认值为 2 个。

（4）高级【Advanced】

接触分布【Contact Split（DMP）】，当启动时，在分布式模式下对于存在大量接触对的模型，可以加快求解速度。

（5）输出控制【Output Controls】

它用于处理所需要时间点的输出值。

① 应力【Stress】，默认不计算。

② 反向应力【Back Stress】，默认不计算。

③ 应变【Strain】，默认不计算。

④ 接触数据【Contact Data】，将单元接触数据写入结果文件，默认不输出。

⑤ 节点力【Nodal Forces】，默认不计算输出。

⑥ 体积与能量【Volume and Energy】，将总体积和能量值写入结果文件，默认不输出。

⑦ 欧拉角【Euler Angles】，将欧拉角结果值写入结果文件，默认不输出。

⑧ 计算响应【Calculate Reactions】，默认不计算。

⑨ 一般的其他参数【General Miscellaneous】，默认不设置。

⑩ 结果文件压缩【Result File Compression】，是否对结果文件进行压缩输出。

（6）分析数据管理【Analysis Data Management】

具体参看第4.2.7节。

8.2.4 模态分析边界与结果

1. 模态分析中的载荷和约束

在模态分析中，不存在与结构和热相关的载荷，只有在计算有预应力的模态分析中才会被考虑。在模态分析中，可以使用各种约束，具体约束的使用方法和意义可以参看静力学分析这一章节。除此之外，需要注意的是：

1）倘若没有或仅有部分约束，刚体模态将被检测并获得评测。这些模态将处于0Hz附近，与结构静力分析不同，模态分析并不要求禁止刚体运动。

2）在模态分析中，由于边界条件可以影响零件的振型和固有频率，因此边界条件对模态分析很重要，应多考虑模型被约束的方式。

3）压缩约束是非线性的，因此在模态分析中不可使用。若存在压缩约束，则通常会表现出具有与无摩擦约束相似的性质。

2. 求解结果与查看结果

模态分析的大部分结果和结构静力分析非常相似。求解结束后，求解会显示一个图表，显示频率和模态阶数，如图8-4所示。

另外，可以根据需要确定求解某一阶模态的振型。可这样操作：在模态分析的图表窗口中单击任意模态阶数，右击，在弹出的快捷菜单中选择【Retrieve This Result】或【Create Mode Shape Results】命令，如图8-5所示，此时，可以将某频率下的振型【Total Deformation】结果插入到导航树图中。

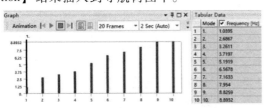

图8-4 模态分析结果频率与模态阶数

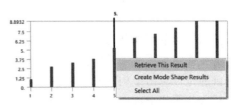

图8-5 确定求解模态振型

由于没有激励作用在结构上，因此振型仅是与自由振动相关的相对值，即振型（位移量）、应力和应变只是相对值，而不是绝对值。

8.2.5 坎贝尔图结果

坎贝尔图【Campbell Diagram】结果仅在模态分析结果中出现，主要用在为旋转结构设计的转子动力学领域。坎贝尔图是当旋转结构旋转时，由于惯性力产生的陀螺效应，旋转结构的特征频率会随着其旋转速度变化，计算不同转速时的频率而得到的各个模态频率随转速变化的曲线，如图 8-6 所示。坎贝尔图图表结果中表达了多种信息，如临界速度（红三角）、涡动方向、稳定性等。

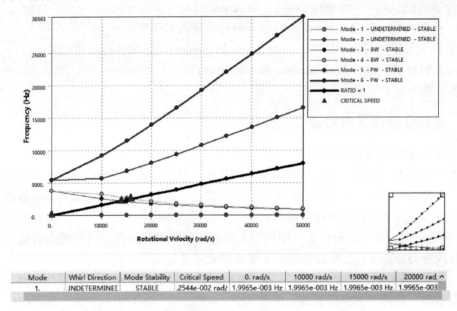

Mode	Whirl Direction	Mode Stability	Critical Speed	0. rad/s	10000 rad/s	15000 rad/s	20000 rad
1.	JNDETERMINEC	STABLE	.2544e-002 rad/	1.9965e-003 Hz	1.9965e-003 Hz	1.9965e-003 Hz	1.9965e-003

图 8-6 坎贝尔图

应用坎贝尔图图表结果，首先应在模态分析系统分析设置栏求解控制项中开启阻尼，转子动力控制中开启科里奥利效应【Coriolis Effect】和坎贝尔图【Campbell Diagram】，如图 8-7 所示，其次应施加旋转速度边界。也可根据需要对坎贝尔图进行设置，得到满意的结果。

图 8-7 应用坎贝尔图的设置

8.3 谐响应分析

任何持续的周期载荷将在结构系统中产生持续的周期响应（谐响应）。谐响应分析是用于确定线性结构承受随时间按简谐（正弦）规律变化的载荷时的稳态响应的一种技术。分析的目的是计算出结构在几种频率下的响应并得到一些响应值（通常是位移）对频率的曲线。从这些曲线上可以找到"峰值"响应，并进一步观察峰值频率对应的应力。这种分析技术只是计算结构的稳态受迫振动，发生在激励开始时的瞬态振动不在谐响应分析中考虑。

谐响应分析使设计人员能预测结构的持续动力特性，从而使设计人员能够验证其设计能否成功地克服共振、疲劳及其他受迫振动引起的有害结果，也可以用于有预应力的结构。

8.3.1　谐响应分析基本理论

对于谐响应分析问题，系统的振动为简谐振动。将相关位移量求导代入式（8-1）即可得到系统谐响应的动力学方程

$$\left(-\omega^2 \boldsymbol{M}+\mathrm{i}\omega \boldsymbol{C}+\boldsymbol{K}\right)\left(u_1+\mathrm{i}u_2\right)=F_1+\mathrm{i}F_2 \tag{8-12}$$

由式（8-12）可求解出系统谐响应的位移变化量。其结果有如下假设：

1）假设材料为线弹性材料。

2）为小变形，不存在非线性特性。

3）包含有阻尼矩阵 $\boldsymbol{C}$，但激励频率与固有频率相同，则响应变得无限大。

4）虽然有相位的存在，但载荷 F 仍按给定的频率做正弦变化。

说明：

系统的激振频率 ω 是指加载时产生的频率。如果几个不同相位的载荷同时发生激振，将会产生一个力相位变换 ψ；如果存在阻尼或力的相位变换，将会产生一个位移相位变换 ϕ。

8.3.2　谐响应分析界面与连接关系

1. 谐响应分析界面

在 Workbench 中创建谐响应分析项目，在左边 Toolbox 下的 Analysis Systems 中双击【Harmonic Response】即可，如图 8-8 所示。然后右击【Geometry】单元格，选择【Import Geometry】→【Browse】，导入几何模型，在分析项目中右击【Model】→【Edit】，进入 Systems A，B-Mechanical 分析环境。

图 8-8　创建谐响应分析项目

2. 谐响应分析中的连接关系

谐响应的接触行为类似于模态分析。谐响应分析不使用关节连接。刚度和弹簧阻尼只在谐响应分析中的完全法中使用，而在模态迭代法中，弹簧阻尼是被忽略的。

8.3.3　谐响应分析设置

进入 Mechanical 后，单击【Analysis Settings】，出现如图 8-9 所示谐响应分析设置栏。

图 8-9　谐响应分析设置栏

1. 步控制【Step Controls】

多个步骤【Multiple Steps】，用于激活定义加载步骤的功能，包括"是"和"否"选项。

2. 选项【Options】

1）频率间隔【Frequency Spacing】，分为线性的【Linear】、对数的【Logarithmic】、倍频带【Octave Band】、1/2 倍频带【1/2 Octave

Band】、1/3 倍频带【1/3 Octave Band】、1/6 倍频带【1/6 Octave Band】、1/12 倍频带【1/12 Octave Band】、1/24 倍频带【1/24 Octave Band】。

2）中心频率【Central Frequency】，当频率间距为倍频带时出现，要求指定某倍频带的中心频率。

3）最小频率范围【Range Minimum】，默认值是 0Hz。

4）最大频率范围【Range Maximum】，首先应指定一个最大频率范围。

5）求解间隔【Solution Intervals】，默认值为 10。

6）用户定义的频率【User Defined Frequencies】，该选项能够将其他频率步长添加到分析中，是频率间距属性定义的步长的补充，包括关闭（默认）和打开选项。

7）求解方法【Solution Method】，默认模态叠加法，也可用完全法。

① 模态叠加法【Mode Superposition】，在模态坐标系中求解波响应方程。首先需完成模态分析，计算结构固有频率和振型，然后通过振型叠加完成求解，这是默认的快速算法。在波响应分析中，响应的峰值与结构的固有频率相对应，由于已得到自然频率，Mechanical 能将结果聚敛到自然振动频率附近，生成更光滑和准确的响应曲线。

② 完全法【Full】，对每个点计算所有的位移和应力，计算速度较慢，只能采用平均分布间隔，因此，无聚敛处理结果。

③ 变量化技术【Variational Technology】，该选项基于一个直接解决方案评估每个激励频率的谐响应。

8）包括残余矢量【Include Residual Vector】，设置为"是"时用于执行 RESVEC 命令并计算残差向量。

9）集群结果【Cluster Results】，默认值为"否"。

10）模态频率范围【Modal Frequency Range】，默认程序控制。

11）按需扩展选项【On Demand Expansion Option】，通过引用模态分析的结果文件而不是复制来减小结果文件大小并缩短求解的总时间。在默认情况下，模态形状数据不再存储在结果文件中。后处理是从模态结果文件中提取数据完成的，从而消除了存储数据的重复。

12）按需扩展【On Demand Expansion】，默认程序控制时出现。

13）在所有频率下存储结果【Store Results At All Frequencies】，默认为"是"。

3. 转子动力学控制【Rotor Dynamics Controls】

科里奥利效应【Coriolis Effect】，可以考虑此效应，默认不考虑。

4. 高级【Advanced】

接触分布【Contact Split（DMP）】，当启动时，在分布式模式下，对于存在大量接触对的模型，可以加快求解速度。

5. 输出控制【Output Controls】

参看模态分析，但默认计算应力、应变、反作用力。

1）应力【Stress】，默认计算。

2）反向应力【Back Stress】，默认不计算。

3）应变【Strain】，默认计算。

4）接触数据【Contact Data】，将单元接触数据写入结果文件，默认不输出。

5）节点力【Nodal Forces】，默认不计算。

6）体积与能量【Volume and Energy】，将总体积和能量值写入结果文件，默认不输出。

7）欧拉角【Euler Angles】，将欧拉角结果值写入结果文件，默认不输出。

8）计算响应【Calculate Reactions】，默认不计算。

9）一般的其他参数【General Miscellaneous】，默认不设置。

10）从 ... 展开结果【Expand Results From】，为程序控制、谐响应求解和模态求解三种。

11）膨胀【Expansion】，当结果扩展形式为程序控制时出现，默认谐响应求解。

12）结果文件压缩【Result File Compression】，是否对结果文件进行压缩输出。

6. 阻尼控制【Damping Controls】

1）来自模态的等效阻尼比率【Eqv. Damping Ratio From Modal】，当为模态叠加法时，该特性可用于谐响应分析，也可用于链接到模态分析的瞬态结构分析；对于这些分析，如果上游模态分析解算器类型是无阻尼的，并且在工程数据的材料相关阻尼特性分组中定义了阻尼比，则此特性可以控制扩展结果来源特性的所有选项的模态叠加谐波和模态叠加瞬态解决方案中基于材料的阻尼比效果。

2）阻尼定义【Damping Define By】，当为模态叠加法时，该特性能够使用阻尼比（默认值）或恒定结构阻尼系数指定阻尼数值。

3）阻尼比率【Damping Ratio】，默认值为 0，可以直接输入改变。

4）刚度系数按照以下方式进行定义【Stiffness Coefficient Define By】，直接输入，或输入阻尼比和响应频率计算得到。

5）刚度系数【Stiffness Coefficient】，默认值为 0，可以直接输入改变。

6）质量系数【Mass Coefficient】，默认值为 0，可以直接输入改变。

7. 分析数据管理【Analysis Data Management】

具体参看第 4.2.7 节。

8.3.4 谐响应分析结果

1. 谐响应分析中的幅值和相位角

Mechanical 允许在详细窗口中直接输入幅值和相位角，如图 8-10 所示。

已知载荷的实部 F_1 和虚部 F_2，幅值的大小与相位可为

$$Magnitude = \sqrt{F_1^2 + F_2^2} \tag{8-13}$$

$$Phase\ Angle = \tan^{-1}\left(\frac{F_2}{F_1}\right) \tag{8-14}$$

2. 谐响应分析求解结果与查看结果

求解前，需设定分析工具选项。谐响应分析的大部分结果和模态分析非常相似。不同的是可以插入频率响应图（见图 8-11）和相位响应图。

由给定频率响应结果，得到该频率响应下的频率响应云图，如图 8-12 所示。

在给定频率的情况下，能绘出输入力等载荷的位移、应力、应变的各分量指定点的相位响应图，如图 8-13 所示。

图 8-10　幅值和相位角

在频率响应云图和相位响应图中，通过按着 Ctrl+左键，用户可以在图上查询结果。也可在导航树图中的【Frequency Response】处右击，把结果输出到 Excel 中。

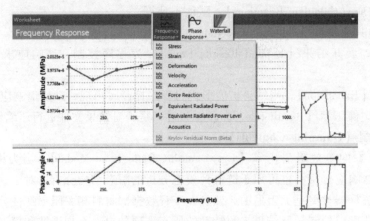

图 8-11　频率响应图

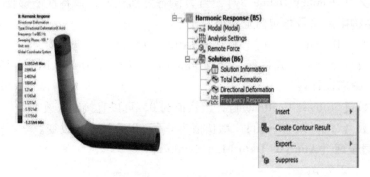

图 8-12　频率响应云图

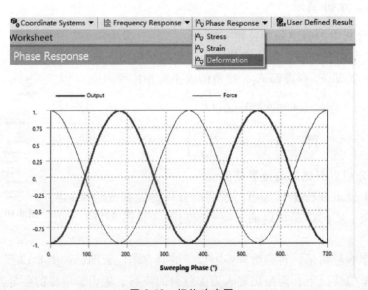

图 8-13　相位响应图

8.4 响应谱分析

响应谱分析是一种将模态分析的结果与一个已知的频谱联系起来计算模型的位移和应力的分析技术。用谱分析替代时间历程分析，主要确定结构对随机载荷或随时间变化载荷（如地震、航空航天用发动机推力和振动等）的动力响应情况。

8.4.1 响应谱分析基础

谱是谱值和频率的关系曲线，它反映了时间历程载荷的强度和频率信息。谱分析主要有以下三种形式。

1）响应谱：单点响应谱（SPRS）可以在模型的一个点集上定义不同的响应谱曲线；多点响应谱（MPRS）可以在模型不同的点集上定义不同的响应谱曲线。

2）功率谱密度（PSD）：是一种概率统计方法，是对随机变量均方值的量度，一般用于随机振动分析。连续瞬态响应只能通过概率分布函数进行描述，即出现某水平响应所对应的概率。

3）动力设计分析方法（DDAM）：是一种主要用于分析船用装备抗振的技术方法，它所使用的谱是从美国海军研究室报告（NRL-1396）中一系列经验公式和振动设计表得来的。

说明：

1）结构的模态解是谱分析所必需的。

2）必须在施加激励载荷的位置添加自由度约束。

3）材料的阻尼特性必须在模态分析中指定。

4）所提取的模态数应足以表征在感兴趣的频率范围内结构所具有的响应。

8.4.2 响应谱分析界面与分析设置

1. 响应谱分析界面

在 Workbench 中创建响应谱分析项目，首先在左边的 Toolbox 下的 Analysis Systems 中选择【Modal】创建模态分析项目，然后在左边的 Toolbox 中选择【Response Spectrum】，并将其直接拖至模态分析项的 A6 栏（即 Solution 处）即可，如图 8-14 所示。右击【Geometry】单元格，选择【Import Geometry】→【Browse】，导入几何模型，在分析项目中右击【Model】→【Edit】，进入 Systems A，B-Mechanical 分析环境。

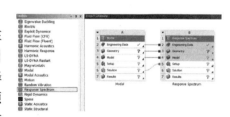

图 8-14 创建响应谱分析项目

2. 响应谱分析设置

进入 Mechanical 后，单击【Analysis Settings】，出现如图 8-15 所示的响应谱分析设置栏。

（1）选项【Options】

① 可使用的模态数量【Number Of Modes To Use】，应定义足够的模态扩展数，并足够表征结构的响应特性。推荐计算的模态个数频率范围为最大响应谱频率的 1.5 倍。

② 频谱类型【Spectrum Type】，分为单点响应谱和多点响应谱。若输入响应谱应用于所

有的固定自由度，采用单点响应谱，否则采用多点响应谱。

③ 模态组合类型【Modes Combination Type】，响应谱分析计算每一阶扩展模态在结构中的最大位移响应和应力，因而可以得到系统各阶模态的最大响应。但是并不知道各阶模态响应组合成的总体响应方法。模态响应组合共有三种方法，分别为 SRSS、CQC、ROSE，如图 8-16 所示。

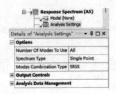

图 8-15　响应谱分析设置栏

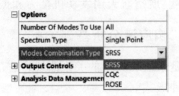

图 8-16　模态响应组合方法

（2）输出控制【Output Controls】

① 计算速度【Calculate Velocity】，默认不计算。

② 计算加速度【Calculate Acceleration】，默认不计算。

（3）分析数据管理【Analysis Data Management】

具体参看第 4.2.7 节。

8.4.3　响应谱分析边界与结果

1. 响应谱分析中的载荷和约束

响应谱分析中的载荷只能在模态分析系统中定义，而不能在响应谱分析系统定义任何约束。响应谱可应用三种形式的 RS 激励，分别为：加速度谱【RS Acceleration】、速度谱【RS Velocity】、位移谱【RS Displacement】，如图 8-17 所示。

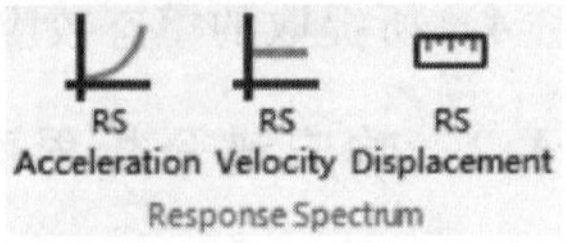

2. 响应谱分析中的求解结果

求解前，需设定分析工具选项。响应谱分析的大部分结果和结构静力分析非常相似。可以插入【Direction】、【Equivalent】等。

图 8-17　RS 激励

响应谱分析求解后得到标准的模态组合文件 Displacement.mcom，如果输出控制中指定计算速度或加速度，则生成 Velocity.mcom 或 Acceleration.mcom 文件。这些文件包含模态系数的组合命令，其命令根据模态响应组合方法指定的某种方式组合为最大模态响应，最后计算出结构的总响应。

8.5　随机振动分析

随机振动是一种只能在统计意义下描述的振动。在任何给定的时刻，其振动的幅值都不是确切可知的，而是由其振动幅值的统计特性（如平均值、标准偏差、超出某一个值的概率）给定的，如地震时的地面活动、海浪的高度和频次、作用在飞行器或高大建筑物上的风波、火箭发动机的噪声激励等。这些随机振动通常以功率谱密度（PSD）函数的形式来描述，是基于概率统计学的谱分析技术。

8.5.1　随机振动分析基础

随机振动的计算结果是各种失效计算的基础。这里仅仅就如何利用随机振动分析结果做出一些讨论，并不代表所有。假定所有随机过程为正态（高斯）平稳随机过程，确定失效的重要统计参数是均值、均方根和平均频率。在 ANSYS 中，PSD 分析均假定均值为零。

在随机工作状态下，至少存在三种失效方式：①一次失效，即研究对象的某物理量在工作时的数值第一次达到确定水平时就会出现失效。例如，当应力达到一定水平时，结构可能发生延展失效。②时间失效，即研究对象的某物理量在工作时的数值超过预定水平的一定（寿命）时间百分比之后就会出现失效。这种方法通常用在电器元件，是一种不可逆的行为。③累积损伤失效，即每次数值达到某一水平产生微小但可以定义的损伤，所有损伤累积起来直至发生失效。这就叫疲劳破坏，是随机振动分析最常用的方法。

8.5.2　随机振动分析界面与分析设置

1. 随机振动分析界面

在 Workbench 中创建随机振动分析项目，首先在左边的 Toolbox 中的 Analysis Systems 中选择【Modal】创建模态分析项目，然后在左边的 Toolbox 中选择【Random Vibration】，并将其直接拖至模态分析项的 A6 栏（即 Solution）处即可，如图 8-18 所示。右击【Geometry】单元格，选择【Import Geometry】→【Browse】导入几何模型，在分析项目中右击【Model】→【Edit】进入 Systems A，B-Mechanical 分析环境。

2. 随机振动分析设置

进入 Mechanical 后，单击【Analysis Settings】，出现如图 8-19 所示的随机振动分析设置栏。

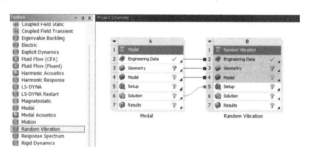

图 8-18　创建随机振动分析项目　　　　图 8-19　随机振动分析设置栏

1）选项【Options】，用于设置模态阶数和频率范围。

① 可使用的模态数量【Number Of Modes To Use】，推荐计算的模态个数频率范围为 PSD 激励最大频率的 1.5 倍。

② 排除不重要的模态【Exclude Insignificant Modes】，默认不去除。

2）输出控制【Output Controls】，此选项可以严格控制确定点的输出结果。

① 保持模态结果【Keep Modal Results】，默认不计算。

② 速度计算【Calculate Velocity】，默认不计算。

③ 加速度计算【Calculate Acceleration】，默认不计算。

④ 结果文件压缩【Result File Compression】，是否对结果文件进行压缩输出。

3）阻尼控制【Damping Controls】：

① 恒定阻尼【Constant Damping】，可由程序控制与手动设置。

② 恒定阻尼比【Damping Ratio】，程序控制时，默认值为 1×10^{-2}，也可直接输入。

③ 刚度系数设置【Stiffness Coefficient Define By】，直接输入，或输入阻尼比及响应频率计算得到。

④ 刚度系数【Stiffness Coefficient】，默认值为 0，可以直接输入改变。

⑤ 质量系数【Mass Coefficient】，默认值为 0，可以直接输入改变。

4）分析数据管理【Analysis Data Management】，具体参看第 4.2.7 节。

8.5.3 随机振动分析边界与结果

1. 随机振动分析中的载荷和约束

随机振动分析中的载荷只能在模态分析系统中定义，而不能在随机振动分析系统定义任何约束。功率谱密度是结构在随机动态载荷激励下响应的统计结果，是一条功率谱密度值-频率值的关系曲线。随机振动支持四种形式的 PSD 激励，分别为：加速度功率谱密度【PSD Acceleration】、速度功率谱密度【PSD Velocity】、重力加速度功率谱密度【PSD G Acceleration】和位移功率谱密度【PSD Displacement】，如图 8-20 所示。

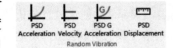

图 8-20 随机振动 PSD 激励

2. 随机振动分析中的求解结果

求解前，需设定分析工具选项。随机振动分析的大部分结果和结构静力分析非常相似。可以插入【Direction Deformation】、【Equivalent Stress】等。

速度和加速度结果包括基础的运动效应。程序默认显示 1Sigma 结果，其值即概率统计中正态分布下的均方根响应值，小于该均方根响应值的出现概率为 68.2%，也可定义比例因子显示 2Sigma 或 3Sigma。

8.6 某机床珐琅振动模态分析

1. 问题描述

某一个被简化的不锈钢圆形带孔机床珐琅模型，珐琅材料弹性模量为 $2.6\times10^{11}\mathrm{Pa}$，泊松比为 0.3，密度为 8050kg/m³，其他相关参数在分析过程中体现。试对珐琅进行模态分析。

2. 有限元分析过程

（1）启动 Workbench

在"开始"菜单中执行【ANSYS 2024 R1\R2】→【Workbench 2024 R1\R2】命令。

（2）创建模态分析项目

① 在工具箱【Toolbox】的【Analysis Systems】中双击或拖动模态分析项目【Modal】到项目流程图，如图 8-21 所示。

② 在 Workbench 的工具栏中单击【Save】，保存项目工程名为 Enamel.Wbpj。有限元分析文件保存在 D:\AWB\Chapter08 文件夹中。

（3）确定材料参数

① 编辑工程数据单元，右击【Engineering Data】→【Edit】。

② 在工程数据属性中增加新材料：【Outline of Schematic A2：Engineering Data】→【Click Here to Add a New Material】，输入新材料名称 Enamel。

③ 在左侧单击【Physical Properties】展开，双击【Density】，设置【Properties of Outline Row 4：Enamel】→【Density（kg/m³）】= 8050。

④ 在左侧单击【Linear Elastic】展开，双击【Isotropic Elasticity】→【Properties of Outline Row 4：Enamel】设置【Young's Modulus（Pa）】= 2.6×10^{11}。

⑤ 设置【Properties of Outline Row 4：Enamel】→【Poisson's Ratio】= 0.3，如图 8-22 所示。

图 8-21 创建模态分析项目

图 8-22 创建材料

⑥ 单击工具栏中的【A2：Engineering Data】关闭按钮，返回到 Workbench 主界面，新材料创建完毕。

（4）导入几何模型

在模态分析项目上，右击【Geometry】→【Import Geometry】→【Browse】，找到模型文件 Enamel. agdb，打开导入几何模型。模型文件在 D：\AWB\Chapter08 文件夹中。

（5）进入 Mechanical 分析环境

① 在模态分析项目上，右击【Model】→【Edit】，进入 Mechanical 分析环境。

② 在 Workbench 的主菜单【Units】中设置单位为 Metric（kg，mm，s，℃，mA，N，mV）。

（6）为几何模型分配材料属性

为珐琅分配材料：在导航树里单击【Geometry】展开，设置【Enamel】→【Details of "Enamel"】→【Material】→【Assignment】= Enamel，其他选项选默认值。

（7）划分网格

① 在导航树里单击【Mesh】，设置【Details of "Mesh"】→【Defaults】→【Element Size】= 4mm，【Sizing】→【Use Adaptive Sizing】= No，【Capture Curvature】= Yes，【Quality】→【Smoothing】= Medium，其他选项选默认值。

② 单击 ，选择珐琅模型，右击【Mesh】→【Insert】→【Method】，单击【Automatic Method】，设置【Details of "Automatic Method"-Method】→【Definition】→【Method】= MultiZone，其他选项选默认值。

③ 生成网格，右击【Mesh】→【Generate Mesh】，图形区域显示程序生成的单元网格模型，如图 8-23 所示。

④ 网格质量检查，在导航树里单击【Mesh】，设置【Details of "Mesh"】→【Quality】→【Mesh Metric】= Skewness，显示 Skewness 规则

图 8-23 生成网格

下网格质量详细信息，平均值处在好水平范围内，展开【Statistics】显示网格和节点数量。

（8）施加边界条件

① 在导航树上单击【Modal（A5）】。

② 施加固定约束，在标准工具栏上单击 ⌞⌟，然后依次选择珐琅的六个圆孔，接着在环境工具栏单击【Supports】→【Fixed Support】，如图8-24所示。

③ 在标准工具栏上单击 ⌞⌟，然后依次选择珐琅的外环面，接着在环境工具栏单击【Supports】→【Frictionless Support】，施加无摩擦约束，如图8-25所示。

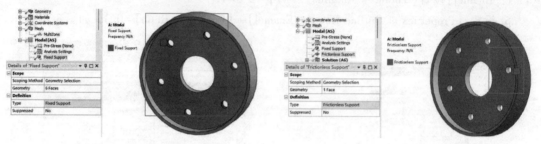

图8-24　施加固定约束　　　　　　　　图8-25　施加无摩擦约束

（9）求解与结果显示

① 在 Mechanical 求解工具栏单击 ⚡ 进行求解运算。

② 运算结束后，单击【Solution（A6）】可以查看图形区域显示模态分析得到的珐琅变形分布云图。在图形区域显示下方的【Graph】的频率图空白处右击，从弹出的菜单中选择【Select All】，再次右击，然后选择【Create Mode Shape Results】创建其他模态阶数的变形云图，如图8-26所示；

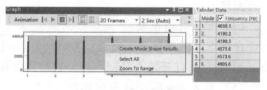

图8-26　创建模态结果

接着在导航树上选择创建的变形结果，右击选择 ⚡ Evaluate All Results ，最后可以查看所有模态阶数的珐琅变形云图，如图8-27～图8-32所示。也可激活动画显示珐琅的振动过程。振动过程有助于理解结构的振动，但变形值并不代表真实的位移。

（10）保存与退出

① 退出 Mechanical 分析环境。单击 Mechanical 主界面的菜单【File】→【Close Mechanical】退出环境，返回到 Workbench 主界面，此时主界面的项目管理区中显示的分析项目均已完成。

图8-27　1阶模态变形结果

图8-28　2阶模态变形结果

图8-29　3阶模态变形结果

图 8-30　4 阶模态变形结果　　　图 8-31　5 阶模态变形结果　　　图 8-32　6 阶模态变形结果

② 单击 Workbench 主界面上的【Save】按钮，保存所有分析结果文件。

③ 退出 Workbench 环境。单击 Workbench 主界面的菜单【File】→【Exit】退出主界面，完成项目分析。

3. 点评

本实例是机床珐琅振动模态分析，分析过程相对简单。模态分析不仅可以评价现有结构系统的动态特性，还可以评估结构静力分析时是否有刚体位移。

8.7　某猫头型直线塔随机振动分析

1. 问题描述

某猫头型直线塔材料为 Q345B 钢，其弹性模量为 $2.1×10^{11}$ Pa，泊松比为 0.3，密度为 $11.85\mathrm{g/cm^3}$，其他相关参数在分析过程中体现。试求直线塔架在随机振动下竖直方向变形。

2. 有限元分析过程

（1）启动 Workbench 2024

在"开始"菜单中执行【ANSYS 2024 R1\R2】→【Workbench 2024 R1\R2】命令。

（2）创建随机振动分析项目

① 在工具箱【Toolbox】的【Analysis Systems】中双击或拖动模态分析项目【Modal】到项目流程图创建项目 A，然后右击项目 A 的【Solution】单元，从弹出的菜单中选择【Transfer Data To New】→【Random Vibration】，即创建随机振动分析项目 B，此时相关联的数据共享，如图 8-33 所示。

② 在 Workbench 的工具栏中单击【Save】，保存项目工程名为 Wire tower. Wbpj。有限元分析文件保存在 D：\AWB\Chapter08 文件夹中。

（3）确定材料参数

① 编辑工程数据单元，右击【Engineering Data】→【Edit】。

② 在工程数据属性中增加新材料：【Outline of Schematic A2，B2：Engineering Data】→【Click Here to Add a New Material】，输入新材料名称 Q345B。

③ 在左侧单击【Physical Properties】展开，双击【Density】，设置【Properties of Outline Row 3：Q345B】→【Density（kg/m³）】= 7850。

④ 在左侧单击【Linear Elastic】展开，双击【Isotropic Elasticity】，设置【Properties of Outline Row 3：Q345B】→【Young's Modulus（Pa）】= $2.1×10^{11}$。

⑤ 设置【Properties of Outline Row 4：Q345B】→【Poisson's Ratio】= 0.3，如图 8-34 所示。

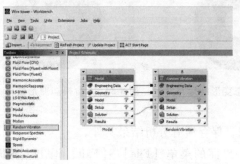

图 8-33　创建随机振动分析项目

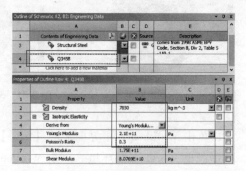

图 8-34　创建材料

⑥ 单击工具栏中的【A2，B2：Engineering Data】关闭按钮，返回到 Workbench 主界面，新材料创建完毕。

（4）导入几何模型

在模态分析项目上，右击【Geometry】→【Import Geometry】→【Browse】，找到模型文件 Wire tower. agdb，打开导入几何模型。模型文件在 D：\AWB\Chapter08 文件夹中。

（5）进入 Mechanical 分析环境

① 在模态分析项目上，右击【Model】→【Edit】，进入 Mechanical 分析环境。

② 在 Mechanical 的主菜单【Units】中设置单位为 Metric（mm，kg，N，s，mV，mA）。

（6）为几何模型分配材料属性

塔架分配材料：在导航树里单击【Geometry】展开，设置【Wire Tower】→【Details of "Wire Tower"】→【Material】→【Assignment】= Q345B。

（7）划分网格

① 在导航树里单击【Mesh】，设置【Details of "Mesh"】→【Defaults】→【Element Size】= 100mm，其他选项选默认值。

② 生成网格，右击【Mesh】→【Generate Mesh】，如图 8-35 所示。

③ 网格质量检查，在导航树里单击【Mesh】→【Details of "Mesh"】→【Quality】→【Mesh Metric】= Element Quality，显示 Element Quality 规则下网格质量详细信息，平均值处在好水平范围内，展开【Statistics】显示网格和节点数量。

（8）施加边界条件

① 在导航树上单击【Modal（A5）】。

② 施加约束，在环境工具栏单击【Supports】→【Fixed Support】，单击【Fixed Support】，设置【Details of "Fixed Support"】→【Scope】→【Scoping Method】= Named Selection，【Named Selection】= Brace，如图 8-36 所示。

③ 施加模态数，在导航树 Modal 下单击【Analysis Settings】，设置【Details of "Analysis Settings"】→【Options】→【Max Modes to Find】= 6，其他选项选默认值。

（9）设置需要的结果

① 在导航树上单击【Solution（A6）】。

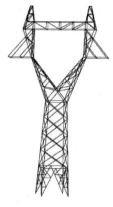

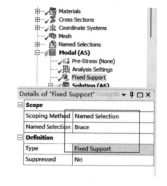

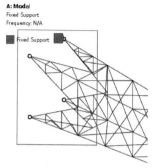

<table>
<tr><td>图 8-35　网格划分</td><td>图 8-36　施加约束</td></tr>
</table>

② 在 Mechanical 求解工具栏单击【Deformation】，设置【Directional】→【Directional Deformation】→【Details of "Directional Deformation"】→【Definition】→【Orientation】= Y Axis。

（10）求解与结果显示

① 右击【Directional Deformation】，从弹出的菜单上单击⚡进行求解运算。

② 运算结束后，单击【Solution（A6）】→【Directional Deformation】，可以查看图形区域显示模态分析得到的直线塔在 1 阶模态下的频率、变形分布云图和模态数值，如图 8-37 和图 8-38 所示。

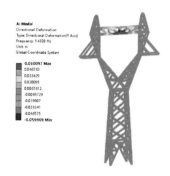

图 8-37　直线塔变形分布云图

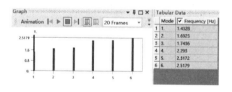

图 8-38　直线塔模态数值

（11）随机振动设置

① 在导航树上单击【Random Vibration（B5）】。

② 在环境工具栏单击【Random Vibration】→【PSD G Acceleration】，设置【PSD G Acceleration】→【Details of "PSD G Acceleration"】→【Scope】→【Boundary Condition】= All Fixed Supports，【Definition】→【Load Data】，【Direction】= Y Axis，如图 8-39 所示。

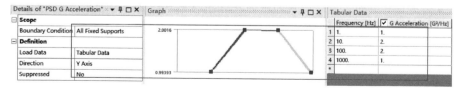

图 8-39　PSD G Acceleration 设置

③ 设置阻尼，设置【Random Vibration （B5）】→【Analysis Settings】→【Details of "Analysis Settings"】→【Damping Controls】= Manual，【Damping Controls】→【Constant Damping Ratio】= 0.05，其他选项选默认值。

（12）设置需要的结果

① 在导航树上单击【Solution （B6）】。

② 在 Mechanical 求解工具栏单击【Deformation】→【Directional】，设置【Directional Deformation】→【Details of "Directional Deformation"】→【Definition】→【Orientation】= Y Axis，【Scale Factor】= 3Sigma。

（13）求解与结果显示

① 右击【Directional Deformation】，从弹出的菜单上单击⚡进行求解运算。

② 运算结束后，单击【Solution （B6）】→【Directional Deformation】，可以查看图形区域显示随机振动分析得到的直线塔变形分布云图，如图 8-40 所示。

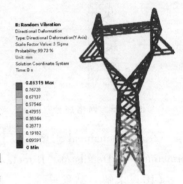

图 8-40　直线塔变形分布云图

（14）保存与退出

① 退出 Mechanical 分析环境。单击 Mechanical 主界面的菜单【File】→【Close Mechanical】退出环境，返回到 Workbench 主界面，此时主界面的项目管理区中显示的分析项目均已完成。

② 单击 Workbench 主界面上的【Save】按钮，保存所有分析结果文件。

③ 退出 Workbench 环境。单击 Workbench 主界面的菜单【File】→【Exit】退出主界面，完成项目分析。

3. 点评

本实例是猫头型直线塔随机振动分析，随机振动分析基本流程即先模态分析，后随机振动分析。本例的关键点是随机振动分析的载荷类型设置、载荷数据处理和求解后处理。

8.8　本章小结

本章按照线性结构动力学分析基础、模态分析、谐响应分析、响应谱分析、随机振动分析和相应实例应用顺序编写，分别介绍各个分析模块基础、分析设置、边界与后处理等内容。本章配备的两个典型线性结构动力学工程实例，分别为某机床珐琅振动模态分析和某猫头型直线塔随机振动分析，分别包括问题描述、有限元分析过程和点评三部分内容。

通过本章的学习，读者可以了解 Workbench 环境下典型的线性结构动力学分析的基础知识，以及分析流程、分析设置、载荷的施加方法和结果后处理等相关知识。

第9章 多体系统动力学分析

多刚体系统动力学与多柔体系统动力学的结合称为多体系统动力学。多刚体系统动力学是将系统中各部件均抽象为刚体，但可以考虑各部件连接点（关节点）处的弹性、阻尼等影响；而多柔体系统动力学是研究由可变形体和可变形体或可变形体和刚体所组成的系统在经历大范围空间运动时的动力学行为。多刚体系统动力学侧重研究多体这一方面，研究各个物体刚性运动之间的相互作用及其对系统动力学的影响；多柔体系统动力学侧重研究"柔性"这一方面，研究物体变形与其整体刚性运动的相互作用或耦合，以及这种耦合所导致的独特的动力学效应。事实上，多柔体系统的动力学方程是多刚体系统动力学方程和结构动力学方程的综合与推广。当系统不经历大范围空间运动时，它就退化为结构动力学方程，而当各部件的变形可以忽略时，它可退化为多刚体系统动力学方程。这两类方程的耦合则引出全新动力学问题。

多体系统可以抽象为以下四个要素的组合：①体-多体系统中的构件；②关节-体间的运动约束，无质量；③外力-系统外的物体所施加的力或力矩；④力元-体间的相互作用力。

ANSYS Workbench 多体系统动力学包含多刚体系统动力学（Rigid Dynamics）和多柔体系统动力学（Transient Structural）（或称瞬态结构动力学、时间历程分析）两个模块分析系统。它们分别用不同的求解器。多刚体系统动力学用 ANSYS Rigid Dynamics 求解器，采用显式的时间积分，没有平衡迭代和收敛检查，求解速度快，但需要更小的时间步长，专用于模拟由运动副、弹簧和衬套连接起来的刚性组件的动力学响应。多柔体系统动力学用 ANSYS Mechanical APDL 求解器，采用隐式时间积分，需要平衡迭代，求解速度慢，可用于模拟由运动副、弹簧、梁、点焊、接触连接起来的全刚性组件、全柔性组件、刚柔耦合组件的动力学响应。

9.1 多刚体系统动力学分析

多刚体系统动力学分析可以用来考察机构大空间运动特性分析，其位移和转动量由组件的运动惯性、载荷、关节产生。输入输出的是力、力矩、位移、速度和加速度结果，不能得出应力、应变结果。

9.1.1 多刚体系统动力学分析界面

在 Workbench 中建立多刚体系统动力学分析项目，在左边的 Toolbox 下的 Analysis Systems 中双击【Rigid Dynamics】即可，如图 9-1 所示。右击【Geometry】单元格，选择【Import Geometry】→【Browse】导入几何模型，在分析系统中右击【Model】→【Edit】进入 Rigid Dynamics-Mechanical 分析环境。

9.1.2　几何模型与网格

1. 几何模型

在多刚体系统动力学分析中，几何零件行为必须是刚体，不支持面体和线体。同时，每个零件的质心处将产生一个惯性坐标系【Inertial Coordinate System】。该坐标系各方向与几何零件生成的环境相关，在求解结果时，该坐标系某一方向应与关节未约束的自由度一致。一旦件中改变零件为柔体，它就变为隐式求解。

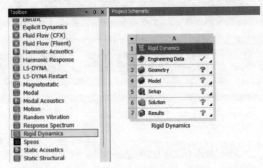

图 9-1　创建多刚体系统动力学分析项目

2. 网格

在多刚体系统动力学分析中将不产生网格。

9.1.3　连接关系

各部件的连接方式可以是关节、弹簧和衬套连接。对于关节连接方式，可以是体对体或体对地的运动副并可自动探测连接，一个有效的模型系统必须包括一个接地连接，若包括多个子系统，那么每个子系统必须有一个接地连接。如定义一个自由组件，必须通过一个体对地下的通用关节（General）实现。弹簧连接不能组成接地连接，尽管可以在体对地下定义弹簧。通过定义弹簧连接来实现机构的黏性阻尼效应。

1. 关节

关节【Joint】连接是连接类型的一种，主要用于模拟几何体两点之间的连接关系，每个点有六个自由度，两点间的相对运动由六个相对自由度描述。不同的关节类型限制不同的转动和平动自由度。关节连接可以归结为远端边界条件。关节连接可用于刚体动力学分析、结构静力分析、模态分析、谐响应分析、频谱分析、随机振动分析、瞬态结构分析中的体与体之间的连接。图9-2所示为关节的一般设定。

（1）定义【Definition】

① 连接类型【Connection Type】，关节的连接类型可以应用到体-体之间【Body-Body】或体-地之间【Body-Ground】。体-体之间需要参考坐标系和运动坐标系，而体-地之间假设参考坐标系固定，仅用运动坐标系，如图9-3所示。

② 类型【Type】，有柱关节、转动关节，具体参看表9-1。

③ 抗扭刚度【Torsional Stiffness】，用来测量对轴扭力的阻力，仅用于柱关节和扭转关节。

④ 扭转阻尼【Torsional Damping】，用来测量对轴或沿转轴体产生角振动的抗力，仅用于柱关节和扭转关节。

⑤ 摩擦系数【Friction Coefficient】，定义摩擦系数的值，可用于回转、圆柱形和平移运动类型。

⑥ 半径【Radius】，定义长度单位表示的半径值，用于计算阻力扭矩。

⑦ 有效长度【Effective Length】，定义长度单位表示的有效长度的值，用于计算弯曲力或弯曲扭矩。

图 9-2　关节设定

图 9-3　关节类型

表 9-1　关节类型

序号	关节类型	自由或约束自由度
1	固定【Fixed】	约束（UX，UY，UZ；ROTX，ROTY，ROTZ）
2	转动【Revolute】	约束（UX，UY，UZ；ROTX，ROTY）
3	圆柱形【Cylindrical】	约束（UX，UY；ROTX，ROTY）
4	平移【Translational】	约束（UY，UZ；ROTX，ROTY，ROTZ）
5	槽口【Slot】	约束（UY，UZ）
6	通用【Universal】	约束（UX，UY，UZ；ROTY）
7	球形【Spherical】	约束（UX，UY，UZ）
8	平面【Planer】	约束（UZ；ROTX，ROTY）
9	一般【General】	约束（Fix All，Free X，Free Y，Free Z，and Free All.）
10	并行【Parallel】	自由（UX，UY，UZ；ROTZ）
11	面内【In-Plane】	自由（UX，UY，UZ Fixed；ROTX，ROTY，ROTZ）
12	直列【In-Line】	自由（UX Fixed，UY Fixed，UZ；ROTX，ROTY，ROTZ）
13	方向【Orientation】	自由（UX，UY，UZ；ROTX Fixed，ROTY Fixed，ROTZ Fixed）
14	衬套【Bushing】	自由（UX，UY，UZ；ROTX，ROTY，ROTZ）
15	曲线上的点【Point on Curve Joint】	约束回转（UX Free，UY，UZ；ROTX，ROTY，ROTZ）或自由回转（UX，UY Fixed，UZ Fixed；ROTX，ROTY，ROTZ）
16	面内径向间隙【In-Plane Radial Gap】	约束（UZ；ROTX，ROTY）
17	球形间隙【Spherical Gap】	约束（UX，UY，UZ）
18	径向间隙【Radial Gap】	约束固定或自由 UZ
19	螺钉【Screw】	约束（UX，UY；ROTX，ROTY）
20	恒定的速度【Constant Velocity】	约束（UX，UY，UZ）
21	距离【Distance】	自由（UX，UY，UZ；ROTX，ROTY，ROTZ），约束参考坐标与移动坐标之间的距离

⑧ 关节摩擦类型【Joint Friction Type】，该可选项包括程序控制【Program Controlled】、滑动摩擦/黏附过渡摩擦【Friction with Sliding/Sticking Transitions】、强制摩擦滑动【Forced Frictional Sliding】。

⑨ 抑制【Suppressed】，默认不抑制关节连接。

（2）参考【Reference】

① 范围限定方法【Scoping Method】，可用几何结构选择、命名选择。

② 应用【Applied By】，默认远程附件【Remote Attachment】，也可为直接连接【Direct Attachment】。

③ 范围【Scope】，根据范围限定方法来显示为选择位置、参考组件【Reference Component】。

④ 几何体【Body】，仅显示选择关节位置所在体的名字。

⑤ 坐标系【Coordinate System】，该坐标系随着所选的关节位置而产生，可以在所创建的相应关节下修改坐标系的方向，也可直接单击【Reference Coordinate System】修改坐标系方法或位置。

⑥ 行为【Behavior】，用来指定几何体为刚体或柔体。

⑦ 搜索区域【Pinball Region】，可以指定关节所需附加面的区域，默认整个面连接到关节上，适用于关节连接的面重合及其他位移约束引起过约束求解失效的情况，也适用于连接点处导致求解内存溢出的情况。

（3）移动【Mobile】

① 范围限定方法【Scoping Method】，可用几何结构选择、命名选择。

② 应用【Applied By】，默认远端连接【Remote Attachment】，也可为直接连接【Direct Attachment】。

③ 范围指定【Scope】，根据范围限定方法来显示为选择位置、参考组件【Reference Component】。

④ 几何体【Body】，仅显示选择关节位置所在体的名字。

⑤ 运动坐标系【Coordinate System】，该坐标系支持关节连接体之间的相对运动。运动坐标系随着所选的关节位置而自动产生，但只有初始位置设为覆盖【Override】才会可见。运动坐标系可以在所创建的相应关节下修改坐标系的方向，也可直接单击【Mobile Coordinate System】修改坐标系的方向或位置。

⑥ 初始位置【Initial Position】，该选项仅在远端连接时可用，可选择无变化【Unchanged】和覆盖【Override】。【Unchanged】选项意味着参考坐标系与运动坐标系一致，选择【Override】选项，可以改变运动坐标系，使之与参考坐标系不一致。

⑦ 行为【Behavior】，用来指定几何体为刚体或柔体。

⑧ 搜索区域【Pinball Region】，可以指定关节所需附加面的区域，默认整个面连接到关节上，适用于关节连接的面重合及其他位移约束引起过约束求解失效的情况，也适用于连接点处导致求解内存溢出的情况。

（4）停止【Stops】

关节停止【Stops】和锁定【Locks】是可选的约束，用于限制相对自由运动或转动度的最大范围和最小范围，默认情况是不设置停止或锁定。当关节运动达到设定的极限时，关节停止会产生冲击；锁定与停止类似，只不过当锁定达到指定极限后将固定极限位置不再运动。对于不同的求解器，其求解处理也不同；如对于 Rigid Dynamics 求解器，冲击被认为是不可持续的事件，将产生一个相对"跳"的速度；对于 Mechanical 求解器，停止和锁定通过拉格朗日乘子法实现，当设置停止选项后，可产生相应的约束力。

① 限制 Z 方向运动最小范围【Z Min Type】，默认不限制，可以是停止，也可以是锁定。

② 限制 Z 方向运动最大范围【Z Max Type】，默认不限制，可以是停止，也可以是锁定。

③ 限制 Z 方向转动最小范围【RZ Min Type】，默认不限制，可以是停止，也可以是锁定。

④ 限制 Z 方向转动最大范围【RZ Max Type】，默认不限制，可以是停止，也可以是锁定。

⑤ 恢复系数【Restitution】，仅在 Rigid Dynamics 求解器下出现，其值在 0~1 之间，默认值为 1，意味着在冲击过程中没有能量损失，反弹速度等于冲击速度，处于完全弹性碰撞状态；当值为 0 时，在关节处的力是牵引力，停止释放，而锁定不释放。

2. 弹簧

弹簧可以在体-体之间或体-地之间定义，弹簧也存在参考体和运动体，两个体之间的相对位置决定了弹簧的作用方向。弹簧是弹性单元，弹簧是只有弹性而没有质量物体的抽象化；而梁则是对于有弹性且有质量物体的简化。图 9-4 所示为弹簧的一般设定。

（1）图形属性【Graphics Properties】

可见性【Visible】，默认可见，也可使弹簧不可见。

（2）定义【Definition】

① 弹簧类型【Type】，默认纵向【Longitudinal】。

② 弹簧特性【Spring Behavior】，弹簧行为可以为拉压【Both】形式，也可以仅有拉伸【Tension Only】或压缩【Compression Only】，只有在刚体动力学和显式动力学分析时可以修改弹簧行为。

③ 纵向刚度【Longitudinal Stiffness】，如果只考虑阻尼，刚度可定义为 0。

④ 纵向阻尼【Longitudinal Damping】，用来测量对轴或沿转轴体产生角振动的抗力，只能对轴。

图 9-4 弹簧的一般设定

⑤ 预加载【Preload】，默认不进行预加载，也可预设弹簧自由伸长量【Free Length】和预指定载荷值，正值代表拉伸，负值代表压缩。

⑥ 抑制【Suppressed】，默认不抑制弹簧连接。

⑦ 弹簧长度【Spring Length】，弹簧长度由参考范围和运动范围确定。

（3）范围【Scope】

范围【Scope】，为体-体或体-地，体-地弹簧不支持显式动力学分析。

（4）参考体坐标系【Reference】

① 范围限定方法【Scoping Method】，可用几何模型、命名选择。

② 应用【Applied By】，默认远端连接【Remote Attachment】，也可为直接连接【Direct Attachment】。

③ 范围【Scope】，根据范围限定方法来显示为选择位置、参考组件【Reference Component】。

④ 几何体【Body】，仅显示选择关节位置所在体的名字。

⑤ 坐标系【Coordinate System】，坐标系为全局坐标系或局部坐标系。

⑥ 参考坐标 X 轴【Reference X Coordinate】，其值根据选择的几何位置或坐标位置确定。

⑦ 参考坐标 Y 轴【Reference Y Coordinate】，其值根据选择的几何位置或坐标位置确定。

⑧ 参考坐标 Z 轴【Reference Z Coordinate】，其值根据选择的几何位置或坐标位置确定。

⑨ 参考位置【Reference Location】，选择参考位置或坐标位置。

⑩ 行为【Behavior】，用来指定几何体为刚体或柔体。

⑪ 搜索区域【Pinball Region】，可以指定弹簧接触尺寸，默认探索整个区域。

（5）移动【Mobile】

① 范围限定方法【Scoping Method】，可用几何结构选择、命名选择。

② 应用【Applied By】，默认远端连接【Remote Attachment】，也可为直接连接【Direct Attachment】。

③ 范围【Scope】，根据范围限定方法来显示为选择位置、参考组件【Reference Component】。

④ 几何体【Body】，仅显示选择关节位置所在体的名字。

⑤ 坐标系【Coordinate System】，坐标系为全局坐标系或局部坐标系。

⑥ 移动 X 轴【Mobile X Coordinate】，其值根据选择的几何位置或坐标位置确定。

⑦ 移动 Y 轴【Mobile Y Coordinate】，其值根据选择的几何位置或坐标位置确定。

⑧ 移动 Z 轴【Mobile Z Coordinate】，其值根据选择的几何位置或坐标位置确定。

⑨ 移动位置【Mobile Location】，选择参考位置或坐标位置。

⑩ 行为【Behavior】，用来指定几何体为刚体或柔体。

⑪ 搜索区域【Pinball Region】，可以指定弹簧接触尺寸，默认探索整个区域。

3. 轴承

轴承【Bearing】可以在体-体或体-地之间定义，轴承连接需一个参考平面和运动体，轴承连接与弹簧连接类似，也须定义刚度和阻尼。图 9-5 所示为轴承连接的一般设定。

（1）图形属性【Graphics Properties】

可见性【Visible】，默认可见，也可使轴承不可见。

（2）定义【Definition】

① 连接类型【Connection Type】，可选体-体或体-地连接类型。

② 旋转平面【Rotation Plane】，可选 X-Y Plane、Y-Z Plane、X-Z Plane。

③ 刚度系数【StiffnessK11、K22、K12、K21】，刚度系数可以是固定值也可以是表格数据。

④ 阻尼系数【DampingC11、C22、C12、C21】，阻尼系数可以是固定值也可以是表格数据。

⑤ 抑制【Suppressed】，默认不抑制轴承连接。

（3）参考【Reference】

① 范围限定方法【Scoping Method】，可用几何结构选择、命名选择。

② 应用【Applied By】，默认远端连接【Remote Attachment】，也可为直接连接【Direct Attachment】。

图 9-5 轴承连接的
一般设定

③ 范围【Scope】，根据范围限定方法来显示为选择位置、参考组件【Reference Component】。

④ 几何体【Body】，仅显示选择关节位置所在体的名字。

⑤ 坐标系【Coordinate System】，坐标系为全局坐标系或局部坐标系。

⑥ 参考坐标 X 轴【Reference X Coordinate】，其值根据选择的几何位置或坐标位置确定。

⑦ 参考坐标 Y 轴【Reference Y Coordinate】，其值根据选择的几何位置或坐标位置确定。

⑧ 参考坐标 Z 轴【Reference Z Coordinate】，其值根据选择的几何位置或坐标位置确定。

⑨ 参考位置【Reference Location】，选择参考位置或坐标位置。

⑩ 行为【Behavior】，用来指定几何体为刚体或柔体。

⑪ 搜索区域【Pinball Region】，可以指定弹簧接触尺寸，默认探索整个区域。

（4）移动【Mobile】

① 范围限定方法【Scoping Method】，可用几何结构选择、命名选择。

② 应用【Applied By】，默认远端连接【Remote Attachment】，也可为直接连接【Direct Attachment】。

③ 范围【Scope】，根据范围限定方法来显示为选择位置、参考组件【Reference Component】。

④ 几何体【Body】，仅显示选择关节位置所在体的名字。

⑤ 坐标系【Coordinate System】，坐标系为全局坐标系或局部坐标系。

⑥ 移动 X 轴【Mobile X Coordinate】，其值根据选择的几何位置或坐标位置确定。

⑦ 移动 Y 轴【Mobile Y Coordinate】，其值根据选择的几何位置或坐标位置确定。

⑧ 移动 Z 轴【Mobile Z Coordinate】，其值根据选择的几何位置或坐标位置确定。

⑨ 移动位置【Reference Location】，选择参考位置或坐标位置。

⑩ 行为【Behavior】，用来指定几何体为刚体或柔体。

⑪ 搜索区域【Pinball Region】，可以指定弹簧接触尺寸，默认探索整个区域。

9.1.4　刚体系统动力学分析设置

进入 Mechanical 后，单击【Analysis Settings】，出现如图 9-6 所示的刚体系统动力学分析设置栏。

1. 步骤控制【Step Controls】，可以设置多时间步

1）步骤数量【Number Of Steps】，默认值为 1。

2）当前步数【Current Step Number】，默认值为 1。

3）步骤结束时间【Step End Time】，时间步长可以通过系统的最高频率来衡量。

4）自动时间步【Auto Time Stepping】，自动时间步算法根据初始时间步、最小时间步、最大时间步和能量精度容差决定。

5）初始时间步【Initial Time Step】，如果初始时间设置太小，自动时间步长会自动修正；如果初始时间设置太大，系统会提示加速度太高。

6）最小时间步【Minimum Time Step】，如果求解时自动时间步

图 9-6　刚体系统动力学分析设置栏

长小于该值，求解终止。

7）最大时间步【Maximum Time Step】，设置的自动时间步长中最大的也超不过该值，确保所关心的结果不会被求解时跳过。

2. 求解器控制【Solver Controls】

1）时间积分类型【Time Integration Type】，可选项包括程序控制的【Program Controlled】、四阶龙格-库塔算法【Runge-Kutta 4】、隐式广义阿尔法【Implicit Generalized Alpha】、MJ 时间步进法【MJ Time Stepping】、隐式稳定广义阿尔法【Stabilized Generalized Alpha】。

2）校正类型【Correction Type】，可选项包括程序控制的【Program Controlled】、纯随动【Pure Kinematic】、带惯性矩阵【With Inertia Matrix】。

3）装配体类型【Assembly Type】，可选项包括程序控制的【Program Controlled】、纯随动【Pure Kinematic】、带惯性矩阵【With Inertia Matrix】。

3. 非线性控制【Nonlinear Controls】

主要是能量精确度容差【Energy Accuracy Tolerance】，自动时间步算法的主要驱动力，可程序自动控制，也可手动设置和关闭。

4. 输出控制【Output Controls】

存储结果在【Store Results At】默认值为所有时间点，也可有其他时间点的选择。

5. 分析数据管理【Analysis Data Management】

具体参看第 4.2.7 节。

9.2 多柔体系统动力学分析

多柔体系统动力学分析是用于确定承受随时间变化载荷的结构的动力学响应的一种方法。可以用多柔体系统动力学分析结构在静载荷、瞬态载荷和简谐载荷的随机组合作用下随时间变化的位移、应变、应力及力。载荷和时间的相关性使得惯性力和阻尼作用比较重要。若在某种结构中惯性力和阻尼作用不重要，就可以用静力学分析替代瞬态动力学分析。多柔体系统动力学分析中允许考虑非线性因素。

9.2.1 多柔体系统动力学分析基础与界面

1. 多柔体系统动力学分析基础

多柔体系统动力学的基本运动方程是式（8-1），$F(t)$ 是时间历程函数。在任意给定的时间 t，多柔体系统动力学的基本运动方程可看作是一系列考虑了惯性力（$[m]\{\ddot{u}\}$）和阻尼力（$[C]\{\dot{u}\}$）的静力学平衡方程。ANSYS 程序使用 Newmark 时间积分方法在离散的时间点上求解这些方程。两个连续时间点间的时间增量称为积分时间步长（Integration Time Step）。

2. 多柔体系统动力学分析界面

在 Workbench 中建立多柔体系统动力学分析项目，在左边的 Toolbox 下的 Analysis Systems 中双击【Transient Structural】即可。右击【Geometry】单元格，选择【Import Geometry】→【Browse】导入几何模型，在分析项目中右击【Model】→【Edit】进入 Transient Structural-Mechanical 分析环境，如图 9-7 所示。

9.2.2 多柔体系统动力学分析设置

进入 Mechanical 后，单击【Analysis Settings】，出现如图 9-8 所示的多柔体系统动力学分析设置栏。

图 9-7 创建多柔体系统动力学分析项目　　　图 9-8 多柔体系统动力学分析设置栏

1. 步长控制【Step Controls】

1）时间步数量【Number Of Steps】，默认值为 1。

2）当前步数【Current Step Number】，默认值为 1。

3）步骤结束时间【Step End Time】，对非线性分析提供了一个方便设置载荷步和子载荷步的方法，默认值为 1.0。

4）自动时间步【Auto Time Stepping】，用来优化载荷增量减少求解时间，当默认开启状态时，可定义初始时间步、最小时间步、最大时间步；设置为关闭时，需定义时间步【Time Step】。

5）定义依据【Define By】，可定为时间或子步。

6）初始时间步【Initial Time Step】，用来确定初始载荷增量，求解从初始增量开始。

7）最小时间步【Minimum Time Step】，可以防止 Mechanical 进行无限次的求解。最小时间步长可以指定为初始时间步长的 1/10 或 1/100。

8）最大时间步【Maximum Time Step】，根据精度的要求确定，该值可以与初始时间步长一样或者稍大一点。

9）时间积分【Time Integration】，默认开启，在加载阶段相当于快速加载，即考虑加载时的动力效应，在分析阶段相当于动力学分析；当将其设为 off 时，相当于缓慢加载和静力分析，即不考虑动力效应。

2. 求解器控制【Solver Controls】

1）求解器类型【Solver Type】，除默认程序控制外，直接求解器【Direct】在包含薄面和细长体的模型中应用很强大，可以处理各种情况；迭代求解器【Iterative】用于处理体积较大的模型。

2）弱弹簧【Weak Spring】，默认程序控制，分析系统将会预测所受约束的模型。

3）大挠曲【Large Deflection】，默认关。对典型的细长结构，当横向位移超过长度的 10%时，可以启用大变形，同时可以执行反向求解，对已输入几何体产生变形的一组载荷下变形，在高级分析设置逆向选项完成。

4）基于应用的设置【Quasi-Static Solution】，可选项包括：影响【Impact】、高速动力【High Speed Dynamics】、适中速度动态学【Moderate Speed Dynamics】、低速动力【Low

Speed Dynamics】、准静态【Quasi-Static】、用户定义【User Defined】。

5）振幅衰减系数【Amplitude Decay Factor】，默认值为0.1，与用户定义选项相关。

3. 重启动控制【Restart Controls】

具体参看第4.2.7节。

4. 非线性控制【Nonlinear Controls】

具体参看第4.2.7节。

1）牛顿-拉夫逊选项【Newton-Raphson Option】，仅适用于使用 Mechanical APDL 应用程序解决的结构环境，可由程序控制，也可手动选择，如完全的、修正的和非对称的。

2）力收敛【Force Convergence】，用于检测 N-R 残差是否达到收敛，默认程序控制。

3）力矩收敛【Moment Convergence】，用于包含有转动自由度的模型，默认程序控制。

4）位移收敛【Displacement Convergence】，作为力或力矩平衡的补充，默认程序控制。

5）旋转收敛【Rotation Convergence】，作为力或力矩平衡的补充，默认程序控制。

6）线搜索【Line Search】，用于增强收敛行为，扩大收敛半径，默认程序控制。

7）稳定性【Stabilization】，分为不变和变弱控制，默认不控制。

8）能量耗散率【Stabilization】，该值是稳定力所做的功与单元势能的比值，该值在0~1之间，默认值为0.0001。

5. 高级控制【Advanced】

接触分布【Contact Split（DMP）】，当启动时，在分布式模式下对于存在大量接触对的模型，可以加快求解速度。

6. 输出控制【Output Controls】

具体参看第4.2.7节。

7. 阻尼控制【Damping Controls】

具体参看第8.3.3节。

8. 分析数据管理【Analysis Data Management】

具体参看第4.2.7节。

9.2.3　多柔体系统动力学分析初始条件

对单一或多个部件的结构进行如跌落、运动、金属成形这类分析时，如果有初速度，可在初始条件【Initial Condition】下指定恒值初始速度。也可通过多个载荷步定义初始条件和通过激活或冻结载荷控制时间积分效应，但只有在 ANSYS 求解器下才能应用。

如果采用控制载荷步定义初始条件，则分为3种情况：①初始速度不为零，初始位移为零；②初始速度和初始位移都为零；③初始速度为零，初始位移不为零。对于初始速度不为零、初始位移为零的情况，可进行如下设置，如图9-9所示。

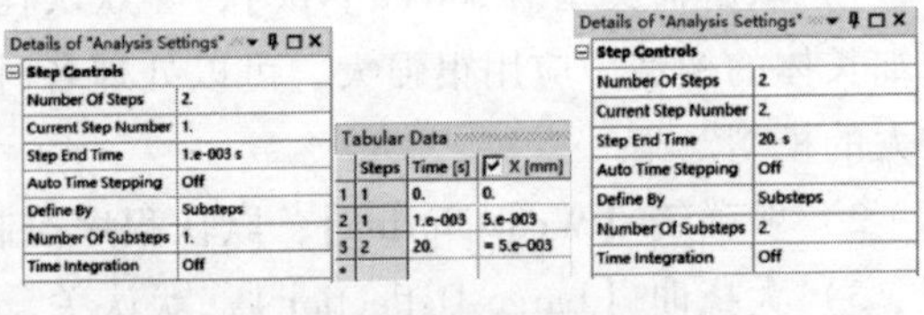

图9-9　多载荷步法设置初始条件

1）在分析设置【Analysis Settings】中指定载荷步为2，当前载荷步为1，设置较小时间步终止时间，如0.001，关闭自动时间步设置，选择子载荷步，多载荷步数为1，关闭时间积分。

2）指定某一部件位移，选择部件，然后选择【Supports】→【Displacement】，以表格数据形式指定某轴向位移量，如指定 X 轴为 0.005。

3）返回分析设置【Analysis Settings】，指定载荷步为 2，设置较小时间步终止时间，如 20，关闭自动时间步设置，选择子载荷步，多载荷步数为 2，关闭时间积分。

9.2.4　多柔体系统动力学分析关联

1. 零件行为

在多柔体系统动力学分析中，部件可以是柔性和刚性的，因此在同一模型中可以同时存在刚体和柔体。对于刚体，只有三维单部件才可指定为刚体，密度是必须输入的材料属性，用于计算质量属性，其他材料属性会被忽略。选为刚体后，惯性坐标系【Inertial Coordinate System】会在部件的质心处自动被定义。

2. 连接关系

在多柔体系统动力学分析中，可以定义接触关系（线性或非线性）、关节和弹簧等。

接触只能在二维或三维几何体的柔体之间定义，非线性接触只能在三维几何体表面之间或二维几何体的边之间定义。在接触中，部件之间被相互穿透，不同接触行为的区别见表 9-2。

表 9-2　多柔体系统动力学不同接触行为的区别

接触类型	法向分离	切向滑移
黏接	否	否
无分离	否	是
粗糙	是	否
无摩擦	是	是
摩擦	是	当 $F_t \geqslant \mu N$，是

连接只能在三维几何体之间或表面之间定义。连接表示部件之间是相互连接并且可以发生相对运动的动力学建模。

弹簧只能在三维几何体之间定义。弹簧提供了在指定区域考虑纵向阻尼和刚度，用于表示没有建模区的弹簧阻尼效应。

3. 网格划分

在多柔体系统动力学分析中，对于柔体，网格的密度应细化，这样才能捕捉到结构相应的振型或动态响应；网格越细化，越能更好地捕捉梯度的变化。

对于刚体，由于不计算应力、应变、位移，因此不需要划分网格。

4. 载荷与约束

在多柔体系统动力学分析中，若为柔体，则所有载荷和约束类型都可以施加，具体方法可参看静力学分析。如为刚体，支持惯性载荷、远端载荷和连接载荷。

5. 求解结果

求解前，需设定分析工具选项。多柔体系统动力学分析的大部分结果和结构静力分析非常相似。可以得到应力、应变和位移变化云图。

6. 查看求解结果

可以选择求解设置，然后在详细列表中查看结果。若为刚体，刚体的变形位置会在云图结果中显示，但是刚体部分不显示任何应力、应变、位移云图。

9.3 某万向节刚体动力学分析

1. 问题描述

某一万向节结构，材料为结构钢，以3rad/s的速度转动，其他相关参数在分析过程中体现。试用刚体动力学模拟万向节运动。

2. 有限元分析过程

（1）启动 Workbench 2024

在"开始"菜单中执行【ANSYS 2024 R1\R2】→【Workbench 2024 R1\R2】命令。

（2）创建刚体动力学分析项目

① 在工具箱【Toolbox】的【Analysis Systems】中双击或拖动刚体动力学分析项目【Rigid Dynamics】到项目流程图，如图9-10所示。

② 在 Workbench 的工具栏中单击【Save】，保存项目工程名为 Universal joint . wbpj。有限元分析文件保存在 D:\AWB\Chapter09 文件夹中。

（3）确定材料参数

万向节的材料为结构钢，采用默认数据。

图9-10 创建刚体动力学分析项目

（4）导入几何模型

在刚体动力学分析项目上，右击【Geometry】→【Import Geometry】→【Browse】，找到模型文件 Universal joint. agdb，打开导入几何模型。模型文件在 D:\AWB\Chapter09 文件夹中。

（5）进入 Mechanical 分析环境

① 在刚体动力学分析项目上，右击【Model】→【Edit】，进入 Mechanical 分析环境。

② 在 Mechanical 的主菜单【Units】中设置单位为 Metric（mm，kg，N，s，mV，mA）。

（6）为几何模型分配材料属性

连杆体材料为结构钢，自动分配。

（7）创建关节连接

① 在导航树里单击【Connections】并展开，删除【Contacts】，打开【Body Views】。

② 创建 Shaft1 与 Central Pin 连接，在标准工具栏上单击⬚，单击【Connections】，在 Mechanical 连接工具栏单击【Body-Body】→【Revolute】，参考体选择 Central Pin 销轴一侧外表面，运动体选择 Shaft1 一侧孔内表面，如图9-11所示；同样，单击【Connections】→【Joints】→【Body-Body】→【Revolute】，参考体选择 Central Pin 销轴另一侧外表面，运动体选择 Shaft1 另一侧孔内表面，如图9-12所示，其他默认。

③ 创建 Shaft2 与 Central Pin 连接，在标准工具栏上单击⬚，单击【Connections】→【Joints】→【Body-Body】→【Revolute】，参考体选择 Central Pin 销轴一侧外表面，运动体选择 Shaft2 一侧孔内表面，如图9-13所示；同样，单击【Connections】→【Joints】→【Body-Body】→【Revolute】，参考体选择 Central pin 销轴另一侧外表面，运动体选择 Shaft2 另一侧孔内表面，如图9-14所示，其他默认。

图 9-11 创建 Shaft1 与 Central Pin 连接（一）

图 9-12 创建 Shaft1 与 Central Pin 连接（二）

图 9-13 创建 Shaft2 与 Central Pin 连接（一）

图 9-14 创建 Shaft2 与 Central Pin 连接（二）

④ 创建 Shaft 接地连接，在标准工具栏上单击 ，单击【Connections】→【Joints】→【Body-Ground】→【Revolute】，参考体默认，运动体选择 Shaft1 轴外表面，如图 9-15 所示；同样，单击【Connections】→【Joints】→【Body-Ground】→【Revolute】，参考体默认，运动体选择 Shaft2 轴外表面，如图 9-16 所示，其他默认。

图 9-15 创建 Shaft1 接地连接

图 9-16 创建 Shaft2 接地连接

（8）划分网格

由于各部件为刚体，不会产生网格，右击【Mesh】→【Generate Mesh】即可。

（9）施加边界条件

① 设置时间步，单击【Transient（A5）】，设置【Analysis Settings】→【Details of "Analysis Settings"】→【Step Controls】→【Step End Time】= 4.2s，【Auto Time Stepping】= Off，其他默认。

② 施加转动速度，单击【Connections】→【Joints】→【Revolute-Ground To Shaft1】，按着不

放直接拖动到【Transient（A5）】下，设置【Joints Load】→【Details of "Joint Load"】→【Definition】→【Type】= Rotational Velocity，【Magnitude】= 3rad/s，其他默认。

（10）设置需要结果

① 在导航树上单击【Solution（A6）】。

② 在 Mechanical 求解工具栏单击【Deformation】→【Total】。

（11）求解与结果显示

① 在 Mechanical 求解工具栏单击 ⚡ 进行求解运算。

② 求解结束后，单击【Total Deformation】，可以看到相应结果，如图 9-17 和图 9-18 所示。也可进行动画设置，显示运动。

图 9-17　位移

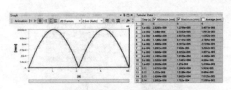

图 9-18　运动轨迹和数据

（12）保存与退出

① 退出 Mechanical 分析环境。单击 Mechanical 主界面的菜单【File】→【Close Mechanical】退出环境，返回到 Workbench 主界面，此时主界面的项目管理区中显示的分析项目均已完成。

② 单击 Workbench 主界面上的【Save】按钮，保存所有分析结果文件。

③ 退出 Workbench 环境。单击 Workbench 主界面的菜单【File】→【Exit】退出主界面，完成项目分析。

3. 点评

本例是万向节刚体动力学分析，关键点是运动关节选择创建、边界设置。由于可把相关关节直接拖动到边界设置，模型不产生网格，并采用了无须迭代计算和收敛检查的显式积分求解法，使得可以快速完成计算，也显现出该方法的高效性。

9.4　本章小结

本章按照多刚体系统动力学分析、多柔体系统动力学分析和相应实例应用顺序编写，根据多体动力学分析特点，分别介绍了基本方法、连接关系、分析设置等内容。本章配备的典型多体系统动力学分析工程实例是某万向节刚体动力学分析，包括问题描述、有限元分析过程和点评三部分内容。

通过本章的学习，读者可以了解在 Workbench 环境下典型的多体系统动力学分析的基础知识，以及分析流程、分析设置、载荷的施加方法和结果后处理等相关知识。

第10章　显式动力学分析

显式动力学分析用来确定结构因受到应力波传播影响、冲击或快速变化的时变载荷作用而产生的动力学响应。所分析的物理现象与时间尺度小于 1s（通常 1 阶 ms）间隔更有效模拟用这种类型的分析。在较长时间内持续的物理现象，可以考虑使用结构瞬态动力学分析。通常在进行显式动力学分析时，动体和惯性效应之间的动量交换是分析所考虑的重要方面。

10.1　ANSYS 显式动力学分析概述

10.1.1　ANSYS 显式动力学组成

目前，ANSYS Workbench 中的显式动力学有三大模块，分别为：

1）ANSYS Explicit Dynamics。该模块主要基于 Autodyn 产品的拉格朗日算子部分，是 Workbench 界面下新的显式有限元分析程序，可充分利用 Workbench 快速高效的前处理技术，能更方便地实现与其他模块数据共享，快速高效地实现如电子产品跌落、高速冲击碰撞等显式动力学分析问题。

2）ANSYS Autodyn。它是一个显式有限元分析程序，用来解决固体、流体、气体及相互作用的高度非线性动力学问题。Autodyn 完全集成在 Workbench 中，可与 ANSYS Explicit Dynamics 结合解决如战斗部设计及优化、石油射孔弹性能研究、高速动态载荷下材料的特性等问题。

3）ANSYS LS-DYNA。它是一个以显式为主、隐式为辅的通用非线性动力学分析有限元程序，可以求解各种二维、三维非线性结构的高速碰撞、爆炸金属成形等非线性问题。目前，在 Workbench 中作为独立程序，主要完成前处理工作输出 LS-DYNA 的 K 文件，提供给 LS-DYNA Solver 进行求解计算。

10.1.2　显式与隐式动力学分析比较

显式动力学分析与隐式动力学分析之间的区别在于算法的不同：显式动力学的算法基于动力学方程，有较好的稳定性，不需要进行迭代运算；而隐式动力学的算法基于虚功原理，一般要进行迭代运算。在求解时间上使用显式方法，计算成本消耗与单元数量成正比，并且大致与最小单元的尺寸成反比；应用隐式方法，经验表明对于许多问题的计算成本大致与自由度数目的平方成正比。因此，若网格是相对均匀的，随着模型尺寸的增长，显式方法明显比隐式方法更加精确和有效，从而节省计算成本。

显式动力学分析通常下一步的计算结果仅和前面的计算结果有关；有条件收敛，要求时间步较小。隐式动力学分析，下一步的计算结果不仅和前面的结果有关，而且和下一步的结果有关，通过迭代得到；无条件收敛。

显式动力学分析通常可分析包括非线性大变形、大应变、塑性、超弹性、材料失效等不同类型的非线性现象。时间增量都在 $1\mu s$ 的时间，所以以千为数量级的时间计算（计算周期），通常能获得问题的解决。

10.2 Explicit 分析

10.2.1 Explicit 分析界面

在 Workbench 中创建显式动力学分析项目，在左边的 Toolbox 下的 Analysis Systems 中双击【Explicit Dynamics】即可，如图 10-1 所示。右击【Geometry】单元格，选择【Import Geometry】→【Browse】导入几何模型，在分析项目中右击【Model】→【Edit】，进入 Explicit Dynamics-Mechanical 分析环境。

图 10-1 创建显式动力学分析项目

10.2.2 分析设置与初始条件

1. 分析设置

进入 Mechanical 后，单击【Analysis Settings】，出现如图 10-2 所示的 Explicit Dynamics 分析设置栏。

（1）分析设置偏好【Analysis Settings Preference】

类型【Type】，包含程序控制【Program Controlled】（具有较好的鲁棒性）、低速度【Low Velocity】（速度或位移<100m/s）、高速度【High Velocity】（速度或位移>100m/s）、效率【Efficiency】（在小运行时间下，具有好的鲁棒性和精度）、准静态【Quasi-Static】（推荐方法）、跌落试验【Drop Test】。

图 10-2 Explicit Dynamics 分析设置栏

（2）步长控制【Step Controls】

① 步骤数量【Number Of Steps】，定义多个分析步骤和载荷的激活/停用数量。

② 当前步数【Current Step Number】，显示当前加载步骤结束时间的步骤数。

③ 加载步类型【Load Step Type】，只有选项明确的时间积分。

④ 结束时间【End Time】，设置求解最大时间长度，此选项是必须设置选项。

⑤ 从周期内恢复【Resume From Cycle】，默认值为 0，表示解决方案将清除以前的任何进度并从时间零开始。

⑥ 最大周期数量【Maximum Number of Cycle】，默认值为 1×10^7，表示分析过程中允许的最大循环数，一旦达到指定值，分析将停止。

⑦ 最大能量误差【Maximum Energy Error】，默认值为 0.1，表示如果能量误差超过参考周期能量的 10%，则分析停止。

⑧ 参考能量循环【Reference Energy Cycle】，默认值为 0，表示开始循环，求解器计算

参考能量的周期，根据该周期计算能量误差。

⑨ 初始时间步【Initial Time Step】，默认程序控制，也可手动设置。

⑩ 最小时间步【Minimum Time Step】，默认程序控制，也可手动设置。

⑪ 最大时间步【Maximum Time Step】，默认的程序控制为100000。

⑫ 时间步安全系数【Time Step Safety Factor】，应用于计算的稳定性时间步长，以帮助保持解的稳定，默认为0.9，适用于大多数分析。

⑬ 特征尺度【Characteristic Dimension】，默认对角线（Diagonals），也可选择相对面（Opposing Face）和最近的面（Nearest Face）。

⑭ 自动质量缩放【Automatic Mass Scaling】，默认不计算，如果选择是，计算，则出现如下选项。

⑮ 最小CFL时间步【Minimum CFL Time Step】，分析中实现的时间步长。

⑯ 最大单元缩放【Maximum Element Scaling】，该值可限制应用于模型中每个单元的缩放质量/物理质量的比率。

⑰ 最大部件缩放【Maximum Part Scaling】，该值可限制应用于单个实体的缩放质量/物理质量的比率，如果超过此值，分析将停止，并显示一条错误消息。

⑱ 更新频率【Update Frequency】，用于控制在求解过程中计算质量缩放的频率，建议使用默认值0，这意味着在求解开始时仅计算一次质量比例因子。

（3）求解器控制【Solver Controls】

① 求解单元【Solve Units】，默认mm、mg、ms。

② 梁求解类型【Beam Solution Type】，默认弯曲，也可选为桁架。

③ 梁时间步安全系数【Beam Time Step Safety Factor】，应用于梁单元计算的稳定性时间步长的附加安全系数，默认为0.5，可适用于大多数情况。

④ 六面体集成类型【Hex Integration Type】，默认精确，也可为1PT高斯。

⑤ 壳体子层【Shell Sublayers】，通过各向同性外壳厚度的积分点的数量，默认为3层。

⑥ 壳体剪切修正系数【Shell Shear Correction Factor】，该系数假设横向剪切在整个厚度上是恒定的，建议使用默认为0.8333。

⑦ 壳BWC弯曲修正【Shell BWC Warp Correction】，用于克服单元翘曲等问题，默认选择"是"。

⑧ 壳厚度更新【Shell Thickness Update】，默认节点方式，也可选择单元方式。

⑨ 四面体集成【Tet Integration】，默认平均节点压力，也可为恒定压力、节点应变，当选择为节点应变时，会出现Puso稳定系数【Puso Stability Coefficient】选项，该系数可为非零值，建议使用值0.1。

⑩ 更新壳惯性【Shell Inertia Update】，可选重新计算或旋转。

⑪ 更新密度【Density Update】，可选程序控制、增量的或总计。

⑫ SPH的最小时间步【Minimum Timestep for SPH】，设置SPH节点允许的最小时间步长。

⑬ SPH的最小密度因子【Minimum Density Factor for SPH】，用于设置模型中任何SPH节点的限制，最小密度为该值与SPH节点材料参考密度的乘积。

⑭ SPH最大密度因子【Maximum Density Factor for SPH】，设置模型中任何SPH节点的

限制，最大密度将是该值与 SPH 节点材料的参考密度的乘积。

⑮ SPH 的密度截断选项【Density Cutoff Option For SPH】，可选极限密度【Limit Density】和删除节点【Delete Node】，控制 SPH 的最小密度因子或 SPH 的最大密度因子。

⑯ 最小速度【Minimum Velocity】，对于大多数分析，建议使用默认值 $1×10^{-6}$ mm/s。

⑰ 最大速度【Maximum Velocity】，对于大多数分析，建议使用默认值 $1×10^{-10}$ mm/s。

⑱ 半径截断【Radius Cutoff】在计算开始时，如果节点位于对称平面的指定半径内，则会将其放置在对称平面上。如果在半径之外，则在计算过程中，节点将不允许靠近对称平面的半径，可使用默认值 $1×10^{-3}$。

⑲ 最小应变速率截点【Minimum Strain Rate Cutoff】，如果任何模型应变速率下降到该值以下，则将其设置为零，对于大多数分析，建议使用默认值 $1×10^{-10}$。

⑳ 爆炸点燃烧类型【Detonation Point Burn Type】，包括程序控制的【Program Controlled】、间接燃烧【Indirect Burn】、直接燃烧【Direct Burn】。

（4）欧拉域控制【Euler Domain Controls】

① 定义域大小【Domain Size Definition】，默认程序控制，或手动设置。

② 显示欧拉域【Display Euler Domain】，默认显示。

③ 范围【Scope】，默认所有体，也可只对欧拉体进行定义。

④ X 方向标度因子【X Scale Factor】，默认为 1.2。

⑤ Y 方向标度因子【Y Scale Factor】，默认为 1.2。

⑥ Z 方向标度因子【Z Scale Factor】，默认为 1.2。

⑦ 欧拉域求解定义【Domain Resolution Definition】，总单元【Total Cells】、单元尺寸【Cell Size】、每个组件的单元格【Cells per Component】。

⑧ 总单元【Total Cells】，欧拉域应包含的单元格总数，默认为 $2.5×10^5$。

⑨ X 面下【Lower X Face】，默认流出，也可选择阻抗或刚性。

⑩ Y 面下【Lower Y Face】，默认流出，也可选择阻抗或刚性。

⑪ Z 面下【Lower Z Face】，默认流出，也可选择阻抗或刚性。

⑫ X 面上【Upper X Face】，默认流出，也可选择阻抗或刚性。

⑬ Y 面上【Upper Y Face】，默认流出，也可选择阻抗或刚性。

⑭ Z 面上【Upper Z Face】，默认流出，也可选择阻抗或刚性。

⑮ 欧拉跟踪方式【Euler Tracking】，默认拉格朗日体跟踪。

（5）阻尼控制【Damping Controls】

用于设置阻尼，可以直接输入改变。

① 线性黏度【Linear Artificial Viscosity】，该系数可平滑网格上的冲击不连续性，建议使用默认值 0.2。

② 二次黏度【Quadratic Artificial Viscosity】，该系数抑制了冲击后的不连续振荡，建议使用默认值 1。

③ 线性黏度扩展【Linear Viscosity in Expansion】，选项可以为处于压缩和膨胀状态的材料应用黏度。

④ 壳人工黏度【Artificial Viscosity For Shells】，除固体单元外，还可将人造黏度应用于所有壳单元。

⑤ SPH 的线性人工黏度【Linear Artificial Viscosity for SPH】，指定 SPH 的人工黏度的线性系数。

⑥ SPH 的二次人工黏度【Quadratic Artificial Viscosity for SPH】，指定 SPH 的人工黏度的二次系数。

⑦ 沙漏阻尼【Hourglass Damping】，可选项包括标准的 AUTODYN 和 Flanagan Belytschko，沙漏阻尼的方法与固体六面体单元一起使用。

⑧ 刚性系数【Stiffness Coefficient】，固体六面体单元中 Flanagan-Belytschko 沙漏阻尼的刚度系数。

⑨ 黏滞系数【Viscous Coefficient】，用于六面体实体单元和四边形壳单元的沙漏阻尼的黏性系数，默认值为 0.1。

⑩ 静态阻尼【Static Damping】，默认值为 0，可以指定静态阻尼常数，将解从动态解改变为收敛到应力平衡状态的松弛迭代，静态阻尼具有阶跃意识。

（6）侵蚀控制【Erosion Controls】

① 几何应变极限【Geometric Strain Limit】，默认为"是"，表示如果单元中的几何应变超过指定的极限，单元将自动侵蚀。

② 设置材料失效【On Material Failure】，默认不设置，如果设置是，则如果在单元中使用的材质中定义了材质失效特性，并且已达到失效标准，则单元将自动侵蚀；如果损伤值达到 1.0，则具有包含损伤模型的材料的单元也会受到侵蚀。

③ 设置最小单元时间步【On Minimum Element Time Step】，默认不设置，设置为是，则如果单元的计算时间步长低于指定值，则单元将自动侵蚀。

④ 保持侵蚀材料的惯性【Retain Inertia of Eroded Material】，默认为"是"，则可以保留生成的自由节点的惯性，自由节点的质量和动量被保留下来，并可以参与随后的撞击事件，以在系统中传递动量；如果设置为否，所有可用节点将自动从分析中删除。

（7）输出控制【Output Controls】

① 步感知输出控制【Step-aware Output Controls】，如果选择是，则会使结果、重新启动和结果跟踪器数据的频率具有步骤感知，即表示每步频率的值，输出控制显示在工作表中。

② 保存结果的方式【Save Results On】，默认以等间隔时间点方式，也可以周期和时间的方式来保存结果文件。

③ 结果等间隔点数【Result Number of Points】，默认以 20 个点为间隔。

④ 保存开始文件的方式【Save Restart Files On】，默认以等间隔时间点方式，也可以周期和时间点的方式保存开始文件。

⑤ 重开等间隔点数【Restart Number of Points】，默认以 5 个点为间隔。

⑥ 保存跟踪结果数据的方式【Save Result Tracker Data on】，默认为周期方式，也可以时间方式输出。

⑦ 追踪周期数【Tracker Cycles】，默认 1 个周期。

⑧ 输出接触力【Output Contact Forces】，默认不输出，也可以周期、时间、等空间点的方式输出。

（8）分析数据管理【Analysis Data Management】

具体参看第 4.2.7 节。

2. 条件初始化

在显式动力学分析中，可以对单体零件或多体零件定义速度或角速度。在默认的情况下，所有的体都认为是静止的，没有外部约束和载荷的作用。因此，至少有一个初始条件，分析才能被执行。

10.3 Autodyn 分析

通过前面的介绍，可知 Workbench 中的显式动力学（Explicit）具有非线性结构设置和求解、强大的几何 CAD 接入、建模和网格划分功能。不仅可以在 Explicit 分析后求解，而且还可以与 ANSYS Autodyn 联合求解。首先在 Explicit 中定义结构，然后连接到 Autodyn 模块中进行求解。在 Autodyn 模块中可以使用欧拉求解器、无网格（SPH）求解器和更多的材料模型进行求解。

10.3.1 Autodyn 界面介绍

在界面中创建 Autodyn 后，在分析系统中选择【Setup】→【New Model】进入 Autodyn 主界面，如图 10-3 所示。进入 ANSYS Autodyn 的主界面后，可以看到该界面，Autodyn 工作环境界面如图 10-4 所示。

图 10-3 创建 Autodyn

1. 菜单栏

这个区域包括了基本的菜单系统，如文件操作、外部文件导入、创立执行、视图、选项和帮助，如图 10-5 所示。

2. 工具栏

这个区域包括文件处理工具、可视化工具、动画工具、交互式工具四部分，如图 10-6~图 10-9 所示。

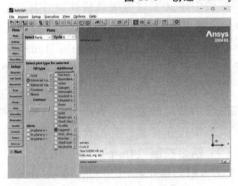

图 10-4 Autodyn 工作环境界面

File Import Setup Execution View Options Help

图 10-5 菜单栏

图 10-6 文件处理工具　　　　　　　　　　图 10-7 可视化工具

图 10-8 动画工具　　　　　　　　　　图 10-9 交互式工具

3. 导航条和任务面板

这个区域包含了用于窗口显示、设置和运行或停止的工具。任务面板如图 10-10 所示。

4. 信息窗口

信息窗口显示操作的全过程，如保存文件、导入外部文件、运行文件等，如图10-11所示。

10.3.2 网格

一个Autodyn模型能够使用结构化网格与非结构化网格。结构化网格可以在Autodyn中生成，也可从外部导入，如IECM CFD、TrueGrid；非结构化网格必须从外部导入，如从Workbench中导入，如图10-12所示。

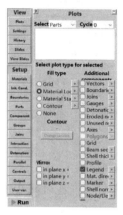

图10-10 任务面板

图10-11 信息窗口

图10-12 导入网格

10.3.3 材料模型

Autodyn有丰富的材料模型，这些材料模型与Workbench的工程数据里的材料模型一致。材料模型包括状态方程【Equation of State】、强度模型【Strength Model】、失效模型【Failure Model】，如图10-13所示。

图10-13 材料模型

10.4 LS-DYNA分析

10.4.1 LS-DYNA分析界面

LS-DYNA在2019年被ANSYS公司收购后，整合到了Workbench界面，LS-DYNA和LS-DYNA Restart两个分析系统均显示在工具箱中。与传统处理流程比，在Workbench就可实现LS-DYNA前处理、计算、后处理的全过程。LS-DYNA是一个以显式（采用中心差分法）为主，兼顾隐式的非线性动力有限元分析程序，隐式时间积分不考虑惯性效（结构的阻尼矩阵C和结构的质量矩阵M）。

将ANSYS Workbench左侧工具箱中【Analysis Systems】下的【LS-DYNA】调入项目流程图【Project Schematic】，直接双击LS-DYNA分析系统，或者在项目流程图窗口中右击，在弹出的快捷菜单中选择新分析系统→LS-DYNA命令，如图10-14所示；然后在LS-DYNA分析项目中右击【Geometry】单元格，选择【Import Geometry】→【Browse】，导入几何模型，在分析项目中右击【Model】→【Edit】，进入 LS-DYNA-Mechanical 分析环境。

10.4.2　分析设置与初始条件

1. 分析设置

进入 Mechanical 后，单击【Analysis Settings】，出现如图 10-15 所示的分析设置栏。

图 10-14　创建 LS-DYNA 项目

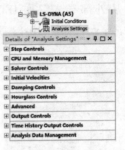

图 10-15　分析设置栏

（1）步骤控制【Step Controls】

① 结束时间【End Time】，设置求解终止时间，通常为毫秒级。

② 时间步安全系数【Time Step Safety Factor】，用于计算的稳定性时间步长，以帮助保持求解稳定，默认值 0.9 可适用于大多数分析。

③ 最大周期数量【Maximum Number of Cycle】，分析一旦达到指定值，分析将停止，默认值为 1×10^7。

④ 自动质量缩放【Automatic Mass Scaling】，如果计算的时间步长太小，会增加 CPU 的计算时间，为此可以利用自动质量缩放来控制最小时间步长，从而缩短 CPU 计算时间，默认不使用，可激活该功能。

⑤ 案例数量【Number of Cases】，默认为 0。

（2）CPU 和内存管理【CPU and Memory Management】

① 内存分配【Memory Allocation】，由程序控制或手动设置。

② CPU 数【Number of CPUs】，默认为 1 个，可设置多个。

③ 处理类型【Processing Type】，由程序控制（默认 SMP）、共享内存处理（SMP）、大规模并行处理（MPP）和求解流程设置。

（3）求解器控制【Solver Controls】

① 求解类型【Solver Type】，包括程序控制、仅用于结构分析、耦合结构热分析。

② 求解精度【Solver Precision】，包括程序控制、单精度、双倍精度。

③ 单位系统【Unit System】，默认 nmm，可根据需要选择。

④ 仅显式解【Explicit Solution Only】，默认显式求解，否则隐式求解。

⑤ 不变节点编号【Invariant Node Numbering】，默认关闭，可根据需要选择。

⑥ 二阶应力更新【Second Order Stress Update】，默认不更新。

⑦ 求解器版本【Solver Version】，由程序控制或 14.1 版本。

（4）初始速度【Initial Velocities】

立即应用初始速度【Initial Velocities are Applied Immediately】，默认应用，或手动设置。

（5）阻尼控制【Damping Controls】

全局阻尼【Global Damping】，默认没有，设置为是后，可设置阻尼大小。

（6）沙漏控制【Hourglass Controls】

① 沙漏类型【Hourglass Type】，默认由程序控制，可根据分析选择类型，如图 10-16 所示。

② LS-DYNA ID【LS-DYNA ID】，默认值为 0。

③ 默认沙漏系数【Default Hourglass Coefficient】，默认值为 0.1。

（7）高级【Advanced】

① 默认求解器控制卡【Default Solver Controls Cards】，默认保持。

图 10-16　沙漏类型

② 关键字管理显示【Keyword Manager Display】，默认机械，还可选求解器，完整描述。

③ Blatz-ko 材料【Blatz-ko Material】，橡胶或泡沫材料。

（8）输出控制【Output Controls】

① 输出格式【Output Format】，用于定义二进制文件的输出格式，默认 LS-DYNA 数据库格式。

② 二进制文件大小比例因子【Binary File Size Scale Factor】，用于设置二进制文件大小的比例因子，默认为 70。

③ 应力【Stress】，控制是否输出应力结果。

④ 应变【Strain】，控制是否输出应变结果。

⑤ 塑性应变【Plastic Strain】，控制是否输出塑性应变结果。

⑥ 历史变量【History Variables】，控制是否输出历史变量结果。

⑦ 计算结果【Calculate Results At】，默认程序控制，也可以时间、等间隔的点方式输出。

⑧ 选择性输出【Selective Output】，默认不输出，也可以时间、等间隔的点方式输出。

⑨ 捕捉随时间变化的最大应力【Capture Maximum Stress Over Time】，默认不输出。

⑩ 柔性部件的应力文件【Stress File for Flexible Parts】，控制是否输出柔性部件的应力文件。

（9）时间历程输出控制【Time History Output Controls】

计算结果【Calculate Results At】，可由程序控制，也可以等间隔的点或从不输出。

（10）分析数据管理【Analysis Data Management】

具体参看第 4.2.7 节。

2. 条件初始化

在显式动力学分析中，可以对单体零件或多体零件定义速度或角速度。在默认的情况下，所有的体都认为是静止的，没有外部约束和载荷的作用。因此，至少有一个初始条件，才能进行分析。

10.4.3　LS-DYNA 特定前处理

在 Mechanical 应用程序单击【LS-DYNA（A5）】对象时，Mechanical 应用程序会自动加载如图 10-17 所示的 LS-DYNA Pre 选项卡。通过 LS-DYNA Pre 选项卡可施加用于 LS-DYNA 分析的特定边界条件。

图 10-17　LS-DYNA Pre 选项卡

1. 部件

部件【Part】，用于配置有限元几何体的 LS-DYNA 表示。下拉菜单包括：

1）截面【Section】，用于定义特定于几何体的有限元选项，包括单元特性。

2）沙漏控制【Hourglass Control】，指定几何体特定算法，以防止使用低集成度的几何体上的沙漏模式。

3）自适应区域【Adaptive Region】，在求解阶段指定网格变化以提高精度。

4）自适应固体至 SPH【Adaptive Solid To SPH】，指示求解器创建 SPH 粒子，以替换失效时的某些固体拉格朗日单元。

5）ISPH 区域【ISPH Region】，定义用于 ISPH 计算的区域。

6）Dynain 输出控制【Dynain Output Controls】，插入"Dynain 输出控制"对象，以指定要输出的数据，供后续分析使用。

2. 条件

条件【Conditions】，用于设定特定的边界条件，下拉菜单包括：

1）拉延筋【Drawbead】，该项支持对拉延筋进行建模，拉延筋可用于控制金属成形过程中钣金的流动。

2）生与死【Birth And Death】，在给定的仿真时间激活和/或停用边界条件。

3）滑动平面【Sliding Plane】，定义滑动对称平面，节点被约束为在任意方向的平面或线上移动。

4）可变形到刚性【Deformable To Rigid】，在计算过程中将可变形体切换为刚体，定义为刚体的部件为永久刚体，无法改回可变形体。

5）框【Box】，插入盒形体积以将求解器特性限制为盒内的实体。

6）现有加速度范围【Scope Existing Acceleration】，用于添加"现有加速度范围"载荷。

7）螺栓预紧力【Bolt Pretension】，添加"螺栓预紧力"载荷。

8）输入文件包含【Input File Include】，该工具允许将文本文件的内容包含到用于解决方案的 LS-DYNA 输入文件中。

9）ALE 边界【ALE Boundary】，插入 ALE 边界对象，以指定 ALE 几何体的边界条件。

3. 接触特性

接触特性【Contact Property】，为给定的接触或几何体交互对象定义 LS-DYNA 特定的接触选项。

4. 刚体墙

刚体墙【Rigid Wall】，用于定义刚性平面和可变形几何体的节点之间的接触。

5. 安全气囊

安全气囊【Airbag】，用于定义安全气囊或充气体积。

6. 刚体工具

刚体工具【Rigid Body Tools】，使用刚体主要是节省计算资源，减少计算用时。一个刚体只有6个自由度。无论刚体上的节点与单元数量有多少，计算出刚体质心的运动量后就能得到刚体上各点的运动情况。必须根据物体的实际材料属性来定义刚体，刚体也需要划分网格，刚体网格计算量很小，不影响计算步的时间。下拉菜单包括：

1）刚体旋转【Rigid Body Rotation】，在一组刚体上定义与时间相关的强制节点旋转。

2）刚体角速度【Rigid Body Angular Velocity】，在一组刚体上定义与时间相关的强制角速度。

3）刚体力【Rigid Body Force】，用于对一组刚体中的每个刚体施加集中力，该力施加在每个几何体的质心上。

4）刚体力矩【Rigid Body Moment】，用于对一组刚体中的每个刚体施加集中力矩，该力施加在每个几何体的质心上。

5）刚体约束【Rigid Body Constraint】，用于定义刚体的约束方向。

6）主刚体【Master Rigid Body】，用于在属于多体部件的刚体中定义主刚体。

7）刚体属性【Rigid Body Property】，用于覆盖刚体的网格计算惯性属性。

8）显式刚体【Explicit Rigid Bodies】，用于定义仅在 LS-DYNA 显式分析中为刚性，而在其他分析中为柔性的几何体。

9）合并刚体【Merge Rigid Bodies】，用于合并两个刚体，从属刚体与另一个称为主刚体的刚体合并。

10）刚体附加节点【Rigid Body Additional Nodes】，用于定义刚体的其他节点。

7. 结果跟踪器

1）结果跟踪器【Result Tracker】，用于控制将哪些节点输出到时间历史数据库中。

2）几何体接触跟踪器【Body Contact Tracker】，用于控制将哪些接触几何体力输出到时间历史数据库中。

8. 动态松弛

动态松弛【Dynamic Relaxation】，该项是可选的前体瞬态分析，发生在常规显式分析开始之前，它通常用于在瞬时加载开始之前仿真模型中的预加载。

9. 时间步长控制

时间步长控制【Time Step Control】，该工具允许通过曲线限制最大时间步长。

10. CFL 时间步长

CFL 时间步长【CFL Time Step】，插入 CFL 时间步长对象，以计算网格中的最小时间步长。

11. SPH 至 SPH 接触

SPH 至 SPH 接触【SPH to SPH Contact】，为 SPH 部件的粒子定义了一种基于惩罚的、节点到节点的接触。

12. 不可压缩光滑粒子伽辽金方法到表面耦合

不可压缩光滑粒子伽辽金方法到表面耦合【ISPG to Surface Coupling】，用于定义用 ISPG

建模的流体粒子和表面之间的捆绑耦合界面。

13. 欧拉/拉格朗日耦合

欧拉/拉格朗日耦合【Coupling】，用于定义范围内的拉格朗日体和 ALE 几何体之间的相互作用。

14. 写入协同仿真输入文件

写入协同仿真输入文件【Write Cosimulation Input Files】，用于从活动的"求解"分支写入输入文件，用于 MAPDL 和 LS-DYNA 之间的协同仿真。

10.4.4 关键字.k 文件

LS-DYNA 关键字（.k）文件为 LS-DYNA 输入流文件，可由 Mechanical 应用程序求解命令自动生成。它是一个包括所有几何、载荷和材料数据等求解信息的 ASCII 文件，也可以用"生成 MAPDL 文件"选项手工生成而暂不求解。

1. 输出关键字.k 文件

当 Mechanical LS-DYNA 程序求解完成，单击【Solution（A6）】，控制面板【Solution】→【Tools】→【Write Input Files】，输出 .k 文件，如图 10-18 所示。

以时间历程为例，ASCII 文件包含显式分析的额外信息，在求解之前用户必须指定要输出的数据。LS-DYNA 计算结果的时间历程 ASCII 文件包括以下内容。

GLSTAT：全局信息。

MATSUM：材料能量。

SPCFORC：节点约束反作用力。

RCFORC：接触面反作用力。

BNDOUT：边界条件数据。

NODOUT：节点数据。

LS-PrePost 格式的计算结果输出文件由于 LS-PrePost 后处理器与 ANSYS Workbench LS-DYNA 是完全兼容的，在显式动力学分析中还可以生成以下文件：

D3PLOT：LS-PrePost 二进制文件。

D3THDT：LS-PrePost 时间历程文件。

对输出的 .k 文件，可导入 LS-DYNA 独立程序运行求解及利用 LS-PrePost 后处理，如图 10-19 和图 10-20 所示。

图 10-18　输出 .k 文件

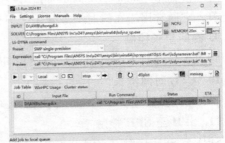

图 10-19　LS-DYNA 独立程序运行 .k 文件

2. 关键字管理

Workbench LS-DYNA 关键字管理，首先在 Mechanical 应用程序【LS-DYNA（A5）】→

【Add-ons】→【Explicit】→【Keyword Manager】载入 LS-DYNA 关键字对象，以便在 Workbench LS-Dyna 应用中执行求解器命令，然后单击【LS-DYNA（A5）】→【Environment】→【Tools】→【Keyword Manager】打开 LS-DYNA 关键字管理器，输入关键字查找使用，如图 10-21 所示。

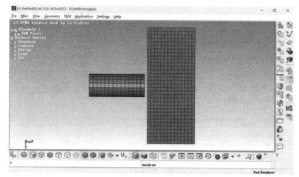

图 10-20 LS-PrePost 后处理 .k 文件

图 10-21 LS-DYNA 关键字管理器

10.4.5 LS-DYNA Restart 重启设置

重启可以是一个分析结束后的再开始，也可以是从前一个分析的中断开始，还可以是改变模型中某些参数后再开始。重启的原因可以归结于以下几种：

1）先前分析运行出错，为了诊断错误，从发生错误之前的一个时刻重启分析。

2）先前分析被中断或超过了用户定义的 CPU 时间。

3）先前分析没有运行足够长的时间，没有达到终止时间。

ANSYS Workbench/LS-DYNA 程序提供了以下 3 种重启动的类型：

1）简单重启【Simple Restart】，该重启时在新的分析中不改变原始模型，当求解方案因超出用户定义的 CPU 限制或中断控制下拉菜单中的命令为"sw!"而提前中断时，将执行简单的重启。

2）小型重启【Small Restart】，该重启用于比最初设置的终止时间更长的分析或对模型进行小的修改后的分析，该重启中允许进行刚体和柔体的互相转换。

3）完全重启【Full Restart】，该重启支持大多数新的分析，如修改几何模型和施加不同的载荷等。完全重启有一些限制，包括接触设置和初始速度不能改变，不支持自适应网格（即使在初始运行中存在）等。

在 Workbench 中创建重启分析项目，首先在左边的 Toolbox 中的 Analysis Systems 中选择【LS-DYNA Restart】并将其拖放到现有 LS-DYNA 分析系统中的 Solution 单元格上，此时将新建一个 LS-DYNA Restart 分析系统，并自动完成数据的链接，如图 10-22 所示。进入 Mechanical，可选择简单重启、小型重启或完全重启，如图 10-23 所示。

图 10-22 创建重启分析项目

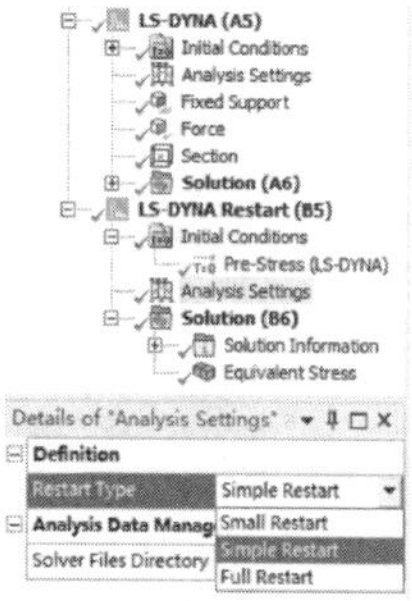

图 10-23 LS-DYNA Restart 重启分析

10.5　圆柱体撞击刚性墙面显式动力学分析

1. 问题描述

某一圆柱体以 300m/s 的初速度垂直撞击水泥混凝土墙面，假设墙平面为刚性面，圆柱体的材料为结构钢，水泥混凝土墙材料模型为 CONC-35MPA，其他相关参数在分析过程中体现。试分析圆柱体撞击刚性墙面后的情况。

2. 有限元分析过程

（1）启动 Workbench 2024

在"开始"菜单中执行【ANSYS 2024 R1\R2】→【Workbench 2024 R1\R2】命令。

（2）创建显式动力学分析项目

① 在工具箱【Toolbox】的【Analysis Systems】中双击或拖动显式动力学分析项目【Explicit Dynamics】到项目流程图，如图 10-24 所示。

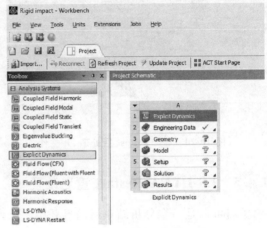

图 10-24　创建 Explicit Dynamics 项目

② 在 Workbench 的工具栏中单击【Save】，保存项目工程名为 Rigid impact.wbpj，有限元分析文件保存在 D：\AWB\chapter10 文件夹中。

（3）确定材料参数

① 编辑工程数据单元，右击【Engineering Data】→【Edit】。

② 在工程数据属性中增加材料，在 Workbench 的工具栏上单击⊞工程材料源库，此时的界面主显示【Engineering Data Sources】和【Outline of Favorites】。选择 A9 栏【Explicit Materials】，从【Outline of Explicit Materials】里查找水泥混凝土模型【CONC-35MPA】材料，然后单击【Outline of Explicit Materials】表中的添加按钮⊞，此时在 C37 栏中显示⬚图标，表明材料添加成功。材料设置如图 10-25 所示。

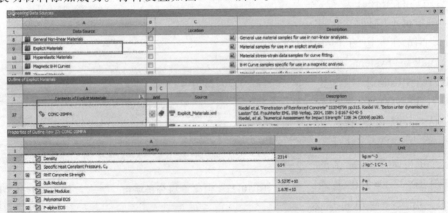

图 10-25　材料设置

③ 单击工具栏中的【A2：Engineering Data】关闭按钮，返回到 Workbench 主界面，新材料创建完毕。

（4）导入几何模型

在显式动力学分析项目上，右击【Geometry】→【Import Geometry】→【Browse】，找到模型文件 Rigid impact. agdb，打开导入几何模型，模型文件在 D：\AWB\chapter10 文件夹中。

（5）进入 Mechanical 分析环境

① 在显式动力学分析项目上，右击【Model】→【Edit】，进入 Mechanical 分析环境。

② 在 Mechanical 的主菜单【Units】中设置单位为 Metric（mm，kg，N，s，mV，mA）。

（6）为几何模型分配材料属性

① 为圆柱体分配材料：在导航树里单击【Geometry】展开，设置【Cylinder】→【Details of "Cylinder"】→【Material】→【Assignment】= Structural Steel。

② 为刚性墙平面分配材料，在导航树里单击【Geometry】展开，设置【Concrete】→【Details of "Concrete"】→【Definition】→【Stiffness Behavior】= Rigid，【Material】→【Assignment】= CONC-35MPA，如图 10-26 所示。

（7）接触设置

在导航树上单击【Connections】展开，右击【Contacts】，从弹出的快捷菜单中单击【Delete】删除接触。

（8）划分网格

① 在导航树里单击【Mesh】，设置【Details of "Mesh"】→【Defaults】→【Physics Preference】= Explicit，【Element Size】= 8mm；【Sizing】→【Use Adaptive Sizing】= No，【Capture Curvature】= Yes，其他选默认值。

② 生成网格，右击【Mesh】→【Generate Mesh】，图形区域显示程序生成的单元网格模型，如图 10-27 所示。

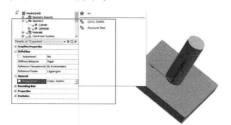

图 10-26　分配材料模型

图 10-27　生成网格

③ 网格质量检查，在导航树里单击【Mesh】→【Details of "Mesh"】→【Quality】→【Mesh Metric】= Element Quality，显示 Element Quality 规则下网格质量详细信息，平均值处在好水平范围内，展开【Statistics】显示网格和节点数量。

（9）施加边界条件

① 单击【Explicit Dynamics（A5）】。

② 时间设置，单击【Analysis Settings】，设置【Details of "Analysis Settings"】→【Step Controls】→【End Time】= 2.0×10^{-4}，其他项选默认值。

③ 在标准工具栏上单击 选择圆柱体，在导航树上右击【Initial Conditions】，从弹出的快捷菜单中选择【Insert】→【Velocity】；接着依次设置【Velocity】→【Details of "Velocity"】→

【Definition】→【Define By】= Components，【Z Component】= −300000m/s。设置初始条件如图 10-28 所示。

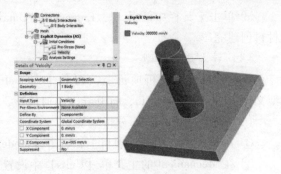

图 10-28　设置初始条件

（10）设置需要的结果

① 在导航树上单击【Solution（A6）】。

② 在 Mechanical 求解工具栏单击【Deformation】，设置【Directional】。【Directional Deformation】→【Details of "Directional Deformation"】→【Definition】→【Orientation】= Z Axis。

③ 在 Mechanical 求解工具栏单击【Stress】→【Equivalent（von-Mises）】。

（11）求解与结果显示

① 在 Mechanical 求解工具栏单击⚡进行求解运算。

② 运算结束后，单击【Solution（A6）】→【Directional Deformation】，图形区域显示显式动力学分析得到的 Z 方向变形分布云图，如图 10-29 所示；单击【Solution（A6）】→【Equivalent Stress】，图形区域显示显式动力学分析得到的等效应力分布云图，如图 10-30 所示。

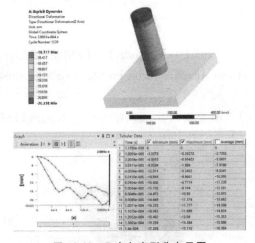

图 10-29　Z 方向变形分布云图

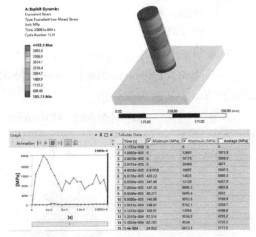

图 10-30　等效应力分布云图

（12）保存与退出

① 退出 Mechanical 分析环境。单击 Mechanical 主界面的菜单【File】→【Close Mechanical】退出环境，返回到 Workbench 主界面，此时主界面的项目管理区中显示的分析项目均已完成。

② 单击 Workbench 主界面上的【Save】按钮，保存所有分析结果文件。

③ 退出 Workbench 环境。单击 Workbench 主界面的菜单【File】→【Exit】退出主界面，完成项目分析。

3. 点评

本例是圆柱体撞击刚性墙面显式动力学分析，圆柱体模型处理及与刚性墙模型间距处理、求解时间、边界设置是关键点。本例在碰撞初期，动能快速下降，内能快速上升，动能转化为内能；由于碰到刚性墙，撞击体有快速返回过程。可用本实例方法进行类似的碰撞试验分析。

10.6 本章小结

本章按照 ANSYS 显式动力学分析概述、Workbench 本地化的 Explicit 分析、非线性显式动力学 Autodyn 分析、LS-DYNA 分析和相应实例应用顺序编写，Explicit 与 Autodyn 各有特色，可以联合应用，十分强大。本章配备的显式动力学分析工程实例圆柱体撞击刚性墙面，包括问题描述、有限元分析过程和点评三部分内容。

通过本章的学习，读者可以了解在 Workbench 环境下典型的显式动力学分析的基础知识，以及分析流程、分析设置、载荷约束的施加方法及结果后处理等相关知识。

第11章 复合材料分析

复合材料因具有比刚度、比强度大，以及质量小等优点，广泛应用于飞机制造、风机叶片制造、汽车制造、体育运动器材制造等行业。分层复合材料的设计涉及包括大量分层、材料、厚度和方向在内的复杂定义。设计的难题在于预测最终产品在实际工作条件下的性能表现。在考虑应力和变形以及各种失效标准的情况下，仿真是解决这一问题的理想选择。ANSYS Composite PrepPost（ACP）为分层复合材料结构的有限元分析提供了所有必备的功能，本章予以简单介绍。

11.1 ACP 概述

11.1.1 复合材料概述

复合材料是由两种或两种以上具有不同性质的材料黏合而成具有新性能的一种材料。在工程应用中，由于复合材料具有很高的比刚度（刚度与重量之比）和柔韧性而广受制造业的青睐。

1. 复合材料的分类

复合材料除了按照用途分为结构型复合材料和功能型复合材料两大类外，一般还可以按照基体材料的性质和增强材料的形状分类。按照基体材料的性质分类，复合材料可分为金属基复合材料和非金属基复合材料，如图 11-1 所示。按照增强材料的形状分类，复合材料可分为颗粒增强复合材料与纤维增强复合材料，如图 11-2 所示。

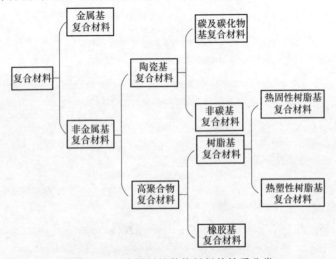

图 11-1 复合材料按基体材料的性质分类

2. 复合材料基本术语

1）纤维：一种长径比很大的细丝状物质单元。

2）基体：复合材料中起黏结作用的连续相，起到保护纤维并传递应力的作用。

3）增强材料：加入基体中能使其力学性能显著提高的材料，也称为增强体。

4）层合板：由两层或多层同种或不同种材料压制而成的整体板材。

5）子层合板：在层合板内一个或多次重复的多向铺层组合。

6）铺层：按设计和工艺要求剪裁的供铺贴制品使用的增强材料或预浸料片材，是复合材料制品结构设计和制造成形的最基本单元。

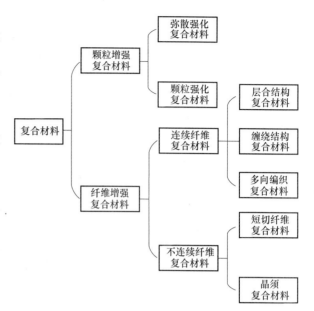

图 11-2　复合材料按增强材料的形状分类

7）铺层角：复合材料中纤维或织物的铺放方向与参考坐标轴的夹角。

8）铺层顺序：铺贴时各种不同铺层的排列顺序。

9）铺层组：具有相同角度的连续铺层的单元。

10）铺贴：用手工或机器逐层铺放铺层的操作过程。

11）层压成形：在加压、加热条件下用或不用黏接剂将两层或多层相同或不同材料结合为整体的方法。

更多术语可参看 GB/T 3961—2009《纤维增强塑料术语》。

11.1.2　ACP 简述

ACP（ANSYS Composite PrepPost）是 ANSYS 专门针对分层复合材料开发的铺层定义以及后处理失效评价的模块，这个模块完全集成于 ANSYS Workbench 环境，它有更加直观的复合材料铺层定义功能，同时它定义铺层的思路是基于复合材料实际的加工工艺。利用 ACP 模块，可以很快地更新和修复铺层，它基于 Excel 表，可以很方便地编辑。它具有强大的结果后处理功能，有最新的失效准则 Puck 等，可获得各种分析结果，如层间应力、应力、应变、最危险的失效区域等；分析结果既可以整体查看，也可针对每一层进行查看；同时分析人员也可以很方便地实现多方案的分析（比如改变材料属性/几何尺寸等），可以方便地帮助设计人员分清哪些位置需要加强。

ACP 的以下功能仍在不断强化中：①实体单元子模型分析；②增强复合材料实体单元层间剪应力计算精度；③复合材料实体单元热计算；④复合材料层间失效模拟，方便建立交接层，可以模拟脱黏、层间分离，基于断裂力学理论或黏结区的理论计算，模拟层间失效以后的失效行为；⑤基于连续介质损伤力学渐进损伤分析，线弹性力学分析的首层失效以后及后续的破坏行为等方面有重要进展；⑥增强了精确仿真纤维的布局和固化过程。

1. ACP 流程

复合材料基于增强相的不同分为粒子性复合材料和纤维性复合材料，后者又分为短纤维和长纤维。从复合材料分析的维度，从力学的角度把纤维和基体作为不同相建模，这是用经典的有限元理论去分析的，把每一项作为各向同性材料，但建模的时候要区分开。

现在复合材料分析功能是把每一层作为一个整体，不把纤维和基体进行区分，对于这种复合材料，可以用几种类型的单元来分析：梁单元 Beam188、Beam189、Beam290，二维壳单元 Shell208、Shell209，三维壳单元 Shell181、Shell281，三维实体单元 Solid185、Solid186，Solid190，热分析 Shell101、Shell102，实体的热分析 Solid278、Solid279，这些单元构成了复合材料分析建模基础。复合材料建模时对于每一层不需要进行单独的划分单元，而是把一层作为一个单元分析。

ACP 集成在 Workbench 环境中，可以与 Workbench 环境中的其他模块，如静力结构、特征值屈曲一起完成分析工作，图 11-3 所示为典型的 ACP 工作流程。

图 11-3　典型的 ACP 工作流程

从图可知，静力分析中多了一项【Section Data】，实际上是经典的分析流程中多了一个铺层的定义，最后又倒回来的一个过程。引入了 ACP 之后，相当于在传统的 Model 这一层级网格划分以后要到 ACP 前处理中进行铺层定义，如图 11-4 所示，相当于在 B 流程 4 向 A 流程 5 传递一个网格，这个网格是不带铺层信息的，在 A 流程定义后铺层后再返回 B 流程 5，这样就带有了复合材料的铺层定义信息，B 流程铺层信息如图

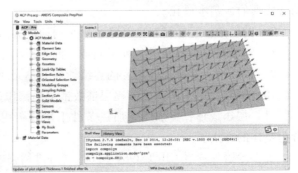

图 11-4　ACP 铺层定义

11-5 所示；后续就进行边界设置求解，Solution 求解后，就是把 B 流程的 7 连根线到 C 流程 Post 进行后处理，如图 11-6 所示，相当于读取 B 流程的计算结果，这就是一个 ACP 在 Workbench 中完整的分析流程。

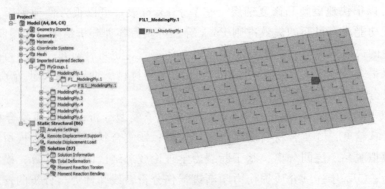

图 11-5　B 流程铺层信息

2. ACP 界面介绍

ACP 工作环境由菜单栏、工具栏、特征树、图形区域、信息栏组成。

（1）菜单栏

菜单栏包含有文件、视图、工具、单位、帮助信息，如图 11-7 所示。

（2）工具栏

1）视图和更新操作如图 11-8 所示。

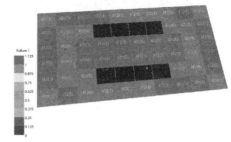

图 11-6　ACP 后处理

File　View　Tools　Units　Help

图 11-7　菜单栏

图 11-8　视图和更新操作

从左至右依次为：

① 更新操作，更新全局。

② 用 Excel 定义铺层。

③ 沿 X 轴正向视图。

④ 沿 X 轴负向视图。

⑤ 沿 Y 轴正向视图。

⑥ 沿 Y 轴负向视图。

⑦ 沿 Z 轴正向视图。

⑧ 沿 Z 轴负向视图。

⑨ 缩放到适合的模型。

⑩ 查看全屏。

⑪ 在平行投影和透视投影之间切换。

⑫ 捕捉视图。

⑬ 保存捕捉屏幕截图。

2）网格显示工具如图 11-9 所示。

从左至右依次为：

① 显示或隐藏单元的边线。

② 显示或隐藏单元曲面。

③ 显示或隐藏网格的轮廓。

④ 高亮单元。

⑤ 在实体单元与壳单元之间高亮单元变换。

⑥ 拾取单元选择模式。

⑦ 显示指定位置上的值。

3）方向可视化和覆盖展开工具如图 11-10 所示。

图 11-9　网格显示工具

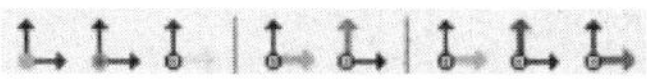

图 11-10　方向可视化和覆盖展开工具

从左至右依次为：

① 显示单元或几何法向。

② 显示方向化选中集的方向。

③ 显示方向化选中集的参考方向。

④ 显示选中层的纤维方向。

⑤ 显示横向铺层方向。

⑥ 显示纤维的铺覆方向。

⑦ 显示纤维的铺覆横向方向。

⑧ 显示材质 1 维方向。

4）后处理和坐标系统操作如图 11-11 所示。

从左至右依次为：

① 显示或隐藏坐标轴。

② 显示立方体坐标系。

③ 测距工具。

④ 显示或隐藏图例。

⑤ 显示或隐藏文本标签。

⑥ 显示最小/最大标签。

⑦ 显示或隐藏情节描述。

⑧ 显示变形形状。

（3）信息栏

包括设定命令行解释器窗口、记录窗口和历史窗口，如图 11-12 所示。

图 11-11　后处理和坐标系统操作 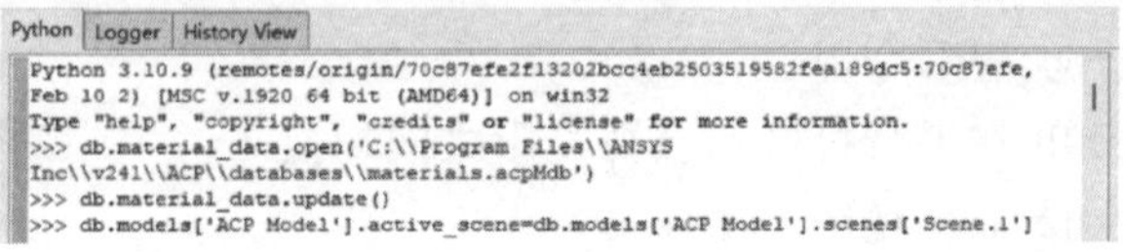　　　　　　图 11-12　信息栏

（4）前后处理特征

具体参阅第 11.2 节 ACP 前后处理特征。

11.2　ACP 前后处理特征

11.2.1　ACP Model

ACP Model 用来显示 ACP 模型文件路径、单位系统、参考表面、截面计算、单元数目，也可完成模型升级、删除预览升级的结果数据、导出或输入铺层定义文件、导出或输入复合材料 HDF5 格式的网格文件。ACP 模型快捷菜单如图 11-13 所示，模型属性对话框如图 11-14 所示。

11.2.2　材料数据

材料数据用来定义铺层材料，包括 Material、Fabric、Stackup、Sub laminate 四类。

图 11-13 ACP 模型快捷菜单

图 11-14 模型属性对话框

1. 材料参数【Material】

ACP 提供了详细的复合材料-材料属性的定义方式。在 Workbench 环境，材料参数也可由工程数据（Engineering Data）定义，数据传递到 ACP 中，通常不可修改。材料属性对话框如图 11-15 所示。工程数据中定义材料属性包括力学属性［杨氏模量（X，Y，Z）、剪切模量（XY，YZ，XZ-Plane）、泊松比（XY，YZ，XZ-Plane）］、应力或应变范围［拉应力（X，Y，Z）、压应力（X，Y，Z）、剪应力（XY，YZ，XZ）］、层类型（Ply Type：Regular ply，Woven ply，Isotropic ply，Isotropic Homogeneous Core，Orthotropic Homogeneous Core，Honeycomb Core）。材料数据如图 11-16 所示。

图 11-15 材料属性对话框

图 11-16 材料数据

2. 织物【Fabric】

织物【Fabric】用来设置单层铺层的材料、厚度等信息。织物属性对话框如图 11-17 所示。

1）General。

① Material：织物材料。

② Thickness：单层厚度。

③ Price/Area：表面尺度给定一个整体信息。

④ Mass/Area：每单位面积上的质量由材料密度和厚度计算得出。

⑤ Ignore for Post-Processing：如果选中，这些织物的所有

图 11-17 织物属性对话框

的分析层在后处理中不考虑失效准则分析，但这并不影响分析模型。

2）Draping Coefficients：铺覆系数是织物定义的一部分，推荐默认设置。

3）Analysis：分析织物的极属性，可以以图形显示。

4）Solid Model Options：在实体模型生成过程中使用降阶单元。

3. 层叠【Stackup】

层叠【Stackup】是用来把织物合成无屈曲织物的工具，对层叠的每一铺层必须给出织物和角度方向。织物可用非对称（No Symmetry）、偶对称（Even Symmetry）和奇对称（Odd Symmetry），铺层顺序，可从上到下（Top-Down）或从下到上（Down-Top）。层叠属性对话框如图 11-18 所示。

Analysis：提供层叠的层合板性能评价，可用经典层合板理论包括层合板的刚度和柔度矩阵（Laminate Stiffness and Compliance Matrices）、标准层合板的刚度和柔度矩阵（Normalized Laminate Stiffness and Compliance Matrices）、层合板的工程常数（Laminate Engineering Constants）评价产品层、分析层。

4. 子层合板【Sub laminate】

子层合板【Sub laminate】是在层合板内一个可多次重复的多向铺层组合。子层合板属性对话框如图 11-19 所示。

图 11-18　层叠属性对话框

图 11-19　子层合板属性对话框

11.2.3　单元集与边集

单元集与边集【Element and Edge Sets】是由名称选择【Named Selection】工具在 Mechanical 选中的区域或边线，用来传递网格到 ACP 模块，作为复合材料铺层设置铺覆区域的依据。如果几何改变，名称选择的区域也会改变。在 ACP 环境，也可以创建新的单元集与边集，选择不同的拾取方式选择网格到单元标签。单元集属性对话框如图 11-20 所示。

Named Selection 定义铺覆区域，定义铺层时就是对单元集合定义。

图 11-20　单元集属性对话框

11.2.4　几何功能与坐标

1. 几何功能

利用几何功能可以创建复杂的铺层模型。这一功能在进行拉伸、捕捉、截断等操作创建立复杂实体模型时非常重要。CAD 几何用来导入外部几何模型，可以直接导入，也可在 Workbench 主界面平台连接几何工具导入，如图 11-21 所示。虚拟几何可以通过 CAD 几何直接创建，如图 11-22 所示，也可通过选择多个 CAD 几何部件创建，还可以在视图中通过选择面创建。

图 11-21　连接几何工具导入

图 11-22　通过 CAD 几何直接创建

2. 参考坐标

参考坐标【Rosette】是用来定义方向选择集参考方向（0 度纤维方向或铺层）的坐标系。Rosette 定义依据一个源点和两个矢量方向，源点通过节点或单元，或原坐标系原点选取，而两个矢量方向相当于 X 轴和 Y 轴。Rosette 坐标类型包括平行（Parallel）、放射（Radial）、圆柱（Cylindrical）、球（Spherical）、沿边（Edge Wise）5 种类型，可根据实际情况创建参考坐标，实现复杂铺层的创建。参考坐标属性对话框如图 11-23 所示。

图 11-23　参考坐标属性对话框

11.2.5　选择规则与选择集

1. 选择规则

选择规则【Selection Rule】可以通过几何操作选择单元集，可以合并方向选择集或定义任意形状的铺层。选择规则包括平行（Parallel）、圆柱（Cylindrical）、球形（Spherical）、管状（Tube）、截断（Cutoff）。选择规则快捷菜单如图 11-24 所示。例如：平行选择规则，可通过定义两平行平面实现，平面依据源点（第一个平面）、法向及间距确定。平行选择规则属性对话框如图 11-25 所示。

图 11-24　选择规则快捷菜单

图 11-25　平行选择规则属性对话框

2. 方向选择集

方向选择集（Oriented Selection Set）是包含单元方向信息的单元集合，是铺层定义的基础，可有效解决复杂结构、形状多变结构问题。单元集合信息包含铺覆区域、铺层方向和参考方向。方向选择集属性对话框如图 11-26 所示。

复合材料铺层定义思路是基于复合材料制造或实际工艺铺覆过程。首先要找到复合材料原材料织物，是单向带还是双向带，选择铺覆区域，铺覆区域就是将来复合材料要放在的位置，就是单元集合，铺覆区域定义参考方向和铺覆方向，铺覆方向也就是纤维方向，而法向是厚度方向。

图 11-26　方向选择集属性对话框

1）Element Sets：定义铺覆区域的单元集合。

2）Orientation Point：应当在铺覆区域内或靠近参考表面处。

3）Orientation Direction：定义铺覆方向。

4）Reference Direction：定义铺覆的参考方向。

5）Selection Method：包括 ANSYS Classic、Maximum Angle、Maximum Angle Superposed、Minimum Angle、Minimum Angle Superposed、Minimum Distance、Minimum Distance Superposed、Tabular Values。

6）Rosettes：上一步定义的参考坐标系。

7）Reference Direction Field：仅 Tabular Values 可用。

11.2.6　创建铺层组

创建铺层组【Modeling Groups】用来定义复合材料铺层。创建铺层的方法：右击【Modeling Groups】→【Create Modeling Group】，从弹出的对话框中确定铺层组名，右击铺层组，创建铺层（Create Ply）（Create Interface Player）弹出铺层属性对话框，如图 11-27 所示，进行相应设置，如铺层区域、铺层材料、铺层角和其他必要选项。之后可以根据实际应有的铺层数，在此铺层基础上增加相应的前后铺层，定义完成后升级，即可得到相应铺层模组和铺层，如图 11-28 所示。一个完整的铺层应包含模型铺覆层、产品层和分析层，如图 11-29 所示。除此之外，还可导出铺层几何，如图 11-30 所示。

图 11-27　铺层属性对话框

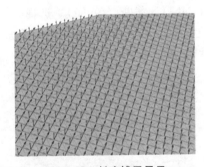

图 11-28　创建铺层显示

11.2.7　取样点与截面剪切

1. 取样点

取样点【Sampling Point】可以在后处理操作中进入层结果，进行铺覆绘制、铺层厚度绘制、层合板工程常数设置。在更新所有层后，通过指定单元坐标位置和方向即可创建取样点，如图 11-31 和图 11-32 所示。在分析选项，可以基于经典层合板理论分析使铺覆和铺层顺序可视化，显示结果可以选择，如图 11-33 所示。

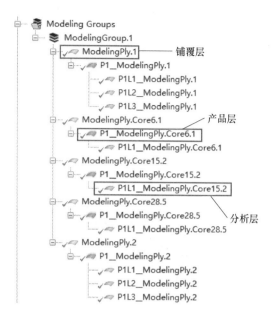

图 11-29　铺层组组成

图 11-30　导出铺层几何对话框

图 11-31　创建取样点

图 11-32　取样点属性对话框

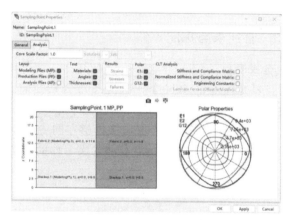

图 11-33　铺覆和铺层顺序

2. 截面剪切

截面剪切【Section Cut】可以切割模型使在任意截面所定义的铺层可视化，如图 11-34 所示。

11.2.8　实体模型

复合材料实体建模【Solid Model】基于壳体单元拉伸成实体。它是基于 ACP 模块定义的铺层信息，同时能根据三维实体几何去产生一些关联。拉伸过程类似实际产品的铺覆过程，它基于壳单元的表面在厚度方向的拉伸，厚度方向上拉伸可以根据产品的铺层为基准拉伸，拉伸的效果，可以基于铺层的信息，可以是产品的铺层，也可将多层作为一个单元等。图 11-35 所

图 11-34　截面剪切对话框

示为实体模型对话框，图 11-36 所示为实体模型单元。

通常对薄壁结构采用壳单元建模是合适的，但是在厚度方向上的应力需要精确计算的情况下，需要实体单元建模，因为厚度方向上很小的应力就会使材料失效，就像纤维垂直方向上强度比较弱。通常在以下几种情况下可采用实体建模：①用到非薄壁的复合材料模拟一些边缘效应；②大变形分析；③厚度方向上局部有载荷。

图 11-35　实体模型对话框

图 11-36　实体模型单元

11.2.9　查找表与探测评估

1. 查找表

查找表【Look-up Table】可以是 1 维（线性插值）数表或 3 维（空间插值）数表，数表必须包含一个位置（Location）列，而方向（Direction）列或标量（Scalar）列可根据需要增加，如图 11-37 所示。一个查找表能够在同一个参考方向创建一个标量或矢量分布表，例如一个分布表可用于创建方向选择集参考方向的定义、铺覆角的定义和单层厚度的定义。

2. 探测评估

探测评估【Sensor】是一种结果整体评价的工具，如价格、重量、面积。结果可以是指定的某一部分、材料和某层，探测评估对话框如图 11-38 所示。

图 11-37　创建查找表和属性对话框

图 11-38　探测评估对话框

11.2.10　场景与视图

1. 场景

场景【Scene】是包含复合材料模型可视化设置的窗口，如单元集、边集、CAD 几何、参考坐标、截面切割、实体模型这些功能的可视化会保存在一个场景中，如图 11-39 所示。

2. 视图

视图【View】可以用来保存某些视图。视图的选择自动更新场景，并将视图的属性转移到活动场景中。可以创建新视图，不同的参数也可以手动定义，如图 11-40 所示。

图 11-39 场景属性对话框

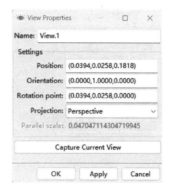

图 11-40 视图属性对话框

11.2.11 铺覆显示与铺层表

1. 铺覆显示

铺覆显示【Lay-up Plot】可通过铺层厚度、铺层角、查找表三种方式显示所创建的铺层，例如，可显示整个铺覆区域或单层厚度，如图 11-41 和图 11-42 所示。

图 11-41 铺层厚度对话框

图 11-42 单层厚度显示

2. 铺层表

铺层表【Ply Book】可将每一铺层信息如材料、方向、角度和扩展等在平面上展开，并生成一个生产报告，供制造商使用，如图 11-43 和图 11-44 所示。

11.2.12 参数化

参数化【Parameter】可以通过参数输入输出接口使复合材料处理过程参数化，与 Workbench 相关模块相连，方便设计优化，如图 11-45 和图 11-46 所示。

图 11-43　创建铺层表的方法　　　　　　图 11-44　铺层表报告

图 11-45　参数化属性对话框　　　　图 11-46　ACP 和 Workbench 参数化交互连接

11.2.13　失效准则

失效准则用来评估复合材料结构的强度。ACP 提供了丰富的复合材料失效分析方法和准则，包括失效模式无关的失效准则：最大应力准则、最大应变准则；多项式失效模式准则：Tsai-Wu 准则、Tsai-Hill 准则；失效模式相关的准则：Hashin 准则、Puck 准则、LaRC 准则、Cuntze 准则；三明治结构的失效准则：内核失效准则、面板折皱失效准则；同性材料失效准则：Von Mises 准则。这些失效模式可任意组合选用并配置，如图 11-47 和图 11-48 所示。为方便在结果中识别，ACP 失效准则进行了一定的简化处理，见表 11-1 和表 11-2。

图 11-47　失效准则定义对话框

图 11-48　Puck 准则配置对话框

表 11-1　术语表

术语	简写	术语	简写
strain	e	principal Ⅰ direction	Ⅰ
stress	s	principal Ⅱ direction	Ⅱ
material 1 direction	1	principal Ⅲ direction	Ⅲ
material 2 direction	2	tension	t
out-of-plane normal direction	3	compression	c
in-plane shear	12	out-of-plane shear terms	10 and 23

表 11-2　ACP 失效准则表

失效准则	适用模型	简写
Maximum Strain	Not limited	e1t, e1c, e2t, e2c, e12
Maximum Stress	Not limited	s1t, s1c, s2t, s2c, s3t, s3c, s12, s23, s10
Tsai-Wu	2-D and 3-D	tw
Tsai-Hill	2-D and 3-D	th
Hashin	2-D and 3-D	hf(fiber failure) hm(matrix failure) hd(delamination failure)
Puck	simplified, 2-D and 3-D Puck implementations are available	pf(fiber failure) pmA(matrix tension failure) pmB(matrix compression failure) pmC(matrix shear failure) pd(delamination)
LaRC	2-D and 3-D	lft3(fiber tension failure) lfc4(fiber compression failure under transverse compression) lfc6(fiber compression failure under transverse tension) lmt1(matrix tension failure) lmc2/5(matrix compression failure)
Cuntze	2-D and 3-D	cft(fiber tension failure) cfc(fiber compression failure) cmA(matrix tension failure) cmB(matrix compression failure) cmC(matrix wedge shape failure)
Wrinkling	Not limited	wb(wrinkling bottom face) wt(wrinkling top face)
Core Failure	Not limited	cf
Von Mises	Not limited	vMe(strain) and vMs(stress)

11.2.14　求解

　　求解对象仅在后处理模式下出现。用以导入或读取求解结果到
ACP Post 进行后处理。所有的后处理图（例如变形、失效模式、应
力、应变、温度曲线、渐进损伤）和结果评估都在该对象下完成，
如图 11-49 和图 11-50 所示。

图 11-49　求解后处理

1. 失效模式

复合材料失效模式的结果显示可通过预先定义的失效准则首层失效安全系数。首层失效理论假设复合材料层合板的失效行为首先发生在层合板中最先到达失效临界值的单层上。基于导入的有限元应力结果，可创建每一层的危险系数【Inverse Reserve Factors（IRF）】、安全系数【Reserve Factors（RF）】和安全范围【Margins of Safety（MOS）】。可以基于应力或应变来计算，如图 11-51 所示；并以云图显示失效结果，如图 11-52 所示。图 11-53 所表示的意义为：S2t（3）是最大应力失效准则 2 方向（纤维的横向）拉伸失效关键层是第 3 层。在结果显示时还有如下可选项：临界失效模式【Critical Failure Mode】、临界层【Critical Layer】、临界载荷【Critical Load Case】。层合板的最终承载标准可以利用层合板逐层失效分析来预测。该分析方法假定基体材料的失效裂纹沿着层板扩展，并在各层之间重新进行应力分配。

图 11-50　求解属性对话框

图 11-51　失效模式定义

图 11-52　失效云图

2. 渐进损伤

复合材料是否损伤可通过渐进损伤状态【Damage Status】显示，包括没有损伤（0）、部分损伤（1）和完全损伤（2）；也可通过纤维或基体在拉或压不同状态下刚度缩减损伤变量及剪切损伤显示，包括纤维拉伸损伤变量【Fiber Tensile Damage Variable（FT）】、纤维压缩损伤变量【Fiber Compressive Damage Variable（FC）】、基体拉伸损伤变量【Matrix Tensile Damage Variable（MT）】、基体压缩损伤变量【Matrix Compressive Damage Variable（MC）】、剪切损伤变量【Shear Damage Variable（S）】，如图 11-54 所示。损伤变量因子范围为 0~1，其中 0 为没有损伤，1 为完全损伤，刚度缩减 100%。

图 11-53　失效云图和参数

图 11-54　渐进损伤对话框

11.3　某方管复合材料分析

1. 问题描述

已知方管长 300mm，截面尺寸为 50mm×50mm，为某精密结构的重要部件，为使该精密结构更轻同时满足使用要求，对方管采用复合材料 Epoxy Carbon Woven（230GPa）Prepreg，其他相关参数在分析过程中体现。试对该方管进行复合材料变形和失效分析。

2. 有限元分析过程

（1）启动 Workbench 2024

在"开始"菜单中执行【ANSYS 2024 R1\R2】→【Workbench 2024 R1\R2】命令。

（2）创建复合材料分析项目

① 在工具箱【Toolbox】的【Component Systems】中双击或拖动复合材料前处理项目【ACP（Pre）】到项目流程图，如图 11-55 所示。

② 在 Workbench 的工具栏中单击【Save】，保存项目工程名为 Square tube. Wbpj。有限元分析文件保存在 D：\AWB\Chapter11 文件夹中。

（3）确定材料参数

① 编辑工程数据单元，右击【Engineering Data】→【Edit】。

② 在工程数据属性中增加材料，在 Workbench 的工具栏上单击 工程材料源库，此时的界面主显示【Engineering Data Sources】和【Outline of Favorites】。选择 A7 栏【Composite Materials】，从【Outline of Composite Materials】里查找【Epoxy Carbon Woven（230GPa）Prepreg】材料，然后单击【Outline of Composite Materials】表中的添加按钮 ，此时在 C14 栏中显示标示 ，表明材料添加成功，如图 11-56 所示。

图 11-55　创建复合材料分析项目

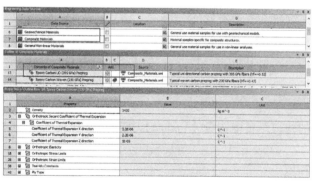

图 11-56　增加材料

③ 单击工具栏中的【A2：Engineering Data】关闭按钮，返回到 Workbench 主界面，新材料创建完毕。

（4）导入几何模型

在复合材料前处理项目上，右击【Geometry】→【Import Geometry】→【Browse】，找到模型文件 Square tube. agdb，打开导入几何模型。模型文件在 D：\AWB\Chapter11 文件夹中。

（5）进入 Mechanical 分析环境

① 在复合材料前处理项目上，右击【Model】→【Edit】，进入 Mechanical 分析环境。

② 在 Mechanical 的主菜单【Units】中设置单位为 Metric（mm，kg，N，s，mV，mA）。

（6）为几何模型分配厚度和材料属性

为方管分配厚度和材料：在导航树里单击【Geome-try】展开→【Square tube】→【Details of "Square tube"】→【Definition】→【Thickness】= 0.0000245mm；【Material】→【Assignment】= Epoxy Carbon Woven（230GPa）Prepreg，其他选项选默认值，如图 11-57 所示。

图 11-57　分配厚度和材料

（7）划分网格

① 在导航树里单击【Mesh】，设置【Details of "Mesh"】→【Sizing】→【Use Adaptive Sizing】= No，【Capture Curvature】= Yes，其他选项均选默认值。

② 选择方管 8 个表面，右击导航树里单击【Mesh】→【Insert】→【Sizing】，设置【Face Sizing】→【Details of "Face Sizing"-Sizing】→【Definition】→【Element Size】= 3mm；【Advanced】→【Capture Curvature】= Yes，其他选项选默认值。

③ 生成网格。右击【Mesh】→【Generate Mesh】，图形区域显示程序生成的网格模型，如图 11-58 所示。

④ 网格质量检查，在导航树里单击【Mesh】，设置【Details of "Mesh"】→【Quality】→【Mesh Metric】= Element Quality，显示 Element Quality 规则下网格质量详细信息，平均值处在好水平范围内，展开【Statistics】显示网格和节点数量。

图 11-58　生成网格

⑤ 退出 Mechanical 分析环境。单击 Mechanical 主界面的菜单【File】→【Close Mechanical】退出环境。

（8）进行复合材料前处理环境

① 进入 ACP 工作环境。返回到 Workbench 界面，右击 ACP（Pre）Model 单元，从弹出的快捷菜单中选择【Update】把网格数据导入 ACP（Pre）。

② 右击 ACP（Pre）Setup 单元，从弹出的快捷菜单中选择【Edit】进入 ACP（Pre）环境。

（9）材料数据

① 单击并展开【Material Data】，右击【Fabrics】，从弹出的快捷菜单中选择【Create Fabric】，弹出织物属性对话框，设置【Material】=【Epoxy_Carbon_Woven_230GPa_Prepreg】，【Thickness】= 0.5，其他选项选默认值，单击【OK】按钮关闭对话框，如图 11-59 所示。

② 工具栏单击 数据更新。

（10）创建参考坐标

① 右击【Rosette】，从弹出的快捷菜单中选择【Create Rosette】，弹出 Rosette 属性对话

框，如图 11-60 所示，设置【Type】= Parallel，【Origin】=（0.0000，50.0000，3.0000），
【Direction1】=（-0.0000，0.0000，1.0000），【Direction2】=（1.0000，0.0000，0.0000），
单击工具栏单元边线显示图标 ，参考视图坐标系确定位置，其他选项选默认值，单击
【OK】按钮关闭对话框。

② 工具栏单击  数据更新。

图 11-59　织物属性对话框

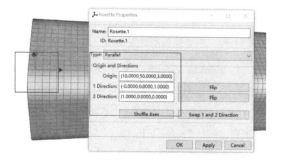

图 11-60　Rosette 属性对话框

（11）创建方向选择集

① 右击【Oriented Selection Set】，从弹出的
快捷菜单中选择【Create Oriented Selection Sets】，
弹出方向选择集属性对话框，如图 11-61 所示，
设置【Element Sets】= All_Elements，【Point】=
（10.0000，50.0000，3.0000），【Direction】=
（0.0000，1.0000，0.0000），【Selection Method】=
Minimum Angle，【Rosettes】= Rosette. 1，All_Ele-
ments 在 Elements Sets 下，其他选项选默认值，
单击【OK】按钮关闭对话框。

② 工具栏单击 数据更新。

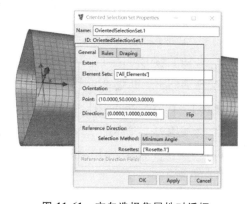

图 11-61　方向选择集属性对话框

（12）创建铺层组【Modeling Groups】

① 右击【Modeling Groups】，从弹出的快捷菜单中选择【Create Modeling Groups】，弹出
创建铺层组属性对话框，默认铺层组命名，单击【OK】按钮关闭对话框。

② 右击【Modeling Groups. 1】，从弹出的快捷菜单中选择【Create Ply】，弹出创建铺层
属性对话框，如图 11-62 所示，设置【Oriented Selection Sets】= Oriented Selection Sets. 1，
【Ply Material】= Fabric. 1，【Ply Angle】= 0.0，其他选项选默认值，单击【OK】按钮关闭对
话框。

③ 工具栏单击 数据更新。

④ 单击铺层显示工具 ，查看铺层信息，如图 11-63 所示。

⑤ 退出 ACP-Pre 环境，【File】→【Exit】。

（13）进入到结构静力分析环境

图 11-62　创建铺层属性对话框

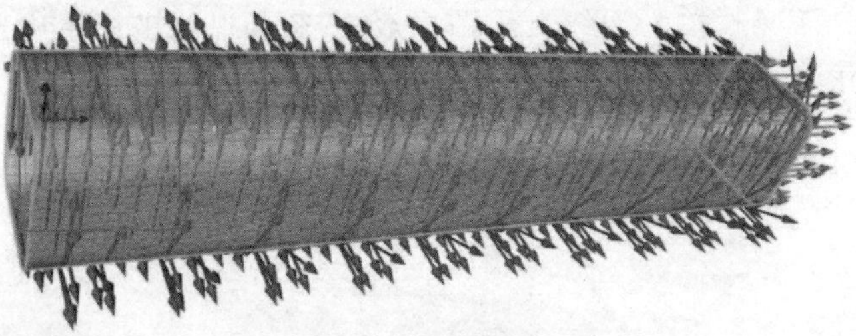

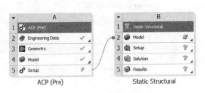

图 11-63　铺层显示

① 返回到 Workbench 主界面，在工具箱【Toolbox】的【Analysis Systems】中双击或拖动结构静力分析项目【Static Structural】到项目流程图。

② 单击复合材料前处理项目单元格【Setup】，并拖动到结构静力分析项目单元格【Model】，选择【Transfer Shell Composite Data】，如图 11-64 所示。

③ 右击 ACP【Setup】→【Update】，更新并把数据传递结构静力分析项目单元格【Model】中。

④ 右击结构静力分析单元格【Model】→【Edit】，进入静态结构分析环境。

图 11-64　前处理数据导入结构静力环境

（14）施加边界

① 在导航树上单击【Static Structural（B3）】。

② 施加约束，在标准工具栏上单击🔲，然后选择方管端面，接着在环境工具栏单击【Supports】→【Fixed Support】，如图 11-65 所示。

③ 施加压力，在标准工具栏上单击🔲，然后选择方管表面，接着在环境工具栏单击【Loads】，设置【Pressure】→【Details of "Pressure"】→【Definition】→【Magnitude】= 0.1MPa，如图 11-66 所示。

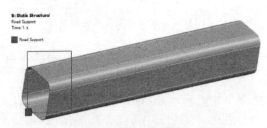

图 11-65　施加约束

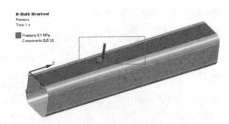

图 11-66　施加压力

（15）设置需要的结果、求解和显示

① 在导航树上单击【Solution（B4）】。

② 在 Mechanical 求解工具栏单击【Deformation】→【Total】。

③ 在 Mechanical 求解工具栏单击⚡进行求解运算。

④ 运算结束后，单击【Solution（B4）】→【Total Deformation】，可以查看方管变形分布

云图，如图 11-67 所示。

⑤ 退出结构静力分析环境。单击 Mechanical 主界面的菜单【File】→【Close Mechanical】退出环境。

（16）进入 ACP-Post 环境

① 返回到 Workbench 主界面，在工具箱【Toolbox】的【Component Systems】中拖动复合材料前处理项目【ACP（Post）】到项目流程图，并分别与【ACP（Pre）】的【Engineering Data】、【Geometry】、【Model】相连接。

图 11-67 方管变形
分布云图

② 单击结构静力前处理项目单元格【Solution】，并拖动到复合材料后处理项目单元格【Results】，如图 11-68 所示。

③ 右击结构静力前处理项目单元格【Solution】→【Update】，更新并把数据传递复合材料后处理项目单元格【Results】中。

④ 右击【ACP（Post）Results】→【Edit】，进入复合材料后处理环境。

（17）定义失效准则

① 右击【Definitions】，从弹出的快捷菜单中选择【Create Failure Criteria】，弹出创建失效准则属性对话框，选择最大应力失效准则，其他选项选默认值，单击【OK】按钮关闭对话框，如图 11-69 所示。

② 在工具栏单击 ⚡ 数据更新。

图 11-68 复合材料后处理连接

图 11-69 创建失效准则属性对话框

（18）求解后处理

① 单击并展开【Solutions】→【Solutions.1】，右击【Solutions.1】，从弹出的快捷菜单中选择【Create Deformation Plot】，弹出变形对话框，默认设置，单击【OK】按钮关闭对话框。

② 右击【Solutions.1】，从弹出的快捷菜单中选择【Create Failure Plot】，弹出失效对话框，选择【Failure Criteria Definition】=【Failure Criteria.1】，其他选项选默认设置，单击【OK】按钮关闭对话框。

③ 在工具栏单击 ⚡ 数据更新。

④ 在特征树上，右击【Deformation.1】→【Show】，显示结果变形云图，如图 11-70所示。

⑤ 在特征树上，右击【Failure.1】→【Show】，显示结果失效云图，如图 11-71 和图 11-72所示，其中 s2c 表示最大应力失效准则 2 方向（纤维的横向）压缩失效关键层是第 1 层。

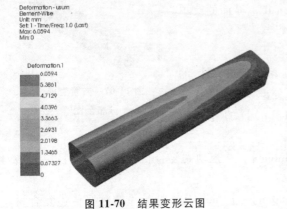

图 11-70　结果变形云图

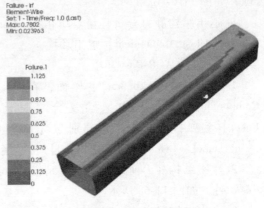

图 11-71　结果失效云图

（19）保存与退出

① 退出复合材料后处理环境。单击复合材料后处理主界面的菜单【File】→【Exit】退出环境，返回到 Workbench 主界面，此时主界面的项目管理区中显示的分析项目均已完成。

② 单击 Workbench 主界面上的【Save】按钮，保存所有分析结果文件。

③ 退出 Workbench 环境。单击 Workbench 主界面的菜单【File】→【Exit】退出主界面，完成项目分析。

3. 点评

本实例是方管复合材料分析，包含了两个重要知识点：一方面是复合材料分析 ACP

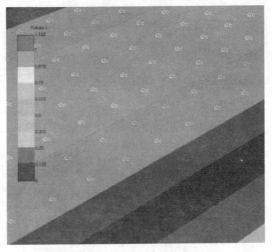

图 11-72　结果失效云图和参数

前后处理；另一方面是线性静力学分析。在本例中如何进行复合材料前处理、后处理是关键，这涉及铺层组创建、对应的边界条件设置、失效准则给定、求解和后处理。本例诠释了 ACP 复合材料分析易用性，脉络清晰，过程完整。

11.4　本章小结

本章按照 ACP 概述、ACP 前后处理特征和相应实例应用顺序编写，相似特征进行了归类整合，包括 ACP Model、材料数据、单元集与边集、几何功能与参考坐标、选择规则与方向选择集、创建铺层组、取样点与截面剪切、实体模型、查找表与探测评估、场景与视图、铺覆显示与铺层表、参数化、失效准则等内容。本章配备的复合材料分析典型工程实例某方管复合材料分析，包括问题描述、有限元分析过程和点评三部分内容。

通过本章的学习，读者可以了解在 Workbench 环境下典型的复合材料分析的基础知识，以及分析流程、分析设置、载荷的施加方法和结果后处理等相关知识。

第12章 断裂力学分析

断裂是材料或构件失效的主要原因与形式之一，最危险也最常见。特别对于含有裂纹缺陷的材料或构件尤其如此。缺陷尺寸、材料的断裂韧性、给定应力水平下断裂扩展是断裂力学工程分析法中的重要工具，其中断裂韧性，对线弹性断裂力学，由应力强度因子确定；对弹塑性断裂力学，通过裂纹生长所需的能量确定。断裂力学分析必须包括应力分析与断裂力学参数计算，应力分析是标准的线性或非线性分析，断裂分析通过断裂准则计算相关参数。由于裂纹尖端区域存在高应力梯度，含有裂纹构件的有限元模型需要对裂纹区进行特殊处理。

12.1 断裂力学的基本概念和理论

12.1.1 裂纹的分类

1. 按裂纹的几何特征分类

1）穿透裂纹（贯穿裂纹）：简化为理想尖端裂纹，如图12-1a所示。

2）表面裂纹：深度和长度皆处于构件表面的裂纹，可简化为半椭圆裂纹，如图12-1b所示。

3）深埋裂纹：完全处于构件内部的裂纹，为片状圆形或片状椭圆裂纹，如图12-1c所示。

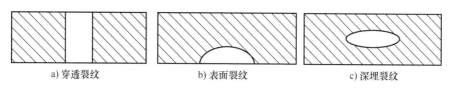

a) 穿透裂纹　　　　　b) 表面裂纹　　　　　c) 深埋裂纹

图12-1 裂纹示意图

2. 按裂纹的受力和断裂特征分类

1）张开型裂纹（Ⅰ型）：拉应力垂直于裂纹扩展面，裂纹上、下表面沿作用力的方向张开，裂纹沿着裂纹面向前扩展，是最常见、最危险、最重要的一种裂纹，如图12-2a所示。

2）滑开型裂纹（Ⅱ型）：裂纹扩展受到剪应力控制，剪应力平行作用于裂纹面而且垂直于裂纹线，裂纹沿裂纹面平行滑开扩展，如图12-2b所示。

3）撕开型裂纹（Ⅲ型）：在平行于裂纹面而与裂纹前沿线方向平行的剪

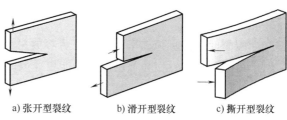

a) 张开型裂纹　　　b) 滑开型裂纹　　　c) 撕开型裂纹

图12-2 断裂特征的示意图

应力作用下，裂纹沿裂纹面撕开扩展，如图 12-2c 所示。

12.1.2 断裂力学参数

典型的断裂力学参数描述裂纹尖端前端的能量释放率或应力位移幅。其中应力强度因子，能量释放率、J-积分是断裂力学分析常见参数，应力强度因子和能量释放率适用于线弹性断裂力学，J-积分对线弹性和非线性弹塑性材料的断裂力学均适用。

1. J-积分

$$J = \lim_{\Gamma \to 0} \int_{\Gamma_0} \left[(W + T)\delta_{1i} - \sigma_{ij}\frac{\partial u_j}{\partial x_i} \right] n_i \mathrm{d}\Gamma \tag{12-1}$$

式中，Γ 是线积分域；W 是应变能密度；T 是动能密度；σ 是应力；u 是位移矢量；

对于线弹性材料中的裂纹，J-积分表示能量释放率。此外，裂纹尖端应力场和变形场的振幅由非线性弹性材料中裂纹的 J-积分表征。

2. 应力强度因子

对于线弹性材料，裂纹尖端前面的应力应变区可表示为

$$\begin{cases} \sigma_{ij} = -\dfrac{k}{\sqrt{r}}f_{ij}(\theta) \\ \varepsilon_{ij} = -\dfrac{k}{\sqrt{r}}g_{ij}(\theta) \end{cases} \tag{12-2}$$

式中，k 是强度因子；r 和 θ 是极坐标的坐标，如图 12-3 所示。

对 I 型裂纹，应力场表述为

$$\begin{cases} \sigma_x = \dfrac{k_1}{\sqrt{2\pi r}}\cos\dfrac{\theta}{2}\left(1-\sin\dfrac{\theta}{2}\sin\dfrac{3\theta}{2}\right) \\ \sigma_y = \dfrac{k_1}{\sqrt{2\pi r}}\cos\dfrac{\theta}{2}\left(1+\sin\dfrac{\theta}{2}\sin\dfrac{3\theta}{2}\right) \\ \sigma_{xy} = \dfrac{k_1}{\sqrt{2\pi r}}\cos\dfrac{\theta}{2}\sin\dfrac{\theta}{2}\cos\dfrac{3\theta}{2} \end{cases} \tag{12-3}$$

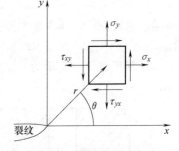

图 12-3 裂纹尖端示意图

3. 能量释放率

能量释放率裂纹由某一端点向前扩展一个单位长度时，薄板每单位厚度所释放出的能量。仅限于线弹性断裂力学，格尔菲斯首先提出并由欧文发展完善。

$$G = \frac{\pi\sigma^2 a}{E} \tag{12-4}$$

式中，a 是裂纹尺寸。

在断裂瞬间，能量释放率 G 等于临界释放率 G_c。

对于单断裂模式，应力强度因子与能量释放率的关系为

$$G = \frac{k^2}{E'} \tag{12-5}$$

对于平面应变问题：

$$E' = \frac{E}{1-\nu^2} \tag{12-6}$$

对于平面应力问题：

$$E' = E \tag{12-7}$$

式中，E 是材料弹性模量；ν 是泊松比。

4. 材料力

材料力，也称为构型力，主要用于分析如位错、孔洞材料缺陷、界面和裂缝等问题。

对一般的二维问题（不存在体积力、热应变和动态载荷的情况），节点材料力定义为

$$F^{\mathrm{mat}} = \prod_{ie=1}^{ne} \int_{\beta} (\varSigma \cdot \nabla N)\,\mathrm{d}\beta \tag{12-8}$$

式中，ne 是积分单元数；$\varSigma$ 是 Eshelby 应力；N 是形函数；∇N 是形函数梯度。

在小应变弹性范围内，引入 Eshelby 应力为

$$\sum_{ij} = w\delta_{ij} - \nabla u_{ij}\sigma_{ij} \tag{12-9}$$

式中，w 是应变能密度；δ_{ij} 是克罗内克符号；∇u_{ij} 是位移梯度；σ_{ij} 是应力张量。

在有限应变弹性范围内，Eshelby 应力为

$$\sum_{ij} = w_0\delta_{ij} - F_{ij}P_{ij} \tag{12-10}$$

式中，w_0 是材料应变能密度；F_{ij} 是形变梯度；P_{ij} 是第一皮奥拉-克希霍夫应力张量。

如果存在塑性变形，材料体积力作用在域中表达式为

$$F^{\mathrm{mat}} = \prod_{ie=1}^{ne} \int_{\beta} (\varSigma \cdot \nabla N - BN)\,\mathrm{d}\beta \tag{12-11}$$

式中，B 是材料体积力：

$$B = B^{\mathrm{p}} + B^{\mathrm{t}} \tag{12-12}$$

B^{p} 是塑性材料力。

$$B^{\mathrm{p}} = \sigma \cdot \nabla \varepsilon^{\mathrm{p}} - q\nabla\alpha \tag{12-13}$$

式中，ε^{p} 是塑性应变；q 是关于内部变量的应变能密度扩展；α 是内变量系数。

如果存在热应变，节点材料体积力向量为

$$B^{\mathrm{t}} = \alpha\sigma \cdot \nabla\theta\delta \tag{12-14}$$

式中，α 是热系数；$\nabla\theta$ 是温度梯度。

对于超弹性材料，材料力为

$$F^{\mathrm{mat}} = \prod_{ie=1}^{ne} \int_{\beta} [\varSigma \cdot \nabla N - (F^{\mathrm{T}}B)N]\,\mathrm{d}\beta \tag{12-15}$$

Eshelby 应力为

$$\varSigma = \psi_l - F^{\mathrm{T}}P \tag{12-16}$$

式中，ψ_l 是超弹性势能。

5. T-应力

对线弹性材料，裂纹尖端附近应力场的渐近展开，以裂纹尖端为原点的局部极坐标表示为

$$\sigma_{ij} = \frac{k_{\mathrm{I}}}{\sqrt{2\pi r}}f_{ij}^{\mathrm{I}}(\theta) + \frac{k_{\mathrm{II}}}{\sqrt{2\pi r}}f_{ij}^{\mathrm{II}}(\theta) + \frac{k_{\mathrm{III}}}{\sqrt{2\pi r}}f_{ij}^{\mathrm{III}}(\theta) + T\delta_{1i}\delta_{1j} + (\upsilon T + E\varepsilon_{33})\delta_{3i}\delta_{3j} + O(r^{1/2})$$

$$(12\text{-}17)$$

在这里，涉及 $\frac{1}{\sqrt{r}}$ 奇异项为应力强度因子，第一个非奇异项（T）为 T-应力。

T-应力为平行于裂纹方向的应力。T-应力与裂纹尖端应力三轴水平紧密联系，负 T-应力值表示降低裂纹尖端应力三轴水平（导致较大的塑性区），正 T-应力值表示裂纹尖端应力三轴水平（导致较小的塑性区）。

6. C^* 积分

C^* 积分用来评价均质材料经历二次（稳态）蠕变变形的裂纹尖端区域。C^* 积分定义如下：

$$C^* = \int_A \left[\sigma_{ij}\frac{\partial \dot{u}_j}{\partial x_1} - \dot{w}\delta_{ij} \right] \frac{\partial q}{\partial x_i}\mathrm{d}A \qquad (12\text{-}18)$$

式中，σ_{ij} 是应力张量；$\dot{u}_j$ 是位移率矢量；x_i 是坐标轴；$\dot{w}$ 是应变能率密度；δ_{ij} 是克罗内克符号；q 是裂纹扩展矢量；A 是裂纹长度。

12.1.3 断裂准则

对线弹性断裂力学，断裂准则通常被假定为 I 型裂纹、II 型裂纹和 III 型裂纹能量释放率的函数，表达式为

$$f = f(G_{\mathrm{I}}^C, G_{\mathrm{II}}^C, G_{\mathrm{III}}^C, G_{\mathrm{I}}, G_{\mathrm{II}}, G_{\mathrm{III}}, \cdots) \qquad (12\text{-}19)$$

当断裂指数满足时，结构发生断裂，即 $f \geq f_c$，f_c 是断裂准则率，推荐值为 $0.95 \sim 1.05$，默认值为 1。

ANSYS 提供下列准则可用：

1）临界能量释放率准则。

2）线性断裂准则。

3）双线性断裂准则。

4）B-K 断裂准则。

5）修正的 B-K 断裂准则。

6）幂法则断裂准则。

7）用户自定义的断裂准则。

12.2 裂纹扩展分析

裂纹扩展量是裂纹扩展模拟过程中较为关心的量。VCCT 方法模拟裂纹扩展是基于已经张开的界面单元长度。对二维模型来说，裂纹扩展是当前张开的界面单元长度之和；对三维模型来说，裂纹扩展在每个裂纹前沿节点测量，为沿着裂纹扩展方向的界面单元边长之和。

12.2.1 基于虚拟裂纹闭合技术的界面单元法

虚拟裂纹闭合技术【The Virtual Crack Closure Technique（VCCT）】是基于 Irwin 裂纹闭

合积分公式得出，最先用来计算二维裂纹问题，后被推广到计算三维裂纹问题，它通过对有限元分析结果进行后处理得到所需要的裂纹扩展的能量释放率。它假设裂纹扩展 Δa 时的能量释放率等于将裂纹从 $a+\Delta a$ 闭合到 a 所需做的功。

$$G_\text{T} = \lim_{\Delta a \to 0} \frac{1}{2\Delta A} \int_{\Delta A} \frac{(x,y)}{\sigma} \overline{\nu}(x - \Delta a, s) \, \mathrm{d}x \mathrm{d}y \qquad (12\text{-}20)$$

式中，a 是初始的裂纹长度；ΔA 是单元裂纹面的面积；$\dfrac{(x,\ y)}{\sigma}$ 是局部坐标系下裂纹尖处的应力分量；$\overline{\nu}\ (x-\Delta a,\ s)$ 是局部坐标系下裂纹尖前节点的位移分量。这些分量可以通过有限元分析得到。

虚拟裂纹闭合技术用于计算裂纹体的能量释放率，也用于层合复合材料的界面裂纹扩展模拟，并假定裂纹扩展总是沿着预先定义的路径，特别是在界面处。

12.2.2　内聚力法

内聚力法【Cohesive Zone Method】是利用界面或接触单元使表面分离和黏结材料模型来描述的分离特征。该方法既可以模拟均一材料断裂，也可以模拟两种材料分层界面的情况。

12.2.3　Gurson 模型

Gurson 模型【The Gurson Model】是一种塑性模型，用来模拟韧性多孔金属的塑性断裂和损伤行为。此模型是基于微观力学的延展损坏模型，它在塑性结构方程中结合了空隙体积分数来描述空隙扩展、空隙结晶和空隙合并的韧性损坏过程。

12.2.4　扩展有限元法

扩展有限元法主要在保留标准有限元法优点的基础上，在不连续边界对有限元的近似位移函数进行修正，并增加了不连续边界的描述方法。扩展有限元法所使用网格与结构或物理界面无关，从而克服了在诸如裂纹尖端等高应力和变形集中区域进行高密度网格划分所带来的困难。使用扩展有限元法模拟裂纹扩展时无须对网格重新划分。在 ANSYS 中，扩展有限元法主要使用基于奇点法和虚拟节点法。

12.3　断裂裂纹

断裂分析以计算断裂参数为基础，分两个阶段进行，首先创建断裂网格【Fracture Meshing】，断裂网格可以通过断裂工具创建，可以用表面体创建任意形状裂纹，用分析裂纹创建半椭圆形裂纹、椭圆形裂纹、环形裂纹、角裂纹、边缘裂纹、贯穿裂纹、圆柱裂纹，创建预网格化裂纹。断裂裂纹类型如图 12-4 所示。下面以半椭圆形裂纹为例，说明

Arbitrary　Semi-Elliptical　Elliptical　Ring　Corner　Edge　Through　Cylindrical　Pre-Meshed
Crack　Crack　Crack　Crack　Crack　Crack　Crack　Crack　Crack

图 12-4　断裂裂纹类型

断裂裂纹的构成，如图 12-5 所示。其次分析/研究裂纹扩展。

12.3.1　任意形状裂纹

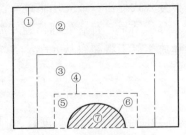

图 12-5　断裂裂纹的构成

①裂纹体　②产生裂纹的基网格二次四面体单元　③缓冲区，二次四面体单元④缓冲区与影响区分割线　⑤断裂影响区，填充二次单元（六面体和楔形）⑥裂纹前端　⑦不连续面，同一位置由两平面组成。

任意形状裂纹【Arbitrary Crack】网格支持平面和非平面裂纹，裂纹的方向由对应的坐标系属性设定。非平面内的裂纹前端不定变化，单一坐标系统不能定义裂纹的法向，因此，坐标系的 Z 轴直接对应裂纹前端面法向，X 轴对应裂纹扩展方向。

1. 创建任意形状裂纹断裂网格步骤

1）在导航树上选择【Model】。

2）插入【Fracture】，右击【Model】→【Insert】→【Fracture】，或在工具栏单击【Fracture】插入。每个【Model】下只能插入一个【Fracture】。

3）插入任意形状裂纹，右击【Fracture】→【Insert】→【Arbitrary Crack】，或在工具栏单击【Arbitrary Crack】插入。

4）选择要创建裂纹的几何模型，选择表面体，并设置裂纹体；表面体可以是任意形状，裂纹随着表面体而定，表面体的边缘为裂纹的前端，表面体为不连续的平面。裂纹体几何模型应与不连续表面体相交。裂纹几何体应为四面体网格或打开六面体主导重新网格划分到四面体【Re-mesh Hex-dominant to Tetrahedral】选项。

5）生成所有裂纹网格，在导航树上右击【Fracture】或【Arbitrary Crack】，单击【Generate All Crack Meshes】。

2. 任意形状裂纹网格设置

单击【Fracture】→【Arbitrary Crack】，出现任意形状裂纹网格的具体设置，如图 12-6 所示，所形成的裂纹如图 12-7 所示。

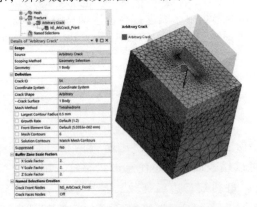

图 12-6　任意形状裂纹网格设置

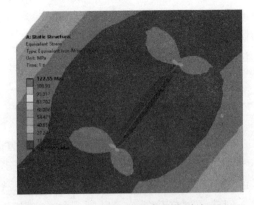

图 12-7　产生的任意形状裂纹

（1）范围【Scope】

①源【Source】，任意形状裂纹（Arbitrary Crack），为只读形式。

②范围限定方法【Scoping Method】，几何结构选择，为只读形式。

③ 几何结构【Geometry】，只能选择一个几何体。

（2）定义【Definition】

① 裂纹前沿 ID 号【Crack ID】，为每个裂纹前沿创建唯一 ID，可在后处理中获取特定裂纹前沿结果。

② 坐标系【Coordinate System】，默认全局坐标系，用来指定裂纹的位置和方向，Y 轴为裂纹平面法线方向，也可采用自定义坐标系。

③ 裂纹形状【Crack Shape】，任意形状，由表面体的形状确定，为只读形式。

④ 裂纹表面【Crack Surface】，沿着 Z 轴指定裂纹形状尺寸，即裂纹的宽度。

⑤ 网格方法【Mesh Method】，四面体或四边形（Tetrahedron），为只读形式。

⑥ 最大轮廓半径【Largest Contour Radius】，指定裂纹形状轮廓的最大半径。

⑦ 增长率【Growth Rate】，指定网格层沿着裂纹半径增长因数，默认为 1.2。

⑧ 正面单元尺寸【Front Element Size】，指定裂纹前端网格尺寸，默认值与最大轮廓半径和增长率有关。

⑨ 网格轮廓【Mesh Contours】，指定裂纹形状的网格轮廓数目，默认为 6。

⑩ 求解轮廓【Solution Contours】，指定预计断裂结果参数的网格轮廓数目，该值大小必须小于等于网格轮廓数目，但不能大于 99。

⑪ 抑制【Suppressed】，默认不抑制。

（3）缓冲区比例因子【Buffer Zone Scale Factors】

在 X、Y、Z 方向上控制缓冲区域，以及断裂影响区域的尺寸。默认为 2，范围为 2~50。

（4）创建命名选择【Named Selections Creation】

当断裂网格产生时裂纹前缘节点（Crack Front Nodes）名称选择自动创建。也可开启裂纹面节点（Crack Face Nodes）。

12.3.2 半椭圆形裂纹

半椭圆形裂纹【Semi-Elliptical Crack】是平面裂纹，利用几何参数定义半椭圆形裂纹形状和裂纹前端，利用单一坐标即可定义该裂纹，通常坐标系 Y 轴为该裂纹平面的法向，而 X 轴为裂纹的扩展方向。

1. 创建半椭圆形裂纹网格步骤

1）在导航树上选择【Model】

2）插入【Fracture】，右击【Model】→【Insert】→【Fracture】，或在功能区单击【Fracture】插入。

3）插入半椭圆形裂纹，右击【Fracture】→【Insert】→【Semi-Elliptical Crack】，或在功能区单击【Semi-Elliptical Crack】插入。

4）选择要创建裂纹的几何模型，并对裂纹体设置；裂纹的创建只能在同一个体上。

5）生成所有裂纹网格，在导航树上右击【Fracture】或【Semi-Elliptical Crack】，单击【Generate All Crack Meshes】。

2. 半椭圆形裂纹网格设置

单击【Fracture】→【Semi-Elliptical Crack】，出现半椭圆形裂纹网格的具体设置，如图 12-8 所示。

（1）范围【Scope】

① 源【Source】，分析裂纹（Analytical Crack），为只读形式。

② 范围限定方法【Scoping Method】，几何结构选择，为只读形式。

③ 几何结构【Geometry】，只能选择一个几何体。

（2）定义【Definition】

① 裂纹前沿 ID 号【Crack ID】，为每个裂纹前沿创建唯一 ID，可在后处理中获取特定裂纹前沿结果。

图 12-8　半椭圆形裂纹网格设置及网格

② 坐标系【Coordinate System】，默认系统坐标系，用来指定裂纹的位置和方向，Y 轴为裂纹平面法线方向，也可采用自定义坐标系。

③ 与面法线对齐【Align with Face Normal】，用来产生与坐标系统结合一致的面法向的裂纹网格，该坐标系显示在 Crack 下，可选择 Yes 或 No。

④ 最近表面的项目【Project to Nearest Surface】，该项用来定义通过投影指定的坐标系投射到最近的面而形成的裂纹坐标系，可选择 Yes 或 No。

⑤ 裂纹形状【Crack Shape】，裂纹形状只有半椭圆【Semi-Elliptical】一种。

⑥ 主半径【Major Radius】，沿着 Z 轴指定裂纹形状尺寸，即裂纹的宽度。

⑦ 次半径【Minor Radius】，沿着 X 轴指定裂纹形状尺寸，即裂纹的深度。

⑧ 网格方法【Mesh Method】，四面体或四边形【Tetrahedron】，六面体主导【Hex Dominant】。

⑨ 最大轮廓半径【Largest Contour Radius】，指定裂纹形状轮廓的最大半径。

⑩ 裂纹前缘分区【Crack Front Divisions】，指定裂纹前端的等分数目，该数值须大于 3，默认为 15。

⑪ 断裂影响区【Fracture Affected Zone】，包含裂纹的区域，由程序控制和手动设置断裂影响区域高度，如图 12-9 所示。

⑫ 断裂影响区高度【Fracture Affected Zone Height】，该值可由断裂影响区域控制设置。

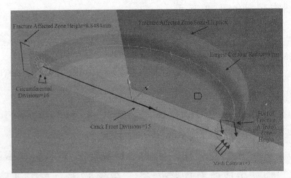

图 12-9　断裂影响区

⑬ 圆周分区【Circumferential Divisions】，指定裂纹形状的圆周等分数目，该值大小必须大于 8 或 8 的倍数。

⑭ 网格轮廓【Mesh Contours】，指定裂纹形状的网格轮廓数目，默认为 6。

⑮ 求解轮廓【Solution Contours】，指定预计断裂结果参数的网格轮廓数目，该值大小必须小于等于网格轮廓数目，但不能大于 99。

⑯ 抑制【Suppressed】，默认不抑制。

（3）缓冲区比例因子【Buffer Zone Scale Factors】

在 X、Y、Z 方向上控制缓冲区域，以及断裂影响区域的尺寸。默认为 2，范围为 2~50。

（4）创建命名选择【Named Selections Creation】

当断裂网格产生时裂纹前缘节点【Crack Front Nodes】名称选择自动创建。也可开启裂纹面节点【Crack Face Nodes】和接触对节点【Contact Pairs Nodes】。

12.3.3 椭圆形裂纹

椭圆形裂纹【Elliptical Crack】是平面裂纹，利用几何参数定义椭圆形裂纹形状和裂纹前端，利用单一坐标即可定义该裂纹，通常坐标系 Y 轴为该裂纹平面的法向，而 X 轴为裂纹的扩展方向。

1. 创建椭圆形裂纹网格步骤

1）在导航树上选择【Model】。

2）插入【Fracture】，右击【Model】→【Insert】→【Fracture】，或在功能区单击【Fracture】插入。

3）插入椭圆裂纹，右击【Fracture】→【Insert】→【Elliptical Crack】，或在功能区单击【Elliptical Crack】插入。

4）选择要创建裂纹的几何模型，并对裂纹体设置；裂纹的创建只能在同一个体上。

5）生成所有裂纹网格，在导航树上右击【Fracture】或【Elliptical Crack】，单击【Generate All Crack Meshes】。

2. 椭圆形裂纹网格设置

单击【Fracture】→【Elliptical Crack】，出现椭圆形裂纹网格的具体设置，如图 12-10 所示。

（1）范围【Scope】

① 源【Source】，分析裂纹（Analytical Crack），为只读形式。

② 范围限定方法【Scoping Method】，几何结构选择，为只读形式。

③ 几何结构【Geometry】，只能选择一个几何体。

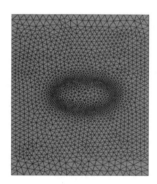

图 12-10 椭圆形裂纹网格设置及网格

（2）定义【Definition】

① 裂纹前沿 ID 号【Crack ID】，为每个裂纹前沿创建唯一 ID，可在后处理中获取特定裂纹前沿结果。

② 坐标系【Coordinate System】，默认系统坐标系，用来指定裂纹的位置和方向，Y 轴必须指向裂纹平面的法线，并且裂纹平面始终位于指定坐标系统的 X-Z 平面中，也可采用自定义坐标系。

③ 裂纹形状【Crack Shape】，裂纹形状只有椭圆【Elliptical】一种，如图 12-11 所示。

④ 主半径【Major Radius】，沿着 Z 轴指定裂纹形状尺寸，即裂纹的宽度。

⑤ 次半径【Minor Radius】，沿着 X 轴指定裂纹形状尺寸，即裂纹的深度。

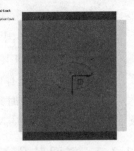

⑥ 网格方法【Mesh Method】，四面体或四边形【Tetrahedron】，六面体主导【Hex Dominant】。

⑦ 最大轮廓半径【Largest Contour Radius】，指定裂纹形状轮廓的最大半径。

⑧ 裂纹前缘分区【Crack Front Divisions】，指定裂纹前端的等分数目，该数值须大于 3，默认为 15。

图 12-11　椭圆形裂纹形状

⑨ 断裂影响区【Fracture Affected Zone】，包含裂纹的区域，由程序控制和手动设置断裂影响区域高度。

⑩ 断裂影响区高度【Fracture Affected Zone Height】，该值可由断裂影响区域控制设置。

⑪ 圆周分区【Circumferential Divisions】，指定裂纹形状的圆周等分数目，该值大小必须大于 8 或 8 的倍数。

⑫ 网格轮廓【Mesh Contours】，指定裂纹形状的网格轮廓数目，默认为 6。

⑬ 求解轮廓【Solution Contours】，指定预计断裂结果参数的网格轮廓数目，该值大小必须小于等于网格轮廓数目，但不能大于 99。

⑭ 抑制【Suppressed】，默认不抑制。

（3）缓冲区比例因子【Buffer Zone Scale Factors】

在 X、Y、Z 方向上控制缓冲区域，以及断裂影响区域的尺寸。默认为 2，范围为 2~50。

（4）命名选择创建【Named Selections Creation】

当断裂网格产生时裂纹前缘节点【Crack Front Nodes】名称选择自动创建。也可开启裂纹面节点【Crack Face Nodes】和接触对节点【Contact Pairs Nodes】。

12.3.4　环形裂纹

环形裂纹【Ring Crack】是平面裂纹，利用几何参数定义环形裂纹形状和裂纹前端，利用单一坐标即可定义该裂纹，通常坐标系 Y 轴为该裂纹平面的法向，而 X 轴为裂纹的扩展方向。

1. 创建环形裂纹网格步骤

1）在导航树上选择【Model】

2）插入【Fracture】，右击【Model】→【Insert】→【Fracture】，或在功能区单击【Fracture】插入。

3）插入环形裂纹，右击【Fracture】→【Insert】→【Ring Crack】，或在功能区单击【Elliptical Crack】插入。

4）选择要创建裂纹的几何模型，并对裂纹体设置；裂纹的创建只能在同一个体上。

5）生成所有裂纹网格，在导航树上右击【Fracture】或【Ring Crack】，单击【Generate All Crack Meshes】。

2. 环形裂纹网格设置

单击【Fracture】→【Ring Crack】，出现环形裂纹网格的具体设置，如图 12-12 所示。

（1）范围【Scope】

① 源【Source】，分析裂纹（Analytical Crack），为只读形式。

② 范围限定方法【Scoping Method】，几何结构选择，为只读形式。

③ 几何结构【Geometry】，只能选择一个几何体。

（2）定义【Definition】

① 裂纹 ID 号【Crack ID】，为每个裂纹前沿创建唯一 ID，可在后处理中获取特定裂纹前沿结果。

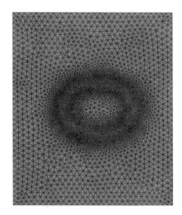

图 12-12　环形裂纹网格设置及网格

② 坐标系【Coordinate System】，默认系统坐标系，用来指定裂纹的位置和方向，Y 轴为裂纹平面法线方向，也可采用自定义坐标系。

③ 裂纹形状【Crack Shape】，裂纹形状只有环形【Ring】一种，如图 12-13 所示。

④ 外大半径【Outer Major Radius】，该值定义沿 Z 轴的裂纹形状的大小，即裂纹的宽度。

⑤ 外小半径【Outer Minor Radius】，该值定义沿 X 轴的裂纹形状的大小，即裂纹的深度。

⑥ 内大半径【Inner Major Radius】，该值定义沿 Z 轴内部裂纹形状的大小，即裂纹的宽度。

⑦ 内小半径【Inner Minor Radius】，该值定义沿 X 轴内部裂纹形状的大小，即裂纹的深度。

⑧ 网格方法【Mesh Method】，四面体或四边形【Tetrahedron】，六面体主导【Hex Dominant】。

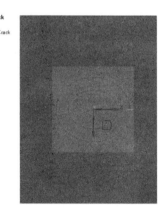

图 12-13　环形裂纹形状

⑨ 最大轮廓半径【Largest Contour Radius】，指定裂纹形状轮廓的最大半径。

⑩ 外部裂纹前缘分区【Outer Crack Element Size】，指定裂纹前端的等分数目，该数值须大于 3，默认为 15。

⑪ 内部裂纹前缘分区【Inner Crack Element Size】，指定裂纹前端的等分数目，该数值须大于 3，默认为 15。

⑫ 断裂影响区【Fracture Affected Zone】，包含裂纹的区域，由程序控制和手动设置断裂影响区域高度。

⑬ 断裂影响区高度【Fracture Affected Zone Height】，该值可由断裂影响区域控制设置。

⑭ 圆周分区【Circumferential Divisions】，指定裂纹形状的圆周等分数目，该值大小必须大于 8 或 8 的倍数。

⑮ 网格轮廓【Mesh Contours】，指定裂纹形状的网格轮廓数目，默认为 6。

⑯ 求解轮廓【Solution Contours】，指定预计断裂结果参数的网格轮廓数目，该值大小必须小于等于网格轮廓数目，但不能大于99。

⑰ 抑制【Suppressed】，默认不抑制。

（3）缓冲区比例因子【Buffer Zone Scale Factors】

在X、Y、Z方向上控制缓冲区域，以及断裂影响区域的尺寸。默认为2，范围为2~50。

（4）创建命名选择【Named Selections Creation】

当断裂网格产生时裂纹前缘节点【Crack Front Nodes】名称选择自动创建。也可开启裂纹面节点【Crack Face Nodes】和接触对节点【Contact Pairs Nodes】。

12.3.5　角裂纹

角裂纹【Corner Crack】可以在实体的任意角创建，必须至少与实体的两个面相交。

1. 创建角裂纹网格步骤

1）在导航树上选择【Model】

2）插入【Fracture】，右击【Model】→【Insert】→【Fracture】，或在功能区单击【Fracture】插入。

3）插入角裂纹，右击【Fracture】→【Insert】→【Corner Crack】，或在功能区单击【Corner Crack】插入。

4）选择要创建裂纹的几何模型，并对裂纹体设置；裂纹的创建只能在同一个体上。

5）生成所有裂纹网格，在导航树上右击【Fracture】或【Corner Crack】，单击【Generate All Crack Meshes】。

2. 角裂纹网格设置

单击【Fracture】→【Corner Crack】，出现角裂纹网格的具体设置，如图12-14所示。

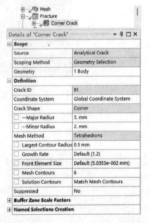

图 12-14　角裂纹网格设置及网格

（1）范围【Scope】

① 源【Source】，分析裂纹（Analytical Crack），为只读形式。

② 范围限定方法【Scoping Method】，几何结构选择，为只读形式。

③ 几何结构【Geometry】，只能选择一个几何体。

（2）定义【Definition】

① 裂纹 ID 号【Crack ID】，为每个裂纹前沿创建唯一 ID，可在后处理中获取特定裂纹前沿结果。

② 坐标系【Coordinate System】，默认系统坐标系，用来指定裂纹的位置和方向，Y 轴为裂纹平面法线方向，并且裂纹平面始终位于指定坐标系统的 X-Z 平面中，也可采用自定义坐标系。

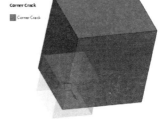

③ 裂纹形状【Crack Shape】，裂纹形状只有角【Corner】一种，如图 12-15 所示。

④ 主半径【Major Radius】，该值定义沿 Z 轴的裂纹形状的大小，即裂纹的宽度。

⑤ 次半径【Minor Radius】，该值定义沿 X 轴的裂纹形状的大小，即裂纹的深度。

图 12-15　角裂纹形状

⑥ 网格方法【Mesh Method】，只有四面体，为只读形式。

⑦ 最大轮廓半径【Largest Contour Radius】，指定裂纹形状轮廓的最大半径。

⑧ 增长率【Growth Rate】，指定裂纹前端的等分数目，该数值须大于 3，默认为 15。

⑨ 前端单元尺寸【Front Element Size】，指定裂纹前端的单元大小。默认值是使用裂纹长度计算的。

⑩ 网格轮廓【Mesh Contours】，指定裂纹形状的网格轮廓数目，默认为 6。

⑪ 求解轮廓【Solution Contours】，指定预计断裂结果参数的网格轮廓数目，该值大小必须小于等于网格轮廓数目，但不能大于 99。

⑫ 抑制【Suppressed】，默认不抑制。

（3）缓冲区比例因子【Buffer Zone Scale Factors】

在 X、Y、Z 方向上控制缓冲区域，以及断裂影响区域的尺寸。默认为 2，范围为 2~50。

（4）创建命名选择【Named Selections Creation】

当断裂网格产生时裂纹前缘节点【Crack Front Nodes】名称选择自动创建。也可开启裂纹面节点【Crack Face Nodes】和接触对节点【Contact Pairs Nodes】。

12.3.6　边缘裂纹

边缘裂纹【Edge Crack】可以在实体的任何面上定义，以便切入实体的面。

1. 创建边缘裂纹网格步骤

1）在导航树上选择【Model】

2）插入【Fracture】，右击【Model】→【Insert】→【Fracture】，或在功能区单击【Fracture】插入。

3）插入边裂纹，右击【Fracture】→【Insert】→【Edge Crack】，或在功能区单击【Edge Crack】插入。

4）选择要创建裂纹的几何模型，并对裂纹体设置；裂纹的创建只能在同一个体上。

5）生成所有裂纹网格，在导航树上右击【Fracture】或【Edge Crack】，单击【Generate All Crack Meshes】。

2. 边缘裂纹网格设置

单击【Fracture】→【Edge Crack】，出现边缘裂纹网格的具体设置，如图 12-16 所示。

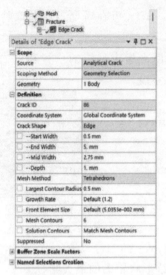

图 12-16　边缘裂纹网格设置及网格

（1）范围【Scope】

① 源【Source】，分析裂纹【Analytical Crack】，为只读形式。

② 范围限定方法【Scoping Method】，几何结构选择，为只读形式。

③ 几何结构【Geometry】，只能选择一个几何体。

（2）定义【Definition】

① 裂纹 ID 号【Crack ID】，为每个裂纹前沿创建唯一 ID，可在后处理中获取特定裂纹前沿结果。

② 坐标系【Coordinate System】，默认系统坐标系，用来指定裂纹的位置和方向，Y 轴为裂纹平面法线方向，也可采用自定义坐标系。

③ 裂纹形状【Crack Shape】，裂纹形状只有边缘【Edge】一种，如图 12-17 所示。

④ 起始宽度【Start Width】，指定裂纹起始处的宽度，输入一个大于 0 的值。

⑤ 末端宽度【End Width】，指定裂纹末端的宽度，输入一个大于 0 的值。

⑥ 中间宽度【Mid Width】，指定裂纹起点和终点的中间点处的宽度，输入一个大于 0 的值。

⑦ 深度【Depth】，指定裂纹的深度，输入一个大于 0 的值。

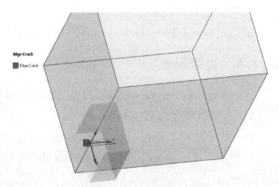

图 12-17　边缘裂纹形状

⑧ 网格方法【Mesh Method】，只有四面体，为只读形式。

⑨ 最大轮廓半径【Largest Contour Radius】，指定裂纹形状轮廓的最大半径。

⑩ 增长率【Growth Rate】，指定裂纹前端的等分数目，该数值须大于 3，默认为 15。

⑪ 正面单元尺寸【Front Element Size】，包含裂纹的区域，由程序控制和手动设置断裂影响区域高度。

⑫ 网格轮廓【Mesh Contours】，指定裂纹形状的网格轮廓数目，默认为6。

⑬ 求解轮廓【Solution Contours】，指定预计断裂结果参数的网格轮廓数目，该值大小必须小于等于网格轮廓数目，但不能大于99。

⑭ 抑制【Suppressed】，默认不抑制。

（3）缓冲区比例因子【Buffer Zone Scale Factors】

在X、Y、Z方向上控制缓冲区域，以及断裂影响区域的尺寸。默认为2，范围为2~50。

（4）创建命名选择【Named Selections Creation】

当断裂网格产生时裂纹前缘节点【Crack Front Nodes】名称选择自动创建。也可开启裂纹面节点【Crack Face Nodes】和接触对节点【Contact Pairs Nodes】。

12.3.7 贯穿裂纹

贯穿裂纹【Through Crack】，可以定义从一个曲面切入实体到另一个曲面的裂纹。

1. 创建贯穿裂纹网格步骤

1）在导航树上选择【Model】。

2）插入【Fracture】，右击【Model】→【Insert】→【Fracture】，或在功能区单击【Fracture】插入。

3）插入贯穿裂纹，右击【Fracture】→【Insert】→【Through Crack】，或在功能区单击【Through Crack】插入。

4）选择要创建裂纹的几何模型，设置裂纹体；裂纹的创建只能在同一个体上。

5）生成所有裂纹网格，在导航树上右击【Fracture】或【Through Crack】，单击【Generate All Crack Meshes】。

2. 贯穿裂纹网格设置

单击【Fracture】→【Through Crack】，出现贯穿裂纹网格的具体设置，如图12-18所示。

图 12-18 贯穿裂纹网格设置及网格

（1）范围【Scope】

① 源【Source】，分析裂纹【Analytical Crack】，为只读形式。

② 范围限定方法【Scoping Method】，几何结构选择，为只读形式。

③ 几何结构【Geometry】，只能选择一个几何体。

（2）定义【Definition】

① 裂纹 ID 号【Crack ID】，为每个裂纹前沿创建唯一 ID，可在后处理中获取特定裂纹前沿结果。

② 坐标系【Coordinate System】，默认系统坐标系，用来指定裂纹的位置和方向，Y 轴为裂纹平面法线方向，也可采用自定义坐标系。

③ 裂纹形状【Crack Shape】，裂纹形状只有贯穿【Through】一种，如图 12-19 所示。

④ 起始宽度【Start Width】，指定裂纹起始处的宽度，输入一个大于 0 的值。

⑤ 末端宽度【End Width】，指定裂纹末端的宽度，输入一个大于 0 的值。

⑥ 中间宽度【Mid Width】，指定裂纹起点和终点的中间点处的宽度，输入一个大于 0 的值。

⑦ 网格方法【Mesh Method】，只有四面体，为只读形式。

⑧ 最大轮廓半径【Largest Contour Radius】，指定裂纹形状轮廓的最大半径。

⑨ 增长率【Growth Rate】，指定裂纹前端的等分数目，该数值须大于 3，默认为 15。

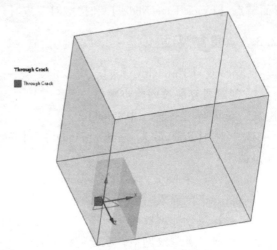

图 12-19　贯穿裂纹形状

⑩ 正面单元尺寸【Front Element Size】，包含裂纹的区域，由程序控制和手动设置断裂影响区域高度。

⑪ 网格轮廓【Mesh Contours】，指定裂纹形状的网格轮廓数目，默认为 6。

⑫ 求解轮廓【Solution Contours】，指定预计断裂结果参数的网格轮廓数目，该值大小必须小于等于网格轮廓数目，但不能大于 99。

⑬ 抑制【Suppressed】，默认不抑制。

（3）缓冲区比例因子【Buffer Zone Scale Factors】

在 X、Y、Z 方向上控制缓冲区域，以及断裂影响区域的尺寸。默认为 2，范围为 2~50。

（4）创建命名选择【Named Selections Creation】

当断裂网格产生时裂纹前缘节点【Crack Front Nodes】名称选择自动创建。也可开启裂纹面节点【Crack Face Nodes】和接触对节点【Contact Pairs Nodes】。

12.3.8　圆柱形裂纹

圆柱形裂纹【Cylindrical Crack】，可以将具有圆柱形形状的裂纹插入到实体中。

1. 创建圆柱形裂纹网格步骤

1）在导航树上选择【Model】。

2）插入【Fracture】，右击【Model】→【Insert】→【Fracture】，或在功能区单击【Fracture】插入。

3）插入圆柱形裂纹，右击【Fracture】→【Insert】→【Cylindrical Crack】，或在功能区单击【Cylindrical Crack】插入。

4）选择要创建裂纹的几何模型，并对裂纹体设置；裂纹的创建只能在同一个体上。

5）生成所有裂纹网格，在导航树上右击【Fracture】或【Cylindrical Crack】，单击【Generate All Crack Meshes】。

2. 圆柱形裂纹网格设置

单击【Fracture】→【Cylindrical Crack】，出现圆柱形裂纹网格的具体设置，如图 12-20所示。

图 12-20　圆柱形裂纹网格设置及网格

（1）范围【Scope】

① 源【Source】，分析裂纹【Analytical Crack】，为只读形式。

② 范围限定方法【Scoping Method】，几何结构选择，为只读形式。

③ 几何结构【Geometry】，只能选择一个几何体。

（2）定义【Definition】

① 裂纹 ID 号【Crack ID】，为每个裂纹前沿创建唯一 ID，可在后处理中获取特定裂纹前沿结果。

② 坐标系【Coordinate System】，默认系统坐标系，用来指定裂纹的位置和方向，Y 轴为裂纹平面法线方向，也可采用自定义坐标系。

③ 裂纹形状【Crack Shape】，裂纹形状只有圆柱形【Cylindrical】一种，如图 12-21所示。

④ 主半径【Major Radius】，该值定义沿 Y 轴的裂纹形状的大小，输入一个大于 0的值。

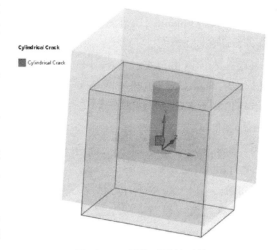

图 12-21　圆柱形裂纹形状

⑤ 次半径【Minor Radius】，该值定义沿 Z 轴的裂纹形状的大小，输入一个大于 0 的值。

⑥ 高度【Height】，指定要插入的圆柱形裂纹的高度。

⑦ 网格方法【Mesh Method】，只有四面体，为只读形式。

⑧ 最大轮廓半径【Largest Contour Radius】，指定裂纹形状轮廓的最大半径。

⑨ 增长率【Growth Rate】，指定裂纹前端的等分数目，该数值须大于 3，默认为 15。

⑩ 正面单元尺寸【Front Element Size】，包含裂纹的区域，由程序控制和手动设置断裂影响区域高度。

⑪ 网格轮廓【Mesh Contours】，指定裂纹形状的网格轮廓数目，默认为 6。

⑫ 求解轮廓【Solution Contours】，指定预计断裂结果参数的网格轮廓数目，该值大小必须小于等于网格轮廓数目，但不能大于 99。

⑬ 抑制【Suppressed】，默认不抑制。

（3）缓冲区比例因子【Buffer Zone Scale Factors】

在 X、Y、Z 方向上控制缓冲区域，以及断裂影响区域的尺寸。默认为 2，范围为 2~50。

（4）创建命名选择【Named Selections Creation】

当断裂网格产生时裂纹前缘节点【Crack Front Nodes】名称选择自动创建。也可开启裂纹面节点【Crack Face Nodes】和接触对节点【Contact Pairs Nodes】。

12.3.9 预网格裂纹

预网格裂纹【Pre-Meshed Crack】也是平面裂纹，以先前生成的网格为基础，可以基于裂纹网格前端生成，也可以基于 CAD 模型上的裂纹前端生成，但是，网格生成之前必须用命名选择的方法定义裂纹前端。

1. 创建预网格裂纹步骤

1）选择裂纹尖端边，右击选择【Create Named Selection】从弹出对话框中命名，如设为"Crack Edge"，然后单击【OK】按钮确定。

2）在导航树上，右击【Crack Edge】→【Create Nodal Named Selection】，在【Named Selections】下产生一个新的【Selection】；单击【Selection】，在工作表格【Worksheet】进行相应设置。

3）插入【Fracture】，在导航树上，右击【Model】→【Insert】→【Fracture】，或在功能区单击【Fracture】插入。

4）插入预网格裂纹，右击【Fracture】→【Insert】→【Pre-Meshed Crack】，或在功能区单击【Pre-Meshed Crack】插入。

5）选择要创建裂纹的几何体，命名选择裂纹前端，接下来是对裂纹体的定义。

6）生成所有裂纹网格，在导航树上右击【Fracture】或【Pre-Meshed Crack】，单击【Generate All Crack Meshes】。

2. 预网格裂纹设置

单击【Fracture】→【Pre-Meshed Crack】，出现预网格裂纹的具体设置，如图 12-22 所示。

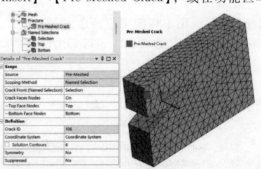

图 12-22 预网格裂纹设置

（1）范围【Scope】

① 源【Source】，预网格裂纹【Pre-Meshed Crack】，为只读形式。

② 范围限定方法【Scoping Method】，命名选择方式，为只读形式。

③ 裂纹前缘（命名选择）【Crack Front（Named Selection）】，只能命名选择裂纹前端，对二维模型为裂纹尖端节点。

④ 裂纹面节点【Crack Faces Nodes】，可以使用基于节点的命名选择指定裂缝顶面和底面，默认关闭，打开时可设置顶面节点和底部面节点。

⑤ 顶面节点【Top Face Nodes】，基于节点的命名选择来指定裂纹的顶面节点。

⑥ 底部面节点【Bottom Face Nodes】，基于节点的命名选择来指定裂纹的底面节点。

（2）定义【Definition】

① 裂纹 ID 号【Crack ID】，为每个裂纹前沿创建唯一 ID，可在后处理中获取特定裂纹前沿结果。

② 坐标系【Coordinate System】，默认系统坐标系，用来指定裂纹的位置和方向，Y 轴为裂纹平面法线方向，也可采用自定义坐标系。

③ 求解轮廓【Solution Contours】，指定预计断裂结果参数的网格轮廓数目，该值大小必须小于等于网格轮廓数目，但不能大于 99。

④ 对称【Symmetry】，设置是否对称，默认不对称。

⑤ 抑制【Suppressed】，默认不抑制。

12.4 断裂失效

由黏结剂黏结成的结构组件或层压板复合材料，通常假定它们的黏合层具有无限的强度，但当达到一些已知的标准，例如超出应力极限时，可能需要通过现代失效准则理论来模拟黏结剂的渐进分离。Mechanical 支持的内聚力模型（CZM）方法和虚拟裂纹闭合技术（VCCT）方法。Mechanical 支持界面层裂失效和材料黏结失效。

12.4.1 界面分离

界面分离【Interface Delamination】用来模拟两种材料界面分离情况。界面分离设置如图 12-23 所示。

（1）定义【Definition】

① 类型【Type】，界面分离【Interface Delamination】，为只读形式。

② 方法【Method】，可采用虚拟裂纹闭合技术【Virtual Crack Closure Technique（VCCT）】或内聚力材料模型【Cohesive Zone Material（CZM）】。

③ 失效标准选项【Failure Criteria Option】，可采用能量释放率【Energy-Release Rate】、指定临界速率【Critical Rate】或材料数据表【Material Data Table】，材料在工程数据中指定。

④ 临界速率【Critical Rate】，采用能量释放率失效准则时该项出现，需指定值。

⑤ 抑制【Suppressed】，默认不抑制。

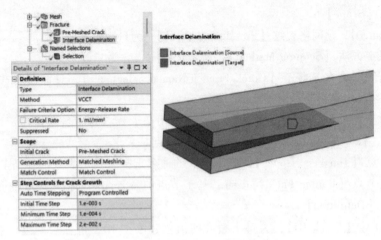

图 12-23　界面分离设置

（2）范围【Scope】

① 初始裂纹【Initial Crack】，采用虚拟裂纹闭合技术时此项出现，选择自定义的预裂纹网格。

② 生成方法【Generation Method】，采用匹配的网格划分【Matched Meshing】，网格需用匹配控制方法【Match Control】划分，或节点匹配方式【Node Matching】。

③ 匹配控制【Match Control】，采用【Matched Meshing】方式时出现，需选择 Match Control。

（3）裂纹扩展的步控制【Step Controls for Crack Growth】

采用虚拟裂纹闭合技术时此项出现，控制裂纹时间步。如果自动时间步【Auto Time Stepping】为程序控制，则时间步为只读，如果手动，则自动时间步可控。初始时间步【Initial Time Step】、最小时间步【Minimum Time Step】、最大时间步【Maximum Time Step】可手动输入。

（4）节点匹配残差【Node Matching Tolerance】

采用节点匹配方式时此项出现，用于确定裂纹的目标面和源面节点之间的匹配。残差类型默认程序控制，若为手动控制，可以控制横向特征清除尺寸【Lateral Defeature Size】。

12.4.2　接触剥离失效

接触剥离【Contact Debonding】用来模拟接触区域在接触交界面初始分离情况。接触区域的接触单元要求接触类型为绑定或无分离（Bonded or No Separation），接触算法为增强拉格朗日法（Augmented Lagrange）或罚函数法（Pure Penalty）。接触体间的材料必须在材料库的内聚区（Cohesive Zone）指定类型 Separation-Distance Based Debonding 或 Fracture-Energies Based Debonding。在导航树上右击【Fracture】→【Insert】→【Contact Debonding】，接触剥离设置如图 12-24 所示。

（1）定义【Definition】

① 类型【Type】，接触剥离【Contact Debonding】，为只读形式。

② 方法【Method】，内聚力材料模型【Cohesive Zone Material（CZM）】，为只读形式。

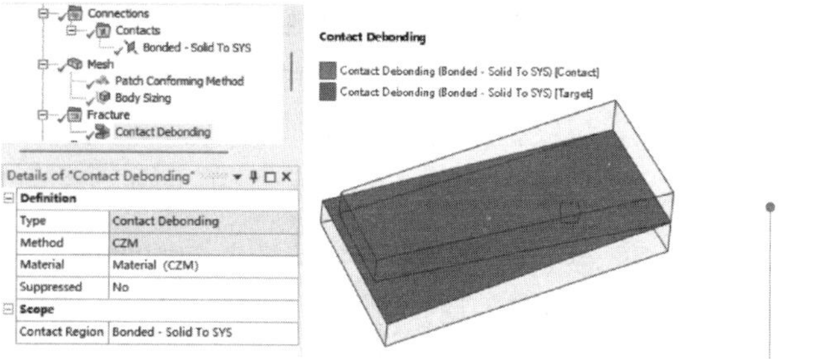

③ 材料【Material】，材料数据中必须包含有内聚力材料模型中的类型界面分层指数（Exponential for Interface Delamination）、界面分层的双线性【Bilinear for Interface Delamination】、基于分离-距离的剥离【Separation-Distance Based Debonding】、基于断裂能的剥离【Fracture-Energies Based Debonding】。

④ 抑制【Suppressed】，默认不抑制。

（2）范围【Scope】

接触区域【Contact Region】，指定预先设置的接触区域。

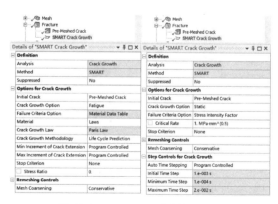

图 12-24　接触剥离设置

12.4.3　SMART 裂纹扩展

SMART 裂纹扩展是一种基于重网格的裂纹扩展模拟方法。SMART 代表分离、变形、自适应和重划分网格技术，自动使用这些方法组合来更新网格变化，以模拟解决过程中的静态或疲劳裂纹扩展，用最大主应力准则去评估裂纹萌生的时间和位置。网格变化仅发生在裂纹前沿区域周围，从而导致裂纹扩展问题的计算高效解决方案。

1. 创建 SMART 裂纹扩展步骤

1）在导航树上选择【Model】。

2）插入断裂【Fracture】，右击【Model】→【Insert】→【Fracture】，或在功能区单击【Fracture】插入。

3）插入 SMART 裂纹扩展，右击【Fracture】→【Insert】→【SMART Crack Growth】，或在功能区单击【SMART Crack Growth】插入。

2. SMART 裂纹扩展设置

单击【Fracture】→【SMART Crack Growth】，出现 SMART 裂纹扩展的具体设置，首先要确定初始裂纹和含有帕里斯定律材料属性的材料，如图 12-25 所示。

（1）定义【Definition】

① 分析【Analysis】，裂纹扩展（Crack Growth），为只读形式。

② 方法【Method】，SMART，为只读形式。

③ 抑制【Suppressed】，默认不抑制。

（2）裂纹扩展选项【Options for Crack Growth】

① 初始裂纹【Initial Crack】，选择一个已创建好的裂纹。

② 裂纹扩展选项【Crack Growth Option】，基于所需类型的裂纹扩展，选择疲劳（默认）或静态。

③ 失效标准选项【Failure Criteria Option】，对疲劳为只读形式材料数据表，对静态需指

图 12-25　SMART 裂纹扩展设置

定应力强度因数和J积分的临界速率值。

④ 材料【Material】，所指定材料必须含裂纹扩展定律的帕里斯定律材料属性。

⑤ 裂纹扩展定律【Crack Growth Law】，只读形式的裂纹扩展帕里斯定律。

⑥ 裂纹扩展法【Crack Growth Methodology】，寿命周期预测和逐周期。

⑦ 最小裂纹扩展增量【Min Increment of Crack Extension】，设置最小裂纹扩展增量值，可程序控制和手动指定参数。

⑧ 最大裂纹扩展增量【Max Increment of Crack Extension】，设置最大裂纹扩展增量值，可程序控制和手动指定参数。

⑨ 停止标准【Stop Criterion】，指定裂纹扩展停止的条件，包括无（None）、最大裂纹扩展（Max Crack Extension）、自由边界（Free Boundary）、最大应力强度因数（Max Stress Intensity Factor）、最大循环总数（Max Total Number of Cycles）。

⑩ 应力比【Stress Ratio】，可进行非比例加载，指定应力比率，在0~1之间。

（3）重新划分网格控制【Remeshing Controls】

网格粗化【Mesh Coarsening】，可设置保守（Conservative）、适应的（Moderate）、侵蚀性（Aggressive）。

（4）裂纹扩展的步控制【Step Controls for Crack Growth】

裂纹扩展选项为静态时出现。

① 自动时间步【Auto Time Stepping】，由程序控制（默认）或手动。

② 初始时间步【Initial Time Step】，定义开始裂纹扩展的初始时间步长。

③ 最小时间步【Minimum Time Step】，定义后续裂纹扩展的最小时间步长

④ 最大时间步【Maximum Time Step】，定义后续裂纹扩展的最大时间步长。

12.5　断裂力学参数评价

断裂力学参数的计算准确度与所划分的网格有很大的关系，采用结构化六面体网格可以提高精度，但也限制了解决问题的复杂性。ANSYS可以用非结构化网格方法（非结构六面体或四面体网格）解决更为复杂的问题。目前，非结构化网格支持当模型中存在体力如重力载荷时，计算J积分和应力强度因子。使用该方法，需通过CINT命令。

断裂力学参数类型有6种，分别为：应力强度因子【SIFS】、J-积分【J-Integral（JINT）】、能量释放率【VCCT】、材料力【Material Force】、T-应力【T-Stress】、C^*积分【C^*-Integral】。可在导航树上插入断裂工具，右击【Solution】→【Insert】→【Fracture Tool】，或在求解工具【Tools】栏上插入【Fracture Tool】，评价并查看相应的类型和子类型，如图12-26所示。

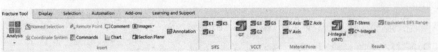

图12-26　断裂力学参数类型

12.5.1 应力强度因子

在 ANSYS 中，可利用交互积分法和位移外推法计算Ⅰ型、Ⅱ型和Ⅲ型裂纹的应力强度因子，应力强度因子准则法适合计算具有线性各向同性弹性行为的材料，可应用单元类型为：PLANE182、PLANE183、SOLID185、SOLID186、SOLID187、SOLID285。在通常情况下，Ⅰ型应力强度因子断裂结果在断裂工具下作为默认计算项出现。预裂纹尖端应力及Ⅰ型应力强度因子结果如图 12-27 和图 12-28 所示。

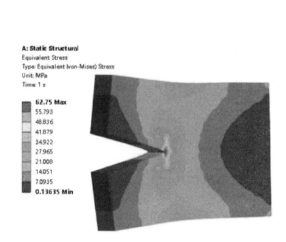

图 12-27 预裂纹尖端应力

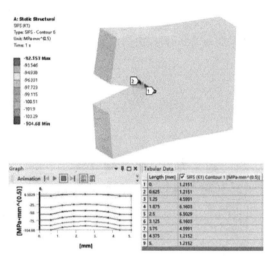

图 12-28 Ⅰ型应力强度因子结果

12.5.2 J-积分

在 ANSYS 中，J-积分评价基于域积分法。J-积分法适合计算具有线性各向同性弹性行为和各向同性塑性行为的材料，可应用单元类型为：PLANE182、PLANE183、SOLID185、SOLID186、SOLID187、SOLID285。预裂纹尖端应力及 J-积分结果如图 12-29 和图 12-30 所示。

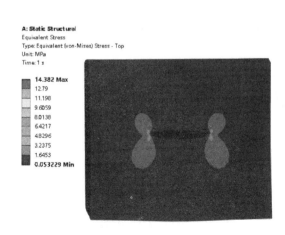

图 12-29 预裂纹尖端应力

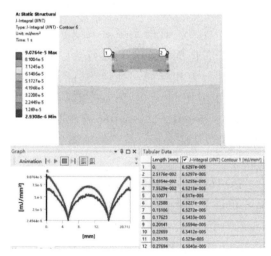

图 12-30 预裂纹尖端 J-积分结果

12.5.3 能量释放率

能量释放率计算基于虚拟裂纹闭合技术法。虚拟裂纹闭合技术假设裂纹在扩展中释放的能量等于闭合裂纹所需要的能量。虚拟裂纹闭合技术法计算依赖网格的质量，建议在裂纹尖端节点前后使用相等的单元尺寸，在裂纹附件的网格必须包含六面体或四边形（二维）单元，可应用单元类型为：Plane182、Plane183、Solid185、Solid186。不支持退化单元。

计算能量释放率的虚拟裂纹闭合技术法适合具有线性各向同性弹性行为、正交各向异性弹性行为和各向异性弹性行为的材料。能量释放率【VCCT】结果，包括总能量释放率及1~3 型能量释放率。预裂纹尖端应力及能量释放率结果如图 12-31 和图 12-32 所示。

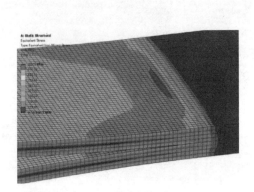

图 12-31　预裂纹尖端应力

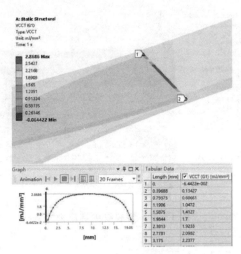

图 12-32　能量释放率结果

12.5.4 材料力

如果裂纹驱动力达到材料的临界值或断裂韧度，断裂将发生，并且在尖锐的裂纹尖端处裂纹扩展方向与裂纹驱动力相反。材料力法用来评价材料节点力对应的 Eshelby 应力和材料体力，有助于确定裂纹扩展的方向。材料力法适合计算具有线性各向同性弹性行为、各向同性强化塑性行为、随动强化塑性行为和各向同性超弹性行为的材料，可应用单元类型为：Plane182、Plane183、Solid185、Solid186、Solid187。另外，可以适应各种负载，如单调和循环加载等。

运用材料力法计算，需设置【Analysis Settings】→【Fracture Controls】→【Material Force】＝Yes，可对 X、Y、Z 三个轴线方向分力评价。材料力的方法评价结果如图 12-33 所示。

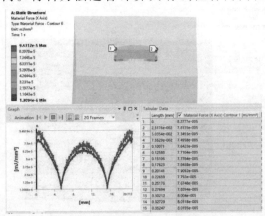

图 12-33　材料力的方法评价结果

12.5.5 T-应力

T-应力参数计算运用与计算应力强度因子类似的交互积分法，适用计算具有线性各向同性弹性行为的材料，但是裂纹尖端塑性区域必须小，可应用单元类型为：Plane182、Plane183、Solid185、Solid186、Solid187。T-应力有助于预测裂纹稳定性以及是否会偏离原来的平面。T-应力不支持轴对称问题，以及裂纹面压力、体力、体温度及有初始应变情况。

运用 T-应力计算，需设置【Analysis Settings】→【Fracture Controls】→【T-Stress】= Yes。T-应力【T-Stress】是混合模型结果，没有相应的子类型。预裂纹尖端 T-应力计算结果如图 12-34 所示。

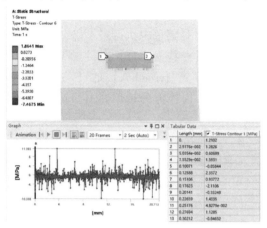

图 12-34 预裂纹尖端 T-应力计算结果

12.5.6 C^* 积分

C^* 积分参数计算支持二次（稳态）蠕变材料行为。运用 C^* 积分计算，材料参数中必须包含材料的蠕变参数，并设置【Analysis Settings】→【Creep Controls】→【Creep Effects】= On，【Fracture Controls】→【C^*-Integral】= Yes。C^* 积分计算可应用单元类型为：Plane182、Plane183、Solid185、Solid186、Solid187。预裂纹尖端应力及 C^* 积分结果如图 12-35 和图 12-36 所示。

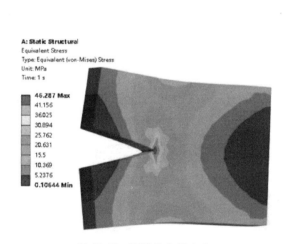

图 12-35 预裂纹尖端应力

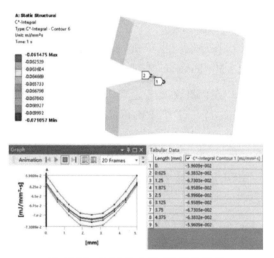

图 12-36 预裂纹尖端 C^* 积分结果

12.6 某双悬臂梁预裂纹断裂分析

1. 问题描述

已知含有裂纹的双悬臂梁，从悬臂梁端面裂纹张开位置到裂纹尖端处的距离为

60.1mm，裂纹尖端处宽为 0.1mm，裂纹起始张开位置两边线分别受 100N 的拉力，材料为结构钢，其他相关参数在分析过程中体现。试用预裂纹虚拟裂纹闭合技术法进行裂纹断裂分析，包括裂纹尖端应力、强度因子、能量释放率等。

2. 有限元分析过程

（1）启动 Workbench 2024

在"开始"菜单中执行【ANSYS 2024 R1\R2】→【Workbench 2024 R1\R2】命令。

（2）创建结构静力分析项目（见图 12-37）

①在工具箱【Toolbox】的【Analysis Systems】中双击或拖动结构静力分析项目【Static Structural】到项目流程图。

②在 Workbench 的工具栏中单击【Save】，保存项目工程名为 Beam crack.wbpj。有限元分析文件保存在 D:\AWB\Chapter12 文件夹中。

图 12-37　创建结构静力分析项目

（3）导入几何模型

在结构静力分析项目上，右击【Geometry】→【Import Geometry】→【Browse】，找到模型文件 Beam crack.agdb，打开导入几何模型，模型文件在 D:\AWB\Chapter12 文件夹中。

（4）进入 Mechanical 分析环境

① 在结构静力分析项目上，右击【Model】→【Edit】，进入 Mechanical 分析环境。

② 在 Mechanical 的主菜单【Units】中设置单位为 Metric（mm，kg，N，s，mV，mA）。

（5）确定材料参数，材料为结构钢

（6）划分网格

① 在导航树里单击【Mesh】，设置【Details of "Mesh"】→【Defaults】→【Physics Preference】=Mechanical，【Element Order】=Linear；【Element Size】=0.4mm，其他默认。

② 在标准工具栏上单击 ，选择悬臂梁模型，然后右击【Mesh】，从弹出的菜单中选择【Insert】，设置【Method】→【Details of "Automatic Method"】→【Definition】→【Method】=Multi Zone，其他默认。

③ 生成网格，选择【Mesh】→【Generate Mesh】，图形区域显示程序生成的线性六面体网格模型，如图 12-38 所示。

④ 网格质量检查，在导航树里单击【Mesh】，设置【Details of "Mesh"】→【Quality】→【Mesh Metric】=Skewness，显示 Skewness 规则下网格质量详细信息，平均

图 12-38　生成网格

值处在好水平范围内，展开【Statistics】显示网格和节点数量。

（7）创建局部坐标

创建局部坐标，在标准工具栏单击线框图标 ，导航窗口右击【Coordinate Systems】→【Insert】→【Coordinate System】；单击边线图标 选择裂纹尖端边，然后单击坐标详细窗口

【Origin】→【Geometry】确定，如图 12-39 所示。单击坐标系工具栏上的翻转 X 向 $\overset{\text{flip}}{X}$ Flip X 图标，坐标详细栏【Transformations】→【Flip】= - X，其他默认，局部坐标创建完成，如图 12-40 所示。

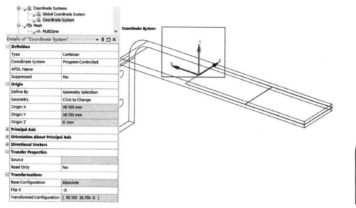

图 12-39 创建局部坐标   图 12-40 局部坐标位置显示

（8）创建裂纹尖端节点名称选择

① 单击边线图标 选择裂纹尖端边，右击【Create Named Selection（N）】，从弹出对话框中命名，如设为"Crack edge"，然后单击【OK】确定，一个边界区域被创建并出现了一组【Selection Name】项，如图 12-41 所示。再次单击线框图标 ，关闭。

② 在导航树上，右击【Crack edge】→【Create Nodal Named Selection】，如图 12-42 所示，在【Named Selections】下产生一个新的【Selection】，重命名【Selection】为"Crack tip"。单击【Crack tip】在工作表格【Worksheet】设置如图 12-43 所示的内容。

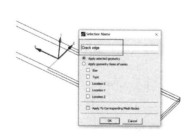

图 12-41 裂纹尖端边命名

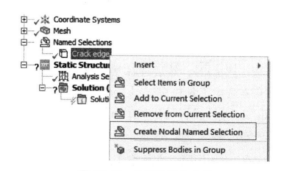

图 12-42 尖端边节点命名

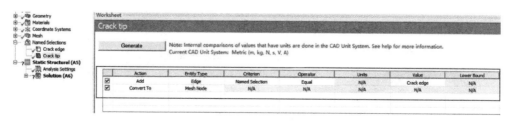

图 12-43 尖端边工作表格设置

（9）定义裂纹

① 在导航树上，右击【Model（A4）】→【Insert】→【Fracture】插入断裂工具。

② 右击【Fracture】→【Insert】→【Pre-Meshed Crack】，单击【Pre-Meshed Crack】，设置【Details of "Pre-Meshed Crack"】→【Crack Front（Named Selection）】= Crack tip；【Definition】→【Coordinate System】= Coordinate System，【Solution Contours】= 3，其他默认，如图 12-44 所示。

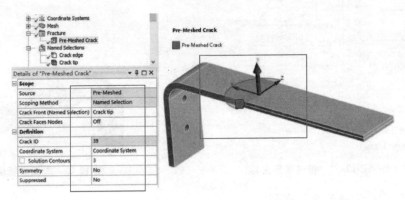

图 12-44　定义裂纹

（10）施加边界条件

① 在导航树上单击【Structural（A5）】。

② 施加裂纹上表面边的力载荷，在标准工具栏上单击边线图标，然后选择悬臂梁端部裂纹上表面的边，接着在环境工具栏单击【Loads】，设置【Force】→【Details of "Force"】→【Definition】→【Define By】= Components，【Y Component】= 100N，如图 12-45 所示。

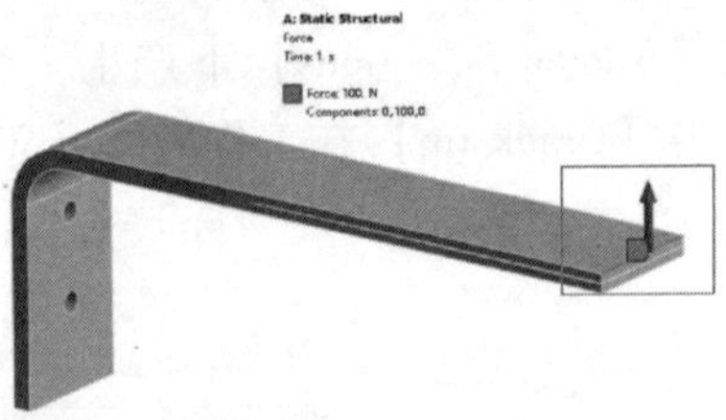

③ 施加裂纹下表面边的力载荷，在标准工具栏上单击边线图标，然后选择悬臂梁端部裂纹下表面的边，接着在环境工具栏单击【Loads】，设置【Force】→【Details of "Force"】→【Definition】→【Define By】= Components，【Y Component】= -100N，如图 12-46 所示。

图 12-45　施加裂纹上表面边的力载荷

④ 施加约束，在标准工具栏上单击面图标，选择悬臂梁另一端两孔面，然后在环境工具栏单击【Supports】→【Fixed Support】，如图 12-47 所示。

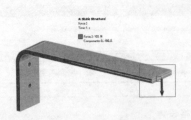

图 12-46　施加裂纹下表面边的力载荷

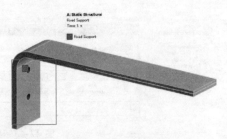

图 12-47　施加约束

（11）设置需要的结果

① 在导航树上单击【Solution（A6）】。

② 在 Mechanical 求解工具栏单击【Deformation】→【Total】。

③ 在 Mechanical 求解工具栏单击【Stress】→【Equivalent（von-Mises）】。

④ 在 Mechanical 求解工具栏单击【Tools】→【Fracture Tool】→【Details of "Fracture Tool"】→【Crack Selection】= Pre-Meshed Crack。

⑤ 右击【Fracture Tool】→【Insert】→【VCCT Results】→【VCCT（G1）】；也可增加【VCCT（G2）】、【VCCT（G3）】、【VCCT（GT）】结果，如图12-48所示。

（12）求解与结果显示

① 在 Mechanical 求解工具栏单击 ⚡ 进行求解运算。

② 运算结束后，单击【Solution（A6）】→【Total Deformation】，图形区域显示悬臂梁变形分布云图，如图12-49所示；单击【Solution（A6）】→【Equivalent Stress】，显示悬臂梁裂纹尖端应力分布云图，如图12-50所示。单击【Fracture Tool】→【SIFS（K1）】，如图12-51和图12-52所示。单击【Fracture Tool】→【VCCT Results】→【VCCT（G1）】。由于裂纹受到拉力作用，Ⅰ型能量释放率（VCCT（G1））占主导地位，在这种情况下，总能量释放率（VCCT（GT））大约相当于 VCCT（G1），如图12-53和图12-54所示；VCCT（G2）和 VCCT（G3）结果近似为零。

图 12-48　结果设置

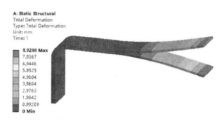

图 12-49　变形分布云图

图 12-50　应力分布云图

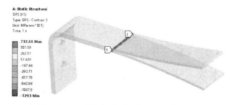

图 12-51　Ⅰ型应力强度因子结果云图

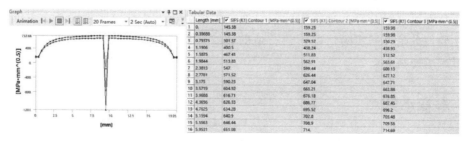

图 12-52　Ⅰ型应力强度因子结果视图与数据

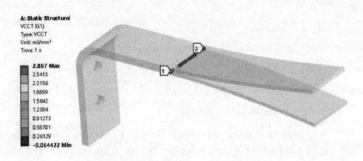

图 12-53　Ⅰ型能量释放率结果云图

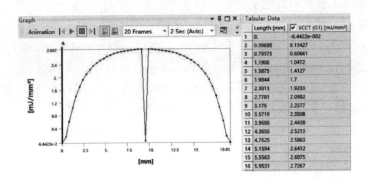

图 12-54　Ⅰ型能量释放率结果视图与数据

（13）保存与退出

① 退出 Mechanical 分析环境。单击 Mechanical 主界面的菜单【File】→【Close Mechanical】退出环境，返回到 Workbench 主界面，此时主界面的项目管理区中显示的分析项目均已完成。

② 单击 Workbench 主界面上的【Save】按钮，保存所有分析结果文件。

③退出 Workbench 环境。单击 Workbench 主界面的菜单【File】→【Exit】退出主界面，完成项目分析。

3. 点评

本实例是具有线性各向同性弹性行为材料的双悬臂梁预裂纹断裂分析，包含了两个重要知识点：预裂纹创建和断裂工具应用。在本例中如何创建预裂纹、采用何种裂纹扩展分析方法是关键，这牵涉到实例模型及裂纹创建、裂纹扩展方法选择、对应的边界条件设置、断裂裂纹求解及后处理。实际上，裂纹扩展分析，在裂纹扩展分析方法可选的情况下，主要任务是根据实际情况创建合适的裂纹。目前可以创建任意形状裂纹，这为裂纹创建带来了便利。

12.7　本章小结

本章按照断裂力学基本概念及理论、裂纹扩展分析、断裂失效、断裂力学参数评价和相应实例应用顺序编写，包括基本概念、虚拟裂纹闭合技术的界面单元法、9 种裂纹类型方法、2 种断裂失效类型方法和多种断裂力学参数的评估方法等内容。本章配备的断裂力学分析典型工程实例某双悬臂梁预裂纹断裂分析，包括问题描述、有限元分析过程及点评三部分内容。

　　通过本章的学习，读者可以了解在 Workbench 环境下典型的断裂力学分析的基础知识，以及分析流程、分析设置、裂纹的施加方法及结果后处理等相关知识。

第13章 疲劳强度分析

零部件的强度、刚度和疲劳寿命是结构寿命和可靠性分析的基本指标。疲劳破坏是机械零部件破坏的主要形式之一，约占80%以上。结构疲劳失效有三个阶段：第一阶段，结构材料中形成一处或多处裂纹；第二阶段，部分或所有裂纹因继续应用载荷而增大；第三阶段，设计为容忍所应用载荷的能力继续恶化，直到失效发生。目前，对结构的疲劳寿命分析的方法主要有名义应力（S-N）寿命法（也即全寿命法）、局部应变（E-N）寿命法（也即裂纹萌生寿命法）、断裂力学（LEFM）法（也即裂纹扩展寿命法）。

疲劳计算过程主要包括三个方面：①零件材料参数的确定；②零件载荷谱的确定；③疲劳计算参数的确定。载荷谱确定后，可以按照载荷谱中最大载荷值进行有限元静力计算，这样就可以获得零部件的应力分布（静力方法中载荷随时间的变化规律是在疲劳软件当中体现的）。当然也可以按照载荷随时间的变化规律进行瞬态动力计算，由于瞬态计算比静力计算要耗费时间，一般情况下都是根据零部件的线性静力计算结果计算疲劳寿命；但是对疲劳工具的添加，无论在应力求解之前还是之后，都没有关系，因为疲劳计算并不依赖应力计算。

本章重点介绍 ANSYS Workbench Fatigue Tool 疲劳分析，简要介绍 ANSYS nCode Design Life 及 Mechanical DesignLife 高级疲劳分析。

13.1 疲劳基本知识

13.1.1 疲劳基本概念

1. 疲劳

在某点或某些点承受扰动应力，且在足够多的循环扰动作用之后形成裂纹或完全断裂的材料中所发生的局部永久结构变化的发展过程，称为疲劳。

2. 疲劳破坏

零件或构件由于交变载荷的反复作用，在它所承受的交变应力尚未达到静强度设计的许用应力情况下就会在零件或构件的局部位置产生疲劳裂纹并扩展，最后突然断裂。这种现象称为疲劳破坏。

3. 疲劳强度

疲劳强度是指材料在无限多次交变载荷作用下会产生破坏的最大应力，称为疲劳强度或疲劳极限。

4. 疲劳寿命

材料在疲劳破坏前所经历的应力循环次数称为疲劳寿命。

5. 疲劳的分类

1）按疲劳失效周次：高周疲劳、低周疲劳。

2）按应力状态：单轴疲劳、多轴疲劳。

3）按载荷变化：恒幅、变幅、随机疲劳。

4）按研究对象：材料疲劳、结构疲劳。

5）按工作环境：常温疲劳、低温疲劳、高温疲劳、热疲劳、腐蚀疲劳、接触疲劳、冲击疲劳等。

6. 交变应力

交变应力指构件内随时间做周期性变化的应力。

1）应力的分类如图13-1所示。

2）交变应力描述。

最大应力，最小应力：

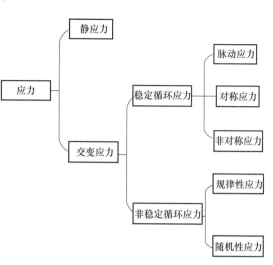

图 13-1 应力的分类

$$S_{max}, S_{min}。$$

应力范围：

$$\Delta S = S_{max} - S_{min} \tag{13-1}$$

交变应力：

$$S_a = (S_{max} - S_{min})/2 \tag{13-2}$$

平均应力：

$$S_{mean} = (S_{max} + S_{min})/2 \tag{13-3}$$

应力比：

$$R = S_{min}/S_{max} \tag{13-4}$$

振幅比：

$$A = S_a/S_{mean} \tag{13-5}$$

13.1.2 应力-寿命曲线

1. S-N 曲线获取

载荷与疲劳失效的关系采用应力-寿命曲线来表示，也即 S-N 曲线。S-N 曲线是材料所承受的应力幅水平与该应力幅下发生疲劳破坏时所经历的应力循环次数的关系曲线，S-N 曲线一般是使用标准试样进行疲劳试验获得，通常反映的是单轴的应力状态。影响 S-N 曲线的因素很多，包括材料特性、加工工艺、表面粗糙度、残余应力、环境等。

2. S-N 曲线定义

在用疲劳工具进行疲劳计算时，材料的疲劳参数、S-N 曲线须先在工程数据中定义。

（1）应力寿命法

交变应力、应力寿命、平均曲线数据可用平均应力或应力比定义，可采用线性【Linear】、半对数【Semi-Log】、双对数曲线【Log-Log】插值方法。

①线性：对循环数和交变应力都采用线性插值法。当定义一条 S-N 曲线时，如果有大量数据点存在，且在任一个方向分散性不大时，采用此选项。

②半对数：对交变应力采用线性插值，而对循环数目采用对数插值法（以 10 为底数）。当定义一条 S-N 曲线时，如果两个轴上仅有少量的循环数和交变应力数据点并且分散性较大时，采用此选项。

③双对数：对循环数和交变应力采用对数内插值法。当定义一条 S-N 曲线时，如果两个轴上仅有少量的循环数和交变应力数据点并且分散性较大时，也可采用此选项。

如果 S-N 曲线在不同的平均应力下都适用，那么可输入多重 S-N 曲线，同样，也可以在不同的应力比下输入多重 S-N 曲线，如图 13-2 所示。

（2）应变寿命参数

材料参数输入如图 13-3 所示。

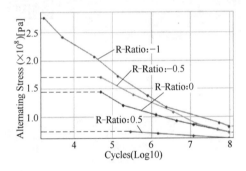

图 13-2　多重 S-N 曲线

图 13-3　材料参数输入

3. S-N 曲线的应用

S-N 曲线主要用于构件的变形在弹性变形范围内的情形。

一般而言，在低应力（工作应力低于材料的屈服极限，甚至低于弹性极限）条件下，应力循环周数在 10^6 以上的疲劳，称为高周疲劳。高周疲劳受应力幅控制，又称为应力疲劳。它是最常见的一种疲劳破坏。

相对地，在高应力（工作应力接近材料的屈服极限）或高应变条件下，应力循环周数在 10^6 以下的疲劳，称为低周疲劳，由于交变的塑性应变在这种疲劳破坏中起主要作用，因而也称为塑性疲劳或应变疲劳。

13.1.3　载荷类型

1. 完全逆向【Fully Reversed】

程序在每个节设定的交变应力等于参考静态分析中相应的应力值乘以比例因子。应力各分量的最大值和最小值大小相等，方向相反，如图 13-4 所示。

2. 基于零【Zero-Based】

程序在每个节设定的交变应力等于参考静态分析中相应的应力值一半乘以比例因子。程序从参考静态分析获取一个峰值，并将其他峰值设定为 0，如图 13-5 所示。

3. 载荷比率【Ratio】

假设用户定义的载荷比率是 R，则程序将从参考分析获取一个峰值（考虑指定的比例因子），并通过将第一个峰值乘以 R 来获取其他峰值，然后计算疲劳属性对话框中选择的应力数量，同时根据 $|S(1-R)|/2$ 计算交变应力，其中 S 是参考静态分析中应力分量的极值，如图 13-6 所示。

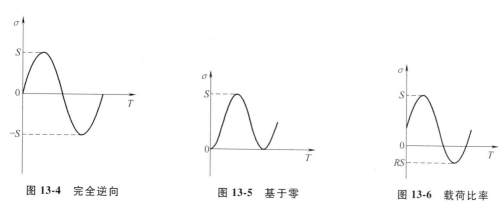

图 13-4　完全逆向　　　　图 13-5　基于零　　　　图 13-6　载荷比率

4. 非恒定振幅【History Data】

非恒定振幅通过包含一组循环或周期的载荷历程点的文本输入，在工作表里可以查看，如图 13-7 所示。对不规律载荷历程的循环所使用的是雨流（Rainflow）循环计算，和损伤 Palmgren-Miner 损伤累加处理，因此，任何任意载荷历程都可以切分成一个不同的平均值和范围值的循环阵列（多个竖条）。

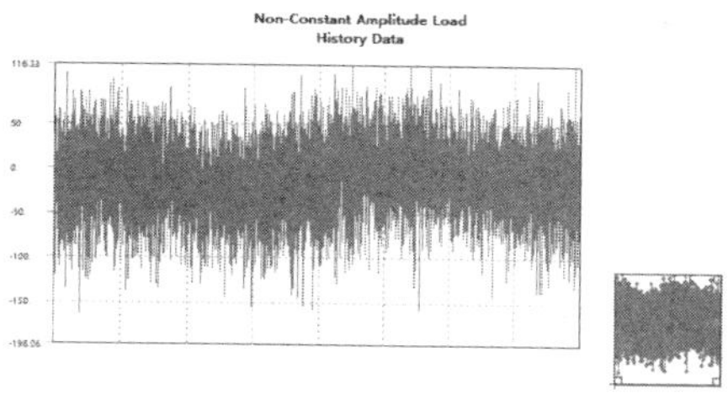

图 13-7　非恒定振幅

5. 非比例载荷【Non-proportional Loading】

非比例载荷的基本思想是用两个载荷环境代替单一载荷环境进行疲劳计算，不采用应力比，而是采用两个载荷环境的应力值来决定其最大最小值。采用非比例载荷，首先创建两个带不同载荷条件的环境，如一个是弯曲载荷环境，一个是扭转载荷环境；其次，增加一个求解组合分支（Solution Combination），并定义两个环境；再次，在求解组合分支下创建疲劳分析并将载荷类型定义为非比例载荷；最后定义需要的结果并求解。图 13-8 所示为非比例载荷。

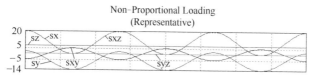

图 13-8　非比例载荷

13.1.4　疲劳寿命的影响因素

1）平均应力。

2）尺寸效应。

3）缺口与不连续形状。

4）表面处理和表面粗糙度。

13.2　平均应力修正

循环的交变应力幅度计算为周期中应力范围的一半。由应力循环所导致的损坏量不但取决于交变应力，也取决于平均应力。例如，下面的两个循环具有相同的交变应力，但由于它们的平均应力不同，因此它们所导致的损坏量也不同。平均应力影响如图13-9所示。

13.2.1　应力寿命修正方法

对应力疲劳寿命修正，Workbench包含有古德曼【Goodman】、索特贝尔格【Soderberg】、格贝尔【Gerber】理论三种平均应力修正以及平均应力曲线【Mean Stress Curves】修正方法。疲劳修正理论的海夫图如图13-10所示。

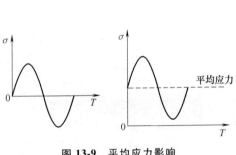

图 13-9　平均应力影响

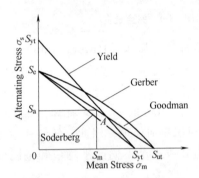

图 13-10　疲劳修正理论的海夫图

1. 古德曼修正

古德曼修正法适用于脆性材料，缺乏对压缩平均应力的修正，如式（13-6）和图13-11所示。

$$\frac{\sigma_{\text{Alternating}}}{S_{\text{Endurance\_Limit}}} + \frac{\sigma_{\text{Mean}}}{S_{\text{Ultimate\_Strength}}} = 1 \tag{13-6}$$

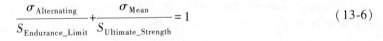

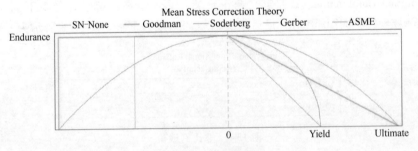

图 13-11　古德曼修正

2. 索特贝尔格修正

索特贝尔格修正法在某些情况可适用于脆性材料，较古德曼理论保守，如式（13-7）和

图 13-12 所示。

$$\frac{\sigma_{\text{Alternating}}}{S_{\text{Endurance\_Limit}}} + \frac{\sigma_{\text{Mean}}}{S_{\text{Yield\_Strength}}} = 1 \tag{13-7}$$

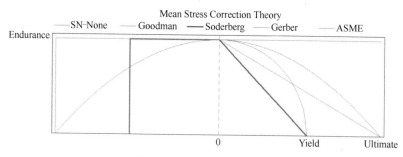

图 13-12　索特贝尔格修正

3. 格贝尔修正

格贝尔修正法适用于韧性材料的拉伸平均应力，仍缺乏对压缩平均应力的修正，如式（13-8）和图 13-13 所示。

$$\frac{\sigma_{\text{Alternating}}}{S_{\text{Endurance\_Limit}}} + \left(\frac{\sigma_{\text{Mean}}}{S_{\text{Ultimate\_Strength}}}\right)^2 = 1 \tag{13-8}$$

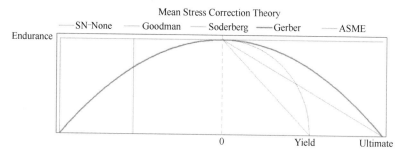

图 13-13　格贝尔修正

4. ASME 椭圆修正（见图 13-14）

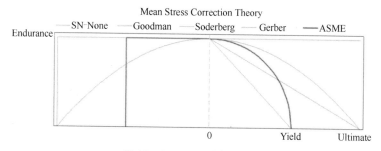

图 13-14　ASME 椭圆修正

5. 平均应力曲线修正

平均应力曲线法凭借经验数据，对存在多重 S-N 曲线的材料，程序会在这些曲线间进行线性插入以求出平均应力，可替代经验公式修正，如图 13-15 所示。

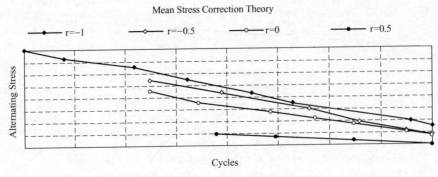

图 13-15　平均应力曲线修正

13.2.2　应变寿命修正方法

对应变疲劳寿命修正，Workbench 包含 No mean stress effects、Morrow、SWT（Smith-Watson-Topper）三种平均应力修正方法。

1. No mean stress effects，即总应变-寿命曲线表达式

也即曼森-科芬方程，如式（13-9）和图 13-16 所示。

$$\frac{\Delta\varepsilon}{2} = \frac{\sigma'_{\text{failure}}}{E}(2N_{\text{failure}})^{b} + \varepsilon'_{\text{failure}}(2N_{\text{failure}})^{c} \qquad (13\text{-}9)$$

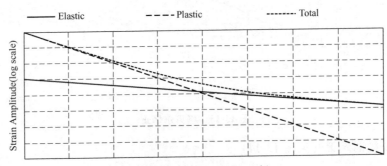

图 13-16　总应变-寿命曲线

2. Morrow 修正方法

Morrow 修正方法基于单轴应力应变分析得到。Morrow 对疲劳强度系数进行平均应力修正，在常温比例载荷条件下，能给出较为满意的结果。但在高温条件下，由于蠕变条件作用，该公式难以给出较为理想的结果，如式（13-10）和图 13-17 所示。

$$\frac{\Delta\varepsilon}{2} = \frac{\sigma'_{\text{failure}} - \sigma_{\text{Mean}}}{E}(2N_{\text{failure}})^{b} + \varepsilon'_{\text{failure}}(2N_{\text{failure}})^{c} \qquad (13\text{-}10)$$

3. SWT 修正

SWT 修正在考虑临界面正应变幅和最大法向应力的影响下提出，考虑了高温下蠕变作用对疲劳寿命的影响，但在非比例载荷条件下，临界面处的剪应变对疲劳破坏的影响不可忽

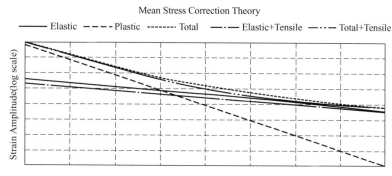

图 13-17　Morrow 修正方法

视，该公式计算结果与试验结果差别较大，如式（13-11）和图 13-18 所示。

$$\sigma_{\text{Maximum}}\frac{\Delta\varepsilon}{2}=\frac{(\sigma_{\text{failure}})^2}{E}(2N_{\text{failure}})^{2b}+\sigma'_{\text{failure}}\varepsilon'_{\text{failure}}(2N_{\text{failure}})^{b+c} \tag{13-11}$$

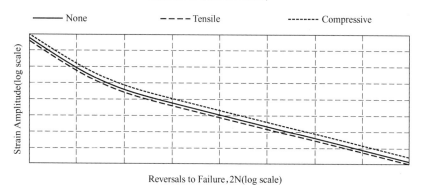

图 13-18　SWT 修正

13.2.3　雨流计数法

1. 雨流计数原理

把应变-时间历程数据记录翻转 90°，时间坐标轴竖直向下，载荷历程犹如一座高层建筑，雨水依次往下流出，根据雨点向下流动的轨迹确定载荷循环，并计算出每个循环的幅值大小，故称为雨流计算法，又称为塔顶法。如果每个载荷循环用于疲劳寿命计算，就对应一个应力循环，如图 13-19 所示。

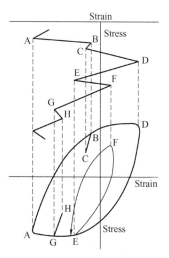

2. 雨流计数规则

1）重新安排载荷历程，以最高峰（或低谷）值为雨流的起点开始。

2）雨流依次从每个峰值或谷值的内侧往下流，在下一个

图 13-19　雨流计数法

峰值或谷值处落下，直到对面有一个比开始时的峰值更大或谷值更小的值时停止。

3）当雨流碰到来自上面屋顶流下的雨流时即停止。

4）取出所有的循环，并记录下各自的幅值和均值。

13.2.4 疲劳损伤法则

常用的疲劳损伤法则是 Palmgren-Miner 法则，也称为疲劳损伤线性积累假说。假设结构的第 i 级应力水平下经过的应力循环数为 n_i，第 i 级应力水平下的达到破坏时的应力循环数为 N_i，那么不同应力幅的载荷混合作用下，载荷循环对结构造成的损伤率为 $\sum \dfrac{n_i}{N_i}$，当各应力的寿命损伤率之和等于 1（100%）时，则会发生疲劳破坏。

$$\sum \frac{n_i}{N_i} = 1 \qquad (13\text{-}12)$$

疲劳分析分三大块：材料疲劳性能参数设定、疲劳分析与疲劳结果评估。

13.3　疲劳分析设置

在 Workbench 中，疲劳分析直接在疲劳工具【Fatigue Tool】下进行。首先详细设置疲劳工具的详细窗口，如图 13-20 所示；其次添加关心的疲劳结果参数。疲劳工具的添加可在线性应力求解之前或之后，这是因为疲劳计算不依赖线性应力分析计算，而疲劳结果基于线性静力分析结果。在导航树上插入疲劳分析工具，右击【Solution】→【Insert】→【Fatigue】→【Fatigue Tool】，或在求解工具【Tools】栏上插入【Fatigue Tool】。

图 13-20　疲劳工具的详细窗口

1. 区域【Domain】

域类型【Domain Type】，包括时间，为只读形式。

2. 材料【Materials】

疲劳强度因子【Fatigue Strength Factor】，可以认为是影响 S-N 曲线的各因素中除了平均应力之外的其他影响因素的集中体现，使用此因子（在 0 和 1 之间）可说明用于生成 S-N 曲线的测试环境与实际载荷环境间的差异。程序会先用交变应力除以该因子，然后再从 S-N 曲线读取相应的循环数。这与减少导致在某个交变应力下失败的循环数等效。可以在疲劳手册上查询疲劳强度缩减因子值。

3. 加载【Loading】

① 类型【Type】，载荷类型包括恒定振幅（Zero-Based、Fully Reversed、Ratio）、非恒定振幅、非比例载荷。比例载荷指主应力的比例恒定，其中，Ratio = 0 时相当于 Zero-Based 载荷；Ratio = -1 时相当于 Fully Reversed 载荷。

② 比例因子【Scale Factor】，设置载荷缩放大小。

4. 定义【Definition】

显示时间【Display Time】，可以指定一个求解时间，并显示在该求解时间内的结果，默认结束时间。

5. 选项【Options】

① 分析类型【Analysis Type】，分为应力寿命【Stress Life】和应变寿命【Strain Life】。

② 平均应力理论【Mean Stress Theory】，用来指定处理平均应力影响的方法。如果基于应力寿命法分析，可以指定平均应力修正理论【Goodman，Soderberg，Gerber，ASME Elliptical】，多重 S-N 曲线（Mean Stress Curves）；如果基于应变寿命法分析，可以指定平均应力修正理论【Morrow，SWT（Smith-Watson-Topper）】，默认情况为忽略平均应力的影响。

③ 应力分量【Stress Component】，试验数据得到单轴应力状态需转换到多轴状态的一个标量值，以确定某一应力幅下的寿命，因此应力分量允许定义应力结果与疲劳曲线（S-N）比较。包括 6（X，Y，Z，XY，YZ，XZ）应力分量、等效应力、有标示（正负）的等效应力、最大剪应力、最大主应力、绝对最大主应力。

④ 竖条尺寸【Bin Size】，设定非恒定高低幅度记录分解的循环次数，其值越大，排列阵列越大，平均和范围越精确，但消耗的计算资源也就越多，可在 10～200 范围内选取，如果输入 32（默认），程序会将载荷分解为 32 等间距的范围。每个范围内的载荷是恒定的。

⑤ 使用快速雨流计数【Use Quick Rainflow Counting】，决定部分损伤发现前数据是否被输入到竖条中及竖条对求解精度的影响。若选"是"，则会输入竖条中，竖条尺寸数目会影响求解精度，效率高；若选"否"，则不会输入竖条中，竖条尺寸数目不会影响求解精度，但消耗的计算资源较多。仅适用于非恒定振幅载荷。

⑥ 无限寿命【Infinite Life】，当修正后的交变应力小于无限极限时要使用的循环数。对应力寿命方法，只将该数值用于最大循环数小于指定数字的 S-N 曲线。对应力寿命方法，仅适用于非恒定振幅载荷。

⑦ 最大数据点绘制【Maximum Data Points To Plot】，允许指定一定数量的数据点显示在相应的曲线图中，默认值为 5000。仅适用于非恒定振幅载荷。

6. 寿命单位【Life Units】

① 单位名称【Units Name】，包括循环次数、块数、秒、分钟、小时、天、月及自定义。

② 1 个周期等于【1 block is equal to】，其寿命根据选择的单位。

13.4 疲劳分析结果

13.4.1 疲劳结果工具

在疲劳计算的详细窗口定义后，疲劳结果可在疲劳工具下指定，包括等值线结果【Contour Results】和曲线图结果【Graph Results】，如图 13-21 所示。

1. 寿命

寿命【Life】等值线图显示在给定的疲劳分析下有效的构件寿命。疲

图 13-21　疲劳结果工具

劳寿命如图 13-22 所示，如果交变应力比在 S-N 曲线中定义的最低交变应力低，则使用该寿命（循环次数）。对恒幅载荷，则代表由于疲劳作用构件直至失效的循环次数；对非恒幅载荷，疲劳分析所给的寿命结果涉及块，而非循环，此处的块定义为用户所指定的总载荷历程（包括曲线中事件的重复数）（1block＝load history）。对于应力寿命法，如果模型中所纠正过的等效交变应力处于 S-N 曲线最终点的应力等级之下，那么应采用为 S-N 曲线最终点所定义的循环数。

2. 损伤

损伤【Damage】是设计寿命与可用寿命的比值。损伤超过 1 表示构件达到设计寿命，将疲劳破坏。疲劳损伤如图 13-23 所示。

3. 安全系数

安全系数【Safety Factor】是引起疲劳失效的应力值与应力的比率。若某位置的安全系数为 2.0，表示所应用的载荷乘以 2.0 时会在该位置出现失效。给定的最大安全系数值为 15。安全系数如图 13-24 所示。

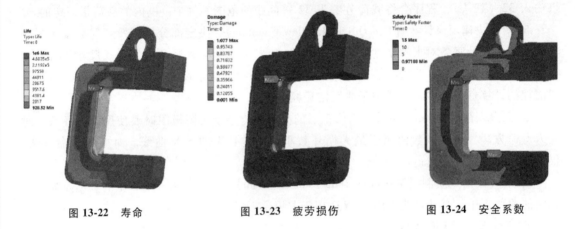

图 13-22　寿命　　　　　　图 13-23　疲劳损伤　　　　　　图 13-24　安全系数

4. 双轴指示

双轴指示【Biaxiality Indication】有助于确定所关心区域的应力状态与试验条件是否接近，是较小与较大主应力的比值（忽略主应力接近 0 的），单轴应力局部区域 B 值为 0，纯剪应力 B 值为 -1，纯双轴状态 B 值为 1。双轴指示如图 13-25 所示。

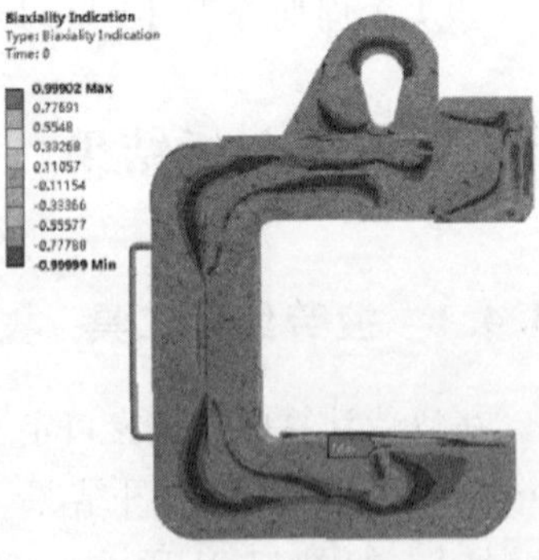

5. 等效交变应力

等效交变应力【Equivalent Alternating Stress】等值线显示构件的等效交变应力，用于询问 S-N 曲线的应力。如果载荷类型为非恒载振幅，则结果无效。等效交变应力如图 13-26 所示。

6. 雨流矩阵

在 Workbench 中，雨流矩阵【Rain flow Matrix】是把任意随机载荷历程均归为一个不同平均应力值和应力变程值（范围值）的循环阵列，即多个竖条（bins）。雨流矩阵如图 13-27 所示。雨流矩阵指

图 3-25　双轴指示

出了在每个平均值和应力变程值（范围值）下所计算的循环次数，也指出了在指定范围内可能的最大损坏点。在 Workbench 中，雨流矩阵也可以用二维图例显示。

7. 损伤矩阵

在 Workbench 中，损伤矩阵【Damage Matrix】显示的是指定实体评定位置的损伤，反映所生成的每个竖条损伤的大小（或对应的所用掉的寿命量的百分比），以及积累成总损伤的信息，如图 13-28 所示。在 Workbench 中，损伤矩阵也可以用二维图例显示。

图 13-26 等效交变应力

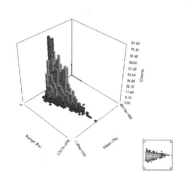

图 13-27 雨流矩阵

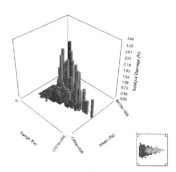

图 13-28 损伤矩阵

8. 疲劳敏感性

疲劳敏感性【Fatigue Sensitivity】可以显示出部件的寿命、损伤或安全系数在临界区域随载荷变化而变化的关系。疲劳敏感性如图 13-29 所示。可以输入载荷变化的极限范围，改变曲线的显示样式（Linear、Log-X、Log-Y、Log-Log）及填充点的数量。疲劳敏感性设置如图 13-30 所示。

9. 迟滞回线

利用应变寿命法进行疲劳分析时，尽管有限元分析响应是线性的，但局部的弹性或塑性响应是非线性的。诺伯方法可以修正存在局部弹性或塑性响应的线性应力分析，循环加载的迟滞回线表示材料抗循环塑性变形的能力。迟滞回线【Hysteresis】曲线结果显示在局部区域的局部弹塑性响应，如图 13-31 所示。

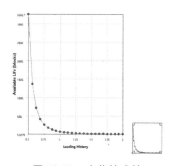

图 13-29 疲劳敏感性

Scope		
Geometry	All Bodies	
Definition		
Sensitivity For	Damage	
Design Life	1.e+009 blocks	
Suppressed	No	
Options		
Lower Variation	50. %	
Upper Variation	150. %	
Number of Fill Points	25	
Chart Viewing Style	Linear	

图 13-30 疲劳敏感性设置

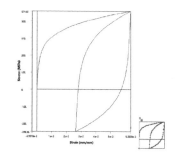

图 13-31 迟滞回线

13.4.2 疲劳结果分析

假设在静力分析为发生 N 次的唯一事件时运行静力分析并定义疲劳算例。材料的 S-N 曲线如图 13-32 所示。

根据载荷比率，程序为每个节点从静力算例的应力值认定修正过的交变应力。

在以上图中，黑点代表交变应力（Y坐标）以及每个节点所发生事件的循环次数（X坐标）。每个节点可发生三个可能结果之一：

1）点位于曲线之上，在该位置预测到疲劳失效。

2）点位于曲线之下，不会在该位置发生疲劳失效。

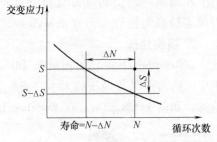

图 13-32　材料的 S-N 曲线

3）点位于 S-N 曲线之外，模型中最高的修正交变应力必须位于 S-N 曲线的应力范围之内。

此外，循环次数（N）应该位于 S-N 曲线的周期范围之内。否则，就不会使用交叉点，而使用 S-N 曲线的端点。

13.5　nCode Design Life 疲劳分析

ANSYS nCode Design Life 是 ANSYS Workbench 集成 nCode 公司高级疲劳分析软件 nCode Design Life 的产品。nCode Design Life 以流程图方式创建分析任务，无缝读取 ANSYS 分析结果，与 ANSYS 共享数据库，在 Workbench 平台上统一进行参数管理，可用 DX 进行优化。此外，nCode Design Life 还是优秀的信号处理工具。

凭借其在疲劳耐久性设计领域的完备功能和易用性，nCode Design Life 已成为现代企业在产品设计过程中考虑疲劳耐久性设计的首选工具。

ANSYS nCode Design Life 中的疲劳分析技术包含如下功能：

1）广泛的疲劳材料库。

2）疲劳寿命的预测方法。

3）应力寿命法（SN）。

4）应变寿命法（EN）。

5）疲劳裂纹扩展。

6）点焊。

7）缝焊。

8）热机械疲劳。

9）复合材料。

10）复杂载荷的 Dang Van 耐久极限。

13.5.1　nCode Design Life 界面

nCode Design Life 完全集成在 Workbench 中需配合相应的分析系统使用，例如：先创建结构静力分析，然后右击结构分析的【Solution】单元，从弹出的菜单中选择【Transfer Data To New】→【nCode SN Constant（Design Life）】，即创建疲劳分析项目，此时相关联的数据共享，如图 13-33 所示。在 B 项目上右击【Solution】→【Edit…】进入 nCode Design Life 主界面，如图 13-34 所示。nCode Design Life 也可独立启动，在"开始"菜单中执行 ANSYS nCode Design Life 2024→OK→Main Menu→Design Life 命令或组件系统拖动 DesignLife 到项目流程图，右击 DesignLife→Run Design Life→OK→Main Menu→Design Life 命令。

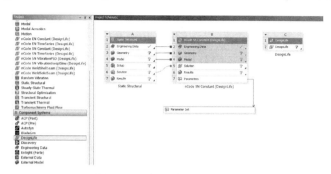

图 13-33　创建疲劳分析项目

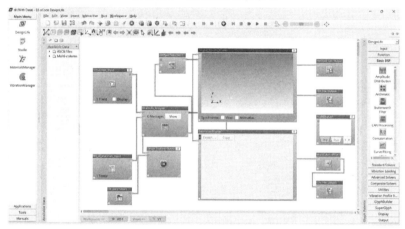

图 13-34　nCode Design Life 主界面

该分析环境主要由以下区域组成：主下拉菜单栏、工具栏、分析工作区、功能选择单、活动数据区、工具箱、操作历史、属性编辑器、诊断和进程。

1. 菜单栏

菜单栏包括文件【Files】、编辑【Edit】、视图【View】、插入【Insert】、交互模式【Interactive】、运行【Run】、工作区【Workspace】、帮助【Help】菜单组成，主要进行文件管理、视图管理、插入图标、求解运行等操作，如图 13-35 所示。

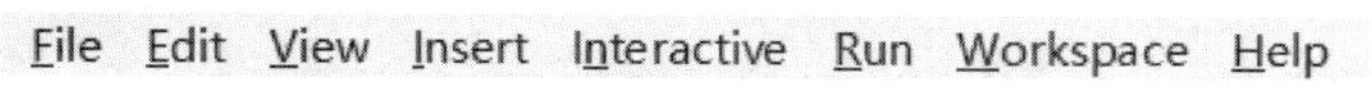

File　Edit　View　Insert　Interactive　Run　Workspace　Help

图 13-35　菜单栏

2. 工具栏

工具栏包括两类：一类为快捷工具，这类工具包含在各个主下拉菜单中，如图 13-36 所示；另一类为随动快捷工具，主要随着模块窗口的变化而有所不同，如图 13-37 所示。

图 13-36　快捷工具

图 13-37　随动快捷工具

3. 分析工作区

分析工作区位于窗口中间空白处，通过从工具箱中拖拉计算 Glyph 到分析工作区，用管道连接各个 Glyph 端口即可创建完整的分析流程。

4. 功能选择单

功能选择单包括主项目【Main Menu】、工具【Tools】、使用手册【Manuals】，主要用来打开疲劳分析窗口、ASCII 码转换、材料管理、进度表创建、设置工作目录、学习使用手册等。功能选择单如图 13-38 所示。

5. 工具箱

Glyph 工具箱包含了 10 类当前的计算 Glyph，将其拖拉到工作区域即可创建分析流程，如图 13-39 所示。一些常用的标准模块及功能说明见表 13-1。

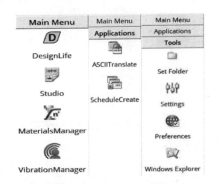

图 13-38　功能选择单

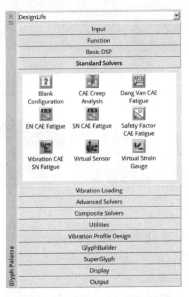

图 13-39　DesignLife 计算 Glyph

表 13-1　DesignLife 常用的标准模块及功能说明

模块类别	Glyph 图标	功能说明
有限元结果输入		FE Input：有限元模型或结果输入
		Time Series Input：时间序列输入
疲劳分析		EN CAE Fatigue：基于局部应变法计算低周疲劳问题及处理显著的循环塑性现象
		SN CAE Fatigue：用 S-N 曲线计算高周疲劳问题

（续）

模块类别	Glyph 图标	功能说明
疲劳分析		Dang Van CAE Fatigue：用 Dang Van 法计算基于疲劳准则的安全因子，用于解决高周疲劳问题
		Hot Spot Detection：根据疲劳计算结果识别出模型中的关键区域，并标记出每个区域最危险节点
		Spot Weld CAE Fatigue：用于点焊疲劳分析
		Seam Weld CAE Fatigue：用于缝焊疲劳分析
		CAE Creep Analysis：用于蠕变分析
		Crack Growth：用于裂纹扩展分析
		Vibration CAE Fatigue：用于模拟振动试验工况下的疲劳分析，应用 PSD 或正弦扫频载荷输入
		Adhesive Bond CAE Fatigue：用于黏合接头耐久性计算
		Design Explorer Output：设计探索输出
		Blank Configuration：应用自定义疲劳分析
疲劳结果显示		FE Display：用于显示有限元模型或疲劳分析结果
		XY Display：用于显示二维疲劳分析结果数据
		Data Values Display：在表中显示分析结果数据的步骤
疲劳结果输出		FE Output：用于输出有限元结果以供不同后处理器处理
		Multi Column Output：用于多列数据布局输出

6. 使用 Glyph 和管道

Glyph 通过其上的连接端子用管道来相互连接，数据从左边端子流入 Glyph，然后从右边端子流出。输入 Glyph 只在右边有端子，而输出 Glyph 只在左边有端子。端子通过不同的颜色来表征可通过的不同类型数据，如图 13-40 所示。管道仅能连通相同颜色的端子（注：灰色端子可接收任何数据）。

为实现 Glyph 之间简便的连接，当单击某一 Glyph 上的连接端子时，其他 Glyph 上与之相兼容的连接端子均高亮显示，此时只需简单地移动鼠标至其他端子上并单击即可实现连接。

图 13-40 SN Glyph

通过右击连接管道选择弹出菜单中的 Disconnect 即可删除管道。或者，当删除一个 Glyph 时，与之相连的管道也会自动消失。

每一类型的 Glyph 有各自相应的属性，这些属性可根据求解需求进行设置，如图 13-41 所示。Glyph 自身可以通过拖拉的方式进行放大或缩小，右击 Glyph，也可以进行高级编辑，如图 13-42 所示。

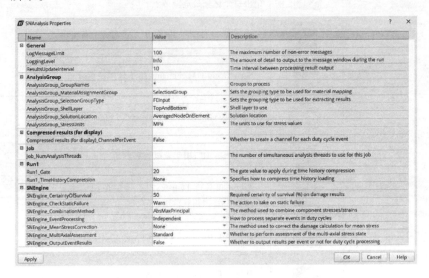

图 13-41　SN Glyph 属性

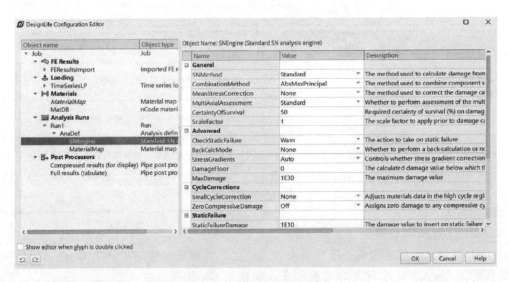

图 13-42　Glyph 高级编辑窗口

13.5.2　nCode Design Life 分析流程

ANSYS nCode Design Life 能自动完成综合的疲劳分析，其流程遵循疲劳分析经典五框图，如图 13-43 所示。nCode Design Life 疲劳分析五框图如图 13-44 所示。

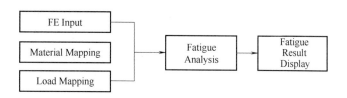

图 13-43　疲劳分析经典五框图

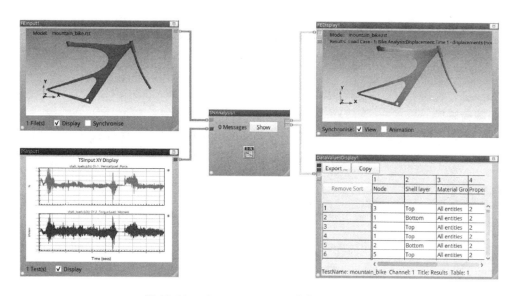

图 13-44　nCode Design Life 疲劳分析五框图

1. 有限元输入

支持有限元分析结果包括：①静态分析（线性/非线性）；②瞬态分析；③模态分析；④频谱分析。图 13-45 所示为有限元输入结果。

2. 材料映射

疲劳分析需要材料的疲劳性能数据，nCode Design Life 与 Workbench 共享材料库，可以使用 nCode 自带的材料库，也可通过 nCode 或 Workbench 自创材料，最后需把材料进行映射，如图 13-46 和图 13-47 所示。

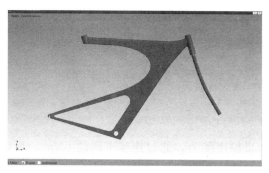

图 13-45　有限元输入结果

图 13-46　nCode 自创材料

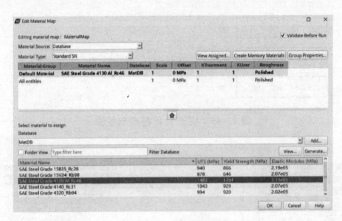

图 13-47　材料映射

3. 载荷映射

载荷对疲劳分析至关重要，nCode Design Life 可识别时间序列、横幅载荷、时间部载荷、温度载荷、Hybird 载荷、Duty Cycle 等载荷，最后需把载荷进行映射，如图 13-48 和图 13-49 所示。

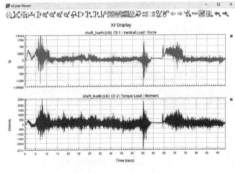

图 13-48　时间序列

图 13-49　载荷映射

4. 疲劳分析

ANSYS nCode Design Life 具有全面的疲劳分析能力，主要包括：

1）应力疲劳分析，包括单轴、多线性、Haigh 图。

2）应变疲劳分析，可以自动多轴修正。

3）多轴安全系数分析（Dang Van）。

4）焊缝和点焊疲劳。

5）高温疲劳。

6）振动疲劳。

7）短纤维复合材料疲劳。

5. 疲劳结果输出

ANSYS nCode Design Life 具有强大的疲劳结果输出能力，通过连接不同的 Glyph，可以输出如下结果：

1）输出寿命、损伤等云图，可以标记显示，如图 13-50 所示。

2）输出自动鉴别疲劳关键点和热点。

3）疲劳分析表格输出，如图 13-51 所示。

4）Studio Glyph 自动报告生成。

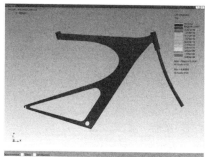

图 13-50 寿命云图

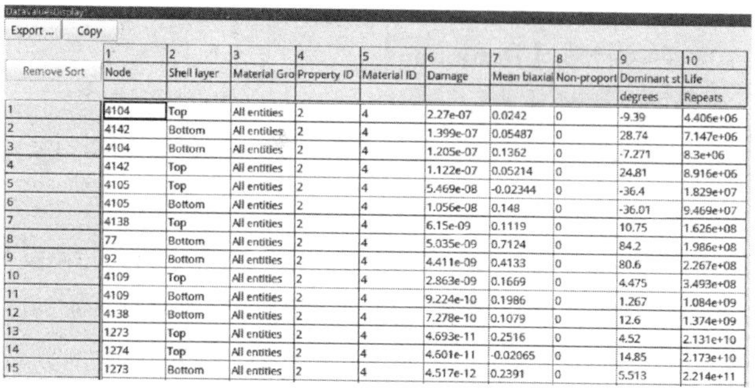

Remove Sort	1 Node	2 Shell layer	3 Material Gro	4 Property ID	5 Material ID	6 Damage	7 Mean biaxial	8 Non-propor	9 Dominant st degrees	10 Life Repeats
1	4104	Top	All entities	2	4	2.27e-07	0.0242	0	-9.39	4.406e+06
2	4142	Bottom	All entities	2	4	1.399e-07	0.05487	0	28.74	7.147e+06
3	4104	Bottom	All entities	2	4	1.205e-07	0.1362	0	-7.271	8.3e+06
4	4142	Top	All entities	2	4	1.122e-07	0.05214	0	24.81	8.916e+06
5	4105	Top	All entities	2	4	5.469e-08	-0.02344	0	-36.4	1.829e+07
6	4105	Bottom	All entities	2	4	1.056e-08	0.148	0	-36.01	9.469e+07
7	4138	Top	All entities	2	4	6.15e-09	0.1119	0	10.75	1.626e+08
8	77	Bottom	All entities	2	4	5.035e-09	0.7124	0	84.2	1.986e+08
9	92	Bottom	All entities	2	4	4.411e-09	0.4133	0	80.6	2.267e+08
10	4109	Top	All entities	2	4	2.863e-09	0.1669	0	4.475	3.493e+08
11	4109	Bottom	All entities	2	4	9.224e-10	0.1986	0	1.267	1.084e+09
12	4138	Bottom	All entities	2	4	7.278e-10	0.1079	0	12.6	1.374e+09
13	1273	Top	All entities	2	4	4.693e-11	0.2516	0	4.52	2.131e+10
14	1274	Top	All entities	2	4	4.601e-11	-0.02065	0	14.85	2.173e+10
15	1273	Bottom	All entities	2	4	4.517e-12	0.2391	0	5.513	2.214e+11

图 13-51 疲劳分析表格

13.6 Mechanical Design Life 疲劳分析

13.6.1 Mechanical nCode Design Life 界面

Mechanical nCode Design Life 以附加模块形式嵌入在 Mechanical 中，分析时可以直接加载 nCode Design Life 模块，当单击 Design Life 后，工具箱中将显示 Mechanical Embedded DesignLife 系统：该系统可以随意与其他系统相连组成疲劳分析完整系统，同时 Mechanical Design Life 选项卡也会出现在功能区域内，可用于后处理，如图 15-52 ~ 图 15-54 所示。

图 13-52 Mechanical nCode Design Life 菜单

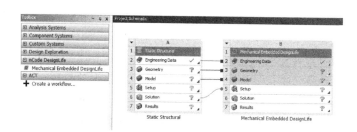

图 13-53 Design Life 分析系统

图 13-54 Design Life 选项卡

13.6.2 Mechanical Design Life 分析设置

在 nCode Design Life 分析项目下，单击【Analysis Settings】，出现如图 13-55 所示详细分析设置栏。

（1）定义【Definition】

① 域类型【Analysis Domain】，如果谐波系统与 nCode Design Life 附加模块系统链接，则域类型默认基于频率（Frequency based），否则，默认基于时间（Time based）。

② 分析类型【Analysis Type】，由于没有默认设置，所以在分析时必须选择分析类型之一：应力寿命（Stress Life）、应变寿命（Strain Life）、壳体缝焊（Shell Seam Weld）、实体缝焊（Solid Seam Weld）、点焊（Spot Weld）、灰铸铁（Gray Iron）、安全系数（Safety Factor）、短纤维复合材料（Short Fiber Composite）。

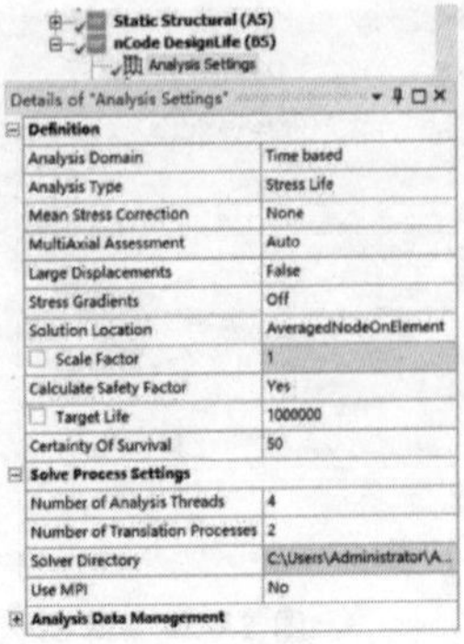

图 13-55 详细分析设置栏

③ 平均应力修整理论【Mean Stress Correction】，默认无修整，还可进行插值、FKM、Goodman Tension Only、Gerber Tension Only。

④ 多轴评估【MultiAxial Assessment】，用于提供有关应力状态在整个加载历史中如何变化的信息。

⑤ 大位移【Large Displacements】，如果有限元模型是用大位移求解的，在进行应力转换时，例如在求解表面应力或计算平均节点应力时，必须考虑大位移。当存在大位移时，此选项应设置为"是"，默认值为"否"。

⑥ 应力梯度【Stess Gradients】，默认不应用应力梯度校正，如果存在应力梯度选择"自动"，冯米斯应力（VonMises）和绝对值最大的主应力（AbsMaxPrincipal）。

⑦ 求解位置【Solution Location】，该选项只能针对应力寿命和安全系数分析类型进行更改，默认 Averaged Node On Element，当选为 Weld Hot Spot 时，nCode 解算器将查找实体元素的应力结果。焊趾处的应力张量将通过从焊缝附近的 2 或 3 个点外推表面应力来获得。

⑧ 比例因子【Scale Factor】，默认值为 1。

⑨ 计算安全系数【Calculate Safety Factor】，用于设置反向计算方法，默认不计算。

⑩ 存活率【Certainty Of Survival】，单边置信度的取值，默认值为 50，规定了基于物质数据分散的生存的确定度；存活率（%）允许考虑物质行为的统计变化，通常应用是提供更保守的预测，以确保设计更安全；材料特性的可变性以标准误差参数为特征，当将材料曲线拟合到应变寿命和循环应力应变测试数据时，应确定标准误差参数。

（2）求解处理器设置【Solve Process Settings】

① 线程数量【Number of Analysis Threads】，默认线程数量为 4，超过 4 个线程需要 ANSYS nCode Design Life 并行加载项许可证。

② 解算器进程数【Number of Translation Processes】，控制解算过程中同时使用的进程数，默认为 2。

③ 结果文件目录【Solver Directory】，在矩阵方程求解过程中保存临时文件的地方，默认下使用 Windows 系统环境变量。

④ 使用并行计算【Use MPI】，默认值为"否"，设置为"是"时，将启用分布式解决

方案。

（3）求解数据管理【Analysis Data Management】

参考第 4.2.7 节。

13.6.3 Mechanical Design Life 载荷与材料

1. 载荷事件

在 Mechanical Design Life 设置分析类型时会自动载入载荷映射【Load Mapper】，需进一步设置分析的加载事件【Loading Event】，右击载荷映射可增加加载事件，包括单个加载事件和多个加载事件。基于时间的载荷事件类型包括恒定振幅（Constant Amplitude）、时间步长（Time Step）、时间序列（Time Series）。基于频率的载荷事件类型包括 PSD 循环（PSD）、单频率（Single Frequency）、频率范围（Frequency Range）、正弦叠加随机（Sine On Random），其中 PSD 循环计数方法支持拉朗纳（Lalanne）、Dirlik 法（Dirlik）、Narrow Band 法（Narrow Band）和 Strainberg 法（Strainberg）。加载载荷事件如图 13-56 所示，基于频率的加载载荷事件如图 13-57 所示。

图 13-56 加载载荷事件

2. 材料分配

在 Mechanical Design Life 设置分析类型时会自动载入材料【Materials】，右击材料选择修改材料参数【Modify Material Parameters】。材料分配设置如图 13-58 所示。连接到 nCode 的上游系统仍将使用工程数据中定义的材料，只有 nCode 系统中疲劳计算的材料参数才允许被修改，同时必须在工程数据中为所有材料定义杨氏模量和拉伸极限强度特性。

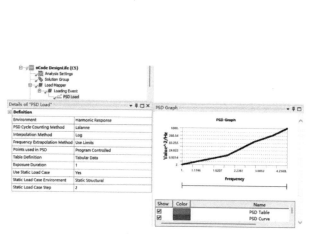

图 13-57 基于频率的加载载荷事件

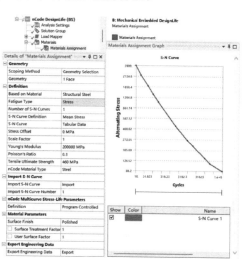

图 13-58 材料分配设置

（1）几何【Geometry】

① 范围限定方法【Scoping Method】，可用几何结构选择、命名选择。

② 几何结构【Geometry】，可选择几何结构的面和体。

（2）定义【Definition】

① 根据【Based on Material】，从工程数据中选择基于材料，以使新材质基于现有材料的数据。

② 疲劳分析类型【Fatigue Type】，可设应力和应变，根据前置设置确定，为只读形式。

③ S-N——平均应力曲线【Number of S-N Curve】，可根据实际设置 S-N 曲线数，最多可设置 5 条。

④ S-N——应变曲线定义【S-N Curve Definition】，名义应力（Mean Stress）和应力比（R-Ratio）。

⑤ 名义应力曲线【Mean Stress- Curve1】，根据 S-N 曲线定义设置名义应力或应力比参数。

⑥ S-N 曲线【S-N Curve】，S-N 曲线数值图表。

⑦ 应力偏移【Stress Offset】，指定应力偏移数值。

⑧ 比例因子【Scale Factor】，设置比例因子数值。

⑨ 杨氏模量【Young's Modulus】，可指定新的杨氏模量参数。

⑩ 泊松比【Poissons's Ratio】，可指定新的泊松比参数。

⑪ 拉伸极限强度【Tensile Ultimate Strength】，可指定新的拉伸极限强度参数。

⑫ nCode 材料类型【nCode Material Type】，可设置的 nCode 材质类型包括灰铸铁（Grey Cast Iron）、球墨铸铁（Nodular Cast Iron）、可锻铸铁（Malleable Cast Iron）、铸钢（Cast Steel）、钢（Steel）、铝（Aluminum）、铸铝（Cast Aluminum）。

（3）导入 S-N 曲线【Import S-N Curve】

① 导入 S-N 曲线【Import S-N Curve】，输入形式。

② S-N——平均应力曲线【Import S-N Curve Number】，输入曲线条数。

（4）nCode 多曲线应力寿命参数【nCode Multicurve Stress-Life Parameters】

定义【Definition】，如工程数据没定义该参数则由程序控制并使用默认值 $Nfc = 1 \times 10^{30}$、$SEI = 0.054018$、$Ne = 1 \times 10^{7}$，或用户自定义该值。

（5）使用材料属性【Material Parameters】

① 表面完成【Surface Finish】，可设置类型（Polished）、（Ground）、（Machined）、（Poor Machined）、（As Rolled）、（As Cast）。

② 表面处理系数【Surface Treatment Factor】，默认值为 1.0，大于 1 将导致疲劳强度的提高。

③ 用户表面系数【User Surface Factor】，用于调整任何未指定原因的疲劳强度，默认值为 1.0，大于 1 将导致疲劳强度的提高。

（6）输出工程数据【Export Engineering Data】

默认输出，可以指定输出。

13.7 某发动机连杆疲劳分析

1. 问题描述

某发动机连杆工作过程中的运动和受力复杂，疲劳破坏是强度破坏的主要失效形式。连杆体主要结构参数：大端内径80mm，大端外径103mm，小端内径40mm，小端外径55mm，杆身厚30mm，大小端孔中心距250mm；材料为结构钢。假设作用在连杆上的力为12000N，受非恒定的随机疲劳载荷作用，疲劳强度因子为0.8，其他相关参数在分析过程中体现。试分析设计寿命为1×10^9次循环的连杆在非恒定随机载荷作用下的疲劳寿命、损伤矩阵、疲劳敏感性。

2. 有限元分析过程

（1）启动 Workbench 2024

在"开始"菜单中执行【ANSYS 2024 R1\R2】→【Workbench 2024 R1\R2】命令。

（2）创建结构静力分析项目

① 在工具箱【Toolbox】的【Analysis Systems】中双击或拖动结构静力分析项目【Static Structural】到项目流程图，如图13-59所示。

② 在 Workbench 的工具栏中单击【Save】，保存项目工程名为 Connecting rod . wbpj。有限元分析文件保存在 D：\AWB\Chapter13 文件夹中。

（3）确定材料参数

连杆体材料为结构钢，采用默认数据。

（4）导入几何模型

在结构静力分析项目上，右击【Geometry】→【Import Geometry】→【Browse】，找到模型文件 Connecting rod . adgb，打开导入几何模型。模型文件在 D：\AWB\Chapter13 文件夹中。

图 13-59　创建结构静力分析项目

（5）进入 Mechanical 分析环境

① 在结构静力分析项目上，右击【Model】→【Edit】，进入 Mechanical 分析环境。

② 在 Mechanical 的主菜单【Units】中设置单位为 Metric（mm，kg，N，s，mV，mA）。

（6）为几何模型分配材料属性

连杆体材料为结构钢，自动分配。

（7）创建局部坐标系

施加局部坐标，导航窗口右击【Coordinate Systems】→【Insert】→【Coordinate System】，在标准工具栏上单击 ▣，选择连杆体小端的内径表面，然后，在坐标详细窗口单击【Origin】→【Geometry】确定；【Orientation About Principal Axis】→【Define By】→【Geometry Selection】→【Geometry】，在标准工具栏上单击 ▣，选择连杆体上边线，然后单击确定按钮，完成坐标创建，如图13-60所示。

图 13-60　创建局部坐标系

（8）划分网格

① 在导航树里单击【Mesh】，设置【Details of "Mesh"】→【Defaults】→【Element Size】= 2mm，其他均默认。

② 在标准工具栏上单击 ▣，选择连杆体，右击【Mesh】→【Insert】→【Method】，单击【Automatic Method】，设置【Details of "Automatic Method"-Method】→【Method】= Hex Dominant。

③ 生成网格，右击【Mesh】→【Generate Mesh】，图形区域显示程序生成的六面体单元主体的网格模型，如图 13-61 所示。

④ 网格质量检查，在导航树里单击【Mesh】，设置【Details of "Mesh"】→【Quality】→【Mesh Metric】= Skewness，显示 Skewness 规则下网格质量详细信息，平均值处在好水平范围内，展开【Statistics】显示网格和节点数量。

（9）施加边界条件

① 单击【Static Structural（A5）】。

② 施加载荷，在标准工具栏上单击⬚，首先选择连杆大端内径表面，接着在环境工具栏单击【Loads】，设置【Force】→【Details of "Force"】→【Definition】→【Define By】= Components，【Coordinate System】→【Coordinate System】，【Y Component】= 12000N，如图 13-62 所示。

图 13-61　生成网格

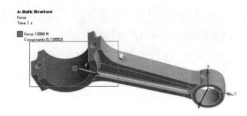

图 13-62　施加载荷

③ 施加约束，在标准工具栏上单击⬚，选择连杆体的大端两螺栓孔内表面，接着在环境工具栏单击【Supports】，设置【Cylindrical Support】→【Details of "Cylindrical Support"】→【Definition】→【Axial】= Free，【Tangential】= Free，如图 13-63 所示。在标准工具栏上单击⬚，选择连杆体小端的内径表面，接着在环境工具栏单击【Supports】→【Fixed Support】，如图 13-64 所示。

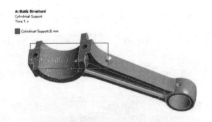

图 13-63　施加圆柱约束

图 13-64　施加固定约束

（10）设置需要结果

① 在导航树上单击【Solution（A6）】。

② 在 Mechanical 求解工具栏单击【Deformation】→【Total】；单击【Stress】→【Equivalent Stress】。

③ 在 Mechanical 求解工具栏单击⚡进行求解运算，求解结束后，连杆变形云图如图 13-65 所示，连杆等效应力云图如图 13-66 所示。

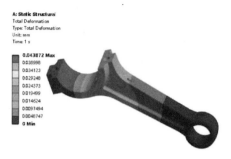

图 13-65　连杆变形云图

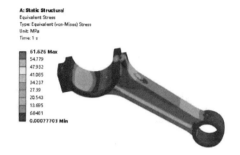

图 13-66　连杆等效应力云图

（11）创建疲劳分析

① 在导航树上单击【Solution（A6）】。

② 在 Mechanical 求解工具栏单击【Tools】→【Fatigue Tool】。

③ 设置【Fatigue Tool】→【Fatigue Strength Factor（Kf）】=0.8；【Loading】→【Type】=【History Data】，【History Data Location】=导入文件 History. dat，【Scale Factor】=0.01；【Options】→【Analysis Type】=Stress Life，【Mean Stress Theory】=Goodman，【Stress Component】=Signed Von Mises，【Life Units】→【Units Name】=cycles；其他为默认设置，如图 13-67 所示。

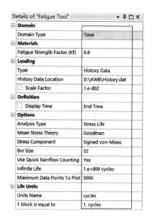

图 13-67　创建疲劳分析设置

④ 设置所需结果，在疲劳求解工具上单击【Contour Results】→【Life】，【Biaxiality Indication】；单击【Graph Results】→【Rainflow Matrix】，【Damage Matrix】，【Fatigue Sensitivity】。

（12）求解与结果显示

① 在 Mechanical 求解工具栏单击⚡进行求解运算。

② 运算结束后，单击【Fatigue Tool】→【Life】，图形区域显示连杆寿命分布云图，如图 13-68 所示。同样也可显示连杆双轴指示云图、连杆雨流矩阵云图（大多数在低平均应力和低应力幅下），连杆损伤矩阵云图（中间应力幅循环在危险位置造成最大的损伤）、连杆疲劳敏感性图，如图 13-69～图 13-72 所示。

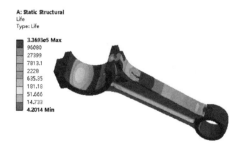

图 13-68　连杆寿命分布云图

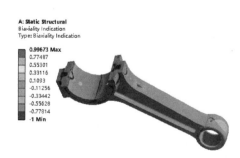

图 13-69　连杆双轴指示云图

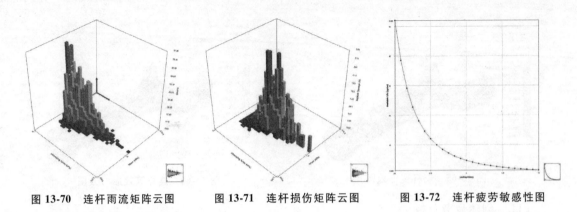

图 13-70　连杆雨流矩阵云图　　图 13-71　连杆损伤矩阵云图　　图 13-72　连杆疲劳敏感性图

（13）保存与退出

① 退出 Mechanical 分析环境。单击 Mechanical 主界面的菜单【File】→【Close Mechanical】退出环境，返回到 Workbench 主界面，此时主界面的项目管理区中显示的分析项目均已完成。

② 单击 Workbench 主界面上的【Save】按钮，保存所有分析结果文件。

③ 退出 Workbench 环境。单击 Workbench 主界面的菜单【File】→【Exit】退出主界面，完成项目分析。

3. 点评

本实例是发动机连杆疲劳分析，涉及疲劳工具应用及随机疲劳载荷处理。在本例中采用何种疲劳分析方法及非恒定疲劳载荷求解是关键，这牵涉到连杆实际工作过程及疲劳载荷、疲劳平均应力修正选择、对应的边界条件设置、疲劳求解及后处理。本例中使用默认材料避免了材料 S-N 曲线选择，但非恒定随机疲劳载荷需要实际的测量积累，也是这类疲劳较难的部分。实际上，本例疲劳分析是把瞬态结构动力学分析转化为静态的疲劳分析，这样处理与瞬态结构分析结果相比，差距可忽略，但大大节省了计算成本，推荐使用。

13.8　本章小结

本章按照疲劳基本知识、平均应力修正、疲劳分析设置、疲劳分析结果、nCode Design Life 疲劳分析、Mechanial nCode Design Life 疲劳分析和相应实例应用顺序编写，包括基本概念、三种平均应力修正方法、分析设置和 nCode Design Life 疲劳分析等内容。本章配备的疲劳强度分析典型工程实例某发动机连杆疲劳分析，包括问题描述、有限元分析过程及点评三部分内容。

通过本章的学习，读者可以了解在 Workbench 下典型的疲劳强度分析的基础知识、分析流程、分析设置、载荷的施加方法、结果后处理，以及高级疲劳分析 nCode Design Life 等相关知识。

第14章 增材制造分析

增材制造发展时间短，相比传统车、铣、刨、磨、铸制造方法，在小批量生产及材料利用率上有着明显的优势，也是一种先进的制造方法，是近些年兴起的领域。在增材制造过程中，由于环境的复杂性，也面临着许多挑战。如果在制造之前进行仿真分析，将会减小制造失败的概率，提高生产率。

本章重点介绍目前常见的三种金属材料的增材制造工艺仿真分析方法。

14.1 增材制造分析概述

增材制造分析是一个广泛的概念，从打印材料的熔化到打印路径的设定，再到打印后处理工艺，整个增材制造流程几乎都可以通过分析软件进行模拟。增材制造分析能够在零件设计过程中模拟这些变形和应力将有助于防止打印失败，并为增材制造带来更好的设计。可用于确定零件的最佳构建方向、支撑的最佳位置以及支撑尺寸要求。当与拓扑优化一起使用以最小化需要支撑的悬挑区域时，模拟更具优势。

ANSYS 增材制造仿真技术聚焦点是金属增材制造工艺，包括粉末床熔融、定向能量沉积和烧结。解决方案包括：面向产品设计人员的工艺仿真软件 ANSYS Workbench Additive，面向工艺人员的 ANSYS Additive Print，面向金属增材制造专家、工程分析师、材料科学家、设备和粉末制造商的 ANSYS Additive Science。本章重点介绍 ANSYS Workbench Additive 增材制造分析。

14.1.1 增材制造分析方法

增材制造技术（3D 打印技术）根据打印材料的不同分为多种打印工艺，可分为非金属打印工艺（如光固化技术、熔融层积技术、熔丝增材制造、喷墨 3D 打印技术等）和金属打印工艺（如激光粉末床熔化、定向能沉积）和选择性注射成形烧结成形。

激光粉末床熔化工艺，也称为直接金属激光熔化（DMLM）、直接金属注射成形烧结（DMLS）或选择性激光熔化（SLM），沉积一层薄薄的金属粉末，并在其表面上移动高度聚焦的激光能量束，以熔化构成当前横截面的金属粉末并将其熔化到前一层。当连续的层被沉积和处理时，固体部分出现，初始层沉积在构建板或基底上。

定向能沉积工艺，也被称为激光工程网成形（LENS）、电子束增材制造（EBAM®）或激光沉积技术（LDT），激光或电子束在先前固化的材料上形成熔池，在熔池中引入吹制粉末或送丝来添加材料。

这两种工艺都会产生高温和严重的热梯度，导致在沉积层时产生显著的变形和残余应力的积累。变形可能高到足以干扰下一层的应用，残余应力高到足以使零件从基板或其支撑件上断裂，或使零件本身破裂。此外，当零件从基板上移除并移除其支撑件时，残余应力将产生更多变形，从而导致不希望的最终形状。

选择性注射成形烧结成形通过将黏结剂引入打印喷嘴以较弱的方式将粉末固结在一起，脱脂和烧结两个阶段热处理，可解决构建过程中零件的局部加热效应问题。关注预测烧结过程中的收缩和重力变形。

增材制造过程的分析遵循构建过程本身，打印零件随着时间推移进行逐层固化。由于存在热（温度）和结构（变形和应力）之间的弱耦合，在处理时，首先逐层模拟热现象，并在下面的结构模拟中使用这些温度结果。同时，使用分层网格（笛卡儿网格或四面体网格）对整个零件进行网格划分，然后使用标准的单元生死技术来激活单元层模拟构建过程。此外，相关的边界条件也会演变，例如热对流表面。当所有单元层都已添加固化时，构建步骤完成。

增材制造过程复杂，通过合理的处理方法，可以对整个零件的构建过程进行模拟是保证初次打印成功的重要手段。

14.1.2　Workbench 增材制造

Workbench 增材制造附加模块集成在 Mechanical 功能区增材制造【Additive Manufacturing】组中，包括激光粉末床熔化过程仿真【LPBF Process】、定向能沉积过程仿真【DED Process】、烧结过程仿真【Sintering Process】和失真补偿【Distortion Compensation】，如图 14-1 所示。若进行某项增材制造工艺仿真，只需单击对应的按钮（显示蓝色阴影）即可加载该过程加载项，该加载项可从 Mechanical 功能区的附加模块选项卡访问，如图 14-2 所示。

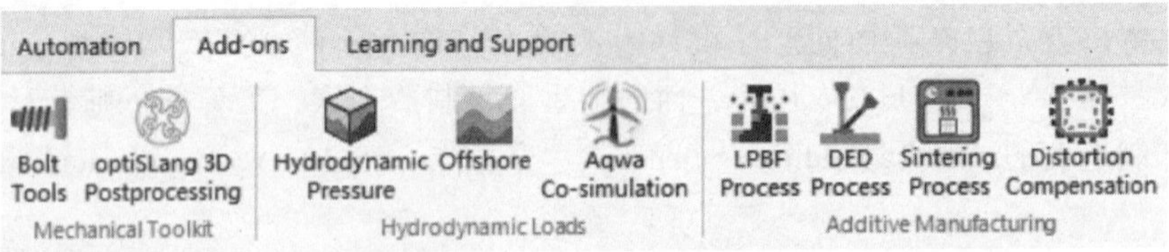

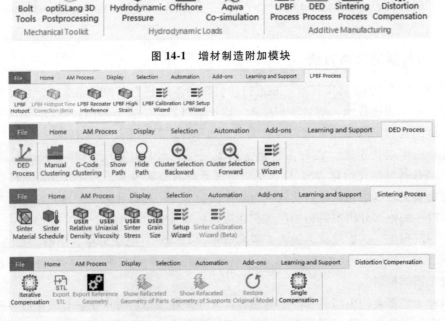

图 14-1　增材制造附加模块

图 14-2　各增材制造工艺过程加载项

尽管增材制造过程仿真可以在 Mechanical 以对象形式并通过导航树运行，但对于初次接触者，建议使用设置向导。

14.2 激光粉末床熔融分析

激光粉末床熔融增材制造过程的特点是逐层增加直至完成整个零件的制造。在增材制造过程中，会产生高温和严重的热梯度，导致在沉积层时产生显著的变形和残余应力的积累。变形可能高到足以干扰下一层的沉积，残余应力高到足以使零件从基板或其支撑件上断裂，或使零件本身破裂。此外，当零件从基板上移除并移除其支撑件时，残余应力将产生更大的变形，从而使最终形状不令人满意。如果按照光束扫描模式路径模拟真实零件的整个构建过程将花费大量的计算时间，这样不切实际。为了在合理的计算时间内实现计算目标，对 AN-SYS 做了如下抽象假设：

1）超级层：由于每个相邻层的温度历史是相似的，将实际金属粉末沉积层聚合为有限元"超级层"。真实的机器构建时间大约是瞬态热构建步骤模拟时间乘以 $\sqrt[3]{R}$，其中 R 是一个元素超层中的沉积层数。

2）逐层增加：为每个单元层一次添加材料并加热。平面内热效应对畸变的贡献不如构建方向热效应大。

3）热量应用：热量加载以基于温度或基于功率的热量产生。

4）时间步长：在整个模拟过程中使用大的积分时间步长，可以捕捉驱动变形的诱发热应变和塑性应变，但局部平滑的加热和冷却曲线将不会被详细捕捉。

5）支撑：支撑表示为正交各向异性均质实体。

6）周围粉末：周围的未熔化粉末不需要明确建模，使用粉末和固体材料之间界面处的对流边界条件，以简化的方法来计算进入粉末的热损失。

14.2.1 激光粉末床熔融导航树分析设置

1. 创建分析系统

激光粉末床熔融增材制造有两种预定义的定制系统。

1）AM LPBF 固有应变：仅限结构静力的系统，其中应变是通过使用应变比例因子而不是根据材料特性和热载荷计算得出。

2）AM LPBF 热结构：连接瞬态热分析，然后进行结构静力分析，根据材料特性和热载荷计算应变，这个过程假设物理解耦，数据从热分析单向流动到结构。

图 14-3 所示为创建激光粉末床熔融分析项目。

图 14-3　创建激光粉末床熔融分析项目

2. 定义材料

LPBF 分析，材料应设置从室温到熔体温度范围内与温度相关的特性。对于 LPBF 热结构模拟的热分析部分，需要定义热导率、密度和比热容，并且必须为材料定义熔化温度。对于结构分析，需要定义杨氏模量、泊松比、热膨胀系数和塑性模型，如双线性各向同性硬化（BISO）。对于 AM-LPBF 固有应变模拟，同时支持双线性各向同性硬化（BISO）和多线性各向异性硬化（MISO）塑性模型。建议材料定义蠕变特性，在模拟热处理时，可使用蠕变特性作为应力消除机制，实现更真实的残余应力消除效果。目前支撑预定义材料如下：17-4PH Stainless Steel、316 Stainless Steel、AlF357、AlSi10Mg、Co-Cr、Inconel 625、Inconel 718、Ti-6AI-4V。预定义材料库如图 14-4 所示。

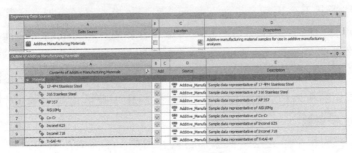

图 14-4　预定义材料库

在 Mechanical 里分配材料时，打印零件和支撑必须采用相同的材料。基板可以是不同的材料。

3. 创建或导入模型

创建模型包括打印零件、支撑、基板、粉末。打印零件应以全局 Z 轴为构建方向，可以放置在基板上（Z=0），也可以通过支撑件从基板上升高。支撑用来固定具有悬垂角零件特征，以保证零件在增材制造过程中就不会因为残余应力的累积而脱离平台。悬垂角特征通常是与水平 X-Y 平面夹角小于 45°的特征。基板是打印构建（零件支撑）的平台，主要起到了散热器的作用。如果考虑打印零件或特征之间发生的热传递，可考虑构建粉末模型。

4. 创建增材制造工艺

1）在导航树上选择【Model】。

2）插入【AM Process】，右击【Model→【Insert】→【AM Process】，或在功能区单击【AM Process】插入。每个【Model】下只能插入一个【AM Process】。

3）然后根据提示选择对应的打印零件实体、支撑和基板。创建增材制造工艺如图 14-5 所示。

5. 创建增材制造网格

逐层增材打印过程是通过生死单元技术模拟逐层增加单元层的方法。因此，网格在构建（全局 Z）方向上必须具有统一的大小，每个单元层必须具有相同的高度（恒定的 Z 坐标）。ANSYS 采用的是有限元"超级层"元素来表示 10 ~ 20

图 14-5　创建增材制造工艺

倍个实际金属粉末层，例如机器具有 $25\mu m$ 的沉积厚度，则单元尺寸应设置为 $0.25\sim0.5mm$ 之间。实际机器打印时间近似为瞬态热分析步骤模拟时间乘以 $\sqrt[3]{R}$，其中 R 是一个单元层中的沉积层数。

增材制造模拟网格主要有三种，分别为笛卡儿网格法、笛卡儿体素化网格法、分层四面体网格法，各有优缺点。笛卡儿网格创建一个近似几何体的六面体网格。除非使用较小的网格尺寸，否则无法准确捕捉不是网格尺寸倍数的小特征、曲面以及水平或垂直曲面。该方法速度快，而且对于大多数变形和残余应力预测来说，是足够的。笛卡儿体素化网格为几何体创建体素（立方体单元）网格。小特征、曲面以及不是网格大小倍数的水平或垂直表面通过敲低因子技术进行处理。具体网格详细设置可参看第 3.2.6 节和 3.2.7 节。

笛卡儿网格方法需要零件和预定义支撑之间的共享拓扑。具有体素化选项的笛卡儿网格方法可以在零件和预定义支撑之间具有共享或非共享拓扑。分层四面体网格方法要求零件和预定义支撑之间不存在共享拓扑（即非共享拓扑）。在进行网格划分时，打印零件和支撑体的网格，划分所有实体的网格大小都必须相同，基板网格可以使用更粗的网格尺寸。

1）在导航树上选择【Model】。

2）插入笛卡儿网格，右击【AM Process】→【Insert】→【Cartesian Mesh】，或在功能区单击【AM Process】→【Mesh】→【Cartesian Control】，自动识别打印零件并出现对象【Body Fitted Cartesian】。详细设置参看第 3.2.6 节，笛卡儿网格如图 14-6 所示。

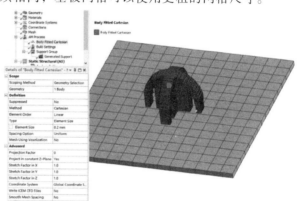

图 14-6 笛卡儿网格

6. 识别或创建支撑

支撑采用均匀化技术，将支撑等效为均匀的固体而不是薄壁结构，并按照一定比例系数缩小，该系数是实际支撑面积与实体面积的比值。支撑如图 14-7 所示。

图 14-7 支撑

1）预定义支撑【Predefined】，是与打印零件一起导入的支撑体，需要将其识别。

2）生成的支撑【Generated】，仅适用于使用笛卡儿网格法划分的网格零件。生成的支撑可以由用户定义，也可由 Mechanical 自动检测生成。自动检测生成可以设置悬垂角和 Z 方向与基板之上的距离，右击【Support Group】→【Detect Supports】/【Detect and Generate Supports】，如图 14-8 所示。

3）STL 支撑【STL】，支持以 .STL 格式支撑文件导入，支持从 Additive Prep 自动传入的支撑及其他平台设计的支撑文件，STL 支撑文件必须以 mm 为单位。当支撑从 Additive Prep 自动转移时，它们不与零件体相关联。在导航树中，单击以展开导入的支撑【Imported Supports】对象，然后单击 STL 支撑对象选择打印零件，如图 14-9 所示。

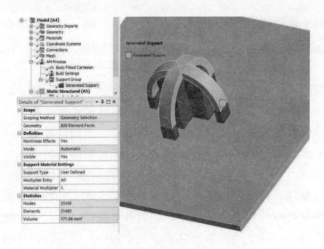

图 14-8　生成的支撑

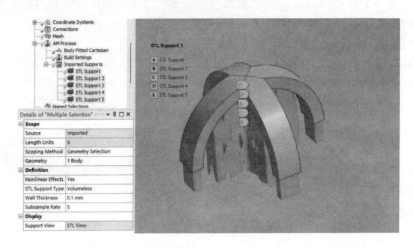

图 14-9　STL 支撑

7. 连接

连接是一种机制，可确保仿真中的零件、支撑和基板主体相互识别，并能够跨边界共享数据（温度和位移）。AM 仿真中使用的连接类型是构建到基础接触连接（Build-To-Base Contact Connection）和 AM 键合（AM Bond Connection）连接。

构建到基础的连接位置是构建的支撑底部的单元面与基板顶部的单元面之间黏结接触。AM 键合连接位置是构建支撑顶部的单元面与对应打印零件的底部的单元面之间的连接，当网格之间不保形时，AM 键合连接用于将网格零件连接到网格支撑。内部连接方式是通过将支撑节点连接到零件单元的约束方程。

插入连接，右击【AM Process】→【Create Build To Base Contact】/【Create AM Bond Connections】，或在功能区单击【AM Process】→【Contact】→【Create Build To Base Contact】/【Create AM Bond Connections】，自动识别产生连接，如图 14-10 所示。

图 14-10　增材制造连接

8. 定义增材制造工艺步骤

增材制造除了按照定制流程仿真，还可以添加额外的步骤，以说明增材制造过程中的其他现象，例如基板和/或支撑件的移除。

定义增材制造工艺步骤，单击导航树【AM Process】→功能区单击【AM Process】→【Sequence】，之后可以利用增加步【Add Step】新添加或删除步骤，如图 14-11 所示。在分析系统分析设置里设置对应的步骤。详细设置增材制造工艺步骤如图 14-12 所示。

图 14-11　定义增材制造工艺步骤

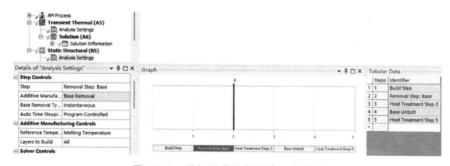

图 14-12　详细设置增材制造工艺步骤

9. 定义构建设置

在此步骤中，指定与机器和过程相关的仿真和应变假设、过程参数以及条件，导航树单击构建设置【Build Settings】。构建设置如图 14-13 所示。

（1）仿真设置【Simulation Settings】

① 增材过程【Additive Process】，激光粉末床熔融。

② 固有应变【Inherent Strain】，可以选择否或是，当选择固有应变分析时，需要定义固有应变的模式。

③ 固有应变定义【Inherent Strain Definition】，可选择各向同性（Isotropic）、各向异性

（Anisotropic）、扫描模式（Scan Pattern）、热应变（Thermal Strain）。

④ 热应变法【Thermal Strain Method】，采用机器学习预测，选择热应变时出现该选项。

⑤ 机器学习模型【Machine Learning Model】，从列表中选择训练机器预测的材料，特别是针对增材制造应用验证的材料，在工程数据中选择与材料分配最匹配的材料。

⑥ 层高【Layer Height】，可由程序控制或手动指定。

（2）校准设置【Calibration Settings】

应变比例因子【Themal Strain Scaling Factor】，用于按给定值对结构固有应变模拟中的固有应变或热结构模拟中的热应变进行标度。它通常是通过校准试验确定的，对最终结果影响较大。

图 14-13　构建设置

对于热结构模拟和各向同性的结构固有应变模拟，则因子默认为 1；对于各向异性的结构固有应变模拟，则基于全局坐标系因子在 X、Y、Z 三个方向设置，对于扫描模式和热应变，则应变可以根据扫描矢量的局部方向（平行和垂直于扫描方向以及构建方向）进行各向异性应变系数（Anisotropic Strain Coefficient，ASC）缩放。

（3）机器设置【Machine Settings】

① 加热方法【Heating Method】，模拟假设与增加（激活）每个新单元层时如何加热材料有关，可选择熔化温度或功率。

② 扫描模式定义【Scan Pattern Definition】，可以选择否或是，当选择固有应变分析时，需要定义固有应变的模式。对选择扫描模式和热应变时该选项出现。

③ 起始层角度【Start Layer Angle】，打印零件第一层上填充光栅的方向，从 X 轴测量的，因此 0° 会产生平行于 X 轴的扫描线，必须介于 0° 和 180° 之间，通常设置为 57°。

④ 层旋转角度【Layer Rotation Angle】，主扫描矢量方向随层变化的角度，必须介于 0° 和 180° 之间，通常是 67°。

⑤ 扫描条纹宽度【Scan Stripe Width】，切片条纹宽度通常设置为 10mm，必须在 1 ~ 100mm 之间，对选择热应变时该选项出现。

⑥ 舱口间距【Hatch Spacing】，使用激光来回光栅化时，相邻扫描矢量之间的平均距离，图案填充间距应允许扫描矢量轨迹的轻微重叠，从而使一些材料重新熔化，以确保完全覆盖固体材料。对于机器学习应变定义，必须在 60 ~ 1000μm 之间。

⑦ 沉积厚度【Deposition Thickness】，在每一次反冲叶片中增加的粉末材料的厚度，也是基板在层之间下落的量，对于热应变的定义，必须在 10 ~ 100μm 之间。

⑧ 扫描速度【Scan Speed】，激光点沿扫描矢量在粉末床上移动以熔化材料的平均速度，不包括跳跃速度和斜坡上升和下降速度。对于热应变的定义，必须在 350 ~ 2500mm/s 之间。

⑨ 加热持续时间【Heating Duration】，选择功率加热方法时该选项出现。

⑩ 光斑功率【Beam Power】，机器中激光器的功率，必须在 50 ~ 700W 之间。吸收率【Absorptivity】，默认值为 0.35。选择功率加热方法时该选项出现。

⑪ 光斑直径【Beam Diameter】，通常该值由机器制造商提供，必须在 20~140μm 之间。

⑫ 停留时间【Dwell Time】，从一层的激光扫描结束到下一层激光扫描开始的时间跨度，包括重新定位刮水器刀片和铺粉层所需的时间。

⑬ 停留时间倍数【Dwell Time Multiplier】，如在基板上以相同方向排列同一零件，则乘数为零件数。

⑭ 热源数量【Number of Heat Sources】，对于多光束打印机，指定激光器的数量。

（4）构建条件【Build Conditions】

① 预热温度【Preheat Temperature】，构建板的起始温度，对于热应变定义，必须在 20~500℃ 之间。

② 气体/粉末温度【Gas/Power Temperature】，基板腔室气体温度或新加粉末温度，可使用预热温度。

③ 气体对流系数【Gas Convection Coeff】，从打印零件到腔室气体的对流系数。

④ 粉末对流系数【Powder Convection Coeff】，从打印零件侧面到粉末床的有效对流系数。

⑤ 粉末属性因数【Powder Property Factor】，用于估计粉末性能的超低因子，默认值为 0.01。

（5）冷却条件【Cooldown Conditions】，指在打印最后一层后的冷却步骤中，与零件周围构建室中的环境相关的设置。

① 室温【Room Temperature】，默认室温 22℃。

② 气体/粉末温度【Gas/Power Temperature】，基板腔室气体温度或新加粉末温度，可使用室温。

③ 气体对流系数【Gas Convection Coeff】，从打印零件到腔室气体的对流系数。

④ 粉末对流系数【Powder Convection Coeff】，从打印零件侧面到粉末床的有效对流系数。

10. 结果后处理

1）反冲干涉【Recoater Interference】，LPBF 反冲干涉结果工具允许识别 Z 方向上的过度变形，这些变形可能会导致打印过程中与粉末铺展机构发生干涉，如图 14-14 所示。

2）高应变【High Strain】，LPBF 高应变结果工具允许通过突出显示临界应变值来识别零件在构建过程中或之后可能容易形成裂纹的区域，如图 14-15 所示。

3）热点【Hotspot】，LPBF 热点结果工具用于识别可能导致热条件问题的过热区域。该结果仅适用于热结构模拟，如图 14-16 所示。也可获取热应力和热应变结果，如图 14-17 和图 14-18 所示。

图 14-14　反冲干涉云图

图 14-15　高应变云图

图 14-16　热点云图

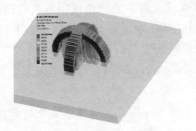
图 14-17　热应力云图

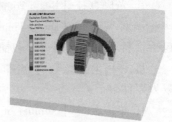
图 14-18　热应变云图

14.2.2　激光粉末床熔融分析向导设置

LPBF 设置向导是按照激光粉末床熔融仿真定制的流程模板，使用 LPBF 设置向导可方便快捷地完成激光粉末床熔融仿真。按照向导的步骤进行操作，该操作会自动将对象添加到 Mechanical 界面中的导航树中，并输入对象特性的值，除非一些高级自定义，否则当完成向导中的最后一步时，就可以完成仿真设置，单击完成或退出，退出向导。

LPBF 设置向导与导航树所需设置项目一样，包括模型设置【Model Setup】、构建设置【Build Settings】、后处理选项【Postprocessing Options】三大部分。使用 LPBF 设置向导，在功能区单击【LPBF Process】→【LPBF Setup Wizard】后会自动弹出，如图 14-19～图 14-23 所示。向导中的对象及参数设置已在 14.2.1 激光粉末床熔融导航树分析设置中详细介绍。在向导设置过程中，可单击应用更改【Apply Changes】，该操作会将更改内容自动将对象添

图 14-19　激光粉末床熔融分析向导设置

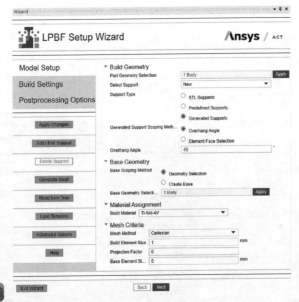
图 14-20　向导模型设置

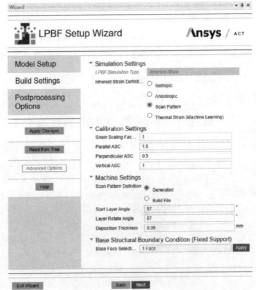
图 14-21　固有应变构建设置

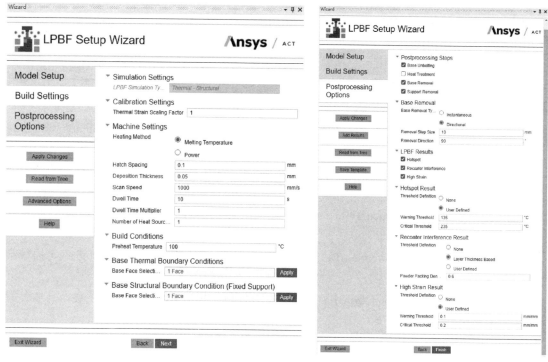

图 14-22　热结构构建设置　　　　　图 14-23　后处理设置

加到对应导航树中，并输入对象特性的值，也可单击高级选项【Advanced Options】进行相关设置等操作。

14.2.3　激光粉末床熔融校正分析设置

校准说明了测量变形和模拟变形之间的差异。在实际生产中，由于存在不同的打印设备和粉末材料，它们的性能各不同，不同的组合制造，会使制造零件中的变形值各不相同。在仿真打印零件之前，应该校准模拟软件，以帮助减少可变性。在 Mechanical 增材制造的整体校准过程包括从物理试验中获得测量的失真值，然后进行校准仿真。

校准系数的值取决于制造和仿真设置中的许多变量，包括粉末材料、设备工艺参数（光功率、扫描速度、沉积厚度、基板预热温度、舱口间距等）、分析类型和应变定义、材料特性（线性或非线性）、网格类型（笛卡儿、分层四面体或体素）、其他分析特定配置等。

在 Mechanical 校准程序的目的是确定一组校准系数，系数的确定取决于所选择的分析类型和应变定义，见表14-1。当使用相同的模拟设置组合时，使用校准系数将大大提高生产零件的模拟预测精度，并降低试错试验的成本。

表 14-1　校准系数

校准类型	分析类型/应变定义	校准系数			
仅 SSF	固有应变/各向同性	SSF	—	—	—
	热结构	TSSF	—	—	—

（续）

校准类型	分析类型/应变定义	校准系数			
SSF+ASCs	固有应变/扫描	SSF	并行 ASC	垂直 ASC	竖立 ASC = 1
	固有应变/热应变	SSF	并行 ASC	垂直 ASC	竖立 ASC = 1

注：SSF（Strain Scaling Factor），应变比例因子；TSSF（Thermal Strain Scaling Factor），热应变比例因子；ASC（Anisotropic Scaling Coefficient），各向异性比例系数。

使用 LPBF 校准设置向导，在功能区单击【LPBF Process】→【LPBF Calibration Wizard】后会自动弹出，如图 14-24 所示。

1）节点测量位置【Node Measurement Location】，选择与试验测量位置相对应的沿着曲面的一行节点。

2）变形方向【Deformation Direction】，选择测量变形方向（X、Y、Z），通常这是垂直于测量位置的表面。

3）校准变形结果【Calibration Deformation Results】，定义在节点测量位置处理定向校准变形，包括最大值（Max）、最小值（Min）或平均值（Avg）。

4）校准类型【Calibration Type】，根据仿真类型和应变定义的设置自动设置，具体参看第 14.2.1 节和表 14-1。

5）目标 EXP 变形值【Target EXP Deformation】，设置校准变形结果。

6）校准容差【Calibration Tolerance】，设置试验变形和仿真变形之间的可接受差异水平。

配置完所有必需的设置后，单击完成并关闭向导。对于校准迭代，将预先配置的直接优化系统添加到项目中，并链接到 AM 模拟系统，如图 14-25 所示。

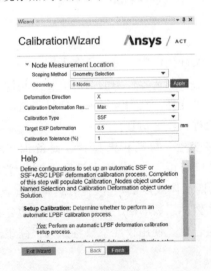

图 14-24　激光粉末床熔融校准设置向导

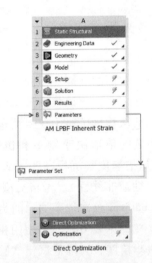

图 14-25　预先配置的直接优化系统

在 Workbench 中，右击直接优化系统中的优化更新。优化将自动开始运行校准迭代。根据使用的校准模式，执行一步仅 SSF/TSSF 校准或两步 SSF＋ACS 校准，如图 14-26 所示。

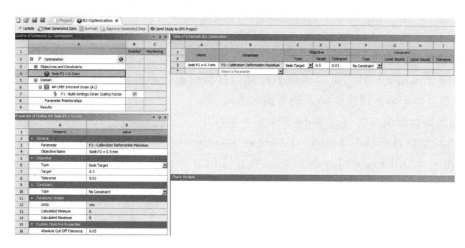

图 14-26 优化校准迭代

14.3 定向能量沉积分析

与激光粉末床熔融工艺类似，定向能量沉积工艺产生高温和严重的热梯度，导致层沉积时显著过热、变形和残余应力的积累。变形可能高到足以干扰下一层的应用，残余应力高到足以使零件从构建板上断裂或使零件本身破裂。此外，当零件从构建板上移除时，残余应力将产生更大的变形，从而出现不希望的形状。

DED 工艺模拟的目标是预测宏观水平、温度引起的零件变形和应力，以防止构建失败，并为改进增材制造设计提供趋势数据，包括零件方向和零件构建顺序。如果预测微观过程现象（即微观结构）所需的详细热或结构结果，焊接熔池的详细建模，可利用 ANSYS Fluent 来完成。

14.3.1 定向能量沉积导航树分析设置

DED 过程仿真以导航树下分析设置流程及特有步骤如下：

1. 创建分析系统

定向能量沉积增材制造的预定义定制系统如图 14-27 所示。

AM DED Process：DED 过程模拟需要进行瞬态热分析，然后进行结构静力分析，这个过程假设物理解耦，数据从热分析单向流到结构。

2. 分配材料

DED 分析，对于打印零件，将参考温度【Reference Temperature】设置为按主体【By Body】，然后输入参考温度值【Reference Temperature Value】作为熔化温度。这一步骤用于确保仿真中出现正确的出生和死亡行为非常重要。

图 14-27 定向能量沉积增材制造的预定义定制系统

高级用户可定义包含构建零件和基板材料数据的文本文件，有助于材料特性的灵敏度分析。分配材料设置如图 14-28 所示。

3. 创建或导入模型

DED 工艺采用多轴转台旋转构建平台进行材料沉积，不使用支撑，创建模型包括打印零件和基板。打印零件应以全局 Z 轴为构建方向。

4. 创建增材制造工艺（见图 14-29）

1）在功能区选择【Add-ons】→【Additive Manufacturing】→【DED Process】。

2）插入【DED Process】，在功能区单击【DED Process】，到导航树【AM Process for DED】。

3）然后根据提示选择对应的打印零件实体和基板。

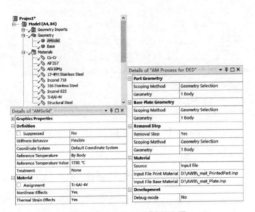

图 14-28　分配材料设置

图 14-29　创建增材制造工艺

5. 创建增材制造网格

DED 过程仿真与粉末床熔融不同，只要求每个实际沉积层一个有限元层，不必每个层都具有相同层高度的严格分层网格，但 DED 焊缝轨迹必须在网格中表示。网格类型包括笛卡儿网格、四面体网格和扫掠网格，如果手动聚类处理的，使用笛卡儿网格，线性元素。

6. 连接

连接是一种机制，可确保仿真中的零件、支撑和基板主体相互识别，并能够跨边界共享数据（温度和位移）。DED 仿真是打印件与基板之间的连接。接触面定义为打印件的下部元素面，目标侧定义为基板的上部元素面。连接名称必须为 DED_Contact，如图 14-30 所示。

7. 定义生成设置

在此步骤中，指定与机器和过程相关的仿真参数，导航树单击构建设置【Build Settings】，如图 14-31 所示。

（1）机器设置【Machine Settings】

材料沉积速率【Material Deposition Rate】，熔化材料的进给速率，单位为 mm^3/s。该值可通过乘以层厚度（mm）×焊缝宽度（mm）×沉积速度（mm/s）来确定。

（2）构建条件【Build Conditions】

① 预热温度【Preheat Temperature】，构建板的起始温度。

② 范围几何【Scoping Method】，直接选择几何图形，或使用命名选择来识别将被预热的基板底部。

图 14-30　DED 仿真连接

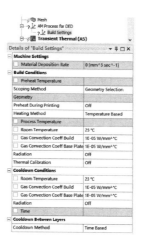

图 14-31　DED 构建设置

③ 几何体【Geometry】，基板的底面。

④ 打印过程中的预热【Preheat During Printing】，如果设置为关闭（默认），则仅在第一个加载步骤中应用预热温度。选项打开可在整个构建过程中保持预热温度。

⑤ 加热方法【Heating Method】，控制在瞬态热分析中如何加热新簇，选择基于温度（Temperature Based），加热基于工艺温度或基于功率（Power Based），加热基于激光功率和材料吸收率。

⑥ 工艺温度【Process Temperature】，原料离开喷嘴时的温度，通常为熔化温度或以上（使用 DED 过程向导时，此值自动默认为构建材料的熔化温度）。

⑦ 功率【Power】，激光器的功率，单位为 W。

⑧ 吸收率【Absorptivity】，沉积材料吸收并对加热过程有贡献的能量的平均分数，值必须介于 0 和 1 之间，默认值为 0.4 或 40%。

⑨ 室温【Room Temperature】，打印过程中打印室内的气体温度。

⑩ 气体对流系数对打印件【Gas Convection Coeff Build】，在打印过程中，零件表面对腔室中周围气体的对流系数。

⑪ 气体对流系数对基板【Gas Convection Coeff Base Plate】，在打印过程中，基板表面对腔室中周围气体的对流系数。

⑫ 辐射【Radiation】，设置仿真中的辐射效果，如果打开，则定义发射率，可以提供更高的精度，但需要较高的计算成本。

⑬ 热校准【Thermal Calibration】，设置为关闭，则簇沉积将使用默认的加热和冷却行为，设置为打开可更改"群集冷却时间比率"，基本上将其用作校准因子。

（3）冷却条件【Cooldown Conditions】

它是指在打印最后一层后的冷却步骤中，与零件周围构建室中的环境相关的设置。

① 室温【Room Temperature】，冷却过程中建造室内气体的温度，默认室温为 23℃。

② 气体对流系数对打印零件【Gas Convection Coeff Build】，冷却过程中打印零件与腔室中周围气体的对流系数。

③ 粉末对流系数对基板【Gas Convection Coeff Base Plate】，冷却过程中基板与腔室中周围气体的对流系数。

④ 辐射【Radiation】，冷却过程中辐射，如果打开，则定义发射率，可以提供更高的精度，但需要较高的计算成本。

⑤ 时间【Time】，冷却过程的持续时间。

（4）层间冷却【Cooldown Between Layers】

冷却方法【Cooldown Method】，基于时间（Time Based）方法允许从 G-Code 文件直接输入停留时间（以 s 或 ms 为单位），然后通过元素聚类过程对其进行解释。基于温度（Temperature Based）使用目标温度以及时间步长和收敛选项来自动调整停留时间。

8. 执行单元聚类

聚类用于将焊缝分割成更小的网格聚类，这些网格聚类在一个时间步长内暴露于一个温度。聚类体积【Cluster Volume】用于控制簇的大小，该值决定每个加载步骤激活多少单元，加载步骤的时间由体积/沉积速率决定，设置该值要结合计算资源平衡应用。可以手动定义单元聚类【Manual Clustering】和 G-Code 定义单元聚类【G-Code Clustering】。

（1）手动定义聚类

1）插入【Manual Clustering】，单击导航树【AM Process for DED】→【DED Process】→【Manual Clustering】。

2）然后，设置聚类体积【Cluster Volume】，默认 20mm^3，选择打印方向，默认为 Z 方向。

3）定义模型聚类，首先确定打印路径或焊缝轨迹，如模型规定打印方向为顺时针，在第一起始位置面创建命名选择为 start_face_1，并将该面对于整段轨迹模型实体创建命名选择为 weld_1，如图 14-32 和图 14-33 所示。接着同理，对轨迹的第二段进行命名，在第二段起始位置面创建命名选择为 start_face_2，并将该面对于整段轨迹模型实体创建命名选择为 weld_2，如图 14-34 和图 14-35 所示。依此类推，可命名 start_face_3，weld_3；start_face_4，weld_4 等，最后组合，在导航树分别选择 start_face_1 和 weld_1 然后右击，从弹出的快捷菜单选择 Group 命令组合在一起并新命名为 w_1，依此类推，可分别组合命名 w_2、w_3、w_4 等，如图 14-36 所示。

图 14-32　定义模型聚类起始位置面命名

图 14-33　定义模型聚类实体命名

图 14-34 定义模型聚类第二段
起始位置面命名

图 14-35 定义模型聚类第二段
实体命名

4）生成聚类，右击【Manual Clustering】，然后选择
【Generate】生成聚类，如图 14-37 所示，代表打印或焊接
如此进行。在功能区 DED 的 AM 进程工具栏单击向前聚类
选择【Cluster Selection Forward】和向后聚类选择【Cluster
Selection Backward】按钮，可以在几何图形窗口中显示簇
序列。

5）单击聚类设置【Cluster Settings】对象，根据需要
可在表格调整各个单元聚类的机器参数，如图 14-38 所示。

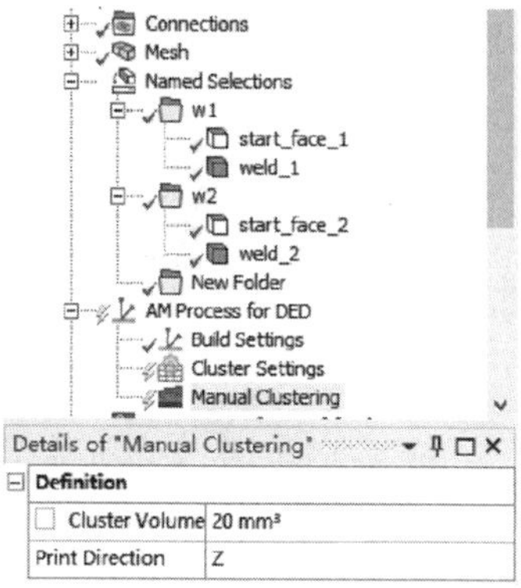

定义模型聚类命名规则：

① 轨迹起始面命名为 start_face_X，X 为序号，1、2、
3、4、5 等。

图 14-36 定义模型聚类导航树

② 对应的轨迹实体模型名为 weld_X，X 为序号，1、2、3、4、5 等。

③ 对 start_face_X 和 weld_X 组合，组合命名为 w_X，X 为序号，1、2、3、4、5 等。

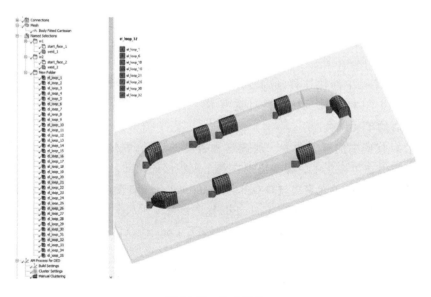

图 14-37 生成聚类

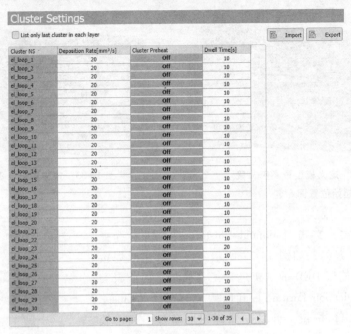

Cluster Settings

☐ List only last cluster in each layer   ▣ Import   ▣ Export

Cluster NS	Deposition Rate[mm³/s]	Cluster Preheat	Dwell Time[s]
el_loop_1	20	Off	10
el_loop_2	20	Off	10
el_loop_3	20	Off	10
el_loop_4	20	Off	10
el_loop_5	20	Off	10
el_loop_6	20	Off	10
el_loop_7	20	Off	10
el_loop_8	20	Off	10
el_loop_9	20	Off	10
el_loop_10	20	Off	10
el_loop_11	20	Off	10
el_loop_12	20	Off	10
el_loop_13	20	Off	10
el_loop_14	20	Off	10
el_loop_15	20	Off	10
el_loop_16	20	Off	10
el_loop_17	20	Off	10
el_loop_18	20	Off	10
el_loop_19	20	Off	10
el_loop_20	20	Off	10
el_loop_21	20	Off	10
el_loop_22	20	Off	10
el_loop_23	20	Off	20
el_loop_24	20	Off	10
el_loop_25	20	Off	10
el_loop_26	20	Off	10
el_loop_27	20	Off	10
el_loop_28	20	Off	10
el_loop_29	20	Off	10
el_loop_30	20	Off	10

Go to page: ☐ 1   Show rows: 30 ▾   1-30 of 35   ◄ | ►

图 14-38 聚类设置参数

（2）G-Code 定义单元聚类

G-Code 是计算机数控机床最常用的编程语言。用 G-Code 命令作为创建表示打印零件构建顺序的单元聚类的基础。主要用线性移动（G00 和 G01）和圆形移动（CIP）的基本命令，并假设 X-Y、X-Z 或 Y-Z 平面上的平面刀具路径垂直于打印方向。

G-Code 定义单元聚类通过向导设置完成，不能直接在导航树上设置，具体参看下文中定向能量沉积分析导向设置。

单击功能区中 DED 的 AM 进程工具栏中的显示路径【Show Path】或隐藏【Hide Path】。G 代码路径在几何图形窗口中显示为蓝线和绿线，如图 14-39 所示。

蓝线显示 G 代码中的快速移动命令。通过这种类型的移动，材料不被沉积，并且这些路径也不用于随后的单元聚类。

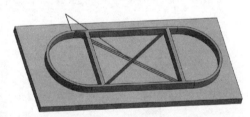

图 14-39 G-Code 单元聚类路径

绿线显示 G 代码中的打印命令。通过这种类型的运动，材料被沉积，这些路径被用于随后的单元聚类。在可视化中，绿线出现在每个沉积层的顶部。

单击导航树 G-Code 单元聚类【G-Code Clustering】，详细设置如图 14-40 所示。

1）导入 G-代码文件【Import G-Code File】。

G-代码文件【G-Code File】，导入包含路径、G-Code 命令信息的文件。

2）聚类体积【Cluster Volume】。

聚类体积【Cluster Volume】，输入聚类体积，单位为 mm^3。

3）G-代码选项【G-Code Options】。

① 打印方向【Print Direction】，可选 X，Y，Z，–X，–Y，–Z，3D（Beta），打印方向默

认 Z 轴。

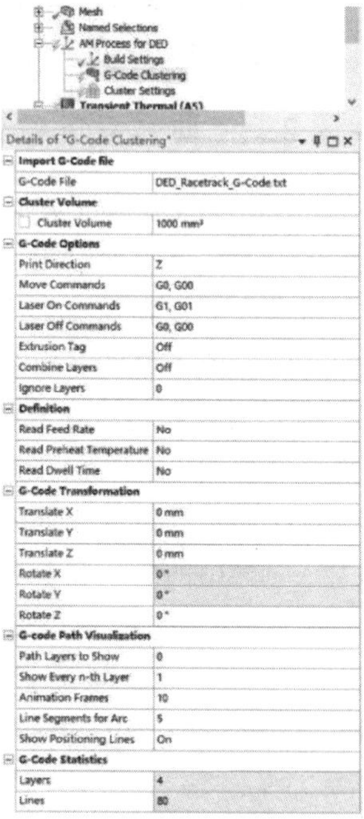

② 移动命令【Move Commands】, 定义用于纯移动的 G 代码命令, 如 G0、G00。

③ 激光开启命令【Laser On Commands】, 定义用于将激光器切换到开启 (激光器开启) 的 G 代码命令, 如 G1、G01。

④ 激光关闭命令【Laser Off Commands】, 定义用于将激光器切换到关闭 (激光器关闭) 的 G 代码命令, 如 G0、G00。

⑤ 挤压标记【Extrusion Tag】, G 代码命令可通过挤压标记 "E" 扩展。这可用于额外控制材料是否沉积。设置为打开时, 只有带有 "E" 标记的命令才会被考虑用于后续的元素聚类, 默认设置关闭。

⑥ 合并层【Combine Layers】, 将多个单元层合并成一层。

⑦ 忽略层【Ignore Layers】, 可以从单元聚类中排除特定层, 使用逗号分隔的值排除多个层号。

4) 定义【Definition】。

① 读取进给速率【Read Feed Rate】, 定义读取进给速度, 默认不定义。

② 读取预热温度【Read Preheat Temperature】, 定义读取预热温度, 默认不定义。

③ 读取停留时间【Read Dwell Time】, 定义读取停留时间, 默认不定义。

5) G-代码转换【G-Code Transformation】。

① 平移 X 轴【Translate X】, 可以平移 X 轴方向用于 G-代码与构建部件正确对齐。

② 平移 Y 轴【Translate Y】, 可以平移 Y 轴方向用于 G-代码与构建部件正确对齐。

③ 平移 Z 轴【Translate Z】, 可以平移 Z 轴方向用于 G-代码与构建部件正确对齐。

④ 旋转 X 轴【Rotate X】, 默认不可旋转。

⑤ 旋转 Y 轴【Rotate Y】, 默认不可旋转。

⑥ 旋转 Z 轴【Rotate Z】, 仅允许在打印 Z 方向上旋转。

6) G-代码路径可视化【G-Code Path Visualization】。

① 路径图层显示【Path Layers to Show】, 输入要显示的路径层, 默认值为 0, 显示所有层, 使用连字符和多个逗号分隔的值输入一个值范围。例如, 1-10、25-30 显示 1~10 层和 25~30 层。

② 显示每 n 个层【Show Every n-th Layer】, 指定要显示的路径层的每 n 个路径层, 例如, 数字 2 显示第二层, 3 显示第三层, 依此类推。

③ 动画帧【Animation Frames】, 渲染指定要显示的路径层的动画帧。

④ 圆弧线段【Line Segments for Arc】, 圆弧路径的图形显示近似于几何图形窗口中的多条直线, 默认 5 条。

⑤ 显示定位线【Show Positioning Lines】, 启用 (默认设置) 显示 G 代码中的快速移动命令。关闭将抑制快速移动命令的显示。

7) G-代码统计【G-Code Statistics】。

图 14-40 G-Code 单元聚类详细设置

① 层数【Layers】，查看从 G-Code 文件读取的层数。

② 线数【Lines】，查看从 G-Code 文件读取的行数。

14.3.2 定向能量沉积分析向导设置

与 LPBF 设置向导类似，DED 设置向导是按照定向能量沉积仿真定制的流程模板，使用 DED 设置向导可方便快捷地完成定向能量沉积仿真。按照向导的步骤进行操作，该操作会自动将对象添加到 Mechanical 界面中的导航树中，并输入对象特性的值，当完成向导中的最后一步时，除了聚类需要手动设置，其他仿真设置即完成，单击完成或退出，退出向导。

DED 设置向导与导航树所需设置项目一样，包括模型设置、构建设置、后处理选项三大部分。使用 DED 设置向导，在功能区单击【DED Process】→【Open Wizard】后会自动弹出，可按照步骤设置，如图 14-41~图 14-48 所示。除了 G-Code 定义单元聚类通过向导设置完成，向导中的对象和参数设置已在 14.3.1 定向能量沉积导航树分析设置中详细介绍，最后生成的 G-Code 定义单元聚类，如图 14-49 所示。

图 14-41 定向能量沉积分析向导设置

图 14-42 定向能量沉积分析向导设置模型识别　　图 14-43 定向能量沉积分析向导设置网格设置

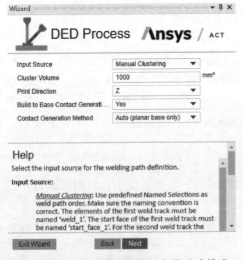

图 14-44 定向能量沉积分析向导手动模式　　图 14-45 定向能量沉积分析向导 G-Code 模式

图 14-46　定向能量沉积分析向导材料分配

图 14-47　定向能量沉积分析向导机器参数设置

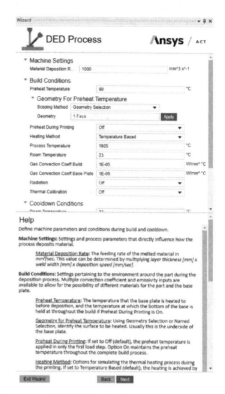

图 14-48　定向能量沉积分析向导设置基板设置

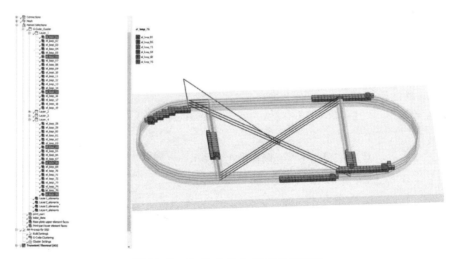

图 14-49　生成 G-Code 定义单元聚类

14.4　烧结分析

　　激光粉末床熔融和定向能沉积金属增材制造方法有一个共同点，逐层打印构建，在构建过程中引入的高温和热梯度会导致局部翘曲和零件内残余应力的积累，局部加热和冷却循环会演变出潜在的微观结构，从而影响零件的力学性能。

烧结方法通过将黏合剂引入打印喷嘴以较弱的方式将粉末固结在一起构建零件来消除局部热效应，需要经过两个阶段的热处理：①脱脂，施加相对较弱的热负荷（熔炉）以蒸发黏合剂；②烧结，施加相对较强的热负荷（熔炉），使粉末致密化，以达到所需的工程要求。优点是可以在零件的空间变异性较低的情况下生产出与铸造工艺具有竞争力的微观结构，从而获得好的力学性能。可以在零件的设计中加入更多的复杂结构（如悬臂和空腔），不过应考虑零件烧结过程中由于蠕变而导致的零件收缩和重力弯曲。这也是仿真考虑的重要因素，不过，如果为稳定的材料系统创建了良好的校准，就可以应用补偿算法来实现将产生所需尺寸规格的补偿形状。

14.4.1 烧结导航树分析设置

烧结过程仿真导航树下分析设置流程和特有步骤如下：

1. 创建分析系统

注射成形烧结/黏合剂喷射仿真堆积后的烧结处理，不仿真黏合剂喷射部件的堆积本身，结构静力系统即可完成。创建分析系统如图 14-50 所示。

2. 定义材料与分配材料

材料选择各向同性弹性模型，并指定杨氏模量、泊松比、各向同性热膨胀系数。

烧结材料对象以选择预定义的材料模型，指定初始相对密度、平均粉末直径、烧结激活温度以及其他基本参数。

3. 创建或导入模型

模型包括烧结零件和基板。

4. 创建增材制造工艺

1）在功能区选择【Add-ons】→【Additive Manu-facturing】→【Sintering Process】。

2）插入【Sinter Material】，在功能区单击【Sinter Material】→到导航树【Static Structural（A5）】→【Sinter Material】，选择烧结零件，然后进行相关设置。烧结材料设置如图 14-51 所示。

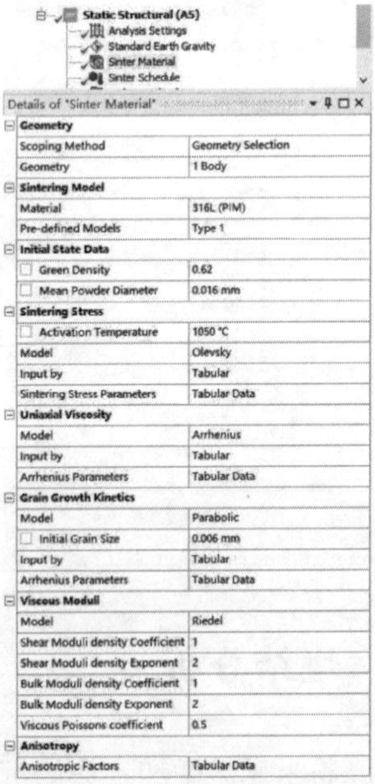

（1）几何体【Geometry】

① 范围界定方法【Scoping Method】，直接选择几何图形，或使用命名选择识别。

② 几何体【Geometry】，待烧结的零件。

（2）烧结模型【Sintering Model】

① 材料【Material】，选择预先存在的材料模型或自定义的材料模型。

② 预定义模型【Pre-defined Models】，材料模型

图 14-50　创建分析系统

图 14-51　烧结材料设置

提供标签包括 Type1（宋提供的材料模型）、Type2（Song 等人提供的材料模型）、Type3（张提供的材料模型）。

（3）初始状态数据【Initial State Data】

① 生坯密度【Green Density】，初始相对密度（无单位），该值将统一应用于整个零件。

② 平均粉末直径【Mean Powder Diameter】，用于构建零件的平均粉末直径。

（4）烧结应力【Sintering Stress】

① 激活温度【Activation Temperature】，超过该温度烧结应力为非零并且可能发生收缩。

② 模型【Model】，奥列夫斯基（Olevsky）、奥列夫斯基（颗粒校正）（Olevsky（Grain-Size Corrected））。

③ 输入【Input by】，单级或数据表。

④ 烧结应力参数【Sintering Stress Parameters】，默认定制参数。

（5）单轴黏度【Uniaxial Viscosity】

① 模型【Model】，阿伦尼乌斯模型（Arrhenius）、Tabular、Tabular（lg）。

② 输入【Input by】，单级或数据表。

③ 指前因子【Arrhenius Parameters】，默认定制参数。

（6）晶粒生长动力学【Grain Growth Kinetics】

① 模型【Model】，抛物线型或无。

② 初始粒度【Initial Grain Size】，初始平均粒径，默认为 0.006mm。

③ 输入【Input by】，单级或数据表。

④ 指前因子【Arrhenius Parameters】，默认定制参数。

（7）黏性模量【Viscous Moduli】

① 模型【Model】，包括黏性模量的 Riedel 模型、黏性模量的 SOVS 模型。

② 剪切模量密度系数【Shear Moduli Density Coefficient】，默认为 1。

③ 剪切模量密度指数【Shear Moduli Density Exponent】，默认为 2。

④ 体积模数密度系数【Bulk Moduli Density Coefficient】，默认为 0.6666667。

⑤ 体积模数密度指数【Bulk Moduli Density Exponent】，默认为 3。

⑥ 黏性泊松系数【Viscous Poissons Coefficient】，默认为 1。

（8）各向异性【Anisotropy】

各向异性因子【Anisotropic Factors】，默认定制参数。

5. 创建增材制造网格

烧结仿真与能量沉积和粉末床熔融不同，没有特别的网格划分要求。

6. 连接

接触表面通常是零件的底部，目标表面是基板的顶部。小滑动（Small Sliding）设为关闭；更新刚度（Update Stiffness）设为每次迭代-激进。

7. 烧结热工机制

插入【Sinter Schedule】，在功能区单击【Sinter Schedule】→到导航树【Static Structural（A5）】→【Sinter Schedule】，然后进行相关设置，如图 14-52 所示。

（1）定义【Definition】

① 加热模式【Heating Mode】，等温（只读）表示在整个零件上应用均匀的温度。

② 环境温度【Environment Temperature】，自动确定的起始温度，默认 22℃。

③ 开始时间【Start Time】，启动时间偏移，以允许负载（重力、温度、力等）倾斜到其预期值。

④ 温度循环【Temperature Cycle】，图表只读形式。

（2）几何【Geometry】

① 范围几何【Scoping Method】，直接选择几何图形，或使用命名选择识别要烧结的实体。

② 几何体【Geometry】，烧结的实体。

（3）热工制度【Thermal Schedule】

① 设定点数量【Number of Set Points】，温度循环的温度点的数量。

② 设置点【Set Point】，要增加或修改的温度点，为只读形式。

③ 输入【Input by】，可选持续时间或速率。

④ 温度【Temperature】，增加/修改的点的温度。

⑤ 持续时间【Duration】，持续时间（s）。

（4）信息【Information】

① 终止时间【Final Time】，烧结循环结束时间，为只读形式。

② 调整分析时间/步骤【Adjust Analysis Time/Step】，如果"是"，分析设置对象中的步骤数和步骤结束时间将根据烧结计划对象中的设置进行调整；如果"否"，则不会调整导航树中的分析设置。

图 14-52　烧结热工机制设置

8. 结构静力分析设置

单击导航树【Static Structural（A5）】→【Analysis Settings】，首先进行两个热循环步设置，然后设置打开大变形计算、准静态求解和自动时间步。

此外，还应固定基板，加载标准重力加速度。

9. 评估结果

评估结果除了常规结果，还可以评估相对密度【Relative Density】、单轴黏度【Uniaxial Viscosity】、烧结应力【Sinter Stress】、粒度【Grain Size】。

14.4.2　烧结分析向导设置

与 LPBF 设置向导和 DED 设置向导类似，Sinter 设置向导是按照注射成形烧结仿真定制的流程模板，使用 Sinter 设置向导可方便快捷地完成注射成形烧结仿真。按照向导的步骤进行操作，该操作会自动将对象添加到 Mechanical 界面中的导航树中，并输入对象特性的值，当完成向导中的最后一步时，仿真设置即完成，单击完成或退出，退出向导。

Sinter 设置向导与导航树所需设置项目一样，包括模型设置、构建设置、后处理选项三大部分。使用 Sinter 设置向导，在功能区单击【Sinter Process】→【Setup Wizard】后会自动弹出，如图 14-53 ~ 图 14-61 所示。向导中的对象及参数设置已在第 14.4.1 节详细介绍。

图 14-53　烧结分析向导设置

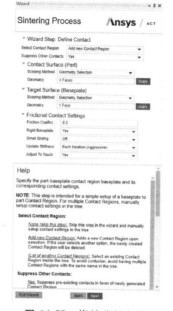

图 14-54　烧结分析向导
设置模型识别

图 14-55　烧结分析向导
设置接触设置

图 14-56　烧结分析向导
设置固定设置

图 14-57　烧结分析向导
设置网格设置

图 14-58　烧结分析向导设置
标准地球重力方向设置

图 14-59　烧结分析向导
分配材料设置

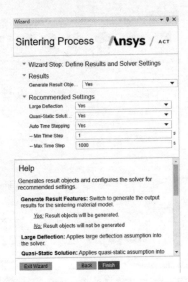

图 14-60　烧结分析向导设置温度循环设置　　　图 14-61　烧结分析向导设置结构分析设置

14.5　失真补偿分析

通过调整 CAD 模型来补偿制造过程中出现的预期失真是常用的方法，ANSYS 提供单程和自动化迭代补偿的方法，单程方法补偿速度快，通过使用失真补偿因子反向扭曲单个结构静力结果集来创建补偿几何图形。自动化迭代补偿的方法通过运行生成一个几何体，该几何体在制造后变形到原始设计的容差范围内，结果更精确。

单击 Mechanical 功能区增材制造【Additive Manufacturing】组中失真补偿【Distortion Compensation】，该加载项可从 Mechanical 功能区的附加模块选项卡访问。烧结材料设置如图 14-62 所示。

图 14-62　烧结材料设置

1）迭代补偿【Iterative Compensation】：此选项用于自动化迭代补偿分析。

2）导出 STL 文件【Export STL】：此选项导出最终补偿的几何体，也是可打印的零件，如果包含支撑的模型，零件和支撑分别导出单独的文件。

3）导出参考几何图形【Export Reference Geometry】：此选项导出经过重新绘制面的参考几何图形。

4）显示零件的参照几何图形【Show Refaceted Geometry of Parts】：此选项生成并显示反映当前参照设置的零件的参照的几何图形，这将是失真补偿的目标零件几何形状。如果模型中存在预定义的支撑体，它们也将包含在此处。

5）显示支架的参照几何体【Show Refaceted Geometry of Supports】：此选项生成并显示

反映当前参照设置的 STL 支架的参照几何形状，这将是失真补偿的目标支撑几何形状。如果模型中存在预定义的支撑体，则它们将包含在零件的预览中（显示零件的参照几何图形）。

6）恢复原始模型【Restore Original Model】：此选项将模型树重置为迭代失真补偿解决方案之前的状态。构建几何图形（零件和支撑）将重置为原始几何图形。模型树中的项目，包括网格、命名选择、连接等，都将重置为任何失真补偿迭代开始前的状态，并且任何生成的数据都将被清除。将此视为迭代失真补偿的"撤销"。

7）单次补偿【Single Compensation】：此选项用于单次补偿分析。

14.5.1 失真迭代补偿

1. 创建增材制造分析项目

创建如 LPBF 热结构、LPBF 固有应变、烧结仿真分析项目，并执行完整分析。

2. 迭代补偿分析

进行迭代补偿分析，单击并加载增材制造组的失真补偿【Distortion Compensation】，然后单击迭代补偿【Iterative Compensation】，出现在导航树 AM 工艺下。失真迭代补偿设置如图 14-63 所示。

（1）补偿几何体【Geometry（Body）】

① 范围界定方法【Scoping Method】，直接选择几何图形，或使用命名选择识别。

② 几何体【Geometry】，如果 STL 支撑进行增材制造分析，将对支架进行补偿，而无须选择它们。如果模型中存在预定义的支撑，应与零件一起选择。

（2）参考文件【Reference File】

① 使用参考几何文件【Use Reference Geometry File】，默认值不使用，则应用程序将生成并保存初始实体拟合镶嵌面网格，作为失真补偿的目标几何体，如使用，则有 3 个选项。

② 参考几何体【Reference Geometry】，选择要补偿的实体。

③ 文件路径【File Path】，选择相应的参考几何图形文件路径。

图 14-63　失真迭代补偿设置

④ 零件参照文件单位【Part Reference File Units】，默认单位为 m，可选择其他单位。

（3）收敛准则【Convergence Criteria】

① 平均偏差【Average Deviation】，零件上的所有点保持在其范围内的总体平均容差，若要实现收敛，变形几何体和原始几何体之间的平均偏差必须小于此值。

② 最大偏差【Maximum Deviation】，零件上任何一点的最大允许变形。

③ 最大迭代次数【Maximum Iterations】，将运行的最大迭代次数。

（4）重修面设置【Refaceting Settings】

① 几何重划网格【Remesh Geometry】，是/否重划，取决于导航树中是否存在 LPBF 或烧结对象。

② 曲率最小尺寸【Curvature Min Size】，刻面网格中所需的最小单元大小，通常用于曲

线周围。

③ 最大尺寸【Max Size】，刻面网格中所需的最大单元尺寸。

④ 增长率【Growth Rate】，移动小单元尺寸的曲线时，控制单元边延长的因子，默认为 1.2。

⑤ 曲率法向角【Curvature Normal Angle】，给定特定几何曲线，允许一个单元边跨越的最大允许角度。

（5）高级【Advanced】

① 失真补偿系数【Distortion Compensation Factor】，生成补偿几何体时用于缩放位移的系数，默认为 0.75。

② 基板处的零变形【Zero Deformations at Base】，如果为"否"（烧结仿真的默认值），则失真补偿因子将均匀应用于所有变形的节点，包括底部的节点；如果为"是"（LPBF 模拟的默认值），则使用过渡区域零变形间隙，其中节点补偿从底部的零补偿到完全补偿（即从 0 到失真补偿因子）线性变化。当模拟截断时，此选项特别有用。

（6）输出控制【Output Controls】

保存迭代结果【Save Iteration Results】，如果为"否"（默认值），仿真将仅在最后一次迭代中将补偿的几何图形保存为 stl 文件；如果为"是"，将在名为迭代结果的子文件夹中保存项目目录中每次迭代的补偿几何图形。如果重新启动模拟，将重置此文件夹及其内容。文件名包括迭代次数。

（7）重新启动控件【Restart Controls】

生成重新启动点【Generate Restart Points】，补偿将返回并重新启动的点，默认为"否"；在开始初始迭代补偿之前，必须设置为"是"，才能获得重新启动点。

（8）统计【Statistics】

① 状态【Status】，显示当前状态，选项包括：未启动、进行中、成功、失败、未收敛。

② 迭代完成【Iterations Completed】，迭代失真补偿分析中完成的迭代次数。

③ 平均偏差【Average Deviation】，上一次完成迭代的平均偏差。

④ 最大偏差【Maximum Deviation】，上一次完成迭代的最大偏差。

3. 查看收敛历史

单击收敛历史【Convergence History】，可查看在解决过程中和解决后回顾收敛历史。

4. 评估结果

最后，右击失真补偿【Iterative Compensation】→【Generate Compensated Geometry】，在提示下，选择一个文件夹来存储补偿后的 Stl 文件，Stl 支撑始终以 mm 为单位保存。

14.5.2 失真单次补偿

单次补偿【Single Compensation】可以基于单个结构静力分析的结果创建补偿的几何图形，在一个步骤中生成和导出补偿的几何图形，有助于快速生成补偿几何体，并可用于迭代补偿不可用的分析（如 DED 或非 AM 分析）。

1. 创建增材制造分析项目

创建如 LPBF 热结构、LPBF 固有应变、DED、烧结仿真分析项目，并执行完整分析。

2. 单次补偿分析

进行单次补偿分析，单击并加载增材制造组的失真补偿【Distortion Compensation】，然后单击单次补偿【Single Compensation】，出现在导航树求解下，如图 14-64 所示。

（1）补偿几何体【Geometry（Body）】

① 范围界定方法【Scoping Method】，直接选择几何图形，或使用命名选择识别。

② 几何体【Geometry】，如果 STL 支撑进行增材制造分析，将对支架进行补偿，而无须选择它们。如果模型中存在预定义的支撑，应与零件一起选择。

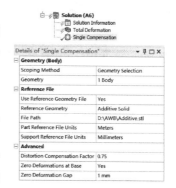

图 14-64　单次补偿设置

（2）参考文件【Reference File】

① 使用参考几何文件【Use Reference Geometry File】，默认值不使用，则应用程序将生成并保存初始实体拟合刻面网格，作为失真补偿的目标几何体，如使用，则有 4 个选项。

② 参考几何体【Reference Geometry】，选择要补偿的实体。

③ 文件路径【File Path】，选择相应的参考几何图形文件路径。

④ 零件参照文件单位【Part Reference File Units】，默认单位为 m，可选择其他单位。

⑤ 支撑参照文件单位【Support Reference File Units】，默认单位为 mm，可选择其他单位。

（3）重修面设置【Refaceting Settings】

该选项在不选使用参考几何文件时出现，可以控制网格大小以获得更好的 Stl 刻面质量，从而生成更接近实际几何体的分面网格，尤其是在曲线和孔周围。

① 曲率最小尺寸【Curvature Min Size】，刻面网格中所需的最小单元大小，通常用于曲线周围。

② 最大尺寸【Max Size】，刻面网格中所需的最大单元尺寸。

③ 增长率【Growth Rate】，移动小单元尺寸的曲线时，控制单元边延长的因子，默认为 1.2。

④ 曲率法向角【Curvature Normal Angle】，给定特定几何曲线，允许一个单元边跨越的最大允许角度。

（4）高级【Advanced】

① 失真补偿系数【Distortion Compensation Factor】，生成补偿几何体时用于缩放位移的系数，默认为 0.75。

② 基板处的零变形【Zero Deformations at Base】，如果为"否"（烧结仿真的默认值），则失真补偿因子将均匀应用于所有变形的节点，包括底部的节点；如果为"是"（LPBF 模拟的默认值），则使用过渡区域零变形间隙，其中节点补偿从底部的零补偿到完全补偿（即从 0 到失真补偿因子）线性变化。当模拟截断时，此选项特别有用。

③ 零变形间隙【Zero Deformation Gap】，从节点补偿的基础开始的过渡区域的长度，默认值为 3mm。

3. 评估结果

最后，右击单次补偿【Single Compensation】→【Generate Compensated Geometry】，在提示

下，选择一个文件夹来存储补偿后的 Stl 文件，Stl 支撑始终以 mm 为单位保存。

14.6 金属花瓶增材制造粉末床熔融分析

1. 问题描述

某花瓶采用粉末床熔融增材制造方法制造，材料为 316 不锈钢，若扫描速度以 1200mm/s 的速度扫描，其他相关参数在分析过程中体现。试分析花瓶增材过程中是否存在反向干涉，以及过程中热点、热应力、热应变。

2. 有限元分析过程

（1）启动 Workbench 2024

在"开始"菜单中执行【ANSYS 2024 R1\R2】→【Workbench 2024 R1\R2】命令。

（2）创建粉末床熔融热结构分析项目

① 在工具箱【Toolbox】的【Custom Systems】中双击或拖动粉末床熔融热结构分析项目【AM LPBF Thermal Structural】到项目流程图，如图 14-65 所示。

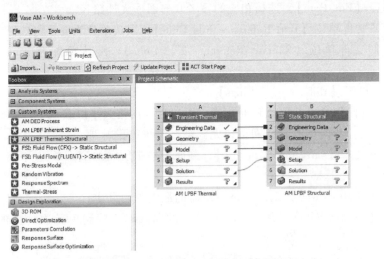

图 14-65 创建粉末床熔融热结构分析项目

② 在 Workbench 的工具栏中单击【Save】，保存项目工程名为 Vase AM . wbpj。有限元分析文件保存在 D：\AWB\Chapter14 文件夹中。

（3）导入几何模型

在粉末床融合热分析项目上，右击【Geometry】→【Import Geometry】→【Browse】，找到模型文件 vase . scdoc，打开导入几何模型。模型文件在 D：\AWB\Chapter14 文件夹中。

（4）进入 Mechanical 分析环境

① 在粉末床融合热分析项目上，右击【Model】→【Edit】，进入 Systems A，B- Mechanical 分析环境。

② 在 Mechanical Home 工具栏【Units】中设置单位为 Metric（mm，kg，N，s，mV，mA）。

（5）增材制造设置

① 使用 LPBF 设置向导，在工具栏单击【LPBF Process】→【LPBF Setup Wizard】，会在右侧自动弹出设置面板，首先进行模型设置，在标准工具栏上单击 。

② 设置构建模型，【Build Geometry】→【Part Geometry Set】选择 vase 体，单击 Apply。

③ 设置支撑，【Select Support】= New，【Support Type】= STL Supports，【Number of Supports】= Single，【STL Supports File】→【Edit】选择 STL 支撑，如在 D：\AWB\Chapter14\Support. stl，【STL Support Type】= Volumeless。

④ 设置基板，【Base Geometry】→【Base Geometry Selection】选择 base 体，单击 Apply。

⑤ 设置材料，【Material Assignment】→【Build Material】= 316 Stainless Steel，在这里构建模型花瓶，基板，支撑都用 316 Stainless Steel 材料。

⑥ 设置网格，【Mesh Criteria】→【Mesh Method】= Cartesian，【Build Element Size】= 1.5mm，【Base Element Size】= 5mm，单击【Next】进行下一步设置。

增材制造模型设置如图 14-66 所示。

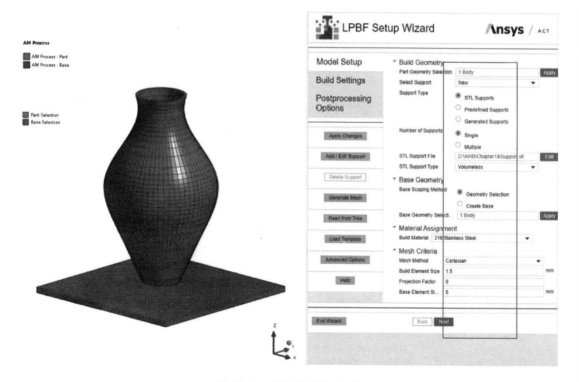

图 14-66　增材制造模型设置

⑦ 构建机器设置，单击【Machine Settings】，设置【Heating Method】→【Melting Temperature】→【Hatch Spacing】= 0.13mm，【Scan Speed】= 1200mm/s，【Dwell Time】= 5s，其他包括基板预热温度、边界条件等采取自动选择和默认设置，如图 14-67 所示。单击【Next】进行下一步设置。

⑧ 后处理设置，本例分析不进行基板移除，支撑移除，默认后处理结果设置，更多结果处理根据需要可自行设置，如图 14-68 所示。单击【Finish】程序自动完成所有设置出现在左侧的导航树图中，如图 14-69 所示。

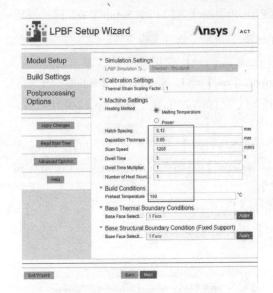

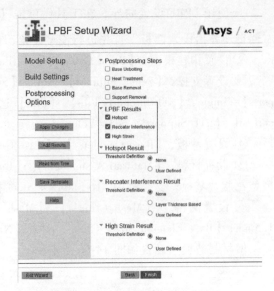

图 14-67　增材制造构建机器设置　　　　图 14-68　增材制造后处理设置

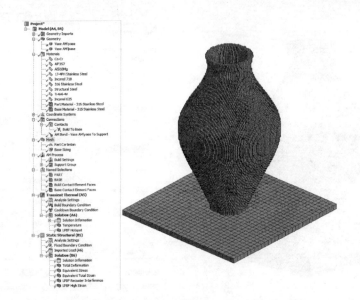

图 14-69　增材制造导航树完成设置及划分网格

（6）求解与结果显示

① 在 Mechanical 求解工具栏单击⚡进行求解运算。

② 运算结束后，依次单击热分析系统下【Solution（A6）】→【Temperature】，【LPBF Hotspot】图形区域显示花瓶增材过程中热产生的温度和热点云图，如图 14-70～图 14-72 所示。

③ 依次单击结构分析系统下【Solution（B6）】→【Total Deformation】，【Equivalent Stress】、【Equivalent Total Strain】、

图 14-70　温度云图

【LPBF Recoater Interference】，【LPBF High Strain】图形区域显示花瓶增材过程中产生的温度、热点、变形、应力、等效应变、干涉、高应变云图，如图 14-73~图 14-80 所示。

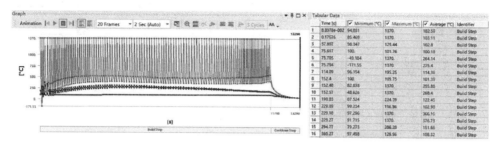

图 14-71　温度数据

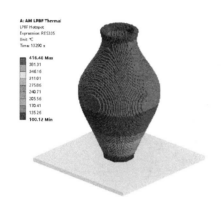

图 14-72　热点云图

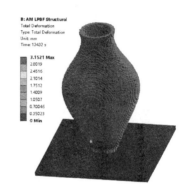

图 14-73　变形云图

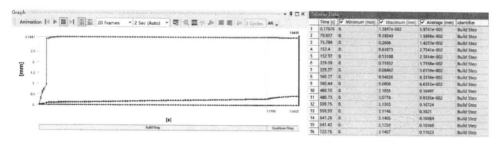

图 14-74　变形规律及数据

图 14-75　等效应力云图

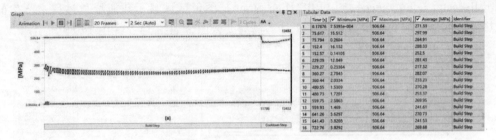

图 14-76　等效应力及数据

图 14-77　等效应变云图

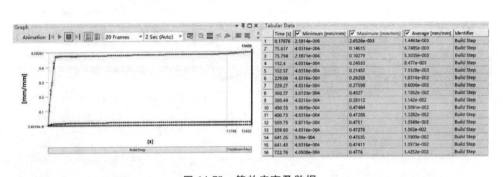

图 14-78　等效应变及数据

图 14-79　反冲干涉云图

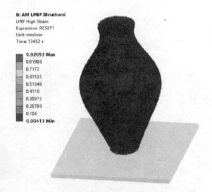

图 14-80　高应变云图

（7）保存与退出

① 退出 Mechanical 分析环境，单击 Mechanical 主界面的菜单【File】→【Close Mechanical】退出环境，返回到 Workbench 主界面，此时主界面的项目管理区中显示的分析项目均已完成。

② 单击 Workbench 主界面上的【Save】按钮，保存所有分析结果文件。

③ 退出 Workbench 环境，单击 Workbench 主界面的菜单【File】→【Exit】退出主界面，完成项目分析。

3. 点评

本例金属花瓶采用的是粉末床熔融增材制造的方法，与传统方法相比，在质量和效率方面有明显的优势。分析过程中采用定制的粉末床融合热结构分析流程模板，并采用向导设置，过程简单快速，自动完成导航树中的移植设置。摆放方式采用花瓶正常放置，45°角内无支撑，因底部与基板有间距，花瓶底部与基板间设有支撑。由于程序采用的是超级层方法，简化了细节，计算效率高。

14.7 本章小结

本章按照激光粉末床熔融分析、定向能量沉积分析、烧结分析、失真补偿分析和相应实例应用顺序编写，根据金属增材制造工艺特点，分别介绍了增材制造的基本方法，重点介绍了三种增材制造导航树分析设置方法，简要介绍了向导设置，以及校正分析和失真补偿分析等内容。由于篇幅所限，本章配备一个金属花瓶增材制造粉末床熔融分析案例，包括问题描述、有限元分析过程及点评三部分内容。

通过本章的学习，读者可以了解在 Workbench 下典型的三种金属增材工艺分析的基础知识，分析流程、分析设置及结果后处理等相关知识。

第15章 稳态导电与静磁场分析

稳态导电分析主要用来确定外部电压或电流负载导体中的电势。由于电流和永磁铁存在，磁场就可能存在，因此静磁场分析非常重要。本章分别简单介绍稳态导电分析与静磁场分析。

15.1 稳态导电分析

15.1.1 稳态导电分析概述

稳态导电分析主要用来确定外部电压或电流负载导体中的电势，从而得出传导电流、电场、焦耳热。稳态导电分析可以是线性分析，主要指恒定材料，也可以是非线性分析，主要指随温度变化的材料。当为非线性分析时，可通过非线性控制，控制电压和电流的收敛性达到快速求解的目的。

稳态导电分析支持单体和多体模型，对多体模型之间的关系自动创建绑定的面面接触；只支持高阶单元网格。

15.1.2 稳态导电分析负载

1. 电压

电压【Voltage】：电压负载模拟电势对导体的应用。

$$V = V_0 \cos(\omega t + \varphi) \tag{15-1}$$

式中，V_0 是输入电压；ω 是频率；t 是时间；φ 是相角；对静态，$\omega t = 0$。

2. 电流

电流【Current】：电流负载模拟电流对导体的应用。

$$I = I_0 \cos(\omega t + \varphi) \tag{15-2}$$

式中，I_0 是输入电流；ω 是频率；t 是时间；φ 是相角；对静态，$\omega t = 0$。

3. 条件

1）耦合条件【Coupling Condition】，可以使用耦合条件创建等电位面。

2）热条件【Thermal Condition】，对与温度有关的材料属性，温度分布可以导入使用的热条件选项。

15.1.3 稳态导电分析结果

稳态导电分析可得到电压【Electric Voltage】、总电场强度【Total Electric Field Intensity】及定向分量、总电流密度【Total Current Density】及定向分量、焦耳热【Joule Heat】等结

果，还可使用指针工具查看局部结果 Electric Voltage、电流密度【Field Intensity】、当前反应【Current Density】、Reaction。

1）电压。从电压分布云图可以查看某一点的电势，如图 15-1 所示。

2）总电场强度。通过计算整个域并得到总电场强度，可以得到总电场强度分布云图，如图 15-2 所示。也可通过定向电场强度【Directional Electric Field Intensity】，查看某一方向上（X，Y，Z）的矢量分布云图。

3）总电流密度。总电流密度分布云图如图 15-3 所示。也可通过定向电流密度【Directional Current Density】，查看某一方向上（X，Y，Z）的矢量分布云图。

4）焦耳热。焦耳热发生在携带电流的导体中，焦耳热分布云图如图 15-4 所示。焦耳热与电流的平方成正比，与电流方向无关。焦耳热可以作为热分析的导入载荷把导电分析结果导入热分析。导电分析也可接受热分析中指定的热条件，用于评估随温度变化材料的属性。

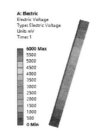

图 15-1　电压分布云图

图 15-2　总电场强度分布云图

图 15-3　总电流密度分布云图

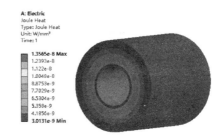

图 15-4　焦耳热分布云图

15.2　静磁场分析

15.2.1　静磁场分析概述

在 ANSYS Workbench 中，可以进行三维静态磁场分析，模拟各种物理区域，包括铁、空气、永久磁铁和导体。静磁场分析的典型应用如下：电机、变压器、感应加热、电磁执行器、高场磁体、无损检测、磁力搅拌、电解电池、粒子加速器、医学和地球物理仪器等。

15.2.2　静磁场分析负载

在进行静磁场分析时，可以应用电磁激励和边界条件。边界条件被认为是一个约束的场域。励磁被认为是非零的边界条件，这会导致系统的电或磁激励。边界条件应用在场域外表面，激励应用于导体。

1. 磁通量平行（Magnetic Flux Parallel）

磁通边界条件施加在模型边界上的磁通方向上的约束只能应用于面。选择磁通量平行则意味着模型中的磁通量平行于所选择的面。一般用于空气域边界和对称边界。

2. 激励源导体（Source Conductor）

激励源导体分为实心源导体和绞合源导体。

1）实心源导体应用于母线、转子笼等，电流可以因几何变化而不均匀分布，因此，程序执行实心导体求解电流在计算磁场之前。

2）绞合源导体应用于绕线线圈，绕线线圈常作为旋转电机、执行器、传感器等的电流激励源。可以直接为每个绞合源导体定义电流。

15.2.3 静磁场分析结果

静磁场分析可得到电势【Electric Potential】、总磁通密度【Total Magnetic Flux Density】及定向分量、总磁场强度【Total Magnetic Field Intensity】及定向分量、合力【Total Force】及定向分量、电流密度【Current Density】、电感【Inductance】、通量链【Flux Linkage】、磁误差【Magnetic Error】等结果，还可使用指针工具查看局部结果通量密度【Flux Density Probe】、场强度【Field Intensity Probe】、力求和【Force Summation】、扭矩【Torque】、能量【Energy Probe】、磁通量【Magnetic Flux Probe】。

1）电势代表导体中恒定电位（电压）的等值线。这是一个标量，如图15-5所示。

2）通过计算整个域，可以得到总磁通密度分布云图，如图15-6所示。也可通过定向磁通密度【Directional Magnetic Flux Density】，查看某一方向上（X，Y，Z）的矢量分布云图。

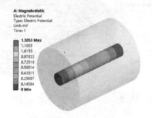

图15-5　电势分布云图　　　　　　　　　图15-6　总磁通密度分布云图

3）通过计算整个域，可以得到总磁场强度分布云图，如图15-7所示。也可通过定向磁场强度【Directional Magnetic Field Intensity】，查看某一方向上（X，Y，Z）的矢量分布云图。

4）合力代表整个物体上的电磁力，是矢量。合力分布云图如图15-8所示。也可通过定向合力【Directional Force】，查看某一方向上（X，Y，Z）的矢量分布云图。

图15-7　总磁场强度分布云图　　　　　　图15-8　合力分布云图

15.3 铜线圈包裹钢芯电磁分析

1. 问题描述

某圆柱形铜线圈包裹钢芯体，激励源导体电流10000mA，钢芯材料为结构钢，线圈材料为铜合金，包裹体材料为空气，其他相关参数在分析过程中体现。试求线圈电流密度和总磁通密度。

2. 有限元分析过程

（1）启动 Workbench 2024

在"开始"菜单中执行【ANSYS 2024 R1\R2】→【Workbench 2024 R1\R2】命令。

（2）创建静磁场分析项目

① 在工具箱【Toolbox】的【Analysis Systems】中双击或拖动静磁场分析项目【Magnetostatic】到项目流程图，如图15-9所示。

② 在 Workbench 的工具栏中单击【Save】，保存项目工程名为 Coil．wbpj。有限元分析文件保存在 D：\AWB\Chapter15 文件夹中。

（3）确定材料参数

① 编辑工程数据单元，右击【Engineering Data】→【Edit】。

图 15-9 创建静磁场分析项目

② 在工程数据属性中添加材料，在 Workbench 的工具栏上单击工程材料源库，此时的主界面显示【Engineering Data Sources】和【Outline of Favorites】。选择 A4 栏【General Materials】，从【Outline of General Materials】里查找铜合金【Copper Alloy】材料，然后单击【Outline of General Materials】表中的添加按钮，此时在 C6 栏中显示标识，表明材料添加成功，如图15-10所示。

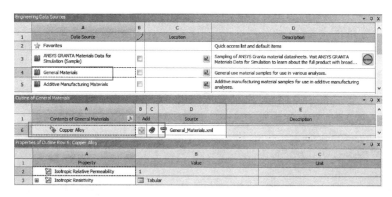

图 15-10 添加材料

③ 单击工具栏中的【A2：Engineering Data】关闭按钮，返回到 Workbench 主界面，新材料创建完毕。

（4）导入几何模型

在结构静力分析项目上，右击【Geometry】→【Import Geometry】→【Browse】，找到模型文件 Coil. agdb，打开导入几何模型。模型文件在 D：\AWB\Chapter15 文件夹中。

（5）进入 Mechanical 分析环境

① 在静磁场分析项目上右击【Model】→【Edit】，进入 Mechanical 分析环境。

② 在 Mechanical 的主菜单【Units】中设置单位为 Metric（mm，kg，N，s，mV，mA）。

（6）为几何模型分配材料属性

① 在导航树里单击【Geometry】→【Part】展开，设置【Coil】→【Details of "Coil"】→【Material】→【Assignment】=Copper Alloy。

② 其他两零件材料默认，但需保证 Core 材料为 Structural Steel，Enclosure 材料为 Air。

（7）创建局部坐标并赋坐标

① 在标准工具栏上单击 ▣，选择 Enclosure 模型并隐藏，在标准工具栏上单击 ▣，选择 Coil 模型外表面，在导航树里右击【Coordinate Systems】→【Insert】→【Coordinate System】，【Coordinate System】→【Details of "Coordinate System"】→【Type】=Cylindrical，其他默认。

② 在导航树里单击【Geometry】，设置【Coil】→【Details of "Coil"】→【Definition】→【Coordinate System】=Coordinate System。

（8）划分网格

① 在导航树里单击【Mesh】，设置【Details of "Mesh"】→【Defaults】→【Physics Preference】=Electromagnetics，设置【Element Size】=2mm；【Sizing】→【Use Adaptive Sizing】=No，【Capture Curvature】=Yes，其他均默认。

② 在标准工具栏上单击 ▣，选择 Enclosure 模型，右击【Mesh】，设置【Insert】→【Method】→【Details of "Automatic Method"-Method】→【Method】=Hex Dominant，其他均默认。

③ 生成网格。右击【Mesh】→【Generate Mesh】，图形区域显示程序生成的网格模型，如图 15-11 所示。

④ 网格质量检查。在导航树里单击【Mesh】，设置【Details of "Mesh"】→【Quality】→【Mesh Metric】=Skewness，显示 Skewness 规则下网格质量详细信息，平均值处在好水平范围内，展开【Statistics】显示网格和节点数量。

（9）施加边界条件

① 单击【Magnetostatic（A5）】。

② 施加磁通量平行。首先在标准工具栏上单击选择面图标 ▣，然后选择 Enclosure 模型所有外表面（共 3 个），接着在环境工具栏单击【Magnetic Flux Parallel】，如图 15-12 所示。

图 15-11　网格模型

图 15-12　施加磁通量平行

③ 施加激励源导体为铜线圈。首先在标准工具栏上单击选择体图标 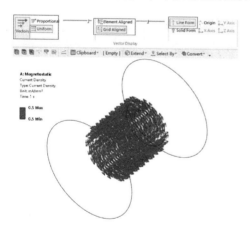，隐藏 Enclosure 模型，然后选择 Coil 模型，接着在环境工具栏单击【Source Conductor】，设置【Details of "Source Conductor"】→【Definition】→【Conductor Type】= Stranded，【Number of Turns】= 50。

④ 右击【Source Conductor】，设置【Insert】→【Current】→【Details of "Current"】→【Definition】→【Magnitude】= 10000mA，如图 15-13 所示。

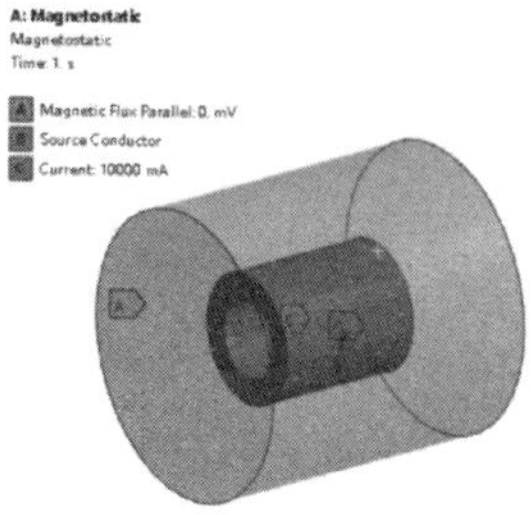

（10）设置需要的结果

① 在导航树上单击【Solution（A6）】。

② 选择 Coil 模型，在 Mechanical 求解工具栏单击【Electromagnetic】→【Current Density】。

图 15-13 边界负载

③ 在 Mechanical 求解工具栏单击【Electromagnetic】→【Total Magnetic Flux Density】。

（11）求解与结果显示

① 在 Mechanical 求解工具栏单击 进行求解运算。

② 运算结束后，单击【Solution（A6）】→【Current Density】，在工具栏依次单击线框图标 →矢量图图标 →均匀向量图标 →网格对齐图标 →实心箭头图标 得到电流密度矢量图，如图 15-14 所示；单击【Solution（A6）】→【Total Magnetic Flux Density】，得到总磁通密度矢量分布图，如图 15-15 所示；在标准工具栏单击新截面图标，沿着整体模型切割，得到总磁通密度分布云图，如图 15-16 所示。

图 15-14 电流密度矢量图

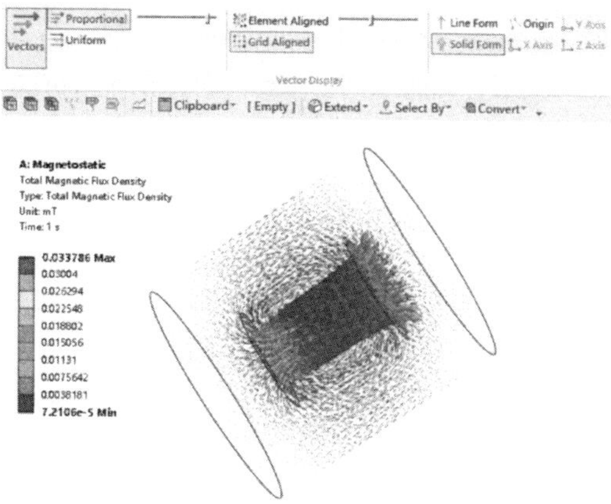

图 15-15 总磁通密度矢量分布图

（12）保存与退出

① 退出 Mechanical 分析环境。单击 Mechanical 主界面的菜单【File】→【Close Mechanical】退出环境，返回到 Workbench 主界面，此时主界面的项目管理区中显示的分析项目均已完成。

② 单击 Workbench 主界面上的【Save】按钮，保存所有分析结果文件。

③ 退出 Workbench 环境。单击 Workbench 主界面的菜单【File】→【Exit】退出主界面，

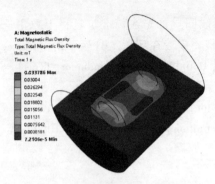

图 15-16　总磁通密度分布云图

完成项目分析。

3. 点评

本实例是铜线圈包裹钢芯电磁分析。电磁分析与结构分析不同，除了关注边界如何施加，在分析前，铜线圈包裹钢芯体外围须包围空气域处理，这一步，本实例未体现，可参看几何模型的做法。在后处理方面，更关注矢量分布图。

15.4　本章小结

本章按照稳态导电分析、静磁场分析和实例应用顺序编写，侧重稳态导电和静磁场分析负载及结果后处理介绍，如电压电流负载、激励源导体负载、总电场强度和电流密度、总磁通密度和总磁场强度等。本章配备的典型电磁分析工程实例是铜线圈包裹钢芯电磁分析，包括问题描述、有限元分析过程及点评三部分内容。

通过本章的学习，读者可以了解 Workbench 环境下典型的稳态导电与静磁场分析的基础知识，以及分析流程、结果后处理等相关知识。

第16章　耦合场分析

由于现实工程中的产品往往处于多场复杂环境中，利用单场分析很难满足需求，需要考虑多场环境下多载荷交叉的相互影响。ANSYS 可以将结构、传热、磁场、电气、流体等多个场组合起来进行高级分析。分析方法大致分为两种：一种是将各物理场的仿真组合起来，求解耦合场的间接耦合；另一种是一次仿真求解多个物理场的直接耦合。本章主要介绍多个物理场的直接耦合。

16.1　耦合场分析概述

16.1.1　耦合场分析介绍

1. 直接耦合法

采用专门的耦合场单元，如 SOLID226 单元，这些单元包括所有必要自由度，所有物理场采用单一代码求解，通过计算所需物理量的单元矩阵或载荷向量的方式进行耦合。直接耦合在解决强耦合场相互作用或具有高度非线性的问题更具优势。静态直接耦合场分析系统如图 16-1 所示。热-固直接耦合的求解系统可以进行稳态的热-固直接耦合计算。

2. 间接耦合法

不同场之间的耦合通过将一个场的分析结果作为另一个场的载荷施加，通过不同的求解器完成不同的场的变量求解。间接耦合对于线性或低非线性的问题，更为有效和方便，该方法适合流固耦合、热流固耦合。基于系统耦合器的流固耦合计算分析系统如图 16-2 所示。在流固耦合计算中，主要通过系统耦合器交换流体压力与结构变形数据。

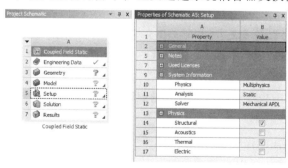

图 16-1　静态直接耦合场分析系统

图 16-2　基于系统耦合器的流固耦合计算分析系统

16.1.2　耦合场分析类型

Workbench 提供了四种多物理场分析模块，静态、模态、谐响应和瞬态，如图 16-3 所示。这些分析模块能够在相互作用的结构物理和热、电、声物理之间执行静态或动态分析，可以在矩阵级别执行强耦合，也可以在负载向量级别添加附加耦合项的弱耦合。分析设置、边界条件、结果等的可用性取决于指定的物理特性以及选择的分析类型。四种多物理场分析模块分别支持的多物理场见表 16-1。

**图 16-3　四种多物理场
分析模块**

表 16-1　四种多物理场分析模块分别支持的多物理场

四种多物理场 分析模块	Coupled Field Static	Coupled Field Transient	Coupled Field Modal	Coupled Field Harmonic
Structure	√	√	√	√
Acoustics	√	√	√	√
Electric	√	√	√	√
Thermal	√	√		

可以从环境对象查看选定的物理类型，也可以使用物理区域【Physics Region】对象查看和更改物理类型，如图 16-4 所示。物理区域支持具有指定的耦合场的物体与仅具有指定的结构或热物理的模型的其他物体之间的相互作用。

当使用物理区域对象启用结构物理和热物理时，热应变耦合可以指定为强耦合（程序控制）或弱耦合，并包括热弹性阻尼的耦合效应（仅限于耦合场瞬态）。耦

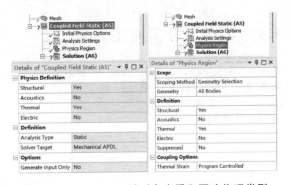

图 16-4　使用物理区域对象查看和更改物理类型

合效应也通过新的边界条件提供：塑性加热和黏弹性加热。

16.2　结构耦合场分析

16.2.1　耦合场静态分析

耦合场静态分析【Coupled Field Static】可以分析不同物理类型的稳态相互作用。在静态环境中可以单独或组合分析以下物理类型：结构物理与热物理的耦合、结构与声学物理的耦合、压电（基于电荷）耦合、压电（基于电荷）与声学物理耦合、导热与导电物理的耦合、结构与导热的耦合、独立静电、静电与结构物理的耦合、静电结构耦合与声学物理、压电耦合的静电结构耦合。

将 ANSYS Workbench 左侧工具箱中【Analysis Systems】下的【Coupled Field Static】调入项目流程图【Project Schematic】；然后在耦合场静态分析项目中右击【Geometry】单元格，选择【Import Geometry】→【Browse】导入几何模型，在分析项目中右击【Model】→【Edit】，进入 Coupled Field Static-Mechanical 分析环境。图 16-5 所示为

图 16-5　创建耦合场静态分析项目

创建耦合场静态分析项目。

1. 分析设置与物理区域

单击分析设置【Analysis Settings】，可根据分析耦合场的不同进行特定设置，如对电压和电荷收敛性设置。在耦合场分析过程中会自动包含物理区域对象。模型的所有实体都必须具有由物理区域【Physics Region】对象指定的物理类型。分析设置与物理区域如图16-6所示。

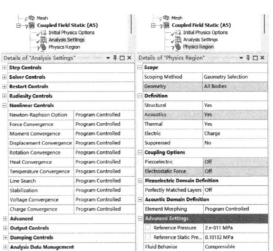

图16-6 分析设置与物理区域

（1）范围【scope】

1）范围界定方法【Scoping Method】，几何结构选择或命名选择。

2）几何结构【Geometry】，选择几何体。

（2）定义【Definition】

1）结构【Structural】，可以设定是或否。

2）声学【Acoustics】，可以设定是或否。

3）热【Thermal】，可以设定是或否。

4）电气【Electric】，包括电荷、传导、关闭。

5）抑制【Suppressed】，默认不抑制。

（3）耦合选项【Coupling Options】

1）压电式【Piezoelectric】，关闭。

2）静电力【Electrostatic Force】，包括关闭、应用到所有节点、应用到空气结构界面（对称）、应用到空气结构界面（非对称）。

3）热应变【Thermal Strain】，可以指定通过热应变包含的热弹性耦合效应，包括程序控制、强耦合、弱耦合。无声学物理应用时出现。强耦合（矩阵级）在刚度和阻尼矩阵中产生非对角项，结构场和热场之间同时耦合，并在一次迭代后提供耦合响应。弱耦合（负载向量级）仅考虑使用载荷向量项的耦合效应，通过单独计算温度场变化引起的热应变实现的效应，温度场变化会影响结构的位移，材料属性的变化会导致发热或热损失，弱耦合至少需要两次迭代才能实现耦合响应。

4）热弹性阻尼【Thermoelastic Damping】，包括关闭和开启。

（4）压电域定义【Piezoelectric Domain Definition】

完全匹配层【Perfectly Matched Layers】，包括PML、不规则PML和关闭。

（5）声域定义【Acoustic Domain Definition】

单元变形【Element Morphing】，目前有程序控制、关闭或开启。

（6）高级设置【Advanced Settings】

1）参考压力【Reference Pressure】，0.00000000002MPa。

2）RMSE静态压力【Reference Static Pre】，默认0.101325MPa。

3）流体行为【Fluid Behavior】，分为可压缩的和不可压缩的。

2. 边界条件与结果

耦合场静态分析支持结构场、温度场、电场和声场分析，可根据物理模型设置情况插入对应的边界条件和分析结果，如图 16-7 和图 16-8 所示。

图 16-7　耦合场静态分析支持的边界条件与分析结果

系统中使用所有结构体和所有热体的表达式来表示对应于各自物理的结果。对于变形等结构结果类型，通过所有结构体表达式（默认）选择物理区域下所有结构物理设置为"是"的实体；对于温度等热结果类型，通过所有热体表达式（默认）选择所有具有热物理的实体。如果两种物理都启用，则默认所有实体。支持所有基于结构和热物理的结果。

16.2.2　耦合场模态分析

耦合场模态分析【Coupled Field Modal】可以单独或组合分析以下物理类型：独立声学物理、结构与声学物理的耦合、压电耦合器、压电耦合与声学物理。对预应力耦合场模态分析，可结合分析如下类型：结构与声学物理的耦合、压电耦合器、压电耦合与声学物理、静电与结构物理的耦合、静电结构耦合与声学物理、压电耦合的静电结构耦合。

图 16-8　耦合场静态分析结果云图

将 ANSYS Workbench 左侧工具箱中【Analysis Systems】下的【Coupled Field Modal】调入项目流程图【Project Schematic】，或先调入耦合场静态分析右击单元格的【Solution】→【Transfer Data To New】→【Coupled Field Modal】，如图 16-9 所示；然后在耦合场模态分析项目中右击【Geometry】单元格，选择【Import Geometry】→【Browse】导入几何模型，在分析项目中右击【Model】→【Edit】，进入 Coupled Field Modal-Mechanical 分析环境。

图 16-9　创建耦合场模态分析项目

对预应力耦合场模态分析，不支持热物理类型分析，如图 16-10 所示。如果热物理类型在上游分析中处于活动状态，则下游分析将无效。

载荷控制【Load Control】用于定义预应力的载荷产生，如图 16-11 所示，选项包括全部保留【Keep All】，保持当前重新启动点的加载步骤结束后的所有边界条件（加载和约束）；保持惯性和位移约束【Keep Inertia And Displacement Constraints】，保持惯性载荷和位移约束所有其他载荷和约束都将被删除，为子结构生成的默认选项；保持位移约束【Keep Displacement Constraints】，保留所有位移约束，包括零位移和非零位移；将所有位移保持为零【Keep All Displacements As Zero】，将保留所有位移约束，并将所有非零约束设置为零，为耦合场分析的默认选项；全部删除【Delete All】，删除所有载荷和约束。

图 16-10 预应力耦合场模态分析支持的物理类型　　**图 16-11** 预应力耦合场模态分析载荷控制

16.2.3　耦合场谐响应分析

耦合场谐响应分析【Coupled Field Modal】可以单独或组合分析以下物理类型：独立声学物理、压电耦合器、结构与声学物理的耦合、压电耦合与声学物理。对预应力耦合场谐响应分析，可结合分析如下类型：结构与声学物理的耦合、压电耦合器、压电耦合与声学物理、静电与结构物理的耦合、静电结构耦合与声学物理、压电耦合的静电结构耦合。

将 ANSYS Workbench 左侧工具箱中【Analysis Systems】下的【Coupled Field Harmonic】调入项目流程图【Project Schematic】，或先调入耦合场静态分析右击单元格的【Solution】→【Transfer Data To New】→【Coupled Field Harmonic】，如图 16-12 所示；然后在耦合场谐响应分析项目中右击【Geometry】单元格，选择【Import Geometry】→【Browse】，导入几何模

图 16-12 创建耦合场谐响应分析项目

型，在分析项目中右击【Model】→【Edit】，进入 Coupled Field Harmonic-Mechanical 分析环境。

可以从上游耦合场谐响应分析中导出速度，在下游独立声学耦合场谐响应分析中应用这个速度作为声学激励。间接耦合与直接耦合如图 16-13 所示。

可以通过将耦合场谐响应的求解单元连接到瞬态热分析的设置，将上游耦合场谐响应分析中阻尼引起的损耗作为瞬态热分析中的发热负荷导入，如图 16-14 所示。损耗仅考虑具有压电耦合的耦合结构电体，适用于不同网格。当从导入热量生成对象的工作表中选择全部选项时，在瞬态热分析中，源频率在相等的时间间隔内进行划分。

图 16-13 间接耦合与直接耦合

图 16-14 耦合场谐响应导入的发热负荷

16.2.4　耦合场瞬态分析

耦合场瞬态分析【Coupled Field Transient】可以单独或组合分析以下物理类型：结构物

理与热物理的耦合、结构与声学物理的耦合、导热与导电物理的耦合、结构与导热的耦合、独立声学物理、压电（基于电荷）耦合、压电耦合（基于电荷）与声学物理、静电与结构物理的耦合、静电结构耦合与声学物理、压电耦合的静电结构耦合。

将 ANSYS Workbench 左侧工具箱中【Analysis Systems】下的【Coupled Field Transient】调入项目流程图【Project Schematic】，如图 16-15 所示；然后在耦合场瞬态分析项目中右击【Geometry】单元格，选择【Import Geometry】→【Browse】，导入几何模型，在分析项目中右击【Model】→【Edit】，进入 Coupled Field Transient-Mechanical 分析环境。

对于耦合场瞬态分析，时间积分设置默认打开，基于环境的活动的物理特性，将显示以下附加特性选项：仅结构【Structural Only】、仅热【Thermal Only】、仅电场【Electric Only】，默认设置打开，也可关闭物理场，如图 16-16 所示。对于热电耦合和独立声学物理，应用程序使用 Newmark 时间积分方法。对于所有其他耦合和物理组合，应用程序使用 HHT 时间积分方法。

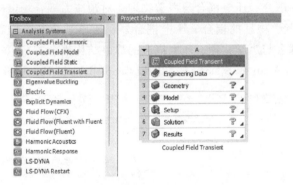

图 16-15   创建耦合场瞬态分析项目

图 16-16   耦合场瞬态分析设置

16.3   齿轮齿条热结构耦合场瞬态分析

1. 问题描述

某型齿轮齿条，材料 40Cr，若齿轮以 360°的速度转动 1.2s，其他相关参数在分析过程中体现。试求齿轮齿条啮合摩擦生热产生的变形、应力和温度情况。

2. 有限元分析过程

（1）启动 Workbench 2024

在"开始"菜单中执行【ANSYS 2024 R1\R2】→【Workbench 2024 R1\R2】命令。

（2）创建耦合场瞬态分析项目

① 在工具箱【Toolbox】的【Analysis Systems】中双击或拖动耦合场瞬态分析项目【Coupled Field Transient】到项目流程图，如图 16-17 所示。

② 在 Workbench 的工具栏中单击【Save】，保存项目工程名为 Gear rack . wbpj。有限元分析文件保存在 D：\AWB\Chapter16 文件夹中。

图 16-17   创建耦合场瞬态分析项目

（3）确定材料参数

① 编辑工程数据单元，右击【Engineering Data】→【Edit】。

② 在工程数据属性中增加新材料：【Outline of Schematic A2：Engineering Data】→【Click here to add a new material】输入新材料名称 40Cr。

③ 在左侧单击【Physical Properties】展开，双击【Density】，设置【Properties of Outline Row 3：40Cr】→【Table of Properties Row 3：Density】→【Density】=7820kg/m^3。

④ 双击【Isotropic Secant Coefficient of Thermal Expansion】，设置【Properties of Outline Row 3：40Cr】→【Table of Properties Row 3：Coefficient of Thermal Expansion】→【Coefficient of Thermal Expansion】=1.15×10^{-7}/℃。

⑤ 在左侧单击【Linear Elastic】展开，双击【Isotropic Elasticity】，设置【Properties of Outline Row 3：40Cr】→【Young's Modulus】=206GPa。

⑥ 单击【Properties of Outline Row 3：40Cr】，设置【Poisson's Ratio】=0.27。

⑦ 在左侧的工具箱【Toolbox】中选择【Thermal】，设置【Isotropic Thermal Conductivity】→【Properties of Outline Row 4：New】→【Isotropic Thermal Conductivity】=32.6W/(m·K)，如图 16-18 所示。

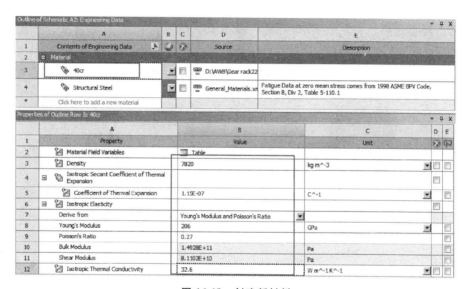

图 16-18　创建新材料

⑧ 单击工具栏中的【A2：Engineering Data】关闭按钮，返回到 Workbench 主界面，新材料创建完毕。

（4）导入几何模型

在耦合场瞬态分析项目上，右击【Geometry】→【Import Geometry】→【Browse】，找到模型文件 Gear rack.agdb，打开导入几何模型。如模型文件在 D：\AWB\Chapter16 文件夹中。

（5）进入 Mechanical 分析环境

① 在耦合场瞬态分析项目上，右击【Model】→【Edit】，进入 Coupled Field Transient-Mechanical 分析环境。

② 在 Mechanical 的主菜单【Units】中设置单位为 Metric（mm，kg，N，s，mV，mA）。

（6）为几何模型分配材料属性

齿轮和齿条的材料分别为 40Cr。

（7）创建边界区域

① 设置齿轮命名选择，在标准工具栏单击 🔾，然后选择齿轮啮合面，右击【Create Named Selection】，从弹出对话框中命名 gear，选择 Size，然后单击【OK】确定，齿轮所有啮合面被选中，在大纲树中出现了一组【Selection Name】项，如图 16-19 所示。

图 16-19　齿轮啮合面命名选择

② 设置齿条命名选择，在标准工具栏单击 🔾，然后选择齿条啮合面，右击【Create Named Selection】，在弹出对话框中命名 rack，选择 Size，然后单击【OK】确定，齿条所有啮合面被选中，在大纲树中出现了一组【Selection Name】项，如图 16-20 所示。

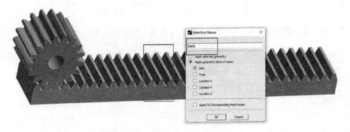

图 16-20　齿条啮合面命名选择

（8）创建关节连接

① 在导航树里单击【Connections】并展开，打开【Body Views】。

② 创建 gear 与地连接，在标准工具栏上单击 🔾，单击【Connections】，在 Mechanical 连接工具栏单击【Body-Ground】→【Revolute】，运动体选择 gear 轴孔内表面，如图 16-21 所示，其他默认。

图 16-21　创建 gear 与地连接

③ 创建 rock 与地连接，在标准工具栏上单击 ，单击【Connections】→【Joints】，在 Mechanical 连接工具栏单击【Body-Ground】→【Translational】，运动体选择 rock 底面，然后单击【Reference Coordinate Systems】将 X 坐标调整到与 rock 底面平行，方向与齿轮坐标 X 轴方向一致，如图 16-22、图 16-23 所示，其他默认。

图 16-22 创建 rock 与地连接

图 16-23 X 轴方向调整

④ 导航树上右击【Contacts】→【Rename Based On Definition】，重新命名目标面与接触面。

⑤ 设置齿轮与齿条的接触对，单击【Bonded-Gear rack\gear To Gear rack\rack】，设置【Details of "Bonded-Gear rack\gear To Gear rack\rack"】→【Scope】→【Scoping Method】= Named Selection，【Contact】= gear；【Target】= rack；然后继续设置【Definition】→【Type】= Frictional，【Frictional Coefficient】= 0.15，【Behavior】= Symmetric；【Advanced】→【Formulation】= Augmented Lagrange，【Small Sliding】= Off，【Normal Stiffness】= Factor，【Update Stiffness】= Each Iteration，【Time Step Controls】= Automatic Bisection，【Geometric Modification】→【Interface Treatment】= Add Offset, No Ramping，【Offset】= 0.1，其他默认。创建 Slider Slot 接地连接如图 16-24 所示。

（9）划分网格

① 在导航树里单击【Mesh】，设置【Details of "Mesh"】→【Defaults】→【Physics Preference】= Mechanical；【Sizing】→【Use Adaptive Sizing】= Yes，其他选项

图 16-24 创建 Slider Slot 接地连接

默认。

② 在标准工具栏上单击 ，选择齿轮和齿条，然后在导航树上右击【Mesh】，从弹出的菜单中选择【Insert】→【Method】→【Details of "Automatic Mesh"】→【Definition】→【Method】→【MultiZone】。

③ 选择齿轮和齿条，然后在左边导航树图上右击【Mesh】，从弹出的菜单中选择【Insert】→【Sizing】；设置【Sizing】→【Details of "Body Sizing"-Sizing】→【Definition】→【Element Sizing】= 2mm。

④ 生成网格，右击【Mesh】→【Generate Mesh】，图形区域显示程序生成的网格模型，如图 16-25 所示。

⑤ 网格质量检查，在导航树里单击【Mesh】，设置【Details of "Mesh"】→

图 16-25 生成网格

【Quality】→【Mesh Metric】= Skewness，显示 Skewness 规则下网格质量详细信息，平均值处在好水平范围内，展开【Statistics】显示网格和节点数量。

（10）施加边界条件

① 设置时间步，单击【Coupled Field Transient (A5)】，设置【Analysis Settings】→【Details of "Analysis Settings"】→【Step Controls】→【Step End Time】= 1.2s，其他默认。

② 定义物理区域，单击【Physics Region】，设置【Details of "Physics Region"】→【Definition】→【Structural】= Yes，【Thermal】= Yes，同时选择所有几何体。

③ 施加对流负载，选择齿轮和齿条体，在环境工具栏选择【Convection】→【Details of "Convection"】→【Definition】→【Film Coefficient】，单击右向三角符号，依次选择【Import Temperature Dependent】→【Import Convection Data】→【Stagnant Air -Horizontal Cyl】，最后单击【OK】。

④ 设置旋转角度，单击【Connections】→【Joints】→【Revolute-Ground To Gear rack \ gear】，按着不放直接拖动到【Coupled Field Transient (A5)】下，设置【Joints】→【Details of "Joint Load"】→【Definition】→【Type】= Rotation，【Magnitude】→【Tabular Data】→【Rotation】，依次设置 0，0；1.2，360，其他默认，如图 16-26 所示。

（11）设置需要结果

① 选择【Solution (A6)】

② 在求解工具栏单击【Deformation】→【Total】。

③ 在求解工具栏单击【Stress】→【Equivalent (von-Mises)】。

④ 在求解工具栏单击【Thermal】→【Temperature】。

（12）求解与结果显示

① 在 Mechanical 求解工具栏单击 ⚡ 进行求解运算。

② 运算结束后，单击【Solution (A6)】→【Total Deformation】、【Equivalent Stress】、【Temperature】，图形区域显示齿轮齿条啮合摩擦生热产生的位移、应力和温度云图，如图 16-27～图 16-32 所示。

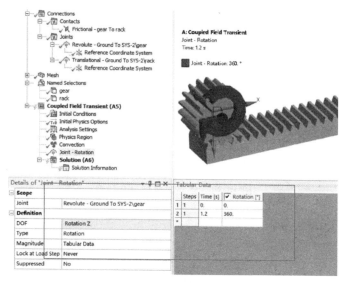

图 16-26 设置旋转角度

图 16-27 位移云图

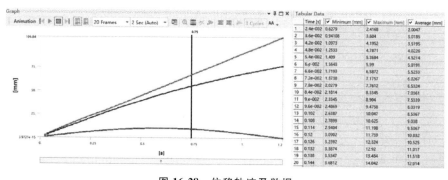

图 16-28 位移轨迹及数据

图 16-29 应力云图

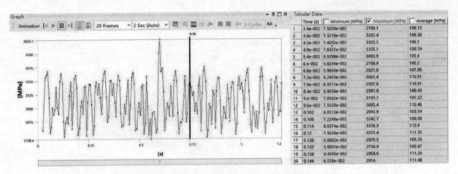

图 16-30　应力变化规律及数据

图 16-31　温度云图

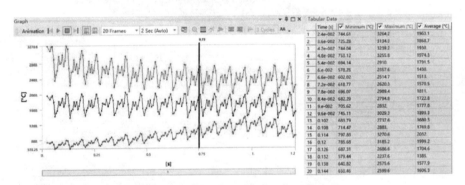

图 16-32　温度变化规律及数据

（13）保存与退出

① 退出 Mechanical 分析环境。单击 Mechanical 主界面的菜单【File】→【Close Mechanical】退出环境，返回到 Workbench 主界面，此时主界面的项目管理区中显示的分析项目均已完成。

② 单击 Workbench 主界面上的【Save】按钮，保存所有分析结果文件。

③ 退出 Workbench 环境。单击 Workbench 主界面的菜单【File】→【Exit】退出主界面，完成项目分析。

3. 点评

本例是齿轮齿条热结构耦合场瞬态分析案例，采用热结构瞬态耦合场方法分析。热结构耦合场分析，在一个分析系统即可完成，中间不需要添加辅助命令流即可完成。摩擦生热是一个动态过程，求解分析需要注意分析步的设置。

16.4　本章小结

本章重点介绍结构耦合场分析，包括耦合场静态分析、耦合场模态分析、耦合场谐波响应分析、耦合场瞬态分析，以及相应的分析方法和设置。由于篇幅所限，本章只配备一个齿轮齿条热结构耦合场瞬态分析案例，包括问题描述、有限元分析过程及点评三部分内容。

通过本章的学习，读者可以了解在 Workbench 下典型的耦合场分析的基础知识，分析流程、分析设置及结果后处理等相关知识。

第17章　流体动力学分析 I（ANSYS Fluent）

Fluent 是业内著名的流体动力学分析软件，具有丰富的流体物理模型和先进的分析方法，同时也在不断更新丰富物理模型，使得分析领域更为广泛。本章重点介绍 ANSYS Fluent 和 Fluent Meshing 基本分析方法和流程。

17.1　计算流体力学概述

17.1.1　计算流体力学简介

流体力学是连续介质力学的一个分支，是研究流体（包含气体、液体以及等离子态）现象以及相关力学行为的科学。可以按照研究对象的运动方式分为流体静力学和流体动力学，还可按流动物质的种类分为水力学、空气动力学等。描述流体运动特征的基本方程是纳维-斯托克斯方程，简称 N-S 方程。

计算流体力学或计算流体动力学【Computational Fluid Dynamics】简称 CFD，是 20 世纪 50 年代以来随着计算机的发展而产生的一个介于数学、流体力学和计算机之间的交叉学科，主要研究内容是通过计算机和离散化的数值方法来求解流体力学的控制方程，对流体力学问题进行模拟和分析。

计算流体力学是目前国际上一个强有力的研究领域，是进行传热、传质、动量传递及燃烧、多相流和化学反应研究的核心和重要技术。CFD 广泛应用于机械工程、航空航天、海洋工程、国防工程、交通与车辆工程、生物医学、化学化工、大型动力装备、电子器件以及大气与环境工程等诸多工程领域。

17.1.2　计算流体力学湍流模型

流体的流动分为层流流动（Laminar flow）和湍流流动（Turbulent flow）。从试验的角度来看，层流流动就是流体层与层之间相互没有任何干扰，层与层之间既没有质量的传递也没有动量的传递；而湍流流动中层与层之间相互有干扰，而且干扰的力度还会随着流动而加大，层与层之间既有质量的传递又有动量的传递。

判断流动是层流还是湍流，是看其雷诺数是否超过临界雷诺数。雷诺数的定义如下：

$$Re = \frac{VL}{\nu} \tag{17-1}$$

式中，V 是截面的平均速度；L 是特征长度；ν 是流体的运动黏度。

对于圆形管内流动，特征长度 L 取圆管的直径 d。一般认为临界雷诺数为 2320，即

$$Re = \frac{vd}{\nu} \qquad (17\text{-}2)$$

当 $Re<2320$ 时，管中是层流；当 $Re>2320$ 时，管中是湍流。

对于异型管道内的流动，特征长度取水力直径 d_{H}，则雷诺数的表达式为

$$Re = \frac{Vd_{\mathrm{H}}}{\nu} \qquad (17\text{-}3)$$

异型管道水力直径的定义如下：

$$d_{\mathrm{H}} = 4\frac{A}{S} \qquad (17\text{-}4)$$

式中，A 是过流断面的面积；S 是过流断面上流体与固体接触的周长。临界雷诺数根据形状的不同而有所差别。

层流求解相对简单，虽然 N-S 方程能够准确地描述湍流运动的细节，但运用直接数值模拟法（DNS）求解这样一个复杂的方程会花费大量的精力和时间。实际上往往采用对湍流创建模型来描述工程和物理学问题中遇到的湍流运动。

湍流计算模型定义：从工学的角度，对湍流流动进行某些适当的简化处理，使流场的复杂变化得到一定程度的缓和，从而在现有的计算资源的条件下也能大致上表征出流场的特点。湍流计算模型大致分为两类：一类为空间筛滤方法，代表为大涡模拟 LES 模型；另一类为系统平均化方法，代表为 RANS 模型。从模型的基本出发点，把这几类主要模型作比较，从表中可以看出，RANS 更适合工程实际应用，见表 17-1。

表 17-1　DNS、LES、RANS 模型的基本区别

模型	DNS	LES	RANS
分辨率	分辨所有尺寸脉动	只分辨大尺寸脉动	只分辨平均运动
建模	不需要额外建模	小尺度脉动动量建模	所有尺度动量建模
计算量	巨大	大	小
计算存储量	巨大	大	小

CFD 模拟的难点之一是湍流模型的选用。目前存在大量的湍流模型，这些湍流模型是根据不同的问题进行修正的结果。每个湍流模型有相应的特点和适用范围，应根据不同的问题，选择合适的湍流模型。为了有个大致脉络，方便应用，把整个可压缩流体等温状态的湍流模型从建模方法上进行归类，如图 17-1 所示。具体方程数学形式和推导请参看相应专业书籍。

对于非等温问题，可压缩的流动，如两相流问题、自由表面流动、建筑扰流问题等都有相应的湍流模型，以及根据一些新问题提出新湍流模型。因此标准 $k\text{-}\varepsilon$ 模型并不适合任何问题。

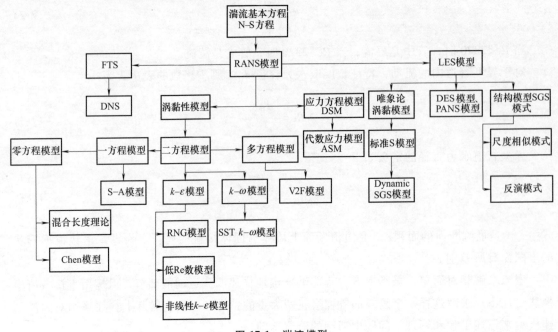

图 17-1　湍流模型

17.2　Fluent 概述

17.2.1　Fluent 简介

　　Fluent 是全球知名的通用 CFD 软件包，用来模拟从不可压缩到高度可压缩范围内的复杂流动。由于采用了多种求解方法和多重网格加速收敛技术，Fluent 能达到最佳的收敛速度和求解精度。灵活的非结构化网格和基于解的自适应网格技术及成熟的物理模型，使 Fluent 在工业上的应用包括从流过飞机机翼的气流到炉膛内的燃烧，从鼓泡塔到钻井平台，从血液流动到半导体传热，以及从无尘室设计到污水处理装置等。软件中的专用模型可以用于开展缸内燃烧、空气声学、涡轮机械和多相流系统的模拟。现在是美国 ANSYS 公司产品家族中最重要的成员之一。

　　Fluent 集成在 ANSYS Workbench 后给用户提供了与所有主要 CAD 系统的双向连接功能，其中包括 DesignModeler、SpaceClaim 强大的几何修复和生成能力，以及 ANSYS Meshing、ICEM CFD、Fluent Meshing 先进的网格划分技术。

　　Fluent 软件采用基于完全非结构化网格的有限体积法，而且具有基于网格节点和网格单元的梯度算法，包含非耦合隐式算法、耦合显式算法、耦合隐式算法，是商用软件中最丰富的。

　　Fluent 有良好的高性能并行计算能力，对类似于 DPM 和燃烧模型具有挑战性的问题，Fluent 可以通过模型加权分区自动平衡不同处理器物理模型，可以指定负载系数及加权方式。

17.2.2 Fluent 中的物理模型

Fluent 软件包含丰富而先进的物理模型，使得用户能够精确地模拟无黏流、层流、湍流。湍流模型包含 Spalart-Allmaras 模型、k-ω 模型组、k-ε 模型组、雷诺应力模型（RSM）组、大涡模拟模型（LES）组、分离涡模拟（DES）和 V2F 模型等。另外用户还可以定制或添加自己的湍流模型。Fluent 提供了适用于牛顿流体、非牛顿流体的数值计算模型，其中包含自由表面流、欧拉多相流、混合多相流、颗粒相、空穴两相流、湿蒸汽以及基于精细流场解算的预测流体噪声的声学等模型。含有强制/自然/混合对流的热传导、固体/流体的热传导、辐射、化学组分的混合/反应等模型外还包含磁流体（主要模拟电磁场和导电流体之间的相互作用）、连续纤维（主要模拟纤维和气体流动之间的动量、质量以及热的交换）等模块。湍流模型设置面板如图 17-2 所示。

图 17-2　湍流模型设置面板

17.2.3　Fluent 网格

Fluent 具有强大的网格支持功能，支持界面不连续网格、混合网格、动/变网格、滑移网格等。如果需要多面体网格，可以通过 Fluent 自带的自动单元集聚方式直接生成。支持的类型包括：三角形网格、四边形网格、四面体网格、六面体网格、棱柱体网格、多面体网格、Cut cell 网格。按其生成网格的方法可分为：结构化网格、非结构网格和结合两者优势的混合网格。

梯度修正法可以处理六面体核心网格或多面体网格中存在的非平面网格或单元中心在单元外的情形，并利用压力基求解器使差网格的结果与好网格的结果接近。

在采用耦合求解器时，默认采用较粗略的收敛标准，全面提升收敛性，对原生多面体网格或极度延展网格尤其有效。代数多重网格算法自动对线性系统重新排序，确保多重网格排序有效。

17.3　ANSYS Fluent 环境界面

17.3.1　启动 ANSYS Fluent 的方法

启动 ANSYS Fluent 的方法有三种，分别为：

1）在"开始"菜单中执行【ANSYS 2024】→【Workbench 2024】命令，从工具箱分析系统中将流体动力学模块【Fluid Flow（Fluent）】拖入（或双击）到工程图解【Project

Schematic】，如图 17-3 所示；然后右击【Setup】→【Edit】，在弹出的 Fluent Launcher 窗口中选择计算问题的维度、精度、启动后的显示方式、是否并行计算等，设置完成后，单击【OK】按钮，如图 17-4 所示，即启动 Fluent 2024，进入到 Fluent 工作环境，如图 17-5 所示。或先导入几何模型，划分 Fluent 网格，再进入 Fluent 环境。

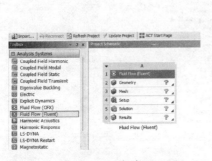

图 17-3　Workbench 启动 Fluid Flow

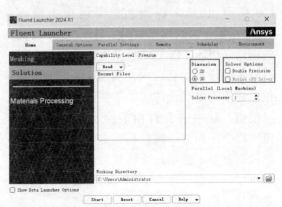

图 17-4　Fluent Launcher 窗口

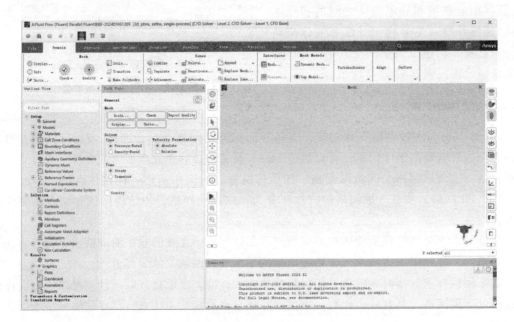

图 17-5　Fluent 工作环境

对 Fluent 启动界面：

① 选择模型维度，Fluent 可以计算二维模型和三维模型。

② 显示选项，Display Mesh After Reading 激活此项则导入网格后显示网格，否则不直接显示；Workbench Color Scheme 激活此项采用蓝色渐变背景图像窗口，否则采用黑色背景的 Fluent 经典图形窗口。

③ 客户化选项，用于载入本地 ANSYS 客户化程序。

④ 求解器选项，Double Precision 为双精度求解器，若不选择此项则采用单精度求解器；

Meshing Mode 为 Meshing 模式，若不选择此项则采用 Solution 模式。

⑤ 并行设置，Serial 为采用串行计算；Parallel 为并行计算设置，激活此项后可以进行并行设置。

⑥ 版本选择，激活此项则只利用 Fluent 进行前后处理，不启用求解器功能。

⑦ 设置工作路径，可以用默认路径，也可另设置工作路径。

⑧ 设置 Fluent 应用程序路径，此选项与安装路径有关，一般不要改动。

⑨ 激活此项记录 Journal 脚本文件，否则不记录。

2）在"开始"菜单中执行【ANSYS 2024】→【Workbench 2024】命令，从工具箱组件系统中将流体动力学模块【Fluent】拖入（或双击）到工程图解【Project Schematic】，然后右击【Setup】→【Edit】，在弹出的 Fluent Launcher 窗口中选择计算问题的维度、精度、启动后的显示方式、是否并行计算等，设置完成后，单击【OK】按钮，即启动 Fluent 2024，如图 17-6 所示。

图 17-6　Workbench 启动 Fluent

3）在"开始"菜单中执行【ANSYS 2024】→【Fluent 2024】，在弹出的 Fluent Launcher 窗口中选择计算问题的维度、精度、启动后的显示方式、是否并行计算等，设置完成后，单击【OK】按钮，即启动 Fluent 2024。在默认的情况下，进入的 Fluent 环境是三维、单精度、串行计算等。

17.3.2　ANSYS Fluent 环境操作界面介绍

Fluent 的环境操作界面有两种：图形界面（GUI）和文本界面（TUI），分别用于控制包括菜单按钮的图形界面和终端仿真程序。

1. 图形界面

Fluent 2024 图形用户界面由 Ribbon 功能区标签组、操作导航树、任务设置面板、图形窗口、标准工具条、文本命令及消息输出窗口组成。

（1）Ribbon 功能区标签组

Ribbon 功能区标签组包含了大部分 GUI 功能，通过单击相关选项，可实现快速设置及求解。Ribbon 功能区主标签组包括文件（File）、域设置（Domain）、物理模型设置（Physics）、用户定义（Jser-Defined）、求解（Solution）、结果处理（Result）、视图（View）、并行计算设置（Parallel）、设计设置（Design）。每个主标签组存放着各种相关的选项被组合在一起，如图域设置标签下又包括了网格组（Mesh）、区域（Zones）、交接（Interface）、网格模式（Mesh Models）、涡轮机械（Turbomachinery）、自适应（Adapt）、表面（Surface）。菜单栏如图 17-7 所示。单击图标 ⌃，可实现 Ribbon 功能区隐藏和显示。

图 17-7　菜单栏

（2）操作导航树和任务设置面板

操作导航树包含了问题设置、求解设置和结果设置，使其分析过程一目了然。当操作导航树中的某一项高亮显示时，会在它的右边任务设置面板中显示相应选项。任务设置面板除了与操作导航树关联，还与 Ribbon 功能区标签组关联，任务设置面板最终显示的选项相同，方便用户操作。操作导航树和任务设置面板如图 17-8 所示。

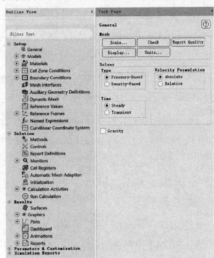

◆ 操作导航树包括：

❖ Setup：前处理设置。

● General：通用设置，如设置时间项（瞬态或稳态）、求解器类型（压力基或密度基）等。

● Models：设置物理模型，如设置湍流模型、多相流模型、辐射模型、电池模型等。

● Materials：设置流体介质材料属性，选用自带的材料或自定义材料。

● Cell Zone Conditions：设置计算域属性。

● Boundary Conditions：设置边界条件，如进出口条件、壁面条件。

图 17-8　操作导航树和任务设置面板

● Mesh Interfaces：设置网格交界面。

● Auxiliary Geometry Definitions：辅助几何结构定义。

● Dynamic Mesh：设置动网格，用于动网格问题模拟。

● Reference Values：设置参考值。

● Reference Frames：参考坐标系。

● Named Expression：已命名的表达式。

● Curvilinear Coordinate System：曲线坐标系。

❖ Solution：求解器设置。

● Methods：求解算法设置，如各种离散算法的选择。

● Controls：求解控制参数设置，如各种亚松弛因子参数设置。

● Report Definitions：定义计算过程中的报告输出。

● Monitors：计算监视器设置。

● Cell Registers：单元标记。

● Automatic Mesh Adaption：网格自适应。

● Initialization：计算初始化。

● Calculation Activities：定义求解中的参数，如定义自动保存、动画输出等。

● Run Calculation：运行计算设置。

❖ Result：结果。

● Surfaces：表面。

● Graphics：显示各种图形，如云图、矢量图、流线图等。

● Plots：显示各种线图。

● Dashboard：控制面板。

- Animations：动画设置。
- Reports：显示报告。

❖ Parameters & Customizations：参数化及定制。

- Parameters：参数。
- Custom Field Functions：定制场函数。
- User Defined Functions：用户自定义函数。
- User Defined Scalars：用户自定义标量。
- User Defined Memory：用户自定义内存。

❖ Somulation Reports：仿真报告。

- Report Outline：报告大纲。

◆ 图形界面操作，例如黏性模型对话框【Viscous Model】。

① 操作导航树的操作过程，在操作导航树上单击【Models】，在右侧物理模型的任务项【Models】列表里选择 Viscous-Laminar 选项，然后单击【Edit】选项，弹出【Viscous Model】对话框，如图 17-9 所示。流程：【Models】→【Viscous-Laminar】→【Edit】→【Viscous Model】。

② Ribbon 功能区标签组操作过程，在 Ribbon 功能区物理模型设置标签组单击【Viscous】弹出【Viscous Model】对话框。流程：【Setting Up Physics】→【Viscous】→【Viscous Model】。

2. 文本界面

Fluent 2024 操作界面的右下角为文本界面，其中的命令提示符位于最下面一行，刚启动 Fluent 时，显示为">"。用户可借助文本界面输入各种命令、数据和表达式，从而达到用户与 Fluent 交互的目的。需要说明的是，文本界面使用 Scheme 编程语言对用户输入的命令和表达式进行管理。Scheme 是 Lisp 语言的一种，简单易学，擅长宏编辑命令。用户可在命令行提示符后输入各种命令或 Scheme 表达式，直接按 Enter 键即可显示当前菜单下的所有命令。文本界面如图 17-10 所示。

图 17-9　打开 Viscous Model 对话框

图 17-10　文本界面

3. 对话框

对话框通常分为两类：一类是临时性的窗口，用于提示作用，如警告、错误、询问信息窗口；另一类是独立的窗口，通常用于处理复杂的输入任务，设置完成后需进行确认或取消设置，如图 17-11 所示。

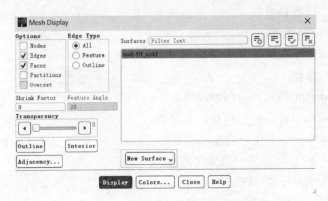

图 17-11　用于处理复杂任务的对话框

17.4　Fluent 问题设置

在用 Fluent 进行求解之前，需要将模型网格导入，而 Fluent 本身不具备进行相应的模型创建与网格划分功能，在 Fluent12.0 版本之前，多借用其他前处理软件，如 Gambit。如今随着 ANSYS Workbench 与 Fluent 的深入整合，Fluent 的前处理已经摆脱了以前的尴尬局面，Fluent 的前处理完全可以在 ANSYS Workbench 平台下完成，其先进的 ANSYS Meshing 统一网

格划分平台、ICEM CFD、Fluent Meshing，完全可以满足 Fluent 任何网格的需求，使得模型创建、网格划分与分析求解一体化，比 Gambit 前处理方便易用，先进程度成倍增加。网格工具与 Fluent 关系如图 17-12 所示。除了需导入模型网格外，Fluent 前处理还需进行如下工作：

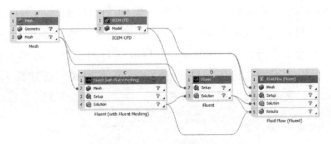

图 17-12　网格工具与 Fluent 关系

1）定义所求问题的几何计算域。

2）将计算域划分成多个互不重叠的子域，形成由单元组成的网格。

3）对所要研究的物理和化学现象进行抽象，选择相应的控制方程。

4）定义流体的属性参数。

5）对计算域边界处的单元指定边界条件。

6）对于瞬态问题，指定初始条件。

17.4.1　边界区域

Fluent 流体分析，需定义边界，如流体入口、出口、墙等，可在 Meshing 里运用【Named Selections】设置边界区域。设置的方法：首先选择表示边界的面，其次右击【Create Named Selection】从弹出对话框中命名，如设为入口"Inlet"，然后确定，一个边界区域被创建，在大纲树中出现了一组【Selection Name】项，如图 17-13 所示。

17.4.2 材料属性

Fluent 提供了标准的材料数据库，同时用户也可以定制材料。在定制材料时，可以复制材料库里的数据，进行编辑修改。在面板上双击【Materials】→【Create/Edit】→【User-Defined Database】→【Open Database】。创建材料如图 17-14 所示，材料库如图 17-15 所示。

图 17-13 创建边界区域

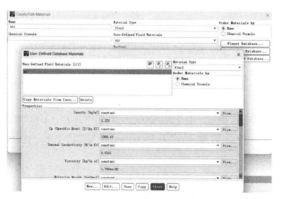

图 17-14 创建材料

图 17-15 材料库

17.4.3 边界条件

在解决一个物理问题时，必须定义边界条件。定义边界条件包括确定边界条件位置和提供边界上的信息。边界条件的类型和采用的物理模型不同，边界条件上的数据也会不同。

1. 区域条件

区域条件【Cell Zone Conditions】是一系列离散网格的集合，在其上求解所有激活的方程。其中在定义流体域时需要定义流体介质，包括多组分和多相流流体。可输入的项有：多孔介质区域【Porous Region】、源项【Source Terms】、固定值【Fixed Values】、框架运动【Frame Motion】和网格运动【Mesh Motion】。在固体区域输入体积热生成率、定义固体区域的运动等。在面板上单击【Cell Zone Conditions】→【Create/Edit】。区域条件如图 17-16 所示。

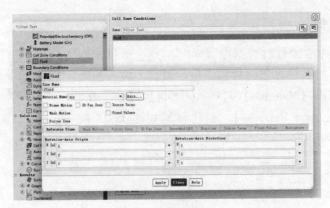

图 17-16　区域条件

2. 边界条件设置

边界条件设置，在面板上单击【Boundary Conditions】→【Zone】→【选择边界名字】→【Create/Edit】。其中，边界条件数据可以从一个 zone 复制到另一个 zone，边界条件也可以通过 UDF 和 profiles 定义。

1）速度入口【Velocity Inlet】主要用在不可压缩流中，在可压缩流中不推荐使用。输入的速度可以是负值，表示流体从这个边界流出。入口边界设置如图 17-17 所示。

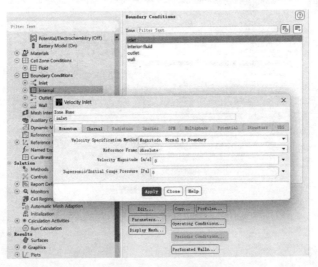

图 17-17　入口边界设置

2）压力入口【Pressure Inlet】主要定义流体域入口的流体压力，以及其他与流动相关的标量数据，适用于可压缩流和不可压缩流。

3）质量流量入口【Mass Flow Inlet】主要针对可压缩流，也可用于不可压缩流。

4）压力出口【Pressure Outlet】适用于可压缩及不可压缩流。超声速出口忽略定义的压力，当为外流或非受限流动时可作为自由边界使用。出口边界设置如图 17-18 所示。

5）壁面边界条件【Wall】，如图 17-19 所示。

6）另外还有对称边界条件【Symmetry】、轴对称【Axis】、周期性【Periodic】和内部面【Internal Face】等边界条件。

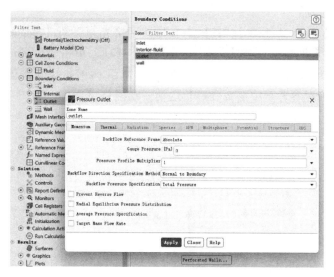

图 17-18　出口边界设置

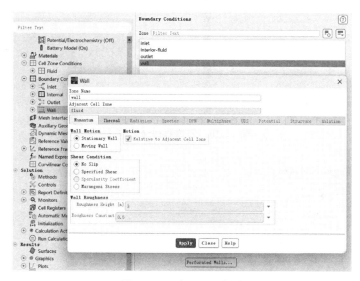

图 17-19　壁面边界条件

17.4.4　动网格

目前对于动网格主要有两种处理方式：①采用网格重构；②采用重叠网格。

1. 网格重构

动网格模型用于计算运动边界问题，以及边界或流域内某个物体的移动问题。在计算之前，应先定义体网格的初始状态，在边界发生运动或变形后，其流域的网格重新划分在 Fluent 内部自动完成。边界的形变或运动过程可以用边界行函数来定义，也可用 UDF 函数定义。动网格模型主要用来求解非定常问题，在求解过程中通常会消耗大量计算时间和资源。

在 Fluent 中进行动网格计算时，需要定义动网格计算模块。其设置过程为，在导航面板上单击【Dynamic Mesh】，然后在动网格任务栏里单击【Dynamic Mesh】激活动网格选项。

设定动网格有如下选项：

1）网格方法【Mesh Methods】。其栏中有弹性网格光顺更新【Smoothing】、动态层面网格更新【Layering】和网格再划分【Remeshing】3 个选项，单击【Settings】可进一步设置。设置后可进行创建动网格区域，可以在 rigid body 中使用 UDF 指定刚体运动或网格变形，同时也可以在相对或绝对参考系中定义变形和运动。动网格设置位置如图 17-20 所示，动网格详细设置如图 17-21 所示。

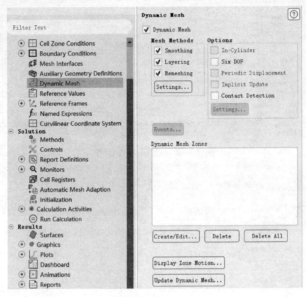

图 17-20　动网格设置位置

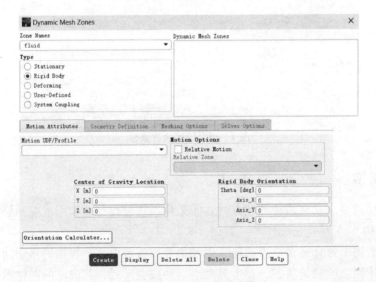

图 17-21　动网格详细设置

2）选项【Options】。其栏中有圆柱内腔【In-Cylinder】、六自由度【Six DOF】和隐式更新【Implicit Update】3 个选型，单击【Settings】可进一步设置。对诸如模拟活塞运动问题，可选择【In-Cylinder】，主要设置曲柄轴、曲柄轴起始角、曲柄周期、活塞冲程等参数。

2. 重叠网格

重叠网格技术可以有效简化泵和压缩机的转子运动、阀门开关、内燃机缸内活塞运动、翅膀振动等物体运动的复杂问题。在 Fluent 中利用重叠网格需要做两步工作：①改变重叠边界类型为 wall；②设置 Overset Interface，指定主要流体区域的背景网格（Background Mesh）与围绕圆柱体构建的单独组件网格（Component Mesh）。图 17-22 所示为重叠组件和背景网格。部件网格的外边界指定为 Overset 边界类型。落在计算域之外的网格单元被归类为死单元。求解流动方程的单元称为求解单元。受体单元接收从另一个网格插入的数据。供体单元是受体获取数据的单元，是求解单元的一个子集。流场初始化后的求解单元如图 17-23 所示。如果受体单元找不到有效的供体单元，那么它就会变成孤立单元。孤立单元的存在通常表明网格之间的重叠不足或网格分辨率不匹配。当不同网格的 wall 靠近时，容易出现孤立单元问题。

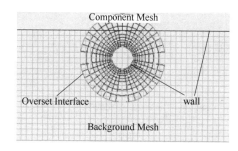

图 17-22 重叠组件和背景网格

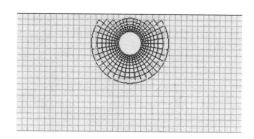

图 17-23 流场初始化后的求解单元

如果受体单元找不到有效的供体单元，那么它就会变成孤立单元。重叠网格自适应功能允许尝试移除孤立单元，减少供体单元和受体单元之间的大小不匹配，和/或根据需要通过局部细化网格来提高间隙中的网格分辨率（以防止孤立单元的产生）。启用自动重叠网格自适应，需要使用文本命令：define/overset-interfaces/adapt/set/automatic? yes。

重叠网格适用于求解和设置，包括稳态和瞬态（固定网格）、二维和三维、压力基耦合求解器、密度不可压缩、单相或 VOF 多项流、传热、k-ε 和 SST k-ω 湍流模型，还包括 BE-TA 下的动网格、可压缩流、表面张力、压力远场边界条件、压力基分离求解器，但不支持基于节点的梯度算法。

利用重叠网格方法，首先根据问题分别划出两套网格：定义 Background 网格和 Component 网格。其次设置区域运动，如图 17-24 所示，设置边界条件如图 17-25 所示；设置 Overset Interface 如图 17-26 所示。最后进行其他设置并求解。

17.4.5 用户定义函数

用户定义函数【UDF】是用户自己用 C 语言写的，可以与 Fluent 动态链接的函数。标准 C 函数，如三角函数、指数、控制块、Do 循环、文件读入/输出等。预定义宏，如允许获得流场变量、材料属性、单元几何信息及其他变量。

1. 编译用户定义函数

首选准备 UDF 源码，然后单击 Ribbon 功能区标签组【User-Defined】→【Functions】→【Compiled】，弹出【Compiled UDFs】对话框；在【Source Files】一栏中单击【Add】，弹出

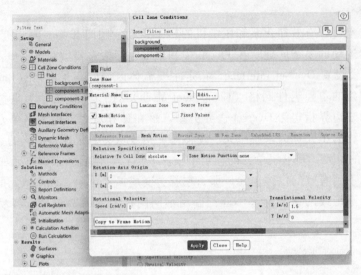

图 17-24　设置区域运动

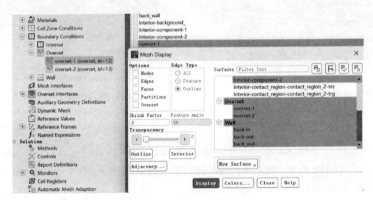

图 17-25　设置边界条件

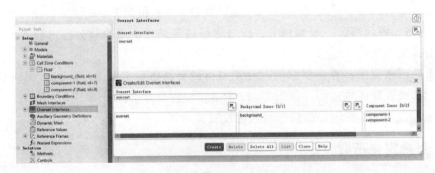

图 17-26　设置 Overset Interface

对话框，选择源文件单击【OK】；然后回到编译对话框，单击【Build】进行编译和链接。如果没有错误，单击【Load】读入库文件。函数编译如图 17-27 所示。如需要，也可以卸载库文件。这个过程可通过【User-Defined】→【Functions】→【Manage】来完成。

2. 解释用户定义函数

首选准备 UDF 源码，然后单击 Ribbon 功能区标签组【User-Defined】→【Functions】→

【Interpreted】，弹出【Interpreted UDFs】对话框；在【Source File Name】一栏中单击【Browse】，弹出对话框，选择源文件单击【OK】；然后单击【Interpret】进行解释，Fluent窗口会出现语言，如果没有错误，单击【Close】退出。函数解释如图17-28所示。

图 17-27 函数编译

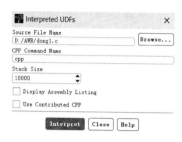

图 17-28 函数解释

3. 循环宏

几个经常用到的循环宏为：

1）对域 d 中所有单元 thread 循环：thread_loop_c(ct, d){　}。

2）对域 d 中所有面 thread 循环：thread_loop_f(ft, d){　}。

3）对 thread t 中所有单元循环：begin_c_loop(c, t)；{…}；end_c_loop(c, t)。

4）对面 thread 中所有面循环：begin_f_loop(f, f_thread)；{…}；end_f_loop(f, f_thread)。

17.5 求解设置

Fluent 里有两种类型的求解器：压力基和密度基。根据求解问题可在 General 对应的面板里进行设置。求解算法设置如图 17-29 所示。

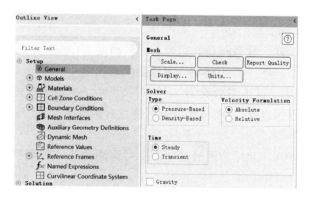

图 17-29 求解算法设置

17.5.1 压力基

压力基求解器【Pressure-Based】以压力-速度耦合算法【Pressure-Velocity Coupling】为基础，从连续性方程和动量方程中推出压力值（或压力修正项）。压力基求解器包含两种算法：一种是分离求解器，即压力修正和动量方程顺序求解；另一种是耦合求解器，即压力和动量方程同时进行求解。压力求解器求解过程灵活，占用内存少，可用于从低速不可压流到高速可压流的大部分流动区域。图 17-30 所示为压力基设置 Fluent 基于有限体积的插值法，所以对其控制主要有以下选项。

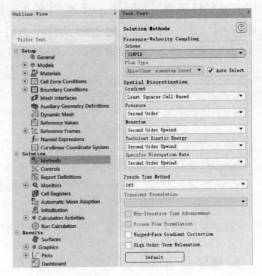

图 17-30　压力基设置

1. 算法项【Scheme】

1）SIMPLE，为默认格式，计算稳健。

2）SIMPLEC，对简单的问题收敛较快。

3）PISO!，用于瞬态流动问题或计算网格扭度较大的情况。

4）Coupled，对单相稳态流较高效。

2. 梯度项【Gradient】

1）Least-Squares Cell-Based，适用于多面体网格，为默认方法。

2）Green-Gauss Cell-Based，存在伪扩散问题。

3）Green-Gauss Node-Based，适用于三角形/四面体网格。

3. 压力【Pressure】项

1）Standard，当流动在边界附近呈现较大的面法向压力梯度时精度下降，为默认格式。

2）PRESTO!，适用于高旋流、高压力梯度流（多孔介质、风扇模型等），或计算域存在较大的曲率时。

3）Linear，在其他选项导致收敛困难或出现非物理现象时使用。

4）Second-Order，适用于可压缩流；不建议在多孔介质、跳跃、风扇等模型或 VOF/混合多相流模型中使用。

5）Body Force Weighted，适用于体积力大的时候，如高旋流。

4. 动量【Momentum】

1）First-Order Upwind，收敛很快，但只有一阶精度。

2）Second-Order Upwind，二阶精度，收敛会相对较慢。

3）Power Law，适用于低雷诺数流。

4）QUICK，适用于四边形/六面体和混合网格，对旋转流动有用，在均匀网格上是三阶精度。

5）Third-order MUSCL，非结构网格局部三阶对流离散格式；在预测二次流、涡和力方面更准确。

17.5.2　密度基

密度基【Density-Based】耦合求解器以矢量形式求解连续性、动量、能量和组分方程。密度基耦合求解器包含两种算法：一是显式算法，即用多步龙格库塔显式时间积分或隐式方式求解；二是隐式算法，即用高斯赛德尔（Gauss-Seidel）方法求解所有变量。密度基设置如图 17-31 所示。

密度基适用于密度、能量、动量、组分间强耦合的流动现象，如高速可压缩流动，超高声速流动、激波干扰等现象。

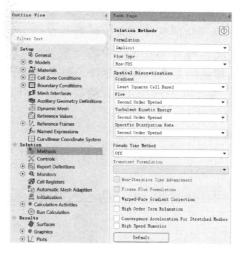

图 17-31　密度基设置

17.6　Fluent 后处理

为了使求解结果更形象直观，模拟计算完成后还需进行后处理操作。Fluent 本身具备一定的后处理功能，主要体现在图形可视化技术与文字报告上，图形可视化技术主要将流场分布以云图、等值线图和矢量图等形式呈现出来，通过这些图形的显示可以帮助用户分析流场的变化及相关物理参数的分布。Fluent 还提供了很多数据显示与文字报告的工具，用户利用这些工具可以得到边界流量、作用力、投影面积、面积分与体积分等。

Fluent 后处理操作均在导航面板的 Result 选项下，Result 选项包括可视化图形【Graphics and Animations】、曲线图【Plots】和文字报告【Reports】3 项。其中，【Graphics and Animations】主要用于显示网格、云图、矢量图、轨迹线和颗粒轨迹，【Plots】主要用于显示散点图、柱状图及 FFT，【Reports】则可以得到流量、作用力、投影面积、面积分与体积分、离散相的采样情况和结果以及热交换量等，如图 17-32 所示。

图 17-32　Reports 面板

17.6.1　统一 CFD-Post

用户除可以用 Fluent 自身的后处理功能外，还可以用统一的 ANSYS CFD-Post，这个后处理功能更为强大，具体可看 ANSYS CFX 后处理。使用过程在完成流体模拟后，返回 Workbench 工作界面，从组件分析系统中选中 Results 拖拽与 Fluent 分析系统的 Solution 连接，然后右击【Results】，选择【Edit】进入 CFD-Posts。Fluent 与 Results 组合如图 17-33 所示。

17.6.2 运用 Tecplot 后处理

通常用户也可选用外接 Tecplot 后处理软件。Tecplot 是一套强大的 CFD 和数值仿真可视化的软件工具，具有非常强的工程绘图和数据分析功能，可对 Fluent 结果进行后处理操作。Tecplot 新增了离散傅里叶变换、数据接口，以及与时间控制相关的新工具，特别支持 ANSYS CFX 数据导入。本节以 Tecplot360 为例简单说明其数据导入过程，其他更详细的内容及操作可参看相关资料。

图 17-33　Fluent 与 Results 组合

1. Tecplot360 2023 界面

在"开始"菜单中执行 Tecplot360 2023 命令，打开 Tecplot360 2023 界面，如图 17-34 所示。

图 17-34　Tecplot360 2023 界面

2. Fluent 数据导出与导入

运用 Tecplot360 进行后处理，首先要从 Fluent 中导出 Tecplot 格式数据。导出方法：在 Fluent 中，选择【File】→【Export】→【Solution Data】，从弹出的【Export】对话框中，在【Type】中选择【Tecplot】，在对话框中间的【Surface】列表中为待输出数据的区域，对话框右侧的 Quantities 列表框中为要输出的变量，选择好相应的区域和变量后，单击【Write】，即可把对应的数据输出为 Tecplot 格式的文件。

Fluent 数据导入 Tecplot360，在 Tecplot360 中，选择【File】→【Load Data】，弹出【Load Data】对话框，选择【Fluent Data Loader】，然后单击【OK】，弹出【Fluent Data Loader】对话框，选择【Load Case and Data Files】，然后在【Case File】里输入【.case】文件，在

【Data File】里输入【. dat】文件，之后单击【OK】命令，Fluent 数据导入，然后进行后处理，后处理的结果如图 17-35 所示。

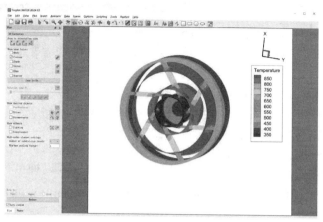

图 17-35　Tecplot360 后处理

17. 7　Fluent Meshing

Fluent Meshing 是专业的 CFD 网格生成工具，之前叫 TGrid，曾长期伴随 Fluent 作为非结构网格划分工具存在，从 ANSYS14. 5 开始更名为现名。它已完全融入 ANSYS Fluent，拥有与 Fluent 完全统一的界面，用户可以在 ANSYS Fluent 的环境中实现完整的网格生成、设置、求解、后处理等 CFD 分析的全过程。它可以在复杂和非常庞大的表面网格上快速生成非结构化的四面体网格以及六面体核心网格。

Fluent Meshing 是稳健、快速的边界层网格生成工具，它具有冲突检测和尖角处理等复杂情况的自动处理功能。表面包裹技术用于对大规模的复杂几何进行简化，可以在复杂几何表面上直接生成高质量的、基于尺寸函数的连续三角化表面网格（重构）。特别是当导入较差几何时，可以对几何快速处理，它不依懒于原有几何特征，而是利用投影技术，对原有几何质量要求低，快速生成表面网格。拥有并行四面体-棱柱层网格划分功能，在划分非常复杂的几何体时可以大大节省时间。

另外还具有尺寸函数功能、边界层拉伸功能、转配体网格划分功能，特别是对复杂几何体流固耦合分析对存在流体域固体域生成节点一致的网格时有很好功能。网格诊断、网格编辑、漏洞缝补或间隙移除工具，重点集中在面网格处理上，质量很高的网格也可以运行脚本进行自动化处理。

Fluent Meshing 生成网格的思路是从面到体，生成体网格；首先应有一个表面封闭的面网格，面封闭可以是多体封闭、装配体封闭。如对流固耦合分析，既有流体域封闭又有固体域封闭，在封闭体的内部填充体网格，生成体网格。

Fluent Meshing 存在两个重要的概念。尺寸函数：对划分网格过程中所有尺寸的定义称为尺寸函数。尺寸场：把尺寸函数的定义应用到几何上，重新产生一个名称叫尺寸场，对应于所有的空间位置使用一个什么样的尺寸进行网格划分。尺寸场可以以云图的形式显示出来，也可预测某一位置以怎样的尺寸进行网格划分，以及对尺寸场进行缩放。

17.7.1 Fluent Meshing 环境操作界面介绍

1. 启动方法

在"开始"菜单中执行【ANSYS 2024】→【Workbench 2024】命令,从工具箱组件系统中将 CFD 网格生成模块【Fluent(with Fluent Meshing)】拖入(或双击)到工程图解【Project Schematic】,如图 17-36 所示;然后右击【Mesh】→【Edit】,在弹出的 Fluent Launcher 窗口中选择计算问题的维度、精度、启动后的显示方式、是

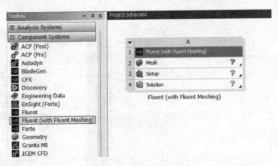

图 17-36 创建 Fluent Meshing 项目

否并行计算等,设置完成后,单击【OK】按钮,即启动 Fluent(with Fluent Meshing),如图 17-37 所示。

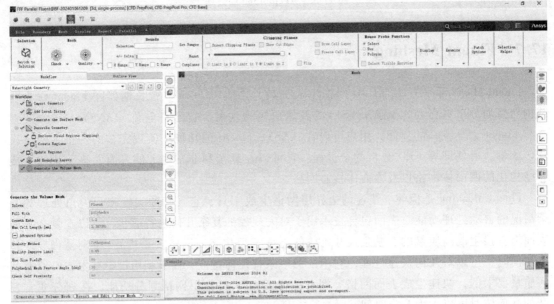

图 17-37 Fluent Meshing 窗口环境

2. 界面简介

Fluent Meshing 的环境操作界面与 ANSYS Fluent 图形界面(GUI)保持一致,由下拉菜单栏、Ribbon 功能区、导航操作树、图形窗口、标准工具条、图形操作工具条、文本命令和消息输出窗口组成。完成网格划分及相应设置后,即可转换到求解界面进行求解及后处理。该新界面的特点主要是将相关的功能按钮集中在 Ribbon 功能区里,将工具栏中的选项移动到图标和 Ribbon 功能区里;当窗口尺寸缩小时,Ribbon 功能区的选择式区域会自动转换为按钮式,图标的尺寸不会改变,只是临时折叠隐藏起来;图标组可以移动到窗口的任意位置;右击图标可以控制其显示;条件选择、创建几何体和创建 Loop 的功能拥有独立图标。

(1) 菜单栏

菜单栏包含项目执行常用执行的动作,如模型导入、网格输出功能。从左到右依次是文件菜单、边界菜单、网格菜单、图形显示菜单、报告菜单、并行计算菜单,如图 17-38 所示。

图 17-38　菜单栏

（2）Ribbon 功能区

Ribbon 功能区可以实现一些常用的功能及设置，包括求解切换选项（Switch to Solution）、边界组（Bounds）、裁剪平面组（Clipping Planes）、选择助手组（Selection Helper）、探针功能组（Mouse Probe Function）、显示组（Display）、检查组（Examine）、修补组（Patch Options），如图 17-39 所示。单击图标◐，可实现 Ribbon 功能区隐藏和显示。

图 17-39　Ribbon 功能区

（3）导航操作树

在网格生成导航操作树上，可以通过聚焦每个操作对象（如几何对象、网格对象），操作右击弹出的快捷菜单，实现流体网格划分和显示，如图 17-40 所示。当用 CAD Faceting 选项导入几何模型时，通过几何对象操作生成的网格可以为非共形网格。当用 CFD Surface Mesh 选项导入几何模型时，通过网格对象操作生成的网格可以为共形网格。

（4）工具条

用户界面有几组工具条，这些快捷工具条用来执行一

图 17-40　导航操作树

些共同任务，各个用途的工具条可以显示或隐藏，也可根据需要浮动出现在任何有利位置。

① 过滤工具条。过滤工具条用来选择位置、节点、边、区域和对象，单击对应图标，图形窗口显示对应图标的用法，如图 17-41 所示。

图 17-41　过滤工具条

② 工具栏条。工具栏条用来进行几何单元的构造或循环选择工具，可以利用隔离工具孤立选择区域或进行对象显示，限制基于选择的区域或对象的平面、曲面区域或对象，该图标可以扩展，单击对应图标，图形窗口显示对应图标的用法，如图 17-42 所示。

图 17-42　工具栏条

17.7.2　Fluent Meshing 划分步骤及诊断

1. Fluent Meshing 网格划分步骤

步骤 1：新建或打开项目。

步骤 2：导入复杂 CAD 几何或面网格。

步骤 3：划面几何或 CFD 表面网格。

步骤 4：漏洞修补或间隙移除。

步骤 5：创建拓扑或表面包裹。

步骤 6：生成表面或棱柱网格。

步骤 7：生成 CFD 体网格。

步骤 8：导入 Fluent 求解器。

2. Fluent Meshing 网格诊断

网格诊断是 Fluent Meshing 在体网格生成前，查找问题的核心功能。诊断功能分为三部分：

1）几何：查找和修复转配体问题，以及不同对象之间的间隙和交叉。

2）表面连通性：确保表面网格的正确性，如自由节点或边、多重边、重叠面、交叉面等。

3）质量：提升表面网格质量，可以使用多种质量标准的结合。

17.8　非恒定流体绕圆柱流体分析

1. 问题描述

图 17-43 所示的流体域尺寸为：长 30m，宽 17m，圆柱墙直径为 1m。非恒定流体流经圆柱墙的速度为 80m/s，密度为 $1kg/m^3$，黏度为 $1kg/(m \cdot s)$，流出流体区域的出口压力为 0Pa，其他相关参数在分析过程中体现。试对非恒定流体绕过圆柱体情况进行流体力学分析。

2. 有限元分析过程

（1）启动 Workbench 2024

在"开始"菜单中执行【ANSYS 2024 R1\R2】→【Workbench 2024 R1\R2】命令。

（2）创建流体动力学分析项目

① 在工具箱【Toolbox】的【Analysis Systems】中双击或拖动流体动力学分析项目【Fluid Flow（Fluent）】到项目流程图，如图 17-44 所示。

② 在 Workbench 的工具栏中单击【Save】，保存项目工程名为 Cylinder. Wbpj。有限元分析文件保存在 D：\AWB\Chapter17 文件夹中。

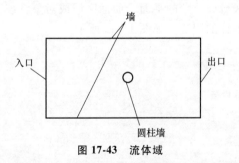

图 17-43　流体域

图 17-44　创建流体动力学分析项目

（3）导入几何模型

在流体动力学分析项目上，右击【Geometry】→【Import Geometry】→【Browse】→找到模

型文件 Cylinder. agdb，打开导入几何模型。模型文件在 D：\AWB\chapter17 文件夹中。

（4）进入 Meshing 网格划分环境

① 在流体力学分析项目上，右击【Mesh】→【Edit】进入 Meshing 网格划分环境。

② 在 Meshing 的主菜单【Units】中设置单位为 Metric（mm，kg，N，s，mV，mA）。

（5）划分网格

① 在导航树里单击【Mesh】，设置【Details of "Mesh"】→【Defaults】→【Physics Preferencep】=CFD，【Solver Preference】=Fluent，【Element Size】=200mm；【Sizing】→【Use Adaptive Sizing】=No，【Capture Curvature】=Yes，【Curvature Min Size】=10，其他默认。

② 在标准工具栏单击，然后选择圆孔，接着在环境工具栏上单击【Control】→【Sizing】，【Edge Sizing】→【Details of "Edge Sizing" -Sizing】→【Definition】→【Element Size】=25mm，【Advaced】→【Capture Curvature】=Yes，其他默认。

③ 在标准工具栏单击，然后选择整个面体，接着在环境工具栏上单击【Control】→【Inflation】，【Inflation】→【Details of "Inflation" -Inflation】→【Definition】→【Boundary】选择圆孔边并应用，设置【Inflation Option】=First Layer Thickness，【First Layer Height】=25mm，Maximum Layers=40，【Growth Rate】=1.2。膨胀控制如图 17-45 所示。

图 17-45 膨胀控制

④ 生成网格，在导航树里右击【Mesh】→【Generate Mesh】，如图 17-46 所示。

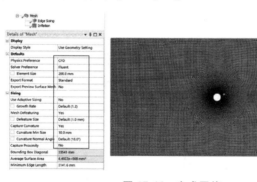

图 17-46 生成网格

⑤ 网格质量检查，在导航树里单击【Mesh】，设置【Details of "Mesh"】→【Quality】→【Mesh Metric】=Aspect Ratio，显示 Aspect Ratio 规则下网格质量详细信息，平均值处在好水平范围内，展开【Statistics】显示网格和节点数量。

（6）创建边界区域

① 单击导航树上坐标系图标，显示坐标系。

② 设置入口边界，单击标准工具栏图标，然后选择长方形左边线，右击【Create Named Selection】，在弹出对话框中命名，如设为入口 "Inlet"，然后单击【OK】确定，一个边界区域被创建，在大纲树中出现了一组【Selection Name】项，如图 17-47 所示。

③ 设置出口边界，在标准工具栏单击，然后选择长方形右边线，右击【Create

Named Selection】，在弹出对话框中命名，如设为出口"Outlet"，然后单击【OK】确定，一个边界区域被创建，在大纲树中出现了一组【Selection Name】项，如图 17-48 所示。

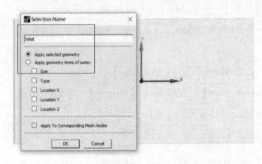

图 17-47　设置入口边界　　　　　　　图 17-48　设置出口边界

④ 设置边界墙，在标准工具栏单击▣，然后选择长方形上下两边，右击【Create Named Selection】，在弹出对话框中命名，如设为墙"Wall"，然后单击【OK】确定，一个边界区域被创建，在大纲树中出现了一组【Selection Name】项，如图 17-49 所示。

⑤设置圆柱边界墙，在标准工具栏单击▣，然后选择长方形中心圆边，右击【Create Named Selection】，在弹出对话框中命名，如设为墙"Cylinder"，然后单击【OK】确定，一个边界区域被创建，在大纲树中出现了一组【Selection Name】项，如图 17-50 所示。

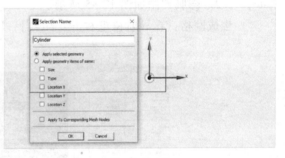

图 17-49　设置边界墙　　　　　　　图 17-50　设置圆柱边界墙

⑥ 单击主菜单【File】→【Close Meshing】。

⑦ 返回 Workbench 主界面，右击流体系统【Mesh】，从弹出的菜单中选择【Update】升级，把数据传递到下一单元中。

（7）进入 Fluent 环境

右击流体系统【Setup】，从弹出的菜单中选择【Edit】，启动 Fluent 界面，设置双精度【Double Precision】，本地并行计算【Parallel（Local Machine）】→【Solver Processes】= 4（根据用户计算机计算能力设置），如图 17-51 所示，然后单击【Start】进入 Fluent 环境，如图 17-52 所示。

（8）网格检查

① 控制面板，【General】→【Mesh】→【Check】→【Perform Mesh Check】，命令窗口出现所检测的信息。

② 控制面板，【General】→【Mesh】→【Report Quality】→【Evaluate Mesh Quality】，命令窗

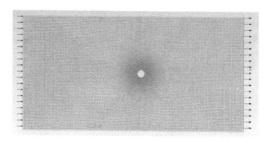

图 17-51　Fluent 启动界面

图 17-52　Fluent 环境网格边界显示

口出现所检测的信息，显示网格质量处于较好的水平。

③ 单击 Ribbon 功能区【Domain】→【Info】→【Size】，命令窗口出现所检测的信息，显示网格节点数量为 17841 个。

（9）指定求解类型

单击【General】→【Task Page】，选择时间为瞬态【Transient】，求解类型为压力基【Pressure-Based】，速度方程为绝对值【Absolute】。求解算法控制如图 17-53 所示。

（10）湍流模型

单击 Ribbon 功能区【Physics】→【Viscous】→【Viscous Model】→【Laminar】，单击【OK】退出窗口。计算模型设置如图 17-54 所示。雷诺数：$Re = \dfrac{Vd_{H}}{\nu} = 4 \times \dfrac{V}{\nu} \times \dfrac{A}{S} = 4 \times \dfrac{80}{1} \times \dfrac{450}{90} = 1600 < 2300$。

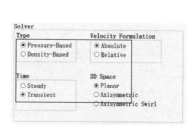

图 17-53　求解算法控制

图 17-54　计算模型设置

（11）创建材料

单击 Ribbon 功能区【Physics】→【Materials】→【Create/Edit】，在弹出的对话框中，【Name】= fluidt，设置流体密度为 1，黏度为 1，单击【Change/Create】→【Yes】，单击【Close】退出窗口，如图 17-55 所示。

（12）边界条件

① 单击 Ribbon 功能区【Physics】→【Zones】→【Boundaries】→【inlet】→【Type】→【Velocity-Inlet】→【Edit】，在弹出的对话框中设置【Velocity Magnitude［m/s］】= 80，其他默认，单击【Apply】→【Close】关闭窗口。入口边界如图 17-56 所示。

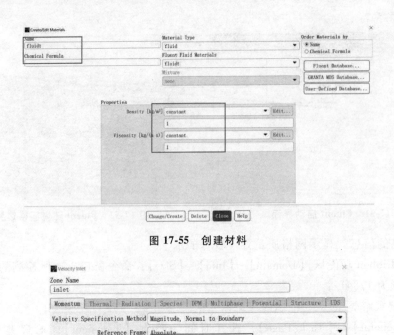

图 17-55 创建材料

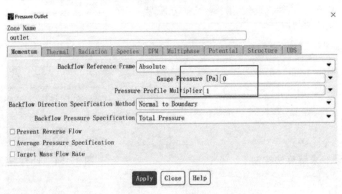

图 17-56 入口边界

② 单击 Ribbon 功能区【Physics】→【Zones】→【Boundaries】→【outlet】→【Type】→【Pressure-Outlet】→【Edit】，在弹出的对话框中设置【Gauge Pressure［Pa］】为 0，其他默认，单击【Apply】→【Close】关闭窗口。出口边界如图 17-57 所示。

图 17-57 出口边界

③ 单击 Ribbon 功能区【Physics】→【Zones】→【Boundaries】→【Wall】→【Type】→【Wall】→【Edit】，在弹出的对话框中设置【Shear Condition】为 No Slip，其他默认，单击【Apply】→【Close】关闭窗口。壁面设置如图 17-58 所示。

④ 单击 Ribbon 功能区【Physics】→【Zones】→【Boundaries】→【cylinder. 1】→【Type】→【Wall】→【Edit】，在弹出的对话框中设置【Shear Condition】为 No Slip，其他默认，单击【Apply】→【Close】关闭窗口。Cylinder 壁面设置如图 17-59 所示。

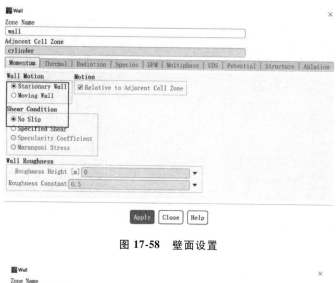

图 17-58 壁面设置

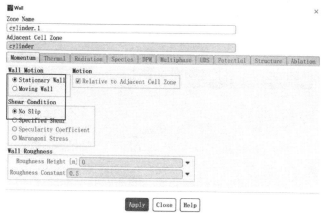

图 17-59 **Cylinder** 壁面设置

（13）参考值

① 单击 Ribbon 功能区【Physics】→【Reference Values】，设置【Reference Values】→【Computer from】= inlet，【Density（kg/m^3）】= 1，【Reference Zone】= cylinder，其他默认。参考值如图 17-60 所示。

② 在菜单栏单击【File】→【Save Project】，保存项目。

（14）求解设置

① 求解方法，单击 Ribbon 功能区【Solution】→【Methods】→【Transient Formulation】= Second Order Implicit，其他设置默认，如图 17-61 所示。

② 求解控制，默认设置。

③ 创建阻力监控，单击 Ribbon 功能区【Solution】→【Definitions】→【New】→【Force Report】→【Drag】，在弹出的对话框中设置【Name】= cd-1，选择 Report File，Report Plot，选择 cylinder.1，其他默认，单击【OK】关闭窗口，如图 17-62 所示。

④ 创建升力监控，单击 Ribbon 功能区【Solution】→【Definitions】→【New】→【Force Report】→【Lift】，在弹出的对话框中设置【Name】= cl-1，选择 Report File，Report Plot，选择 cylinder.1，其他默认，单击【OK】关闭窗口，如图 17-63 所示。

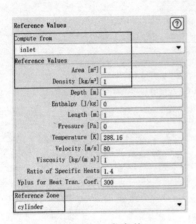

图 17-60　参考值

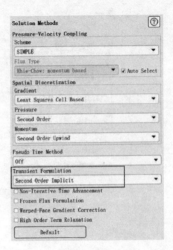

图 17-61　求解方法

图 17-62　创建阻力监控

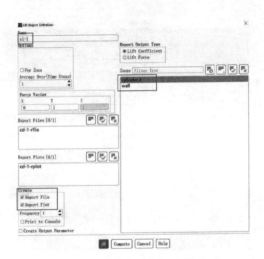

图 17-63　创建升力监控

⑤创建残差监控，单击 Ribbon 功能区【Solution】→【Residual】，在弹出的对话框中选择【Print to Console】和【Plot】，其他默认，单击【OK】关闭窗口，如图 17-64 所示。

（15）初始化

单击 Ribbon 功能区【Solution】→【Initialization】→【Hybrid】，单击【Initialize】初始化，如图 17-65 所示。

图 17-64　创建残差监控

图 17-65　初始化

（16）定义求解中的参数

单击 Ribbon 功能区【Solution】→【Autosave】→【Save Data File Every（Time Steps）】= 1，其他默认，如图 17-66 所示。

（17）运行求解

① 单击 Ribbon 功能区【Solution】→【Run Calculation】→【Advanced】→【Time Step Size】= 0.01，【Number Of Time Steps】= 250，【Max Iterations/Time Step】= 50，其他默认，设置完毕以后，单击【Calculate】进行求解，这需要一段时间，请耐心等待。求解设置如图 17-67 所示。

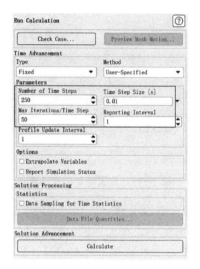

图 17-66　定义求解中的参数　　　　　　图 17-67　求解设置

② 在图形显示区域选择第 3 个窗口【cl-1-rplot】，可以看到收敛监控曲线，如图 17-68 所示。

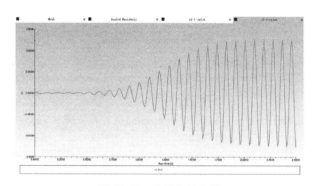

图 17-68　收敛监控曲线

（18）创建后处理

① 菜单栏上单击【File】→【Save Project】，保存项目。

② 菜单栏上单击【File】→【Close Fluent】，退出 Fluent 环境，然后回到 Workbench 主界面。

③ 在流体分析项目上，右击【Results】→【Edit】，进入【Fluid Flow（Fluent）-CFD-Post】

后处理系统。

④ 插入云图，在工具栏上单击【Contour】并确定，在几何选项中的域【Domains】选择 All Domains，位置【Locations】栏后单击…选项，在弹出的位置选择器里选择 symmetry1、symmetry2 确定。在变量【Variable】栏后单击…选项，在弹出的变量选择器选择 Velocity 确定，【Range】=Local，其他为默认，单击【Apply】，云图显示位置设置如图 17-69 所示；可以看到云图显示，如图 17-70 所示。

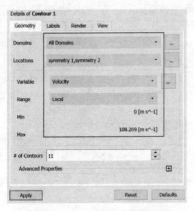

图 17-69　云图显示位置设置

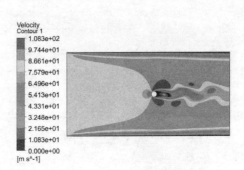

图 17-70　云图显示

（19）创建动画

① 时间步，在工具栏上单击【Tools】→【Timestep Selector】，在弹出的对话框中选择第一个时间步，然后单击【Apply】，如图 17-71 所示。

② 单击【Animate Timesteps】 图标，选择【Timestep Animation】，选择【Save Movie】，选择合适的文件夹，文件放在 D：\AWB\Chapter17 中，然后选择文件格式为 .AVI。设置重复 1 次，动画设置如图 17-72 所示。

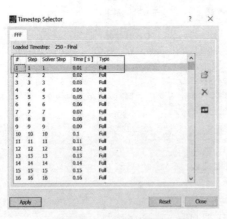

图 17-71　选择时间步

图 17-72　动画设置

③ 单击播放按钮 ，运行完成后，影片会保存在指定的目录。

④ 依次单击【Close】→【Close】，关闭【Timestep Selector】。

（20）保存与退出

① 退出后处理环境。单击 CFD-Post 主界面的菜单【File】→【Close CFD-Post】退出环境，返回到 Workbench 主界面，此时主界面的项目管理区中显示的分析项目均已完成。

② 单击 Workbench 主界面上的【Save】按钮，保存所有分析结果文件。

③ 退出 Workbench 环境。单击 Workbench 主界面的菜单【File】→【Exit】退出主界面，完成项目分析。

3. 点评

本例是非恒定流体绕圆柱流体分析。圆柱绕流是钝体绕流经典流体力学问题之一，属于非定常分离流动问题。流体绕圆柱体流动时，起决定作用的是雷诺数，雷诺数不同，结果也不相同；一般来说，过流断面会收缩，流速沿程增加，压强沿程减小，由于黏性力的存在，就会在柱体周围形成附面层的分离，形成圆柱绕流。而由于圆柱钝体的存在，会产生复杂的现象，迄今为止对该流动现象物理本质的理解仍然不全面。圆柱绕流现象，在工程中应用较为广泛，如风对建筑物、光伏反射镜，水流对桥墩、海洋钻井平台支柱等的作用。本例只对一种雷诺数的情况进行了模拟，但模拟过程完整，前后处理方法值得初学者借鉴。

17.9　本章小结

本章按照计算流体概述、Fluent 概述、Fluent 环境界面、Fluent 问题设置、求解设置、Fluent 后处理、Fluent Meshing 和相应实例应用顺序编写，为 Fluent 入门基础性内容。本章配备的 Fluent 典型工程实例非恒定流体绕圆柱流体分析，包括问题描述、有限元分析过程及点评三部分内容。

Fluent 流体动力学分析涉及的内容比较多，限于篇幅，本章未涉及的内容待以后续写，或者用户可参考其他相关书籍进行学习。

第18章 流体动力学分析 II（ANSYS CFX）

流动现象在我们生活中随处可见，对我们的生活有着这样那样的影响。如何分析流体流动对我们的影响，不同领域有着不同的分析方法，也有不同的分析软件，本章重点介绍用于涡轮器械分析的 ANSYS CFX。

18.1 CFX 概述

18.1.1 ANSYS CFX 简介

CFX 是全球第一个通过 ISO 9001 质量认证的大型商业 CFD 软件，最早由英国 AEA Technology 公司开发，现在是美国 ANSYS 公司产品家族中最重要的成员之一，集成在 ANSYS Workbench 中协同使用，也可单独使用，为其在全球诸多的用户解决了大量的实际问题。

先进的求解器技术是 ANSYS CFX 的核心，也是快速、强健地获得可靠、准确解的关键。现代化的高度并行求解器是选择物理模型、真实地捕捉与流体流动相关现象的基础。求解器及许多物理模型连同个性化、自动化的扩展功能，都包装在现代、直观、灵活的图形用户界面【GUI】和用户环境中，并通过使用日志文件、脚本及强大的表达式语言得到扩展。

CFX 采用有限元法和拼片式块结构网络，在非正交曲线坐标系上进行离散，变量的布置采用同位网格方式。其特色功能：先进的全隐式耦合多网格线性求解器，收敛速度快（同等条件下比其他流体软件快 1~2 个数量级），可以读入多种形式的网格，并能在计算中自动加密/稀疏网格，优秀的并行计算性能，强大的前后处理功能，丰富的物理模型，可以真实模拟各种工业流动，简单友好的用户界面，方便使用。CCL 语言使高级用户能方便地加入自己的子模块，支持批处理操作，支持多物理耦合场，支持 Workbench 集成，能拥有从几何到网格划分并进行流体计算，然后进行后处理的整体解决方案。CCL 语言前后接口丰富稳定，用户不用放弃原来熟悉的工具，满足实际工程流体模拟需要，能方便地加入自己编写的模型。

18.1.2 CFX 与 Fluent 的区别

ANSYS CFD 技术提供著名的 ANSYS Fluent 和 ANSYS CFX 产品。这两个产品已经独立发展了数十年，有许多共同的功能，也有一些明显的区别。它们都是基于控制体积的高精度技术，在大多数应用上都是依赖于压力的求解技术。它们的区别主要在于积分流动方程以及求解这些方程的策略上。

ANSYS CFX 使用类似结构求解器的基于有限元的离散方法，而 ANSYS Fluent 使用的是基于有限体积法的离散方法。两则最终都形成了"控制体积"方程，保证了流动变量的精确守恒。ANSYS CFX 软件使用一种方法（耦合代数多重网格法）来求解控制方程组，而

ANSYS Fluent 提供了几种不同的方法：密度基、压力基的分离求解器、压力基的耦合求解器。而两个求解器都包含了大量的高可信度物理模型。

18.1.3　CFX 网格

CFX 可以接受多种工具划分的网格，主要有 ANSYS Meshing、CFX Mesh、CFX-Solver Input、ICEM CFD、ANSYS Fluent、CGNS 以及其他网格类型，但不接受二维网格模型。具体的网格划分方法参看前面章节。

18.2　CFX 前处理

18.2.1　打开 CFX 的方法

打开 ANSYS CFX 的方法有三种，分别为：

1）在"开始"菜单中执行【ANSYS 2024】→【Workbench 2024】命令，从工具箱分析系统中将流体动力学模块【Fluid Flow（CFX）】拖入（或双击）到工程图解【Project Schematic】，如图 18-1 所示；然后右击【Setup】→【Edit】编辑进入 CFX 环境，如图 18-2 所示。或先导入几何模型，划分网格，再进入 CFX 环境。

图 18-1　Workbench 启动 CFX（一）

2）在"开始"菜单中执行【ANSYS 2024】→【Workbench 2024】命令，从工具箱组件系统中将流体动力学模块【CFX】拖入（或双击）到工程流程图【Project Schematic】，如图 18-3 所示；然后右击【Setup】→【Edit】，编辑进入 CFX 环境，如图 18-2 所示。

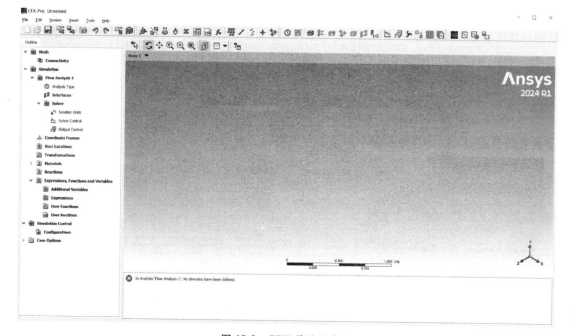

图 18-2　CFX 前处理窗口

3）在"开始"菜单中执行【ANSYS 2024】→
【CFX 2024】，启动【CFX 2024】，如图 18-4 所示。
单击 CFX-Pre 2024 按钮，进入前处理窗口，此时，
只有新建【Create Case】和打开【Open Case】两
个选项可以使用，其他按钮均为灰色，不能使用，
因此首先要新建按钮生成一个新实例，或使用打
开按钮打开前面已经生成的实例，如图 18-5 所示。

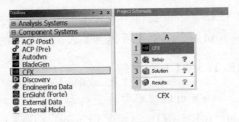

图 18-3　Workbench 启动 CFX（二）

单击新建实例按钮，则弹出一个新建模拟类型窗口，此窗口包含了 4 种进入的模拟类型和环
境，如图 18-6 所示。然后单击任意类型可进入 CFX 前处理窗口，如图 18-2 所示。

图 18-4　启动流体动力学开始界面

图 18-5　CFX-Pre 窗口

① 一般模拟类型【General】，最常用的模拟类型，所有的模
型均可选用这种模拟类型。

② 旋转机械【Turbomachinery】，专为旋转机械定制的模拟类
型，可直接通过引导完成旋转机械设定。

③ 快速设定【Quick Setup】，可快速完成最基本的模拟设定，
仅适用于单个域及单相模拟。

④ 库模板【Library Template】，CFX 为某些特定类型提供了
大量的库模板，可以直接引用这些模板，从而简化了某些复杂模
拟的设定过程。

18.2.2　CFX-Pre 窗口介绍

由图 18-2 可知，CFX 前处理主窗口，包括菜单栏、任务栏、

图 18-6　模拟类型

功能区、显示操作区、图形显示区、操作控制树、信息提示区。

1. 菜单栏

菜单栏包括文件、编辑、会话、插入、工具和帮助菜单，如图 18-7 所示。

1）文件【File】，打开、保存、导入、导出等基本操作，如图 18-8 所示。

图 18-7 菜单栏

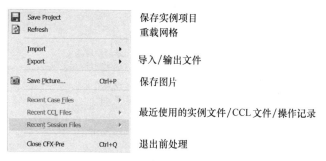

图 18-8 文件

2）编辑【Edit】，取消或重置、设置操作。

3）会话【Session】，主要演示和记录操作计算过程，如图 18-9 所示。

图 18-9 会话

4）插入【Insert】，CFX 生成域、边界条件、求解控制等操作，如图 18-10 所示。

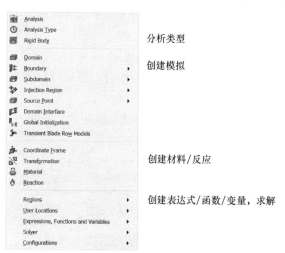

图 18-10 插入

5）工具【Tool】，CFX 命令语言编辑、求解控制，后处理启动等操作，如图 18-11 所示。

6）帮助【Help】，ANSYS 及 CFX 帮助文件。

2. CFX 前处理设置

CFX 前处理如图 18-12 所示。

CFX 前处理主要功能按钮从左至右依次如下：

图 18-11　工具

图 18-12　CFX 前处理

1）定义分析类型【Define Analysis】，可定义稳态分析和非稳态分析。

2）刚体定义【Rigid Body】，可定义刚体类型。

3）域【Domain】，定义一个域。

4）边界条件【Boundary】，创建一个边界条件。

5）子域【Sub-domain】，可以定义一个子域。

6）点源【Source Point】，可以定义一个点域。

7）域交界面【Domain Interface】，创建一个域交界面边界。

8）初始时间设置【Global Initialization】，定义分析初始时间。

9）求解控制【Solver Control】，定义求解控制。

10）结果输出控制【Output Control】，输出控制。

11）瞬态叶栅模型【Transient Blade Row Models】，可以计算相邻叶片、叶片颤振或边界扰动之间的相互作用所产生的非稳定现象。

12）网格自适应【Mesh Adaption】，创建网格自适应。

13）执行控制【Execution Control】，创建控制管理。

3. CFX 域前设定

CFX 域前设定主要功能按钮如图 18-13 所示。

图 18-13　CFX 域前设定主要功能按钮

CFX 域前设定主要功能按钮从左至右依次如下：

1）生成坐标系【Coordinate Frame】，可以根据需要生成坐标系。

2）用户表面【User Surfaces】，可以由后处理输出的 .csv 文件定义。

3）转换【Transformation】，可以进行平移、旋转、比例转换。

4）物质设定【Material】，用户可以使用 CFX 库里的物质，也可以自行设定所需要的。

5）反应设定【Reaction】，用户可以使用 CFX 库里的反应方程，也可以自行设定所需要的。

6）附加变量设定【Additional Variable】，用户可设定虚拟物质，模拟离散相在连续相中的分布。

7）表达式设定【Expression】，可以根据需要添加表达式。

8）用户子程序设定【User Routine】，可以通过此选项添加外接程序。

9）用户函数设定【User Function】，可以通过此选项添加用户设定的函数关系式。

18.2.3 域设定

添加域的方法有两种：一是单击工具按钮【Domain】→【Insert Domain】→【Name】确定；二是在菜单栏上单击【Insert】→【Domain】→【Insert Domain】→【Name】确定。域详细窗口如图 18-14 所示。

1. 基本设置

基本设置【Basic Settings】，定义域类型，引入流体，设置参考压力、运动选项等信息。

1）位置【Location】，设定流体或固体区域所在的位置。

2）域类型【Domain Type】，域的类型可分为：流体域【Fluid Domain】，即流体存在的区域，包括气体和液体；固体域【Solid Domain】，即固体存在的区域，主要用来计算热流、辐射换

图 18-14　域详细窗口

热或作为追踪粒子；多孔介质域【Porous Domain】，主要用来处理复杂的多孔模型，从而简化模型的绘制。

3）坐标系【Coordinate Frame】，设定域流体或固体区域所在的坐标系，默认 Coord 0 为系统设定坐标系。

4）流体和粒子定义【Fluid and particle definitions】，此为新选项，可以添加或删除操作。

① 域的材料类型一般为流体，常见的有理性气体【Air Ideal Gas】、25℃空气【Air at 25℃】和水【Water】。若需要添加其他物质，可以单击物质后面的辅助按钮，在弹出的流体列表窗口找到需要的物质。流体列表中的理想物质均为可压缩物质，流体列表如图 18-15 所示。

图 18-15　流体列表

② 域形态【morphology】，包括连续型【Continuous】、分散型【Dispersed】、粒子运动型【Partide Transport】、多分散型【Polydispersed】和熔滴型【Droplets】。

5）域模型【Domain Models】设置中，包括以下几项设置：

① 压强【Pressure】，该压强值为整个域的参考压强。

② 浮力【Buoyancy Model】，该选项用来设置定重力和参考流体密度。

③ 域运动【Domain Motion】，该选项用来设置域的运动，分为静止与旋转两种。

④ 网格变型【Mesh Deformation】，该选项用来设置网格的运动，模拟域边界发生变化的情况。

2. 流体模型

流体模型【Fluid Models】定义热传输模型、湍流模型、反应与燃烧模型、辐射类型等

信息，如图18-16所示。

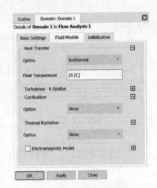

1）热传递【Heat Transfer】，设置热传递求解模型，计算域内的热传导。默认等温线【Isothermal】，流体温度【Fluid Temperature】25℃。此外还有热能模型【Thermal Energy】、全热模型【Total Energy】。

2）湍流模型【Turbulence】，用来设置求解流体的流动状态，可根据初步估算的雷诺数值来确定湍流类型。默认湍流模型为 k-ε 模型【k-Epsilon】，该模型为CFD模拟最常用的可靠稳定的模型。此外还有SST模型【Shear Stress Transport】，适用于要求高精确度边界层的模拟；基于SST模型的 k-ω 模型，在计算近壁处雷诺数较小的模拟中具有较好的稳定性和收敛性；SSG模型【SSG Reynolds Stress】；BSL模型【BSL Reynolds Stress】等模型。用户可根据实际需要选用。

图 18-16　流体模型

3）高级湍流模型控制【Advanced Turbulence Control】，包括燃烧控制【Combustion】、热辐射控制【Thermal Radiation】。

4）电磁模型【Electromagnetic Model】，此选项根据需要添加。

3. 初始化

初始化【Initialization】，定义流场的初始状态。

18.2.4　子域

子域是基于已定义的域，用来为某些变量设定源项。在定义子域前，必须先定义域。子域的设置方法有两种：一是单击工具按钮【Subdomain】→【Insert Subdomain】→【Name】确定；二是在菜单栏上单击【Insert】→【Subdomain】→【Insert Subdomain】→【Name】确定。子域信息窗口如图18-17所示。

1. 基本设置

基本设置【Basic Settings】，设置子域所在的位置，且部位必须是三维区域，包含在域内。

图 18-17　子域信息窗口

2. 源项

源项【Sources】为变量设置源项。

18.2.5　边界条件

边界条件是基于域的，因此边界条件应设置在相应的域里。边界条件的设置方法有两种：一是单击工具按钮【Boundary】→【Insert Boundary】→【Name】确定；二是在菜单栏上单击【Insert】→【Boundary】→【Insert Boundary】→【Name】确定。边界条件基本设置窗口如图18-18所示。

边界信息窗口包括以下选项：

1）基本设置【Basic Settings】，设置边界条件所在位置。

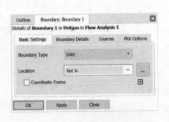

图 18-18　边界条件基本设置窗口

2）边界信息【Boundary Details】，设置边界条件流体的进入或流出方式、流体的物理属性等。

3）源项【Sources】，为方程变量添加源项。

4）绘图选项【Plot Options】，标定边界条件云图与矢量图。

1. 入口边界设置

首先在边界条件窗口基本设置项选择 Inlet，然后选择入口边界所在位置。入口边界设置还应在详细边界项中设置其他必要项，这些项包括以下几个部分：

1）流体性质【Flow Regime】，在此处可以设定流体的流速为亚声速【Subsonic】、超声速【Supersonic】和混合式【Mixed】。

2）质量和动量【Mass And Momentum】，设定流体进入的方式，包括标准速度【Normal Speed】、笛卡儿速度分量【Cart. Vel. Components】、圆柱坐标速度分量【Cyl. Vel. Components】、质量流量速率【Mass Flow Rate】、总压【Total Pressure】、静压【Static Pressure】。

3）湍流【Turbulence】，设置流体湍流密度。湍流密度可选选项包括低湍流密度【Low（Intensity = 1%）】、中等湍流密度【Medium（Intensity = 5%）】、高湍流密度【High（Intensity = 15%）】、湍流密度与长度值【Intensity and Length scale】、指定湍流密度与漩涡黏性比率【Specified Intensity and Eddy Viscosity Ratio】、k 值和 ε 值【k and Epsilon】、k 值与漩涡黏性比率【k and Eddy Viscosity Ratio】、k 值与长度值【k and Length Scale】、默认湍流密度和自动计算长度值【Default Intensity and Autocompute Length Scale】、流密度和自动计算长度【Default Intensity and Autocompute Length】、零梯度【Zero Gradient】。

4）热传递【Heat Transfer】，在此处可以设定流体的静压温度【Static Temperature】、超声速【Supersonic】和混合式【Mixed】，图 18-19 所示为边界条件信息窗口。

2. 出口边界设置

首先在边界条件窗口基本设置项选择 Outlet，然后选择出口边界所在位置。出口边界设置还应在详细边界项中设置其他必要项，这些选项包括的部分与入口边界设置相似。

3. 开口式出口设置

开口式出口设置是当不能确定某一边界条件在此处流体是流入还是流出时，则可设置此边界条件为开放式边界条件。开口式出口设置使得该部位可以作为入口也可作为出口，还可以同时作为出口与入口。开口式出口设置还应在详细边界项中设置其他必要项，这些选项包括的部分与入口边界设置相似。

图 18-19 边界条件信息窗口

当域内流体作为单相流模拟时，开放式边界条件质量与动量设置包括开放压强与方向【Opening Pres . and Dirn】、输送的静态压强【Static Pres . and Dirn】、输送【Entrainment】、笛卡儿速度分量【Cart. Vel. Components】、圆柱坐标速度分量【Cyl. Vel. Components】。

4. 壁面边界条件设置

壁面边界对流体来说是固体界面，即流体无法穿过，但壁面边界允许热量和附加变量进入或流出。在网格导入 CFX-Pre 后，所有未指定的部分均默认壁面边界。在壁面边界部位指定后还应在详细边界项中设置其他必要项，这些选项包括壁面对流体的影响【Wall Influence On Flow】、壁面粗糙度【Wall Roughness】、热量传递【Heat Transfer】。

壁面对流体的影响分为三种：

1）无滑移壁面【No Slip Wall】，此选项是常见的壁面条件，为默认设置。

2）自由滑移【Free Slip Wall】，此选项表明剪切力将设置为 0，流体在近壁面处的速度将不受壁面摩擦力的影响。

3）指定剪切【Specified Shear】，此选项为新加项，为特殊设置。

5. 对称边界条件

对于对称几何体或流场，可以进行对称边界条件设置，这样可使一半几何体进行计算，降低计算时间，提高效率。

6. 域交界面

域交界面是指不同域之间的相交面，在两个分离的域之间起到连接的作用。设置域交界面有三种情况：连接域或装配体，模型参考坐标系改变，周期性交界面。

域交界面的设置方法有两种：一是单击工具按钮【Domain Interface】→【Insert Domain Interface】→【Name】确定；二是在菜单栏上单击【Insert】→【Domain Interface】→【Insert Domain Interface】→【Name】确定。图 18-20 所示为域交界面信息窗口。

CFX 允许设置的域交界面类型有：

1）液-液交界面【Fluid-Fluid】，用来连接两个流体域。

2）液-固交界面【Fluid-Solid】，用来连接流体域与固体域。

图 18-20　域交界面信息窗口

3）固-固交界面【Solid-Solid】，用来连接两个固体域。

4）流体-多孔交界面【Fluid-Porous】，用来连接流体域与多孔介质域。

5）固体-多孔交界面【Solid-Porous】，用来连接固体域与多孔介质域。

6）多孔-多孔交界面【Porous-Porous】，用来连接两个多孔介质域。

交界面模型【Interface Models】选项有：

1）普通连接【General Connection】，默认的连接方式。

2）平移周期性【Translational Periodicity】，适用于一般对称周期性设置。

3）旋转周期性【Rotational Periodicity】，适用于旋转机械周期性设置。

18.2.6　初始边界条件设置

初始值设置可以在某个域内单独设置，此时设置的初始值仅针对此域。初始值也可设置全局初始值，此时初始值是针对全局域。当进行非稳态分析时，需设置初始值，否则将出现错误，但对于稳态分析，初始值不是必须设置的，可以加快收敛速度，避免计算发散。

初始边界条件的设置方法有两种：一是单击工具按钮【Global Initialization】；二是在菜单栏上单击【Insert】→【Global Initialization】。初始边界信息窗口如图18-21所示。

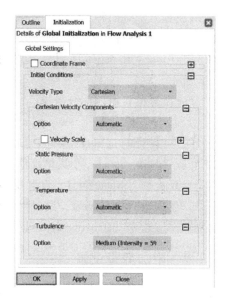

图18-21　初始边界信息窗口

初始边界窗口主要包括以下部分：

1）坐标系【Coordinate Frame】，此选项为可选项，若用户设置了多个坐标系，则可选择初始坐标系，允许用户使用圆柱坐标系。

2）初始条件【Initial Condition】，包括自动设置【Automatic】、自动值设置【Automatic with Value】。

3）速度值【Velocity Scale】，此选项可以设置域内初始速度值，此值对整个计算的稳定性和收敛性有着较大的影响。

4）静态压强【Static Pressure】，此选项可以设定域内初始压力值。

5）温度【Temperature】，此选项可设置热传递模型的温度初始值。

6）湍流模型【Turbulence】，此选项与边界条件设置一致。

18.2.7　物质设置

物质的设置方法有两种：一是单击工具按钮【Materials】→【Insert Materials】→【Name】确定；二是在菜单栏上单击【Insert】→【Materials】→【Insert Materials】→【Name】确定。物质信息窗口如图18-22所示。

图18-22　物质信息窗口

新物质的设定由两部分组成，分为基本设置【Basic Setting】和物质属性【Material Properties】。物质类型设定主要有：纯物质【Pure Substance】、固定成分混合物【Fixed Composition Mixture】、变成分混合物【Variable Composition Mixture】、均相二元混合物【Homogeneous Binary Mixture】、反应混合物【Reacting Mixture】、含烃类物质【Hydrocarbon Fuel】。

18.2.8　反应设置

CFX具有强大的化学反应与燃烧模拟功能，包含了多种化学反应和燃烧模型，可以通过导入化学反应的方法，引入库内包含的化学反应模型。在反应模拟中，反应物为溶质，还需指定反应发生的溶剂，引入溶剂可以通过附加物质列表【Additional Materials List】实现。

反应的设置方法有两种：一是单击工具按钮【Reaction】→【Insert Reaction】→【Name】确定；二是在菜单栏上单击【Insert】→【Reaction】→【Insert Reaction】→【Name】确定。反应信息窗口如图 18-23 所示。

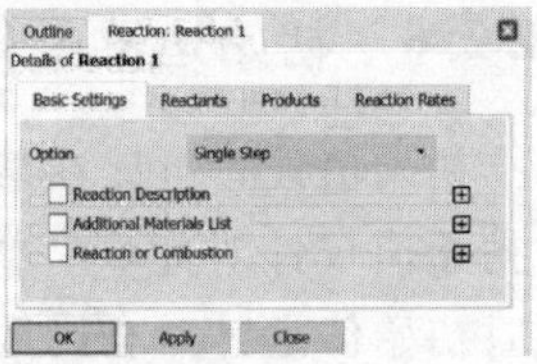

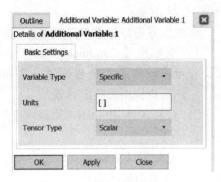

图 18-23　反应信息窗口

反应设置窗口由四部分组成：

1）基本设置【Basic Settings】，主要设置反应的步数、类型、溶剂等，可设置的化学反应类型包括：单步反应【Single Step】、多步反应【Multi Step】、小火焰反应库【Flamelet Library】、多相流反应【Multiphase】。

2）反应物【Reactants】，设置反应物的种类个数与化学计量数。

3）生成物【Products】，设置生成物的种类个数与化学计量数。

4）反应速率【Reaction Rates】，设置反应速率。

18.2.9　附加变量设置

附加变量是不参加反应且有一定数量的物质，其可以在流体内传输。可以用来模拟燃料在液体内的分布或火焰中烟的走向。

附加变量的设置方法有两种：一是单击工具按钮【Additional Variable】→【Insert Additional Variable】→【Name】确定；二是在菜单栏上单击【Insert】→【Expressions Functions Variables】→【Additional Variable】→【Insert Additional Variable】→【Name】确定。附加变量信息窗口如图 18-24 所示。

图 18-24　附加变量信息窗口

附加变量窗口包括：

1）变量类型【Variable Type】，包括指定类型、非指定类型和体积类型。

2）单位【Units】，用户为附加变量设定单位。

3）变量类型【Tensor Type】，可选择矢量或标量类型。

18.2.10　表达式设置

运用表达式可以实现某些部位数值非定值的设置，以满足复杂形式输入的需要。

表达式的设置方法有两种：一是单击工具按钮【Expression】→【Insert Expression】→【Name】确定；二是在菜单栏上单击【Insert】→【Expressions Functions Variables】→【Expressions】→【Insert Expression】→【Name】确定。表达式信息窗口如图 18-25 所示。

18.2.11　用户函数设置

用户函数是用来产生新的插值函数和用户 CEL 函数。

表达式的设置方法有两种：一是单击工具按钮【User Function】→【Insert User Function】→【Name】确定；二是在菜单栏上单击【Insert】→【Expressions Functions Variables】→【User Function】→【Insert User Function】→【Name】确定。用户函数信息窗口如图 18-26 所示。

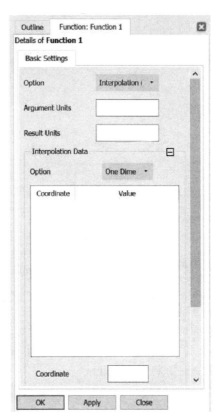

图 18-25　表达式信息窗口　　　　　　图 18-26　用户函数信息窗口

18. 2. 12　用户子程序

用户子程序可以连接用户编辑的 FORTRAN 子程序，以实现用户设定的模型功能，其中包括用户 CEL 函数【User CEL Functions】、连接箱程序【Junction Box Routines】和粒子追踪子程序【Particle Tracking User Routines】。

子程序的设置方法有两种：一是单击工具按钮【User Routine】→【Insert User Routine】→【Name】确定；二是在菜单栏上单击【Insert】→【Expressions Functions Variables】→【User Routine】→【Insert User Routine】→【Name】确定。子程序信息窗口如图 18-27 所示。

18. 2. 13　求解器控制

求解设置用来控制求解过程中的控制参数。设置求解控制的方法有两种：一是单击工具按钮【Solver Control】；二是在菜单栏上单击【Insert】→【Solver】→【Solver Control】。控制信息窗口如图 18-28 所示。

求解控制窗口主要有以下几项：

1）基本设置【Basic Settings】，此项主要包括差分格式设置、收敛控制设置、收敛标准设置、逝去时间设置等。一般求解模拟中，可在此项中完成全部的设置。

2）方程分类设置【Equation Class Setting】，此选项允许用户分别设置差分格式、收敛控制、收敛标准，根据不同求解要求设定它们在求解过程中的重要性。

图 18-27　子程序信息窗口

图 18-28　控制信息窗口

3）高级选项设置【Advanced Options】，此选项为部分特殊模型求解过程设置了专门的求解设定。

1. 时间步选择

时间的设定分为稳态时间步和瞬态时间步。

1）稳态时间步。对于稳态模拟，需设置最大迭代步数，若计算达到最大迭代步数，还未收敛，计算将强行停止。

2）瞬态时间步。对瞬态模拟，其停止条件为计算总时间，设定时间步不作为计算停止的标准。瞬态时间步设定的步数，是瞬态模拟单次计算停止的标准。

2. 收敛方案

CFX 的求解过程，就是解方程的过程，系统根据前处理的设置选定需要的方程，将设定的初始值代入方程，通过迭代求解，然后将两次结果相减，得到残差值，当这个残差值小于一定值时，认定求解的结果值可以描述所要求解的模型。残差值又分为最大残差值和均方根残差值【Root Mean Square，RMS】。最大残差值与结果准确度关系如下：

1）最大残差值 $>5\times10^{-4}$，计算结果数值较粗略。

2）最大残差值 $=1\times10^{-4}$，计算结果较好，可满足大多数计算要求。

3）最大残差值 $<5\times10^{-5}$，高度收敛。

4）最大残差值 $<1\times10^{-5}$ 或更低，收敛效果更好。

5）最大残差值 $<1\times10^{-7}\sim1\times10^{-6}$，收敛性最好。

18.2.14　输出文件和监控

输出文件的作用是在运算过程中记录计算结果，以便在后处理中查看过程中的变化或作为重启动的初始文件。设置监控是在运算的过程中监测某一个位置某变量的变化情况，从而确定计算是否存在与预想不符的结果。输出文件和监控信息窗口如图 18-29 所示。

图 18-29　输出文件和监控信息窗口

18.3　CFX-Solver 求解设置

CFX 求解主要使用了有限体积法。首先将计算区域划分为互不重复的控制体积，每个控制体积中包含一个节点，使求解变量存储在节点上；然后将微分方程对每一个控制体积积分，得出一组离散方程，其中的未知数就是节点上的因变量。

当 CFX 前处理设置完毕后，可以打开计算窗口【Define Run】。启动计算窗口如图 18-30 所示。

图 18-30　启动计算窗口

18.3.1　定义模拟计算

求解定义界面主要包括以下几个设定：

1）定义文件【Solve Input File】，引入前处理写出的求解文件，格式为 ∗.def，如引入结果文件，格式为 ∗.res，则为继续计算已有模拟。

2）初始值文件【Initial Values Specification】，初始值可以通过初始设定，也可以通过加载初始文件设定，这时应选择插入初始值到定义文件网格选项【Interpolate Initial values to Def File Mesh】。当因断电或操作失误出现中断的模拟时使用，这时的文件格式为 ∗.bak 文件作为初始值重启中断的模拟。

3）网格自适应数据库【Adaption Database】，用来导入网格自适应文件。

4）计算类型【Type of Run】，分为完整【Full】和分卷【Partitioner Only】两种。分卷计算时输出的文件为 ∗par。

5）并行环境【Parallel Environment】，设置并行计算。

6）计算环境【Run Environment】，指定求解文件夹。

18.3.2　求解工作界面

1. 求解工作界面主要区域

1）菜单栏，包括新建、打开求解过程文件、编辑求解界面、查看残差曲线、帮助文件等。

2）任务栏，主要功能快捷键，可以快速实现部分功能与操作。

3）收敛曲线显示区，CFX 将求解每一步的残次值使用曲线的方式描绘出来，用户可以直观地查看收敛结果。其默认显示动力方程残差，计算的主要残差标准是查看动力方程残差。可以查看湍动能方程残差曲线，如图 18-31 所示。

4）求解计算显示区，显示计算的所有详细信息，包括 CCL 语言、网格信息、计算过程、计算时间、输出文件、结果信息等。

2. 求解计算显示区

在计算开始前，求解计算显示区将显示定义文件的 CCL 语言，其内容包括表达式、外界函数、物质等库文信息，以及单位、域、边界条件、求解控制等流动信息，如图 18-32 所示。

CCL 语言显示后，将显示此次运行的模式、主机名和开始的工作时间等信息，如图 18-33 所示。

然后，显示的是内存使用情况，如图 18-34 所示。

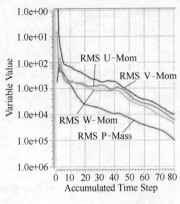

图 18-31　湍动能方程残差曲线

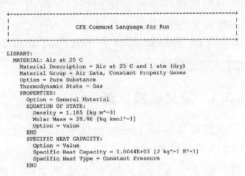

图 18-32　CCL 语言

```
+----------------------------------------------------------------------+
|                   Job Information at Start of Run                    |
+----------------------------------------------------------------------+

Run mode:       serial run

Host computer:  DESKTOP-JK0FVJE (PID:2544)

Job started:    Fri May 17 10:13:29 2024
```

图 18-33　具体信息

```
+----------------------------------------------------------------------+
|        Initial Memory Allocation  (Actual usage may vary)            |
+----------------------------------------------------------------------+

          | Real    | Integer | Character | Logical | Double
----------------------------------------------------------------------
Mwords    |  15.22  |    6.36 |    9.74   |   0.12  |   0.56
Mbytes    |  58.05  |   24.24 |    9.29   |   0.46  |   4.30
```

图 18-34　内存使用情况

网格信息主要包括网格总节点数、网格元素数、网格类型、网格面数等信息，如图 18-35 所示。

数值范围信息包括长度、最大最小范围、密度等信息，如图 18-36 所示。

在数值范围信息显示后，接下来显示的是求解的迭代步骤数和动量方程求解残差、能量方程求解残差、湍动能方程求解残差、CPU 时间等信息。求解信息如图 18-37 所示。

```
+----------------------------------------------------------------+
|                      Mesh Statistics                           |
+----------------------------------------------------------------+
| Domain Name  | Orthog. Angle | Exp. Factor | Aspect Ratio      |
+----------------------------------------------------------------+
|              | Minimum [deg] |   Maximum   |   Maximum         |
+----------------------------------------------------------------+
| Hotgas       |   38.7 ok     |    57  !    |      9 OK         |
| Blade        |   35.2 ok     |    51  !    |      9 OK         |
| Global       |   35.2 ok     |    57  !    |      9 OK         |
+----------------------------------------------------------------+
|              | %!  %ok %OK | %! %ok %OK | %! %ok %OK           |
+----------------------------------------------------------------+
| Hotgas       |  0    1  99 | <1  20  80 | 0   0  100           |
| Blade        |  0   15  85 |  2  36  62 | 0   0  100           |
| Global       |  0    3  97 |  1  22  77 | 0   0  100           |
```

图 18-35　网格信息

```
+--------------------------------------------------------------------+
|                    Average Scale Information                        |
+--------------------------------------------------------------------+
Domain Name : Hotgas
  Global Length                                    = 7.8261E-02
  Minimum Extent                                   = 6.7593E-02
  Maximum Extent                                   = 8.9652E-02
  Density                                          = 1.1850E+00
  Dynamic Viscosity                                = 1.8310E-05
  Velocity                                         = 0.0000E+00
  Thermal Conductivity                             = 2.6100E-02
  Specific Heat Capacity at Constant Pressure      = 1.0044E+03
  Prandtl Number                                   = 7.0462E-01

Domain Name : Blade
  Global Length                                    = 2.4203E-02
  Minimum Extent                                   = 3.7406E-02
  Maximum Extent                                   = 5.9610E-02
  Density                                          = 2.7020E+03
  Thermal Conductivity                             = 2.3700E+02
  Specific Heat Capacity at Constant Pressure      = 9.0300E+02
  Thermal Diffusivity                              = 9.7135E-05
  Average Diffusion Timescale                      = 6.0309E+00
  Minimum Diffusion Timescale                      = 1.4405E+01
  Maximum Diffusion Timescale                      = 3.6581E+01
```

图 18-36　数值范围信息

求解结束后，将显示边界条件、源项等信息，作为对收敛状况的依次检验。其中有一个重要的参数为不平衡值，不平衡值检验如图 18-38 所示。

当所有计算检验完成后，求解正常停止，则求解弹出时间及停止原因等信息。求解完成信息如图 18-39 所示，求解结束窗口如图 18-40 所示。

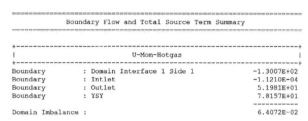

```
======================================================================
OUTER LOOP ITERATION =    20                    CPU SECONDS = 2.103E+01
----------------------------------------------------------------------
|       Equation       | Rate | RMS Res | Max Res |  Linear Solution |
+----------------------+------+---------+---------+------------------+
| U-Mom                | 0.95 | 1.4E-03 | 3.4E-02 |       1.4E-02  OK|
| V-Mom                | 0.93 | 3.3E-03 | 1.0E-01 |       3.9E-03  OK|
| W-Mom                | 0.96 | 1.2E-03 | 4.3E-02 |       1.3E-02  OK|
| P-Mass               | 0.93 | 2.5E-04 | 3.1E-03 |  8.5  2.5E-02  OK|
+----------------------+------+---------+---------+------------------+
| H-Energy             | 0.82 | 2.0E-03 | 3.0E-02 |       1.3E-02  OK|
| T-Energy             | 0.90 | 1.2E-04 | 7.4E-04 |  5.4  1.3E-02  OK|
+----------------------+------+---------+---------+------------------+
| K-TurbKE             | 1.13 | 3.9E-03 | 1.3E-01 |  5.4  1.9E-03  OK|
| E-Diss.K             | 0.87 | 1.4E-03 | 2.8E-02 | 11.9  5.4E-07  OK|
+----------------------+------+---------+---------+------------------+
```

图 18-37　求解信息

```
======================================================================
              Boundary Flow and Total Source Term Summary
======================================================================

+--------------------------------------------------------------------+
|                            U-Mom-Hotgas                            |
+--------------------------------------------------------------------+
Boundary            : Domain Interface 1 Side 1           -1.3007E+02
Boundary            : Intlet                              -1.1210E-04
Boundary            : Outlet                               5.1981E+01
Boundary            : YSY                                  7.8157E+01
                                                          -----------
Domain Imbalance :                                         6.4072E-02
```

图 18-38　不平衡值检验

```
+--------------------------------------------------------------------+
|                     Job Information at End of Run                  |
+--------------------------------------------------------------------+

Host computer:   DESKTOP-JK0FVJE (PID:2544)

Job finished:    Fri May 17 10:14:52 2024

Total wall clock time: 8.344E+01 seconds
             or: (          0:          0:          1:      23.444 )
                 (       Days:      Hours:    Minutes:     Seconds )
```

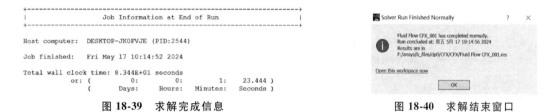

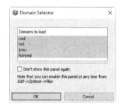

图 18-39　求解完成信息

图 18-40　求解结束窗口

求解结束后，文件将自动保存，可以终止计算，也可以直接进入后处理模块。

18.4　CFX-Post 后处理

在模拟求解结束后，需通过后处理模块查看模拟的计算结果，从而对模型进行评价。

18.4.1　CFX 后处理工作界面

图 18-41　域选择器

在 CFX 求解结束后，会自动弹出窗口，勾选 Post-Process Results，单击【OK】按钮可以进入后处理模块界面。还可以从后处理模块直接打开求解结果文件，结果文件格式为 *.res。首先单击 CFX-Post 2024 按钮，进入 CFX 后处理主界面，然后在任务上单击【Load Results】按钮，在弹出的窗口中选择所要处理的结果文件打开，最后在域的选择器中选择要打开域单击确定，即进入 CFX 后处理模块，如图 18-41、图 18-42 所示。其过程如下：打开 CFX 主界面→【CFX-Post 2024】→【Load Results】→【打开结果文件 *.res】→【Domain Selector】→【OK】。

CFX 后处理界面主要包括以下几部分：

1）菜单栏，包括打开、编辑、插入、帮助等基本操作。

2）任务栏，包括打开、打印、撤销、创建位置、创建数据等模块。

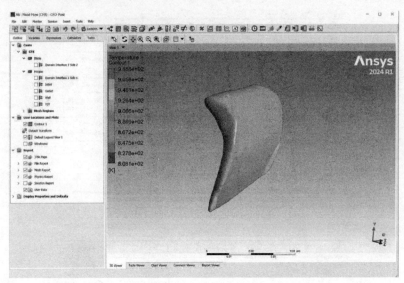

图 18-42 后处理界面

3）操作控制树、创建的位置、数据等显示的区域。

4）图形显示区，几何图形、制表、制图显示区域。

5）主菜单操作如图 18-43~图 18-48 所示。

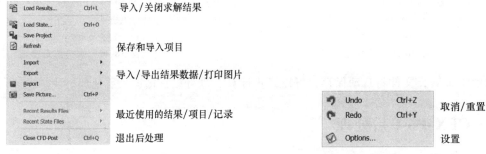

Load Results...	Ctrl+L	导入/关闭求解结果
Load State...	Ctrl+O	
Save Project		
Refresh		保存和导入项目
Import	▶	
Export	▶	导入/导出结果数据/打印图片
Report	▶	
Save Picture...	Ctrl+P	
Recent Results Files	▶	
Recent State Files	▶	最近使用的结果/项目/记录
Close CFD-Post	Ctrl+Q	退出后处理

图 18-43 文件操作

Undo	Ctrl+Z	取消/重置
Redo	Ctrl+Y	
Options...		设置

图 18-44 选项

Location ▶	插入位置
Vector	
Contour	
Streamline	插入矢量、云图、流线、粒子
Particle Track	追踪流线、立体渲染
Volume Rendering	
Text	
Coordinate Frame	
Legend	
Instance Transform	插入文本、坐标、图例、场景
Clip Plane	转换、修剪平面、颜色地图
Color Map	
Variable	
Expression	
Table	
Chart	插入变量、表达式、表格、图
Comment	表、解释、图像
Figure	

图 18-46 插入操作

New Session...	
Start Recording	
Stop Recording	新建/启动/停止记录文件

图 18-45 文件记录操作

CFX-Post 具有强大的后处理能力，可以满足用户的各种需求。在实际运用过程中可以根据用户需要进行操作。鉴于篇幅限制，本书介绍几种常用的后处理功能。

图 18-47　工具栏　　　　　　　图 18-48　帮助文件

18.4.2　创建云图

云图是由某特定变量的一系列等值线组合而成。创建云图的方法有两种：一是单击工具按钮【Contour】→【Insert Contour】→【Name】确定；二是在菜单栏上单击【Insert】→【Contour】→【Insert Contour】→【Name】确定。云图信息窗口如图 18-49 所示。

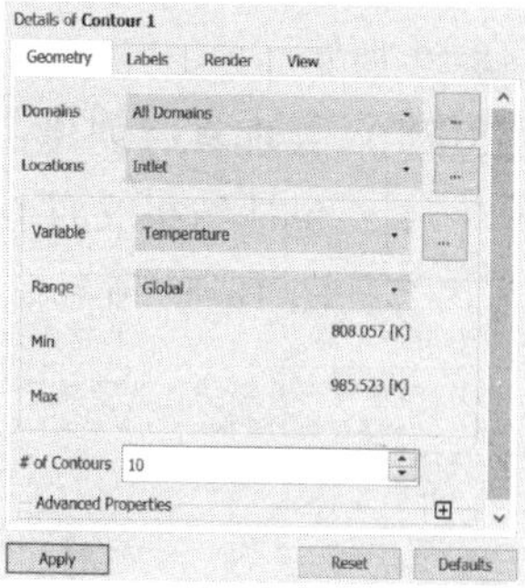

云图窗口主要有以下几项：

1）几何【Geometry】，主要包括设置域位置、查看变量、指定变量范围。

图 18-49　云图信息窗口

2）标记【Labels】，此选项可以在云图中生成文字等操作。

3）着色【Render】，此选项可以设置绘制带状或线状的云图。

4）显示【View】，此选项可以使生成的云图按一定的规则改变。

在指定生成位置的云图后，可以在变量【Variable】中设置需显示的压力场【Pressure】、温度场【Temperature】、流速场【Velocity】等，然后指定变量范围，如全局值【Global】、局部值【Local】、用户指定【User Specified】和值列表【Value List】。

18.4.3　创建流线

流线在稳态流中是无质量粒子在矢量场驱动下穿越整个流体域的轨迹。流线可以开始于任何一个给定的位置。流线类型分为两种：一种为三维流线【3D Streamline】；另一种为面流线【Surface Streamline】。创建流线的方法有两种：一是单击工具按钮【Streamline】→【Insert Streamline】→【Name】确定；二是在菜单栏上单击【Insert】→【Streamline】→【Insert Streamline】→【Name】确定。流线信息窗口如图 18-50 所示。

流线窗口主要有以下几项：

1）颜色【Color】，主要设置颜色。

2）绘制样式【Symbol】，此项可以设置描述流线方向的样式。

图 18-50　流线信息窗口

3）流线限制【Limits】，此选项允许用户更改容差【Tolerance】、线段数【Segments】、最大时间【Max Time】和最大周期【Max Periods】。

当设置流线的类型为三维流线时，首先需设置流线所在域，然后指定流线的开始面，此时流线起始点则在此面分布，其分布模式由取样选项设定，取样选项与点云的生成方法相同，可以通过按下预览种子点【Preview Seed Points】来预览流线起始点的分布情况。

流线方向设置可以指定为向前【Forward】，此时流线方向与矢量方向相同；也可以指定为向后【Backward】，此时流线方向与矢量方向相反；还可以指定为前后【Forward and Backward】，此时流线会根据矢量方向自动指定流线方向。

18.4.4 创建数据与报告工具

CFX 后处理可以创建数据和创建模拟报告，可以直观表达。

可以通过插入的方法创建变量、表达式、生成图表、瞬态模拟时间步和表格。表格如图 18-51 所示。

CFX 后处理具有创建报告功能，单击显示窗口下的【Report Viewer】可以自动显示模拟报告，主要包括结果文件信息、CFX 版本、域信息等，此报告格式为固定的模式。标题格式与内容如图 18-52 所示。

Contents

1. File Report
   Table 1 File Information for CFX
2. Mesh Report
   Table 2 Mesh Information for CFX
3. Physics Report
   Table 3 Domain Physics for CFX
   Table 4 Boundary Physics for CFX
4. User Data

图 18-51 表格　　　　　　图 18-52 标题格式与内容

18.4.5 表达式语言

表达式语言是通过前处理中的表达式选项编写与输入的，可以是一个值，也可以是一个表达式。但是，单位要一致，对于某些要求单位的表达式，一定要确定输入值单位的正确，且表达式最终单位一定要符合其使用位置要求的单位。同时 CFX 提供了大量的变量可在表达式中直接使用而不需要重新定义。若新生成变量名与 CFX 提供的预定义的变量名重复，系统将提示错误。表达式语言可用于以下几种情况：

1）指定某些变量相关的物质属性，如与温度相关的属性。

2）指定复杂边界条件，如不均匀分布壁面热流。

3）为求解方程增加项，如热能方程中添加源项。

18.4.6 CFX 命令语言

CFX 命令语言【CFX Command Language，CCL】是内部通信和控制语言，是 CFX 处理、求解的基础语言。在 CFX 前处理设定结束后，系统将所有设定描述成 CCL 语言，通过执行语言来完成求解。

对 CFX 前处理，用户可以直接通过命令编辑器修改 CCL 语言，从而在求解语言中加入所需要的内容，但是，这种用法是在充分理解 CCL 语言用法基础上进行的，较适合高级用户使用。

18.5 某型拉伐尔喷管流体力学分析

1. 问题描述

拉伐尔喷管主要用来产生超声速气流，常用在喷气式飞机发动机喷管、火箭发动机的尾喷管、高超声速风洞喷管上。已知拉伐尔喷管进口速度 185m/s，进口压力 200000Pa，进口温度 300K，出口压力 33618Pa，其他相关参数在分析过程中体现。假设拉伐尔喷管模型简化为所给定模型，气流为理想气体，试分析气流在拉伐尔喷管内的流动情况。

2. 有限元分析过程

（1）启动 Workbench 2024

在"开始"菜单中执行【ANSYS 2024 R1\R2】→【Workbench 2024 R1\R2】命令。

（2）创建流体动力学分析项目

① 在工具箱【Toolbox】的【Analysis Systems】中双击或拖动流体动力学分析项目【Fluid Flow（CFX）】到项目分析流程图，如图 18-53 所示。

② 在 Workbench 的工具栏中单击【Save】，保存项目工程名为 Nozzle . wbpj。有限元分析文件保存在 D：\AWB\chapter18 文件夹中。

（3）导入几何模型

在流体分析项目上，右击【Geometry】→【Import Geometry】→【Browse】，找到模型文件 Nozzle . agdb，打开导入几何模型。模型文件在 D：\AWB\chapter18 文件夹中。

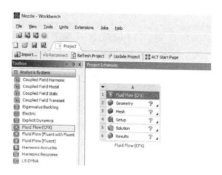

图 18-53　创建流体动力学分析项目

（4）进入 Meshing 网格划分环境

① 在流体力学分析项目上，右击【Mesh】→【Edit】进入 Meshing 网格划分环境。

② 在 Meshing 的主菜单【Units】中设置单位为 Metric（mm，kg，N，s，mV，mA）。

（5）划分网格

① 在导航树里单击【Mesh】，设置【Details of "Mesh"】→【Defaults】→【Physics Preference】= CFD，【Solver Preference】= CFX，【Element Size】= 12mm；【Sizing】→【Use Adaptive Sizing】= No，【Capture Curvature】= Yes，【Curvature Proximity】= Yes，其他默认。

② 单击选择体工具 🔲，选择喷管模型，右击【Mesh】→【Insert】→【Method】，单击【Automatic Method】，设置【Details of "Automatic Method" -Method】→【Definition】→【Method】= Sweep，【Type】= Number of Divisions，【Sweep Num Divs】= 1，其他选项默认。

③ 生成网格，右击【Mesh】→【Generate Mesh】，图形区域显示程序生成的单元网格模型，如图 18-54 所示。

④ 网格质量检查，在导航树里单击【Mesh】，设置【Details of "Mesh"】→【Quality】→【Mesh Metric】= Aspect Ratio，显示 Aspect Ratio 规则下网格质量详细信息，平均值处在好水平范围内，展开【Statistics】显示网格和节点数量。

（6）创建边界区域

① 单击导航树上坐标系图标✈，显示坐标系。

② 设置入口边界，在标准工具栏单击 🔼，然后选择喷管左端短面，右击【Create Selection Name】，在弹出对话框中命名，如设为入口"inlet"，然后单击【OK】确定，一个边界区域被创建，在大纲树中出现了一组【Selection Name】项，如图 18-55 所示。

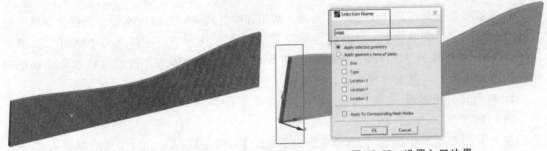

图 18-54　生成网格　　　　　　　图 18-55　设置入口边界

③ 设置出口边界，在标准工具栏单击 🔼，然后选择喷管右长端面，右击【Create Selection Name】，在弹出对话框中命名，如设为出口"outlet"，然后单击【OK】确定，一个边界区域被创建，在大纲树中出现了一组【Selection Name】项，如图 18-56 所示。

④ 设置对称边界 1，在标准工具栏单击 🔼，然后选择喷管对称面，右击【Create Selection Name】，在弹出对话框中命名，如设为出口"sym1"，然后单击【OK】确定，一个边界区域被创建，在大纲树中出现了一组【Selection Name】项，如图 18-57 所示。

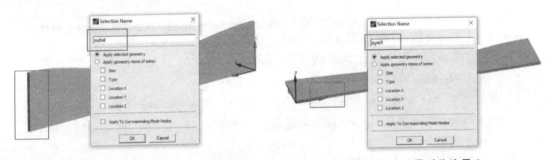

图 18-56　设置出口边界　　　　　　图 18-57　设置对称边界 1

⑤ 设置对称边界 2，在标准工具栏单击 🔼，然后选择喷管两侧面，右击【Create Selection Name】，在弹出对话框中命名，如设为出口"sym2"，然后单击【OK】确定，一个边界区域被创建，在大纲树中出现了一组【Selection Name】项，如图 18-58 所示。

⑥ 设置墙壁面，在标准工具栏单击 🔼，然后选择喷管曲端面，右击【Create Selection Name】，在弹出对话框中命名，如设为出口"wall"，然后单击【OK】确定，一个边界区域被创建，在大纲树中出现了一组【Selection Name】项，如图 18-59 所示。

⑦ 单击主菜单【File】→【Close Meshing】。

（7）进入 CFX 环境

① 返回 Workbench 主界面，右击流体系统【Mesh】，在弹出的菜单中选择【Update】升

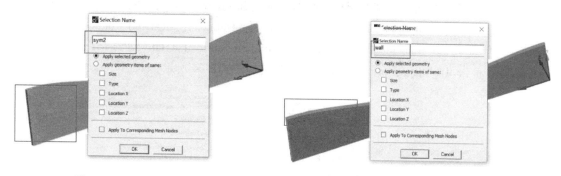

图 18-58 设置对称边界 2　　　　　　　　图 18-59 设置墙壁面

级，把数据传递到下一单元中。

② 在流体分析项目上，右击流体【Setup】，在弹出的菜单中单击【Edit】，进入 CFX 工作环境。

（8）设置流体区域

右击【Default Domain】，设置【Edit】→【Basic Settings】→【Material】=Air Ideal Gas，【Reference Pressure】=0；【Fluid Models】→【Heat Transfer】→【Option】=Total Energy，【Turbulence】→【Option】=Shear Stress Transport，其他默认，单击【OK】关闭任务窗口，如图 18-60 所示。

（9）设置边界

① 在工具栏上单击边界条件 ，在弹出的【Insert Boundary】中输入名称为"Inlet"确定，设置【Basic Settings】→【Boundary Type】=Inlet，【Location】=inlet；【Boundary Details】→【Flow Regime】→【Option】=Mixed，【Blend Mach No. Type】=Normal Speed；【Mass And Momentum】→【Option】=Normal Speed & Pressure，【Rel, Static Pres.】=200000Pa，Normal Speed=175m/s，【Static Temperature】=300K，其他默认，单击【OK】关闭任务窗口，如图 18-61、图 18-62 所示。

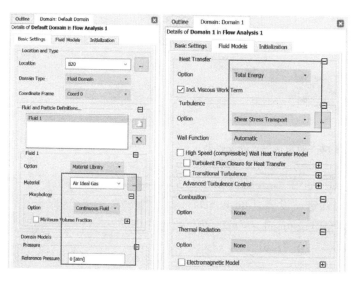

图 18-60 设置流体区域

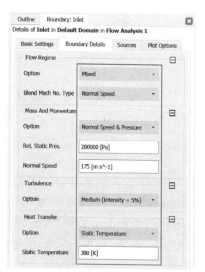

图 18-61 设置入口边界

② 在工具栏上单击边界条件 ，在弹出的【Insert Boundary】中，输入名称为"Out-let"确定，设置【Basic Settings】→【Boundary Type】= Outlet，【Location】= outlet；【Boundary Details】→【Mass And Momentum】→【Option】= Static Pressure，【Relative Pressure】= 33616Pa，其他默认，单击【OK】关闭任务窗口，如图18-63、图18-64所示。

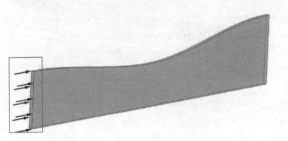

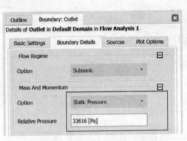

图18-62　入口边界设置效果　　　　　　　　图18-63　设置出口边界

图18-64　出口边界设置效果

③ 在工具栏上单击边界条件 ，在弹出的【Insert Boundary】中输入名称为"Sym1"确定，设置【Basic Settings】→【Boundary Type】= Symmetry，【Location】= sym1，其他默认，单击【OK】关闭任务窗口，如图18-65、图18-66所示。

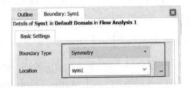

图18-65　设置对称边界1

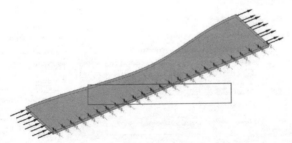

图18-66　对称边界1设置效果

④ 在工具栏上单击边界条件 ，在弹出的【Insert Boundary】中，输入名称为"Sym2"确定，设置【Basic Settings】→【Boundary Type】= Symmetry，【Location】= sym2，其他默认，单击【OK】关闭任务窗口，如图18-67、图18-68所示。

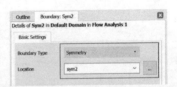

图18-67　设置对称边界2

⑤在工具栏上单击边界条件 ，在弹出的【Insert Boundary】中输入名称为"Wall"

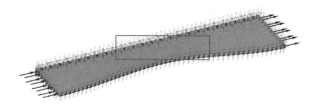

图 18-68 对称边界 2 设置效果

确定，设置【Basic Settings】→【Boundary Type】=Wall，【Location】=wall，【Boundary Details】→【Mass And Momentum】→【Option】=No Slip Wall，【Heat Transfer】→【Option】=Adiabatic，其他默认，单击【OK】关闭任务窗口，如图 18-69、图 18-70 所示。

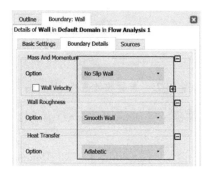

图 18-69 墙壁面设置

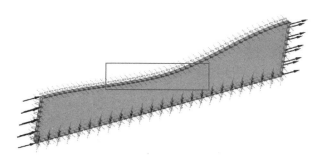

图 18-70 墙壁面设置效果

（10）求解控制

在操作树里，右击【Solver Control】→【Edit】进入求解控制窗口，设置【Max. Iterations】=1000，【Residual Target】=0.000001，其设置默认，单击【OK】关闭任务窗口，如图 18-71 所示。

（11）运行求解

① 单击【File】→【Close CFX-Pre】退出环境，然后回到 Workbench 主界面。

② 右击【Solution】→【Edit】，当【Solver Manager】弹出时，选择【Double Precision】，设置【Parallel Environment】→【Run Mode】=Intel MPI Local Parallel，【Partitions】为 8（根据计算机 CPU 核数定），其他设置默认，在【Define Run】面板上单击【Start Run】运行求解，如图 18-72 所示。

③ 当求解结束后，系统会自动弹出提示窗，单击【OK】。

④ 查看收敛曲线，在 CFX-Solver Manager 环境界面中看到收敛曲线和求解运行信息，如图 18-73 所示。

⑤ 单击【File】→【Close CFX-Solver Manager】退出环境，然后回到 Workbench 主界面。

（12）后处理

① 在流体分析项目上，右击【Results】→【Edit】，进入【Fluid Flow（CFX）-CFD-Post】环境。

图 18-71 求解控制

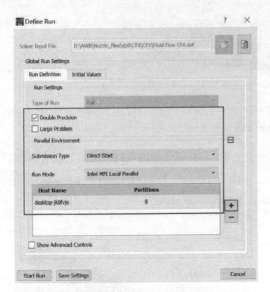

图 18-72　运行求解

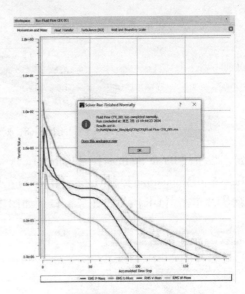

图 18-73　查看收敛曲线

② 插入平面，在工具栏上单击【Location】→【Plane】并确定，Detail of Plane1 任务窗口选项默认，单击【Apply】确定，如图 18-74 所示。

③ 插入云图，在工具栏上单击【Contour】并确定，设置【Domains】= All Domains，【Location】= Plane1，【Variable】= Mach Number，【Range】= Global，【of Contours】= 120，其他为默认，单击【Apply】，可以看到马赫数分布云图，如图 18-75、图 18-76 所示。

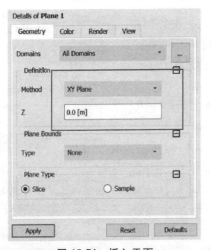

图 18-74　插入平面

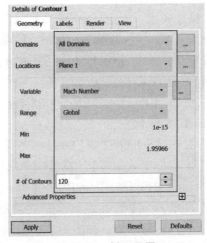

图 18-75　插入云图

④ 在操作树图上，双击【Default Domain】→【Detail of Default Domain】，不选【Apply Rotation】，选择【Apply Reflection】→【Method】= ZX Plane，其他默认，单击【Apply】，可以看到完整的喷管马赫数云图，如图 18-77、图 18-78 所示。

⑤ 改变云图显示，双击【Contour 1】→【Detail of Contour 1】任务窗口，设置【Domains】= All Domains，【Location】= Plane1，【Variable】= Pressure，Temperature，Velocity，【Range】= Global，【of Contours】= 120，其他为默认，单击【Apply】，可以分别看到压力分布云图，温度分布云图和速度分布云图，如图 18-79~图 18-81 所示。

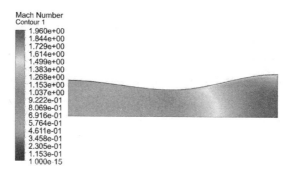

图 18-76　马赫数分布云图

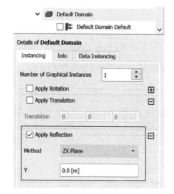

图 18-77　设置对称面

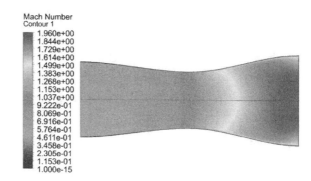

图 18-78　完整的喷管马赫数云图

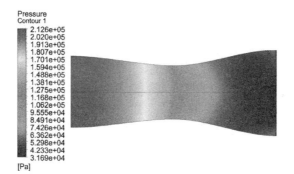

图 18-79　完整的喷管压力分布云图

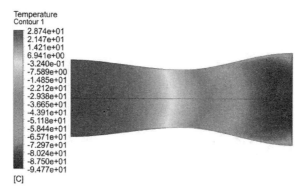

图 18-80　完整的喷管温度分布云图

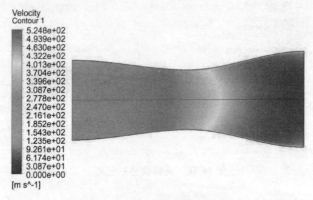

图 18-81　完整的喷管速度分布云图

⑥ 插入线，在工具栏上单击【Location】→【Line】并确定，在 Details of Line 1 任务窗口中，设置【Point2】=(0.83，0，0)，其他默认，单击【Apply】确定，如图 18-82 所示。

⑦ 插入图表，在工具栏上单击【Chart】图标 并确定，在 Details of Chart 1 任务窗口中，设置【Data Series】→【Data Source】→【Location】=Line1；【X Axis】→【Data Selection】→【Variable】=X；【Y Axis】→【Data Selection】→【Variable】=Pressure，其他为默认，单击【Apply】，可以看到对称面上压力变化曲线图，如图 18-83 所示。

图 18-82　插入线设置

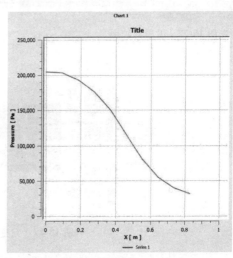

图 18-83　对称面上压力变化曲线

⑧ 插入三维迹线云图，在工具栏上单击【Streamline】并确定，设置【Domains】=All Domains，【Start From】=Inlet，【Sampling】=Vertex，【Variable】=Velocity，其他为默认，单击【Apply】，可以看到速度三维迹线分布云图，如图 18-84 所示。

（13）保存与退出

① 退出流体分析后处理环境。单击菜单【File】→【Close CFD-Post】退出环境，返回到 Workbench 主界面，此时主界面的项目管理区中显示的分析项目均已完成。

② 单击 Workbench 主界面上的【Save】按钮，保存所有分析结果文件。

③ 退出 Workbench 环境。单击 Workbench 主界面的菜单【File】→【Exit】退出主界面，

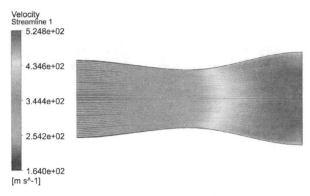

图 18-84　速度三维迹线分布云图

完成项目分析。

3. 点评

本例是拉伐尔喷管流体力学分析。拉伐尔喷管的截面积大小先渐渐变小然后再逐渐变大，从中间通过的气体可被加速到超声速，而且不会产生撞击，这一特点得到广泛应用。本例中，因为是理想气体，亚声速气流在拉伐尔喷管的收缩段加速，到喉部最小截面速度等于当地声速（即 1 马赫），在扩张段内进一步加速到出口的超声速气流。在这种流动中没有激波存在，因不计摩擦，流动是绝能等熵的。拉伐尔喷管模型为对称模型，采用了一半模型，但结果不变，在后处理中又显示了拉伐尔喷管的整体模型，可见软件前后处理的便易性。

18.6　本章小结

本章按照 CFX 概述、CFX 前处理、CFX-Solver 求解设置、CFX-Post 后处理和相应实例应用顺序编写，为 CFX 入门基础性内容。本章配备的 CFX 典型工程实例某型拉伐尔喷管流体力学分析，包括问题描述、有限元分析过程及点评三部分内容。

CFX 流体动力学分析涉及的内容比较多，限于篇幅，本章未涉及的内容待以后续写，用户也可参考其他相关书籍进行学习。

第19章 优 化 设 计

目前，优化设计在工程设计中越来越重要，因为依赖经验的传统设计越来越不适应现代设计的需求。过去，为了保证所设计的结构强度足够高，尺寸往往设计得较大，结构粗壮笨重，材料得不到合理应用。传统设计还有一个重要问题，就是创新设计得不到很好的贯彻。另外，如果载荷变化20%，设计结果如何？哪些参数会真正影响设计的行为？这些问题，通过优化设计分析都可以得到解答。

本章重点介绍设计探索优化（Design Exploration）和结构优化（Structural Optimization）。

19.1 设计探索优化

19.1.1 设计探索优化介绍

设计探索优化是将各种设计参数集成到分析过程中。基于试验设计技术【Design of Experiment，DOE】和变分技术【Variational Technology，VT】，设计人员能快速地创建设计空间，并在此基础上对产品进行多目标驱动优化设计【Multi-Objective Optimization，MOO】、鲁棒设计【Robust Design，RD】等深入研究，从而改善各个不确定因素或参数来更好地提高产品的可靠性。设计探索优化以参数化的模型或组件为基础，参数可以是各种 CAD 模型参数、载荷参数、温度参数、结果变形参数、APDL 参数等。它还支持所有物理场优化，不仅包括结构、流体、电磁、热等单场优化，还包括多物理耦合场优化，通过设计点（可添加设计点）的参数来研究输出或导出参数以拟合成响应面（线）的曲面（线）的方法对优化结果进行评估。

设计探索优化包括三维降阶模型【3D ROM】系统、直接目标驱动优化【Direct Optimization】系统、相关参数【Parameters Correlation】、系统响应面【Response Surface】系统、响应面优化【Response Surface Optmization】系统，如图 19-1 所示。多物理耦合场多目标优化设计分析过程连接图如图 19-2 所示。

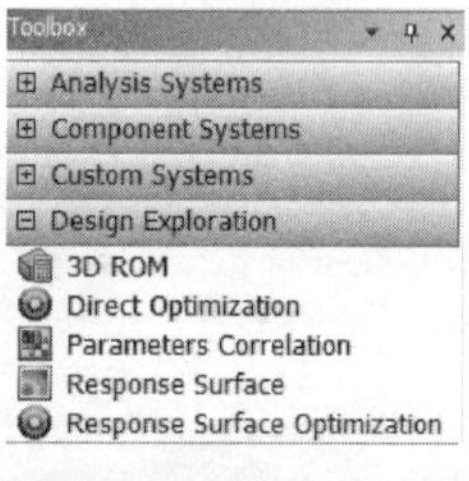

1. 设计探索优化的用户界面

设计探索优化主要从 Workbench 项目管理的主窗口进入。有效设计探索优化分析的前提是对各输入输出参数进行设置，在设计探索优化用户界面里任意选择一个优化系统双击或拖拽到 Project Schematic，该系统会自动与前面参数连接，然后双击【Design of Experiments】打开试验设计图框，主要包括大纲（Outline）、特征（Properties）、表格（Table）、图表（Chart）等，如图 19-3 所示。若可以看出 Goal Driven Optimization 未与任何参数连接，则无法进行参数设定。

图 19-1 设计探索优化

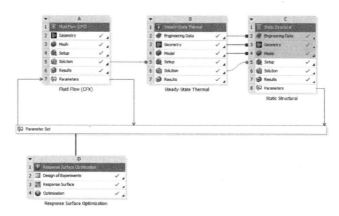

图 19-2　多物理耦合场多目标优化设计分析过程连接图

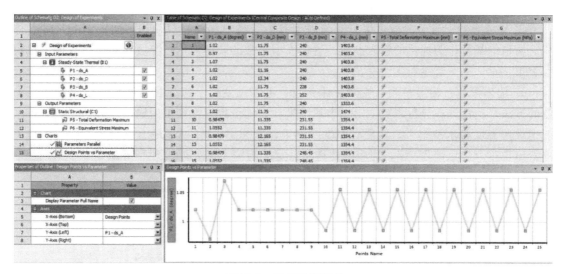

图 19-3　优化工作界面

一般情况下，设计探索优化选项是系统的默认设置，用户可以根据需要修改系统默认值。打开的方法是在 Workbench 主窗口菜单中选择【Tools】→【Options】，如图 19-4 所示。

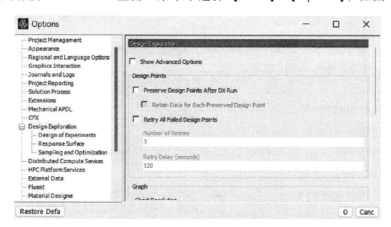

图 19-4　设计探索优化选项

2. 参数的输入与输出

（1）参数分类

在设计探索优化中共有三类参数，分别是：

① 输入参数（Input Parameters）：所有用于仿真分析的输入参数都可以作为设计探索优化中的输入参数。这些参数包括模型尺寸参数、分析参数、DesignModeler参数和网格参数。模型尺寸和DesignModeler参数可以包含长度、半径等；分析参数可以包含压力、材料性能、板料厚度等；网格参数可以包含相关性、相关功能参数或网格大小数值，如图19-5所示。

② 输出参数（Output Parameters）：输出参数从分析结果或响应输出中得到，包括体积、质量、频率、应力、压力、变形、热通量等。

③ 导出参数（Derived Parameters）：导出参数是不直接给定参数，可以是某一个特定的输出参数或输出参数与输入参数的组合值，也可以是各种函数表达式等。

（2）参数设置方法

① 输入参数：输入参数可以是几何模型参数、材料属性、载荷等，如模型的尺寸、体积、质量等都可作为优化的输入参数，这些模型参数的获得需进行参数化建模，具体方法可参看第2章2.2.5节参数化建模。

② 输出参数：输出参数一般为目标参数，可以是变形、应力、温度场等。设置输出参数的方法是：首先在分析系统中定义求解结果项，如设置温度结果为输出参数；在热分析系统中设置温度为求解结果，然后在温度的详细设置栏Results项里最大或最小值前的空格上单击出现一个蓝色"P"字，即表明此选项已定义为输出参数，如图19-6所示。

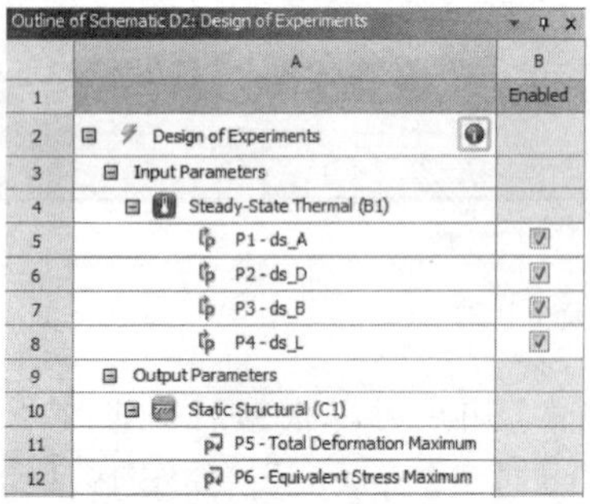

图19-5 网格参数　　　　　　图19-6 输出参数设置

一旦设置完参数，用户返回Workbench图形界面双击【Parameter Set】就可以建立起What-If分析了。

（3）导入和导出数据

用户可以导出表格或图表数据为ASCII文件，随后用户可以使用Excel程序对数据做进一步处理。如在Table里选择任意数据并右击，在弹出的菜单中选择【Export Table Data as CSV】，然后命名保存即可导出数据，如图19-7所示。

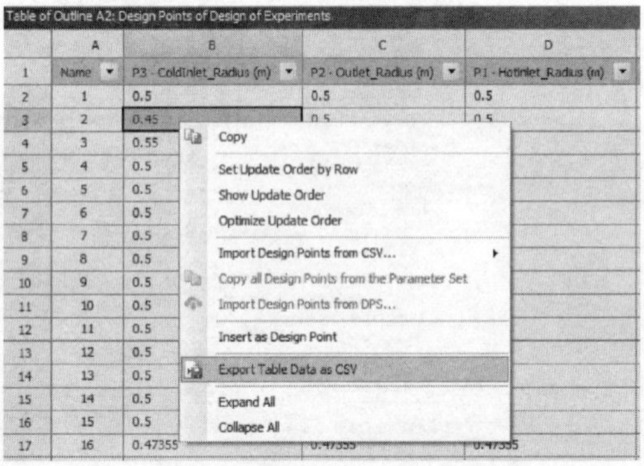

图19-7 导出数据

3. 优化设计流程

Design Exploration 工作流程：

步骤 1：创建参数化模型（在 DesignModeler 或其他 CAD 软件中）并将其加载到一个分析系统。

步骤 2：选择想要使用的参数。

步骤 3：添加想要使用的项目设计探索特性。

步骤 4：分析选项和参数设置限制。

步骤 5：更新分析。

步骤 6：查看结果的设计试验分析。

步骤 7：插入设计点，优化参数化验证分析。

步骤 8：生成一个项目报告，显示分析结果。

19.1.2 探索试验设计

探索试验设计【Design of Experiments】是根据输入参数的数目采集设计参数样本，计算每个样本的响应结果，利用二次插值函数构造设计空间的响应面或响应曲线。

1. 试验设计类型与设计类型

试验设计类型包括中心组合设计【Central Composite Design】、优化空间填充设计【Optimal Space-Filling Design】、Box – Behnken 设计、用户自定义设计【Custom】、自定义取样设计【Custom+Sampling】和初始化稀疏网格【Sparse Crid Initialization】，如图 19-8 所示。

设计类型包括自动定义【Auto Defined】、以面为中心【Face-Centered】、可循环的【Rotatable】、VIF 优化【VIF-Optimality】和目标优化【G-Optimality】。

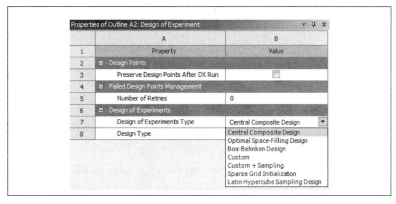

图 19-8 试验设计类型

2. 试验设计图表

（1）参数并行图

参数并行图的 Y 轴代表所有输入和输出的图形显示。单击【Outline Of Schematic B2：Design Of Experiments】→【Charts】→【Parameters Parallel】，可以显示参数并行图，每条彩线代表一个设计点，如图 19-9 所示。

（2）设计点参数图

单击【Outline Of Schematic B2：Design Of Experiments】→【Charts】→【Design Points VS

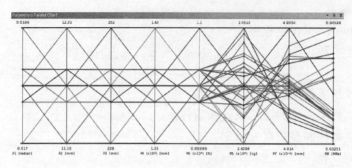

图 19-9　参数并行图

【Parameters】，可以显示设计点参数图，如图 19-10 所示。

（3）插入和复制图表

用户可以插入和复制图表。如在【Charts】中右击【Parameters Parallel】，在弹出的对话框中单击【Duplicate】，即可插入一个新的【Parameters Parallel】，如图 19-11 所示。

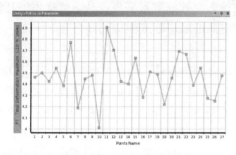

图 19-10　设计点参数图

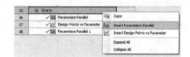

图 19-11　插入和复制图表

19.1.3　响应面

在设计探索优化中，响应面【Response Surface】主要用于直观评估输入参数的影响，通过图表形式动态显示输入与输出参数之间的关系。

1. 响应面拟合方法

响应面拟合方法包括标准响应面全二次多项式法【Standard Response Surface-Full 2nd Order Polynomials】、克里格法【Kriging】、非参数回归法【Non-Parametric Regression】、神经网格法【Neural Network】和稀疏网格法【Sparse Grid】，如图 19-12 所示。

2. 响应点图

响应点图为结果显示工具，包含了设计空间（或响应）图、局部灵敏图、局部灵敏曲线图、蛛状图，如图 19-13 所示。

3. 设计响应图

设计响应图【Response】显示输入参数与响应参数之间的关系，形成响应面（三维）、响应曲线（二维）或二维响应切片图，如图 19-14~图 19-16 所示。

4. 灵敏度

灵敏度图表【Sensitivities】包括直方图和饼状图形式，可直观显示输入参数对响应参数的相对影响程度，如图 19-17、图 19-18 所示。

图 19-12　响应面拟合方法

图 19-13　响应点图

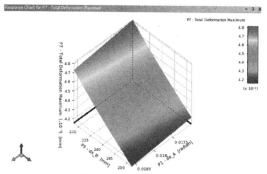

图 19-14　响应面图

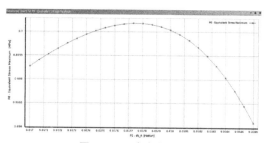

图 19-15　响应曲线图

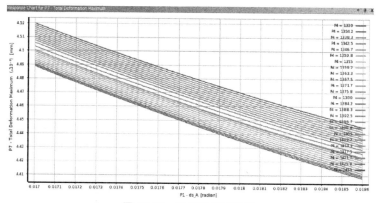

图 19-16　二维响应切片图

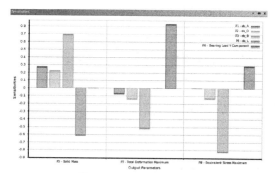

图 19-17　灵敏度直方图

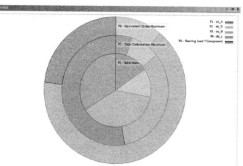

图 19-18　灵敏度饼状图

5. 蛛状图

蛛状图【Spider】能即时反映所有输出参数在输入参数当前值的响应，可以方便形象地查看、比较输入变量的变化对所有输出变量的影响，如图 19-19 所示。

6. 拟合度图

拟合度图【Goodness of Fit】可以评估响应面的精确度，显示预测值与观测值的吻合程度，在大纲图中单击【Metrics】→【Goodness of Fit】，拟合度图如图 19-20 所示。

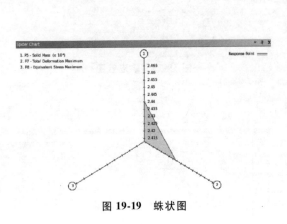

图 19-19　蛛状图

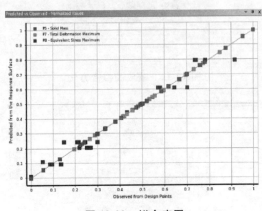

图 19-20　拟合度图

19.1.4　目标驱动优化

目标驱动优化【Goal Driven Optimization】系统简称 GDO。该系统通过对多个目标参数（输入或输出）进行约束，从给出的一组样本（设计点）中得出"最佳"的设计点。

目标驱动优化是设计探索优化的核心模块，优化算法包括筛选算法【Screening】、多目标遗传算法【MOGA】、二次拉格朗日非线性规划算法【NLPQL】、混合整数序列二次规划算法【MISQP】、自适应单目标法【Adaptive Single-Objective】、自适应多目标法【Adaptive Multiple-Objective】。

1. 目标驱动优化操作

（1）目标约束

目标驱动优化必须对相应的参数目标进行约束，每个参数目标只有一种约束类型，约束类型有多种可选。若没有约束得到满足，则优化问题无法进行。目标与约束的设置在【Outline of Schematic B4：Optimization】里，单击【Objectives and Constraints】→【Table of Schematic B4：Optimization】优化列表窗口，如图 19-21 所示。

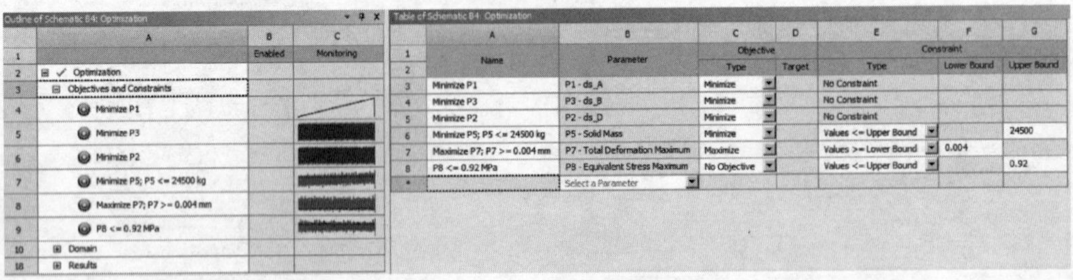

图 19-21　目标与约束的设置

（2）目标优化的输出

通过确定输出参数目标的标准优化计算结束后，系统会自动从所有的结果中选出 3 组优化的候选设计，"星号"的数量指示了目标达到的程度，其中"星号"越多说明该参数越优，如图 19-22 所示。

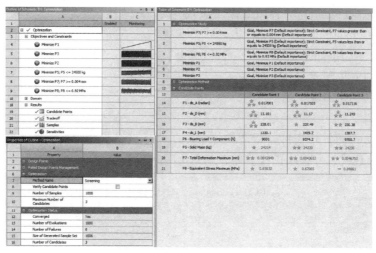

图 19-22　目标驱动优化设置与结果

（3）插入设计点

得到最优设计点后，可以通过插入设计点的方法来验证所得结果的合理性。插入的方法：在候选点的第一组后右击，在弹出的快捷菜单中选择【Insert as Design Point】，如图 19-23 所示。

12	Candidate Points			
13		Candidate Point 1	Candidate Point 2	Candidate Point 3
14	P1 - ds_A (radian)	☆☆ 0.017001		16
15	P2 - ds_D (mm)	☆☆ 11.161	Copy	
16	P3 - ds_B (mm)	☆☆ 228.01	Explore Response Surface at Point	
17	P4 - ds_L (mm)	1330.1	Insert as Design Point	
18	P6 - Bearing Load Y Component (N)	9001	Insert as Refinement Point	
19	P5 - Solid Mass (kg)	☆ 24314	Insert as Verification Point	
20	P7 - Total Deformation Maximum (mm)	☆☆ 0.0043949	Insert as Custom Candidate Point	752
21	P8 - Equivalent Stress Maximum (MPa)	☆ 0.65632	Verify by Design Point Update	
			Expand All	
			Collapse All	

图 19-23　插入设计点

（4）更新设计点

在插入设计点后，单击工具栏中的【B4：Optimization】关闭按钮，返回到 Workbench 主界面，双击参数设置 📳 Parameter Set 进入参数设置面，在 Workbench 工具栏里单击升级所有设计点 💫 Update All Design Points，如图 19-24 所示。

Table of Design Points

	A	B	C	D	E	F	G	H	I
1	Name ▼	P1 - ds_A ▼	P2 - ds_D ▼	P3 - ds_B ▼	P4 - ds_L ▼	P6 - Bearing Load Y Component	P5 - Solid Mass	P7 - Total Deformation Maximum	P8 - Equivalent Stress Maximum
2	Units	radian	mm	mm	mm	N	kg	mm	MPa
3	DP 0 (Current)	0.017802	11.75	240	1403.8	10000	24358	0.0044688	0.7041
4	DP 1	0.017001	11.161	228.01	1330.1	9001	⟲	⟲	⟲
*									

图 19-24　更新设计点

（5）应用设计点

更新设计点后，可以看出此时的设计点不是当前设计点（前面分析系统模型参数），需把更新后的设计点应用到具体的模型中。应用的方法：在更新后的点即 DP1 组后右击，在弹出的快捷菜单中选择【Copy inputs to Current】；然后右击，在弹出的快捷菜单中选择【Update Selected Design Points】，如图 19-25、图 19-26 所示。

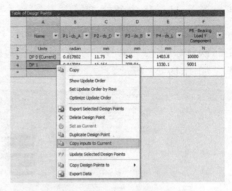

图 19-25　应用当前设计点

2. 目标驱动优化图表

（1）权衡图

权衡图【Tradeoff】代表目标驱动优化中使用的样本组，图中的颜色显示与既定设计目标匹配程度，蓝色代表好，红色代表差，如图 19-27 所示。

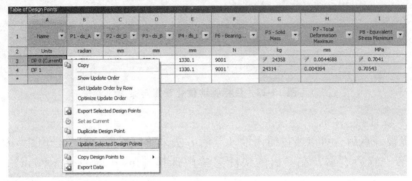

图 19-26　更新当前设计点

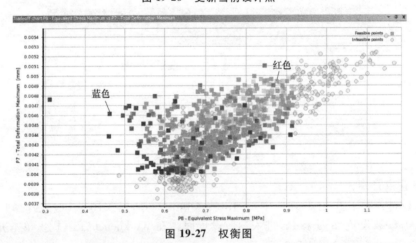

图 19-27　权衡图

（2）样品图

样品图【Samples chart】是用来探索给定目标的样品组进行优化结果后处理的工具，在优化求解后，根据选择，样品图出现，如图 19-28 所示。样品图有两种显示模式：一种用坐标系模式显示所有样品组，一种用帕累托前沿【Pareto Fronts】模式显示样本组。如果选用帕累托前沿模式，颜色方法依旧选用帕累托前沿，那么样品图梯度颜色中蓝色代表最好的结果，红色代表最差的结果。

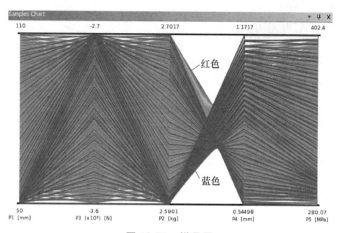

图 19-28 样品图

（3）灵敏图

这里的灵敏图是整体灵敏图，其结果与局部灵敏图有区别，但显示式样与局部灵敏图一样，具体可参看局部灵敏图。

19.1.5 相关参数

相关参数【Parameters Correlation】系统用于确定输入参数的敏感性，是通过分析输入参数对每个输出参数的相关性和相对权重来确定其敏感性的响应面（Response Surface）系统。该系统主要用于直观地观察输入参数的影响，通过图例（或图表）形式显示输入参数与输出参数的关系。

1. 相关参数类型

相关参数类型包括积差相关系数【Pearson】和秩相关系数【Spearman】。积差相关系数只适用于两变量呈线性相关时，其数值介于-1~1之间，当两变量相关性达到最大，散点呈一条直线时取值为-1或1，正负号表明了相关的方向，如果两变量完全无关，则取值为零。秩相关系数是利用两变量的秩次大小做线性相关分析，对原始变量的分布不做要求，属于非参数统计方法，因此它的适用范围比 Pearson 相关系数要广得多，如图19-29 所示。

2. 相关参数图表

（1）线性相关矩阵图

线性相关矩阵图【Correlation Matrix】用以提供参数对之间的线性相关信息，可以通过颜色在矩阵中的相关度指示，如图19-30 所示。

（2）测定直方图

测定直方图【Determination Histogram】可以显示一个给定的输出参数对输入参数的影响，如图19-31 所示。

（3）二次插值样条测定矩阵图

二次插值样条测定矩阵图【Determination Matrix】提供的参数对之间的非线性相关信息，可以通过颜色在矩阵中的相关度指示。将光标放在一个特定的点会显示两个相关的参数与方格的相关值，如图19-32 所示。

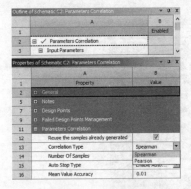

图 19-29　相关参数类型

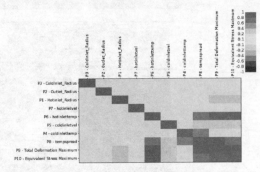

图 19-30　线性相关矩阵图

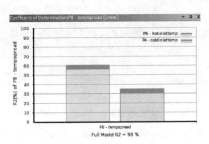

图 19-31　测定直方图

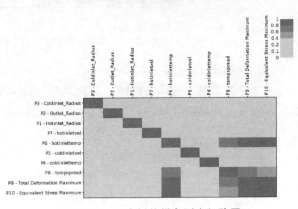

图 19-32　二次插值样条测定矩阵图

（4）相关散点图

相关散点图【Correlation Scatter】以两条趋势线显示样本散点图参数对，表示参数对线性和二次趋势之间的相关程度，如图 19-33 所示。

19.1.6　三维模型降阶

三维模型降阶【3D ROM（Reduced Order Model）】系统由试验设计（3D ROM）单元和ROM 构建器单元组成，如图 19-34 所示。该系统用于生成降阶模型，降阶建模和模型简化，可减少计算成本、提高仿真精度、加速设计加工过程。在参数 ROM 中，可以根据输入参数值评估模型并快速探索结果的变化。通过快速评估不同设计方案性能，更快找到最佳设计方案。

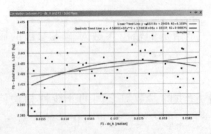

图 19-33　相关散点图

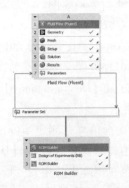

图 19-34　三维模型降阶系统组成

ROM 工作流程由两个不同的阶段组成：ROM 构建和 ROM 消耗。以 FLUENT 热交换为例，首选在 FLUENT 设置构建 ROM，然后在 ROM 生成器中创建 ROM，如图 19-35、图 19-36 所示。

图 19-35 在 FLUENT 中设置构建 ROM

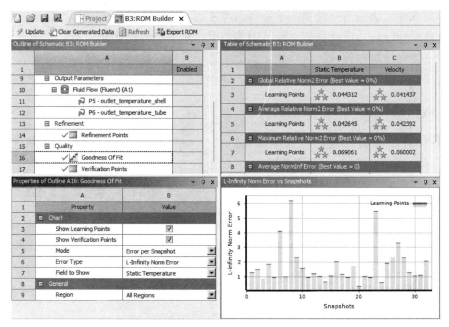

图 19-36 在 ROM 生成器中创建 ROM

19.2 结构优化

19.2.1 结构优化介绍

ANSYS 结构优化是将预先分析的负载和边界条件作为条件的物理驱动优化，可以满足在结构静力设计分析下各种各样的优化目标和约束响应类型。在执行优化分析前，需先进行结构分析或模态分析，优化结构形状结果可以预览并以 Stl 格式输出保存，在 SpaceClaim 里编辑并转化为实体模型后可进行验证性分析，固化的模型可以导入 CAD 软件出图，也可直接输出进行 3D 打印制造。

ANSYS 结构优化提供了多种优化方法，包括拓扑优化（Topology Optimization）、点阵优化（Lattice Optimization）、形状优化（Shape Optimization）和形貌优化（Topography Optimization）。

1. 结构优化分析界面

在 Workbench 中创建结构优化分析项目，首先在左边 Toolbox 的 Analysis Systems 中选择【Static Structural】调入项目流程图【Project Schematic】，然后右击结构静力分析项目单元格的【Solution】→【Transfer Data To New】→【Structural Optimization】，如图 19-37 所示。

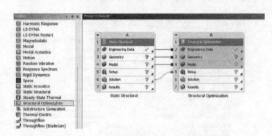

图 19-37　创建结构优化分析项目

2. 结构优化流程

结构优化流程具体步骤如下：

1）静态或模态结构问题设置，求解得出参考值。

2）优化设计，包括设计目标、设计制造约束，求解和输出优化模型。

3）验证优化分析和设计，包括优化模型编辑、重复结构静力问题分析验证。

4）处理优化模型，包括导出优化模型、导入 CAD 软件出图。

19.2.2　结构优化工具

结构优化有独立的工具条，包括优化区域、优化目标、响应约束、制造约束和设计约束，如图 19-38 所示。

图 19-38　拓扑优化工具条

1. 优化区域

优化区域【Optimization Region】可以指定优化设计区域【Design Region】和不优化区域【Exclusion Region】。设计区域可以直接通过选择几何方式指定整个模型体或局部点、线、面和单元，也可通过名称选择方式指定；边界条件可以被指定为不优化区域，包括全部边界条件、全部载荷和不应用边界条件。

2. 优化目标

优化目标【Objective】用来指定模型优化的目标，指定优化目标需指定整个模型的优化目标响应类型和响应目标（最大值或最小值），响应类型有柔顺度【Compliance】、质量【Mass】、体积【Volume】、频率【Frequency】。依据求解选择【Solution Selection】的不同，响应目标会有所不同。如求解选择为结构静力分析系统，对所有响应类型值，响应目标均为最小，最小化的柔顺度意味着最大化的系统结构刚度。如求解选择为模态分析系统，当响应类型为频率时响应目标为最大，当响应类型为质量、体积时，响应目标为最小。

3. 响应约束

响应约束【Response Constraint】为结构优化分析必选项。响应约束类型如图 19-39 所示，包括体积约束【Volume Constraint】、质量约束【Mass Constraint】、重力约束中心【Center of Gravity Constraint】、惯性矩约束【Moment of Inertia Constraint】、合规性约束【Compliance Constraint】、位移约束【Displacement Constraint】、反作用力约束【Reaction Force Constraint】、全局应力约束【Global Stress Constraint】、局部等效应力约束【Local Von-Mises Stress Constraint】、固有频率约束【Natural Frequency Constraint】、热合规约束【Thermal Compliance Constraint】、温度约束【Temperature Constraint】、标准约束【Criterion Constraint】。质量约束和体积约束可指定优化的保留百分比；全局应力约束和局部等效应力约束可指定最大应力值；固有频率约束可指定模态数、最小频率和最大频率；位移约束可指定节点和节点坐标轴位置；反作用力约束可指定节点和节点坐标轴力大小等。

图 19-39　响应约束类型

4. 制造约束

制造约束【Manufacturing Constraint】用来通过约束模型构件尺寸实现约束优化结果，确保优化结果可工艺化，方便制造，避免不必要的优化干扰，制造约束类型如图 19-40 所示。制造约束用来指定优化模型结果尺寸，可以指定整个优化模型的构件尺寸【Member Size】；也可指定整个模型沿某一坐标轴方向的抽出方向优化【Pull Out Direction】、挤压区域优化【Extrusion】和沿某一打印方向的悬垂角度约束【AM Overhang Constraint】、外壳优化【Housing】。

5. 设计约束

设计约束【Design Constraint】与制造约束类似，通过指定设计约束功能来实现特定的设计要求，如图 19-41 所示。设计约束可以指定沿某一坐标轴方向的循环重复优化【Cyclic Repetition】、强制执行用户定义平面的对称优化【Symmetry】、均匀的拓扑密度优化【Uniform】和偏移值沿指定的轴向平面图案重复优化【Pattern Repetition】。

图 19-40　制造约束类型

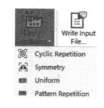

图 19-41　设计约束类型

19.2.3　结构优化设置

进入结构优化工作环境后，单击【Structural Optimization（B5）】下的【Analysis Settings】，出现如图 19-42 所示的结构优化设置详细窗口。

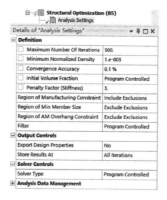

1. 定义【Definition】

1）最大迭代次数【Maximum Number Of Iterations】，默认值为 500。

2）最小标准化密度【Minimum Normalized Density】，默认值为 0.001。

3）收敛精度【Convergence Accuracy】，默认为 0.1%。

4）初始体积分数【Initial Volume Fraction】，由程序控制。

图 19-42　结构优化设置详细窗口

5）惩罚因子（刚度）【Penalty Factor（Stiffness）】，默认值为3。

6）制造约束区域【Region of Manufacturing Constraint】，包括排除情况。

7）最小成员尺寸区域【Region of Min Member Size】，排除除外情况。

8）增材制造悬垂约束区域【Region of AM Overhang Constraint】，排除除外情况。

9）过滤器【Filter】，包括由程序控制、线性的和非线性的。

2. 输出控制【Output Controls】

1）导出设计属性【Export Design Properties】。

2）储存结果在【Store Results At】，包括所有迭代【All Iterations】、最后一次迭代【Last Iterations】、等间隔的点迭代【Equally Spaced Points】和指定的循环率迭代【Specified Recurrence Rate】。

3. 求解器控制【Solver Controls】

1）求解类型【Solver Type】目前有程序控制【Program Controlled】、顺序凸规划【Sequential Convex Programming】和最优性指标【Optimality Criteria】。

2）多优化类型策略【Multi Optim Type Strategy】，包括程序控制【Program Controlled】、开启或关闭。

3）算法【Algorithm】，包括程序控制【Program Controlled】、MFD、SCPIP、C-MFD方法。

4）活动集策略【Active Set Strategy】，主要是程序控制【Program Controlled】。

4. 分析数据管理【Analysis Data Management】

具体参看第4.2.7节。

19.2.4　设计结果与验证分析

1. 拓扑优化求解结果

以拓扑优化为例，根据优化目标和约束设置，在求解收敛的情况下可得到拓扑优化求解结果。在求解项下加入拓扑密度【Topology Density】和拓扑单元密度【Topology Elemental Density】。其中拓扑密度以节点平均为结果产生，如图19-43所示；拓扑单元密度以单元值为结果产生，如图19-44所示。在拓扑密度或拓扑单元密度详细栏中，可以查看优化结果、

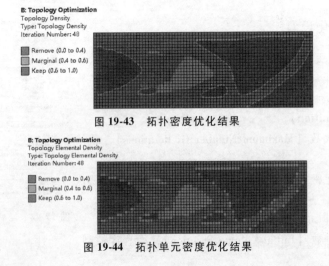

图 19-43　拓扑密度优化结果

图 19-44　拓扑单元密度优化结果

占比、迭代次数及可见性，在显示优化区域【Show Optimized Region】，可选择显示所有区域【All Regions】、优化保留区域【Retained Region】和优化移除区域【Removed Region】。

2. 拓扑优化结果验证分析

目前，ANSYS拥有强大的几何处理能力，可以直接处理任意优化结果，比如把带有网格节点的有限元模型直接转化为几何模型，这为处理优化结果及验证设计带来了方便：一方面，取得合理虚拟优化模型拓扑形状后，右击【Topology Density\Elemental Density】→【Export】→【STL Files】→【命名】保存，导出的STL格式模型文件可以导入Space-Claim编辑，把网格文件转换为实体模型文件进行处理；另一方面，优化结果可以不用先进行格式转换，而是直接右击【Structural Optimization】→【Results】→【Transfer to Design Validation System (Geometry)/(Model)】传输到设计验证系统进行设计验证，如图19-45所示。然后进

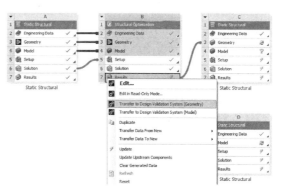

图 19-45 设计验证分析系统

行模型替换、材料施加、网格划分、边界设置等后，进行求解和后处理，如图19-46、图19-47所示。

图 19-46 优化前模型受力变形

图 19-47 拓扑优化后模型受力变形

19.3 某桁架支座多目标优化

1. 问题描述

某桁架支座，材料为结构钢，承受1500N作用力，支座的肋板可以改善构件整体受力状况，肋板的尺寸也会影响桁架支座的整体重量，其他相关参数在分析过程中体现。若想在可承受的范围内，通过对支座及肋板尺寸优化，使其在承受更大作用力的同时支座应力在屈服范围内，变形尽可能小。试对该桁架支座进行优化分析。

2. 有限元分析过程

（1）启动Workbench 2024

在"开始"菜单中执行【ANSYS 2024 R1\R2】→【Workbench 2024 R1\R2】命令。

（2）创建结构静力分析项目

① 在工具箱【Toolbox】的【Analysis Systems】中双击或拖动结构静力分析项目【Static

Structural】到项目流程图，如图 19-48 所示。

② 在 Workbench 的工具栏中单击【Save】，保存项目工程名为 Truss bearing . wbpj。有限元分析文件保存在 D：\AWB\Chapter19 文件夹中。

（3）导入几何模型

在结构静力分析项目上，右击【Geometry】→【Import Geometry】→【Browse】，找到模型文件 Truss bearing . agdb，打开导入几何模型，模型文件在 D：\AWB\Chapter19 文件夹中。

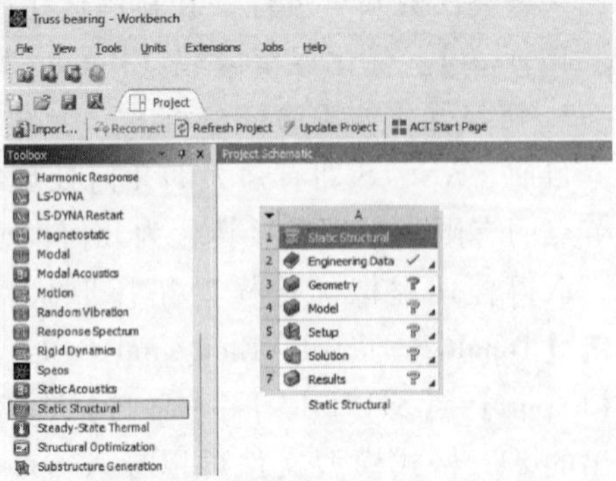

图 19-48　创建结构静力分析项目

（4）进入 Mechanical 分析环境

① 在结构静力分析项目上，右击【Model】→【Edit】，进入 Mechanical 分析环境。

② 在 Mechanical 的主菜单【Units】中设置单位为 Metric（mm，kg，N，s，mV，mA）。

（5）为几何模型分配材料属性

桁架支座材料为结构钢，自动分配。

（6）划分网格

① 在导航树里单击【Mesh】，设置【Details of "Mesh"】→【Element Size】= 2.5mm；【Sizing】→【Use Adaptive Sizing】= No，【Capture Curvature】= Yes，其他默认。

② 生成网格，右击【Mesh】→【Generate Mesh】，图形区域显示程序生成的四面体单元网格模型，如图 19-49 所示。

③ 网格质量检查，在导航树里单击【Mesh】→【Details of "Mesh"】→【Quality】→【Mesh Metric】= Skewness，显示 Skewness 规则下网格质量详细信息，平均值处在好水平范围内，展开【Statistics】显示网格和节点数量。

（7）施加边界条件

① 单击【Static Structural（A5）】。

图 19-49　生成网格

② 施加固定约束。在标准工具栏上单击▣，选择支撑通孔内表面，然后在环境工具栏单击【Supports】→【Fix Support】，如图 19-50 所示。

③ 施加力载荷。在标准工具栏上单击▣，选择孔内表面，在环境工具栏单击【Force】，设置【Details of "Force"】→【Definition】→【Define By】= Components，【Y Component】= −1500N，如图 19-51 所示。

图 19-50　施加固定约束

图 19-51　施加力载荷

（8）设置需要的结果

① 在导航树上单击【Solution（A6）】。

② 在求解工具栏单击【Deformation】→【Total】。

③ 在求解工具栏单击【Stress】→【Equivalent（von-Mises）】。

（9）求解与结果显示

① 在 Mechanical 求解工具栏单击 进行求解运算。

② 运算结束后，单击【Solution（A6）】→【Total Deformation】，图形区域显示结构静力分析得到的支撑变形分布云图，如图 19-52 所示；单击【Solution（A6）】→【Equivalent Stress】，显示支撑应力分布云图，如图 19-53 所示。

图 19-52　支撑变形分布云图

图 19-53　支撑应力分布云图

（10）提取参数

① 提取载荷参数。在导航树里单击【Force】，设置【Details of "Force"】→【Definition】→【Y Component】=-1500N，选择力参数框，出现"P"字，如图 19-54 所示。

② 提取结果变形参数。在导航树里单击【Solution（A6）】→【Total Deformation】→【Details of "Total Deformation"】→【Results】→【Maximum】，选择结果变形参数框，出现"P"字，如图 19-55 所示。

图 19-54　提取载荷参数

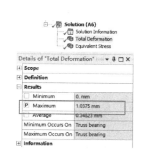

图 19-55　提取结果变形参数

③ 提取结果应力参数。在导航树里单击【Solution（A6）】→【Equivalent Stress】→【Details of "Equivalent Stress"】→【Results】→【Maximum】，选择结果变形参数框，出现"P"字，如图 19-56 所示。

④ 退出 Mechanical 分析环境。单击 Mechanical 主界面的菜单【File】→【Close Mechanical】退出环境，返回到 Workbench 主界面。单击 Workbench 主界面上的【Save】按钮，保

存所有分析结果文件。

⑤ 双击参数设置【Parameter Set】进入参数工作空间，查看输入参数与输出参数，如图 19-57 所示。

⑥ 单击工具栏中的【Parameter Set】关闭按钮，返回到 Workbench 主界面。

(11) 响应面驱动优化参数设置

① 将响应面驱动优化模块【Response Surface Optimization】拖入项目流程图，该模块与参数空间自动连接，如图 19-58 所示。

② 在响应面驱动优化中，双击试验设计【Design of Experiments】单元格。

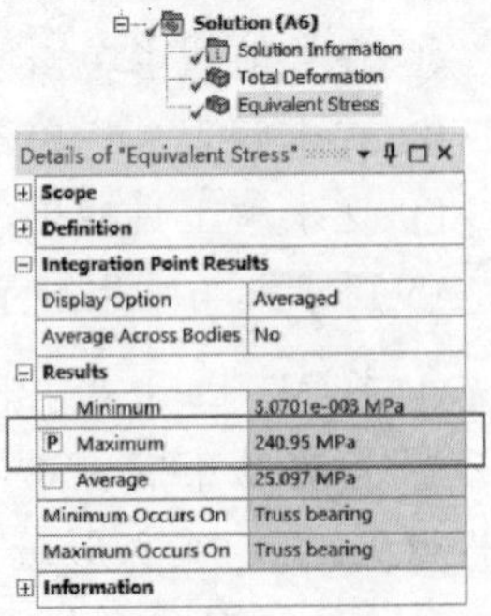

图 19-56　提取结果应力参数

Outline of All Parameters

	A	B	C	D
1	ID	Parameter Name	Value	Unit
2	Input Parameters			
3	Static Structural (A1)			
4	P1	TB_z	20	mm
5	P2	TB_j	2.5	mm
6	P3	Force Y Component	-1500	N
*	New input parameter	New name	New expression	
8	Output Parameters			
9	Static Structural (A1)			
10	P4	Total Deformation Maximum	1.0375	mm
11	P5	Equivalent Stress Maximum	240.95	MPa
*	New output parameter		New expression	
13	Charts			

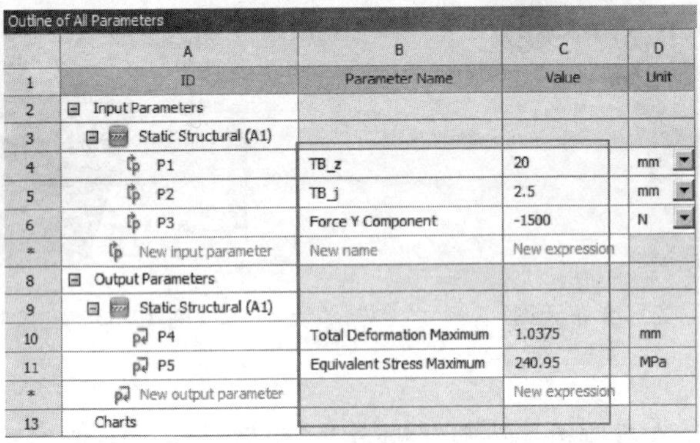

图 19-57　查看输入参数与输出参数

③ 在大纲窗口中，单击 P1 参数，设置【Outline of Schematic B2: Design of Experiments】→【Properties of Outline A5: P1-TB_z】→【Values】→【Lower Bound】= 15，【Upper Bound】= 25，如图 19-59 所示。

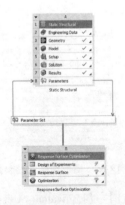

图 19-58　创建响应面驱动优化模块

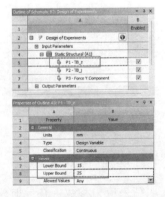

图 19-59　试验设计模型参数设置（一）

④ 在大纲窗口中，单击 P2 参数，设置【Outline of Schematic B2: Design of Experiments】→【Properties of Outline A6: P2-TB_j】→【Values】→【Lower Bound】= 2，【Upper Bound】= 5，如图 19-60 所示。

⑤ 在大纲窗口中单击 P3 参数，设置【Outline of Schematic B2：Design of Experiments】→【Properties of Outline A7：P3-Force Y Component】→【Values】→【Lower Bound】= -2000，【Upper Bound】= -1350，如图 19-61 所示。

⑥ 在大纲窗口中单击【Design of Experiments】，设置【Properties of Outline A2：Design of Experiment】›【Design Type】= Face - Centered，【Template Type】= Standard，如图 19-62 所示；在 Workbench 工具栏中选择预览数据【Preview】，如图 19-63 所示；在单击升级【Update】数据，程序运行得到样本设计点的计算结果，如图 19-64 所示。

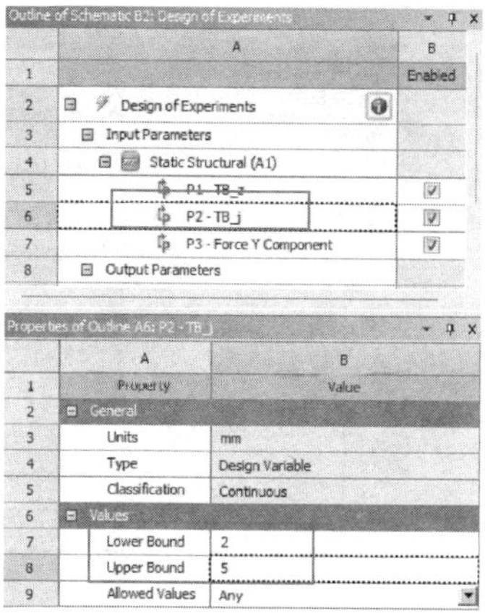

图 19-60 试验设计模型参数设置（二）

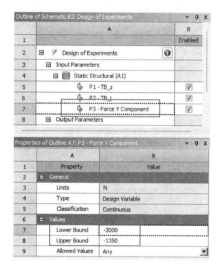

图 19-61 试验设计力参数设置

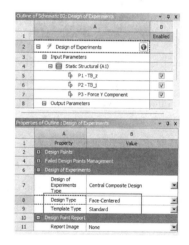

图 19-62 设置设计类型

Table of Outline A2: Design Points of Design of Experiments

	A	B	C	D	E	F
1	Name	P1 - TB_z (mm)	P2 - TB_j (mm)	P3 - Force Y Component (N)	P4 - Total Deformation Maximum (mm)	P5 - Equivalent Stress Maximum (MPa)
2	1	20	3.5	-1675	⚡	⚡
3	2	15	3.5	-1675	⚡	⚡
4	3	25	3.5	-1675	⚡	⚡
5	4	20	2	-1675	⚡	⚡
6	5	20	5	-1675	⚡	⚡
7	6	20	3.5	-2000	⚡	⚡
8	7	20	3.5	-1350	⚡	⚡
9	8	15	2	-2000	⚡	⚡
10	9	25	2	-2000	⚡	⚡
11	10	15	5	-2000	⚡	⚡
12	11	25	5	-2000	⚡	⚡
13	12	15	2	-1350	⚡	⚡
14	13	25	2	-1350	⚡	⚡
15	14	15	5	-1350	⚡	⚡
16	15	25	5	-1350	⚡	⚡

图 19-63 预览设计点

	A	B	C	D	E	F
	Name	P1 – TB_z (mm)	P2 - TB_j (mm)	P3 - Force Y Component (N)	P4 - Total Deformation Maximum (mm)	P5 - Equivalent Stress Maximum (MPa)
1						
2	1	20	3.5	-1675	0.96465	222.39
3	2	15	3.5	-1675	1.1278	251.37
4	3	25	3.5	-1675	0.8596	237.22
5	4	20	2	-1675	1.2874	304.45
6	5	20	5	-1675	0.75852	187.19
7	6	20	3.5	-2000	1.1518	265.54
8	7	20	3.5	-1350	0.77748	179.24
9	8	15	2	-2000	1.8384	401.02
10	9	25	2	-2000	1.3485	362.47
11	10	15	5	-2000	1.0299	261.32
12	11	25	5	-2000	0.82326	214.29
13	12	15	2	-1350	1.2409	270.69
14	13	25	2	-1350	0.91021	244.67
15	14	15	5	-1350	0.69515	176.39
16	15	25	5	-1350	0.5557	144.65

图 19-64　设计点的计算结果

⑦ 计算完后，单击工具栏中的【B2：Design of Experiments】关闭按钮，返回到 Workbench 主界面。

（12）响应面设置

① 在目标驱动优化中，右击响应面【Response Surface】，在弹出的快捷菜单中选择【Refresh】。

② 双击【Response Surface】进入响应面环境，在大纲窗口中单击响应面【Response Surface】，设置【Properties of Schematic A2：Response Surface】→【Response Surface Type】= Kriging，【Kernel Variation Type】= Variable，在 Workbench 工具栏中选择升级数据【Update】，程序进行升级计算设计点，如图 19-65 所示。

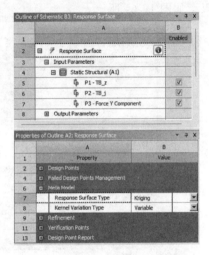

图 19-65　响应面设置

③ 在大纲窗口中单击【Response】，设置【Properties of Outline A20：Response Surface】→【Chart】→【Mode】= 2D，【Axes】→【X Axis】= P1-TB_z，【Y Axis】= P4-Total Deformation Maximum，可以查看输入几何参数与结果变形参数的响应曲线，如图 19-66 所示。同理，设置【Mode】= 2D Slices，【Slices Axis】= P3-Force Y Component，可以查看输入几何参数与结果变形参数的切片响应曲线，如图 19-67 所示。同理，设置【Mode】=

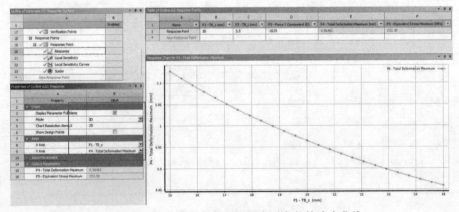

图 19-66　输入几何参数与结果变形参数的响应曲线

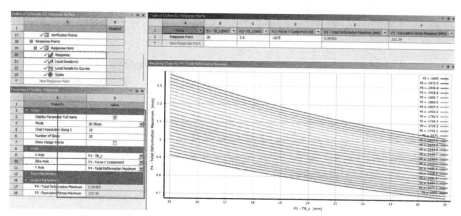

图 19-67　输入几何参数与结果变形参数的切片响应曲线

3D，可以查看输入几何参数与结果变形参数的三维响应面，如图 19-68 所示。当然，也可任意更换 X 轴与 Y 轴的参数来对比显示。

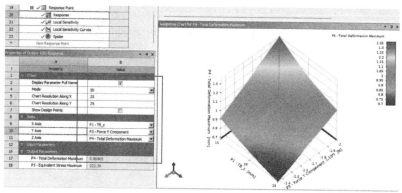

图 19-68　输入几何参数与结果变形参数的三维响应面

④ 在大纲窗口中单击【Local Sensitivity Curves】，设置【Properties of Outline A22：Local Sensitivity Curves】→【Axes】→【X Axis】= Input Parameters，【Y Axis】= P4－Total Deformation Maximum，可以查看输入参数与结果变形之间的局部灵敏度曲线，如图 19-69 所示。

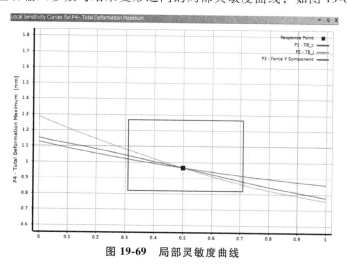

图 19-69　局部灵敏度曲线

⑤在大纲窗口中单击【Spider】，可以查看蛛状图，看出输出参数之间的关系，如图19-70所示。

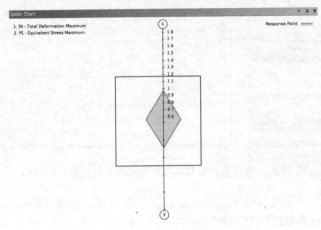

图 19-70　蛛状图

⑥查看完后，单击工具栏中的【B3：Response Surface】关闭按钮，返回到 Workbench 主界面。

（13）目标驱动优化

①在目标驱动优化中，右击响应面【Optimization】，在弹出的快捷菜单中选择【Refresh】。

②在目标驱动优化中，双击优化设计【Optimization】，进入优化工作空间。

③在【Table of Schematic D4：Optimization】里，选择【Optimization】→【Properties of Outline A2：Optimization】→【Optimization】→【Method Selection】= Manual，【Method Name】= Screening。

④在【Outline of Schematic B4：Optimization】里，单击【Objectives and Constraints】→【Table of Schematic B4：Optimization】，在优化列表窗口中设置优化目标，分别在参数【Parameter】选择优化目标名称：【P1-TB_z】目标类型为 Minimize，目标值【Target】为 15；【P2-TB_j】目标类型为 Maximize，目标值【Target】为 3；【P3-Force Y Component】目标类型为 Minimize，目标值【Target】为-1400；【P4-Total Deformation Maximum】目标类型为 Minimize，目标值【Target】为 0.9，不作约束；【P5-Equivalent Stress Maximum】目标类型为 Seek Target，目标值【Target】为 210，约束类型为 Low Bound < = Values < = Upper Bound，Lower Bound = 150，Upper Bound = 230，如图 19-71 所示。

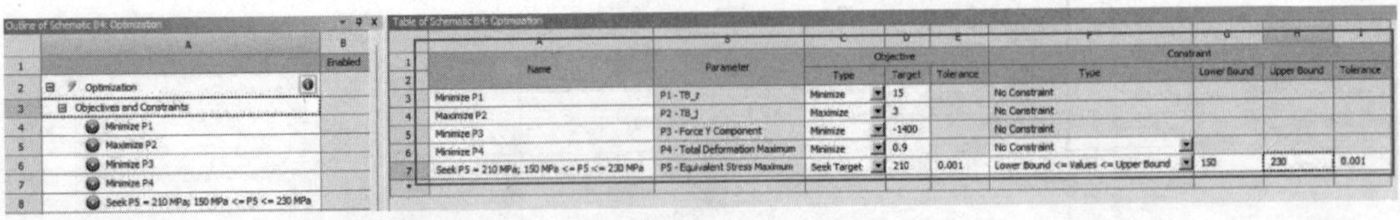

Name	Parameter	Objective			Constraint			
		Type	Target	Tolerance	Type	Lower Bound	Upper Bound	Tolerance
Minimize P1	P1 - TB_z	Minimize	15		No Constraint			
Maximize P2	P2 - TB_j	Maximize	3		No Constraint			
Minimize P3	P3 - Force Y Component	Minimize	-1400		No Constraint			
Minimize P4	P4 - Total Deformation Maximum	Minimize	0.9		No Constraint			
Seek P5 = 210 MPa; 150 MPa <= P5 <= 230 MPa	P5 - Equivalent Stress Maximum	Seek Target	210	0.001	Lower Bound <= Values <= Upper Bound	150	230	0.001

图 19-71　设置优化目标

⑤在 Workbench 工具栏中，单击【Update】升级优化，使用响应面生成 1000 个样本点，最后程序给出最好的 3 个候选结果，单击【Table of Schematic D4：Optimization】→【Optimization】，结果显示在优化候选列表中，如图 19-72 所示。

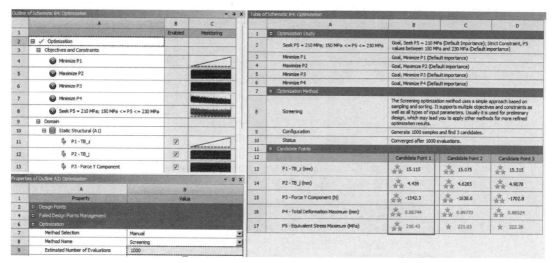

图 19-72 优化候选列表

⑥ 查看权衡图。在优化大纲图中，单击【Outline of Schematic B4：Optimization】→【Results】→【Tradeoff】→【Properties of Outline A19：Tradeoff】→【Axes】→【X Axis】= P4-Total Deformation Maximum，【Y Axis】= P5-Equivalent Stress Maximum，如图 19-73 所示。同理，单击 Samples，可查看样本图，如图 19-74 所示；单击 Sensitivities，可查看灵敏度图，如图 19-75 所示。

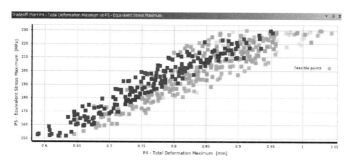

图 19-73 权衡图

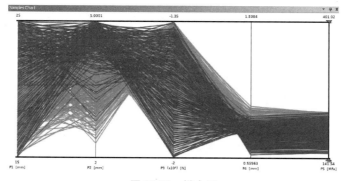

图 19-74 样本图

⑦ 在候选点的第一组后右击，在弹出的快捷菜单中选择【Insert as Design Point】插入设计点，如图 19-76 所示。

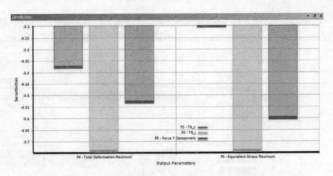

图 19-75　灵敏度图

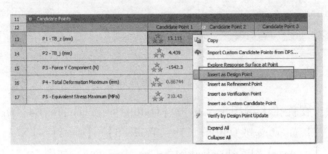

图 19-76　插入设计点

⑧ 把更新后的设计点应用到具体的模型中。单击 B4：Optimization 关闭按钮，返回到 Workbench 主界面，双击参数设置【Parameter Set】进入参数工作空间，在更新后的点即 DP1 组后右击，在弹出的快捷菜单中选择【Copy inputs to Current】；然后右击【DP0（Current）】，在弹出的快捷菜单中选择 *Update Selected Design Points* 进行计算，应用设计点如图 19-77 所示。

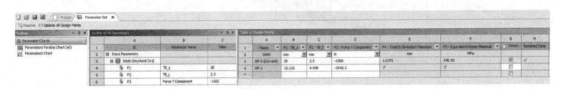

图 19-77　应用设计点

⑨ 计算完后，单击工具栏中的【Parameter Set】关闭按钮，返回到 Workbench 主界面。

（14）观察新设计点的结果

① 在 Workbench 主界面，在结构静力分析项目上，右击【Result】→【Edit】进入 Mechanical 分析环境。

② 查看优化结果。单击【Solution（A6）】→【Total Deformation】，图形区域显示优化分析得到的桁架支座变形分布云图，如图 19-78 所示；单击【Solution（A6）】→【Equivalent Stress】，显示桁架支座应力分布云图，如图 19-79 所示。

（15）保存与退出

① 退出 Mechanical 分析环境。单击 Mechanical 主界面的菜单【File】→【Close Mechanical】退出环境，返回到 Workbench 主界面，此时主界面的项目管理区中显示的分析项目均已完成。

图 19-78　桁架支座变形分布云图

图 19-79　桁架支座应力分布云图

② 单击 Workbench 主界面上的【Save】按钮，保存所有分析结果文件。

③ 退出 Workbench 环境。单击 Workbench 主界面的菜单【File】→【Exit】退出主界面，完成项目分析。

3. 点评

本例是某桁架支座肋板的多目标优化，优化目标是桁架支座肋板的尺寸。在承载作用力变大的情况下，应力值和变形量进一步减小，优化了桁架支座设计。本例是一个完整的多目标尺寸参数优化实例，优化选项大部分进行了展示，包括优化前分析、参数提取、响应面驱动优化参数设置、优化方法选择、优化求解、优化验证等内容。实际上，本实例是结构静力下的尺寸参数优化，如果需要，还可在其他力学分析环境下进行分析优化。

19.4　某悬臂结构拓扑优化

1. 问题描述

某带方孔的悬臂结构如图 19-80 所示，悬臂结构长×宽×高为 1000mm×40mm×200mm，悬臂结构一端固定，带方孔一端受 30000N 的力，假设悬臂结构材料为结构钢，其他相关参数在分析过程中体现。试求在满足使用条件下的最佳优化模型，并进行验证分析。

图 19-80　带方孔的悬臂结构

2. 有限元分析过程

（1）启动 Workbench 2024

在"开始"菜单中执行【ANSYS 2024 R1\R2】→【Workbench 2024 R1\R2】命令。

（2）创建结构静力分析项目

① 在工具箱【Toolbox】的【Analysis Systems】中双击或拖动结构静力分析项目【Static Structural】到项目流程图，如图 19-81 所示。

② 在 Workbench 的工具栏中单击【Save】，保存项目工程名为 Cantilever structure . wbpj。有限元分析文件保存在 D：\AWB\Chapter19 文件夹中。

（3）导入几何模型

在结构静力分析项目上，右击【Geometry】→【Import Geometry】→【Browse】，找到模型文件 Cantilever structure . agdb，打开导入几何模型。模型文件在 D：\AWB\Chapter19 文件夹中。

（4）进入 Mechanical 分析环境

① 在结构静力分析项目上，右击【Model】→【Edit】进入 Mechanical 分析环境。

图 19-81　创建结构静力分析项目

② 在 Mechanical 的主菜单【Units】中设置单位为 Metric（mm, kg, N, s, mV, mA）。

（5）施加材料

材料为结构钢。

（6）划分网格

①在导航树里单击【Mesh】，设置【Details of "Mesh"】→【Defaults】→【Element Size】= 10mm，其他默认。

② 在标准工具栏上单击 ⬛，选择模型体，然后右击【Mesh】，在弹出的菜单中选择【Insert】→【Method】→【Hex Dominant】，其他默认。

③ 生成网格，右击【Mesh】→【Generate Mesh】，图形区域显示程序生成的六面体网格模型，如图 19-82 所示。

④ 网格质量检查，在导航树里单击【Mesh】→【Details of "Mesh"】→【Quality】→【Mesh Metric】= Skewness，显示 Skewness 规则下网格质量详细信息，平均值处在好水平范围内，展开【Statistics】显示网格和节点数量。

图 19-82　生成网格

（7）施加边界条件

① 单击【Static Structural（A5）】。

② 施加固定约束。首先在标准工具栏上单击 ⬛，选择悬臂结构端面，然后在环境工具栏单击【Supports】→【Fixed Support】，如图 19-83 所示。

③ 施加力载荷。在标准工具栏上单击 ⬛，选择悬臂结构方孔端孔边面，在环境工具栏单击【Force】，设置【Details of "Force"】→【Definition】→【Define By】= Components，【Y Component】= 30000N，如图 19-84 所示。

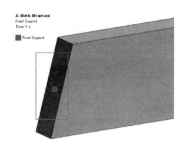

图19-83　施加固定约束

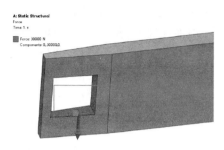

图19-84　施加力载荷

（8）设置需要的结果

① 在导航树上单击【Solution（A6）】。

② 在求解工具栏单击【Deformation】→【Total】。

③ 在求解工具栏单击【Stress】→【Equivalent（von-Mises）】。

（9）求解与结果显示

① 在 Mechanical 求解工具栏单击 进行求解运算。

② 运算结束后，单击【Solution（A6）】→【Total Deformation】，图形区域显示结构分析得到的悬臂结构变形分布云图，如图19-85所示；单击【Solution（A6）】→【Equivalent Stress】，显示悬臂结构应力分布云图，如图19-86所示。

图19-85　悬臂结构变形分布云图

图19-86　悬臂结构应力分布云图

（10）创建拓扑优化分析项目

① 右击 A 分析项目【Solution】→【Transfer Data To New】→【Topology Optimization】到项目流程图，创建拓扑优化分析项目 B，如图19-87所示。

② 返回进入 Systems A，B-Mechanical 分析环境。

（11）拓扑优化设置

① 施加设计优化区域。单击【Optimiza-

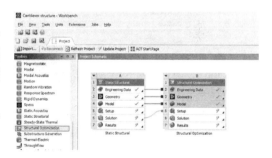

图19-87　创建拓扑优化分析项目 B

tion Region】→【Details of "Optimization Region"】→【Design Region】→【Geometry】= All Bodies。

② 施加不优化区域及优化方法。单击【Optimization Region】→【Details of "Optimization Region"】→【Exclusion Region】→【Define By】= Named Selection；【Named Selection】= Exclusion Region；【Optimization Option】→【Optimization Type】= Topology Optimization - Level Set Based。

③ 施加优化约束。单击【Response Constraint】→【Details of "Response Constraint"】→

【Definition】→【Response】= Mass，【Percent to Retain】= 45%。

④ 施加优化目标。单击【Objective】→【Details of "Objective"】→【Definition】→【Response Type】= Compliance，【Goal】= Minimize。

⑤ 施加制造约束。在环境优化功能区上单击【Manufacturing Constraint】→【Member Size Constraint】→【Details of "Manufacturing Constraint"】→【Definition】→【Subtype】→【Member Size】，最大值、最小值、间隙尺寸都为自由【Free】。

⑥ 在导航树上单击【Topology Optimization（B5）】→【Analysis Settings】→【Details of "Analysis Settings"】→【Solver Controls】→【Multi Optim Type Strategy】= MFD，其他默认。完整优化边界设置如图 19-88 所示。

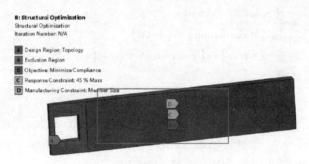

图 19-88　完整优化边界设置

（12）求解与结果显示

① 在 Systems A，B-Mechanical 环境工具栏单击 ⚡ 进行求解运算。

② 运算结束后，单击【Solution（B6）】→【Topology Density】，查看拓扑结果及显示保留结果，如图 19-89 所示。

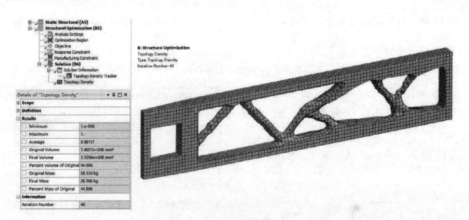

图 19-89　拓扑结果及显示保留结果

（13）保存与退出

① 退出 Systems A，B-Mechanical 分析环境。单击 Mechanical 主界面的菜单【File】→【Close Mechanical】退出环境，返回到 Workbench 主界面。

② 单击 Workbench 主界面上的【Save】按钮，保存所有分析结果文件。

（14）优化验证分析

① 右击 B 分析项目【Results】→【Transfer to Design Validation System（Geometry）】创建设计验证分析系统进行设计验证，如图 19-90 所示。

图 19-90 创建设计验证分析系统

② 右击 B 分析项目【Results】→【Update】，数据传递到 C 分析项目。

③ 右击 C 分析项目【Geometry】→【Update】，接收 B 分析项目数据。

④ 在 C 分析项目上，右击【Geometry】→【Edit Geometry in SpaceClaim】，进入 SpaceClaim 几何工作环境。

⑤ 在左侧导航树，不选第一个【SYS-1】包含 Solid，然后右击【SYS-1】→【Suppress for Physics】。

⑥ 激活拓扑优化模型，展开第二个【SYS-1】，右击【Facets】→【Activate for Physics】，激活第二个 SYS-1。

⑦ 检查网格模型，单击 SpaceClaim 主功能区标签【Facets】→【Check Facets】，然后单击图形区域整个模型，下方弹出模型信息，显示有错误；单击【Auto Fix】修复模型。

⑧ 转换实体模型，右击【Facets】→【Convert to Solid】→【Merge faces】，由面网格模型转换为实体模型，如图 19-91 所示。

⑨ 单击【File】→【Exit SpaceClaim】关闭 SpaceClaim，返回到 Workbench 主界面。

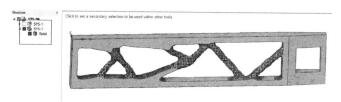

图 19-91 转换实体模型

（15）验证分析

① 右击 C 分析项目【Model】→【Refresh】，接收几何数据。

② 在结构静力分析项目上，右击【Model】→【Edit】，进入 Mechanical 分析环境。

③ 在导航树里单击【Geometry】→【SYS-1\Solid】→【Details of "SYS-1\Solid"】→【Material】→【Assignment】=Structural Steel。

④ 在导航树里展开【Mesh】→【Hex Dominant Method】→【Details of "Hex Dominant Method" -Method】→【Definition】→【Method】=Tetrahedrons，单击体选择图标 选择整个体模型，其他默认。

⑤ 生成网格，右击【Mesh】→【Generate Mesh】，图形区域显示程序生成的四面体网格模型，如图 19-92 所示。

图 19-92 生成网格

⑥ 网格质量检查，在导航树里单击【Mesh】→【Details of "Mesh"】→【Quality】→【Mesh

Metric】=Skewness，显示 Skewness 规则下网格质量详细信息，平均值处在好水平范围内，展开【Statistics】显示网格和节点数量。

⑦ 施加固定约束与载荷，约束和载荷和 A 分析项目相同，略。

⑧ 在求解工具栏单击【Deformation】→【Total】。

⑨ 在求解工具栏单击【Stress】→【Equivalent（von-Mises）】。

⑩ 在 Mechanical 求解工具栏单击⚡进行求解运算。

运算结束后，单击【Solution（C6）】→【Total Deformation】，图形区域显示结构静力分析得到的悬臂结构优化模型变形分布云图，如图 19-93 所示；单击【Solution（C6）】→【Equivalent Stress】，显示悬臂结构优化模型应力分布云图，如图 19-94 所示。

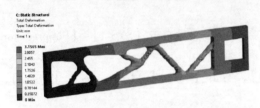
图 19-93　悬臂结构优化模型变形分布云图

图 19-94　悬臂结构优化模型应力分布云图

（16）保存与退出

① 退出 Mechanical 分析环境。单击 Mechanical 主界面的菜单【File】→【Close Mechanical】退出环境，返回到 Workbench 主界面，此时主界面的项目管理区中显示的分析项目均已完成。

② 单击 Workbench 主界面上的【Save】按钮，保存所有分析结果文件。

③ 退出 Workbench 环境。单击 Workbench 主界面的菜单【File】→【Exit】退出主界面，完成项目分析。

3. 点评

本实例是悬臂结构拓扑优化，为连续体拓扑优化。本实例通过对优化实体设置设计优化区域、不优化区域、优化目标、优化约束和制造约束等条件方法实现了新型结构构型设计，虽然还有待实际应用检验，但拓扑优化给我们带来了开辟结构设计的新思路。随着 ANSYS 模型处理功能不断强大，使得优化模型可以直接导入 SpaceClaim 进行处理，方便验证分析，为增材制造做准备。本实例优化过程完整，不但给出了悬臂结构拓扑优化的全过程，还给出了由拓扑优化结果网格模型到实体模型处理的全过程及优化结构结果验证分析过程。本实例优化结构简单，但其中的各种方法值得借鉴。

19.5　本章小结

本章按照设计探索优化、结构优化和相应实例应用顺序编写，重点介绍了探索优化的试验设计、响应面、目标驱动优化、相关参数、结构优化的优化工具、优化设置、优化结果与验证分析等知识。本章配备的两个典型优化分析工程实例某桁架支座多目标优化和某悬臂结构拓扑优化，包括问题描述、有限元分析优化过程及点评三部分内容。

通过本章的学习，读者可以了解在 Workbench 环境下典型的优化设计的基础知识，以及参数化分析设置、多目标驱动优化、拓扑优化、优化模型处理、优化模型验证性分析等相关知识。

第20章 自动化分析

ANSYS 参数化设计语言（APDL）提供丰富的脚本与控制功能，近年来，ANSYS 定制化工具套件（ACT）还提供在 ANSYS Mechanical 中控制和自动执行分析的功能。然而，尚未有一种机制可支持 APDL、MAPDL 或者 ACT 以外通过可编程的方式与任何 ANSYS 产品进行交互自动化分析。

Python 生态与 ANSYS 结合是个有效的方式，两者相互协作，使 ANSYS 自动化更完善，本章重点介绍 PyANSYS 自动化及 Mechanical 自动化功能应用。

20.1 PyANSYS 自动化概述

20.1.1 分析自动化介绍

2016 年，一位名叫 Alex Kaszynski 的 Python 开发人员创建了一种代码库，能够使用 Python 与 MAPDL 进行交互。自此开启了通过 Python 方式与 ANSYS 系列产品自动化交互的模式。

PyANSYS 是 Python 与 ANSYS 建立连接的一套开源技术，它提供了 ANSYS 产品接口 API，主要用于提供与软件交互的新方法，例如通过工作流程化、脚本等简化并实现仿真分析自动化。PyANSYS 是一系列 Python 软件包，可帮助用户以前所未有的方式与 ANSYS 产品（包括 MAPDL、AEDT 等）进行交互。该软件包可提供现代化的可编程接口，通过该接口，用户不仅可以使用 ANSYS 仿真堆栈编写脚本，以进行各种多物理场仿真，而且还可以编写工作流程脚本，将仿真与其他自动化操作相结合。

现在，PyANSYS 是许多 Python 包的集合，与本书内容相关的包主要包括 PyWorkbench、PyMechanica、PyMAPDL、PyFluent、PyANSYS Geometry、PyAdditive、PyACP、PyDPF-Post、PyDYNA、PyPrimeMesh、PySystem Coupling、PyTurbogrid。

20.1.2 ANSYS Python 管理器

ANSYS Python 管理器是一款图形化应用程序，主要用于 Python 环境的配置与 PyANSYS 库的版本管理问题，包括 Python 安装、虚拟环境的创建和管理、启动集成开发环境（IDE）、包（Package）管理功能，以及 PyANSYS 包的安装和依赖项的管理，如图 20-1 所示。

1. Python 安装

如果计算机中还未安装 Python，可以在此界面中安

图 20-1　ANSYS Python 管理器

装，如已安装可以跳过此界面。管理器提供了两个选项：标准 Python 和 Conda（Miniforge）。标准 Python 选项是官方的 Python 发行版，而 Conda Forge Python 选项使用社区驱动的发行版，用于 Anaconda 等产品。单击 Install 按钮安装完成后，ANSYS Python 管理器随后会在标记为创建虚拟环境的下一个选项卡中显示已安装的 Python 版本及其相应的安装路径，如图 20-2 所示。Python 版本推荐最新版本的前一个版本，稳定而不落后。

2. 创建虚拟环境

Python 的虚拟环境是一种将项目的依赖项与系统全局 Python 环境隔离开来的工具。它允许在同一台机器上同时管理多个项目，并确保它们使用的 Python 版本和依赖项不会相互干扰。使用虚拟环境的好处是可以有效地管理不同项目的依赖项，避免版本冲突和混乱。它还允许在不同的项目中使用不同的 Python 版本，并提供更好的可移植性和复现性。

通过选择所需的 Python 版本并提供环境名称，可以轻松创建虚拟环境。只需单击 Create 按钮即可启动虚拟环境创建过程，如图 20-3 所示。ANSYS Python 管理器创建虚拟环境，并在随后标记为管理虚拟环境的选项卡中显示其相应路径。

可选择是否创建虚拟环境，此后运行代码可在此环境中进行，无须到 Python 默认路径，若无需求可跳过此界面。

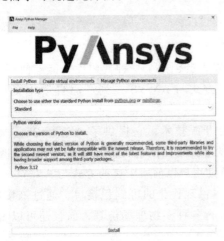

图 20-2　Python 安装

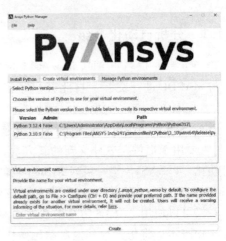

图 20-3　创建虚拟环境

3. Python 环境管理

（1）启动选项

启动选项【Launch options】提供了使用可用 IDE 和开发环境启动所选虚拟环境的选项。可以通过从可用列表中选择虚拟环境并单击对应选项来启动 Launch console、Launch VSCode、Launch Jupyterlab、Launch Jupyter Notebook、Launch Spyder，如图 20-4 所示。

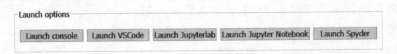

图 20-4　启动选项

（2）通用包管理

在通用包管理部分，可以选择安装默认软件包【Install Python default packages】，所选的

Python 安装或虚拟环境将接收最新的基本软件包兼容版本，如 numpy、scipy、colorcet、matplotlib、pyvista、decorator 等。安装过程结束后，用户可以通过单击列出已安装的程序包【List Installed packages】按钮查看已安装程序包的列表，如图 20-5 所示。ANSYS Python 管理器随后在控制台中显示已安装的包，提供已安装依赖项的概述，如图 20-6 所示。

图 20-5　通用包管理

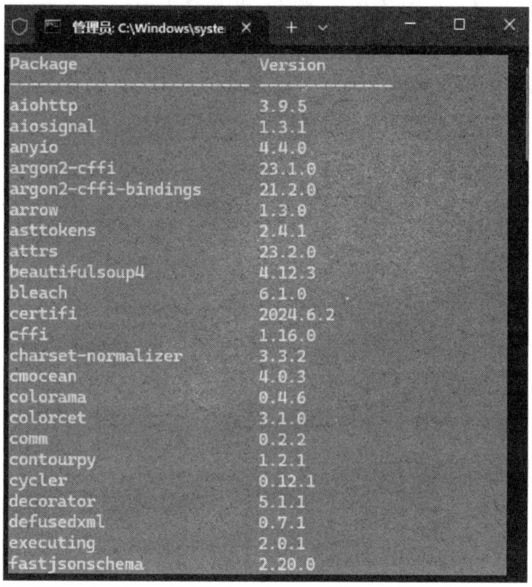

图 20-6　控制台中显示已安装的包

（3）PyANSYS 包管理

在 PyANSYS 包管理部分，可以灵活地从可用的下拉菜单中选择所需的 PyANSYS 软件包及其版本，以便将其安装在选定的 Python 安装或虚拟环境中，如图 20-7 所示。单独的 PyANSYS 软件包也可供下载。需要注意的是，安装过程可能需要几分钟才能完成，具体取决于软件包的大小和互联网带宽。

图 20-7　PyANSYS 包管理

20.2　PyANSYS 自动化分析

20.2.1　Mechanical Scripting 分析

1. Mechanical 自动化功能

Mechanical 选项卡自动化功能如图 20-8 所示，可以使用脚本对模型的前处理、求解、后处理进行自动化处理，脚本是功能封装、ACT插件开发以及仿真软件开发的基础工作。运行脚本后，Mechanical 会立即执行并显示执行结果，提高分析效率。

图 20-8　Mechanical 选项卡自动化功能

1）对象生成器【Object Generator】自动创建一个或多个模板对象的副本，并将每个副本的范围限定为不同的几何结构。

2）运行宏【Run Macro】执行用 Python（.py）或 Microsoft 的 JScript（js）编程语言编写的脚本文件。

3）脚本编辑【Scripting】是用于开发脚本和交互式测试命令的工具。

4）Python 代码【Python Code】可添加一个 Python 代码对象，该对象允许在 Mechanical 中执行代码以响应不同事件。

5）应用商店【App Store】可导航至 ANSYS 应用商店目录。

6）脚本帮助【Scripting Help】可显示帮助文档中提供有关脚本的介绍性信息的部分。

7）管理【Manage】可单击以创建、编辑或删除用户按钮。

2. Mechanical Scripting 界面

Mechanical Scripting 界面由编辑器【Editor】和壳【Shell】组成，编辑器（A）是主要代码输入编辑区，壳（B）主要用于简单代码输入、验证以及编辑器区域代码打印命令输出，如图 20-9 所示。

编辑器（A）：

1）新建脚本【New Script】，用于清除名称、说明和脚本框，并提供一个新的脚本模板。

2）打开脚本【Open Script】，打开新脚本，以 .py 后缀名的 Python 文件。

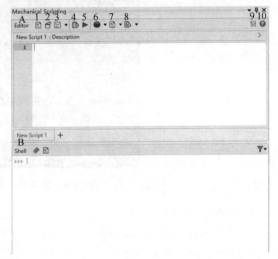

3）保存脚本【Save Script（Ctrl＋S）/ Save Script As】，保存脚本。

图 20-9　Mechanical Scripting 界面

4）运行脚本【Run Script】，执行窗格中的脚本。

5）启动调试器【Start Debugger】，在调试模式下运行脚本。

6）开始录制【Start Recording】，录制操作，根据界面操作自动生成脚本。

7）插入代码段【Insert Snippet（Ctrl+I）】，打开代码段插入器。

8）显示按钮编辑器【Show Button Editor】，打开按钮编辑器。

9）默认设置【Default Settings】，打开默认设置对话框，通过设置，可以指定录制的默认设置及壳窗格的显示内容，如图 20-10 所示。

10）帮助【Help】，显示快捷键列表。

① 摄像头【Camera】，此选项可以捕捉模型的所有移动（平移/旋转）。

② 自动滚屏【Auto Scroll】，脚本窗格会随着添加的新内容而自动滚动。

③ 评论【Comments】，此选项确定是否添加自动注释（绿色文本）。

④ 图形【Graphics】，此选项可以捕获某些图形工具栏选项。

3. Mechanical Scripting 编辑器

Mechanical Scripting 编辑器中的文本编辑器、代码段编辑器和壳中的输入字段除了手动输入，还提供代码语法提示和自动完成功能，如图 20-11 所示。工具提示使用颜色编码来指示语法，绿色代表无障碍，紫色代表类型，橙色代表警告，蓝色代表论证。

图 20-10　默认设置

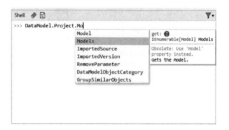

图 20-11　Mechanical Scripting 编辑器

4. 脚本录制

通过选择工具栏上的录制选项，可以根据在应用程序中所做的操作（如接触面、加载和结果定义）自动生成录制应用程序支持的 API。

脚本录制与执行方法，以网格划分为例。

1）首先单击 Mechanical Scripting 编辑器录制按钮启动录制，接着在导航树先右击【Mesh】→【Generate Mesh】采用自动化方法划分，再右击【Mesh】插入【Sizing】，设置【Sizing】→【Details of "Body Sizing" -Sizing】→【Definition】→【Element Sizing】=0.5mm，最后，右击【Mesh】→【Generate Mesh】生成网格。

2）右侧 Mechanical Scripting 编辑器记录左侧导航树网格划分操作过程，进行脚本录制，如图 20-12 所示。

图 20-12　脚本录制

3）再次单击 Mechanical Scripting 编辑器录制按钮，停止录制。

4）单击 Mechanical Scripting 编辑器新建脚本，新建一个空白脚本 New Script 2，将 New Script 1 里的脚本复制到 New Script 2，然后单击编辑器上的运行脚本按钮，程序会自动执行脚本，对模型进行网格划分，如图 20-13 所示。

20.2.2　PyFluent 分析

PyFluent 是 PyANSYS 生态系统的一部分，可以在 Python 环境中，利用 PyANSYS 的库以及第三方 Python 库来驱使 Fluent 实现所需的自动化求解工作。可以创建高度定制化 Fluent

图 20-13　脚本执行

仿真流程支持复杂的自动化任务，利用 Python 强大的生态环境，实现优化和机器学习，拓展 Fluent 仿真的能力边界。

PyFluent 运行的是一个客户端-服务器架构，即 Python 是客户端，Fluent 是服务器，通过 gRPC（Google Remote Procedure Calls）接口与其连接，在 Python 环境中实现与 Fluent 的交互，无缝使用 Fluent 的各种功能。

1. PyFluent 组成与安装

PyFluent 由 ANSYS-fluent-core 包、ANSYS-fluent-parametric 包、ANSYS-fluent-visualization 包组成，利用 ANSYS-fluent-core 包可控制 Fluent 求解器实现绝大部分功能，如访问网格划分、求解器和后处理功能等，ANSYS-fluent-parametric 包主要用来对 ANSYS Fluent 参数化工作流程功能的访问，ANSYS-fluent-visualization 包主要扩展了 PyFluent Core 提供的后处理和可视化功能。

PyFluent 的安装可以分别下载核心包（https：//pypi. org/project/ANSYS-fluent-core/）、参数化包（https：//pypi. org/project/ANSYS-fluent-parametric/）和可视化包（https：//py-pi. org/project/ANSYS-fluent-visualization/）单独安装，也可通过 ANSYS Python 管理器安装。

2. PyFluent 与 UDF/ACT/Journal/Scheme 的区别（见表 20-1）

表 20-1　PyFluent 与 UDF/ACT/Journal/Scheme 的区别

项目	PyFluent	UDF	ACT	Journal	Scheme
编程语言	Python	C/C++	Python/XML/APP Command	Fluent TUI Command	Scheme
基本功能	和 Cortex（Fluent 人机交互进程）交互，控制 Fluent 进程。完整的高级语言功能，丰富的 Python 生态系统	扩展求解器功能和物理模型	面向 ANSYS 平台的统一的二次开发套件	以命令流的形式控制 Fluent 进程	与 Journal 结合，可以实现和 Cortex 的交互，控制 Fluent 进程，丰富的高级语言功能

3. PyFluent AP 接口

PyFluent 启动可分别用求解模式（Solution Mode）和网格模式（Meshing Mode），所启动的服务进程即是 Python 中的一个对象，该对象包含有几大类型的 API。

1）Solution Mode 类型的对象是面向求解器的接口，包含：

① TUI 对象：Fluent 求解器文本界面的 Python 接口。

② Root 对象：一种不同于 TUIAPI 的面向 Fluent 求解器的接口，与 Fluent 界面 outline tree 功能对应，不具备 Fluent 的完整功能。区别于 TUI 的是通过层级化的对象修改 Fluent 设置，编写的代码更加清晰，更容易维护。Root 容器类对象，包括 Group Object（一种静态容器，也即它的子对象是预定义好的）、Named Object（一种动态容器，它包含有特定类型的有固定名称的子对象）和 List Object（一种动态容器，它包含有特定类型的无固定名称的子对象）。

③ 特殊 API 接口类型：包括 field_data 对象（直接获取 Fluent 的表面场和网格数据）、scheme_eval 对象（驱动 Fluent 执行 scheme 指令）、EventsManager 对象（触发自定义的函数）和 MonitorManager 对象（访问服务端的监控）等。

2）Meshing Mode 类型的进程对象包含：

① TUI 对象：Fluent 求解器文本界面的 Python 接口。

② Workflow 对象：提供面向 FM workflow 的接口。

4. PyFluent 启动

使用 launch_ fluent（）命令启动后台服务器运行的 Fluent。

（1）Solution Mode 启动

from ANSYS. fluent. core import launch_fluent

solver = launch_fluent(mode = " solver")

（2）Meshing Mode

from ANSYS. fluent. core import launch_fluent

meshing = launch_fluent(mode = " meshing")

20.3　三角平台上圆筒受力自动化分析

1. 问题描述

某型圆筒放置在三角平台上，皆为结构钢。圆筒受到 500N 向下的力，其他相关参数在分析过程中体现。试用自动化方法求圆筒及三角平台所受到的应力及变形。

2. 有限元分析过程

（1）启动 Workbench 2024

在"开始"菜单中执行【ANSYS 2024 R1\R2】→【Workbench 2024 R1\R2】命令。

（2）创建结构静力分析项目

①在工具箱【Toolbox】的【Analysis Systems】中双击或拖动结构静力分析项目【Static Structural】到项目流程图，如图 20-14 所示。

②在 Workbench 的工具栏中单击【Save】，保存项目工程名为 Triangle. wbpj。有限元分析文件保存在 D：\AWB\Chapter20 文件夹中。

图 20-14　创建结构静力
自动化分析项目

（3）导入几何模型

在结构静力分析项目上，右击【Geometry】→【Import Geometry】→【Browse】，找到模型文件 Triangle . scdoc，打开导入几何模型。模型文件在 D：\AWB\Chapter05 文件夹中。

（4）进入 Mechanical 分析环境

①在结构静力分析项目上，右击【Model】→【Edit】，进入 Mechanical 分析环境。

②在 Mechanical 的主菜单【Units】中设置单位为 Metric（mm，kg，N，s，mV，mA）。

（5）为几何模型分配材料属性

材料默认为结构钢。

（6）自动化脚本编辑

① 打开脚本编辑器，在 Mechanical 工具栏单击【Automation】→【Scripting】，窗口右侧弹出编辑器，删除接触连接。

② 接触连接脚本编辑如图 20-15 所示，在 Shell 文本编辑区输入以下命令：

conngrp = Model. Connections. AddConnectionGroup（）

conngrp. CreateAutomaticConnections（）

conngrp. GetChildren（DataModelObjectCategory. ContactRegion，True）

c1 = conngrp. Children［0］

c1. RenameBasedOnDefinition（）

c1. Name

c1. ContactType

c1. ContactType = ContactType. Bonded

c1. Behavior

c1. Behavior = ContactBehavior. Asymmetric

c1. ContactFormulation = ContactFormulation. AugmentedLagrange

c1. SmallSliding

c1. SmallSliding = ContactSmallSlidingType. Off

c1. UpdateStiffness

c1. UpdateStiffness = UpdateContactStiffness. EachIteration

```
Shell
>>> conngrp=Model.Connections.AddConnectionGroup()
>>> conngrp.CreateAutomaticConnections()
>>> conngrp.GetChildren (DataModelObjectCategory.ContactRegion,True)
[Ansys.ACT.Automation.Mechanical.Connections.ContactRegion]
>>> c1=conngrp.Children[0]
>>> c1.RenameBasedOnDefinition()
>>> c1.Name
'Bonded - Triangle\triangle To Triangle\cylinder'
>>> c1.ContactType
Bonded
>>> c1.ContactType=ContactType.Bonded
>>> c1.Behavior
ProgramControlled
>>> c1.Behavior=ContactBehavior.Asymmetric
>>> c1.ContactFormulation=ContactFormulation.AugmentedLagrange
>>> c1.SmallSliding
ProgramControlled
>>> c1.SmallSliding=ContactSmallSlidingType.Off
>>> c1.UpdateStiffness
ProgramControlled
>>> c1.UpdateStiffness=UpdateContactStiffness.EachIteration
>>>
```

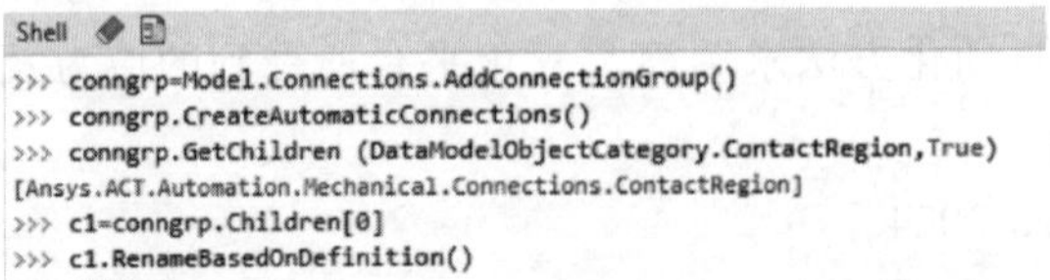

图 20-15　Shell 文本接触连接脚本编辑

③ 网格划分脚本编辑，在 Shell 文本编辑区输入以下命令：

Model. Mesh

mesh = Model. Mesh

mesh. Activate （ ）

mesh. PhysicsPreference

mesh. ElementOrder

mesh. ElementOrder = ElementOrder . Quadratic

mesh. UseAdaptiveSizing

mesh. UseAdaptiveSizing = False

mesh. AddAutomaticMethod （ ）

method = mesh. AddAutomaticMethod （ ）

method. Location

method. Location. GetType （ ）

method. Method

method. Method = MethodType. MultiZone

sizing = mesh. AddSizing （ ）

sizing. Type

sizing. Type = SizingType. ElementSize

sizing. ElementSize = Quantity （ 1 , 'mm'）

mesh. ObjectState

mesh. GenerateMesh （ ）

脚本执行后，划分的网格如图 20-16 所示。

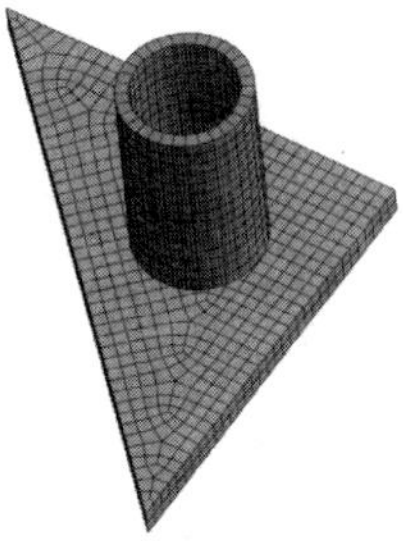

④ 分析设置脚本编辑，在 Shell 文本编辑区输入以下命令：

Model. Analyses ［0］

as1 = Model. Analyses ［0］

as1 = Model. Analyses ［0］ . AnalysisSettings

as1. SolverType

as1. SolverType = SolverType. Direct

⑤ 支撑约束脚本编辑，在 Shell 文本编辑区输入以下命令：

as2 = Model. Analyses ［0］

as2. Activate （ ）

fs = as2. AddFixedSupport （ ）

face = ExtAPI. SelectionManager. CurrentSelection，选择如图 20-17 所示的约束面。

face

face. Ids

ExtAPI. SelectionManager. NewSelection （face）

fs. Location = face

⑥ 力载荷脚本编辑，在 Shell 文本编辑区输入以下命令：

as3 = Model. Analyses ［0］

as3. Activate （ ）

face = ExtAPI. SelectionManager. CurrentSelection，选择如图 20-18 所示的载荷施加面。

图 20-16　划分的网格

ExtAPI. SelectionManager. NewSelection（face）

f = as3. AddForce（）

f. Location = face

f. Magnitude. Output. DiscreteValues = [Quantity('0[N]'), Quantity('10[N]')]

⑦ 求解脚本编辑，在 Shell 文本编辑区输入以下命令：

as4 = Model. Analyses [0]

as4. Solve（）

图 20-17　选择约束面

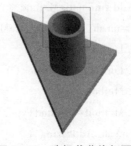

图 20-18　选择载荷施加面

⑧ 后处理脚本编辑，在 Shell 文本编辑区输入以下命令：

as5 = as4. Solution

as5. Status

td = as5. AddTotalDeformation（）

td = as5. AddEquivalentStress（）

td. EvaluateAllResults（）

（7）查看结果

脚本执行求解运算结束后，单击【Solution（A6）】→【Total Deformation】，图形区域显示分析得到的变形分布云图，如图 20-19 所示；单击【Solution（A6）】→【Equivalent Stress】，显示等效应力分布云图，如图 20-20 所示。

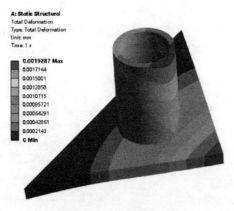

图 20-19　变形分布云图

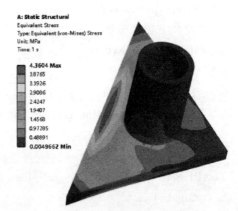

图 20-20　等效应力分布云图

（8）保存与退出

① 单击 Mechanical Scripting 编辑器关闭符号，关闭编辑器。

② 退出 Mechanical 分析环境。单击 Mechanical 主界面的菜单【File】→【Close Mechanical】退出环境，返回到 Workbench 主界面，此时主界面的项目管理区中显示的分析项目均已完成。

③ 单击 Workbench 主界面上的【Save】按钮，保存所有分析结果文件。

④ 退出 Workbench 环境。单击 Workbench 主界面的菜单【File】→【Exit】退出主界面，完成项目分析。

3. 点评

本实例是三角平台上圆筒受力自动化分析案例，自动化分析脚本编辑包括了接触连接、网格划分、分析设置、边界约束、边界载荷、求解、后处理，这些步骤也是一般分析所需的步骤。可见通过脚本可完全控制实现自动化分析，为后续复杂分析做参考。

20.4　本章小结

本章重点介绍了 ANSYS 自动化分析，包括 ANSYS Python 管理器、PyANSYS 自动化分析的 Mechanical Scripting 分析、PyFluent 分析，以及相应的分析方法和设置。由于篇幅所限，本章只配备一个三角平台上圆筒受力自动化分析案例，分别包括问题描述、有限元分析过程及点评三部分内容。

通过本章的学习，读者可以了解在 ANSYS 及 Workbench 环境下典型的自动化分析基础知识，分析流程、分析设置等相关知识。

参 考 文 献

［1］ 买买提明·艾尼，陈华磊. ANSYS Workbench14.0仿真技术与工程实践 ［M］. 北京：清华大学出版社，2013.

［2］ 买买提明·艾尼，陈华磊. ANSYS Workbench18.0有限元分析入门与应用 ［M］. 北京：机械工业出版社，2018.